普通高等教育"十一五"国家级规划教材

应用数理统计

（第2版）

关　静　张玉环　史道济　主编

U0218461

天津大学出版社
TIANJIN UNIVERSITY PRESS

内 容 提 要

本书是普通高等教育"十一五"国家级规划教材，共分7章，系统介绍数理统计的基本内容. 第1章阐述数理统计的基本概念；第2～4章是数理统计最基本内容；第5、6章是非参数统计和统计判决函数；第7章是选学内容，包括异常值、统计诊断及自助法、刀切法等数据处理方法. 其他各章也有一些供选学的内容，如广义最小二乘估计、广义线性模型、多重比较等.

本书的主要特点是突出统计方法与统计软件包R的结合. R语言简单易学，R软件免费使用，源代码完全开放，是培养学生创新能力的工具之一，附录是对R的简单介绍. 此外，构造置信区间的差异度函数也是国内同类教材中不多见的.

本书可作为数学与应用数学专业本科生的数理统计教材，由于其不拘泥于数学上的细节，因此也可作为非数学专业研究生的应用统计学教材，对广大科研技术人员也是一本合适的参考书.

图书在版编目(CIP)数据

应用数理统计/关静，张玉环，史道济主编. —天津：天津大学出版社，2016.8（2023.2重印）
普通高等教育"十一五"国家级规划教材
ISBN 978-7-5618-5675-8

Ⅰ.①应… Ⅱ.①关… ②张… ③史… Ⅲ.①数理统计-高等学校-教材 Ⅳ.①O212

中国版本图书馆CIP数据核字(2016)第211438号

出版发行	天津大学出版社
地　址	天津市卫津路92号天津大学内(邮编:300072)
电　话	发行部:022-27403647
网　址	publish. tju. edu. cn
印　刷	北京盛通商印快线网络科技有限公司
经　销	全国各地新华书店
开　本	185mm×260mm
印　张	20.75
字　数	499千
版　次	2016年8月第2版
印　次	2023年2月第13次
定　价	46.00元

凡购本书，如有缺页、倒页、脱页等质量问题，烦请向我社发行部门联系调换

版权所有　侵权必究

第一版前言

本书主要是为工科院校数学与应用数学专业“数理统计”课程而编写，也可作为综合性大学、师范院校和工程院校数学系以及需要较多数理统计知识的其他各专业教材，更为广大自然科学工作者、社会科学工作者提供一个入门的基础性读物.

本书作者讲授数理统计已有二十几年，早在 1988 年在参考国内外有关教材的基础上编写了《数理统计》油印讲义，作为天津大学数学系应用数学专业的教材. 2002 年再次整理、修改、印刷，今年又在此基础上做了较大的修改，删除了一些较烦琐的内容，补充了统计软件包中用得最多的区间估计大样本方法，增加了使用 R 语言或 R 软件包做统计分析的内容.

为适应数字化信息社会对统计的要求，利用计算机及相应的软件进行统计分析已经成为一种趋势. R 软件是目前唯一的源代码完全开放的专用统计软件包. SAS 软件也许是公认的最优秀软件之一，但它是商业化的，必须支付高额的使用费。其他如 SPSS、MINITAB、MATLAB、EXCEL 等也是如此. 且上述软件（除了 MATLAB）是傻瓜式的，不利于培养学生的动手能力和创新精神. 虽然 R 软件是免费使用，但它有专门程序员负责日常的维护和不断的升级，确保内容的先进性及多样性.

R 软件作为当今世界上最好的统计分析工具之一，是一种功能强、效率高、便于进行科学计算的交互式软件包，已经深受广大用户的喜爱. 我们将在正文的适当地方介绍有关 R 函数的使用方法，并在书末的附录中对 R 作简单介绍，以此培养读者自己动手进行统计分析的能力. 这样的安排在国内还是一种尝试，欢迎广大读者提出宝贵意见.

有别于传统的教学，我们的目的在于增加学习兴趣. 另一方面，基于国内大多数学校并不开设统计计算课程，为弥补这方面的不足而所作的. 培养用计算机及统计软件解决实际问题的能力和自己动手编写程序的能力，在知识创新时代是必需的，对学习过某种计算机语言的理工科大学生也是完全可能的，因为 R 的函数表达式跟普通的数学表示几乎没有区别.

本书强调统计思想、统计观点、统计方法、统计概念，我们不想把数理统计教材写成“纯数学”教材，而着重于告诉读者如何运用数理统计知识分析、研究实际问题，特别强调在应用统计方法时必须注意的事项、应用的条件、适用的范围.希望通过本书的学习，不仅能帮助学生掌握基本的统计方法，还能用统计思想考虑、解决一些实际问题.

本书对每个统计方法的介绍，首先强调统计模型，提出统计问题，再对具体的统计问题给出具体的统计方法，有助于读者理解并掌握这些统计方法的统计思想.本书对同一问题的不同统计方法给出了优良性准则，并按这些准则进行比较.本书同时注意到数理统计基本理论的完整性，使读者能从理论上认识数理统计，并为进一步学习打下良好的基础.让读者了解某些统计历史可能是有益的，在不增加多少篇幅的前提下，本书适当地介绍一些史料.

数理统计内容极其广泛，本书着重介绍数理统计的基本原理及重要的统计方法.全书共分7章.第1章讲述了数理统计的基本概念，这些概念将贯穿于本书的始终.由于参数估计和假设检验是统计推断的最基本形式，把它们放在第2、3章，其中利用差异度函数构造置信区间，是国内同类教材中不多见的内容.第4章讨论的线性模型是实际中最经常遇到的统计模型之一.如果没有对随机变量所服从的分布作进一步的假定，此时的统计推断应该用非参数方法，这是第5章的内容.统计决策理论已不同程度地在数理统计的各个分支中出现，因此掌握一些基本内容是必需的，我们将它们作为第6章.第7章是数据与模型，讲述二者应该是一个怎样的关系.每章末附有一定数量的习题，都是经精心选择而编入的，适当地选做一部分，可以加深对正文内容的理解.有星号的章节内容，包括广义最小二乘估计、广义线性模型、多重比较以及异常值、统计诊断、自助法、刀切法等，并不是必学的.

考虑到国内统计名词符号在某些方面的不一致，本书采用《统计学名词术语国家标准 GB 3358—1982》规定，并同时给出名词的英文拼写.

本书曾得到天津大学“十五”规划教材建设项目的支持，同时感谢天津大学理学院数学系领导、全体教师和学生，特别感谢胡飞、关静、梁冯珍老师在多年使用中提出的许多宝贵意见，梁冯珍、关静、韩月丽老师在百忙中阅读了书稿，并提出修改意见，研究生蔡霞、贺广婷、吴新荣编写了R程序，熊红霞、唐爱丽、蔡霞、贺广婷输入了书稿.最后感谢天津大学出版社对本书的支持，在他们的指导和帮助下，本书的出版才最终成为现实.由于水平所限，不当之处在所难免，恳请使用本书的教师、学生和广大读者批评指正.

编者

2008年1月

第二版前言

《应用数理统计》是普通高等教育“十一五”国家级规划教材，自2008年出版以来，受到广大读者的欢迎。为了更好地发挥国家级规划教材的作用，不断提高本书的质量，我们对全书内容进行了修订和补充。

这次再版主要对以下几方面进行了修正：(1)对原书的疏漏之处进行更正，修改了一些错误和不够准确、严谨的地方；(2)对本书部分内容进行了补充，如在第3章给出了正态总体参数的置信区间表，为了更好地配合书中内容对部分例题进行了补充和更换；(3)R软件是目前国际上主流的统计软件之一，本书的特点就是统计方法与软件相结合，因而对原书中没有给出程序的部分例题补充了相应程序；(4)对书后习题进行了调整，删除了部分相对过难的习题，结合章节内容补充了一些新的习题；(5)为了便于师生使用，对书后习题给出了习题答案。

本书再版坚持原书的指导思想，面向综合性大学、师范院校和工程院校数学系以及需要较多数理统计知识的其他各专业学生的使用，希望能够为广大师生提供一本基础性、实用性强的读物。由于水平有限，不当之处还请广大师生、读者批评指正。

编者

2016年6月

目　　录

第1章 数理统计的基本知识

§1.1 引论

一、数理统计的基本任务

在工农业生产、科学试验以及社会、经济及管理等各个领域,我们经常要接触许多数据.这些数据提供了非常有用的信息,它可以帮助人们认识事物的内在规律.但是,这些信息并非一目了然,而是蕴藏在数据之中,特别是这些数据可能受到随机性影响.因此必须对数据进行整理和分析,才能有效地利用所获得的资料,尽可能可靠地、正确地提取信息.

下面举几个例子加以说明.

例1.1 某厂生产了一批产品,共有N个,需要检查这批产品的不合格品率p.逐一检查每个产品的质量显然是不合适的,这样既费时、费力,又会提高产品的成本,有时甚至是不可能的(如检查是破坏性的),所以只能随机地从中抽取一部分产品检查,希望从这一部分产品的质量情况了解到整批产品的不合格品率.由于被检查产品抽取的偶然性,必须用数理统计方法估计这批产品的不合格品率.

例1.2 为测定一个物理常数μ,做了n次试验.由于各种随机因素的干扰产生了试验误差,得到的n个数据不可能完全相同,它们应该是这个物理常数μ及随机误差之和.如何由这n个试验数据估计物理常数μ?

例1.3 为了减少对环境的污染,或研究药物对某种疾病的治疗效果,或了解生产同一种产品的机器之间的不同性能等实际问题,希望比较在相同条件下不同处理方式间的差异.譬如用甲种药给随机挑选的m个患者服用,乙种药让另外n个患者服用,观测这两种药的疗效.但由于患者的体质、病情等的不同,即使服用同一种药也可能产生不同的效果.因此,如何排除患者的因素,分辨出这两种药的好坏,是一个应该考虑的问题.

和概率论一样,数理统计也是研究大量随机现象统计规律性的数学学科.要研究一种随机现象,首先要知道它的概率分布.在概率论的许多问题中,这种概率分布通常是已知的,在此基础上通过计算与推理去研究随机现象的性质、特点和规律.但在实际中,情况并非都是如此.我们可能完全不知道一种随机现象所服从的分布,或者由于物理上、技术上的原因,可以知道随机现象是什么分布,但不知道分布中的参数.从理论上说,只要对随机现象进行足够多次观测或试验,规律性一定能清楚地呈现出来.但实际上所允许的观测永远只能是有限的,有时甚至是少量的.因此,就要有效地利用有限的由观测或试验所得的资料,去掉由于资料不足所引起的随机干扰,对所研究的问题作出尽可能精确和可靠的推断.这种推断必然有一定程度的不确定性.我们可以用概率表示这种不确定性.这种以一定概率表明其可靠程度的推断称为**统计推断**(Statistical Inference).

数理统计就是研究如何以有效的方法收集、整理和分析受到随机性影响的数据，以对所考察的问题作出推断或者预测，直至为采取决策和行动提供依据和建议.

二、数理统计的基本内容

数理统计的研究范围随着科学技术和生产实际的不断发展而逐步扩大，但概括起来大致可分为“收集数据”和“统计推断”两部分.

收集数据就是根据一个统计问题的目的和要求，选择合理有效的方法，科学地安排试验，通过对所考察的统计特征的观测，最经济、最有效地取得进行统计推断所必需的数据资料；并把这些常常看来是杂乱无章的原始数据进行初步整理和加工，集中地表示为一些便于应用的数学形式(图、表、公式等).

数据收集的方法有全面观测、抽样观测及安排特定的试验等.

人口普查是全面观测的一个例子，有时这是必要的. 如果普查过程准确无误，利用所得数据可以把感兴趣的指标计算出来，如男女性别数等，则无须数理统计方法. 但由于普查过程中可能发生遗漏、重复等人为的错误以及费时、耗力的原因，全面观测方法并不一定是最好的. 在第二次世界大战期间，战局急剧变化，为及时而有效地收集有关的情况，只能进行抽样调查，这就促进了对数理统计理论和方法的研究. 现在，抽样调查已成为一种重要的调查方法. 经验表明，精心设计的抽样调查的结果在精度上可以超过全面观测。这种研究抽样方法的技术叫做**抽样技术**(Sampling Techniques).

安排特定的试验来收集数据也是很常见的. 特别是在农业生产中，对种子品种、肥料和耕作方法等的适当选定，都需要通过试验. 由于农业试验周期长、环境因素难以控制，更需要对试验方案仔细设计，并使用有效的分析方法. 在工业产品生产中，如果有几种原材料和设备可以使用，生产的各种工艺因素，如温度、压力、反应时间等，又都可以取各种不同的状态，那么这些条件怎样搭配才能使得此种产品的生产达到优质高产呢？由于人力、物力、时间上的原因，一般不可能对所有可能情况逐一试验，即不能全面试验，而只能挑选一部分搭配进行试验. 所以，应要求它们有代表性，所得数据便于分析，试验规模也恰当. 这就构成数理统计学中的一个分支——**试验设计**(Design of Experiments).

统计推断是数理统计的主要内容. 所谓推断就是由部分而至整体，统计推断就是由受到随机性影响的观测或试验数据推断总体的性质. 在统计推断中，只考虑在已给定数据所服从的概率模型条件下，如何通过数据检验选定的模型与实际是否符合、确定模型中某些未知的成分，而不考虑怎样获得这些数据. 推断的基本问题可以分为**参数估计**(Parameter Estimation)和**假设检验**(Hypothesis Testing)两大类，主要方法又分为**参数方法**(Parametric Method)和**非参数方法**(Nonparametric Method). 而对每一种统计推断方法，也有使用精确分布还是极限分布或渐近性质的区别.

本教材所介绍的内容属于统计推断的各个分支，但限于篇幅、学时，像多元统计分析、时间序列分析等重要内容，我们都没有涉及.

三、数理统计的基本应用

数理统计是一个应用性很强的数学学科，数理统计方法只是一个辅助性工具，要成功应用还需依赖于一定的专业知识.

数理统计对工农业生产的发展起了重要作用. 试验设计的基本思想方法,就是在田间试验中发展起来的. 在工业生产中需要决定一组最优生产条件,正交设计、回归设计与分析、方差分析以及多元分析等方法是处理这类问题的有力工具. 在现代工业生产中,由于生产批量大,对产品的可靠性要求高,必须考虑连续生产过程中的工序控制,制定一批产品的抽样验收方案,对元件进行寿命试验以确定其寿命分布,进而估计采用这些元件的设备的可靠性等问题. 质量控制图、抽样检验、可靠性分析等一系列统计方法就因此而产生,统计质量管理已得到许多部门的高度重视.

在医药卫生与生物学方面,统计方法已越来越重要. 例如,比较治疗某种疾病的不同药物和不同治疗方法,分析某种疾病的发生是否与特定因素有关(如矽肺与工作环境的关系),在污染大气的许多成分中确定哪些成分对哪方面有影响等问题,都离不开数理统计. 在数量遗传学的研究上,数理统计也有着影响,对统计学作出了重大贡献的 R. A. Fisher 就是著名的遗传学家.

数理统计在自然科学中发挥着很大的作用. 一条理论上的规律或者由初步观测而提出的某种学说,究竟是否正确或在多大程度上正确,最终还得由试验来验证. 例如物理学中的 Boyle 定律(对一定质量的气体,$pV=$常数)最初只是一个由观测得出的经验规律,经过统计分析证明这个规律在一定限度内正确,进而提出了改进形式. 又如 Mendel 遗传定律的确定,曾用数理统计学中的"拟合优度检验法"仔细检验过. 在基础和应用研究中,对大量数据的处理,数理统计更提供了必需的方法,如最常用的误差分析及建立经验公式的方法. 在地质勘探、地震、水文和气象预报这些应用性很强且有基础理论意义的领域中,数理统计都发挥了重要的作用,目前已出版了一些阐述数理统计在这些领域中应用的专著.

数理统计方法对社会、经济及管理领域也有重要意义. 统计方法在社会领域中应用的一个重要方法就是抽样调查. 社会现象研究的定量化趋势,势必会利用包括统计方法在内的一些科学分析方法. 在经济学中,早在 20 世纪 20 至 30 年代,时间序列分析方法就曾用于市场预测. 现在一系列的统计方法,从回归分析到随机过程统计,都在数量经济中有了应用. 质量管理从统计质量管理,到全面质量管理,再到现在的六西格玛管理,已经从开始时的质量改进工具到成为打造组织企业核心竞争力的有效经营战略,始终离不开统计方法的应用.

近半个世纪以来,数理统计在理论、方法和应用上都有较大的发展,内容异常丰富,应用范围越来越广. 计算机的广泛应用对数理统计的发展产生了重要影响,没有现代计算机,就没有现代的统计应用,许多重要统计方法的应用都涉及大量的计算. 通过计算机模拟,可以使某些复杂的精确分布得到有实用意义的解. 而且,计算机在短时间内处理海量数据的能力,使人们有可能对数据进行更透彻的分析,从中提取更多信息. 计算机的广泛应用为数理统计提供了巨大机会,也提出了一些新的研究课题. 统计计算就是一门包括数理统计、计算数学以及计算机科学的交叉学科,近年来已得到迅速发展,各种统计软件包的编制及广泛使用,大大推动了应用统计方法的普及. 另外,随着信息技术的发展产生了许多超大型数据库,因此而提出的**数据挖掘**(Data Mining)技术得到快速发展,这是一个介于统计学、模式识别、人工智能、机器学习、数据库技术以及高性能并行计算等领域的新学科.

§1.2 数理统计的基本概念

一、总体和样本

数理统计的一个基本问题就是依据观测或试验所取得的有限信息，如何对整体进行统计推断的问题. 例如我们要研究某批灯泡的平均寿命，由于测试灯泡的寿命具有破坏性，所以只能从这批产品中抽取一部分进行寿命试验，希望由这部分灯泡的寿命数据对整批灯泡的平均寿命作出统计推断.

在数理统计中，把一个统计问题所研究的全部元素组成的集合称为**总体**(Population)，总体中的每个元素称为**个体**(Individuality). 例如一批灯泡的全体就组成一个总体，而其中的每一只灯泡就是个体. 但是我们仅关心个体的某个或某几个数量指标以及数量指标(一维的或多维的)在总体中的分布情况. 在上面例子中，如果我们以"使用寿命 X"这个指标来衡量一批灯泡的质量，那么我们只关心灯泡的使用寿命，而不考虑灯泡的其他性能. 由于每个灯泡的寿命是不同的，抽取了若干个个体而得到了寿命 X 的不同数值，因此这个 X 是一个随机变量，而 X 的分布 $F(x)$ 就完全描述了数量指标的分布状况. 由于我们关心的正是这个数量指标，因此以后就把总体和数量指标 X 可能取值的全体等同起来(有时称前者为有形总体)，并且称这一总体为具有分布函数 $F(x)$ 的总体. 这样，就把总体与随机变量 X 联系起来了，可以用 X 或它的分布函数 $F(x)$ 来表示总体. 在具体问题中，$F(x)$ 常常未知或部分未知，这正是统计推断的对象. 以后，我们常用"总体 X 服从正态分布"这样的术语，表示总体的某个数量指标 X 服从正态分布，或简言之为"正态总体"等.

为了研究总体的分布规律，我们不可能对整个总体进行观测，而只能对总体中随机抽出的一些个体进行观测，譬如抽取了 n 个个体，且得到这些个体的指标值 $X_1, X_2, \cdots, X_n$，我们称 $(X_1, X_2, \cdots, X_n)$ 为一个**样本**(Sample)，n 是样本中所包含的个体数，称为**样本大小**或**样本容量**或**样本量**(Sample Size). 显然，从总体中随机抽出一个个体，并且测量相应的指标值 X_i，就是一个随机试验，而指标值 X_i 是一维随机变量. 因而大小为 n 的样本 $(X_1, X_2, \cdots, X_n)$ 可以看成一个 n 维随机向量. 对某次抽样观测得到 $(X_1, X_2, \cdots, X_n)$ 的一组确定值 $(x_1, x_2, \cdots, x_n)$ 称作**样本观测值**，样本 $(X_1, X_2, \cdots, X_n)$ 可能取值的全体称为**样本空间**(Sample Space)，记为 $\mathscr{X}$. 它可以是整个 n 维空间，也可以是其中的一个子集，样本的一次观测值 $(x_1, x_2, \cdots, x_n)$ 就是样本空间 $\mathscr{X}$ 中的一个点，即 $(x_1, x_2, \cdots, x_n) \in \mathscr{X}$.

实际上，从总体中抽取样本可以有各种不同的方法. 但为了使样本尽可能地反映总体的特性，不仅要使所得数据含有最大的信息，从而减少样本大小，而且要使数据分析具有一些较好的性质，因此需要对抽样方法提出一定的要求. 这里提出两点：

(1)代表性，对每个个体的观测应在完全相同的条件下进行，即 $X_1, X_2, \cdots, X_n$ 中的每一个 X_i 都应该与总体 X 有相同的分布；

(2)独立性，每个个体的观测应是独立进行的，即 $X_1, X_2, \cdots, X_n$ 是相互独立的随机变量.

我们把满足以上两条性质的样本称为**简单随机样本**(Simple Random Sample)，简称为样本. 把抽得简单随机样本的抽样方法称为**随机抽样**(Random Sampling). 以后，如不作特别说明都是指简单随机样本.对于简单随机样本,我们可以应用概率论中关于独立随机变量情况的许多重要定理,这就为数理统计提供了必要的理论基础.

设总体 X 具有分布函数 $F(x)$,$(X_1, X_2, \cdots, X_n)$ 为取自这一总体的大小为 n 的样本,则 $(X_1, X_2, \cdots, X_n)$ 的联合分布函数为 $\prod_{i=1}^{n} F(x_i)$.

例 1.4 检查某批产品的不合格品率 p. 产品质量用数量指标 X 来反映,$X=1$ 表示某件产品是不合格品;$X=0$ 表示某件产品是合格品. 如此研究这批产品的质量就归结为讨论随机变量 X 的分布及其主要数字特征,此时总体的分布为两点分布. 设从这批产品中任取 n 件,每取一件检查后立即放回,混合后再取下一件. 这样从 n 件产品中观测得到 X 的值 $(x_1, x_2, \cdots, x_n)$ 是 n 维随机向量 $(X_1, X_2, \cdots, X_n)$ 的一组观测值. 每个 X_i 都与 X 有相同的分布. 样本空间由一切可能的 n 维向量 $(x_1, x_2, \cdots, x_n)$ 组成, 其中每个 x_i 只取 1 或 0,因此样本空间 $\mathscr{X}$ 是 n 维空间中的 2^n 个点的集合. $(X_1, X_2, \cdots, X_n)$ 就是大小为 n 的简单随机样本.

实际的抽样检查常常不是如上所述的有放回抽样,而是无放回抽样. 在无放回抽样时,前一次抽到的产品是否为合格品就要影响后一次抽到不合格品的概率. 设一批产品的总数是 N,在第一次抽到合格品条件下,第二次抽到不合格品的概率为 $\Pr\{X_2=1 \mid X_1=0\}=\frac{N_p}{N-1}$,在第一次抽到不合格品条件下,第二次抽到还是不合格品的概率为 $\Pr\{X_2=1 \mid X_1=1\}=\frac{N_p-1}{N-1}$. 显然,在此时所得的样本就不是简单随机样本了. 但当 N 很大,而 n 不大(如 $n/N \leqslant 0.1$)时,可以将所得的样本近似地看成一个简单随机样本.

二、直方图

在概率论研究中,认为随机变量的分布是给定的,这是研究一个概率问题的出发点. 但在数理统计研究中,总体的分布是未知的,根据观测结果估计总体的分布密度函数或分布函数,正是数理统计要解决的一个重要问题. 下面简单介绍近似的分布密度函数曲线——频率直方图.

首先找出样本观测值的最小值和最大值,并把包含它们的区间 $[a,b]$ 分成 m 等份,记 $h=(b-a)/m$,称为**组距**(Class Interval),各分点为 $a=c_0<c_1<\cdots<c_m=b$. 分组的多少应与样本大小 n 相适应,分组过少会使结果太粗而丧失了一些有用的信息,分组过多会突出随机性的影响而降低稳定性. 分组多少还与总体的分布性质有关. 一般以 7 ~ 18 组为宜. 有人建议一个经验法则,以 $m=1+3.32\lg n$ 作为组数. 数出样本观测值落在各区间 $(c_{i-1}, c_i]$ 中的个数 n_i,称为第 i 组的**组频数**(Class Absolute Frequency),$f_i=n_i/n$ 称为第 i 组的**组频率**(Class Relative Frequency),有时也称前者为绝对频数,后者为相对频率. 经分组后,同一组的数据都看成是相同的,它们都等于**组中值**(Mid-point of Class) $(c_{i-1}+c_i)/2$,如此即得分组整理表. 如果进一步在 x 轴上标出点 $c_i(i=0,1,\cdots,m)$,以各区间 $(c_{i-1}, c_i]$ 为底,组频率与组距之比 $y_i=f_i/h=n_i/(nh)$ 为高作矩形,这种图称为**频率直方图**(Frequency Histogram),它是总体密度曲线的一种近似.

例 1.5 表 1.1 中的 125 个数据表示某高炉所炼生铁中锰的含量,每天测得 5 个数据. 为了作频率直方图,首先找出其中的最小值 1.06%,最大值 1.80%. 为了方便,取 $a=0.99\%$,$b=$

1.89%，使全部数据落在区间(a,b)内.然后决定组数，譬如分为9组，得组距$h=(1.89\%-0.99\%)/9=0.10\%$，如此分点自然取为0.99，1.09，…，1.79，1.89.最后数出这125个观测值落在各组的频数n_i，所得结果列成表1.2，并描出频率直方图见图1.1.

表1.1　生铁中锰的含量(%)

1.40	1.28	1.36	1.38	1.44	1.40	1.34	1.54	1.44	1.46
1.80*	1.44	1.46	1.50	1.38	1.54	1.50	1.48	1.52	1.58
1.52	1.46	1.42	1.58	1.70	1.62	1.58	1.62	1.76	1.68
1.68	1.66	1.62	1.72	1.60	1.62	1.46	1.38	1.42	1.38
1.60	1.44	1.46	1.38	1.34	1.38	1.34	1.36	1.58	1.38
1.34	1.28	1.08	1.08	1.36	1.50	1.46	1.28	1.18	1.28
1.26	1.50	1.52	1.38	1.50	1.52	1.50	1.46	1.34	1.40
1.50	1.42	1.38	1.36	1.38	1.42	1.34	1.48	1.36	1.36
1.32	1.40	1.40	1.26	1.26	1.16	1.34	1.40	1.16	1.54
1.24	1.22	1.20	1.30	1.36	1.30	1.48	1.28	1.18	1.28
1.30	1.52	1.76	1.16	1.28	1.48	1.46	1.48	1.42	1.36
1.32	1.22	1.72	1.18	1.36	1.44	1.28	1.10	1.06*	1.10
1.16	1.22	1.24	1.22	1.34					

表1.2　生铁含锰量频数表

各组分点(%)	组中值(%)	频数	各组分点(%)	组中值(%)	频数
0.99～1.09	1.04	3	1.39～1.49	1.44	29
1.09～1.19	1.14	9	1.49～1.59	1.54	19
1.19～1.29	1.24	18	1.59～1.69	1.64	9
1.29～1.39	1.34	32	1.69～1.79	1.74	5
			1.79～1.89	1.84	1

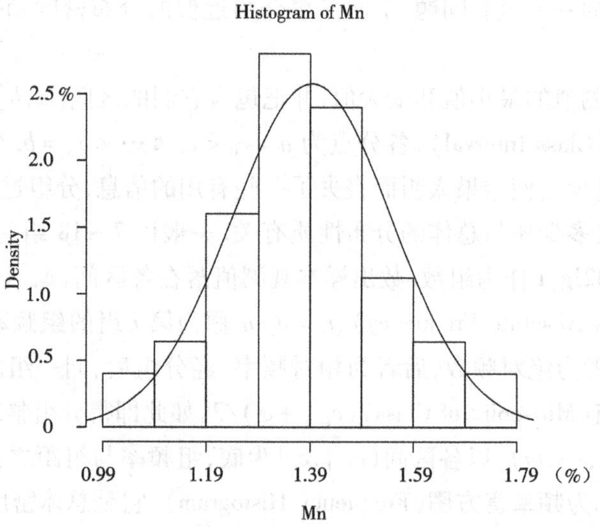

图1.1　生铁含锰量的频率直方图

由频率直方图可以看出数据分布的三个重要特征.

(1)数据的平均值.平均值常有三种不同的意义.第一种是数据最集中的取值,也就是最大频数所对应的组中值,这个值称为**众数**(Mode).本例中最大频数为32,其所对应的组中值为1.34%,即众数1.34%可作为数据的一种平均值.第二种是**算术平均**(Arithmetic Mean),也是最常用的.经简单计算(用R函数mean(Mn)),可得到算术平均为1.404%.第三种是**中位数**(Median),即将数据按大小次序排列后,居于中间的那个数值,这里为1.40%.关于算术平均和中位数的详细讨论将在下一小节及§1.3进行.

(2)数据的变异性.最大观测值与最小观测值之差是反映数据变异性的一个数量指标,由表1.1可知最大值为1.80%,最小值为1.06%,它们的差称为**极差**(Range),本例中为1.80% -1.06% =0.74%,但也可由最大组中值与最小组中值之差来表示,这里1.84% -1.04% = 0.80%.

(3)曲线的形式.将图1.1中各个长方形上边的中点用一条光滑的曲线连接起来,就得到近似的分布密度曲线.样本大小 n 越大,分组越细,频率直方图就越接近分布密度曲线.本例中分布密度曲线的形状是单峰、对称的.但并不总是这样,有些分布的密度曲线呈多峰,有些则不对称.

R函数hist用于画频率直方图,详细说明见附录5.1节或帮助文件.命令如下:

```
> a <—mean(Mn)
> b <—sd(Mn)
> hist(Mn,axes = F,prob = T)
> axis(1,labels = c(0.99,1.19,1.39,1.59,1.79))
> axis(2,labels = c(0,0.5,1.0,1.5,2.0,2.5))
> curve(dnorm(x,a,b),add = T)
```

给出如图1.1的生铁含锰量(Mn)频率直方图,如果不希望有英文标题,只需添上参数项main = NULL,而main = "生铁含锰量(Mn)频率直方图"给出中文标题.

频率直方图的缺点在于分组区间及组数 m 的多少因人而异,且只对连续型随机变量才适用.另外,在样本大小 $n<60$ 时,直方图的意义就不大了.

三、统计量

抽样是为了通过取得的样本对总体中某些未知因素作出推断.既然样本来自总体,自然包含了总体分布的信息.但样本常常是一堆杂乱无章的数据,不经过一定的整理难于提取出有用的信息.整理数据的方法主要有两种:一是用图、表等把它们表示成直观、醒目的形式,如上段所提的直方图,还有茎叶图、箱线图等;二是针对不同问题,构造样本的某种函数,它应该汇集样本中与总体有关的主要信息,而舍弃无关的次要部分,且不包含任何未知参数,这个函数称为统计量.寻找一个合适的统计量是数理统计的中心问题之一.

定义1.1 设 $(X_1,X_2,\cdots,X_n)$ 是来自总体 X 的一个样本,$T=T(x_1,x_2,\cdots,x_n)$ 是样本空间

$\mathscr{X}$上的实值函数，若 $T(X_1,X_2,\cdots,X_n)$ 也是随机变量，且不依赖于任何未知参数，则称 $T(X_1,X_2,\cdots,X_n)$ 为**统计量**(Statistics).

以后，我们涉及的样本函数一般都是连续的，因此都是随机变量. 尽管一个统计量不依赖于任何未知参数，但是它的分布可能依赖于总体 X 分布中的未知参数. 如果 $(x_1,x_2,\cdots,x_n)$ 是样本 $(X_1,X_2,\cdots,X_n)$ 的一个观测值，则 $T(x_1,x_2,\cdots,x_n)$ 是统计量 $T(X_1,X_2,\cdots,X_n)$ 的一个观测值.

按照定义，随机变量 $T=\sum_{i=1}^{n} X_i$ 是一个统计量，$\chi^2=\frac{1}{\sigma^2}\sum_{i=1}^{n}(X_i-\overline{X})^2$ 是样本 $(X_1,X_2,\cdots,X_n)$ 的连续函数，但只有当 σ^2 已知时，它才是统计量.

由样本构造统计量，实际上是对样本包含的总体信息按某种要求进行加工，把分散在样本中的信息集中到统计量的取值上，不同的统计推断要求构造不同的统计量. 统计量在数理统计中，就如随机变量在概率论中那样，占有非常重要的地位.

以下我们讨论一些常用的统计量.

定义 1.2 设 $(X_1,X_2,\cdots,X_n)$ 是取自总体 X 的大小为 n 的样本，记

$$\overline{X}=\frac{1}{n}\sum_{i=1}^{n} X_i,\quad S^2=\frac{1}{n-1}\sum_{i=1}^{n}(X_i-\overline{X})^2,$$

它们都是统计量，分别称 $\overline{X}$ 和 S^2 为**样本均值**(Sample Mean)和**样本方差**(Sample Variance). 一般分别称统计量

$$A_k=\frac{1}{n}\sum_{i=1}^{n} X_i^k,\quad B_k=\frac{1}{n}\sum_{i=1}^{n}(X_i-\overline{X})^k$$

为**样本的 k 阶(原点)矩**(k-th Moment of Sample)和**样本的 k 阶中心距**(k-th Central Moment of Sample). 二阶中心矩 B_2 有时记为 $\widetilde{S}^2$，即

$$\widetilde{S}^2=\frac{1}{n}\sum_{i=1}^{n}(X_i-\overline{X})^2.$$

特别地，$A_1=\overline{X}$, $B_2=\widetilde{S}^2=\frac{n-1}{n}S^2$. 容易得到

$$S^2=\frac{1}{n-1}\left(\sum_{i=1}^{n} X_i^2-n\overline{X}^2\right).$$

分别称

$$b_s=\frac{B_3}{B_2^{3/2}},\quad b_k=\frac{B_4}{B_2^2}-3$$

为样本的**偏度**(Skewness)和**峰度**(Kurtosis). 称 $V=S/\overline{X}$ 为样本的**变异系数**(Coefficient of Variation).

对例 1.5 中给出的生铁中锰含量数据，利用 R 函数 mean, var, median 分别可以计算出样本均值、样本方差、样本中位数. 函数 max, min 分别给出样本最大值和最小值，而函数 summary 给出更多，其中 1st Qu. 和 3rd Qu. 分别表示 1/4 与 3/4 分位数.

```
> mean(Mn)
[1] 1.40 368
> var(Mn)
[1] 0.02 397 022
> summary(Mn)
  Min.  1st Qu.  Median  Mean  3rd Qu.  Max.
 1.060   1.300   1.400  1.404   1.500  1.800
```

样本均值 $\overline{X}$ 和样本方差 S^2 在数理统计学中有着重要的作用.下面给出它们的一些基本性质.我们记

$$\mathrm{E}(X)\triangleq\mu,\quad \mathrm{Var}(X)\triangleq\sigma^2,$$

$$\mathrm{E}(X^k)\triangleq\alpha_k,\quad \mathrm{E}(X-\mu)^k\triangleq\mu_k,$$

分别表示总体的均值、方差、k 阶原点矩、k 阶中心矩.并且约定,当用到 α_k 或 μ_k 时,假定它们是存在的.显然,$\alpha_1=\mu,\mu_2=\sigma^2$.

定理 1.1 设总体 X 的分布函数 $F(x)$ 存在二阶矩,$(X_1,X_2,\cdots,X_n)$ 是取自这个总体的一个样本,则对样本均值 $\overline{X}$,有

$$\mathrm{E}(\overline{X})=\mu,\quad \mathrm{Var}(\overline{X})=\frac{\sigma^2}{n}.$$

证明

$$\mathrm{E}(\overline{X})=\mathrm{E}\left(\frac{1}{n}\sum_{i=1}^{n}X_i\right)=\frac{1}{n}\sum_{i=1}^{n}\mathrm{E}(X_i)=\frac{1}{n}\sum_{i=1}^{n}\mu=\mu,$$

$$\mathrm{Var}(\overline{X})=\mathrm{Var}\left(\frac{1}{n}\sum_{i=1}^{n}X_i\right)=\frac{1}{n^2}\sum_{i=1}^{n}\mathrm{Var}(X_i)=\frac{1}{n^2}\sum_{i=1}^{n}\sigma^2=\frac{\sigma^2}{n}.$$

定理 1.2 设总体 X 的分布函数 $F(x)$ 存在二阶矩,$(X_1,X_2,\cdots,X_n)$ 是取自这个总体的一个样本,则对样本方差 S^2,有

$$\mathrm{E}(S^2)=\sigma^2.$$

证明

$$\begin{aligned}\mathrm{E}(S^2)&=\mathrm{E}\left[\frac{1}{n-1}\left(\sum_{i=1}^{n}X_i^2-n\overline{X}^2\right)\right]=\frac{1}{n-1}\left[\sum_{i=1}^{n}\mathrm{E}(X_i^2)-n\mathrm{E}(\overline{X}^2)\right]\\&=\frac{1}{n-1}\left[\sum_{i=1}^{n}(\sigma^2+\mu^2)-n\left(\frac{\sigma^2}{n}+\mu^2\right)\right]\\&=\sigma^2.\end{aligned}$$

定理 1.3 设总体 X 的分布函数 $F(x)$ 存在 $2k$ 阶矩,$(X_1,X_2,\cdots,X_n)$ 是取自这个总体的一个样本,则对 k 阶样本矩 A_k,有

$$\mathrm{E}(A_k)=\alpha_k,$$

$$\mathrm{Var}(A_k)=\frac{\alpha_{2k}-\alpha_k^2}{n}.$$

证明

$$\mathrm{E}(A_k)=\mathrm{E}\left(\frac{1}{n}\sum_{i=1}^{n}X_i^k\right)=\frac{1}{n}\sum_{i=1}^{n}\mathrm{E}(X_i^k)=\alpha_k.$$

$$\begin{aligned}\mathrm{Var}(A_k)&=\mathrm{E}(A_k^2)-[\mathrm{E}(A_k)]^2=\mathrm{E}\left(\frac{1}{n}\sum_{i=1}^{n}X_i^k\right)^2-\alpha_k^2\\&=\mathrm{E}\left(\frac{1}{n^2}\sum_{i=1}^{n}X_i^{2k}+\frac{1}{n^2}\sum\sum_{i\neq j}X_i^kX_j^k\right)-\alpha_k^2\\&=\frac{1}{n}\alpha_{2k}+\frac{1}{n^2}n(n-1)\alpha_k^2-\alpha_k^2=\frac{\alpha_{2k}-\alpha_k^2}{n}.\end{aligned}$$

样本矩的以上性质是普遍成立的，而不论总体分布 $F(x)$ 具有什么形式.

还有许多统计量，它们与一定的统计方法有关，我们将在以后介绍. 下一小节讨论次序统计量及经验分布函数.

四、次序统计量及其分布

次序统计量是一类非常重要的统计量. 它们的一些性质不依赖于总体分布，而且使用方便，在质量管理、可靠性分析等许多方面得到了广泛的应用，在理论上也有相当丰富的内容，这些都已有专著介绍(如文献[1]). 在这一小节只简单介绍次序统计量的一些基本内容.

定义 1.3 设 $(X_1,X_2,\cdots,X_n)$ 是取自总体 X 的一个样本，将它们按大小排列为

$$X_{(1)}\leqslant X_{(2)}\leqslant\cdots\leqslant X_{(n)},$$

则称 $(X_{(1)},X_{(2)},\cdots,X_{(n)})$ 为**次序统计量**(Order Statistics)，称 $X_{(i)}$ 为**第 i 个次序统计量**(i-th Order Statistics).

特别地，$X_{(1)}=\min\{X_1,X_2,\cdots,X_n\}$，$X_{(n)}=\max\{X_1,X_2,\cdots,X_n\}$ 分别称为**最小次序统计量**和**最大次序统计量**或**样本最小值**(Minimum)和**样本最大值**(Maximum). 称 $R_n=X_{(n)}-X_{(1)}$ 为**样本极差**(Range).

在 R 函数中，函数 sort 按升序方式将样本从小到大排序.

设总体 X 的分布函数为 $F(x)$，密度函数 $f(x)$，那么不难求得最大次序统计量 $X_{(n)}$ 的分布函数为

$$F_n(x)=\Pr\{X_{(n)}\leqslant x\}=\Pr\{X_{(i)}\leqslant x,i=1,2,\cdots,n\}=[F(x)]^n,\tag{1.2.1}$$

分布密度函数为

$$f_n(x)=n[F(x)]^{n-1}f(x).\tag{1.2.2}$$

最小次序统计量 $X_{(1)}$ 的分布函数为

$$\begin{aligned}F_1(x)&=\Pr\{X_{(1)}\leqslant x\}=1-\Pr\{X_{(1)}>x\}=1-\Pr\{X_{(i)}>x,\ i=1,2,\cdots,n\}\\&=1-[1-F(x)]^n,\end{aligned}\tag{1.2.3}$$

分布密度函数为

$$f_1(x)=n[1-F(x)]^{n-1}f(x).\tag{1.2.4}$$

如果以 $\nu_n(x)$ 表示 $(X_1,X_2,\cdots,X_n)$ 中不超过 x 的观测值的个数，一般地，第 i 个次序统计量 $X_{(i)}$ 的分布函数为

$$F_i(x)=\Pr\{X_{(i)}\leqslant x\}=\Pr\{\nu_n(x)\geqslant i\}$$

$$= \sum_{k=i}^{n} \binom{n}{k} [F(x)]^k [1-F(x)]^{n-k}$$

$$= \frac{1}{\mathrm{B}(i,n-i+1)} \int_0^{F(x)} t^{i-1}(1-t)^{n-i}\mathrm{d}t, \qquad (1.2.5)$$

其中 $\mathrm{B}(\alpha,\beta) = \int_0^1 x^{\alpha-1}(1-x)^{\beta-1}\mathrm{d}x$ 是 Beta 函数,用分部积分法可以证明式(1.2.5)最后一个等式成立. 对式(1.2.5)微分即得 $X_{(i)}$ 的分布密度函数

$$f_i(x) = \frac{n!}{(i-1)!\ (n-i)!}[F(x)]^{i-1}[1-F(x)]^{n-i}f(x). \qquad (1.2.6)$$

有时将 $F_i(x)$ 记成 $F_i(x) = I_{F(x)}(i,n-i+1)$,其中(令 $p=F(x)$,$\alpha=i,\beta=n-i+1$)

$$I_p(\alpha,\beta) = \frac{1}{\mathrm{B}(\alpha,\beta)}\int_0^p x^{\alpha-1}(1-x)^{\beta-1}\mathrm{d}x, \qquad \alpha,\beta>0, 0<p<1 \qquad (1.2.7)$$

表示不完全 Beta 函数.

定义 1.4 设 $(X_1,X_2,\cdots,X_n)$ 是取自分布函数为 $F(x)$ 的总体 X 的一个样本,则称

$$F_n(x) = \frac{\nu_n(x)}{n}$$

为**经验分布函数**(Empirical Distribution Function),简记为 EDF.

易见,对每一个样本观测值 $(x_1,x_2,\cdots,x_n)$,$F_n(x)$ 是一分布函数. 事实上,我们把 $x_1,x_2,\cdots,x_n$ 按大小排列为 $x_{(1)}\leqslant x_{(2)}\leqslant\cdots\leqslant x_{(n)}$,那么,

$$F_n(x) = \begin{cases} 0, & x<x_{(1)}; \\ \dfrac{k}{n}, & x_{(k)}\leqslant x<x_{(k+1)}, k=1,2,\cdots,n-1; \\ 1, & x_{(n)}\leqslant x. \end{cases}$$

因此,$0\leqslant F_n(x)\leqslant 1$,且作为 x 的函数是一个非减右连续函数,在 $x=x_{(k)}$ 有间断点,在每个间断点上有跃度 $\frac{1}{n}$. $F_n(x)$ 具备分布函数所要求的性质,故称为经验分布函数.

根据表 1.1 中生铁含锰量数据,R 函数 plot. ecdf(Mn) 可以作出如图 1.2 的经验分布函数.

对固定的 x,$\nu_n(x)$ 和 $F_n(x)$ 的取值是样本 $(X_1,X_2,\cdots,X_n)$ 的函数,因此是一个随机变量. $\nu_n(x)$ 服从参数为 $(n,F(x))$ 的二项分布,

$$\Pr\{\nu_n(x)=k\} = \Pr\{n\ \text{次独立试验中恰有}\ k\ \text{次}\ X\leqslant x\}$$

$$= \binom{n}{k}[F(x)]^k[1-F(x)]^{n-k}.$$

由二项分布性质可知

$$\mathrm{E}[\nu_n(x)] = nF(x), \qquad \mathrm{E}[F_n(x)] = F(x).$$

而且由强大数定理,还有

$$\lim_{n\to\infty}\Pr\{|F_n(x)-F(x)|<\varepsilon\} = 1.$$

可见,经验分布函数 $F_n(x)$ 与理论分布函数 $F(x)$ 关系非常密切. V. I. Glivenko 于 1933 年

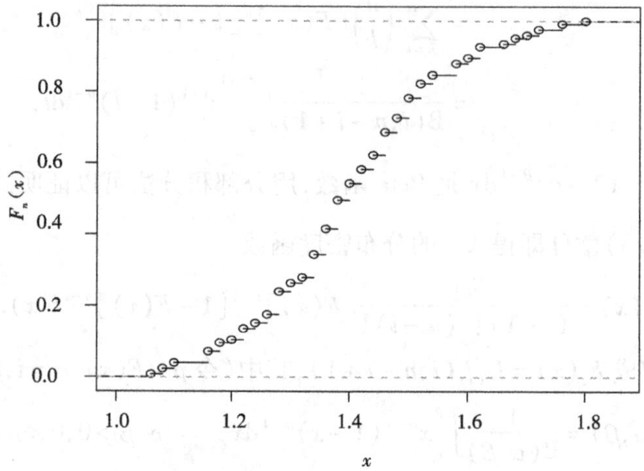

图 1.2　生铁含锰量经验分布函数图形

指出上述收敛关于 $x\in(-\infty,\infty)$ 还是一致的.

定理 1.4(Glivenko 定理)　设总体 X 的分布函数为 $F(x)$,经验分布函数为 $F_n(x)$,记

$$D_n=\sup_{-\infty<x<+\infty}|F_n(x)-F(x)|,$$

则有

$$\Pr\{\lim_{n\to\infty}D_n=0\}=1.$$

定义 1.5　如果随机变量 X 的分布函数为 $F(x)$,对任 $0<p<1$,称

$$F^{\leftarrow}(p)=\inf\{x:F(x)\geqslant p\} \tag{1.2.8}$$

为变量 X 或分布 $F(x)$ 的分位数函数. 当 $F(x)$ 连续时,$F^{\leftarrow}(x)$ 即为通常的反函数. 有时记 $x_p=F^{\leftarrow}(p)$,称 x_p 为随机变量 X 或分布 $F(x)$ 的 p **分位数**(Quantile). 特别当 $p=1/2$ 时,$x_{1/2}$ 称为**中位数**(Median).

显然,对任 $0<p<1$,x_p 必存在. 若 $F(x)$ 连续,则有 $F(x_p)=p$,但 x_p 不一定唯一. 若随机变量 X 具有密度函数 $f(x)$,则有

$$F(x_p)=\int_{-\infty}^{x_p}f(x)\,\mathrm{d}x. \tag{1.2.9}$$

x_p 的意义如图 1.3 所示. 特别,对标准正态分布,用 u_p 表示它的 p 分位数,即 $\Phi(u_p)=p$.

由分布的分位数,可对分布的位置及散布状况有一个很好的了解.

定义 1.6　设 $(X_1,X_2,\cdots,X_n)$ 为总体 X 的一个样本,$(X_{(1)},X_{(2)},\cdots,X_{(n)})$ 为次序统计量,对任 $0<p<1$,称

$$x_p^*=X_{([np]+1)} \tag{1.2.10}$$

为**样本 p 分位数**. 特别当 $p=1/2$ 时,$x_{1/2}^*$ 称为**样本中位数**.

样本中位数有广泛的应用,这里给出更细致的定义

$$x_{1/2}^*=\begin{cases}X_{(\frac{n+1}{2})}, & \text{当 } n \text{ 为奇数;}\\ \dfrac{1}{2}\left[X_{(\frac{n}{2})}+X_{(\frac{n}{2}+1)}\right], & \text{当 } n \text{ 为偶数.}\end{cases} \tag{1.2.11}$$

样本 p 分位数 x_p^* 与总体 X 的 p 分位数 x_p 有非常密切的关系，如以下定理所述，证明可见文献[2].

定理 1.5 设总体 X 具有密度函数 $f(x)$，x_p 为 p 分位数 $(0<p<1)$，若 $f(x)$ 在 $x=x_p$ 处连续且不为零，则样本 p 分位数 x_p^* 渐近服从正态分布 $N\left(x_p, \dfrac{p(1-p)}{nf^2(x_p)}\right)$.

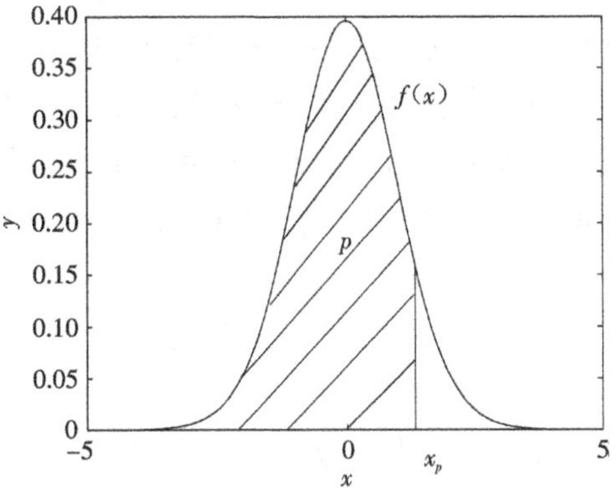

图 1.3 连续分布的分位数

因此，当 $n\to\infty$ 时，x_p^* 依概率收敛于 x_p. 当 $p=1/2$ 时，便得样本中位数 $x_{1/2}^*$ 的极限分布为 $N\left(x_{1/2}, \dfrac{1}{4nf^2(x_{1/2})}\right)$.

次序统计量 $X_{(1)}$ 和 $X_{(n)}$ 在实际中有很重要的应用，特别在考虑极端现象的问题，如气象、水文、地震预报以及可靠性理论中，用它们来描述是很自然的. $X_{(1)}$ 和 $X_{(n)}$ 的精确分布分别如式(1.2.3)和(1.2.1)所示，但它们依赖于总体的分布函数 $F(x)$，很难直接用于统计分析. 因此，研究 $n\to\infty$ 时，$X_{(1)}$ 和 $X_{(n)}$ 的极限分布有重要的理论意义和实际意义.

定义 1.7 设 $(X_1, X_2, \cdots, X_n)$ 是取自分布为 $F(x)$ 的总体 X 的一个样本，如果存在常数列 a_n 及 $b_n>0$，使 $(X_{(n)}-a_n)/b_n$ 有非退化的极限分布 $G(x)$，则称 $G(x)$ 为**极大值分布**.

类似地定义**极小值分布**，极大值分布和极小值分布统称**极值分布**（Extreme Value Distribution）.

1943 年 B. Gnedenko 在前人工作的基础上，研究了极值分布的类型，并找到了收敛于各型极值分布的充分必要条件. 结果表明极值分布 $G(x)$ 只有三种类型：

Ⅰ**型极大值分布**（也称 Gumbel **分布**）$G_1(x)=\exp(-e^{-x})$, $-\infty<x<\infty$;

Ⅱ**型极大值分布**（也称 Fréchet **分布**）$G_2(x)=\begin{cases}\exp(-x^{-k}), & x>0,\\ 0, & x\leqslant 0;\end{cases}$

Ⅲ**型极大值分布**（也称 Weibull **分布**）$G_3(x)=\begin{cases}1, & x>0,\\ \exp(-(-x)^k), & x\leqslant 0,\end{cases}$

以上两式中 $k>0$ 是参数.

A. F. Jenkinson 于 1955 年将这三种类型统一表示成

$$G(x)=\exp\{-(1+\gamma x)^{-1/\gamma}\} \tag{1.2.12}$$

形式，称 $G(x)$ 为广义极值分布. $\gamma=0$（理解为 $\gamma\to 0$），$\gamma>0$，$\gamma<0$ 分别对应Ⅰ，Ⅱ，Ⅲ型极大值分布，因此称 γ 为形状参数.

极小值的极限分布容易由极大值情况得到. 事实上，若 $X_{(1)}=\min\{X_1, X_2, \cdots, X_n\}$，令 $Y_i=-X_i\,(i=1,2,\cdots,n)$，则有

$$Y_{(n)}=\max\{Y_1, Y_2, \cdots, Y_n\}=-\min\{X_1, X_2, \cdots, X_n\}=-X_{(1)}.$$

因此 $X_{(1)}$ 与 $-Y_{(n)}$ 有相同的分布

$$\begin{aligned}\underline{G}(x)&=\Pr\{X_{(1)}\leqslant x\}=\Pr\{-Y_{(n)}\leqslant x\}=\Pr\{Y_{(n)}\geqslant -x\}\\&=1-\Pr\{Y_{(n)}<-x\}\end{aligned}$$

$$=1-G(-x).$$

由此可以得到极小值分布的三种类型.

极值分布在可靠性、水文、气象、环境、金融风险分析等领域中有重要应用,进一步的讨论以及有关极值分布的统计推断可参看文献[3]或其他著作.

R 中至少有 5 个包(evd,evir,ismev,evdbayes,extRemes)是专门用于极值统计分析的.

§1.3 统计中常用的分布族

为强调分布中参数 θ 的地位,以后常用 $F(x;\theta)$ 表示 X 的分布,参数 θ 可能取值的集合称为**参数空间**(Parameter Space),记作 Θ,称 $\{F(x;\theta):\theta\in\Theta\}$ 为 X 的分布函数族. 类似地,可定义概率密度函数族(对连续型分布)及概率分布族(对离散型分布). 例如 $X\sim N(\mu,\sigma^2)$,$\theta=(\mu,\sigma^2)$ 为参数向量,则 $\Theta=\{(\mu,\sigma^2):-\infty<\mu<\infty,\sigma^2>0\}$ 是 (μ,σ^2) 平面的上半平面,而 $\{N(\mu,\sigma^2):(\mu,\sigma^2)\in\Theta\}$ 就是 X 的分布函数族. 若 $X\sim f(x;\theta)=\dfrac{1}{\theta}\mathrm{e}^{-x/\theta}$,$x>0$,参数空间 $\Theta=\{\theta:\theta>0\}$ 为右半直线,则 $\{f(x;\theta):\theta>0\}$ 为 X 的概率密度函数族. 若 $X\sim b(n,p)$,n 是已知常数,$\theta=p$ 为参数,则 $\Theta=\{p:0<p<1\}$ 为一线段,$\{b(n,p):0<p<1\}$ 为 X 的概率分布族.

在概率论中,已经讨论过一些在统计中常用的分布族,例如二项分布族 $\{b(n,p):0<p<1\}$,Poisson 分布族 $\{P(\lambda):\lambda>0\}$,均匀分布族 $\{R(a,b):-\infty<a<b<\infty\}$,指数分布族 $\{\mathrm{Exp}(\lambda):\lambda>0\}$,正态分布族 $\{N(\mu,\sigma^2):-\infty<\mu<\infty,\sigma^2>0\}$ 等,这些是大家比较熟悉的. 本节将介绍数理统计中其他的常用分布族,并尽量说明这些分布族之间的关系.

一、Gamma 分布族

定义 1.8 若随机变量 X 具有密度函数

$$f(x;\alpha,\lambda)=\frac{\lambda^{\alpha}}{\Gamma(\alpha)}x^{\alpha-1}\mathrm{e}^{-\lambda x},\quad x>0, \tag{1.3.1}$$

则称 X 所服从的分布为 Gamma 分布,记作 $X\sim \mathrm{Ga}(\alpha,\lambda)$,其中 $\alpha>0$ 是形状参数,$\lambda>0$ 是尺度参数,$\{\mathrm{Ga}(\alpha,\lambda):\alpha>0,\lambda>0\}$ 称为 Gamma 分布族.

图 1.4 给出了某些参数值的 Gamma 分布密度函数图形.

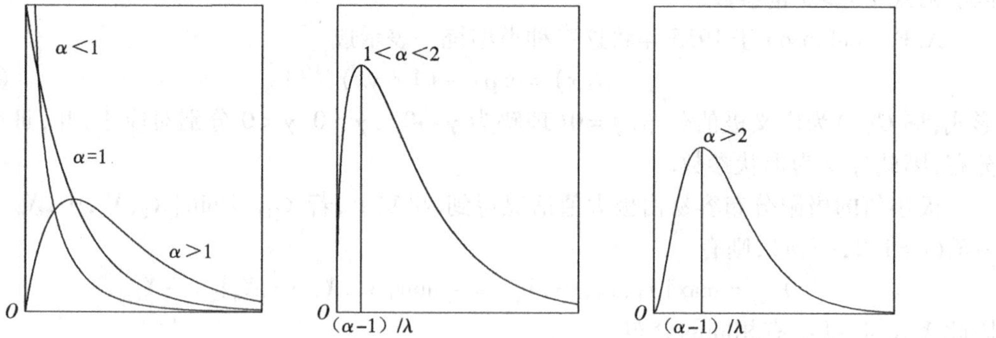

图 1.4 Gamma 分布的密度函数

R 函数 pgamma 可用于计算 Gamma 分布的分布函数值.

容易得到 Gamma 分布的特征函数为

$$\varphi(t)=\mathrm{E}(\mathrm{e}^{\mathrm{i}Xt})=\left(1-\frac{\mathrm{i}t}{\lambda}\right)^{-\alpha}. \tag{1.3.2}$$

因此,k 阶矩为

$$\mathrm{E}(X^k)=\frac{(\alpha+k-1)(\alpha+k-2)\cdots\alpha}{\lambda^k}=\frac{1}{\lambda^k}\frac{\Gamma(\alpha+k)}{\Gamma(\alpha)}, \tag{1.3.3}$$

特别有

$$\mathrm{E}(X)=\frac{\alpha}{\lambda},\qquad \mathrm{Var}(X)=\frac{\alpha}{\lambda^2}. \tag{1.3.4}$$

由定义 1.8,当 $\alpha=1$ 时,$\mathrm{Ga}(1,\lambda)$就是参数为 λ 的指数分布. $\mathrm{Ga}(n/2,1/2)$称为 **n 个自由度的χ^2分布**,记作$\chi^2(n)$分布,$\chi^2(n)$分布的密度函数为

$$f(x,n)=\frac{1}{2^{n/2}\Gamma(n/2)}x^{n/2-1}\mathrm{e}^{-x/2},\qquad x>0. \tag{1.3.5}$$

定理 1.6 设 $X_1\sim\mathrm{Ga}(\alpha_1,\lambda)$,$X_2\sim\mathrm{Ga}(\alpha_2,\lambda)$,且 X_1与 X_2相互独立,则

$$X_1+X_2\sim\mathrm{Ga}(\alpha_1+\alpha_2,\lambda).$$

证明 由 Gamma 分布的特征函数及 X_1,X_2的独立性可知,X_1+X_2的特征函数为

$$\left(1-\frac{\mathrm{i}t}{\lambda}\right)^{-\alpha_1}\left(1-\frac{\mathrm{i}t}{\lambda}\right)^{-\alpha_2}=\left(1-\frac{\mathrm{i}t}{\lambda}\right)^{-(\alpha_1+\alpha_2)},$$

因此 $X_1+X_2\sim\mathrm{Ga}(\alpha_1+\alpha_2,\lambda)$.

定理 1.6 说明 Gamma 分布具有可加性,因此指数分布 $\mathrm{Exp}(\lambda)$和$\chi^2(n)$分布在 Gamma 分布族内都具有可加性.

例 1.6 设 $X\sim\mathrm{Ga}(\alpha,\lambda)$,$Y=kX$,易知 $Y\sim\mathrm{Ga}(\alpha,\lambda/k)$,$k>0$.

例 1.7 设 $X\sim R(0,1)$,则 $Y=-\alpha\ln X\sim\mathrm{Exp}\left(\frac{1}{\alpha}\right)$,$\alpha>0$.

实际上,当 $y>0$ 时,Y 的分布函数为

$$\begin{aligned}F(y)&=\Pr\{Y\leqslant y\}=\Pr\{-\alpha\ln X\leqslant y\}=\Pr\{X\geqslant \mathrm{e}^{-y/\alpha}\}\\&=1-\mathrm{e}^{-y/\alpha}.\end{aligned}$$

在 $y\leqslant 0$ 时,$F(y)=0$. 此即 $\mathrm{Exp}(\alpha)$的分布函数.

例 1.8 设 $X\sim N(0,\sigma^2)$,则 $Y=X^2\sim\mathrm{Ga}(1/2,1/(2\sigma^2))$.

实际上,当 $y>0$ 时,Y 的分布函数为

$$\begin{aligned}F_Y(y)&=\Pr\{Y\leqslant y\}=\Pr\{X^2\leqslant y\}=\Pr\{-\sqrt{y}\leqslant X\leqslant\sqrt{y}\}\\&=F_X(\sqrt{y})-F_X(-\sqrt{y}),\end{aligned}$$

其分布密度函数为

$$f_Y(y)=[f_X(\sqrt{y})+f_X(-\sqrt{y})]\frac{1}{2\sqrt{y}}=\frac{1}{\sqrt{2\pi}\sigma}y^{-\frac{1}{2}}\mathrm{e}^{-\frac{y}{2\sigma^2}},$$

注意到 $\Gamma(1/2)=\sqrt{\pi}$,因此 $Y\sim\mathrm{Ga}(1/2,1/(2\sigma^2))$.

由 Gamma 分布的可加性,立即可得下面的定理.

定理 1.7 若$(X_1,X_2,\cdots,X_n)$是取自正态总体$N(0,\sigma^2)$的一个样本,记

$$\chi^2=\sum_{i=1}^{n}X_i^2,$$

则$\chi^2\sim \mathrm{Ga}(n/2,1/(2\sigma^2))$.

由例 1.6 及式(1.3.5)立即可得下面的系

$$\frac{1}{\sigma^2}\sum_{i=1}^{n}X_i^2\sim\chi^2(n).$$

系 n个独立标准正态随机变量的平方和,服从自由度为n的χ^2分布,自由度n表示和式中独立随机变量的个数.这个结论很重要,以后将多次用到.

例 1.9 设(X_1,X_2,X_3,X_4)是来自正态总体$N(0,2^2)$的样本,$T=a(X_1-2X_2)^2+b(3X_3-4X_4)^2$,求常数$a,b$,使得$T\sim\chi^2(2)$.

解 因为

$$X_1-2X_2\sim N(0,20)\Rightarrow\frac{X_1-2X_2}{2\sqrt{5}}\sim N(0,1)\Rightarrow\frac{1}{20}(X_1-2X_2)^2\sim\chi^2(1).$$

同理可得

$$3X_3-4X_4\sim N(0,100)\Rightarrow\frac{3X_3-4X_4}{10}\sim N(0,1)\Rightarrow\frac{1}{100}(3X_3-4X_4)^2\sim\chi^2(1).$$

由于X_1-2X_2与$3X_3-4X_4$相互独立,所以

$$\frac{1}{20}(X_1-2X_2)^2+\frac{1}{100}(3X_3-4X_4)^2\sim\chi^2(2).$$

所以当$a=\frac{1}{20},b=\frac{1}{100}$时,$T\sim\chi^2(2)$.

χ^2分布是 F. Helmert 于 1875 年研究正态总体的样本方差时得到的.χ^2分布在数理统计中是一个非常重要的分布,这里列出一些有关的性质.

性质 1 $\chi^2(n)$分布的特征函数为

$$\varphi(t)=(1-2\mathrm{i}t)^{-\frac{n}{2}}.\tag{1.3.6}$$

性质 2 若$X\sim\chi^2(n)$,则

$$\mathrm{E}(X)=n,\qquad \mathrm{Var}(X)=2n.\tag{1.3.7}$$

性质 3 若$X_1\sim\chi^2(n_1)$,$X_2\sim\chi^2(n_2)$,且X_1和X_2相互独立,则

$$X_1+X_2\sim\chi^2(n_1+n_2).$$

一般地,若$X_i\sim\chi^2(n_i)$,$i=1,2,\cdots,k$,且相互独立,则

$$\sum_{i=1}^{k}X_i\sim\chi^2\Big(\sum_{i=1}^{k}n_i\Big).$$

直观上,χ^2变量被定义为一些独立同分布的标准正态变量的平方和.如果$X_{ij}\sim N(0,1)$,$i=1,2,\cdots,k,j=1,2,\cdots,n_i$,$Q_i=\sum_{j=1}^{n_i}X_{ij}^2$,$i=1,2,\cdots,k$.又若诸$X_{ij}$相互独立,显然$\sum_{i=1}^{k}Q_i=\sum_{i=1}^{k}\sum_{j=1}^{n_i}X_{ij}^2\sim\chi^2(\sum_{i=1}^{k}n_i)$.反过来也成立,即对一组独立同分布的标准正态变量$X_1,X_2,\cdots,X_n$,

按任意分组后，设第 i 组有 n_i 个标准正态变量，组平方和记为 Q_i，那么由 $Q=\sum_{i=1}^{k}Q_i, n=\sum_{i=1}^{k}n_i$，可知 $Q_i \sim \chi^2(n_i)$，且 Q_i 之间相互独立. 更一般地，对 $X_1,X_2,\cdots,X_n$ 的二次型，上述结论也成立，此即以下 Cochran 分解定理.

定理 1.8（Cochran 分解定理） 设 $X_1,X_2,\cdots,X_n$ 是独立同分布的随机变量，$X_i \sim N(0,1)$，$i=1,2,\cdots,n$，$Q_i(i=1,2,\cdots,k)$ 是 $X_1,X_2,\cdots,X_n$ 的二次型，其秩为 n_i. 如果

$$Q_1+Q_2+\cdots+Q_k=\sum_{i=1}^{n}X_i^2, \quad 且 \sum_{i=1}^{k}n_i=n,$$

则

$$Q_i \sim \chi^2(n_i), \quad i=1,2,\cdots,k,$$

且 $Q_1,Q_2,\cdots,Q_k$ 相互独立.

证明 由二次型 Q_i 的秩为 n_i 及线性代数知识可知，Q_i 必可表为

$$Q_i=\sum_{j=1}^{n_i}\left[\pm(P_{j1}^{(i)}X_1+\cdots+P_{jn}^{(i)}X_n)^2\right], \quad i=1,2,\cdots,k,$$

其中 ± 号表示每项系数可为 +1 或 −1，记

$$\boldsymbol{P}=\begin{pmatrix} P_{11}^{(1)} & \cdots & P_{1n}^{(1)} \\ \vdots & & \vdots \\ P_{n_1 1}^{(1)} & \cdots & P_{n_1 n}^{(1)} \\ \vdots & & \vdots \\ P_{11}^{(k)} & \cdots & P_{1n}^{(k)} \\ \vdots & & \vdots \\ P_{n_k 1}^{(k)} & \cdots & P_{n_k n}^{(k)} \end{pmatrix},$$

由于 $\sum_{i=1}^{k}n_i=n$，所以 $\boldsymbol{P}$ 是一个 n 阶方阵，各行向量依次为 $\boldsymbol{P}_{j1}^{(i)},\boldsymbol{P}_{j2}^{(i)},\cdots,\boldsymbol{P}_{jn}^{(i)}, j=1,2,\cdots,n_i, i=1,2,\cdots,k$. 记

$$\boldsymbol{Y}=(Y_1,Y_2,\cdots,Y_n)^{\mathrm{T}}, \qquad \boldsymbol{X}=(X_1,X_2,\cdots,X_n)^{\mathrm{T}},$$

作变换

$$\boldsymbol{Y}=\boldsymbol{P}\boldsymbol{X}, \tag{1.3.8}$$

则

$$Q_i=\sum_{j=n_1+\cdots+n_{i-1}+1}^{n_1+\cdots+n_{i-1}+n_i}(\pm Y_j^2), \tag{1.3.9}$$

$$\boldsymbol{X}^{\mathrm{T}}\boldsymbol{X}=\sum_{i=1}^{k}Q_i=\boldsymbol{Y}^{\mathrm{T}}\boldsymbol{\Delta}\boldsymbol{Y}=\boldsymbol{X}^{\mathrm{T}}\boldsymbol{P}^{\mathrm{T}}\boldsymbol{\Delta}\boldsymbol{P}\boldsymbol{X},$$

其中 $\boldsymbol{\Delta}$ 是主对角线上元素可为 +1 或 −1 的 n 阶对角阵，因此

$$\boldsymbol{P}^{\mathrm{T}}\boldsymbol{\Delta}\boldsymbol{P}=\boldsymbol{I}_n, \tag{1.3.10}$$

由式(1.3.10)可知 $|\boldsymbol{P}|\neq 0$. 即 $\boldsymbol{P}^{-1}$ 存在，且 $\boldsymbol{P}\boldsymbol{P}^{\mathrm{T}}>\boldsymbol{0}$.

$$\boldsymbol{\Delta}=(\boldsymbol{P}^{\mathrm{T}})^{-1}\boldsymbol{P}^{-1}=(\boldsymbol{P}\boldsymbol{P}^{\mathrm{T}})^{-1}>\boldsymbol{0},$$

这说明 $\boldsymbol{\Delta}$ 的主对角线上元素不能取 −1（相应地式(1.3.9)中也不取 −1），即 $\boldsymbol{\Delta}=\boldsymbol{I}_n$. 因此，$\boldsymbol{P}\boldsymbol{P}^{\mathrm{T}}=\boldsymbol{I}_n$，$\boldsymbol{P}$ 为正交阵. 于是由独立标准正态变量在正交变换下的分布不变性（见本节多元正态分

布性质5)可知 $\boldsymbol{Y} \sim N(\boldsymbol{0},\boldsymbol{I}_n)$,因此由式(1.3.9)可知 $Q_i(i=1,2,\cdots,k)$ 相互独立,且 $Q_i \sim \chi^2(n_i)$.

Cochran 定理是 χ^2 分布性质 3 的逆定理,它在以后的方差分析中将起到非常重要的作用.

R 函数中 pchisp 及 qchisq 分别用于计算 χ^2 分布的概率及分位数.

二、Beta 分布族

定义 1.9 若随机变量 X 具有密度函数

$$f(x;a,b)=\frac{\Gamma(a+b)}{\Gamma(a)\Gamma(b)}x^{a-1}(1-x)^{b-1},\qquad 0<x<1, \tag{1.3.11}$$

则称 X 所服从的分布为 Beta 分布,记作 $X \sim \mathrm{Be}(a,b)$,其中 $a>0, b>0$ 是两个参数. $\{\mathrm{Be}(a,b):a>0,b>0\}$ 称为 Beta **分布族**.

图 1.5 给出了某些参数下 Beta 分布的密度函数图形.

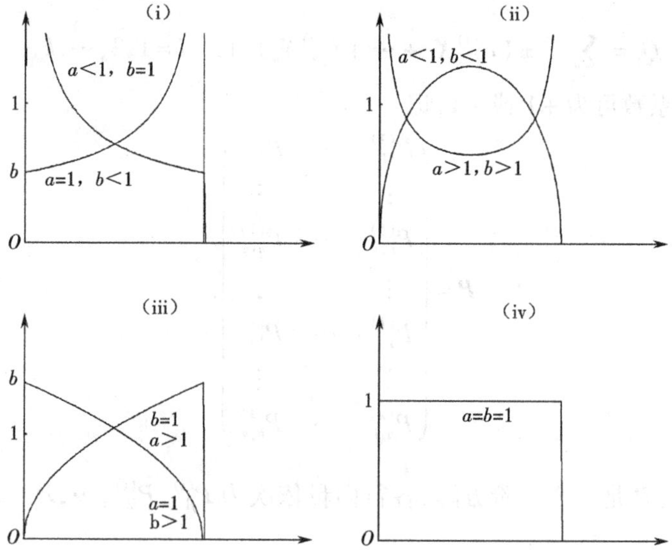

图 1.5 Beta 分布的密度函数

容易得到 Beta 分布的 k 阶矩为

$$\mathrm{E}(X^k)=\frac{\Gamma(a+b)\Gamma(a+k)}{\Gamma(a)\Gamma(a+b+k)}, \tag{1.3.12}$$

特别有

$$\mathrm{E}(X)=\frac{a}{a+b},\qquad \mathrm{Var}(X)=\frac{ab}{(a+b)^2(a+b+1)}. \tag{1.3.13}$$

显然由定义 1.9 可见,当 $a=b=1$ 时,Be(1,1) 分布就是 (0,1) 上的均匀分布 $R(0,1)$.

如果希望计算 Beta 分布的概率,可以调用 R 函数 pbeta,而以下程序画出如图 1.5 的 Be(2,2) 密度曲线.

```
> x <—seq(0,1,0.01)
> plot(x,dbeta(x,2,2),type = |"l")
```

定理1.9 若 $X_1 \sim \chi^2(n_1)$，$X_2 \sim \chi^2(n_2)$，且 X_1, X_2 相互独立，则 $\frac{X_1}{X_1+X_2} \sim \text{Be}\left(\frac{n_1}{2},\frac{n_2}{2}\right)$，且

$$F = \frac{X_1/n_1}{X_2/n_2} \sim F(n_1, n_2),$$

其中 $F(n_1,n_2)$ 表示自由度为 n_1, n_2 的 F 分布. $F(n_1,n_2)$ 分布是由英国统计学家 R. A. Fisher 和 G. Snedecor 在20世纪20年代提出的，密度函数为

$$\frac{\Gamma\left(\frac{n_1+n_2}{2}\right)}{\Gamma\left(\frac{n_1}{2}\right)\Gamma\left(\frac{n_2}{2}\right)}\left(\frac{n_1}{n_2}\right)^{\frac{n_1}{2}}\frac{y^{\frac{n_1}{2}-1}}{\left(1+\frac{n_1}{n_2}y\right)^{\frac{n_1+n_2}{2}}}, \qquad y \geqslant 0. \tag{1.3.14}$$

证明 由 X_1 和 X_2 的独立性，可知 (X_1,X_2) 的联合概率密度函数为

$$\frac{1}{2^{\frac{n_1+n_2}{2}}\Gamma\left(\frac{n_1}{2}\right)\Gamma\left(\frac{n_2}{2}\right)}e^{-\frac{x_1+x_2}{2}}x_1^{\frac{n_1}{2}-1}x_2^{\frac{n_2}{2}-1}, \qquad x_1>0, x_2>0.$$

作变换

$$\begin{cases} y_1 = x_1 + x_2, \\ y_2 = \dfrac{x_1}{x_1+x_2}. \end{cases} \quad \text{或} \quad \begin{cases} x_1 = y_1 y_2, \\ x_2 = y_1(1-y_2). \end{cases}$$

变换的 Jacobi 行列式为

$$J = \begin{vmatrix} y_2 & y_1 \\ 1-y_2 & -y_1 \end{vmatrix} = -y_1,$$

因此，随机变量 $Y_1 = X_1 + X_2$，$Y_2 = \frac{X_1}{X_1+X_2}$ 的联合概率密度函数为

$$\frac{1}{2^{\frac{n_1+n_2}{2}}\Gamma\left(\frac{n_1}{2}\right)\Gamma\left(\frac{n_2}{2}\right)}e^{-\frac{y_1}{2}}y_1^{\frac{n_1+n_2}{2}-1}y_2^{\frac{n_1}{2}-1}(1-y_2)^{\frac{n_2}{2}-1}$$

$$=\frac{1}{2^{\frac{n_1+n_2}{2}}\Gamma\left(\frac{n_1+n_2}{2}\right)}e^{-\frac{y_1}{2}}y_1^{\frac{n_1+n_2}{2}-1}\frac{\Gamma(\frac{n_1+n_2}{2})}{\Gamma\left(\frac{n_1}{2}\right)\Gamma(\frac{n_2}{2})}y_2^{\frac{n_1}{2}-1}(1-y_2)^{\frac{n_2}{2}-1}.$$

显然 Y_1, Y_2 相互独立，且 $Y_1 \sim \chi^2(n_1+n_2)$，$Y_2 = \frac{X_1}{X_1+X_2} \sim \text{Be}\left(\frac{n_1}{2},\frac{n_2}{2}\right)$.

又若作变换

$$\begin{cases} y_1 = x_1 + x_2, \\ y_2 = \dfrac{x_1/n_1}{x_2/n_2}, \end{cases}$$

完全类似于上述方法可以得到 $Y_2 = \frac{X_1/n_1}{X_2/n_2}$ 的分布密度函数为式(1.3.14).

如果令 $x = n_2/(n_2+n_1 y)$，$a = n_1/2$，$b = n_2/2$，不难验证可以将式(1.3.14)变换成式

(1.3.11)形式.

系 1　若 $X \sim F(n_1, n_2)$，则

$$\frac{CX}{1+CX} \sim \mathrm{Be}\left(\frac{n_1}{2}, \frac{n_2}{2}\right), \tag{1.3.15}$$

其中 $C = n_1/n_2$，反之亦然.

系 2　若 $X_1 \sim \chi^2(n_1)$，$X_2 \sim \chi^2(n_2)$，且 X_1, X_2 相互独立，则 $Y_1 = X_1 + X_2$ 与 $Y_2 = X_1/X_2$ 相互独立.

F 分布具有以下性质.

性质 1　若 $X \sim F(n_1, n_2)$，则 $1/X \sim F(n_2, n_1)$（习题 1.19(1)）.

性质 2　若 $X \sim F(n_1, n_2)$，则对 $n_1 < 2k < n_2$，有

$$\mathrm{E}(X^k) = \left(\frac{n_2}{n_1}\right)^k \frac{\Gamma\left(k + \frac{n_1}{2}\right)\Gamma\left(\frac{n_2}{2} - k\right)}{\Gamma\left(\frac{n_1}{2}\right)\Gamma\left(\frac{n_2}{2}\right)}. \tag{1.3.16}$$

特别地，对 $n_2 > 4$，有

$$\mathrm{E}(X) = \frac{n_2}{n_2 - 2}, \quad \mathrm{Var}(X) = \frac{2n_2^2(n_1 + n_2 - 2)}{n_1(n_2 - 2)^2(n_2 - 4)}.$$

图 1.6 给出了某些 $F(n_1, n_2)$ 分布的概率密度函数图像.

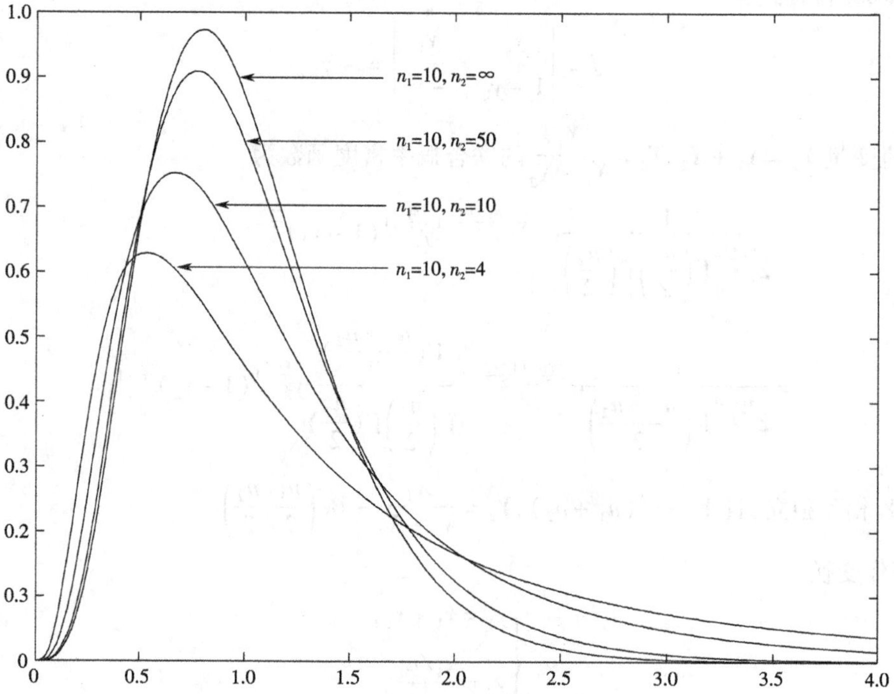

图 1.6　F 分布的概率密度函数

R 函数中 pf 及 qf 分别用于计算 F 分布的概率及分位数.

三、t 分布族

定义 1.10 设随机变量 $X \sim N(0,1)$，$Y \sim \chi^2(n)$，且 X,Y 相互独立，则称随机变量

$$T = \frac{X}{\sqrt{Y/n}} \tag{1.3.17}$$

所服从的分布为 n 个自由度的 t 分布，记作 $T \sim t(n)$.

这个分布是由 S. Gosset 以笔名 Student 于 1908 年提出的，因此有时也称学生分布，当时他是英国一家酿酒厂的酿酒化学技师.

定理 1.10 $t(n)$ 分布的密度函数为

$$t(x;n) = \frac{\Gamma\left(\frac{n+1}{2}\right)}{\Gamma\left(\frac{n}{2}\right)\sqrt{n\pi}}\left(1+\frac{x^2}{n}\right)^{-\frac{n+1}{2}}, \qquad -\infty < x < \infty. \tag{1.3.18}$$

证明 由 $t(n)$ 分布的定义 1.10 中的条件可知，(X,Y) 的联合分布密度函数为

$$Ce^{-\frac{x^2}{2}}e^{-\frac{y}{2}}y^{\frac{n}{2}-1}, \qquad -\infty < x < \infty, y > 0,$$

其中 C 是某个常数. 作变换

$$\begin{cases} x = r\sin\theta, & r > 0, \\ y = r^2\cos^2\theta, & -\frac{\pi}{2} < \theta < \frac{\pi}{2}. \end{cases}$$

变换的 Jacobi 行列式为

$$J = -2r^2\cos\theta.$$

因此随机变量 (R,Θ) 的联合分布密度函数为

$$2Ce^{-\frac{r^2}{2}}r^n(\cos\theta)^{n-1}, \qquad r > 0, -\frac{\pi}{2} < \theta < \frac{\pi}{2}.$$

可见，R,Θ 相互独立，Θ 的分布密度函数是

$$C_1(\cos\theta)^{n-1}, \qquad -\frac{\pi}{2} < \theta < \frac{\pi}{2}.$$

其中 $\frac{1}{C_1} = \int_{-\frac{\pi}{2}}^{\frac{\pi}{2}}(\cos\theta)^{n-1}d\theta = \Gamma\left(\frac{1}{2}\right)\Gamma\left(\frac{n}{2}\right)\Big/\Gamma\left(\frac{n+1}{2}\right)$，而 $t = \frac{x}{\sqrt{y/n}} = \sqrt{n}\tan\theta$，则 $\cos\theta = \left(1+\frac{t^2}{n}\right)^{-\frac{1}{2}}$，$\frac{dt}{d\theta} = \sqrt{n}\sec^2\theta = \sqrt{n}\left(1+\frac{t^2}{n}\right)$，由此得到 T 的概率密度函数为

$$\begin{aligned} t(x;n) &= C_1\left(1+\frac{x^2}{n}\right)^{-\frac{n-1}{2}}\left[\sqrt{n}\left(1+\frac{x^2}{n}\right)\right]^{-1} \\ &= \frac{\Gamma\left(\frac{n+1}{2}\right)}{\Gamma\left(\frac{1}{2}\right)\Gamma\left(\frac{n}{2}\right)\sqrt{n}}\left(1+\frac{x^2}{n}\right)^{-\frac{n+1}{2}} \\ &= \frac{\Gamma\left(\frac{n+1}{2}\right)}{\Gamma\left(\frac{n}{2}\right)\sqrt{n\pi}}\left(1+\frac{x^2}{n}\right)^{-\frac{n+1}{2}}. \end{aligned}$$

系 若 $X\sim N(\mu,\sigma^2)$，$Y/\sigma^2\sim\chi^2(n)$，且 X,Y 相互独立，则

$$T=\frac{X-\mu}{\sqrt{Y/n}}\sim t(n). \tag{1.3.19}$$

利用 Gamma 函数的 Stirling 公式 $\ln\Gamma(x)=\left(x-\frac{1}{2}\right)\ln x-x+\frac{1}{2}\ln 2\pi+R(x)$，其中

$$R(x)=\frac{1}{12x}-\frac{1}{360x^3}+o\left(\frac{1}{x^3}\right)\to 0,\quad x\to\infty.$$

可以证明

$$\lim_{n\to\infty}t(x;n)=\frac{1}{\sqrt{2\pi}}\mathrm{e}^{-\frac{x^2}{2}}. \tag{1.3.20}$$

因此对较大的 n，$t(n)$ 分布接近于标准正态分布，但对较小的 n，有

$$\Pr\{|T|\geqslant t_0\}\geqslant\Pr\{|X|\geqslant t_0\},$$

即若 $T\sim t(n)$，$X\sim N(0,1)$，则对较小的 n 及较大的 $t_0>0$，$\{|T|\geqslant t_0\}$ 的概率比 $\{|X|\geqslant t_0\}$ 的概率大，或者说 t 分布的尾部有着更大的概率. 由式(1.3.18)可见，t 分布的密度函数关于 x 是对称的，且 $\lim_{|x|\to\infty}t(x;n)=0$.

图 1.7 给出了当 $n=1,5,10,\infty$ 时，$t(n)$ 分布的密度函数图像.

R 函数中 pt 和 qt 分别用于计算 t 分布的概率和分位数.

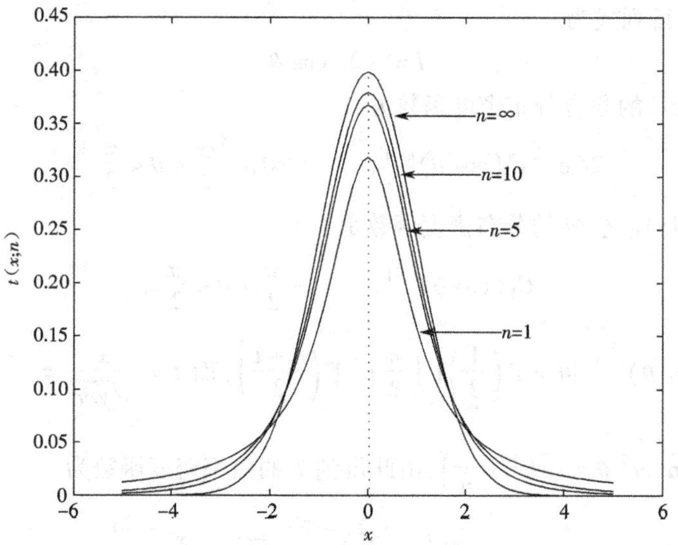

图 1.7　t 分布的密度函数

关于 t 分布有以下性质.

性质 1　设 $T\sim t(n)$，$n\geqslant 1$，只存在 $k(<n)$ 阶矩，且

$$
\mathrm{E}(T^k)=\begin{cases}0, & k\text{ 是奇数;}\\ n^{\frac{k}{2}}\dfrac{\Gamma\left(\frac{k+1}{2}\right)\Gamma\left(\frac{n-k}{2}\right)}{\Gamma\left(\frac{1}{2}\right)\Gamma\left(\frac{n}{2}\right)}, & k\text{ 是偶数.}\end{cases} \tag{1.3.21}
$$

当 $n=1$ 时，$t(x;1)=\frac{1}{\pi}\frac{1}{1+x^2}$ 即为 Cauchy 分布. 大家知道 Cauchy 分布不存在任何阶矩.

特别当 $n>2$ 时，有

$$
\mathrm{E}(T)=0,\quad \mathrm{Var}(T)=\frac{n}{n-2}. \tag{1.3.22}
$$

一般地，如果对某个正整数 k，使得 $\int_0^{\infty}x^kf(x)\,\mathrm{d}x=+\infty$，则称分布 $f(x)$ 是**厚尾的**(Heavy Tailed). 因此，t 分布是厚尾的.

性质 2 若 $X\sim t(n)$，则 $X^2\sim F(1,n)$.

性质 3 若 $X\sim t(n)$，则 $Y=\frac{n}{n+X^2}\sim \mathrm{Be}\left(\frac{n}{2},\frac{1}{2}\right)$.

作为练习，读者可自己证明这些性质.

χ^2 分布、t 分布和 F 分布在数理统计中占有极重要的地位，这三个分布都是由正态分布导出的，因此在处理正态随机变量的观测值时，它们起着核心作用.

附表 2 只给出了 $n\leqslant 39$ 时的 $\chi^2(n)$ 分布的分位数. Fisher 证明了当 $n\to\infty$ 时，$\sqrt{2\chi^2}$ 渐近服从正态分布 $N(\sqrt{2n-1},1)$，即对较大的 n，$\sqrt{2\chi^2}-\sqrt{2n-1}$ 近似地服从 $N(0,1)$ 分布，从而有

$$
\sqrt{2\chi_\alpha^2(n)}-\sqrt{2n-1}=u_\alpha, \tag{1.3.23}
$$

其中 $\chi_\alpha^2(n)$ 表示 $\chi^2(n)$ 的分布 α 分位数，u_α 表示标准正态分布 $N(0,1)$ 的 α 分位数，由上式可得

$$
\chi_\alpha^2(n)=\frac{1}{2}(u_\alpha+\sqrt{2n-1})^2. \tag{1.3.24}
$$

较详细的 $\chi^2(n)$ 分布分位数表，可见 GB 4086.2—1983.

附表 3 给出了 $t(n)$ 分布的分位数，更详细的表见 GB 4086.3—1983.

附表 4 给出了 $F(n_1,n_2)$ 分布的分位数，表中只对较大的 $\alpha(>1/2)$ 给出了分位数，对较小的 $\alpha(<1/2)$，由于(习题 1.20)

$$
\frac{1}{F_\alpha(n_1,n_2)}=F_{1-\alpha}(n_2,n_1), \tag{1.3.25}
$$

故无须再在表中列出这些分位数. 更详细的表见 GB 4086.4—1983.

R 中有许多函数用于计算常见分布的分布函数、密度函数及分位数函数值，例如 qchisq, qt, qf 可以直接计算以上三个分布的分位数，就无须查表了. pnorm(x) 计算标准正态分布函数 $\Phi(x)$ 在 x 处的值. 因此，为了得到本书附表 1，只要输入命令

```
> x <— c(0:60) * 0.05
> pnorm(x)
```

即可. 同样，为了得到附表 2 的 χ^2 分布分位数表，输入命令

```
> qchisq(0.01,1:39)
```

就能给出第 3 列自由度从 1 到 39 的 χ^2 分布的 $\alpha=0.01$ 分位数.

四、多元正态分布

无论从理论还是应用角度,正态分布都是非常重要的. 多元正态分布是数理统计中最常用的分布之一,它是一元正态分布的推广. 为方便起见,在这一段与以后涉及多元正态分布时,我们记 $\boldsymbol{X}=(X_1,X_2,\cdots,X_n)^{\mathrm{T}}$,$\boldsymbol{a}=(a_1,a_2,\cdots,a_n)^{\mathrm{T}}$,$\boldsymbol{x}=(x_1,x_2,\cdots,x_n)^{\mathrm{T}}$ 表示列向量,而 $\boldsymbol{B}=(b_{ij})_{n\times n}$表示矩阵,注意这里记号不至于与前面混淆.

定义 1.11 若随机向量 $\boldsymbol{X}$ 的联合分布密度函数为

$$f(\boldsymbol{x})=\frac{1}{(2\pi)^{\frac{n}{2}}|\boldsymbol{B}|^{\frac{1}{2}}}\exp\{[-\frac{1}{2}(\boldsymbol{x}-\boldsymbol{a})^{\mathrm{T}}\boldsymbol{B}^{-1}(\boldsymbol{x}-\boldsymbol{a})]\},\tag{1.3.26}$$

其中 $\boldsymbol{B}$ 为正定阵,$|\boldsymbol{B}|$为其行列式,$\boldsymbol{B}^{-1}$是 $\boldsymbol{B}$ 的逆矩阵. 则称随机向量 $\boldsymbol{X}$ 所服从的分布为**多元正态分布**(Multivariate Normal Distribution),简记为 $\boldsymbol{X}\sim N_n(\boldsymbol{a},\boldsymbol{B})$.

若随机向量 $\boldsymbol{X}\sim N_n(\boldsymbol{a},\boldsymbol{B})$,则有特征函数

$$\varphi(\boldsymbol{t})=\exp\{\mathrm{i}\boldsymbol{a}^{\mathrm{T}}\boldsymbol{t}-\frac{1}{2}\boldsymbol{t}^{\mathrm{T}}\boldsymbol{B}\boldsymbol{t}\},\tag{1.3.27}$$

其中 $\boldsymbol{t}^{\mathrm{T}}=(t_1,t_2,\cdots,t_n)$.

注意当 $\boldsymbol{B}$ 为非负定阵时,式(1.3.27)也成立. 由唯一性定理,利用特征函数便可将多元正态分布推广到较一般的 $\boldsymbol{B}$ 为非负定对称阵情况,这就引进了多元正态分布的一般定义.

设 $\boldsymbol{X}=(X_1,X_2,\cdots,X_n)^{\mathrm{T}}$,$\boldsymbol{Y}=(Y_1,Y_2,\cdots,Y_m)^{\mathrm{T}}$ 是两个随机向量,$\boldsymbol{Z}=(Z_{ij})_{r\times s}$是随机矩阵,记

$$\begin{aligned}&\mathrm{E}(\boldsymbol{X})=(\mathrm{E}(X_1),\cdots,\mathrm{E}(X_n))^{\mathrm{T}},\mathrm{E}(\boldsymbol{Z})=(\mathrm{E}(Z_{ij}))_{r\times s},\\&\mathrm{Var}(\boldsymbol{X})=\mathrm{E}(\boldsymbol{X}-E(\boldsymbol{X}))(\boldsymbol{X}-\mathrm{E}(\boldsymbol{X}))^{\mathrm{T}}\\&=\begin{pmatrix}\mathrm{Var}(X_1)&\mathrm{Cov}(X_1,X_2)&\cdots&\mathrm{Cov}(X_1,X_n)\\\mathrm{Cov}(X_2,X_1)&\mathrm{Var}(X_2)&\cdots&\mathrm{Cov}(X_2,X_n)\\\vdots&\vdots&&\vdots\\\mathrm{Cov}(X_n,X_1)&\mathrm{Cov}(X_n,X_2)&\cdots&\mathrm{Var}(X_n)\end{pmatrix},\end{aligned}\tag{1.3.28}$$

其中 $\mathrm{Var}(X_i)$为 X_i的方差,$\mathrm{Cov}(X_i,X_j)$为 X_i和 X_j的协方差. 在此顺便指出,称

$$\rho_{ij}=\frac{\mathrm{Cov}(X_i,X_j)}{\sqrt{\mathrm{Var}(X_i)\mathrm{Var}(X_j)}}$$

为 X_i与 X_j之间的线性相关系数,简称为相关系数.

$$\begin{aligned}&\mathrm{Cov}(\boldsymbol{X},\boldsymbol{Y})=(\mathrm{Cov}(\boldsymbol{Y},\boldsymbol{X}))^{\mathrm{T}}=\mathrm{E}(\boldsymbol{X}-\mathrm{E}(\boldsymbol{X}))(\boldsymbol{Y}-\mathrm{E}(\boldsymbol{Y}))^{\mathrm{T}}\\&=\begin{pmatrix}\mathrm{Cov}(X_1,Y_1)&\cdots&\mathrm{Cov}(X_1,Y_m)\\\vdots&&\vdots\\\mathrm{Cov}(X_n,Y_1)&\cdots&\mathrm{Cov}(X_n,Y_m)\end{pmatrix},\end{aligned}\tag{1.3.29}$$

$\mathrm{E}(\boldsymbol{X})$称为 $\boldsymbol{X}$ 的数学期望(均值),$\mathrm{Var}(\boldsymbol{X})$或 $\mathrm{Cov}(\boldsymbol{X},\boldsymbol{X})$称为 $\boldsymbol{X}$ 的协方差阵,$\mathrm{Cov}(\boldsymbol{X},\boldsymbol{Y})$称为 $\boldsymbol{X}$ 和 $\boldsymbol{Y}$ 的协方差阵.

定义 1.12 设 $\boldsymbol{X}=(X_1,X_2,\cdots,X_n)^{\mathrm{T}}$ 是一个 n 维随机向量，且

$$\mathrm{E}(\boldsymbol{X})=\boldsymbol{a},\qquad \mathrm{Var}(\boldsymbol{X})=\boldsymbol{B},$$

其中 $\boldsymbol{a},\boldsymbol{B}$ 分别是 n 维实向量和 n 阶非负定对称阵. 若随机向量 $\boldsymbol{X}$ 的特征函数为

$$\varphi(\boldsymbol{t})=\exp\{\mathrm{i}\boldsymbol{t}^{\mathrm{T}}\boldsymbol{a}-\frac{1}{2}\boldsymbol{t}^{\mathrm{T}}\boldsymbol{B}\boldsymbol{t}\},$$

则称随机向量 $\boldsymbol{X}$ 所服从的分布为 n **元正态分布**，$\boldsymbol{X}$ 称为 n **元正态随机向量**.

当 $|\boldsymbol{B}|=0$ 时，密度函数无法写出. 但可以证明，若 $\boldsymbol{B}$ 的秩为 r，$\mathrm{rank}(B)=r(r<n)$，这时概率分布集中在 r 维子空间上，这种正态分布称为退化，r 称为这个分布的秩.

下面给出多元正态分布的一些最基本性质.

性质 1 若 $\boldsymbol{X}\sim N_n(\boldsymbol{a},\boldsymbol{B})$，则对 $\boldsymbol{X}$ 的任一子向量 $\widetilde{\boldsymbol{X}}^{\mathrm{T}}=(X_{k_1},X_{k_2},\cdots,X_{k_m})(m\leqslant n)$，有

$$\widetilde{\boldsymbol{X}}\sim N_m(\widetilde{\boldsymbol{a}},\widetilde{\boldsymbol{B}}),\tag{1.3.30}$$

其中 $\widetilde{\boldsymbol{a}}=(a_{k_1},a_{k_2},\cdots,a_{k_m})^{\mathrm{T}}$，$\widetilde{\boldsymbol{B}}$ 是 $\boldsymbol{B}$ 中保留 $k_1,k_2,\cdots,k_m$ 行、列所得的 m 阶子矩阵.

性质 1 说明多元正态分布的边缘分布仍是正态分布，但反之未必成立.

特别地，若 $\boldsymbol{X}\sim N_n(\boldsymbol{a},\boldsymbol{B})$，则 $X_j\sim N(a_j,b_{jj})$，$j=1,\cdots,n$. X_j 的特征函数为

$$\varphi_j(t)=\exp\{\mathrm{i}a_jt-\frac{1}{2}b_{jj}t^2\}.$$

性质 2 若 $\boldsymbol{X}\sim N_n(\boldsymbol{a},\boldsymbol{B})$，则

$$\mathrm{E}(\boldsymbol{X})=\boldsymbol{a},\qquad \mathrm{Var}(\boldsymbol{X})=\boldsymbol{B}.\tag{1.3.31}$$

因此，n 元正态分布由它的前二阶矩完全确定.

记
$$\boldsymbol{X}=\begin{pmatrix}\boldsymbol{X}_1\\ \boldsymbol{X}_2\end{pmatrix},\qquad \boldsymbol{a}=\begin{pmatrix}\boldsymbol{a}_1\\ \boldsymbol{a}_2\end{pmatrix},\qquad \boldsymbol{B}=\begin{pmatrix}\boldsymbol{B}_{11} & \boldsymbol{B}_{12}\\ \boldsymbol{B}_{21} & \boldsymbol{B}_{22}\end{pmatrix},$$

使 $\boldsymbol{X}_1,\boldsymbol{a}_1$ 是 n_1 维向量，$\boldsymbol{X}_2,\boldsymbol{a}_2$ 是 n_2 维向量，$n_1+n_2=n$，将 $\boldsymbol{B}$ 也作适当的分块.

性质 3 若 $\boldsymbol{X}=\begin{pmatrix}\boldsymbol{X}_1\\ \boldsymbol{X}_2\end{pmatrix}\sim N_n(\boldsymbol{a},\boldsymbol{B})$，这里 $\boldsymbol{X}_1\sim N_{n_1}(\boldsymbol{a}_1,\boldsymbol{B}_{11})$，$\boldsymbol{X}_2\sim N_{n_2}(\boldsymbol{a}_2,\boldsymbol{B}_{22})$ 是 $\boldsymbol{X}$ 的两个子向量. $n_1+n_2=n$，则 $\boldsymbol{X}_1,\boldsymbol{X}_2$ 相互独立的充分必要条件为

$$\mathrm{Cov}(\boldsymbol{X}_1,\boldsymbol{X}_2)=\boldsymbol{B}_{12}=\boldsymbol{0}.\tag{1.3.32}$$

类似地，$\boldsymbol{X}$ 的子向量 $\boldsymbol{X}_1,\boldsymbol{X}_2,\cdots,\boldsymbol{X}_k$ 两两独立的充分必要条件是

$$\boldsymbol{B}_{ij}=\mathrm{Cov}(\boldsymbol{X}_i,\boldsymbol{X}_j)=\boldsymbol{0},\quad i\neq j,i,j=1,2,\cdots,k.\tag{1.3.33}$$

多元正态随机向量在线性变换下具有许多特殊的性质，这些性质有很重要的理论和实际意义. 下面的几个性质以后将要用到.

性质 4 若 $\boldsymbol{X}\sim N_n(\boldsymbol{a},\boldsymbol{B})$，$\boldsymbol{A}$ 是秩为 m 的 $m\times n$ 阶矩阵，$\boldsymbol{b}=(b_1,b_2,\cdots,b_m)^{\mathrm{T}}$ 是 m 维实向量. 设 $\boldsymbol{Y}=\boldsymbol{A}\boldsymbol{X}+\boldsymbol{b}$，则

$$\boldsymbol{Y}\sim N_m(\boldsymbol{A}\boldsymbol{a}+\boldsymbol{b},\boldsymbol{A}\boldsymbol{B}\boldsymbol{A}^{\mathrm{T}}).\tag{1.3.34}$$

这个性质表明正态变量在线性变换下还是正态变量，即正态变量的线性变换不变性.

性质 5 若 $\boldsymbol{X}\sim N_n(\boldsymbol{a},\boldsymbol{B})$，则存在一个正交变换 $\boldsymbol{\Gamma}$，使 $\boldsymbol{Y}=\boldsymbol{\Gamma}(\boldsymbol{X}-\boldsymbol{a})$ 的各分量是相互独立、均值都为零的正态变量.

特别地，若 $\boldsymbol{X} \sim N_n(\mathbf{0},\sigma^2\boldsymbol{I}_n)$，则 $\boldsymbol{Y}=\boldsymbol{\Gamma X} \sim N_n(\mathbf{0},\sigma^2\boldsymbol{I}_n)$. 此处 $\boldsymbol{I}_n$是 n 阶单位阵. 即由独立标准正态随机变量 $X_1,X_2,\cdots,X_n$组成的随机向量 $\boldsymbol{X}$，在正交变换 $\boldsymbol{\Gamma}$ 下保持分布不变性.

R 中有多个软件包与多元正态分布有关，这里列出几个，例如 mvtnowm 是计算多元正态与多元 t 分布的，mvnormtest 用于多元正态性检验，mvoutlier 可检出多元异常值，mvnmle 用于有缺失值(Missing Values)时的多元正态分布参数极大似然估计等.

五、指数型分布族

以上介绍了一些统计中常用的分布族，这些分布表面上看来各不一样，然而它们可以统一在所谓"指数型分布族"之下. 指数型分布族不仅仅是形式上的统一，而且指出了某些分布的共同特性，有许多问题在指数型分布族中能得到比较满意的回答. 下面给出指数型分布族的定义，并举例说明.

定义 1.13 设 $\mathscr{F}=\{f(x;\theta):\theta\in\Theta\}$ 是分布族. 如果样本$(X_1,X_2,\cdots,X_n)$的联合密度函数(或分布列)$f(x_1,x_2,\cdots,x_n;\theta)$可以表示成

$$f(x_1,x_2,\cdots,x_n;\theta)=a(\theta)\exp\Big\{\sum_{j=1}^{k}Q_j(\theta)T_j(x_1,x_2,\cdots,x_n)\Big\}h(x_1,x_2,\cdots,x_n), \tag{1.3.35}$$

并且**支撑**(Support)$\{x:f(x;\theta)>0\}$不依赖于 θ，则称此分布族为指数型分布族，简称**指数族**(Exponential Families).

例 1.10 二项分布族$\{b(m,p):0<p<1\}$是单参数指数型分布族. 样本空间 $\aleph=\{(x_1,\cdots,x_n):x_i=0,1,\cdots,m,i=1,2,\cdots,n\}$，有样本$(X_1,X_2,\cdots,X_n)$的联合概率分布为

$$\begin{aligned}f(x_1,\cdots,x_n;p)&=\Big[\prod_{i=1}^{n}\binom{m}{x_i}\Big]p^{\sum_{i=1}^{n}x_i}(1-p)^{nm-\sum_{i=1}^{n}x_i}\\&=(1-p)^{nm}\exp\Big\{\sum_{i=1}^{n}x_i\ln\frac{p}{1-p}\Big\}\cdot\prod_{i=1}^{n}\binom{m}{x_i}.\end{aligned}$$

只要使 $a(p)=(1-p)^{nm}$，$Q_1(p)=\ln\dfrac{p}{1-p}$，$T_1(x_1,\cdots,x_n)=\sum_{i=1}^{n}x_i$，$h(x_1,\cdots,x_n)=\prod_{i=1}^{n}\binom{m}{x_i}$即可.

例 1.11 设 X 服从正态分布 $N(\mu,\sigma^2)$，样本空间为 n 维欧氏空间 R^n. 记 $\boldsymbol{x}=(x_1,x_2,\cdots,x_n)$，那么样本$(X_1,X_2,\cdots,X_n)$的分布密度为

$$\begin{aligned}f(\boldsymbol{x};\mu,\sigma^2)&=\left(\frac{1}{\sqrt{2\pi}\sigma}\right)^n\exp\Big[-\sum_{i=1}^{n}\frac{1}{2\sigma^2}(x_i-\mu)^2\Big]\\&=\left(\frac{1}{\sqrt{2\pi}\sigma}\right)^n\exp\left(-\frac{n\mu^2}{2\sigma^2}+\frac{n\mu}{\sigma^2}\bar{x}-\sum_{i=1}^{n}\frac{x_i^2}{2\sigma^2}\right)\\&=\left(\frac{1}{\sqrt{2\pi}\sigma}\right)^n\exp\left(-\frac{n\mu^2}{2\sigma^2}\right)\exp\left(\frac{n\mu}{\sigma^2}\bar{x}-\frac{1}{2\sigma^2}\sum_{i=1}^{n}x_i^2\right),\end{aligned}$$

只要使 $a(\mu,\sigma^2)=\left(\dfrac{1}{\sqrt{2\pi}\sigma}\right)^n\exp\left(-\dfrac{n\mu^2}{2\sigma^2}\right)$，$Q_1(\mu,\sigma^2)=\dfrac{n\mu}{\sigma^2}$，$Q_2(\mu,\sigma^2)=-\dfrac{1}{2\sigma^2}$，$T_1(\boldsymbol{x})=\bar{x}$，

$T_2(\boldsymbol{x}) = \sum_{i=1}^{n} x_i^2, h(\boldsymbol{x}) = 1$，因此正态分布族$\{N(\mu,\sigma^2): -\infty < \mu < \infty, \sigma^2 > 0\}$是多参数指数型分布族.

例 1.12 均匀分布族$\{R(-\theta,\theta): \theta > 0\}$不是指数型分布族，这是因为它的支撑$\{x: f(x;\theta) > 0\} = (-\theta,\theta)$依赖于未知参数$\theta$.

还可举出很多其他的例子. 读者不妨自已验证许多常见的重要分布族都是指数型分布族.

指数型分布族具有良好的分析性质. 有兴趣的读者可参阅文献[4].

§1.4 正态总体的样本均值和样本方差的分布

统计量在数理统计中占有极其重要的地位，是对总体的分布律或数字特征进行推断的基础，它也是随机变量，因此求统计量的分布成为数理统计的基本问题之一. 统计量的分布称为**抽样分布**(Sampling Distribution)，它与样本$(X_1,X_2,\cdots,X_n)$的分布不同.

设总体X的分布$F(x)$已知，对任一正整数n，得到某个统计量$T_n = T(X_1,X_2,\cdots,X_n)$的精确分布是非常重要的. 对小样本问题(即样本量$n$较小时的统计问题)可用近似公式计算，或借助计算机用随机模拟试验方法得到T_n的分布表. 但是，如果能用已知分布明显地表示统计量的分布，这时各种统计问题就容易处理了. 当然，一般说来这是困难的，只有在很少数的情况，如正态总体下，某几个统计量的分布才有较简单的结果. 对一维正态总体，上节介绍的三个重要分布——χ^2分布、t分布和F分布是相应统计量的精确分布.

若统计量T_n的精确分布求不出来，或表达式非常复杂不便应用时，如能求出它在$n\to\infty$时的极限分布，这对大样本问题(即样本量较大时的统计问题)的研究也是很有用处的.

正态总体在数理统计中有特别重要的地位，这是由于在某些限制下，许多实际应用中所遇到的随机变量，都可以认为是服从正态分布的或近似服从正态分布的；还由于某些常用统计量的精确分布可表示为已知的χ^2,t,F分布. 下面的定理为 R. A. Fisher 于 1925 年所证明.

定理 1.11 设$(X_1,X_2,\cdots,X_n)$是取自正态总体$N(\mu,\sigma^2)$的一个样本，$\bar{X} = \frac{1}{n}\sum_{i=1}^{n} X_i$，$S^2 = \frac{1}{n-1}\sum_{i=1}^{n}(X_i - \bar{X})^2$分别为样本均值和样本方差，则

(1)$\bar{X} \sim N(\mu,\sigma^2/n)$； (1.4.1)

(2)$\frac{1}{\sigma^2}\sum_{i=1}^{n}(X_i-\mu)^2 \sim \chi^2(n)$； (1.4.2)

(3)$(n-1)S^2/\sigma^2 \sim \chi^2(n-1)$； (1.4.3)

(4)$\bar{X}$和S^2相互独立.

证明 (1)显然成立.

(2)即定理 1.7 之系.

现在证明(3)和(4). 记

$$A=\begin{pmatrix} \frac{1}{\sqrt{1\times 2}} & -\frac{1}{\sqrt{1\times 2}} & 0 & \cdots & 0 & 0 \\ \vdots & \vdots & \vdots & & \vdots & \vdots \\ \frac{1}{\sqrt{(n-1)n}} & \frac{1}{\sqrt{(n-1)n}} & \frac{1}{\sqrt{(n-1)n}} & \cdots & \frac{1}{\sqrt{(n-1)n}} & -\frac{n-1}{\sqrt{(n-1)n}} \\ \frac{1}{\sqrt{n}} & \frac{1}{\sqrt{n}} & \frac{1}{\sqrt{n}} & \cdots & \frac{1}{\sqrt{n}} & \frac{1}{\sqrt{n}} \end{pmatrix},$$

容易验证 A 是正交阵. 作正交变换

$$Y=AX, \tag{1.4.4}$$

其中 $Y=(Y_1,Y_2,\cdots,Y_n)^{\mathrm{T}}, X=(X_1,X_2,\cdots,X_n)^{\mathrm{T}}$. 则有 $Y_n=\frac{1}{\sqrt{n}}\sum_{i=1}^{n} X_i=\sqrt{n}\,\bar{X}$;,由于正交变换性质 $\sum_{i=1}^{n} Y_i^2=\sum_{i=1}^{n} X_i^2=\sum_{i=1}^{n}(X_i-\bar{X})^2+n\bar{X}^2$,所以

$$\sum_{i=1}^{n-1} Y_i^2=\sum_{i=1}^{n}(X_i-\bar{X})^2=(n-1)S^2.$$

由多元正态分布性质 4 可知,$(X_1,X_2,\cdots,X_n)^{\mathrm{T}}\sim N_n(\mu\mathbf{1},\sigma^2 I_n)$,其中 $\mathbf{1}^{\mathrm{T}}=(1,1,\cdots,1)$ 是分量都为 1 的 n 维向量,则在正交变换(1.4.4)下,$(Y_1,Y_2,\cdots,Y_n)^{\mathrm{T}}\sim N_n(\mu A_1,\sigma^2 I_n)$,其中 $A_1=A\mathbf{1}=(0,0,\cdots,0,\sqrt{n})^{\mathrm{T}}$,因此 $Y_1,Y_2,\cdots,Y_n$ 是独立的正态变量,且

$$\mathrm{Var}(Y_i)=\sigma^2,\qquad i=1,2,\cdots,n,$$

$$\mathrm{E}(Y_i)=0,\qquad i=1,2,\cdots,n-1,\quad \mathrm{E}(Y_n)=\sqrt{n}\mu.$$

故由以上结论立即可知 $(n-1)S^2$ 与 $Y_n=\sqrt{n}\,\bar{X}$ 相互独立,且 $(n-1)S^2/\sigma^2=\sum_{i=1}^{n-1} Y_i^2/\sigma^2\sim\chi^2(n-1)$,这就完成了定理的证明.

这里顺便指出,虽然在 $(n-1)S^2/\sigma^2=\frac{1}{\sigma^2}\sum_{i=1}^{n}(X_i-\bar{X})^2$ 中也包含了 n 个正态变量 $(X_1-\bar{X}),(X_2-\bar{X}),\cdots,(X_n-\bar{X})$,但它们并不独立,而必须满足关系式 $\sum_{i=1}^{n}(X_i-\bar{X})=0$,因而与 $\frac{1}{\sigma^2}\sum_{i=1}^{n}(X_i-\mu)^2$ 相比,失去了一个自由度. 为将问题说得更清楚,考虑 $n=2$ 情况. 现在 $\bar{X}=\frac{1}{2}(X_1+X_2)$,因此

$$S^2=(X_1-\bar{X})^2+(X_2-\bar{X})^2=\frac{1}{2}(X_1-X_2)^2,$$

显然 $X_1-X_2\sim N(0,2\sigma^2)$,即 $\frac{X_1-X_2}{\sqrt{2}\sigma}\sim N(0,1)$,而得

$$\frac{(n-1)S^2}{\sigma^2}=\frac{(X_1-X_2)^2}{2\sigma^2}\sim\chi^2(1).$$

可以证明上述定理的逆也正确,即 $\bar{X}$ 与 S^2 的独立性仅当总体分布为正态时成立.

系 1

$$T=\frac{\bar{X}-\mu}{S}\sqrt{n}\sim t(n-1). \tag{1.4.5}$$

证明 由$\sqrt{n}(\bar{X}-\mu)/\sigma\sim N(0,1)$，$(n-1)S^2/\sigma^2\sim\chi^2(n-1)$，及$\bar{X}$与$S^2$的相互独立性可得

$$T=\frac{\sqrt{n}(\bar{X}-\mu)/\sigma}{\sqrt{(n-1)S^2/(n-1)\sigma^2}}=\frac{\bar{X}-\mu}{S}\sqrt{n}\sim t(n-1).$$

以下考虑分别来自两个不同正态总体的样本.

系 2 设$(X_1,X_2,\cdots,X_{n_1})$是取自正态总体$N(\mu_1,\sigma_1^2)$的一个样本，$(Y_1,Y_2,\cdots,Y_{n_2})$是取自正态总体$N(\mu_2,\sigma_2^2)$的一个样本，且$(X_1,X_2,\cdots,X_{n_1})$和$(Y_1,Y_2,\cdots,Y_{n_2})$相互独立，则

(1) $F=\dfrac{S_1^2/\sigma_1^2}{S_2^2/\sigma_2^2}\sim F(n_1-1,n_2-1)$； (1.4.6)

(2)若$\sigma_1^2=\sigma_2^2=\sigma^2$，有

$$T=\frac{(\bar{X}-\bar{Y})-(\mu_1-\mu_2)}{S_w\sqrt{\dfrac{1}{n_1}+\dfrac{1}{n_2}}}\sim t(n_1+n_2-2), \tag{1.4.7}$$

其中

$$\bar{X}=\frac{1}{n_1}\sum_{i=1}^{n_1}X_i,\quad S_1^2=\frac{1}{n_1-1}\sum_{i=1}^{n_1}(X_i-\bar{X})^2,$$

$$\bar{Y}=\frac{1}{n_2}\sum_{i=1}^{n_2}Y_i,\quad S_2^2=\frac{1}{n_2-1}\sum_{i=1}^{n_2}(Y_i-\bar{Y})^2,$$

$$S_w^2=\frac{(n_1-1)S_1^2+(n_2-1)S_2^2}{n_1+n_2-2},$$

S_w^2称为两个样本的**合并方差**(Pooled Variance).

证明 (1)由定理1.11可知$\dfrac{(n_1-1)S_1^2}{\sigma_1^2}\sim\chi^2(n_1-1)$，$\dfrac{(n_2-1)S_2^2}{\sigma_2^2}\sim\chi^2(n_2-1)$，且$S_1^2$和$S_2^2$相互独立. 故由定理1.9

$$F=\frac{\dfrac{(n_1-1)S_1^2}{\sigma_1^2}\Big/(n_1-1)}{\dfrac{(n_2-1)S_2^2}{\sigma_2^2}\Big/(n_2-1)}=\frac{S_1^2/\sigma_1^2}{S_2^2/\sigma_2^2}\sim F(n_1-1,n_2-1).$$

(2)由定理1.11可知$\bar{X}\sim N\left(\mu_1,\dfrac{\sigma^2}{n_1}\right)$，$(n_1-1)S_1^2/\sigma^2\sim\chi^2(n_1-1)$，且$\bar{X}$与$S_1^2$相互独立. $\bar{Y}\sim N\left(\mu_2,\dfrac{\sigma^2}{n_2}\right)$，$(n_2-1)S_2^2/\sigma^2\sim\chi^2(n_2-1)$，且$\bar{Y}$与$S_2^2$相互独立. 又已知$(X_1,X_2,\cdots,X_{n_1})$和$(Y_1,Y_2,\cdots,Y_{n_2})$相互独立，故$\bar{X}$，$\bar{Y}$相互独立，于是

$$\bar{X}-\bar{Y}\sim N\left(\mu_1-\mu_2,\sigma^2\left(\frac{1}{n_1}+\frac{1}{n_2}\right)\right),$$

或

$$\frac{\overline{X}-\overline{Y}-(\mu_1-\mu_2)}{\sigma\sqrt{\dfrac{1}{n_1}+\dfrac{1}{n_2}}}\sim N(0,1).$$

另一方面，由 S_1^2，S_2^2的独立性及χ^2分布的可加性知

$$\frac{(n_1-1)S_1^2}{\sigma^2}+\frac{(n_2-1)S_2^2}{\sigma^2}=\frac{(n_1+n_2-2)S_w^2}{\sigma^2}\sim\chi^2(n_1+n_2-2),$$

又 $\overline{X}$ 与 S_2^2，$\overline{Y}$与 S_1^2也是相互独立的，因而 $\overline{X}-\overline{Y}$与 S_w^2相互独立. 故按 t 分布的定义可知

$$\begin{aligned}T&=\frac{\overline{X}-\overline{Y}-(\mu_1-\mu_2)}{\sigma\sqrt{\dfrac{1}{n_1}+\dfrac{1}{n_2}}}\Bigg/\sqrt{\frac{(n_1+n_2-2)S_w^2}{(n_1+n_2-2)\sigma^2}}\\&=\frac{\overline{X}-\overline{Y}-(\mu_1-\mu_2)}{S_w\sqrt{\dfrac{1}{n_1}+\dfrac{1}{n_2}}}\sim t(n_1+n_2-2).\end{aligned}$$

§1.5 充分统计量和完备统计量

统计量的充分性和完备性是数理统计的两个重要基本概念，在参数估计和假设检验理论中都很有用. 本节将分别介绍这两个较难接受的概念.

一、充分统计量

在 §1.2，我们讨论了一大堆原始资料——样本观测值$(x_1,x_2,\cdots,x_n)$，经整理、加工后变换成一个简单的统计值 $T=T(x_1,x_2,\cdots,x_n)$，并将利用 T 的取值对总体进行种种统计推断. 现在考虑统计量 T 是否充分利用了样本中关于总体的全部信息. 如果 T 丢失了一些重要信息，那么基于它对总体的统计推断就达不到基于原始资料$(x_1,x_2,\cdots,x_n)$对总体所作的推断，这样的统计量当然不会是最好的；但也可能统计量 T 保存了样本中关于总体的全部重要信息，只丢掉了一些无关紧要的东西. 如果这样，就称统计量 $T(X_1,X_2,\cdots,X_n)$是总体的充分统计量.

例 1.13 为了解产品的不合格品率 p，检验员随机抽取了 10 件产品进行检查，发现第 3 件和第 9 件为不合格品，记作 $X_3=1$，$X_9=1$，其余都是合格品，记 $X_i=0$，$i=1,2,\cdots,10$，且 $i\neq3$，$i\neq9$. 当领导问及检验结果时，检验员作了如下两种回答：

(1) 10 件产品中有 2 件不合格品，即 $\sum\limits_{i=1}^{10}X_i=2$；

(2) 第 9 件产品不合格，即 $X_9=1$.

检验员不同的回答反映了他对样本的不同整理、加工方法，所用的统计量分别为

$$T_1=\sum_{i=1}^{10}X_i,\qquad T_2=X_9.$$

显然，第二种回答是不能令人满意的，因为 T_2不能包含样本中有关 p 的全部信息，而第一种回答却综合了样本中有关 p 的所有信息. 实际上，样本提供了两种信息：

(1)10 件产品中,不合格品出现了多少件;

(2)不合格品出现在哪几件产品上.

第二种信息对了解不合格品率并没有什么帮助. 例如在另一次检查中,除第 1 件及第 5 件为不合格品外,其余都为合格品. 这个结果与上面的样本观测值是不同的,但对了解不合格品率却没有什么区别,而第一种信息是十分重要的. 统计量 T_1 正是综合了样本中第一种信息,因此这个统计量是充分统计量.

定义 1.14 设 $(X_1,X_2,\cdots,X_n)$ 是从具有分布族 $\{F(x;\theta):\theta\in\Theta\}$ 的总体中抽取的一个样本,$T(X_1,X_2,\cdots,X_n)$ 是一统计量. 如果在给定 $T(X_1,X_2,\cdots,X_n)=t$ 下,$(X_1,X_2,\cdots,X_n)$ 的条件分布与未知参数 θ 无关,则称统计量 $T(X_1,X_2,\cdots,X_n)$ 是分布族 $\{F(x;\theta):\theta\in\Theta\}$ 的充分统计量,或称它是 θ 的**充分统计量**(Sufficient Statistic).

在实际应用时,条件分布可用条件分布列或条件分布密度函数来代替.

充分统计量概念是 R. A. Fisher 在 1922 年正式提出来的,他与天文学家 A. S. Eddington 争论这样一个问题,为估计测量精度的标准差 σ(正态分布),当时较常用的估计有两个:一个是样本标准差 S,另一个是绝对平均偏差 $d=\sqrt{\pi/2}\sum\limits_{i=1}^{n}|X_i-\bar{X}|\Big/n$. Fisher 赞成 S,Eddington 赞成 d,Fisher 在 1920 年的一篇文章中谈到:S 包含了有关 σ 的全部信息,而 d 则不然.

例 1.14(续例 1.13) 由定义 1.14 证明 $T_1=\sum\limits_{i=1}^{n}X_i$ 是 p 的充分统计量,而 $T_2=X_j$ 不是充分统计量.

事实上,来自两点分布总体,大小为 n 的样本的联合分布为

$$\Pr\{X_1=x_1,\cdots,X_n=x_n\}=p^{\sum\limits_{i=1}^{n}x_i}(1-p)^{n-\sum\limits_{i=1}^{n}x_i},$$

其中 x_i 非 0 即 1. 统计量 $T_1=\sum\limits_{i=1}^{n}X_i$ 服从二项分布 $b(n,p)$,所以在给定 $T_1=\sum\limits_{i=1}^{n}X_i=k$ 下,样本 $(X_1,X_2,\cdots,X_n)$ 的条件分布

$$\begin{aligned}\Pr\{X_1=x_1,\cdots,X_n=x_n\mid T_1=k;p\}&=\frac{\Pr\{X_1=x_1,\cdots,X_n=x_n,\sum\limits_{i=1}^{n}X_i=k;p\}}{\Pr\{T_1=k;p\}}\\&=\frac{p^k(1-p)^{n-k}}{\binom{n}{k}p^k(1-p)^{n-k}}=\frac{1}{\binom{n}{k}}\end{aligned}$$

与 p 无关,即这个条件分布已不包含有关 p 的任何信息了. 故 $T_1=\sum\limits_{i=1}^{n}X_i$ 是 p 的充分统计量,或 T_1 是两点分布族的充分统计量.

在给定 $T_2=X_j=k$ 条件下,样本 $(X_1,X_2,\cdots,X_n)$ 的条件分布

$$\Pr\{X_1=x_1,\cdots,X_n=x_n\mid T_2=k;p\}=p^{\sum\limits_{i\neq j}x_i}(1-p)^{n-\sum\limits_{i\neq j}x_i-1}$$

与 p 有关,可见 $T_2=X_j$ 不是充分统计量.

例 1.15 设 $(X_1,X_2,\cdots,X_n)$ 是从正态总体 $N(\mu,1)$ 中抽取的一个样本,证明 $T=\bar{X}$ 是 μ 的

充分统计量.

直接计算在给定 T 下样本$(X_1,X_2,\cdots,X_n)$的条件概率分布是比较复杂的,但由定理 1.11 证明可知,在正交变换(1.4.4)下,$Y_1,Y_2,\cdots,Y_n$相互独立,且 $Y_i \sim N(0,1)$,$i=1,2,\cdots,n-1$,$Y_n=\sqrt{n}\bar{X}\sim N(\sqrt{n}\mu,1)$. 显然,$\bar{X}$ 对原样本$(X_1,X_2,\cdots,X_n)$的充分性等价于 $\bar{X}$ 对$(Y_1,Y_2,\cdots,Y_n)$的充分性,这由充分统计量的定义 1.14 立即可得. 因为 $Y_1,Y_2,\cdots,Y_n$是独立的,故给定 Y_n下的$(Y_1,Y_2,\cdots,Y_{n-1})$条件概率分布就是$(Y_1,Y_2,\cdots,Y_{n-1})$的无条件分布,此为 $n-1$ 维标准正态分布,与 μ 无关.

由上述两个例子可以看出,直接用定义 1.14 验证统计量的充分性涉及条件分布的计算,因而是很麻烦的. 下面的定理使寻找和判断充分统计量变得很方便,这个结果是由 R. A. Fisher, J. Neyman 及 P. R. Halmous 和 L. J. Savage 给出的.

定理 1.12(因子分解定理) 设总体 X 为连续型随机变量,具有分布密度族$\{f(x;\theta):\theta\in\Theta\}$,$(X_1,X_2,\cdots,X_n)$是取自 X 的一个样本,则统计量 $T(X_1,X_2,\cdots,X_n)$为 θ 的充分统计量的充分必要条件是样本的联合分布密度函数可分解为

$$\begin{aligned} L(x_1,x_2,\cdots,x_n;\theta) &= \prod_{i=1}^{n} f(x_i;\theta) \\ &= h(x_1,x_2,\cdots,x_n)g(T(x_1,x_2,\cdots,x_n),\theta), \end{aligned} \tag{1.5.1}$$

其中 $h(x_1,x_2,\cdots,x_n)$是非负函数且与 θ 无关,$g(T(x_1,x_2,\cdots,x_n),\theta)$仅通过 $T(x_1,x_2,\cdots,x_n)=t$ 依赖于$(x_1,x_2,\cdots,x_n)$.

若总体 X 为离散型随机变量,则以概率函数 $P(x_1,x_2,\cdots,x_n;\theta)$代替密度函数,有类似于式(1.5.1)的分解式成立.

定理的证明涉及较多的测度论知识,在此从略,读者可参看文献[4].

例 1.16 设$(X_1,X_2,\cdots,X_n)$是取自两点分布 $b(1,p)$总体的一个样本,其联合概率分布为

$$\begin{aligned} \Pr\{X_1=x_1,\cdots,X_n=x_n;p\} &= p^{\sum_{i=1}^{n}x_i}(1-p)^{n-\sum_{i=1}^{n}x_i} \\ &= (1-p)^n\left(\frac{p}{1-p}\right)^{\sum_{i=1}^{n}x_i}, \end{aligned}$$

取 $T(x_1,x_2,\cdots,x_n)=\sum_{i=1}^{n}x_i$,$h(x_1,x_2,\cdots,x_n)=1$,$g(T(x_1,x_2,\cdots,x_n),p)=(1-p)^n\left(\frac{p}{1-p}\right)^T$,则

$$\Pr\{X=x_1,\cdots,X_n=x_n;p\}=h(x_1,x_2,\cdots,x_n)\cdot g(T(x_1,x_2,\cdots,x_n),p),$$

由因子分解定理可知 $T(X_1,X_2,\cdots,X_n)=\sum_{i=1}^{n}X_i$是 p 的充分统计量.

当分布中有多个参数,即 θ 是参数向量,统计量 $T(X_1,X_2,\cdots,X_n)$是随机向量,且定理 1.12的条件成立时,则称 T 为关于 θ 的**联合充分统计量**. 需注意的是,如果 θ 和 T 的维数相等,我们不能由 T 关于 θ 的充分性而得出 T 的第 j 个分量 T_j关于 θ 的第 j 个分量 θ_j是充分的结论.

例 1.17 $(X_1,X_2,\cdots,X_n)$是取自正态分布 $N(\mu,\sigma^2)$总体的一个样本,其中 $\theta=(\mu,\sigma^2)$是未知参数向量,样本的联合密度函数为

$$L(x_1,x_2,\cdots,x_n;\theta)=\prod_{i=1}^{n}f(x_i;\theta)$$
$$=\frac{1}{(\sqrt{2\pi}\sigma)^n}\exp\left[-\frac{1}{2\sigma^2}\sum_{i=1}^{n}(x_i-\mu)^2\right]$$
$$=\frac{1}{(\sqrt{2\pi}\sigma)^n}\exp\left[-\frac{1}{2\sigma^2}\sum_{i=1}^{n}x_i^2+\frac{n\mu}{\sigma^2}\bar{x}-\frac{n\mu^2}{2\sigma^2}\right].$$

由因子分解定理可知 $T(X_1,X_2,\cdots,X_n)=(\bar{X},\sum_{i=1}^{n}X_i^2)$ 是 $\theta=(\mu,\sigma^2)$ 的联合充分统计量，但不能由此说明 $\bar{X},\sum_{i=1}^{n}X_i^2$ 分别是 μ,σ^2 的充分统计量.

由充分统计量的定义 1.14 立即可得到下面的定理.

定理 1.13 设 $T(X_1,X_2,\cdots,X_n)$ 是 θ 的充分统计量，$v=\psi(t)$ 是单值可逆函数，则 $V=\psi(T)$ 也是 θ 的充分统计量.

证明 由于 $v=\psi(t)$ 是单值可逆函数，所以事件 $\{\psi(T)=\psi(t)\}$ 与 $\{T=t\}$ 是等价的. T 是 θ 的充分统计量，故 $F(x_1,x_2,\cdots,x_n\mid T=t)$ 与 θ 无关，因此 $F(x_1,x_2,\cdots,x_n\mid\psi(T)=\psi(t))$ 与 θ 无关，或写成 $F(x_1,x_2,\cdots,x_n\mid\psi(T)=\omega)$ 与 θ 无关，此即说明 $\psi(T)$ 是充分统计量.

二、完备统计量

考虑一个分布密度族 $\{f(x;\theta):\theta\in\Theta\}$，$g(X)$ 是随机变量 X 的函数，一般地

$$\mathrm{E}_\theta[g(X)]=\int_R g(x)f(x;\theta)\mathrm{d}x\ (\text{如果存在})$$

是参数 θ 的函数. 我们希望密度族 $\{f(x;\theta):\theta\in\Theta\}$ 有这样的性质：

$$g_1(x)=g_2(x)\quad \text{a. s.}\ \Leftrightarrow \mathrm{E}_\theta[g_1(X)]=\mathrm{E}_\theta[g_2(X)],\qquad \text{对一切}\ \theta\in\Theta,$$

或除了几乎处处为零的函数外，不存在其他函数，使得它的数学期望为零，即

$$g(x)=0\quad \text{a. s.}\ \Leftrightarrow \mathrm{E}_\theta[g(X)]=0,\qquad \text{对一切}\ \theta\in\Theta. \tag{1.5.2}$$

如果把"$\int g(x)f(x;\theta)\mathrm{d}x=0$，对任 $\theta\in\Theta$ 成立"看成函数 $g(x)$ 与密度族 $\{f(x;\theta):\theta\in\Theta\}$ 中一切函数正交，式(1.5.2)说明此时必有 $g(x)=0$ 几乎处处成立，称具有这种性质的分布密度族为完备的. 对一般的分布族 $\{F(x;\theta):\theta\in\Theta\}$，给出以下完备性的定义.

定义 1.15 设 $\{F(x;\theta):\theta\in\Theta\}$ 是一个分布族，如果由

$$\mathrm{E}_\theta[g(X)]=0,\qquad \text{对一切}\ \theta\in\Theta,$$

总可推出

$$\mathrm{Pr}_\theta\{g(X)=0\}=1,\qquad \text{对一切}\ \theta\in\Theta,$$

则称分布族 $\{F(x;\theta):\theta\in\Theta\}$ 是**完备的**(Completeness).

完备性概念是 E. L. Lahmann 和 H. Scheffe 于 1950 年提出来的.

例 1.18 二项分布族 $\{b(n,p):0<p<1\}$ 是完备的.

设函数 $g(x)$ 满足

$$\mathrm{E}_p[g(X)]=\sum_{x=0}^{n}g(x)\binom{n}{x}p^x(1-p)^{n-x}=0,\qquad \text{对任}\ 0<p<1,$$

即

$$\sum_{x=0}^{n} g(x)\binom{n}{x}\left(\frac{p}{1-p}\right)^{x}=0,\quad 对一切\ 0<p<1,$$

上式是$\frac{p}{1-p}$的多项式,因此它的各项系数必为零,即 $g(x)=0, x=0,1,\cdots,n$. 因此,二项分布族是完备的.

例 1.19 正态分布族$\{N(0,\sigma^2):\sigma^2>0\}$是不完备的.

要说明一个分布族是不完备的,只要能找到这样一个函数 $g(x)$,虽满足 $\mathrm{E}_\theta[g(X)]=0$,对一切 $\theta\in\Theta$,但 $g(x)$本身不是几乎处处为零的函数.

因为这个分布族中任一密度函数都是偶函数,故对任一奇函数,例如 $g(x)=x$,就有

$$\mathrm{E}_\sigma[g(X)]=\mathrm{E}_\sigma(X)=0,\quad 对一切\ \sigma>0,$$

但显然 $P_\sigma\{X\neq 0\}=1$,故分布族$\{N(0,\sigma^2):\sigma^2>0\}$不完备.

现在考虑统计量的完备性. 设$(X_1,X_2,\cdots,X_n)$是取自分布族$\{F(x;\theta):\theta\in\Theta\}$的一个样本,统计量 $T(X_1,X_2,\cdots,X_n)$的分布也跟 θ 有关,记作 $F^T(t;\theta)$.

定义 1.16 $(X_1,X_2,\cdots,X_n)$是取自分布族$\{F(x;\theta):\theta\in\Theta\}$的一个样本,若统计量 $T(X_1,X_2,\cdots,X_n)$的对应分布族$\{F^T(t;\theta):\theta\in\Theta\}$是完备的,则称统计量 T 是**完备的**.

由例 1.18 立即可见,对两点分布族$\{b(1,p):0<p<1\}$,统计量 $T=\sum_{i=1}^{n}X_i$的对应分布族$\{b(n,p):0<p<1\}$是完备的,故 T 是完备统计量.

在上述完备统计量的定义中,并没有要求原分布族的完备性. 可能有原分布族是不完备的,但对应分布族却是完备的情况,一个统计量是否完备由统计量本身的构造决定.

例 1.20 在例 1.19 中已经证明$\{N(0,\sigma^2):\sigma^2>0\}$是不完备的,现在证明对这个分布族,$T=\sum_{i=1}^{n}X_i^2$是完备统计量.

事实上,由定理 1.7 的系知 $T=\sum_{i=1}^{n}X_i^2\Big/\sigma^2\sim\chi^2(n)$, $T=\sum_{i=1}^{n}X_i^2$的密度函数为

$$f(t;\sigma^2)=\frac{1}{2^{n/2}\sigma^n\Gamma(n/2)}\mathrm{e}^{-t/2\sigma^2}t^{n/2-1},\qquad t>0.$$

若 $g(t)$满足 $\mathrm{E}_\theta[g(T)]=0$,即

$$\int_0^\infty g(t)t^{n/2-1}\mathrm{e}^{-t/2\sigma^2}\mathrm{d}t=0,\qquad 对任\ \sigma^2>0,$$

可以证明(利用 Laplace 变换的唯一性),此时一定有

$$g(t)t^{n/2-1}=0,\qquad t>0,\text{a. s.}$$

当 $t>0$ 时,$t^{\frac{n}{2}-1}$不恒为零,所以 $g(t)=0$,a. s.. 故 T 的对应分布族$\{f(t,\sigma^2):\sigma^2>0\}$是完备的,从而统计量 $T=\sum_{i=1}^{n}X_i^2$是完备的.

例 1.21 设$(X_1,X_2,\cdots,X_n)$是取自均匀分布族$\{R(0,\theta):0<\theta<1\}$的样本,联合分布密度函数为

$$L(x_1,x_2,\cdots,x_n;\theta)=\prod_{i=1}^{n}f(x_i;\theta)=\frac{1}{\theta^n}I(0\leqslant\max_{1\leqslant i\leqslant n}x_i\leqslant\theta),$$

其中 I 表示集合的示性函数. 由因子分解定理, $T=\max\limits_{1\leqslant i\leqslant n}X_i$ 是 θ 的充分统计量, 还可证明 T 是完备的. 现在统计量 T 的对应分布函数 $F^T(t;\theta)$, 在 $0<t<\theta$ 时为

$$F^T(t;\theta)=\Pr\{T\leqslant t;\theta\}=\Pr\{\max_{1\leqslant i\leqslant n}X_i\leqslant t;\theta\}=[F(t;\theta)]^n=(t/\theta)^n.$$

所以 T 的分布密度函数为

$$f^T(t;\theta)=nt^{n-1}/\theta^n,\qquad 0<t<\theta.$$

设 $g(t)$ 使得对一切 $0<\theta<1$, 有

$$\mathrm{E}_\theta[g(T)]=\int_0^\theta g(t)f^T(t;\theta)\,\mathrm{d}t=\frac{n}{\theta^n}\int_0^\theta g(t)t^{n-1}\,\mathrm{d}t=0.$$

记 $h(\theta)=\int_0^\theta g(t)t^{n-1}\,\mathrm{d}t$, 上式即

$$h(\theta)=0,\qquad 对一切\ 0<\theta<1,$$

$h(\theta)$ 关于 θ 求导, 得

$$0=h'(\theta)=g(\theta)\theta^{n-1},\qquad \text{a. s. 对}\ 0<\theta<1.$$

因为 $\theta\neq0$, 所以

$$g(\theta)=0,\qquad \text{a. s. 对}\ 0<\theta<1,$$

故 T 的对应分布族 $\{f^T(t;\theta):0<\theta<1\}$ 是完备的, $T=\max\limits_{1\leqslant i\leqslant n}X_i$ 是完备统计量.

许多理论性的统计问题在指数族中有满意的解决. 譬如, 由前面的几个例子可以看出, 寻找和验证分布族的充分完备统计量一般是很麻烦的, 但在指数族中却是很方便的, 有以下定理.

定理 1.14 设 $\{f(x;\boldsymbol{\theta}):\boldsymbol{\theta}=(\theta_1,\theta_2,\cdots,\theta_k)\in\Theta\}$ 是 k 个参数的指数族, 样本 $(X_1,X_2,\cdots,X_n)$ 的联合分布密度具有如下形式:

$$L(x_1,x_2,\cdots,x_n;\boldsymbol{\theta})=a(\boldsymbol{\theta})\exp\Big\{\sum_{j=1}^{k}Q_j(\boldsymbol{\theta})T_j(x_1,x_2,\cdots,x_n)\Big\}h(x_1,x_2,\cdots,x_n),$$

如果 Θ 包含有一个 k 维矩形, 且 $Q=(Q_1,Q_2,\cdots,Q_k)$ 的值域包含有一个 k 维开集, 则 $T(X_1,X_2,\cdots,X_n)=(T_1(X_1,X_2,\cdots,X_n),\cdots,T_k(X_1,X_2,\cdots,X_n))$ 是 k 维参数向量 $\boldsymbol{\theta}=(\theta_1,\theta_2,\cdots,\theta_k)$ 的充分完备统计量.

定理的证明请参看文献[4].

例 1.22 设 $(X_1,X_2,\cdots,X_n)$ 是取自 Poisson 分布族 $\{P(\lambda):\lambda>0\}$ 的样本, 它的联合概率分布为

$$\begin{aligned}\Pr\{X_1=x_1,\cdots,X_n=x_n;\lambda\}&=\mathrm{e}^{-n\lambda}\frac{\lambda^{\sum_{i=1}^{n}x_i}}{x_1!\ \cdots x_n!}\\&=\mathrm{e}^{-n\lambda}\exp\Big(\ln\lambda\cdot\sum_{i=1}^{n}x_i\Big)\frac{1}{x_1!\ \cdots x_n!},\end{aligned}$$

由定义 1.13, 易知 Poisson 分布族 $\{P(\lambda):\lambda>0\}$ 是单参数指数族, $\Theta=\{\lambda:\lambda>0\}$ 包含一维开区

间，$Q(\lambda)=\ln\lambda$ 的值域$(-\infty,\infty)$包含一维开区间. 故由定理1.14，$T(X_1,X_2,\cdots,X_n)=\sum\limits_{i=1}^{n}X_i$ 是 λ 的充分完备统计量.

例1.23 设$(X_1,X_2,\cdots,X_n)$是取自正态分布族$\{N(\mu,\sigma^2):-\infty<\mu<\infty,\sigma^2>0\}$的样本，它的联合分布密度为

$$\begin{aligned}L(x_1,x_2,\cdots,x_n;\mu,\sigma^2)&=\frac{1}{(\sqrt{2\pi}\sigma)^n}\exp\left[-\frac{1}{2\sigma^2}\sum_{i=1}^{n}(x_i-\mu)^2\right]\\&=\frac{1}{(\sqrt{2\pi}\sigma)^n}\exp\left(-\frac{1}{2\sigma^2}\sum_{i=1}^{n}x_i^2+\frac{\mu}{\sigma^2}\sum_{i=1}^{n}x_i\right)\cdot\exp\left(-\frac{n\mu}{2\sigma^2}\right),\end{aligned}$$

由例1.11知，正态分布族$\{N(\mu,\sigma^2):-\infty<\mu<\infty,\sigma^2>0\}$是指数族，由定理1.14，$\left(\sum\limits_{i=1}^{n}X_i,\sum\limits_{i=1}^{n}X_i^2\right)$是$(\mu,\sigma^2)$的充分完备统计量.

习题1

1.1 设总体 X 服从参数为 p 的(0－1)分布，即 $X\sim b(1,p)$，其中 $0<p<1$ 是未知参数，$(X_1,X_2,\cdots,X_5)$是从中抽取的一个样本.

(1)写出它的样本空间和样本的联合分布列；

(2)指出下列样本函数中哪些是统计量，哪些不是统计量，为什么？

$$T_1=\frac{1}{5}(X_1+X_2+\cdots+X_5),T_2=X_5-E(X_4),T_3=X_5-p,T_4=\max_{1\leqslant i\leqslant 5}X_i;$$

(3)如果样本观测值是(0,1,1,0,1)，计算它的样本均值、样本方差及样本的经验分布函数.

1.2 设$(X_1,X_2,\cdots,X_5)$是来自总体 $N(\mu,\sigma^2)$ 的一个样本，其中 μ 为已知参数，σ^2 为未知参数，则下列样本函数中哪些是统计量，哪些不是统计量，为什么？

$$T_1=\frac{\sum\limits_{i=1}^{5}(X_i-\mu)^2}{\sigma^2},T_2=\frac{1}{5}\sum_{i=1}^{5}(X_i-\mu)^2,T_3=\frac{\bar{X}-\mu}{\sigma}\sqrt{n}.$$

1.3 从一堆苹果中随机挑出50个，它们的重量如下(单位:g)：

106,107, 76, 82,109,107,115, 93,187, 95,
123,125,111, 92, 86, 70,126, 68,130,129,
119,115,128,100,186, 84, 99,113,204,111,
136,123, 90,115, 98,110, 78, 90,107, 81,
131, 75, 84,104,110, 80,118, 82,139,141.

(1)画出频率直方图和经验分布函数图；

(2)求苹果质量的众数、中位数、平均数、极差、样本方差、样本的偏度、峰度和变异系数.

1.4 设$(x_1,x_2,\cdots,x_n)$及$(y_1,y_2,\cdots,y_n)$为两组样本观测值，它们有下列关系

$$y_i=\frac{x_i-a}{b}(b\neq 0, a\text{ 为常数}),$$

求样本均值 $\bar{y}$ 和 $\bar{x}$ 之间及样本方差 s_y^2 与 s_x^2 之间关系.

1.5　设 $\bar{X}_n$ 和 S_n^2 分别是样本$(X_1,X_2,\cdots,X_n)$的样本均值和样本方差,现又获得第 $n+1$ 个观测 X_{n+1},证明:

(1) $\bar{X}_{n+1}=\frac{n}{n+1}\bar{X}_n+\frac{1}{n+1}X_{n+1}=\bar{X}_n+\frac{1}{n+1}(X_{n+1}-\bar{X}_n)$;

(2) $S_{n+1}^2=\frac{n-1}{n}\left[S_n^2+\frac{n}{n^2-1}(X_{n+1}-\bar{X}_n)^2\right]$.

1.6　设$(X_1,X_2,\cdots,X_n)$为来自二项分布总体 $b(n,p)$ 的样本,$\bar{X}$ 和 S^2 分别为样本均值和样本方差. 记统计量 $T=\bar{X}-S^2$,求 $E(T)$.

1.7　设总体 X 的概率密度为

$$f(x)=\frac{1}{2}\mathrm{e}^{-|x|},\ -\infty<x<+\infty,$$

$(X_1,X_2,\cdots,X_n)$为总体 X 的简单随机样本,其样本方差为 S^2,求 $E(S^2)$.

1.8　设总体 X 的分布函数为 $F(x)$,$(X_1,X_2,\cdots,X_n)$为取自总体 X 的一个样本,$\bar{X}$ 为其样本均值. 如果 $F(x)$的二阶矩存在,设 $\mathrm{Var}(X)=\sigma^2$.

(1)求 $\mathrm{Var}(X_i-\bar{X})$;

(2)证明 $X_i-\bar{X}$ 与 $X_j-\bar{X}(i\neq j,i,j=1,2,\cdots,n)$的相关系数 $\rho=-\frac{1}{n-1}$.

1.9　设总体 $X\sim N(\mu,\sigma^2)$,$(X_1,X_2,\cdots,X_n)$是取自这个总体的一个样本,定义

$$d=\frac{1}{n}\sum_{i=1}^{n}|X_i-\mu|.$$

求证:$E(d)=\sqrt{\frac{2}{\pi}}\sigma$,$\mathrm{Var}(d)=\left(1-\frac{2}{\pi}\right)\frac{\sigma^2}{n}$.

1.10　设总体 $X\sim R(a,b)$,$(X_1,X_2,\cdots,X_n)$为取自总体 X 的一个样本,求:

(1) $(X_1,X_2,\cdots,X_n)$的联合概率密度;

(2) 统计量 $X_{(n)}=\max\limits_{1\leq i\leq n}X_i$ 的数学期望;

(3) 统计量 $X_{(1)}=\min\limits_{1\leq i\leq n}X_i$ 的数学期望.

1.11　设总体 $X\sim N(0,1)$,从此总体中取一个样本容量为 6 的样本$(X_1,X_2,\cdots,X_6)$.

(1) 设 $Y=(X_1+X_2+X_3)^2+(X_4+X_5+X_6)^2$,求常数 C,使 CY 服从 χ^2 分布;

(2) 设 $Y=a(X_1-2X_2)^2+b(X_3-2X_4-3X_5+X_6)^2$,求常数 a,b,使 Z 服从 $\chi^2(2)$分布.

1.12　设随机变量 X 服从 $F(n,m)$,求:

(1) $Y_1=\frac{1}{X}$的分布密度;

(2) $Y_2=\frac{1}{2}\ln X$ 的分布密度.

1.13　设总体 $X\sim R(0,1)$,$(X_1,X_2,\cdots,X_n)$为取自总体 X 的一个样本,证明第 i 个次序统

计量 $X_{(i)}$ 的分布为 $\mathrm{Be}(i,n-i+1)$.

1.14 设随机变量 X 服从 $F(n,m)$ 分布，证明对任意 $0<\alpha<1$，都有 $F_{1-\alpha}(m,n)=\dfrac{1}{F_{\alpha}(n,m)}$，其中 $F_{\alpha}(n,m)$ 表示 $F(n,m)$ 分布的 α 分位数.

1.15 设总体 X 服从 $\mathrm{Ga}(\alpha,\lambda)$ 分布，密度函数为

$$f(x;\alpha,\lambda)=\begin{cases}\dfrac{\lambda^{\alpha}}{\Gamma(\alpha)}x^{\alpha-1}\mathrm{e}^{-\lambda x}, & x>0,\\ 0, & \text{其他},\end{cases}$$

其中 $\alpha,\lambda>0$，$(X_1,X_2,\cdots,X_n)$ 是取自总体 X 的样本，求样本和 $\sum\limits_{i=1}^{n}X_i$ 的分布密度.

1.16 设 $(X_1,X_2,\cdots,X_n)$ 是取自总体 X 的一个样本，求样本均值 $\bar{X}$ 的概率分布或分布密度. 如果

(1) $X\sim P(\lambda)$ 参数为 λ 的 Poisson 分布；

(2) $X\sim \mathrm{Exp}(\lambda)$ 参数为 λ 的指数分布；

(3) $X\sim\chi^2(v)$ 自由度为 v 的 χ^2 分布.

1.17 设总体 X 服从分布 $N(\mu_1,\sigma^2)$，总体 Y 服从分布 $N(\mu_2,\sigma^2)$，$(X_1,X_2,\cdots,X_m)$ 和 $(Y_1,Y_2,\cdots,Y_n)$ 分别是来自总体 X 和总体 Y 的两个相互独立的样本，记

$$Q_1=\sum_{i=1}^{m}(X_i-\bar{X})^2,\quad Q_2=\sum_{i=1}^{n}(Y_i-\bar{Y})^2,$$

求下列统计量的分布：(1) $\dfrac{Q_1}{Q_1+Q_2}$；(2) $\dfrac{Q_2}{Q_1+Q_2}$.

1.18 设总体 $X\sim N(0,\sigma^2)$，(X_1,X_2) 为取自此总体的一个样本，求 $Y=\dfrac{(X_1+X_2)^2}{(X_1-X_2)^2}$ 的分布密度.

1.19 设总体 $X\sim N(0,2^2)$，而 $(X_1,X_2,\cdots,X_{15})$ 是来自总体 X 的简单随机样本，求随机变量 $Y=\dfrac{X_1^2+\cdots+X_{10}^2}{2(X_{11}^2+\cdots+X_{15}^2)}$ 的分布.

1.20 设 $(X_1,X_2,\cdots,X_n)$ 是取自正态总体 $N(0,\sigma^2)$ 的一个样本，求下列统计量的概率密度：

(1) $Y_1=\sum\limits_{i=1}^{n}X_i^2$；(2) $Y_2=\dfrac{1}{n}\sum\limits_{i=1}^{n}X_i^2$；(3) $Y_3=\left(\sum\limits_{i=1}^{n}X_i\right)^2$；(4) $Y_4=\dfrac{1}{n}\left(\sum\limits_{i=1}^{n}X_i\right)^2$.

1.21 验证下列各分布族是单参数指数型分布族：

(1) Poisson 分布族 $\{P(\lambda):\lambda>0\}$；

(2) 正态分布族 $\{N(0,\sigma^2):\sigma^2>0\}$；

(3) α 已知的 Gamma 分布族 $\{\mathrm{Ga}(\alpha,\lambda):\lambda>0\}$；

(4) a 已知的 Beta 分布族 $\{\mathrm{Be}(a,b):b>0\}$；

(5) 指数分布族 $\{\mathrm{Exp}(\lambda):\lambda>0\}$.

1.22 验证下列各分布族是多参数指数型分布族：

(1) Gamma 分布族$\{Ga(\alpha,\lambda):\alpha>0,\lambda>0\}$；

(2) Beta 分布族$\{Be(a,b):a>0,b>0\}$.

1.23　在总体 $X\sim N(18,2^2)$ 中随机地抽取一个样本容量为 9 的样本，求样本均值 $\bar{X}$ 在 16 到 20 之间取值的概率.

1.24　从正态总体 $N(3.4,36)$ 中抽取容量为 n 的一个样本，若要求样本均值落在 $(1.4,5.4)$ 内的概率不小于 0.95，问样本容量 n 至少应取多大?

1.25　设总体 $X\sim N(\mu,\sigma^2)$，从 X 中抽得样本 $(X_1,X_2,\cdots,X_n)$，S^2 为样本方差，求 $\mathrm{Var}(S^2)$.

1.26　设总体 X 服从分布 $N(\mu_1,\sigma^2)$，总体 Y 服从分布 $N(\mu_2,\sigma^2)$，$(X_1,X_2,\cdots,X_{n_1})$ 和 $(Y_1,Y_2,\cdots,Y_{n_2})$ 分别是来自总体 X 和 Y 的两个相互独立的样本，S_1^2，S_2^2 分别为样本方差，令

$$S_w^2=\frac{(n_1-1)S_1^2+(n_2-1)S_2^2}{n_1+n_2-2},$$

求：(1) $E(S_w^2)$；(2) $\mathrm{Var}(S_w^2)$.

1.27　设总体 $X\sim N(\mu,\sigma^2)$，$(X_1,X_2,\cdots,X_n)$ 为取自总体 X 的一个简单随机样本，$\bar{X}$ 为其样本均值，S^2 为其样本方差，X_{n+1} 是对 X 的又一独立观测，试证明

$$T=\frac{X_{n+1}-\bar{X}}{S}\sqrt{\frac{n}{n+1}}\sim t(n-1).$$

1.28　设总体 $X\sim N(\mu,\sigma^2)$ $(\sigma>0)$，从总体 X 中抽取一个简单随机样本 $(X_1,X_2,\cdots,X_{2n})$ $(n\geqslant 2)$，其样本均值为 $\bar{X}=\frac{1}{2n}\sum\limits_{i=1}^{2n}X_i$，求统计量 $Y=\sum\limits_{i=1}^{n}(X_i+X_{n+i}-2\bar{X})^2$ 的数学期望 $E(Y)$.

1.29　利用定义证明 $T=\sum\limits_{i=1}^{n}X_i$ 是 Poisson 分布族的充分统计量.

1.30　设总体 X 服从几何分布

$$f(x:\theta)=\theta(1-\theta)^x, x=0,1,2,\cdots,0<\theta<1,$$

设 $(X_1,X_2,\cdots,X_n)$ 是取自这个总体的一个样本，证明 $T=\sum\limits_{i=1}^{n}X_i$ 是几何分布族的充分统计量.

1.31　利用因子分解定理证明：

(1) $(\prod\limits_{i=1}^{n}X_i,\sum\limits_{i=1}^{n}X_i)$ 是 Gamma 分布族$\{f(x:\alpha,\lambda):\alpha>0,\lambda>0\}$的充分统计量；

(2) 当 α 已知时，$\sum\limits_{i=1}^{n}X_i$ 是 Gamma 分布族$\{f(x:\alpha,\lambda):\lambda>0\}$的充分统计量；

(3) 当 λ 已知时，$\prod\limits_{i=1}^{n}X_i$ 是 Gamma 分布族$\{f(x:\alpha,\lambda):\alpha>0\}$的充分统计量.

1.32　利用因子分解定理证明：

(1) $\bar{X}=\frac{1}{n}\sum\limits_{i=1}^{n}X_i$ 是正态分布族$\{N(\mu,1):-\infty<\mu<+\infty\}$的充分统计量；

(2) $T=\sum\limits_{i=1}^{n}X_i^2$ 是正态分布族$\{N(0,\sigma^2):\sigma^2>0\}$的充分统计量.

1.33 设$(X_1,X_2,\cdots,X_n)$是取自总体为 Pareto 分布的一个样本,且总体 X 的密度函数为

$$f(x;\theta)=\begin{cases}\theta\alpha^{\theta}x^{-(\theta+1)}, & x>\alpha,\\ 0, & \text{其他},\end{cases}$$

其中 $\alpha>0$ 为固定常数,$\theta>0$ 为未知参数,求 θ 的充分统计量.

1.34 设总体 X 的密度函数为

$$f(x;\theta)=\frac{1}{\theta}e^{-\frac{|x|}{\theta}},\ -\infty<x<+\infty,$$

$\theta>0$ 为未知参数,$(X_1,X_2,\cdots,X_n)$是取自总体 X 的一个样本,证明 $T=\sum_{i=1}^{n}|X_i|$是 θ 的充分统计量.

1.35 设总体 X 服从指数分布 $\mathrm{Exp}(\lambda)$,$\lambda>0$ 为未知参数,求 λ 的充分完备统计量.

1.36 设总体 X 服从两点分布 $b(1,p)$的一个样本,$0<p<1$ 是未知参数,$(X_1,X_2,\cdots,X_n)$是取自这个总体的一个样本,求 p 的充分完备统计量.

1.37 设总体 $X\sim N(\sigma,\sigma^2)$,$\sigma>0$ 为未知参数,$(X_1,X_2,\cdots,X_n)$是取自总体 X 的一个样本,证明 $T=(\sum_{i=1}^{n}X_i,\sum_{i=1}^{n}X_i^2)$是 σ 的充分统计量,但不是完备统计量.

1.38 证明正态分布族$\{N(\mu,1):-\infty<\mu<+\infty\}$是完备的.

第2章　参数估计

参数估计是数理统计的重要内容之一. 有时从理论上可以认为随机变量所服从的概率分布类型是已知的,例如根据中心极限定理可判定随机变量服从正态分布;根据 Poisson 流性质可判定随机变量服从 Poisson 分布等. 为了知道与这些随机变量有关事件的概率,必须首先确定分布中的参数,这就提出了参数估计问题.

一般地,在参数估计中,假设总体 X 具有一族可能的分布 $F(x;\theta)$,其中 F 的函数形式已知,包含有未知参数 θ(可以是向量). 在一个统计问题中,参数的真值是未知的,并且要完全精确地测定也是不可能的. 人们只能利用已知的分布族及样本所提供的信息,对这种未知参数作出估计. 问题在于怎样由样本$(X_1,X_2,\cdots,X_n)$所提供的信息,建立样本的函数,即统计量,来对未知参数或对总体的某个数字特征作出一个好的估计. 例如人们可以通过一些被抽查产品的质量,来确定一批产品的不合格品率;以被抽查产品的平均寿命作为整批产品的平均寿命等. 一般说来,这是比较容易的. 更重要的是如何建立评判一个估计方法好坏的准则. 我们将直接用于估计参数的统计量称作**估计量**(Estimator),记作 $\hat{\theta}=\hat{\theta}(X_1,X_2,\cdots,X_n)$. 如果$(x_1,x_2,\cdots,x_n)$是样本的一组观测值,代入估计量 $\hat{\theta}(X_1,X_2,\cdots,X_n)$,就得到一个具体数值 $\hat{\theta}$,这个数值称为 θ 的**估计值**(Estimate). 今后,估计量、估计值统称为**估计**(Estimation). 但"估计"有时也作为一个动词,表示一个求参数值的过程. 显然,对不同的样本观测值,所得的估计值一般也是不同的. 因此,寻找一个估计量就是要寻找一个基于观测结果,求出未知参数 θ 的估计值的方法,而不是寻找一个具体的估计值.

对未知参数的估计,按问题的性质不同可分为两类.

(1)点估计:要求构造统计量 $\hat{\theta}(X_1,X_2,\cdots,X_n)$作为参数 θ 的近似值$(\theta=\hat{\theta})$.

原则上任何统计量都可作为未知参数 θ 的估计量,所以点估计一般不唯一. 按构造统计量的方法不同,又可分为矩估计法、极大似然估计法、Bayes 方法、最小二乘法等等.

(2)区间估计:求未知参数的范围,即求出一个区间,使以较大的概率包含未知参数,即

$$\Pr_\theta\{\hat{\theta}_1(X_1,X_2,\cdots,X_n)<\theta<\hat{\theta}_2(X_1,X_2,\cdots,X_n)\}=1-\alpha.$$

参数的点估计和区间估计是两种互为补充的估计方法,它们既有联系,又有区别. 本章主要介绍参数的点估计,有关区间估计的讨论将在第3章进行.

20世纪20年代,著名统计学家 R. A. Fisher 奠定了参数估计的理论基础. 以后,这个重要的数理统计分支又有了很大的发展. 由于对统计决策理论、大样本理论以及 Bayes 理论的深入研究,参数估计至今仍是一个非常活跃的分支.

§2.1　矩估计和极大似然估计

本节所介绍的矩估计方法和极大似然估计方法,不但在估计理论的历史上起过重要的作

用，即使是现在，这些方法在理论和应用上仍占有重要的地位.

一、矩估计

大家知道，矩是描写随机变量最简单的数字特征. 在一定的条件下，一个随机变量的分布可由它的矩完全确定. 分布一经确定，其中的参数也就确定了. 因此，分布的参数可以由矩来确定. 另一方面，样本既然来自总体，自然应该反映总体的某些性质. 实际上，由 Glivenko 定理可知，当样本大小 n 很大时，经验分布函数 $F_n(x)$ 与总体分布函数 $F(x)$ 十分相似，经验分布函数的各阶矩就是样本各阶矩的观测值. 定理 1.1、1.2 及 1.3 指出，样本矩在一定程度上反映总体矩的特征，因而可以用样本矩作为总体矩的一个估计，这是英国统计学家 K. Pearson 于 1894—1902 年提出的.

矩估计的一般提法如下.

设 $X \sim F(x;\boldsymbol{\theta})$，$\boldsymbol{\theta}=(\theta_1,\theta_2,\cdots,\theta_k)$ 是未知参数向量. 若 $F(x;\boldsymbol{\theta})$ 的 k 阶矩存在，则

$$\alpha_\nu(\boldsymbol{\theta})=\int_{-\infty}^{\infty} x^\nu \mathrm{d}F(x;\boldsymbol{\theta}), \qquad 1\leqslant \nu \leqslant k$$

应是 $\boldsymbol{\theta}=(\theta_1,\theta_2,\cdots,\theta_k)$ 的函数. 设 $(X_1,X_2,\cdots,X_n)$ 是总体 X 的一个样本，则可由方程组

$$\begin{cases}\dfrac{1}{n}\sum\limits_{i=1}^{n} X_i=\alpha_1(\theta_1,\theta_2,\cdots,\theta_k);\\ \dfrac{1}{n}\sum\limits_{i=1}^{n} X_i^2=\alpha_2(\theta_1,\theta_2,\cdots,\theta_k);\\ \cdots\\ \dfrac{1}{n}\sum\limits_{i=1}^{n} X_i^k=\alpha_k(\theta_1,\theta_2,\cdots,\theta_k),\end{cases} \tag{2.1.1}$$

得到 $\boldsymbol{\theta}=(\theta_1,\theta_2,\cdots,\theta_k)$ 的一组解 $\hat{\boldsymbol{\theta}}=(\hat{\theta}_1,\hat{\theta}_2,\cdots,\hat{\theta}_k)$，其中 $\hat{\theta}_\nu=\hat{\theta}_\nu(X_1,X_2,\cdots,X_n)$，$1\leqslant\nu\leqslant k$. 如果以 $\hat{\theta}_\nu$ 作为参数 θ_ν 的估计量，则称 $\hat{\theta}_\nu$ 为未知参数 θ_ν 的**矩估计量**(Moment Estimator).

例 2.1 求总体 X 的均值 $E(X)=\mu$ 和方差 $\mathrm{Var}(X)=\sigma^2$ 的矩估计.

解 设 $(X_1,X_2,\cdots,X_n)$ 是取自总体 X 的一个样本，若总体的二阶矩 α_2 存在，则有 $\alpha_2=\sigma^2+\mu^2$，由方程组(2.1.1)得

$$\begin{cases}\mu=\dfrac{1}{n}\sum\limits_{i=1}^{n} X_i=\bar{X};\\ \mu^2+\sigma^2=\alpha_2=\dfrac{1}{n}\sum\limits_{i=1}^{n} X_i^2.\end{cases}$$

以此方程组的解作为 μ,σ^2 的估计

$$\hat{\mu}=\bar{X};$$

$$\hat{\sigma}^2=\frac{1}{n}\sum_{i=1}^{n} X_i^2-\bar{X}^2=\frac{1}{n}\sum_{i=1}^{n}(X_i-\bar{X})^2=\tilde{S}^2.$$

所以，总体均值 μ 和方差 σ^2 的矩估计分别是样本均值 $\bar{X}$ 和样本二阶中心矩 $\tilde{S}^2$. 这个结论对任何总体都成立.

当然，在方程组(2.1.1)中也可用中心矩来代替原点矩. 例如，可以直接用样本均值、样本

的二阶中心矩分别作为总体均值、方差的估计.

例 2.2 设 $X \sim R(\theta_1, \theta_2)$，概率密度函数为

$$f(x;\theta_1,\theta_2)=\begin{cases}\dfrac{1}{\theta_2-\theta_1}, & \theta_1<x<\theta_2;\\ 0, & 其他,\end{cases}$$

其中 $\theta_1<\theta_2$，求 $\boldsymbol{\theta}=(\theta_1,\theta_2)$ 的矩估计.

解 由均匀分布 $R(\theta_1,\theta_2)$ 的性质，我们有 $E(X)=\dfrac{\theta_1+\theta_2}{2}$，$\mathrm{Var}(X)=\dfrac{(\theta_2-\theta_1)^2}{12}$. 因此可得方程组

$$\begin{cases}\overline{X}=\dfrac{\theta_1+\theta_2}{2};\\ \widetilde{S}^2=\dfrac{1}{n}\sum\limits_{i=1}^{n}X_i^2-\overline{X}^2=\dfrac{(\theta_2-\theta_1)^2}{12}.\end{cases}$$

以此方程组的解作为 θ_1,θ_2 的估计，得

$$\begin{cases}\hat{\theta}_1=\overline{X}-\sqrt{3}\,\widetilde{S};\\ \hat{\theta}_2=\overline{X}+\sqrt{3}\,\widetilde{S},\end{cases}$$

此即所求的 θ_1,θ_2 的矩估计.

一般地，若 $\hat{\theta}$ 是 θ 的矩估计，$g(\theta)$ 是 θ 的连续函数，则也称 $g(\hat{\theta})$ 为 $g(\theta)$ 的矩估计. 更一般地，以样本的数字特征作为总体相应的数字特征的矩估计.

矩估计也可用于多元总体.

例 2.3 求两个总体 X,Y 的相关系数

$$\rho=\frac{\mathrm{Cov}(X,Y)}{\sqrt{\mathrm{Var}X}\cdot\sqrt{\mathrm{Var}Y}}$$

的矩估计.

解 我们用 $\overline{X}=\dfrac{1}{n}\sum\limits_{i=1}^{n}X_i$，$\overline{Y}=\dfrac{1}{n}\sum\limits_{i=1}^{n}Y_i$ 分别作为总体期望 $E(X)$，$E(Y)$ 的矩估计，用 $\widetilde{S}_1^2=\dfrac{1}{n}\sum\limits_{i=1}^{n}(X_i-\overline{X})^2$，$\widetilde{S}_2^2=\dfrac{1}{n}\sum\limits_{i=1}^{n}(Y_i-\overline{Y})^2$ 分别作为总体方差 $\mathrm{Var}(X)$，$\mathrm{Var}(Y)$ 的矩估计，用样本协方差 $S_{12}=\dfrac{1}{n}\sum\limits_{i=1}^{n}(X_i-\overline{X})(Y_i-\overline{Y})$ 作为总体协方差 $\mathrm{Cov}(X,Y)$ 的矩估计，因而可用下列统计量 R 作为总体相关系数 ρ 的矩估计，即

$$\hat{\rho}=R=\frac{S_{12}}{\widetilde{S}_1\widetilde{S}_2}=\frac{\sum\limits_{i=1}^{n}(X_i-\overline{X})(Y_i-\overline{Y})}{\sqrt{\sum\limits_{i=1}^{n}(X_i-\overline{X})^2}\cdot\sqrt{\sum\limits_{i=1}^{n}(Y_i-\overline{Y})^2}}.$$

R 称为样本相关系数. 同样，定义 1.2 给出的样本偏度 b_s 和样本峰度 b_k 分别是总体偏度 $\beta_s=\dfrac{\alpha_3}{\alpha_2^{3/2}}$ 及总体峰度 $\beta_k=\dfrac{\alpha_4}{\alpha_2^{2}}$ 的矩估计.

以上仅是对矩估计的一个描述,但不是矩估计的正式定义.由于θ通过总体矩的表达式不唯一,因此基于矩估计可以得到种种不同的估计量.

例 2.4 设X服从 Poisson 分布$P(\lambda)$,则有

$$E(X)=\lambda,\qquad \mathrm{Var}(X)=\lambda.$$

因此,按矩估计的意义可以有

$$\hat{\lambda}_1=\bar{X}\quad 或\quad \hat{\lambda}_2=\tilde{S}^2,$$

即样本均值$\bar{X}$和样本二阶中心矩$\tilde{S}_2$都是λ的矩估计.

例 2.5 设$X\sim N(\mu,1)$,求$g(\mu)=1+\mu^2$的矩估计.

解 在$g(\mu)=1+\mu^2$中,若把 1 看作常数,则有

$$\hat{g}_1(\mu)=1+\bar{X}^2.$$

但另一方面,1 又可看作总体的方差,那么$g(\mu)$就是总体的二阶矩,因此也可以有

$$\hat{g}_2(\mu)=\frac{1}{n}\sum_{i=1}^{n}X_i^2.$$

究竟选取哪一个估计量较好,应有评定估计量优良性的准则,这个问题将在下节讨论.

综上所述,矩估计直观而又简便,特别在估计总体的数学期望及方差时,不要求知道X的分布,但必须要求X的相应阶矩存在.对 Cauchy 分布,由于原点矩不存在,就不能用矩估计.另一方面,由于样本矩的表达式与X的分布$F(x;\theta)$无关,因此在已知$F(x;\theta)$的形式时,矩估计没有充分利用$F(x;\theta)$提供的有关θ的信息.

R 或者别的统计软件包都没有专门用于矩估计的函数.实际上,只要能得到样本矩,就有可能按式(2.1.1)得到矩估计.计算样本的k阶原点矩或中心矩的程序是非常简单的,下面给出的是$k=2$的例子,样本由 100 个标准正态分布随机数组成.

```
> x <—rnorm(100)
> mean(x ^ 2)
[1] 1.217944
> mean((x-mean(x)) ^ 2)
[1] 1.217566
```

二、极大似然估计

极大似然估计是求估计量的另一种方法.这一方法最早由 C. F. Gauss 于 1821 年在正态分布情况下提出,R. A. Fisher 在 1922 年的文章中又加以发展,并首先研究了这种方法的一些性质.

为了解极大似然估计方法的基本思想,我们考察几个例子.有甲乙两名战士一起进行实弹射击,每人各打一发子弹.若只有甲击中目标,那么认为甲的技术比乙好,这是合理的.反过来,若已知甲击中目标的概率为 0.9,乙击中目标的概率为 0.5,如果每人各打一发后,只有一发子弹击中,试问此弹为谁所发?一般的回答应认为这一发击中目标的子弹是甲发射的.进一步再考察下面一个例子.

例 2.6 一个箱子内放有 4 个球,球分黑、白两色. 今取球 3 次(每次取后均放回),得到 2 次白球,1 次黑球,如何估计此箱内白球的个数?

解 记 X 为 3 次取球后得到白球的个数. 显然,X 应服从二项分布 $b(3,p)$,其中 p 为一次取球得到白球的概率,它与箱内白球总数 k 有关:$p=k/4, k=0,1,2,3,4$. 容易算出事件 $\{X=x\}$ 的概率

$$\Pr\{X=x\}=L(x;p)=\binom{3}{x}p^x(1-p)^{3-x}.$$

现在已知试验结果为 $x=2$,于是有

$$L(p)=L(2;p)=\binom{3}{2}p^2(1-p),$$

对 p 的各个可能值,计算出现事件 $\{X=2\}$ 的概率,结果如下:

p	0	1/4	2/4	3/4	1
$L(p)$	0	9/64	24/64	27/64	0

可见,当 $p=3/4$ 时,事件"取球 3 次得 2 次白球,1 次黑球"发生的概率最大,即

$$L(3/4)=\max_p L(p)=27/64.$$

既然在一次试验中上述事件发生了,那么就认为此事件发生的概率最大,所以就应选取使 $L(p)$ 达到最大的参数值 3/4 作为参数真值的估计,这就是极大似然估计方法的基本思想. 本例中,我们估计箱内有 3 个白球.

当某组观测值是从依赖于一些参数的某一特定概率分布得到时,出现这组观测值的概率(或概率密度)称为**似然**(Likelihood). 因此,上述例子就是用使达到极大似然的参数值来估计参数真值的一种方法.

一般地,设 $(X_1,X_2,\cdots,X_n)$ 为取自具有概率分布族 $\{f(x;\boldsymbol{\theta}):\boldsymbol{\theta}\in\Theta\}$ 的离散型总体 X 的一个样本,其中 $\boldsymbol{\theta}=(\theta_1,\theta_2,\cdots,\theta_k)$ 是未知的 k 维参数向量,$(X_1,X_2,\cdots,X_n)$ 取观测值 $(x_1,x_2,\cdots,x_n)$ 的概率为

$$L(x_1,x_2,\cdots,x_n;\boldsymbol{\theta})\triangleq\prod_{i=1}^n f(x_i;\theta),$$

$L(x_1,x_2,\cdots,x_n;\boldsymbol{\theta})$ 称为 $\boldsymbol{\theta}$ 的**似然函数**(Likelihood Function). 若 $\hat{\boldsymbol{\theta}}$ 使

$$L(x_1,x_2,\cdots,x_n;\hat{\boldsymbol{\theta}})=\sup_{\theta\in\Theta}L(x_1,x_2,\cdots,x_n;\boldsymbol{\theta}),\tag{2.1.2}$$

并以 $\hat{\boldsymbol{\theta}}$ 作为参数 $\boldsymbol{\theta}$ 的估计值,则称 $\hat{\boldsymbol{\theta}}$ 为 $\boldsymbol{\theta}$ 的极大似然估计值,相应的统计量 $\hat{\boldsymbol{\theta}}(X_1,X_2,\cdots,X_n)$ 称为 $\boldsymbol{\theta}$ 的**极大似然估计量**(Maximum Likelihood Estimator),简记为 MLE 或 ML 估计. 显然,估计量 $\hat{\boldsymbol{\theta}}$ 是样本观测值 $(x_1,x_2,\cdots,x_n)$ 的函数,即 $\hat{\boldsymbol{\theta}}=\hat{\boldsymbol{\theta}}(x_1,x_2,\cdots,x_2)$.

同样,若总体 X 是连续型的,具有概率密度函数族 $\{f(x;\boldsymbol{\theta}):\boldsymbol{\theta}\in\Theta\}$,那么样本 $(X_1,X_2,\cdots,X_n)$ 落在 $(x_1,x_2,\cdots,x_n)$ 的邻域内的概率为 $\prod_{i=1}^n f(x_i;\boldsymbol{\theta})\Delta x_i$,它是 $\boldsymbol{\theta}$ 的函数. 既然 $(x_1,x_2,\cdots,x_n)$ 在一次试验中出现,那么就认为样本 $(X_1,X_2,\cdots,X_n)$ 落在 $(x_1,x_2,\cdots,x_n)$ 的邻域内的概率达到

最大,所以需要求出使$\prod_{i=1}^{n} f(x_i;\boldsymbol{\theta})\Delta x_i$达到最大的$\boldsymbol{\theta}$值$\hat{\boldsymbol{\theta}}(x_1,x_2,\cdots,x_n)$,并作为参数真值的估计. 由于$\Delta x_i$是不依赖于$\boldsymbol{\theta}$的增量,也即需求出使得

$$L(x_1,x_2,\cdots,x_n;\boldsymbol{\theta}) \triangleq \prod_{i=1}^{n} f(x_i;\boldsymbol{\theta})$$

达到最大的$\hat{\boldsymbol{\theta}}(x_1,x_2,\cdots,x_n)$.

由于$\ln x$是x的单调增函数,所以式(2.1.2)可等价地写为

$$\ln L(x_1,x_2,\cdots,x_n;\hat{\boldsymbol{\theta}}) = \sup_{\boldsymbol{\theta}\in\Theta} \ln L(x_1,x_2,\cdots,x_n;\boldsymbol{\theta}). \tag{2.1.3}$$

有时为强调似然函数$L(x_1,x_2,\cdots,x_n;\boldsymbol{\theta})$只是参数$\boldsymbol{\theta}$的函数,而记为$L(\boldsymbol{\theta})$,而对数似然函数$\ln L(x_1,x_2,\cdots,x_n;\boldsymbol{\theta})$记为$l(x_1,\cdots,x_n;\boldsymbol{\theta})$或$l(\boldsymbol{\theta})$.

在求$\boldsymbol{\theta}$的极大似然估计$\hat{\boldsymbol{\theta}}$时,常可用数学分析的方法. 如果$\Theta$是开集,且$f(x;\boldsymbol{\theta})$关于$\boldsymbol{\theta}$的一阶偏导数存在,则满足式(2.1.2)或(2.1.3)的解一定满足下列**似然方程组**

$$\left.\frac{\partial \ln L(\boldsymbol{\theta})}{\partial \theta_j}\right|_{\boldsymbol{\theta}=\hat{\boldsymbol{\theta}}} = 0, \qquad j=1,2,\cdots,k. \tag{2.1.4}$$

因此只需在似然方程组(2.1.4)的解中,求出满足式(2.1.2)或(2.1.3)的$\hat{\boldsymbol{\theta}}=\hat{\boldsymbol{\theta}}(X_1,X_2,\cdots,X_n)$,并证明$\hat{\boldsymbol{\theta}}$使$L(\boldsymbol{\theta})$达到最大,那么此$\hat{\boldsymbol{\theta}}$就是$\boldsymbol{\theta}$的极大似然估计量.

例 2.7 设总体$X\sim N(\mu,\sigma^2)$,其中$\boldsymbol{\theta}=(\mu,\sigma^2)$为未知参数向量,参数空间$\Theta=\{(\mu,\sigma^2): -\infty<\mu<\infty,\sigma^2>0\}$,求$\mu,\sigma^2$的极大似然估计.

解 设$(x_1,x_2,\cdots,x_n)$是取自这个总体的一组样本观测值,于是似然函数为

$$L(\mu,\sigma^2) = \left(\frac{1}{\sqrt{2\pi}\sigma}\right)^n \exp\left\{-\frac{1}{2\sigma^2}\sum_{i=1}^{n}(x_i-\mu)^2\right\},$$

两边取对数得

$$l(\mu,\sigma^2) = \ln L(\mu,\sigma^2) = -\frac{n}{2}\ln 2\pi - \frac{n}{2}\ln \sigma^2 - \frac{1}{2\sigma^2}\sum_{i=1}^{n}(x_i-\mu)^2,$$

分别求上式关于μ和σ^2的偏导数,并令它们为0,得似然方程组

$$\begin{cases} \dfrac{\partial \ln L}{\partial \mu} = \dfrac{1}{\sigma^2}\sum\limits_{i=1}^{n}(x_i-\mu) = 0; \\ \dfrac{\partial \ln L}{\partial \sigma^2} = -\dfrac{n}{2\sigma^2} + \dfrac{1}{2\sigma^4}\sum\limits_{i=1}^{n}(x_i-\mu)^2 = 0, \end{cases}$$

解得

$$\begin{cases} \hat{\mu} = \dfrac{1}{n}\sum\limits_{i=1}^{n} X_i = \bar{X}; \\ \hat{\sigma}^2 = \dfrac{1}{n}\sum\limits_{i=1}^{n}(X_i-\bar{X})^2 = \tilde{S}_n^2. \end{cases}$$

容易验证$\hat{\mu},\hat{\sigma}^2$满足关系式

$$L(\hat{\mu},\hat{\sigma}^2) = \sup_{\substack{-\infty<\mu<\infty \\ \sigma^2>0}} L(\mu,\sigma^2),$$

所以$\bar{X}$和$\tilde{S}_n^2$分别是μ和σ^2的极大似然估计.

例 2.8 设总体 X 服从 Poisson 分布

$$f(x;\lambda)=\frac{\lambda^x}{x!}e^{-\lambda},\qquad x=0,1,2,\cdots$$

其中 $\lambda>0$ 是未知参数，求 λ 的极大似然估计.

解 设 $(x_1,x_2,\cdots,x_n)$ 是取自这个总体的一组样本观测值，于是似然函数为

$$L(\lambda)=\prod_{i=1}^{n}\left(\frac{\lambda^{x_i}}{x_i!}e^{-\lambda}\right)=\frac{\lambda^{\sum_{i=1}^{n}x_i}}{x_1!\ x_2!\ \cdots x_n!}e^{-n\lambda},$$

两边取对数得

$$\ln L(\lambda)=-n\lambda+\sum_{i=1}^{n}x_i\ln\lambda-\sum_{i=1}^{n}\ln(x_i!),$$

两边求关于 λ 的偏导数，并令其为 0，则

$$\frac{\partial\ln L}{\partial\lambda}=-n+\frac{1}{\lambda}\sum_{i=1}^{n}x_i=0.$$

解此方程得

$$\hat{\lambda}=\frac{1}{n}\sum_{i=1}^{n}X_i=\bar{X},$$

由于$\left.\frac{\partial^2\ln L}{\partial\lambda^2}\right|_{\lambda=\hat{\lambda}}<0$，可知 $\hat{\lambda}$ 使 L 达到极大，故得 λ 的极大似然估计为 $\hat{\lambda}=\bar{X}$.

当似然函数 $L(\boldsymbol{\theta})$ 有不连续点时，似然方程可能无解. 在某些简单情况下，极大似然估计有时可直接观察得到.

例 2.9 设总体 X 服从均匀分布，密度函数为

$$f(x;\theta)=\begin{cases}\frac{1}{\theta}, & 0<x<\theta;\\ 0, & \text{其他},\end{cases}$$

其中 $\theta>0$ 是未知参数，求 θ 的极大似然估计.

解 设 $(x_1,x_2,\cdots,x_n)$ 是取自这个总体的一组样本观测值，似然函数为

$$L(\theta)=\begin{cases}\frac{1}{\theta^n}, & 0<x_i<\theta, i=1,2,\cdots,n;\\ 0, & \text{其他},\end{cases}$$

若按上面两个例子的方法，可得似然方程

$$\frac{\partial\ln L}{\partial\theta}=-\frac{n}{\theta}=0.$$

显然，此方程无解，由此不能得到 θ 的极大似然估计. 但不能由此认为不存在 θ 的极大似然估计. 实际上，由极大似然估计的基本思想，欲使似然函数 $L=\theta^{-n}$ 达到最大，就要使 θ 达到最小，但 θ 不可能小于 $x_{(n)}=\max\limits_{1\leqslant i\leqslant n}x_i$，所以 $x_{(n)}$ 就是 θ 的极大似然估计值，$\hat{\theta}=X_{(n)}$ 为参数 θ 的极大似然估计量.

从极大似然估计的基本思想及上述几个例子，我们已经看到似然函数或对数似然函数包含了数据提供的所有关于 θ 的信息. 因此基于它们的推断常常具有良好的统计性质，下面我们

将给出一系列结论，希望读者能对此有深刻的理解.

§2.2 估计量的优良性准则

由例2.4及例2.5我们已经看到，对于未知参数 θ 可以构造不同的估计量 $\hat{\theta}$ 去估计它，因此也就产生了如何从中选择较好估计量的问题. 在提出评价估计量的好坏时，首先应注意估计量是一个随机变量，由样本观测值只能得到估计量的一个观测值，因此在参数真值未知的情况下，无法就此来对一个估计量的好坏作出结论. 因为对某些样本观测值，一个估计量的误差比另一个小，而对另一些样本观测值，它的误差又可能比较大. 因此在考虑估计量的优良性时，必须以整体性质作为衡量标准，由估计量所取值的分布，即抽样分布的性质来评定. 在估计理论中，常用来评价估计量好坏的标准有三个：

(1)估计量 $\hat{\theta}$ 作为一个随机变量，其取值应集中在未知的参数真值 θ 周围，即 $\hat{\theta}$ 所取值的平均值应该是 θ；

(2)应选择取值最集中在未知的参数真值 θ 附近的估计量，即估计量 $\hat{\theta}$ 的方差越小越好；

(3)当样本大小 n 无限增大时，估计量的取值应趋于稳定在未知参数真值 θ 附近.

在各种标准下都是最好的估计量一般是不存在的，我们只能先对估计量的性质提出一定的要求，凡不满足这种要求的估计量都不考虑，然后再在适合这种要求的全体估计量中寻找一个满足某种最优性标准的估计量. 我们先考虑上述标准中的第一条.

一、无偏估计

定义2.1 设总体 X 具有分布族 $\{F(x;\theta):\theta\in\Theta\}$，$(X_1,X_2,\cdots,X_n)$ 是取自这个总体的一个样本，$\hat{\theta}=\hat{\theta}(X_1,X_2,\cdots,X_n)$ 是未知参数 θ 的一个估计量. 如果对于一切 $\theta\in\Theta$，都有

$$\mathrm{E}_\theta[\hat{\theta}(X_1,X_2,\cdots,X_n)]=\theta, \tag{2.2.1}$$

则称 $\hat{\theta}(X_1,X_2,\cdots,X_n)$ 为 θ 的**无偏估计**(Unbiased Estimator)，简记为UE.

如果一个估计量 $\hat{\theta}$ 不是无偏的，就称它是有偏的，且称函数

$$b(\theta,\hat{\theta})=\mathrm{E}_\theta(\hat{\theta})-\theta \tag{2.2.2}$$

为 $\hat{\theta}$ 估计 θ 时的**偏**(Bias).

如果有一列 θ 的估计 $\hat{\theta}_n=\theta_n(X_1,X_2,\cdots,X_n)$，对一切 $\theta\in\Theta$，满足

$$\lim_{n\to\infty}\mathrm{E}_\theta(\hat{\theta}_n)=\theta, \tag{2.2.3}$$

即

$$\lim_{n\to\infty}b_n=0,$$

则称 $\hat{\theta}_n$ 为 θ 的**渐近无偏估计量**(Asymptotic Unbiased Estimator).

由定理1.1、1.2及定义2.1知，样本均值 $\bar{X}$ 与样本方差 S^2 分别为总体均值 μ 和总体方差 σ^2 的无偏估计.

例2.10 设有一批产品，为估计不合格品率 p，得到一个简单随机样本 $(X_1,X_2,\cdots,X_n)$，其中

$$X_i=\begin{cases}1, & \text{若第 } i \text{ 次取得为不合格品；}\\ 0, & \text{若第 } i \text{ 次取得为合格品.}\end{cases}$$

若取不合格品率 p 的估计为

$$\hat{p}=\bar{X}=\frac{1}{n}\sum_{i=1}^{n}X_i,$$

则对一切 $0<p<1$ 有

$$\mathrm{E}_p(\hat{p})=\mathrm{E}_p(\bar{X})=p,$$

可见 $\hat{p}=\bar{X}$ 是 p 的无偏估计.

一般地,由定理 1.3 知道,样本的 r 阶原点矩 A_r 是总体相应阶原点矩 α_r 的无偏估计. 但二阶或二阶以上的样本中心矩就不是总体中心矩的无偏估计. 例如由定理 1.2 不难得到

$$\mathrm{E}_{\sigma^2}(\tilde{S}_n^2)=\mathrm{E}_{\sigma^2}\left(\frac{n-1}{n}S^2\right)=\frac{n-1}{n}\sigma^2\neq\sigma^2,$$

其中 $\tilde{S}_n^2=\frac{1}{n}\sum_{i=1}^{n}(X_i-\bar{X})^2$ 是样本的二阶中心矩,但显然

$$\lim_{n\to\infty}\mathrm{E}_{\sigma^2}(\tilde{S}_n^2)=\sigma^2, \tag{2.2.4}$$

因此 $\tilde{S}_n^2$ 不是 σ^2 的无偏估计,而是 σ^2 的渐近无偏估计.

对于参数 θ 的任一实值函数 $g(\theta)$,如果 θ 的无偏估计量存在,也就是说有估计量 $T=T(X_1,X_2,\cdots,X_n)$,使得对一切 $\theta\in\Theta$,有

$$\mathrm{E}_\theta(T)=g(\theta), \tag{2.2.5}$$

则称 $g(\theta)$ 为**可估函数**(Estimable Function).

不可估函数是存在的.

例 2.11 设总体 X 服从二项分布 $b(n,p)$,$0<p<1$,X_1 是取自这个总体的一个样本,则函数 $g(p)=1/p$ 不可估.

证明 若函数 $g(p)=1/p$ 可估,则存在某个统计量 $T(X_1)$,记 $T(i)=c_i$,$i=0,1,\cdots,n$,使得对一切 $0<p<1$ 都有

$$\mathrm{E}_p[T(X_1)]=\sum_{i=0}^{n}c_i\binom{n}{i}p^i(1-p)^{n-i}=\frac{1}{p},$$

这显然是不可能的,因为上式中间部分是一个 p 的多项式,而右边在 $p=0$ 处没有意义. 显然,只要 $g(p)$ 不是次数小于等于 n 的多项式,$g(p)$ 的无偏估计都不可能存在.

如果 $\hat{\theta}$ 是 θ 的无偏估计,我们并不能由此推出 $g(\hat{\theta})$ 是 $g(\theta)$ 的无偏估计,除非 g 是线性函数.

例 2.12 设 $(X_1,X_2,\cdots,X_n)$ 是从正态总体 $N(\mu,\sigma^2)$ 中抽取的一个样本,由定理 1.14 知 $\bar{X}\sim N\left(\mu,\frac{\sigma^2}{n}\right)$,$(n-1)S^2/\sigma^2\sim\chi^2(n-1)$. 虽然定理 1.1 指出 $\bar{X}$ 是 μ 的一个无偏估计,但 $\bar{X}^2$ 不是 μ^2 的无偏估计,

$$\mathrm{E}_\mu(\bar{X}^2)=\mathrm{Var}(\bar{X})+[\mathrm{E}(\bar{X})]^2=\frac{\sigma^2}{n}+\mu^2\neq\mu^2.$$

同样,虽然 S^2 是 σ^2 的一个无偏估计,但 S 也不是 σ 的无偏估计. 事实上

$$\mathrm{E}_\sigma(\sqrt{n-1}S/\sigma)=\int_0^\infty\frac{\sqrt{x}}{2^{\frac{n-1}{2}}\Gamma\left(\frac{n-1}{2}\right)}\mathrm{e}^{-\frac{x}{2}}x^{\frac{n-1}{2}-1}\mathrm{d}x$$

$$=\frac{1}{2^{\frac{n-1}{2}}\Gamma\left(\frac{n-1}{2}\right)}2^{\frac{n}{2}}\Gamma\left(\frac{n}{2}\right)=\frac{\sqrt{2}\,\Gamma\left(\frac{n}{2}\right)}{\Gamma\left(\frac{n-1}{2}\right)},$$

即

$$\mathrm{E}_{\sigma}(S)=\sigma\left[\sqrt{\frac{2}{n-1}}\frac{\Gamma\left(\frac{n}{2}\right)}{\Gamma\left(\frac{n-1}{2}\right)}\right]\neq\sigma.$$

可见,S 不是 σ 的无偏估计.它的偏为

$$b(\sigma,S)=\sigma\left[\sqrt{\frac{2}{n-1}}\frac{\Gamma\left(\frac{n}{2}\right)}{\Gamma\left(\frac{n-1}{2}\right)}-1\right].$$

但容易由这个有偏估计修改得到 σ 的如下无偏估计

$$\hat{\sigma}=\sqrt{\frac{n-1}{2}}\frac{\Gamma\left(\frac{n-1}{2}\right)}{\Gamma\left(\frac{n}{2}\right)}S.$$

一般地,如果 $\hat{\theta}$ 是参数 θ 的有偏估计,且 $\mathrm{E}_{\theta}(\hat{\theta})=a+b\theta$,这里 a,b 是常数,且 $b\neq0$,则可构造一个 θ 的无偏估计

$$\hat{\theta}^{*}=\frac{\hat{\theta}-a}{b}. \qquad (2.2.6)$$

例 2.13 设总体 X 服从均匀分布,密度函数为

$$f(x;\theta)=\begin{cases}\frac{1}{\theta}, & 0<x<\theta;\\ 0, & \text{其他},\end{cases}$$

$(X_1,X_2,\cdots,X_n)$是取自这个总体的一个样本.由于 $\mathrm{E}(X)=\theta/2$,故 $\hat{\theta}=2\bar{X}$ 便是 θ 的矩估计,它是无偏的.由例 2.9 知 $\hat{\theta}_L=X_{(n)}$ 是 θ 的极大似然估计.利用式(1.2.2)可得

$$\mathrm{E}_{\theta}(\hat{\theta}_L)=\int_0^{\theta}x\frac{n}{\theta}\left(\frac{x}{\theta}\right)^{n-1}\mathrm{d}x=\frac{n}{n+1}\theta,$$

即 $\hat{\theta}_L$ 不是 θ 的无偏估计,易见 $\hat{\theta}_L$ 是 θ 的渐近无偏估计.按式(2.2.6)容易由 $\hat{\theta}_L=X_{(n)}$ 得到 θ 的一个无偏估计量

$$\hat{\theta}^{*}=\frac{n+1}{n}X_{(n)}.$$

现在我们考虑 θ 的这两个无偏估计量 $\hat{\theta}$ 与 $\hat{\theta}^{*}$ 的方差,

$$\mathrm{Var}_{\theta}(\hat{\theta})=\mathrm{Var}_{\theta}(2\bar{X})=4\mathrm{Var}_{\theta}(\bar{X})=\frac{4}{n}\mathrm{Var}_X(X)=\frac{\theta^2}{3n};$$

$$\begin{aligned}\mathrm{Var}_{\theta}(\hat{\theta}_L)&=\int_0^{\theta}x^2n\frac{x^{n-1}}{\theta^n}\mathrm{d}x-\left(\frac{n}{n+1}\theta\right)^2\\&=\frac{n\,\theta^2}{(n+1)^2(n+2)},\end{aligned}$$

所以

$$\mathrm{Var}_\theta(\hat{\theta}^*)=\mathrm{Var}_\theta\left(\frac{n+1}{n}\hat{\theta}_L\right)=\frac{(n+1)^2}{n^2}\mathrm{Var}_\theta(\hat{\theta}_L)=\frac{\theta^2}{n(n+2)}.$$

显然，$\mathrm{Var}_\theta(\hat{\theta}^*)\leqslant\mathrm{Var}_\theta(\hat{\theta})$，而且当 n 很大时，有

$$\lim_{n\to\infty}\frac{\mathrm{Var}_\theta(\hat{\theta}^*)}{\mathrm{Var}_\theta(\hat{\theta})}=\lim_{n\to\infty}\frac{3}{n+2}=0.$$

可见 $\hat{\theta}^*$ 和 $\hat{\theta}$ 的取值都在参数真值 θ 的周围波动，但 $\hat{\theta}^*$ 比 $\hat{\theta}$ 取值更集中. 作为 θ 的估计量，$\hat{\theta}^*$ 比 $\hat{\theta}$ 好.

这个例子说明，无偏性只是估计量优良性的一个方面，还应考虑估计量取值的密集程度. 密集程度可以用各种方法度量，每一种度量方法就对应一种优良性准则. 一个常用的准则为均方误差准则. 对可估函数 $g(\theta)$，考虑以 $T=T(X_1,X_2,\cdots,X_n)$ 估计 $g(\theta)$ 时所产生的误差平方的均值

$$\mathrm{MSE}_\theta(T)=\mathrm{E}_\theta(T-g(\theta))^2,$$

$\mathrm{MSE}_\theta(T)$ 称为 T 估计 $g(\theta)$ 时的**均方误差**（Mean Square Error）. 若 T_1,T_2 是 $g(\theta)$ 的两个估计量，且对一切 $\theta\in\Theta$ 有

$$\mathrm{MSE}_\theta(T_1)\leqslant\mathrm{MSE}_\theta(T_2),$$

则称 T_1 优于 T_2. 对于无偏估计量，均方误差即为方差，此时均方误差准则即以方差度量它的密集程度，这就导出下面的问题.

二、一致最小方差无偏估计

为便于叙述，我们引进下面的记号，记

$$U\triangleq\{T:\mathrm{E}_\theta(T)=g(\theta),\mathrm{Var}_\theta(T)<\infty,\text{对一切 }\theta\in\Theta\},\tag{2.2.7}$$

U 为可估函数 $g(\theta)$ 的方差有限的无偏估计量集合. 又记

$$U_0\triangleq\{T:\mathrm{E}_\theta(T)=0,\mathrm{Var}_\theta(T)<\infty,\text{对一切 }\theta\in\Theta\},\tag{2.2.8}$$

U_0 是数学期望为零、方差有限的估计量集合.

定义 2.2 设 $T_1(X_1,X_2,\cdots,X_n)$ 为可估函数 $g(\theta)$ 的无偏估计量，若对于任意的 $\theta\in\Theta$ 和 $g(\theta)$ 的任意无偏估计量 $T(X_1,X_2,\cdots,X_n)$，都有

$$\mathrm{Var}_\theta[T_1(X_1,X_2,\cdots,X_n)]\leqslant\mathrm{Var}_\theta[T(X_1,X_2,\cdots,X_n)],$$

则称 $T_1(X_1,X_2,\cdots,X_n)$ 是 $g(\theta)$ 的**一致最小方差无偏估计量**（Uniformly Minimum Variance Unbiased Estimator），简记为 UMVUE.

下面的定理给出了一致最小方差无偏估计的充分必要条件.

定理 2.1 设 $T_1\in U$，则 T_1 是 $g(\theta)$ 的一致最小方差无偏估计的充要条件为：对一切 $\theta\in\Theta$ 和 $T_0\in U_0$，有

$$\mathrm{E}_\theta(T_1T_0)=0.\tag{2.2.9}$$

证明 必要性：用反证法. 设 $T_1\in U$ 为 $g(\theta)$ 的一致最小方差无偏估计，但条件(2.2.9)不满足，即存在 $T_0\in U_0$ 及 $\theta_0\in\Theta$，使

$$\mathrm{E}_{\theta_0}(T_1T_0)\neq0.$$

因为 $\mathrm{E}_\theta(T_0)=0$，所以对一切实数 λ，记 $T_\lambda\triangleq T_1-\lambda T_0$，必有 $T_\lambda\in U$，于是

$$\mathrm{E}_{\theta_0}(T_\lambda)^2=\mathrm{E}_{\theta_0}(T_1-\lambda T_0)^2=\mathrm{E}_{\theta_0}(T_1^2)+\lambda^2\mathrm{E}_{\theta_0}(T_0^2)-2\lambda\mathrm{E}_{\theta_0}(T_1T_0),$$

由于 $\mathrm{E}_{\theta_0}(T_1T_0)\neq 0$,一定能找到

$$\lambda_0=\frac{\mathrm{E}_{\theta_0}(T_1T_0)}{\mathrm{E}_{\theta_0}(T_0^2)}\neq 0,$$

使得

$$\mathrm{E}_{\theta_0}(T_{\lambda_0}^2)<\mathrm{E}_{\theta_0}(T_1^2),$$

所以

$$\mathrm{Var}_{\theta_0}(T_{\lambda_0})<\mathrm{Var}_{\theta_0}(T_1).$$

这与 T_1 是一致最小方差无偏估计的假定相矛盾,因此条件(2.2.9)是必要的.

充分性:设有 $T_1\in U$,使得式(2.2.9)成立,则对任一 $T\in U$,显然 $T-T_1\in U_0$,所以对一切 $\theta\in\Theta$,有

$$\mathrm{E}_\theta[T_1(T-T_1)]=0.$$

由 Schwarz 不等式知,对一切 $\theta\in\Theta$,

$$\mathrm{E}_\theta(T_1^2)=\mathrm{E}_\theta(T_1T)\leqslant[\mathrm{E}_\theta(T_1^2)]^{\frac{1}{2}}[\mathrm{E}_\theta(T^2)]^{\frac{1}{2}}.$$

所以对一切 $\theta\in\Theta$,

$$\mathrm{E}_\theta(T_1^2)\leqslant\mathrm{E}_\theta(T^2),$$

由于 $\mathrm{E}_\theta(T_1)=\mathrm{E}_\theta(T)=g(\theta)$,因而对一切 $\theta\in\Theta$,

$$\mathrm{Var}_\theta(T_1)\leqslant\mathrm{Var}_\theta(T),$$

由于 T 是 U 中任一估计,所以 T_1 是 $g(\theta)$ 的一致最小方差无偏估计.

例 2.14 设总体 X 服从正态分布 $N(\mu,\sigma^2)$,其中 μ 和 σ^2 都是未知参数,分别求 μ 和 σ^2 的一致最小方差无偏估计.

解 设 $(X_1,X_2,\cdots,X_n)$ 是取自总体 X 的一个样本,已经知道样本均值 $\bar{X}$ 和样本方差 S^2 分别是 μ 和 σ^2 的无偏估计量,那么它们是否分别为一致最小方差无偏估计量呢?为此,我们应用定理 2.1 来考虑一下这个问题. 设 $T_0\in U_0$,即有

$$\begin{aligned}\mathrm{E}(T_0)&=\left(\frac{1}{\sqrt{2\pi}\sigma}\right)^n\int_{-\infty}^{\infty}\cdots\int_{\infty}^{\infty}T_0(x_1,x_2,\cdots,x_n)\exp\left\{-\frac{1}{2\sigma^2}\sum_{i=1}^{n}(x_i-\mu)^2\right\}\mathrm{d}x_1\cdots\mathrm{d}x_n\\&=0,\end{aligned}\tag{2.2.10}$$

上式对 μ 求导,并消去非零系数得

$$\int_{-\infty}^{\infty}\cdots\int_{\infty}^{\infty}T_0(x_1,x_2,\cdots,x_n)\left(\sum_{i=1}^{n}x_i\right)\exp\left\{-\frac{1}{2\sigma^2}\sum_{i=1}^{n}(x_i-\mu)^2\right\}\mathrm{d}x_1\cdots\mathrm{d}x_n=0,$$

即

$$\mathrm{E}\left(T_0\sum_{i=1}^{n}X_i\right)=0,$$

或

$$\mathrm{E}(T_0\bar{X})=0.$$

由于 $\bar{X}$ 是 μ 的无偏估计量,故由定理 2.1 可知,$\bar{X}$ 是 μ 的一致最小方差无偏估计量.

式(2.2.10)对 μ 求导两次,并消去非零系数可得

$$E(T_0\bar{X}^2)=0.$$

式(2.2.10)对 σ^2 求导,并消去非零系数得

$$E\left[T_0\cdot\sum_{i=1}^{n}(X_i-\mu)^2\right]=0.$$

由于 $\sum_{i=1}^{n}(x_i-\mu)^2=\sum_{i=1}^{n}(x_i-\bar{x})^2+n(\bar{x}-\mu)^2$,由此可得

$$E[T_0\sum_{i=1}^{n}(X_i-\bar{X})^2]=E[T_0\sum_{i=1}^{n}(X_i-\mu)^2]-nE[T_0(\bar{X}-\mu)^2]=0,$$

或

$$E(T_0S^2)=0.$$

因为 S^2 是 σ^2 的无偏估计量,由定理2.1可知 S^2 是 σ^2 的一致最小方差无偏估计量.

由此例可见,定理2.1是验证某个无偏估计量 T_1 是否为一致最小方差无偏估计量的工具,而要验证所有零的无偏估计量与 T_1 都不相关,也不是一件轻松的事情.

系 设 T_1 和 T_2 分别是参数 θ 的可估计函数 $g_1(\theta)$ 和 $g_2(\theta)$ 的一致最小方差无偏估计量,则 $b_1T_1+b_2T_2$ 是 $b_1g_1(\theta)+b_2g_2(\theta)$ 的一致最小方差无偏估计量,其中 b_1 和 b_2 是固定常数.

它是定理2.1的直接推论,证明留作练习(习题2.32).

$g(\theta)$ 的一致最小方差无偏估计至多存在一个,此即以下唯一性定理.

定理2.2 设 U 是式(2.2.7)所定义的 $g(\theta)$ 非空无偏估计集合,则至多存在一个 $g(\theta)$ 的一致最小方差无偏估计量.

证明 如果 $T_1,T_2\in U$ 都是 $g(\theta)$ 的一致最小方差无偏估计量,即对一切 $\theta\in\Theta$,有 $E_\theta(T_1)=E_\theta(T_2)=g(\theta)$, $\mathrm{Var}_\theta(T_1)=\mathrm{Var}_\theta(T_2)$. 因此对一切 $\theta\in\Theta$,有

$$E_\theta(T_1-T_2)=0,$$

即 $T_1-T_2\in U_0$. 由定理2.1可知,对一切 $\theta\in\Theta$,有

$$E_\theta[T_1(T_1-T_2)]=0 \text{ 及 } E_\theta[T_2(T_1-T_2)]=0.$$

于是

$$E_\theta(T_1-T_2)^2=E_\theta[T_1(T_1-T_2)]-E_\theta[T_2(T_1-T_2)]=0,$$

即对一切 $\theta\in\Theta$,有

$$\mathrm{Var}_\theta(T_1-T_2)=0.$$

由 Chebyshev 不等式,对一切 $\theta\in\Theta$,有

$$\mathrm{Pr}_\theta\{T_1=T_2\}=1.$$

这说明 $g(\theta)$ 的一致最小方差无偏估计在概率1相等的意义下是唯一的.

三、相合估计

我们已经讨论了可估函数 $g(\theta)$ 的无偏估计量集合中,以估计量的方差大小作为衡量其优良性的准则. 现在考虑当样本大小 n 无限增加时,一个好的估计量可能具有的性质.

首先我们希望此时估计量的数值能在某种意义上越来越接近于被估函数 $g(\theta)$ 的真值,此即相合性的要求.

定义2.3 设 $T_n=T_n(X_1,X_2,\cdots,X_n)$ 是 $g(\theta)$ 的估计量,若对任何 $\theta\in\Theta$, T_n 依概率收敛于

$g(\theta)$,则称 T_n 是 $g(\theta)$ 的**相合估计**(Consistent Estimator).

T_n 为 $g(\theta)$ 的相合估计是指对任给的 $\varepsilon>0$,

$$\lim_{n\to\infty}\Pr_\theta\{|T_n-g(\theta)|>\varepsilon\}=0.$$

如果 T_n 以概率 1 收敛于 $g(\theta)$,即

$$\Pr_\theta\{\lim_{n\to\infty}T_n(X_1,X_2,\cdots,X_n)=g(\theta)\}=1,$$

则称 T_n 是 $g(\theta)$ 的**强相合估计**(Strongly Consistent Estimator).

由概率论可知,若 T_n 是 $g(\theta)$ 的强相合估计,它也是 $g(\theta)$ 的相合估计. 利用大数定律容易证明,样本 k 阶矩是总体 k 阶矩的相合估计,即有以下定理成立.

定理 2.3 设 $(X_1,X_2,\cdots,X_n)$ 是取自具有分布族 $\{F(x;\theta):\theta\in\Theta\}$ 的总体 X 的一个样本,若 $\mathrm{E}(|X|^p)<\infty$,其中 p 是某一正整数,则样本的 $k(1\leqslant k\leqslant p)$ 阶原点矩 $A_k=\dfrac{1}{n}\sum\limits_{i=1}^{n}X_i^k$ 是总体 k 阶原点矩 $\alpha_k=\mathrm{E}_\theta(X^k)$ 的相合估计.

定理 2.4 如果 T_n 是 θ 的相合估计量,$g(x)$ 在 $x=\theta$ 连续,则 $g(T_n)$ 也是 $g(\theta)$ 的相合估计量.

证明 由于 $g(x)$ 在 $x=\theta$ 处连续,所以对任给 $\varepsilon>0$,存在 $\delta>0$,使得当 $|x-\theta|\leqslant\delta$ 时,有

$$|g(x)-g(\theta)|\leqslant\varepsilon.$$

由此推得

$$\Pr_\theta\{|g(T_n)-g(\theta)|>\varepsilon\}\leqslant\Pr_\theta\{|T_n-\theta|>\delta\},$$

因为 T_n 是 θ 的相合估计量,所以

$$0\leqslant\lim_{n\to\infty}\Pr_\theta\{|g(T_n)-g(\theta)|>\varepsilon\}\leqslant\lim_{n\to\infty}\Pr_\theta\{|T_n-\theta|>\delta\}=0,$$

即 $g(T_n)$ 是 $g(\theta)$ 的相合估计.

由定理 2.3 及 2.4 得,可估函数 $g(\theta)$ 的矩估计 $g(\hat{\theta})$ 也是 $g(\theta)$ 的相合估计量.

无偏估计、一致最小方差无偏估计和相合估计只是估计理论中常用的最优性准则. 有时根据问题的性质,也可考虑 $g(\theta)$ 的任一估计量 $T=T(X_1,X_2,\cdots,X_n)$ 的均方误差 $\mathrm{MSE}_\theta(T)=\mathrm{E}_\theta[T-g(\theta)]^2$. 一个好的估计量要求它的均方误差能达到最小,即若估计量 T_0,使对一切 $\theta\in\Theta$ 及一切 $g(\theta)$ 的估计量 T,都有

$$\mathrm{MSE}_\theta(T_0)\leqslant\mathrm{MSE}_\theta(T),$$

则称 T_0 为 $g(\theta)$ 的**一致最小均方误差估计量**.

由于

$$\begin{aligned}\mathrm{MSE}_\theta(T)&=\mathrm{E}_\theta\{(T-\mathrm{E}_\theta(T))+[\mathrm{E}_\theta(T)-g(\theta)]\}^2\\&=\mathrm{E}_\theta(T-\mathrm{E}_\theta(T))^2+[\mathrm{E}_\theta(T)-g(\theta)]^2\\&=\mathrm{Var}_\theta(T)+b^2,\end{aligned}$$

其中 $b=\mathrm{E}_\theta(T)-g(\theta)$ 为估计量 T 的偏. 可见,一致最小方差无偏估计量是在 $b=0$ 的前提下,使 $\mathrm{MSE}_\theta(T)=\mathrm{Var}_\theta(T)$ 为最小的优良性质. 但实际上可能存在某些有偏估计量,其方差比一致最小方差无偏估计量的方差来得小,而且均方误差也小. 一个估计量虽然是无偏的,但若方差较大也不理想. 因此最小均方误差准则,就是在兼顾无偏性与密集性原则下的最优准则.

例 2.15 设总体 X 服从正态分布 $N(0,\sigma^2)$，其中 σ^2 为未知参数，$(X_1,X_2,\cdots,X_n)$ 是取自总体 X 的简单随机样本，考虑估计量

$$S_k^2=\frac{1}{k}\sum_{i=1}^{n}(X_i-\bar{X})^2.$$

由定理 1.14 可知 $\frac{kS_k^2}{\sigma^2}\sim\chi^2(n-1)$，所以，$\mathrm{E}(kS_k^2/\sigma^2)=n-1$，$\mathrm{Var}(kS_k^2/\sigma^2)=2(n-1)$，因而

$$\mathrm{E}(S_k^2)=\frac{n-1}{k}\sigma^2,\qquad \mathrm{Var}(S_k^2)=\frac{2(n-1)}{k^2}\sigma^4.$$

特别当 $k=n-1$ 时，S_k^2 就是样本方差，有

$$\mathrm{E}(S_{n-1}^2)=\sigma^2,\qquad \mathrm{Var}(S_{n-1}^2)=\frac{2}{n-1}\sigma^4.$$

对一般的 k，S_k^2 的偏 $b_k=(\frac{n-1}{k}-1)\sigma^2$，当 k 取值自 $n-1$ 增大时，b_k 的绝对值增大，而方差却减少. 考虑估计量 S_k^2 的均方误差

$$\mathrm{MSE}(S_k^2)=\mathrm{Var}(S_k^2)+b_k^2=\frac{2(n-1)}{k^2}\sigma^4+(\frac{n-1}{k}-1)^2\sigma^4,$$

当 $k=n-1$ 时，有

$$\mathrm{MSE}(S_{n-1}^2)=\frac{2}{n-1}\sigma^4;$$

$k=n+1$ 时，有

$$\mathrm{MSE}(S_{n+1}^2)=\frac{2}{n+1}\sigma^4.$$

于是

$$\mathrm{MSE}(S_{n+1}^2)<\mathrm{MSE}(S_{n-1}^2),$$

可见在均方误差准则下，参数 σ^2 的估计量取 S_{n+1}^2 比 S_{n-1}^2 为好.

更进一步可以证明，在均方误差意义下，估计量

$$g^*(X_1,X_2,\cdots,X_n)=\min\left\{\frac{1}{n+1}\sum_{i=1}^{n}(X_i-\bar{X})^2,\frac{1}{n+2}\sum_{i=1}^{n}X_i^2\right\}$$

比 S_{n+1}^2 更优，$\mathrm{MSE}(g^*)<\mathrm{MSE}(S_{n+1}^2)$，对任 $\sigma^2>0$ 成立. 这是 C. Stein 在 20 世纪 50 ~ 60 年代给出的著名例子.

遗憾的是，一致最小均方误差估计常常是不存在的. 实际上，如果 $T_0=T_0(X_1,X_2,\cdots,X_n)$ 是 $g(\theta)$ 的一致最小均方误差估计量，那么对任一固定的 θ_0，可以有一恒取常数值 $g(\theta_0)$ 的估计量

$$T_c(X_1,X_2,\cdots,X_n)\equiv g(\theta_0),$$

在 $\theta\neq\theta_0$ 处，估计量 T_c 的均方误差可能很大，但在 $\theta=\theta_0$ 处的均方误差却为零. 如果 T_0 是 $g(\theta)$ 的一致最小均方误差估计量，那么对上面的 $\theta=\theta_0$ 及 T_c，应有

$$\mathrm{MSE}_{\theta_0}(T_0)\leqslant\mathrm{MSE}_{\theta_0}(T_c)=0,$$

由于 $\theta_0\in\Theta$ 的任意性，这就表明无论 θ 取何值，T_0 必须完美无缺地去估计 $g(\theta)$，这是不可能的. 可见在 $g(\theta)$ 的一切可能的估计量组成的集合中，不存在一致最小均方误差估计量. 但在大

样本问题中，最小均方误差准则还是有意义的.

§2.3 Rao－Cramer 正则分布族与 Rao－Cramer 不等式

我们在 §2.2 定义了可估函数 $g(\theta)$ 的一致最小方差无偏估计量，即在 $g(\theta)$ 的无偏估计类 U 中，具有最小方差的估计量. 如果没有无偏性的限制，那么在 $g(\theta)$ 的一切估计量中寻找具有最小方差的估计量，由于任何常数都可作为 $g(\theta)$ 的估计量，且方差为零，这种情况自然就没有意义了. 一般地，$g(\theta)$ 的一致最小方差无偏估计量的方差总是大于零. 另一方面，在 $g(\theta)$ 的不同的无偏估计量中，它们的方差是否可以任意小？如果不可以任意小，那么它的下限是什么？能否达到？回答这些问题的最重要结果是 C. R. Rao 和 H. Cramer 分别在 1945 年和 1946 年对单参数正则分布族所证明的一个重要不等式.

一、Rao－Cramer 不等式

定义 2.4 如果单参数分布密度族（或单参数概率分布族）$\{f(x;\theta):\theta\in\Theta\}$ 满足如下条件：

（1）参数空间 Θ 是数轴上的一个开区间；

（2）导数 $\dfrac{\partial f(x;\theta)}{\partial\theta}$ 对一切 $\theta\in\Theta$ 都存在；

（3）集合 $S_\theta\triangleq\{x:f(x;\theta)>0\}$ 与 θ 无关；

（4）对一切 $\theta\in\Theta$，$\dfrac{\partial}{\partial\theta}\int f(x;\theta)\,\mathrm{d}x=\int\dfrac{\partial f(x;\theta)}{\partial\theta}\mathrm{d}x=0$；

（5）对任 $\theta\in\Theta$，有

$$0<I(\theta)\triangleq \mathrm{E}_\theta\left[\frac{\partial}{\partial\theta}\ln f(X;\theta)\right]^2. \tag{2.3.1}$$

则称这个分布密度族（概率分布族）为 Rao－Cramer **正则分布族**（Family of Regular Distribution），其中条件（1）～（5）称为**正则条件**（Regular Condition），$I(\theta)$ 称为分布密度族的 **Fisher 信息量**（Fisher Information），或更一般地称为 **Fisher 信息函数**，集合 S_θ 称为分布密度族的**支撑**（Support）.

例 2.16 验证 Poisson 分布族是 Rao－Cramer 正则分布族.

解 对 Poisson 分布 $f(x;\lambda)=\dfrac{\lambda^x}{x!}\mathrm{e}^{-\lambda}$，$x=0,1,2,\cdots$，$\lambda>0$，逐条验证定义 2.4 的各个条件：

（1）参数空间 $\{\lambda>0\}$ 是一个开区间；

（2）$\dfrac{\partial f(x;\lambda)}{\partial\lambda}=\dfrac{\lambda^{x-1}}{x!}(x-\lambda)\mathrm{e}^{-\lambda}$，对一切 $\lambda>0$ 存在；

（3）$f(x;\lambda)>0$，对一切非负整数 x 及 λ 成立；

（4）显然满足，因为

$$\sum_{x=0}^{\infty}\frac{\lambda^{x-1}}{x!}(x-\lambda)\mathrm{e}^{-\lambda}=\sum_{x=1}^{\infty}\frac{\lambda^{x-1}}{(x-1)!}\mathrm{e}^{-\lambda}-\sum_{x=0}^{\infty}\frac{\lambda^x}{x!}\mathrm{e}^{-\lambda}=1-1=0;$$

（5）由于

$$\ln f(x;\lambda)=x\ln\lambda-\ln(x!)-\lambda,$$

故

$$\frac{\partial\ln f(x;\lambda)}{\partial\lambda}=\frac{x}{\lambda}-1,$$

因此

$$\mathrm{E}_\lambda\left[\frac{\partial\ln f(X;\lambda)}{\partial\lambda}\right]=0,$$

$$I(\lambda)=\mathrm{E}_\lambda\left[\frac{\partial\ln f(X;\lambda)}{\partial\lambda}\right]^2=\mathrm{Var}_\lambda\left(\frac{X}{\lambda}-1\right)=\frac{1}{\lambda},$$

故 Poisson 分布族是 Rao - Cramer 正则分布族.

例 2.17 正态分布族 $\{N(\mu,1):-\infty<\mu<\infty\}$ 是 Rao - Cramer 正则分布族.

解 逐条验证定义 2.4 的各个条件. 对所考虑的正态分布密度 $f(x;\mu)=\frac{1}{\sqrt{2\pi}}\mathrm{e}^{-\frac{1}{2}(x-\mu)^2}$, 条件(1) ~ (4)是显然满足的, 只需验证条件(5)也满足. 事实上, 由于 $\frac{\partial\ln f(x;\mu)}{\partial\mu}=x-\mu$, 故

$$\mathrm{E}_\mu\left[\frac{\partial\ln f(X;\mu)}{\partial\mu}\right]^2=\mathrm{E}_\mu(X-\mu)^2=\mathrm{Var}_\mu(X)=1.$$

所以正态分布族 $\{N(\mu,1):-\infty<\mu<\infty\}$ 是 Rao - Cramer 正则分布族.

容易验证在数理统计中常用的单参数分布族都是 Rao - Cramer 正则分布族, 但均匀分布族 $\{R(0,\theta):\theta>0\}$ 不是 Rao - Cramer 正则分布族, 因为它的支撑 $S_\theta=\{x:f(x;\theta)>0\}$ 是一个依赖于 θ 的开区间 $(0,\theta)$.

定理 2.5 (Rao - Cramer **不等式, 简称为** C - R **不等式**) 设总体 X 的概率分布密度族 $\{f(x;\theta):\theta\in\Theta\}$ 是 Rao - Cramer 正则分布族, 可估函数 $g(\theta)$ 是 Θ 上的可微函数, $(X_1,X_2,\cdots,X_n)$ 是取自总体 X 的一个样本. 若 $T(X_1,X_2,\cdots,X_n)$ 是 $g(\theta)$ 的一个无偏估计量, 且对一切 $\theta\in\Theta$, 满足

$$\frac{\partial}{\partial\theta}\int T(x_1,x_2,\cdots,x_n)L(x_1,x_2,\cdots,x_n;\theta)\,\mathrm{d}x_1\cdots\mathrm{d}x_n$$
$$=\int T(x_1,x_2,\cdots,x_n)\frac{\partial}{\partial\theta}L(x_1,x_2,\cdots,x_n;\theta)\,\mathrm{d}x_1\cdots\mathrm{d}x_n,\qquad(2.3.2)$$

其中 $L(x_1,x_2,\cdots,x_n;\theta)=\prod_{i=1}^{n}f(x_i;\theta)$ 是样本 $(X_1,X_2,\cdots,X_n)$ 的联合分布密度函数. 则对一切 $\theta\in\Theta$, 有

$$\mathrm{Var}_\theta(T)\geqslant\frac{[g'(\theta)]^2}{nI(\theta)},\qquad(2.3.3)$$

其中 $I(\theta)$ 是分布族 $\{f(x;\theta):\theta\in\Theta\}$ 的 Fisher 信息函数.

特别当 $g(\theta)=\theta$ 时,

$$\mathrm{Var}_\theta(T)\geqslant\frac{1}{nI(\theta)}.\qquad(2.3.4)$$

如果式(2.3.3)中等号成立, 则存在 $C(\theta)\neq0$, 使得

$$\frac{\partial\ln L(x_1,x_2,\cdots,x_n;\theta)}{\partial\theta}=C(\theta)[T(x_1,x_2,\cdots,x_n)-g(\theta)]\quad\text{a. s.}\qquad(2.3.5)$$

对离散型总体,只需将密度函数用概率分布代替,积分号用求和号代替,结论仍成立.

证明 不失一般性,设$\{f(x,\theta):\theta\in\Theta\}$为概率分布密度族.若$I(\theta)=+\infty$或$\mathrm{Var}_\theta(T)=+\infty$,则式(2.3.3)显然成立,故可假设$I(\theta)<\infty$和$\mathrm{Var}_\theta(T)<\infty$.记

$$S\triangleq\frac{\partial\ln L(x_1,x_2,\cdots,x_n;\theta)}{\partial\theta}=\sum_{i=1}^{n}\frac{\partial\ln f(x_i;\theta)}{\partial\theta},\tag{2.3.6}$$

由于

$$\begin{aligned}\mathrm{E}_\theta\left[\frac{\partial\ln f(X;\theta)}{\partial\theta}\right]&=\int_{-\infty}^{\infty}\frac{\partial\ln f(x;\theta)}{\partial\theta}f(x;\theta)\,\mathrm{d}x\\&=\int_{-\infty}^{\infty}\frac{\partial f(x;\theta)}{\partial\theta}\mathrm{d}x\\&=\frac{\partial}{\partial\theta}\int_{-\infty}^{\infty}f(x;\theta)\,\mathrm{d}x=0,\end{aligned}$$

所以对一切$\theta\in\theta$,有

$$\mathrm{E}_\theta(S)=\mathrm{E}_\theta\left[\sum_{i=1}^{n}\frac{\partial\ln f(X_i;\theta)}{\partial\theta}\right]=\sum_{i=1}^{n}\mathrm{E}_\theta\left[\frac{\partial\ln f(X_i;\theta)}{\partial\theta}\right]=0.\tag{2.3.7}$$

又

$$\begin{aligned}\mathrm{Var}_\theta(S)&=\mathrm{E}_\theta(S^2)\\&=\mathrm{E}_\theta\left[\sum_{i=1}^{n}\frac{\partial\ln f(X_i;\theta)}{\partial\theta}\right]^2\\&=\sum_{i=1}^{n}\mathrm{E}_\theta\left[\frac{\partial\ln f(X_i;\theta)}{\partial\theta}\right]^2+2\sum_{j>i}\mathrm{E}_\theta\left\{\left[\frac{\partial\ln f(X_i;\theta)}{\partial\theta}\right]\cdot\left[\frac{\partial\ln f(X_j;\theta)}{\partial\theta}\right]\right\}\\&=nI(\theta),\end{aligned}\tag{2.3.8}$$

由于$T=T(X_1,X_2,\cdots,X_n)$是$g(\theta)$的无偏估计量,所以

$$\begin{aligned}g(\theta)&=\mathrm{E}_\theta[T(X_1,X_2,\cdots,X_n)]\\&=\int T(x_1,x_2,\cdots,x_n)L(x_1,x_2,\cdots,x_n;\theta)\,\mathrm{d}x_1\cdots\mathrm{d}x_n,\end{aligned}$$

故

$$\begin{aligned}g'(\theta)&=\frac{\partial}{\partial\theta}\int T(x_1,x_2,\cdots,x_n)L(x_1,x_2,\cdots,x_n;\theta)\,\mathrm{d}x_1\cdots\mathrm{d}x_n\\&=\int T(x_1,x_2,\cdots,x_n)\frac{\partial L(x_1,x_2,\cdots,x_n;\theta)}{\partial\theta}\mathrm{d}x_1\cdots\mathrm{d}x_n\\&=\int T(x_1,x_2,\cdots,x_n)\frac{\partial\ln L(x_1,x_2,\cdots,x_n;\theta)}{\partial\theta}L(x_1,x_2,\cdots,x_n;\theta)\,\mathrm{d}x_1\cdots\mathrm{d}x_n\\&=\mathrm{E}_\theta(TS)=\mathrm{E}_\theta[(T-g(\theta))S]\\&=\mathrm{Cov}(T,S).\end{aligned}\tag{2.3.9}$$

再利用 Schwarz 不等式,得

$$[g'(\theta)]^2=[\mathrm{Cov}(T,S)]^2\leqslant\mathrm{Var}_\theta(T)\cdot\mathrm{Var}_\theta(S),\tag{2.3.10}$$

由上式及(2.3.8),有

$$\mathrm{Var}_\theta(T) \geqslant \frac{[g'(\theta)]^2}{\mathrm{Var}_\theta(S)} = \frac{[g'(\theta)]^2}{nI(\theta)}.$$

上式等号成立,当且仅当 T,S 线性相关,即存在 $C(\theta)\neq 0$,使得对几乎一切 $(x_1,x_2,\cdots,x_n)\in\mathscr{X}$,有

$$\frac{\partial \ln L(x_1,x_2,\cdots,x_n;\theta)}{\partial\theta} = C(\theta)[T(x_1,x_2,\cdots,x_n) - g(\theta)].$$

由 Rao－Cramer 不等式可见,$nI(\theta)$ 越大,$\mathrm{Var}_\theta(T)$ 可能达到的下界也越低,即 $g(\theta)$ 可能被估计得越准确,因而也可理解为样本 $(X_1,X_2,\cdots,X_n)$ 中包含的关于 θ 的"信息"越多,所以 $I(\theta)$ 在一定意义上表示对总体 X 进行观测所提供的关于未知参数 θ 的平均信息. 由于 $X_1,X_2,\cdots,X_n$ 独立同分布,$I(\theta)$ 也可解释为单个观测值提供的有关 θ 的信息.

$I(\theta)$ 也可表示为

$$I(\theta) = -\mathrm{E}_\theta\left(\frac{\partial^2 \ln f(X;\theta)}{\partial\theta^2}\right), \tag{2.3.11}$$

其证明留作练习(习题 2.28),有时利用式(2.3.11)便于计算 $I(\theta)$.

称满足定理 2.5 中正则条件的估计量 T 为**正规估计量**(Regular Estimator),Rao－Cramer 不等式所规定的下界称为 C－R 下界(Lower Bound),C－R 下界不是整个无偏估计类的下界,而是无偏估计类中的一个子集——正规无偏估计类的下界. 因此,如果一个 $g(\theta)$ 的无偏估计 T 的方差达到这个下界,且 $g(\theta)$ 的一切无偏估计都满足条件(2.3.2),则 T 就是 $g(\theta)$ 的 UMVUE. 所以,C－R 不等式也可作为验证某一无偏估计是否为 UMVUE 的方法.

C－R 不等式只对满足定理条件的 C－R 正则族成立,如果这些条件之一不满足,C－R 不等式可能不成立. Cramer 曾经给出这样一个例子,即有一个无偏估计,但其方差比 C－R 下界还要小.

例 2.18 设 $(X_1,X_2,\cdots,X_n)$ 是总体 X 的一个样本,这个总体的密度函数为

$$f(x;\theta) = \mathrm{e}^{-(x-\theta)}, \quad x>\theta.$$

由于分布的支撑与 θ 有关,故不是 C－R 正则族. 可以形式地计算 C－R 下界:

$$I(\theta) = \mathrm{E}\left[\frac{\partial \ln f(X;\theta)}{\partial\theta}\right]^2 = 1,$$

因此 C－R 下界为 $1/n$. 另一方面,类似于第 1 章例 1.21 可以证明 $X_{(1)}$ 是充分统计量.

令 $\hat\theta = X_{(1)} - 1/n$,相应的概率密度函数为

$$f(t;\theta) = n\mathrm{e}^{-(nt-n\theta+1)}, \quad t>\theta-1/n,$$

于是

$$\begin{aligned}
\mathrm{E}(\hat\theta) &= \int_{\theta-\frac{1}{n}}^{\infty} nt\mathrm{e}^{-(nt-n\theta+1)}\mathrm{d}t \\
&= \int_{\theta-\frac{1}{n}}^{\infty} (nt-n\theta+1)\mathrm{e}^{-(nt-n\theta+1)}\mathrm{d}t + \theta - \frac{1}{n} \\
&= \int_0^{\infty} ny\mathrm{e}^{-ny}\mathrm{d}y + \theta - \frac{1}{n} = \theta,
\end{aligned}$$

$$\mathrm{E}(\hat\theta^2) = \int_0^{\infty} n\left(y+\theta-\frac{1}{n}\right)^2\mathrm{e}^{-ny}\mathrm{d}y = \theta^2 + \frac{1}{n^2},$$

故

$$\mathrm{Var}(\hat{\theta})=\frac{1}{n^2}.$$

可见 $\hat{\theta}$ 是 θ 的无偏估计,但方差小于 $1/n$,原因在于这个分布族不是 C – R 正则分布族,上述 $I(\theta)$ 只是形式计算的结果.

例 2.19 设总体 X 具有 Bernoulli 分布族 $\{b(1,p):p\in(0,1)\}$,$(X_1,X_2,\cdots,X_n)$ 是取自这一总体的样本,求 p 的正规无偏估计的方差下界.

解 容易验证 Bernoulli 分布族满足定理 2.5 中 Rao – Cramer 正则条件,这里

$$f(x;p)=p^x(1-p)^{1-x},\quad x=0,1,0<p<1,$$

且

$$I(p)=\sum_{x=0}^{1}\left[\frac{\partial\ln f(x;p)}{\partial p}\right]^2 f(x;p)=\frac{1}{p(1-p)},$$

故 p 的正规无偏估计的方差下界为

$$\frac{1}{nI(p)}=\frac{p(1-p)}{n}.$$

由例 2.10 已知 $\hat{p}=\bar{X}$ 是 p 的无偏估计,而 $\mathrm{Var}(\bar{X})=\dfrac{p(1-p)}{n}$ 达到 Rao – Cramer 不等式的下界. 事实上,下面的例 2.21 也将指出,$\hat{p}=\bar{X}$ 是 p 的一致最小方差无偏估计.

例 2.20 设总体 X 具有正态分布族 $\{N(\mu,\sigma^2):-\infty<\mu<\infty,\sigma^2>0\}$,$(X_1,X_2,\cdots,X_n)$ 是取自这一总体的样本,分别求 μ 和 σ^2 的正规无偏估计的方差下界.

解 容易验证定理 2.5 中 Rao – Cramer 正则条件满足,这里

$$f(x;\mu,\sigma^2)=\frac{1}{\sqrt{2\pi\sigma^2}}\exp\left[-\frac{1}{2\sigma^2}(x-\mu)^2\right],$$

$$\frac{\partial\ln f}{\partial\mu}=\frac{x-\mu}{\sigma^2},$$

故有

$$I(\mu)=\mathrm{E}_\mu\left[\frac{\partial\ln f(X;\mu,\sigma^2)}{\partial\mu}\right]^2=\mathrm{E}_\mu\left(\frac{X-\mu}{\sigma^2}\right)^2=\frac{\mathrm{Var}(X)}{\sigma^4}=\frac{1}{\sigma^2},$$

因此 μ 的正规无偏估计的方差下界是 $\dfrac{\sigma^2}{n}$. 另一方面,已知 $E(\bar{X})=\mu$,$\mathrm{Var}(\bar{X})=\sigma^2/n$,故 $\bar{X}$ 的方差达到 C – R 下界. 事实上,由例 2.14 知 $\bar{X}$ 就是 μ 的一致最小方差无偏估计. 同样,由于

$$\frac{\partial\ln f(x;\mu,\sigma^2)}{\partial\sigma^2}=-\frac{1}{2\sigma^2}+\frac{(x-\mu)^2}{2\sigma^4},$$

$$\frac{\partial^2\ln f(x;\mu,\sigma^2)}{\partial^2\sigma^2}=\frac{1}{2\sigma^4}-\frac{(x-\mu)^2}{\sigma^6},$$

故有

$$I(\sigma^2)=-\mathrm{E}_{\sigma^2}\left[\frac{\partial^2\ln f(X;\mu,\sigma^2)}{\partial^2\sigma^2}\right]=-\mathrm{E}_{\sigma^2}\left[\frac{1}{2\sigma^4}-\frac{(X-\mu)^2}{\sigma^6}\right]=\frac{1}{2\sigma^4}.$$

因此 σ^2 的正规无偏估计的方差下界是 $2\sigma^4/n$.

当已知 μ 时，由定理 1.7 的系可知 $\frac{1}{\sigma^2}\sum_{i=1}^{n}(X_i-\mu)^2$ 服从 $\chi^2(n)$ 分布，因此不难得到

$$\mathrm{E}\left[\frac{1}{n}\sum_{i=1}^{n}(X_i-\mu)^2\right]=\sigma^2,$$

$$\mathrm{Var}\left[\frac{1}{n}\sum_{i=1}^{n}(X_i-\mu)^2\right]=\frac{2}{n}\sigma^4.$$

可见在已知 μ 时，$\frac{1}{n}\sum_{i=1}^{n}(X_i-\mu)^2$ 的方差达到了 C－R 下界. 事实上，$\frac{1}{n}\sum_{i=1}^{n}(X_i-\mu)^2$ 也是 σ^2 的一致最小方差无偏估计量.

若 μ 未知，由例 2.14 知，$S^2=\frac{1}{n-1}\sum_{i=1}^{n}(X_i-\bar{X})^2$ 是 σ^2 的一致最小方差无偏估计量，但

$$\mathrm{Var}(S^2)=\frac{2}{n-1}\sigma^4>\frac{2}{n}\sigma^4.$$

实际上，$\frac{[g'(\theta)]^2}{nI(\theta)}$ 作为 $g(\theta)$ 的无偏估计方差下限是粗略的，以致不一定能达到. 本章习题 2.20 提供了一个例子.

由定理 2.5 及以上例子可见 $I(\theta)$ 具有重要意义，但直接按式(2.3.1)或(2.3.11)计算 $I(\theta)$ 有时并不容易. 对一个实际问题，当得到了一组样本观测值 $(x_1,x_2,\cdots,x_n)$ 以后，常以观测信息量

$$I_O(\theta)=-\sum_{i=1}^{n}\left(\frac{\partial \ln{}^2 f(x_i;\theta)}{\partial\theta^2}\right)=-l''(\theta)$$

代替，详细讨论见 §3.5 有关置信区间的大样本方法.

二、有效估计量

现在考虑 Rao－Cramer 不等式下界 $\frac{[g'(\theta)]^2}{nI(\theta)}$ 与 $g(\theta)$ 的无偏估计量 T 的方差 $\mathrm{Var}_\theta(T)$ 之间的关系，为此我们引进有效估计量的概念.

定义 2.5 设总体 X 的概率分布密度族 $\{f(x;\theta):\theta\in\Theta\}$ 是 Rao－Cramer 正则分布族，$g(\theta)$ 是可估函数，$T=T(X_1,X_2,\cdots,X_n)$ 是 $g(\theta)$ 的估计量.

(1) 若 $\mathrm{E}_\theta(T)=g(\theta)$，则称

$$e_\theta(T)=\frac{[g'(\theta)]^2}{nI(\theta)}\Big/\mathrm{Var}_\theta(T) \tag{2.3.12}$$

为 $g(\theta)$ 的无偏估计量 T 的**效率**(Efficiency).

(2) 若 $\mathrm{E}_\theta(T)=g(\theta)$，且 $e_\theta(T)=1$，则称 T 为 $g(\theta)$ 的**有效估计量**(Efficient Estimator).

(3) 设 $T_n=T_n(X_1,X_2,\cdots,X_n)$ 是 $g(\theta)$ 的一列无偏估计，若

$$\lim_{n\to\infty}e_\theta(T_n)=e_0, \tag{2.3.13}$$

则称 e_0 为 T_n 的**渐近效率**(Asymptotic Efficiency). 当 $e_0=1$ 时，称 T_n 是 $g(\theta)$ 的**渐近有效估计**(Asymptotic Efficient Estimator).

效率是估计量的最重要特征，显然 $0\leqslant e_\theta(T)\leqslant 1$，一个有效估计量的方差一定达到 Rao－

Cramer 不等式的下界,但有效估计量并不一定存在. 不过在许多情况下,渐近有效估计量总是存在的.

有时需要直接比较 $g(\theta)$ 的两个无偏估计量的优良性,此有如下定义.

定义 2.6 对可估函数 $g(\theta)$ 的任意两个无偏估计量 T_1 和 T_2,称

$$e(T_1 \mid T_2)=\frac{\mathrm{Var}_\theta(T_1)}{\mathrm{Var}_\theta(T_2)} \tag{2.3.14}$$

为估计量 T_1 关于 T_2 的**相对效率**(Relative Efficiency). 如果 $e(T_1 \mid T_2)<1$,则称 T_1 比 T_2 有效.

§2.4 Rao - Blackwell 定理

对给定的参数分布族,如何寻找可估函数 $g(\theta)$ 的一致最小方差无偏估计量,这是一个值得关心的问题,许多统计学家对此进行了深入的研究,得到了利用充分完备统计量寻找一致最小方差无偏估计的方法,对此有以下定理.

定理 2.6(Rao - Blackwell **定理**) 设 $T(X_1,X_2,\cdots,X_n)$ 是分布族 $\{F(x;\theta):\theta\in\Theta\}$ 的一个充分统计量,V 是 $g(\theta)$ 的一个无偏估计量,则

$$V_0=V_0(T)\triangleq \mathrm{E}(V\mid T) \tag{2.4.1}$$

是 $g(\theta)$ 的一个无偏估计量,且

$$\mathrm{Var}_\theta(V_0)\leqslant \mathrm{Var}_\theta(V),\qquad \text{对一切 } \theta\in\Theta,$$

其中等号成立的充要条件为"V 在几乎处处意义下是充分统计量 T 的函数".

证明 由于 T 是充分统计量,所以条件分布密度 $f(x_1,x_2,\cdots,x_n\mid T=t;\theta)$ 与 θ 无关,记为 $f(x_1,x_2,\cdots,x_n\mid T=t)$. 在给定 T 条件下,V 的条件数学期望 $V_0(T)=\mathrm{E}(V\mid T)$ 也与 θ 无关,故 V_0 可以作为 $g(\theta)$ 的一个估计量,且

$$\mathrm{E}_\theta(V_0)=\mathrm{E}_\theta[\mathrm{E}(V\mid T)]=\mathrm{E}_\theta(V)=g(\theta),$$

这就证明了 V_0 是 $g(\theta)$ 的一个无偏估计量. 又

$$\begin{aligned}\mathrm{Var}_\theta(V)&=\mathrm{E}_\theta[V-g(\theta)]^2=\mathrm{E}_\theta[(V-V_0)+(V_0-g(\theta))]^2\\&=\mathrm{E}_\theta(V-V_0)^2+\mathrm{E}_\theta[V_0-g(\theta)]^2+2\mathrm{E}_\theta\{(V-V_0)[V_0-g(\theta)]\},\end{aligned}$$

由于

$$\begin{aligned}\mathrm{E}_\theta\{(V-V_0)[V_0-g(\theta)]\}&=\mathrm{E}_\theta\{\mathrm{E}_\theta\{(V-V_0)[V_0-g(\theta)]\mid T\}\}\\&=\mathrm{E}_\theta\{[V_0-g(\theta)]\mathrm{E}_\theta[(V-V_0)\mid T]\}\\&=\mathrm{E}_\theta[V_0-g(\theta)][\mathrm{E}_\theta(V\mid T)-V_0]\\&=0,\end{aligned}$$

故

$$\mathrm{Var}_\theta(V)=\mathrm{E}_\theta(V-V_0)^2+\mathrm{Var}_\theta(V_0)\geqslant \mathrm{Var}_\theta(V_0).$$

上式对一切 $\theta\in\Theta$ 成立,且等号成立的条件为

$$\mathrm{E}_\theta(V-V_0)^2=0.$$

从而得到 $V=V_0$ 几乎处处成立. 这表明在几乎处处意义下,V 是 T 的函数.

Rao - Blackwell 定理说明,若知道一个无偏估计量,就能按式(2.4.1)构造一个新的无偏

估计量,其方差比原估计量的方差小,这就给出了一种改善估计的方法. 定理2.6还表明,一致最小方差无偏估计量一定是充分统计量的函数. 否则按定理2.6的方法,可以求出比原估计量具有更小方差的无偏估计,这与最小方差的假设是矛盾的. 因此,若$g(\theta)$的由充分统计量构造出来的无偏估计量是唯一的(在几乎处处意义下),那么这个无偏估计量也一定是一致最小方差无偏估计量,以后把这种由充分统计量构造的无偏估计量称为**充分无偏估计量**(Sufficiency Unbiased Estimator).

下面讨论充分统计量与有效估计量之间的关系.

定理2.7 在Rao - Cramer正则条件下,若$g(\theta)$的无偏估计量$T(X_1,X_2,\cdots,X_n)$是有效估计量,则$T(X_1,X_2,\cdots,X_n)$是充分统计量.

证明 设$T(X_1,X_2,\cdots,X_n)$是$g(\theta)$的有效估计量,即$\mathrm{Var}_\theta(T)=\dfrac{[g'(\theta)]^2}{nI(\theta)}$,则由Rao - Cramer不等式中等号成立的条件可知,必存在$C(\theta)\neq 0$,使

$$\frac{\partial \ln L(x_1,x_2,\cdots,x_n;\theta)}{\partial\theta}=C(\theta)[T(x_1,x_2,\cdots,x_n)-g(\theta)],$$

对任意$\theta\in\Theta$及几乎一切$(x_1,x_2,\cdots,x_n)\in\mathscr{X}$成立.

对上式关于θ积分得

$$\begin{aligned}\ln L(x_1,x_2,\cdots,x_n;\theta)\Big|_{\theta_0}^{\theta}&=T(x_1,x_2,\cdots,x_n)\int_{\theta_0}^{\theta}C(\theta)\mathrm{d}\theta-\int_{\theta_0}^{\theta}g(\theta)C(\theta)\mathrm{d}\theta\\&=T(x_1,x_2,\cdots,x_n)d(\theta)-\psi(\theta),\end{aligned}$$

其中$d(\theta)=\int_{\theta_0}^{\theta}C(\theta)\mathrm{d}\theta,\psi(\theta)=\int_{\theta_0}^{\theta}g(\theta)C(\theta)\mathrm{d}\theta,\theta_0$是任一固定的常数. 故

$$L(x_1,x_2,\cdots,x_n;\theta)=\exp[T(x_1,x_2,\cdots.x_n)d(\theta)-\psi(\theta)]L(x_1,x_2,\cdots,x_n;\theta_0),$$

由因子分解定理,$T(x_1,x_2,\cdots,x_n)$是θ的充分统计量.

定理2.8(Lehmann - Scheffe **定理**) 设$(X_1,X_2,\cdots,X_n)$是取自分布族$\{F(x;\theta):\theta\in\Theta\}$的一个样本,$T(X_1,X_2,\cdots,X_n)$是$\theta$的充分完备统计量. 如果一个只依赖于$T(X_1,X_2,\cdots,X_n)$的估计量$h[T(X_1,X_2,\cdots,X_n)]$为$g(\theta)$的无偏估计,则它是$g(\theta)$的唯一的一致最小方差无偏估计量.

证明 设$h_1(T),h_2(T)$是$g(\theta)$的两个只依赖于T的无偏估计量,即

$$\mathrm{E}_\theta[h_1(T)]=\mathrm{E}_\theta[h_2(T)]=g(\theta),\qquad 对一切\theta\in\Theta.$$

令

$$h^*(T)=h_1(T)-h_2(T),$$

则$\mathrm{E}_\theta[h^*(T)]=0$,对一切$\theta\in\Theta$. 由$T$的完备性,有$h^*(T)=0$(a. s.),或$h_1(T)=h_2(T)$(a. s.). 这就证明了这种只依赖于完备统计量T的$g(\theta)$的无偏估计量是唯一的.

又设V是$g(\theta)$的任一无偏估计,由定理2.6,

$$V_0(T)=\mathrm{E}(V|T)$$

是$g(\theta)$的无偏估计,它只依赖于T. 上面已证明这种只依赖于T的无偏估计量只有一个(在几乎处处意义下),即

$$h(T)=V_0(T)\qquad \text{a. s.},$$

且

$$\mathrm{Var}_\theta[h(T)] = \mathrm{Var}_\theta[V_0(T)] \leqslant \mathrm{Var}_\theta(V), \qquad \text{对一切 } \theta \in \Theta,$$

由 V 的任意性,即已证明如此 $h(T)$ 是 $g(\theta)$ 的唯一的一致最小方差无偏估计量.

由定理2.8,为求 $g(\theta)$ 的一致最小方差无偏估计量可以有两条途径. 若 T 是 θ 的充分完备统计量:

(1)如果可以得到形如 $h[T(X_1,X_2,\cdots,X_n)]$ 的函数,使 $h[T(X_1,X_2,\cdots,X_n)]$ 是 $g(\theta)$ 的无偏估计,那么 $h(T)$ 一定是 $g(\theta)$ 的一致最小方差无偏估计量.

(2)如果可以得到 $g(\theta)$ 的任一无偏估计量 V,那么 $V_0(T) = \mathrm{E}(V|T)$ 就是 $g(\theta)$ 的一致最小方差无偏估计量.

例 2.21 设 $(X_1,X_2,\cdots,X_n)$ 是取自两点分布族 $\{b(1,p):0<p<1\}$ 的一个样本,由第 1 章例 1.14 及例 1.18 可知,$T=\sum\limits_{i=1}^{n} X_i$ 是 p 的充分完备统计量. 显然 $V=X_1$ 是 p 的无偏估计. 因此由定理 2.8 知,p 的一致最小方差无偏估计量为

$$\begin{aligned}
V_0(T) &= \mathrm{E}(V|T) = \Pr\{X_1=1|T=t\} \\
&= \Pr\{X_1=1,T=t\} \Big/ \Pr\{T=t\} \\
&= \Pr\{X_1=1,X_2+\cdots+X_n=t-1\} \Big/ \Pr\{T=t\} \\
&= \Pr\{X_1=1\}\cdot\Pr\{X_2+\cdots+X_n=t-1\} \Big/ \Pr\{T=t\} \\
&= p\binom{n-1}{t-1}p^{t-1}(1-p)^{n-t} \Big/ \binom{n}{t}p^t(1-p)^{n-t} \\
&= \frac{t}{n} = \frac{1}{n}\sum_{i=1}^{n} x_i = \bar{x},
\end{aligned}$$

即样本均值 $\bar{X}$ 是 p 的一致最小方差无偏估计量.

例 2.22 设 $(X_1,X_2,\cdots,X_n)$ 是取自均匀分布族 $\{R(0,\theta):0<\theta<1\}$ 的一个样本,由第 1 章例 1.21 已知 $T=\max\limits_{1\leqslant i\leqslant n} X_i$ 是 θ 的充分完备统计量,又由本章例 2.13 知

$$\mathrm{E}_\theta(T) = \frac{n\theta}{n+1},$$

于是 $\theta^* = \frac{n+1}{n}T$ 是 θ 的无偏估计,它是充分完备统计量 T 的函数,故 $\theta^* = \frac{n+1}{n}\max\limits_{1\leqslant i\leqslant n} X_i$ 是 θ 的一致最小方差无偏估计量.

例 2.23 设 $(X_1,X_2,\cdots,X_n)$ 是来自参数为 λ 的 Poisson 分布的一个样本,其中 $\lambda>0$ 为未知参数,求

$$P_\lambda(k) = \frac{\lambda^k}{k!}\mathrm{e}^{-\lambda}, \qquad k=0,1,\cdots$$

的一致最小方差无偏估计.

解 第 1 章例 1.22 已经证明,$T=\sum\limits_{i=1}^{n} X_i$ 是 Poisson 分布的充分完备统计量,而

$$V(X_1,X_2,\cdots,X_n)=\begin{cases}1, & X_1=k,\\ 0, & X_1\neq k\end{cases}$$

是 $P_\lambda(k)$ 的一个无偏估计,因此 $P_\lambda(k)$ 的一致最小方差无偏估计应该为

$$V_0=\mathrm{E}[V(X_1,X_2,\cdots,X_n)\mid T=t]=\Pr\{X_1=k\mid T=t\}.$$

问题转化为在 $T=t$ 条件下,求 X_1 的条件分布. 由 Poisson 分布的可加性,T 的分布是参数为 $n\lambda$ 的 Poisson 分布. 因此

$$\begin{aligned}\Pr\{X_1=k\mid T=t\}&=\frac{\Pr\{X_1=k\}\cdot\Pr\{X_2+\cdots+X_n=t-k\}}{\Pr\{T=t\}}\\&=\frac{\dfrac{\lambda^k}{k!}\mathrm{e}^{-\lambda}\cdot\dfrac{[(n-1)\lambda]^{t-k}}{(t-k)!}\mathrm{e}^{-(n-1)\lambda}}{\dfrac{(n\lambda)^t}{t!}\mathrm{e}^{-n\lambda}}\\&=\binom{t}{k}\frac{\lambda^k[(n-1)\lambda]^{t-k}}{(n\lambda)^t}\\&=\binom{t}{k}\left(\frac{1}{n}\right)^k\left(1-\frac{1}{n}\right)^{t-k},\end{aligned}$$

此即所求的 Poisson 概率 $P_\lambda(k)$ 的一致最小方差无偏估计. 在可靠性理论中,$P_\lambda(0)=\mathrm{e}^{-\lambda}$ 是一个重要的函数,它表示在单位时间内,Poisson 过程不发生事故的概率. 由上面的讨论可知,$P_\lambda(0)$ 的一致最小方差无偏估计为

$$V_0=\left(1-\frac{1}{n}\right)^{\sum\limits_{i=1}^n X_i}.$$

§2.5 极大似然估计量的性质

在 §2.1 中,我们介绍了用极大似然原理获得估计量的一种方法——极大似然法,这是一种传统的、比较直观的参数估计方法,它具有不少优良的性质. 本节专门介绍极大似然估计的不变性、指数族的极大似然估计以及极大似然估计量的渐近性质. 这些至今仍然是数理统计理论研究感兴趣的主题之一.

考虑似然函数、似然方程的解以及极大似然估计之间的关系. 首先,我们指出寻求极大似然估计量常需对似然函数求微分而得似然方程组,但这并不意味着不可微的似然函数就不存在极大似然估计量. 其次,例 2.9 指出似然方程未必有解,即使有解也未必就是极大似然估计量,那么在什么情况下,问题有肯定的回答呢? 对此有以下定理.

定理 2.9 设总体 X 所具有的分布密度族 $\{f(x;\theta):\theta\in\Theta\}$ 为 Rao - Cramer 正则分布族,$(X_1,X_2,\cdots,X_n)$ 是取自 X 的一个样本. 若 $T(X_1,X_2,\cdots,X_n)$ 是 θ 的有效估计量,则似然方程

$$\frac{\partial\ln L(x_1,x_2,\cdots,x_n;\theta)}{\partial\theta}=0$$

有唯一解 $T(x_1,x_2,\cdots,x_n)$,且 $T(X_1,X_2,\cdots,X_n)$ 是极大似然估计量.

证明 设 $\{f(x;\theta):\theta\in\Theta\}$ 是 Rao - Cramer 正则分布族,$T=T(X_1,X_2,\cdots,X_n)$ 是 θ 的有效估

计量，由定理2.5得

$$S=\frac{\partial \ln L(x_1,x_2,\cdots,x_n;\theta)}{\partial\theta}=C(\theta)[T(x_1,x_2,\cdots,x_n)-\theta],$$

因此，$T(X_1,X_2,\cdots,X_n)$是似然方程的解. 又由式(2.3.9)得

$$1=\mathrm{E}_\theta[(T-\theta)S]=C(\theta)\mathrm{E}_\theta(T-\theta)^2=C(\theta)\mathrm{Var}_\theta(T),$$

由式(2.3.8)得

$$nI(\theta)=\mathrm{Var}_\theta(S)=C^2(\theta)\mathrm{Var}_\theta(T),$$

故

$$0<nI(\theta)=C(\theta),$$

因此似然方程具有唯一解 $T(x_1,x_2,\cdots,x_n)$.

又当 $\theta<T(x_1,x_2,\cdots,x_n)$ 时，$\frac{\partial \ln L(x_1,x_2,\cdots,x_n;\theta)}{\partial\theta}>0$，这表示似然函数 $L(x_1,x_2,\cdots,x_n;\theta)$ 在 $(-\infty,T(x_1,x_2,\cdots,x_n))$ 内单调上升；而当 $\theta>T(x_1,x_2,\cdots,x_n)$ 时，$\frac{\partial \ln L(x_1,x_2,\cdots,x_n;\theta)}{\partial\theta}<0$，于是似然函数在 $(T(x_1,x_2,\cdots,x_n),\infty)$ 内单调下降. 所以 $T(x_1,x_2,\cdots,x_n)$ 是似然函数的最大值点，因此是极大似然估计.

定理2.9说明，对 Rao－Cramer 正则分布族，θ 的有效估计量必是极大似然估计量，但反之未必.

若定理2.9的条件不满足，似然方程的解可以不唯一.

例2.24 设$(X_1,X_2,\cdots,X_n)$是取自均匀分布族$\{R(\theta,\theta+1):-\infty<\theta<\infty\}$的一个样本，$\theta$ 的似然函数为

$$L(x_1,x_2,\cdots,x_n;\theta)=\begin{cases}1, & \theta\leqslant \min\limits_{1\leqslant i\leqslant n}x_i\leqslant \max\limits_{1\leqslant i\leqslant n}x_i\leqslant\theta+1,\\ 0, & 其他,\end{cases}$$

这时 θ 的极大似然估计量就不唯一了，因为 $\hat\theta_1=\max\limits_{1\leqslant i\leqslant n}X_i-1$，$\hat\theta_2=\min\limits_{1\leqslant i\leqslant n}X_i$，以及它们之间的任一值都可以是 θ 的极大似然估计量.

有时，似然方程不易解出，需用数值方法才能得到 θ 的极大似然估计值.

例2.25 设总体 X 服从 Weibull 分布，密度函数为

$$f(t;t_0,m)=\frac{m}{t_0}t^{m-1}\mathrm{e}^{-\frac{t^m}{t_0}},\qquad t\geqslant 0,$$

其中 $t_0>0$，$m>0$ 是未知参数，求 t_0，m 的极大似然估计.

解 设$(t_1,t_2,\cdots,t_n)$是样本$(T_1,T_2,\cdots,T_n)$的一组观测值，似然函数为

$$L(t_0,m)=\frac{m^n}{t_0^n}\prod_{i=1}^{n}(t_i^{m-1}\mathrm{e}^{-t_i^m/t_0}),$$

两边取对数得

$$\ln L(t_0,m)=n\ln m-n\ln t_0+(m-1)\sum_{i=1}^{n}\ln t_i-\frac{1}{t_0}\sum_{i=1}^{n}t_i^m,$$

分别求关于 t_0，m 的偏导数，并令它们为0，得似然方程组

$$
\begin{cases}
\dfrac{\partial \ln L}{\partial t_0} = -\dfrac{n}{t_0} + \dfrac{1}{t_0^2}\sum\limits_{i=1}^{n} t_i^m = 0; \\
\dfrac{\partial \ln L}{\partial m} = \dfrac{n}{m} + \sum\limits_{i=1}^{n} \ln t_i - \dfrac{1}{t_0}\sum\limits_{i=1}^{n} t_i^m \ln t_i = 0.
\end{cases}
$$

或

$$
\begin{cases}
t_0 = \dfrac{1}{n}\sum\limits_{i=1}^{n} t_i^m; \\
\dfrac{n}{m} + \sum\limits_{i=1}^{n} \ln t_i = \dfrac{1}{t_0}\sum\limits_{i=1}^{n} t_i^m \ln t_i.
\end{cases}
$$

解此方程组可得 t_0 与 m 的极大似然估计. 由于上面两个方程是超越方程，一般不能得到解的解析表示式，只能用计算机从样本观测值 $t_1, t_2, \cdots, t_n$ 得到 t_0 与 m 的极大似然估计量 $\hat{t}_0$ 和 $\hat{m}$ 的数值解.

在 stats 包中，函数 optim 提供一个基于 Nelder – Mead 法(缺省)、拟牛顿法("BFGS")，共轭梯度法("CG")等优化工具，在 stats4 包中有直接求极大似然估计的函数 mle. 但注意，它们返回的都是负对数似然函数的最小值. 如果需要，还可以返回 Hesse 矩阵

$$
\boldsymbol{H}_f = \begin{pmatrix} \partial_1\partial_1 f(x) & \cdots & \partial_1\partial_n f(x) \\ \vdots & & \vdots \\ \partial_n\partial_1 f(x) & \cdots & \partial_n\partial_n f(x) \end{pmatrix},
$$

其逆矩阵是参数估计量的近似协方差矩阵.

为简单起见，作为一个例子，用 Weibull 分布随机数发生器 rweibull 产生的随机数作为样本，我们给出求 Weibull 分布参数极大似然估计值的 R 函数.

```
library(stats4)
X <— rweibull(100, shape =2, scale =1)
n <— length(X)
hdev <— function(shape =2, scale =1)
+      -n * log(shape) +n * log(scale) -(shape -1) * sum(log(X)) +1/scale * sum(X^
shape)
fit1 <— mle(hdev)
fit1


Call:
mle(minuslogl = hdev)
Coefficients:
    shape       scale
2.309436   1.109081
```

```
ll <— function(a =2, b =1) - sum(dweibull(X, shape = a, scale = b, log = TRUE))
fit2 <— mle(ll)
fit2

Call:
mle(minuslogl = ll)

Coefficients:
        a         b
2.309427  1.045850
```

我们看到 fit1,fit2 的结果基本上是一样的. 但 fit1 需要提供 Weibull 分布的对数似然函数表达式;而 fit2 不需要,R 函数 dweibull 就是 Weibull 分布的密度,参数 log = TRUE,表示取对数.

如果需要更多结果,包括估计量的标准差、对数似然函数、估计量的协方差阵、参数的置信区间等分别用命令 summary,logLik,vcov,confint 可以得到。

```
> summary(fit1)
Maximum likelihood estimation

Call:
mle(minuslogl = hdev)

Coefficients:
        Estimate    Std. Error
shape  1.899622   0.14867448
scale  0.946627   0.09850886

-2 log L: 120.5675

> logLik(fit1)
'log Lik.' -60.28375 (df =2)

> vcov(fit1)
             shape          scale
shape  0.022104101   0.004052587
scale  0.004052587   0.009703996
```

```
> confint(fit1)
Profiling...
          2.5 %     97.5 %
shape  1.6195318  2.202187
scale  0.7770539  1.168814
```

利用牛顿型算法求函数极小值的命令 nlm 也可用来求极大似然估计值.

极大似然估计量还具有**不变性**.

定理 2.10 设 $\hat{\theta}$ 是分布族 $\{f(x;\theta):\theta\in\Theta\}$ 中参数 θ 的极大似然估计量,函数 $g=g(\theta)$ 具有单值反函数,则 $\hat{g}=g(\hat{\theta})$ 是 $g(\theta)$ 的极大似然估计值.

证明 若 $\hat{\theta}$ 是 θ 的极大似然估计量,必有

$$L(\hat{\theta})=\sup_{\theta\in\Theta}L(\theta),$$

由 $g=g(\theta)$ 的单值反函数存在,记为 $\theta=\theta(g)$,即有 $g=\hat{g}$,使 $\hat{\theta}=\theta(\hat{g})$,因此

$$L(\theta(\hat{g}))=\sup_{\theta\in\Theta}L(\theta).$$

所以

$$L[\theta(\hat{g})]=\sup_{g\in G}L(\theta(g)),$$

其中 $G=\{g:g=g(\theta),\theta\in\Theta\}$. 这就证得 $\hat{g}=g(\hat{\theta})$ 是 $g=g(\theta)$ 的极大似然估计量.

例 2.26 设总体 X 具正态分布族 $\{N(\mu,\sigma^2):-\infty<\mu<\infty,\sigma^2>0\}$,$(X_1,X_2,\cdots,X_n)$ 是一样本,求标准差 σ 的极大似然估计量.

解 由例 2.7 知,$\tilde{S}_n^2=\dfrac{1}{n}\sum\limits_{i=1}^{n}(X_i-\bar{X})^2$ 是 σ^2 的极大似然估计量,函数 $\sigma=\sqrt{\sigma^2}$ 有单值反函数,由极大似然估计量的不变性可知

$$\hat{\sigma}=\sqrt{\hat{\sigma}^2}=\sqrt{\tilde{S}_n^2}=\sqrt{\frac{1}{n}\sum_{i=1}^{n}(X_i-\bar{X})^2}$$

是标准差 σ 的极大似然估计量.

定理 2.11 设 $(X_1,X_2,\cdots,X_n)$ 是取自分布族 $\{f(x;\theta):\theta\in\Theta\}$ 的一个样本,$T(X_1,X_2,\cdots,X_n)$ 是 θ 的充分统计量,若 θ 的极大似然估计量存在,则它是 T 的函数.

证明 设 $T(X_1,X_2,\cdots,X_n)$ 是 θ 的充分统计量,由因子分解定理得

$$L(x_1,x_2,\cdots,x_n;\theta)=\prod_{i=1}^{n}f(x_i;\theta)=g[T(x_1,x_2,\cdots,x_n),\theta]h(x_1,x_2,\cdots,x_n),$$

所以似然函数 L 关于 θ 的极大化就等价于 $g[T(x_1,x_2,\cdots,x_n),\theta]$ 关于 θ 极大化,由此可见 θ 的极大似然估计量必是 $T(x_1,x_2,\cdots,x_n)$ 的函数.

第 1 章例 1.17 指出 $(\bar{X},\sum\limits_{i=1}^{n}X_i^2)$ 是正态分布族 $\{N(\mu,\sigma^2):-\infty<\mu<\infty,\sigma^2>0\}$ 参数 (μ,σ^2) 的充分统计量,例 2.7 又求得 (μ,σ^2) 的极大似然估计 $(\bar{X},\tilde{S}_n^2)$,显然它们是充分统计量 $(\bar{X},$

$\sum_{i=1}^{n} X_i^2$)的函数.

最后,我们介绍当样本大小 n 趋于无穷时,极大似然估计量 $T_n = T_n(X_1, X_2, \cdots, X_n)$ 的性质,即极大似然估计量的大样本性质,这在实际中有非常广泛的应用.有以下两个定理.

定理 2.12 设总体 X 具有分布密度族 $\{f(x;\theta):\theta\in\Theta\}$, Θ 是 R 上的开区间,且满足

(1) $\frac{\partial f(x;\theta)}{\partial\theta}$ 在 Θ 上处处存在且有限;

(2) $\mathrm{E}_\theta[\,|\ln f(X;\theta)|\,] < \infty$;

(3)不同的 θ 值相应于 X 的不同分布.

若 $\hat{\theta}_n^*(X_1, X_2, \cdots, X_n)$ 是 θ 的极大似然估计,则对任意的 $\theta\in\Theta$,有

$$\Pr_\theta\{\lim_{n\to\infty}\hat{\theta}_n^* = \theta\} = 1.$$

定理 2.13 设总体 X 具有分布密度族 $\{f(x;\theta):\theta\in\Theta\}$, Θ 是开区间,且满足条件:

(1)对一切 $\theta\in\Theta$,偏导数 $\frac{\partial\ln f}{\partial\theta}$, $\frac{\partial^2\ln f}{\partial\theta^2}$, $\frac{\partial^3\ln f}{\partial\theta^3}$ 存在;

(2)对一切 $\theta\in\Theta$,有

$$\left|\frac{\partial\ln f}{\partial\theta}\right| < F_1(x), \quad \left|\frac{\partial^2\ln f}{\partial\theta^2}\right| < F_2(x), \quad \left|\frac{\partial^3\ln f}{\partial\theta^3}\right| \leqslant H(x),$$

其中函数 $F_1(x)$, $F_2(x)$ 在 R 上可积, $H(x)$ 满足

$$\mathrm{E}_\theta[H(X)] < M,$$

M 是与 θ 无关的常数;

(3)对一切 $\theta\in\Theta$

$$0 < I(\theta) = \mathrm{E}_\theta\left(\frac{\partial\ln f}{\partial\theta}\right)^2 < \infty,$$

(4)不同的 θ 值对应于不同的分布,

则在分布参数 θ 的未知真值 θ_0 为 Θ 的一个内点情况下,似然方程有一解存在,此解以概率 1 收敛于 θ_0,且渐近地服从正态分布 $N\left(\theta_0, \frac{1}{nI(\theta_0)}\right)$.

定理 2.13 说明 $\hat{\theta}_n^*$ 是渐近无偏的,且它的渐近方差达到 Rao - Cramer 不等式下界.

上述一系列结果表明,当样本大小 n 较大时, θ 的极大似然估计量 $\hat{\theta}$ 具有渐近无偏性(即 $E(\hat{\theta})\to\theta$)及渐近有效性(即 $\mathrm{Var}(\hat{\theta})\to[nI(\theta)]^{-1}$).实际上,进一步还可得到 $g(\theta)$ 的极大似然估计 $\hat{g} = g(\theta)$ 也是渐近无偏的, $\mathrm{E}(\hat{g})\to g(\theta)$;且是渐近有效的,

$$\mathrm{Var}(\hat{g})\to[g'(\theta)]^2[nI(\theta)]^{-1}. \qquad (2.5.1)$$

有时称 $[nI(\theta)]^{-1/2}$ 为 $\hat{\theta}$ 的**标准误**(Standard Error),记为 $se(\hat{\theta})$,

$$se(\hat{\theta}) = [nI(\theta)]^{-1/2}.$$

称 $|g'(\theta)|[nI(\theta)]^{-1/2}$ 为 $\hat{g} = g(\hat{\theta})$ 的标准误,记为 $se(\hat{g})$,

$$se(\hat{g}) = |g'(\theta)|[nI(\theta)]^{-1/2}. \qquad (2.5.2)$$

习题 2

2.1　设总体 X 服从区间 $(\theta-2,\theta+4)$ 上的均匀分布 $R(\theta-2,\theta+4)$，其中 $\theta>2$ 为未知参数，$(X_1,X_2,\cdots,X_n)$ 为取自这个总体的一个样本，$\bar{X}$ 为样本均值，求 θ 的矩估计量 $\hat{\theta}$.

2.2　设总体 X 的概率密度为

$$f(x;\theta)=\begin{cases}\dfrac{2}{\theta^2}(\theta-x), & 0<x<\theta,\\ 0, & \text{其他},\end{cases}$$

$(X_1,X_2,\cdots,X_n)$ 为取自这个总体的一个样本，求 θ 的矩估计量 $\hat{\theta}$.

2.3　设总体 X 的概率密度为

$$f(x;\theta)=\begin{cases}\theta(\theta+1)x^{\theta-1}(1-x), & 0<x<1,\\ 0, & \text{其他},\end{cases}$$

其中 $\theta>0$ 为未知参数，$(X_1,X_2,\cdots,X_n)$ 为取自这个总体的一个样本，求 θ 的矩估计量.

2.4　设总体 X 的概率密度为

$$f(x;\theta)=\begin{cases}\mathrm{e}^{-(x-\theta)}, & x\geqslant\theta,\\ 0, & x<\theta,\end{cases}$$

$(X_1,X_2,\cdots,X_n)$ 为取自这个总体的一个样本，求未知参数 θ 的矩估计量.

2.5　设总体 X 服从 $\mathrm{Ga}(\alpha,\theta)$ 分布，密度函数为

$$f(x;\alpha,\theta)=\begin{cases}\dfrac{\theta^\alpha}{\Gamma(\alpha)}x^{\alpha-1}\mathrm{e}^{-\theta x}, & x>0,\\ 0, & \text{其他},\end{cases}$$

其中 $\alpha>0$ 和 $\theta>0$ 都为未知参数，$(X_1,X_2,\cdots,X_n)$ 是取自这个总体的一个样本，求 α,θ 的矩估计.

2.6　设总体 X 服从两点分布 $b(1,p)$，$0<p<1$ 为未知参数，$(X_1,X_2,\cdots,X_n)$ 为取自这个总体的一个样本，求 p 的矩估计和极大似然估计.

2.7　设总体 X 的概率密度为

$$f(x;\theta)=\begin{cases}(\theta+1)x^\theta, & 0<x<1,\\ 0, & \text{其他},\end{cases}$$

其中 $\theta>-1$ 为未知参数，$(X_1,X_2,\cdots,X_n)$ 为取自这个总体的一个样本. 求 θ 的矩估计和极大似然估计.

2.8　设总体 X 服从 $\mathrm{Ga}(\alpha,\theta)$ 分布，密度函数为

$$f(x;\theta)=\begin{cases}\dfrac{\theta^\alpha}{\Gamma(\alpha)}x^{\alpha-1}\mathrm{e}^{-\theta x}, & x>0,\\ 0, & \text{其他},\end{cases}$$

其中 α 为已知参数，$\theta>0$ 为未知参数，$(X_1,X_2,\cdots,X_n)$ 是取自总体 X 的一个样本，求 θ 的极大似然估计.

2.9 设总体 X 的分布函数为

$$F(x;\beta)=\begin{cases}1-\dfrac{1}{x^{\beta}}, & x>1,\\ 0, & 其他,\end{cases}$$

其中未知参数 $\beta>1$，$(X_1,X_2,\cdots,X_n)$ 为来自总体 X 的一个样本，求：

(1) β 的矩估计量；

(2) β 的极大似然估计量.

2.10 设总体 X 的概率分布为

X	0	1	2	3
p	θ^2	$2\theta(1-\theta)$	θ^2	$1-2\theta$

其中 $\theta(0<\theta<\dfrac{1}{2})$ 是未知参数，有总体 X 的 8 个样本观测值 2,1,2,0,3,1,2,3，求：

(1) 未知参数 θ 的矩估计值 $\hat{\theta}_1$；

(2) 极大似然估计值 $\hat{\theta}_2$.

2.11 设总体 X 的概率密度为

$$f(x;\theta)=\begin{cases}\theta, & 0<x<1,\\ 1-\theta, & 1\leqslant x<2,\\ 0, & 其他,\end{cases}$$

其中 θ 是未知参数$(0<\theta<1)$，$(X_1,X_2,\cdots,X_n)$ 为来自总体 X 的简单随机样本，记 N 为样本值 $x_1,x_2,\cdots,x_n$ 中小于 1 的个数.

(1) 求 θ 的矩估计；

(2) 求 θ 的极大似然估计.

2.12 一个罐子里装有黑球和白球，有放回地抽取大小为 n 的样本，得到 k 个白球，求此罐里黑球数与白球数之比 R 的极大似然估计.

2.13 一个罐子里装有黑球和白球，有放回地一个接一个地抽取，直到抽得黑球为止. X 表示在抽到黑球前抽得白球的次数. 这样做了 n 次以后，得到一个样本 $(X_1,X_2,\cdots,X_n)$，试求此罐里黑球数与白球数之比 R 的极大似然估计.

2.14 设总体 X 的概率密度为

$$f(x;\theta)=\begin{cases}2\mathrm{e}^{-2(x-\theta)}, & x>\theta,\\ 0, & x\leqslant\theta,\end{cases}$$

其中 $\theta>0$ 是未知参数，从总体 X 中抽取一个样本 $(X_1,X_2,\cdots,X_n)$，求 θ 的极大似然估计.

2.15 设 $(X_1,X_2,\cdots,X_n)$ 是两参数指数分布总体 X 的一个样本，X 的密度函数为

$$f(x;\mu,\sigma)=\begin{cases}\dfrac{1}{\sigma}\mathrm{e}^{-\frac{x-\mu}{\sigma}}, & x\geqslant\mu,\\ 0, & 其他,\end{cases}$$

$-\infty<\mu<+\infty$，$\sigma>0$ 为未知参数，求 μ,σ 的极大似然估计.

2.16 设总体 X 的均值和方差都存在，且设 $E(X)=\mu$，$\mathrm{Var}(X)=\sigma^2$，从总体 X 中抽取样

本(X_1,X_2,X_3,X_4)，构造μ的三个估计量

$$\hat{\mu}_1=\frac{1}{3}X_1+\frac{1}{3}X_2+\frac{1}{3}X_3,$$

$$\hat{\mu}_2=\frac{1}{4}X_1+\frac{1}{4}X_2+\frac{1}{4}X_3+\frac{1}{4}X_4,$$

$$\hat{\mu}_3=\frac{1}{4}X_1+\frac{1}{8}X_2+\frac{3}{8}X_3+\frac{1}{4}X_4,$$

证明这三个估计量都是μ的无偏估计，并指出哪个更有效？

2.17　设$(X_1,X_2,\cdots,X_n)$ $(n\geqslant 2)$为总体X的一个简单随机样本，$E(X)=\mu$，$\mathrm{Var}(X)=\sigma^2$. 求k，使$\hat{\sigma}^2=\frac{1}{k}\sum_{i=1}^{n-1}(X_{i+1}-X_i)^2$为$\sigma^2$的无偏估计量.

2.18　设$\hat{\theta}$是未知参数θ的无偏估计，且有$\mathrm{Var}(\hat{\theta})>0$，试证$\hat{\theta}^2$不是$\theta^2$的无偏估计.

2.19　设总体X的概率密度为

$$f(x;\sigma)=\frac{1}{2\sigma}\mathrm{e}^{-\frac{|x|}{\sigma}},\ -\infty<x<+\infty,$$

其中σ($\sigma>0$为未知参数)，$(X_1,X_2,\cdots,X_n)$为取自总体X的一个样本.

(1) 求未知参数σ的极大似然估计$\hat{\sigma}$；

(2) 证明$\hat{\sigma}$是σ的无偏估计.

2.20　设总体X的概率密度为

$$f(x;\theta)=\begin{cases}2\mathrm{e}^{-2(x-\theta)}, & x>\theta,\\ 0, & x\leqslant\theta,\end{cases}$$

其中$\theta>0$是未知参数，$(X_1,X_2,\cdots,X_n)$为取自总体X的一个样本. 记$\hat{\beta}=\min(X_1,X_2,\cdots,X_n)$.

(1)求总体X的分布函数$F(x)$；

(2)求统计量$\hat{\beta}$的分布函数$F_{\hat{\beta}}(x)$；

(3)如果用$\hat{\beta}$作为θ的估计量，讨论它是否具有无偏性.

2.21　设$(X_1,X_2,\cdots,X_n)$是总体$N(\mu,\sigma^2)$的简单随机样本. 记$\bar{X}=\frac{1}{n}\sum_{i=1}^{n}X_i$，$S^2=\frac{1}{n-1}\sum_{i=1}^{n}(X_i-\bar{X})^2$，$T=\bar{X}^2-\frac{1}{n}S^2$

(1)证明T是μ^2的无偏估计量.

(2)当$\mu=0,\sigma=1$时，求$\mathrm{Var}(T)$.

2.22　设从均值为μ，方差为σ^2的总体中分别抽取容量为m,n的两个独立样本，样本均值分别记为$\bar{X}_1,\bar{X}_2$，试证：对于满足条件$a+b=1$的任何常数a和b，$T=a\bar{X}_1+b\bar{X}_2$都是μ的无偏估计，并确定a和b，使方差$\mathrm{Var}(T)$达到最小.

2.23　设$\hat{\beta}$为θ的无偏估计，且$\lim\limits_{n\to\infty}\mathrm{Var}(\hat{\theta})=0$，证明$\hat{\beta}$是$\theta$的相合估计.

2.24　设总体X满足$E(X)=\mu<\infty$，$E(X^2)<\infty$，$(X_1,X_2,\cdots,X_n)$为取自这个总体的一个样本，验证统计量$T=\frac{2}{n(n+1)}\sum_{i=1}^{n}iX_i$是$\mu$的相合估计.

2.25　设总体 X 服从 $(\theta,\theta+1)$ 上的均匀分布 $R(\theta,\theta+1)$，$(X_1,X_2,\cdots,X_n)$ 为取自这个总体的一个样本.

(1)求参数 θ 的矩估计和极大似然估计；

(2)证明 $\hat{\theta}_1=\bar{X}-\frac{1}{2}$，$\hat{\theta}_2=X_{(n)}-\frac{n}{n+1}$，$\hat{\theta}_3=X_{(1)}-\frac{1}{n+1}$都是 θ 的无偏估计；

(3)说明 $\hat{\theta}_1$，$\hat{\theta}_2$ 和 $\hat{\theta}_3$ 这三个估计量中哪一个方差最小；

(4) $\hat{\theta}_1$，$\hat{\theta}_2$ 和 $\hat{\theta}_3$ 是否为 θ 的相合估计?

2.26　设随机变量 X 的分布列为

X	1	2	3	4	5
p	θ^3	$\theta^2(1-\theta)$	$2\theta(1-\theta)$	$\theta(1-\theta)^2$	$(1-\theta)^3$

其中 $0\leqslant\theta\leqslant1$ 是未知参数，考虑如下形式的统计量 $T_c(X)$：

$$T_c(1)=1,T_c(2)=2-2c,T_c(3)=c,T_c(4)=1-2c,T_c(5)=0.$$

(1)证明对任意常数 c，$T_c(X)$ 是 θ 的无偏估计；

(2)设 θ_0 是 $(0,1)$ 中固定的参数，试确定一个常数 c_0，使 $\theta=\theta_0$ 时，对任意常数 c，有

$$\mathrm{Var}(T_{c_0}(X))\leqslant Var(T_c(X)).$$

2.27　设总体 X 的密度为 $f(x;\theta)=\frac{1}{2}\mathrm{e}^{-|x-\theta|}$，$-\infty<x<+\infty$，$(X_1,X_2,\cdots,X_n)$ 为取自 X 的样本，试求未知参数 θ 的矩估计，并讨论其无偏性和相合性.

2.28　证明式(2.3.11).

2.29　设总体 X 具有分布密度

$$f(x;\theta)=\begin{cases}\frac{1}{\theta}\mathrm{e}^{-\frac{x}{\theta}}, & x>0,\\ 0, & x\leqslant0,\end{cases}$$

$\theta>0$ 是未知参数，$(X_1,X_2,\cdots,X_n)$ 为取自这个总体的一个样本，求 θ 的无偏估计量的方差下界.

2.30　设总体 X 服从 $\mathrm{Ga}(\alpha_0,\lambda)$ 分布，密度函数为

$$f(x;\lambda)=\begin{cases}\frac{\lambda^{\alpha_0}}{\Gamma(\alpha_0)}x^{\alpha_0-1}\mathrm{e}^{-\lambda x}, & x>0,\\ 0, & \text{其他},\end{cases}$$

其中 α_0 为已知参数，$\lambda>0$ 为未知参数，$(X_1,X_2,\cdots,X_n)$ 是取自总体 X 的一个样本，求 λ 的无偏估计量的方差下界.

2.31　设样本 $(X_1,X_2,\cdots,X_n)$ 取自两点分布 $b(1,p)$，p 为未知参数. 证明 $(1-p)^2$ 的无偏估计的方差至少为 $\frac{4p(1-p)^3}{n}$.

2.32　证明定理 2.1 的系.

2.33　设总体 X 服从 $N(0,\sigma^2)$ 分布，$\sigma^2>0$ 为未知参数，$(X_1,X_2,\cdots,X_n)$ 是取自这个总体的一个样本，求：

(1) σ^2 的充分完备统计量；

(2) σ 和 $3\sigma^4$ 的一致最小方差无偏估计量.

2.34　设总体 X 服从 $N(\mu,\sigma^2)$ 分布，$-\infty<\mu<+\infty$，$\sigma^2>0$ 都是未知参数，$(X_1,X_2,\cdots,X_n)$ 是取自这个总体的一个样本. 求：

(1) $3\mu+4\sigma^2$ 的一致最小方差无偏估计量；

(2) $\mu^2-4\sigma^2$ 的一致最小方差无偏估计量.

2.35　设总体 X 服从两点分布 $b(1,p)$，$0<p<1$ 为未知参数，$(X_1,X_2,\cdots,X_n)$ 为取自这个总体的一个样本，求 p^2 的一致最小方差无偏估计量.

2.36　设总体 X 服从 Poisson 分布 $P(\lambda)$，$\lambda>0$ 为未知参数，$(X_1,X_2,\cdots,X_n)$ 为取自这个总体的一个样本.

(1) 求 λ 的一致最小方差无偏估计量 $\hat{\lambda}$；

(2) 求 λ^2 的一致最小方差无偏估计量；

(3) 求 λ 的无偏估计的方差下界，并检验 $\hat{\lambda}$ 是否为 λ 的有效估计.

2.37　设总体 X 服从参数为 m,p 的二项分布，即 $X\sim b(m,p)$，其中 m 为已知的正整数，$0<p<1$ 为未知参数. $(X_1,X_2,\cdots,X_n)$ 为来自这个总体的样本，求 p 和 q 的极大似然估计，其中 $q=1-p$.

2.38　设总体 $X\sim N(0,\sigma^2)$，σ^2 为未知参数，$(X_1,X_2,\cdots,X_n)$ 是来自总体 X 的简单随机样本. 求 (1) σ^2 的极大似然估计；(2) $\lambda=\Pr\{X\leqslant 1\}$ 的极大似然估计.

第 3 章　假设检验

上一章的参数点估计,是数理统计研究的最基本问题之一. 但在实际中还提出了另一类重要的统计推断——假设检验问题. 例如某厂有一批产品,需经检验后方可出厂,按规定不合格品率不得超过 5%(记为 p_0). 今在其中随机抽取了 50 件,发现有 4 件不合格品,问这批产品能否出厂? 由于对产品的不合格品率一无所知,因此从频率的稳定性考虑,可以用 $\hat{p}=4/50$来估计此批产品的不合格品率,那么能否由 $4/50>5\%$ 认为此批产品不能出厂呢? 显然,简单地比较 $\hat{p}$ 与 p_0的大小是不合适的,我们需进一步分析造成 $\hat{p}>p_0$的原因,是由于不合格品率确实超过了 5%,还是由于抽样的随机性引起的? 如果质量检查人员从这批产品中抽取5 000件进行检验,发现有 400 件不合格,此时这批产品的不合格品率仍为 $\hat{p}=4/50$. 现在能否认为 $\hat{p}>p_0$,所以此批产品不能出厂呢? 对这类问题应该这样考虑:首先假设这批产品的不合格品率低于 5%,然后利用样本的不合格品率 $\hat{p}$ 来检验这个假设是否正确,即对此假设作出肯定或否定的回答,这就是假设检验问题.

§3.1　假设检验的基本概念

一、统计假设

从上面的例子可以看到,这里所指的假设实际上是统计假设,即有关总体分布的假设. 这种统计假设可能产生于随机现象的实际观测,或对它的理论分析. 所谓假设检验,即依据从总体中取得的样本观测值来判断假设是否成立的一种程序. 我们把根据检验结果准备予以拒绝或不予拒绝(予以接受)的假设称为**原假设**或**零假设**(Null Hypothesis),以 H_0表示;把与原假设不相容的假设称为**备择假设**或**对立假设**(Alternative Hypothesis),以 H_1表示. 如此上面的例子可写作

$$H_0:\ p\leqslant 0.05 \leftrightarrow H_1:\ p>0.05. \tag{3.1.1}$$

假设检验问题在实际应用中常常遇到,我们再举几个例子说明.

某水泥厂规定每袋水泥标准质量为$\mu=50$ kg,设每袋水泥实际质量服从正态分布,且根据以往经验知道标准差 $\sigma=1.5$ kg. 为检查该厂的水泥是否按规格进行包装,即需要对如下的假设进行检验:

$$H_0:\ \mu=50 \leftrightarrow H_1:\ \mu\neq 50, \tag{3.1.2}$$

注意这里"假定"每袋水泥质量服从正态分布,标准差为 1.5 kg 是根据理论或经验已被确认和接受的事实,无需再进行检验,与必须进行检验的"假设"是有区别的.

又如以往认为砖的抗断强度服从正态分布,现改变了砖的配方. 那么按新配方生产出来的砖,其抗断强度的分布 $F(x)$是否仍然为正态分布呢? 现在需要检验的假设为

$$H_0:\ F(x)\in N(\cdot,\cdot) \leftrightarrow H_1:\ F(x)\notin N(\cdot,\cdot), \tag{3.1.3}$$

其中 $N(\cdot,\cdot)$ 表示正态分布族.

以上三个假设都是常见的.根据问题性质的不同,统计假设一般可以分为参数假设和非参数假设、简单假设和复合假设等.如式(3.1.1)、(3.1.2)中,总体的分布函数类型已知,仅对未知参数进行了假设,这种仅涉及总体分布未知参数的统计假设,称为**参数假设**(Parametric Hypothesis);其余的假设就称为**非参数假设**(Non-parametric Hypothesis).在式(3.1.3)中,由于对总体分布的知识不足,不知道分布函数形式,只能对未知分布函数的形式提出假设,因此是非参数假设.

在式(3.1.2)的 H_0 中,完全确定了总体分布的假设,称其为**简单假设**(Simple Hypothesis),式(3.1.1)是没有完全确定总体分布的假设,称其为**复合假设**或**复杂假设**(Composite Hypothesis).

二、假设检验的基本思想

如何对一个假设进行检验呢?这需要制定一个判断规则,使根据每个样本观测值 $(x_1,x_2,\cdots,x_n)$ 都能作出是否拒绝原假设 H_0 的决定,每个这样的规则就是一种**检验**(Test).检验规则的制定,需从具体问题出发,构造适用的统计量 $T=T(X_1,X_2,\cdots,X_n)$,将样本 $(X_1,X_2,\cdots,X_n)$ 中包含的有关信息集中在一起.例如在本章开始所讨论的检查产品不合格品率是否超过5%的例子中,记 $X_i=1$,如果第 i 次抽得产品是不合格品;$X_i=0$,如果第 i 次抽得的产品是合格品.那么 $T=\sum\limits_{i=1}^{n}X_i$ 表示 n 个样品中不合格品总数.我们还知道 T 是不合格品率 p 的充分统计量,$T\sim b(n,p)$,因此可以根据 T 值的大小判断此批产品是否合格.由样本观测值 $(x_1,x_2,\cdots,x_n)$,可以算出 $t=\sum\limits_{i=1}^{n}x_i$.对给定的 n,确定一个 c 值,当 $t\leqslant c$ 时,认为这批产品的不合格品率没有超过规定的5%;反之,如果 $t>c$,则认为这批产品的不合格品率超过规定的5%不能出厂.这里 c 是一个待定常数,不同的 c 值表示不同的检验,随 c 的变化得到一类检验.可见,给定一个检验,即相当于把样本空间 $\mathscr{X}$ 划分为两部分:$W=\{(x_1,x_2,\cdots,x_n):\sum\limits_{i=1}^{n}x_i>c,(x_1,x_2,\cdots,x_n)\in\mathscr{X}\}$ 及 $\overline{W}=\mathscr{X}-W$.如果 $(x_1,x_2,\cdots,x_n)\in W$,就拒绝原假设 H_0;否则由 $(x_1,x_2,\cdots,x_n)\in\overline{W}$,便不拒绝或接受原假设.我们把样本空间 $\mathscr{X}$ 中具有上述性质的子集 W 称为**拒绝域**或**否定域**(Rejection Region),子集 $\overline{W}$ 称为**接受域**(Acceptance Region).

由具体问题直观背景出发得到的大多数检验,常有与上面讨论类似的形式,即用一个统计量 $T(X_1,X_2,\cdots,X_n)$ 和待定常数 c 来描述,分别称它们为**检验统计量**(Test Statistics)和检验的**临界值**(Critical Value).

为理论研究的需要及表达上的方便,我们定义一个函数

$$\phi(x_1,x_2,\cdots,x_n)=\begin{cases}1, & (x_1,x_2,\cdots,x_n)\in W;\\0, & (x_1,x_2,\cdots,x_n)\in\overline{W},\end{cases}\tag{3.1.4}$$

它是拒绝域 W 的示性函数.反之,如果给定了仅取0,1的二值函数 $\phi(x_1,x_2,\cdots,x_n)$,则

$$W=\{(x_1,x_2,\cdots,x_n):\ \phi(x_1,x_2,\cdots,x_n)=1,(x_1,x_2,\cdots,x_n)\in\mathscr{X}\}$$

可作为一个检验的拒绝域.如此在检验、拒绝域和函数 ϕ 之间建立起一种对应关系,称函数 ϕ

为**检验函数**(Test Function). 例如

$$\phi_c(x_1,x_2,\cdots,x_n)=\begin{cases}1, & \sum_{i=1}^{n} x_i>c;\\ 0, & \sum_{i=1}^{n} x_i\leqslant c,\end{cases}$$

就是对应用于上述检验的检验函数.

在找到了检验统计量 T 以后,临界值 c 的确定就成为制定一个检验的关键. 我们应该遵循一个怎样的原则来确定 c 呢? 这个原则就是利用在一次观测中小概率事件的实际不可能性原理. 我们用下面的例子来说明.

例 3.1 设总体 $X\sim N(\mu,1)$,其中 μ 为未知参数,需要考虑假设检验问题

$$H_0:\ \mu=0\leftrightarrow H_1:\ \mu\neq 0.$$

为判定原假设 H_0 是否成立,需要抽取样本,设得到 $n=10$ 的简单随机样本 $(X_1,X_2,\cdots,X_{10})$. 样本来自总体 X,自然包含有关的信息,但直接利用这个样本来推断是否拒绝 H_0 是困难的,需构造一个合适的统计量. 由上一章估计理论知道,样本均值 $\bar{X}$ 作为检验统计量 T 是合适的,设由样本观测值得到 $\bar{x}=0.8$. 现在的问题便是怎样由 $\bar{x}=0.8$ 来判断是否拒绝 H_0.

在基本假定 $X\sim N(\mu,1)$ 下,$\bar{X}\sim N(\mu,1/10)$. 因此如果原假设 H_0: $\mu=0$ 成立,则 $\bar{X}$ 应集中在 0 点附近,否则就有偏离 0 点的趋势. 在 H_0 成立时,由 $\bar{X}\sim N(0,1/10)$,可以算出

$$\Pr\{|\bar{X}|\geqslant 0.8\}=\Pr\{\sqrt{10}\,|\bar{X}|\geqslant 0.8\sqrt{10}\}\approx 2[1-\Phi(2.53)]=0.012,$$

这表明,此时事件 $\{|\bar{X}|\geqslant 0.8\}$ 发生的概率只有 0.012,是一个小概率事件. 这种小概率事件在一次观测中是不大可能发生的,现在竟然发生了,因此有理由认为 H_0 不成立.

那么,怎样才能算是一个"小概率事件"呢? 需要确定一个值 α,当一个事件发生的概率小于这个 α 时,就认为是一个小概率事件. 因此,α 值越小,小概率事件在一次观测中实际发生的可能性就越小,以此否定原假设 H_1 就越有说服力. 称这个 α 值为检验的**显著性水平**(Significance Level).

如此,对给定的显著性水平 α,可以求出在原假设 H_0 成立的条件下,使等式

$$\Pr\{|\bar{X}|\geqslant c\}=\alpha$$

成立的 c 值为

$$c=u_{1-\frac{\alpha}{2}}\Big/\sqrt{n}. \tag{3.1.5}$$

本例中 $n=10$,若取 $\alpha=0.05$,$u_{0.975}=1.96$,则由式(3.1.5)可求出

$$c=u_{0.975}/\sqrt{n}=1.96/\sqrt{10}=0.62.$$

于是,对给定的样本大小 $n=10$ 及显著性水平 $\alpha=0.05$,我们得到了一个检验准则:若检验统计量 $T=\bar{X}$ 的观测值 $t=\bar{x}$ 的绝对值大于或等于临界值 $c=0.62$,就拒绝原假设 H_0;否则,若 $|t|<c$,就不拒绝 H_0. 这个检验准则的拒绝域为

$$W=\left\{(x_1,x_2,\cdots,x_{10}):\frac{1}{10}\left|\sum_{i=1}^{10}x_i\right|\geqslant 0.62\right\},$$

检验函数为

$$\phi(x_1,x_2,\cdots,x_{10})=\begin{cases}1, & \frac{1}{10}\left|\sum_{i=1}^{n}x_i\right|\geqslant 0.62;\\ 0, & \text{其他}.\end{cases}$$

现在 $\bar{x}=0.8>0.62=c$,我们就以显著性水平 $\alpha=0.05$ 拒绝 H_0.

还应看到,如果一个事件发生的概率大于 α,观测到这个事件也就不能认为是一个小概率事件了,依上述规则就不能拒绝 H_0. 由于假设检验问题必须在原假设和对立假设之间作出抉择,而所观测到的事实与原假设又没有显著的差异,于是只能作出不拒绝或接受原假设这一较为合理的判断. 可见,所谓接受原假设不是在逻辑上"证明"了原假设的正确,而且由于样本的随机性,更不意味着它一定是正确的假设.

三、两类错误

上面说明了对一个统计假设的检验,是根据小概率事件在一次观测中实际不可能性原理进行的,但是小概率事件在一次观测中还是有可能发生的,只是发生的概率小一些罢了. 因此,这种检验方法是有可能作出错误判断的,即原假设 H_0正确时,由于样本的随机性而落入了拒绝域,因而作出拒绝 H_0的错误判断,称为犯了**第一类错误**(Type Ⅰ Error). 记犯第一类错误的概率为 α,则

$$\Pr\{\text{拒绝 } H_0 \mid H_0\text{正确}\}=\alpha.$$

另一类错误是对立假设 H_1正确,由于样本的随机性而落入了接受域,因此作出接受原假设 H_0 的错误判断,称为犯了**第二类错误**(Type Ⅱ Error). 记犯第二类错误的概率为 β,则

$$\Pr\{\text{接受 } H_0 \mid H_1\text{正确}\}=\beta.$$

显然,犯第一类错误概率的最大值就是检验的显著性水平。

对一个统计假设,我们当然希望能找到一种检验,使得犯第一、二类错误的概率 α 与 β 都很小,最好全为 0. 但是在样本大小 n 固定时,要使 α,β 同时变小是不可能的,除非增大 n.

例 3.2 设总体 $X\sim N(\mu,\sigma_0^2)$,其中 σ_0^2 已知,μ 是未知参数,它只可能取 μ_0 或 $\mu_1(>\mu_0)$. 如果对给定的显著性水平 α,统计假设检验

$$H_0:\ \mu=\mu_0 \leftrightarrow H_1:\ \mu=\mu_1(>\mu_0)$$

的拒绝域取为

$$W=\{\bar{X}-\mu_0>k\},$$

则此检验犯第一、二类错误的概率分别为

$$\Pr\left\{\bar{X}-\mu_0>k \,\middle|\, \mu=\mu_0\right\}=\alpha,$$

$$\Pr\left\{\bar{X}-\mu_0\leqslant k \,\middle|\, \mu=\mu_1\right\}=\beta.$$

进一步的计算表明

$$\begin{aligned}\alpha&=\Pr\left\{\bar{X}-\mu_0>k \,\middle|\, \mu=\mu_0\right\}\\&=\Pr\left\{\frac{\bar{X}-\mu_0}{\sigma_0}\sqrt{n}>\frac{k}{\sigma_0}\sqrt{n} \,\middle|\, \mu=\mu_0\right\}=1-\Phi\left(\frac{k}{\sigma_0}\sqrt{n}\right),\end{aligned}$$

由第 1 章式(1.2.9)可知

$$\frac{k}{\sigma_0}\sqrt{n}=u_{1-\alpha},$$

或

$$k=u_{1-\alpha}\frac{\sigma_0}{\sqrt{n}},$$

其中 $\Phi(x)$ 是标准正态分布的分布函数，u_α 是它的 α 分位数.

同样地，

$$\begin{aligned}\beta&=\Pr\left\{\bar{X}-\mu_0\leqslant k\,\middle|\,\mu=\mu_1\right\}\\&=\Pr\left\{\frac{\bar{X}-\mu_1}{\sigma_0}\sqrt{n}\leqslant\frac{k-(\mu_1-\mu_0)}{\sigma_0}\sqrt{n}\,\middle|\,\mu=\mu_1\right\}\\&=\Phi\left[\frac{k-(\mu_1-\mu_0)}{\sigma_0}\sqrt{n}\right]=\Phi\left[u_{1-\alpha}-\frac{\mu_1-\mu_0}{\sigma_0}\sqrt{n}\right].\end{aligned}$$

另一方面，由标准正态分布的对称性，有 $\beta=\Phi(u_\beta)=\Phi(-u_{1-\beta})$，故

$$-u_{1-\beta}=u_{1-\alpha}-\frac{\mu_1-\mu_0}{\sigma_0}\sqrt{n}.$$

这样，我们得到

$$u_{1-\alpha}+u_{1-\beta}=\frac{\mu_1-\mu_0}{\sigma_0}\sqrt{n} \tag{3.1.6}$$

或

$$n=(u_{1-\alpha}+u_{1-\beta})^2\frac{\sigma_0^2}{(\mu_1-\mu_0)^2}. \tag{3.1.7}$$

由于 $u_{1-\alpha}$ 随 α 的增大而减小，反之亦然，因此式(3.1.6)表明，对给定的样本大小 n，为使 α 减小必然导致 β 的增大. 同样，减小 β 也将使 α 增大. 假如必须使 α,β 分别限制为某个值，此时可按式(3.1.7)求出所需的样本大小 n.

α,β 的确定应视具体问题而异，通常取一些标准化值，如 0.01，0.05，0.10 等. 如果犯第一类错误将产生严重的后果，此时 α 应取得小一些；如果犯第二类错误将产生严重后果，则 α 应取得稍大一些. 例如对零假设为“疫苗合格”的检验，如果犯第一类错误，即把合格的疫苗当作不合格处理，无非造成一些经济上的损失. 但如果检验犯了第二类错误，把不合格的疫苗当作合格的注射，就有可能造成很大损失. 因此，在这种检验中，我们宁肯使犯第一类错误的概率稍大一些，而让犯第二类错误的概率尽可能地小，可以取稍大一些的 α 值作为显著性水平. α,β 值的确定，有时也随检验目的的不同而有所区别，例如对某项产品的改革，参与此项工作的人员总希望尽可能地拒绝这样的原假设“改革前后产品的质量(或数量)相同”，以肯定改革的成绩，他们愿意取较大的 α，使犯第二类错误——在改革确有成效的情况下，被错误地认为无显著改进——的概率较小. 而有关检验部门本着严格要求的原则，不允许将没有明显效益的改革当成成功的改革，愿意取较小的 α，使得犯第一类错误的概率较小. 又譬如原假设代表一种比较成熟的生产方法，对立假设是一种刚提出而未经实践考验的生产方法. 此时，只有在证据很有说服力时，才可能轻易改变现有的状态，则就应取较小的 α 值.

第一类错误和第二类错误的概念最早是由 Bell 试验室在研究质量控制时提出来的,因此有时也分别称为**生产方风险**(Producer's Risk)和**使用方风险**(Consumer's Risk). 后来,由 J. Neyman 和 K. Pearson 在 1930 年引入到假设检验理论中.

如果对一个统计假设的检验方法不提任何要求,我们可以给出许多检验方法. 因此提出了在这众多的检验中,如何挑选一个最优检验的问题. 基于上述情况,J. Neyman 和 K. Pearson 提出一个原则:控制犯第一类错误的概率不超过给定的值 α,使犯第二类错误概率 β 最小的检验就是最优的检验,称为检验水平为 α 的**最优检验**(Optimal Test). 因为一般提出原假设是经过慎重考虑的,因此拒绝它应该比较小心. 但有时这种最优检验很难找到,甚至可能不存在. 于是只考虑控制犯第一类错误的概率 α,而不考虑犯第二类错误的概率,这称为控制犯第一类错误概率的原则,这样的检验称为显著性水平为 α 的**显著性检验**(Significance Test).

综上所述,我们可以给出统计假设显著性检验的一般步骤:

(1)**提出假设** 根据问题的要求建立原假设 H_0和对立假设 H_1;

(2)**选统计量** 根据 H_0的内容选取一个合适的检验统计量 T,确定它的抽样分布,算出抽样分布的分位数;

(3)**给定显著性水平 α 的值** α 一般取得较小,如 0.01,0.05,0.10 等;

(4)**确定拒绝域** 在原假设 H_0正确的条件下,求出能使

$$\Pr\{(X_1,X_2,\cdots,X_n)\in W \mid H_0\}\leqslant\alpha$$

成立的拒绝域 W,拒绝域 W 与所选的统计量 T 和假设有关,常用检验统计量 T 和相应的临界值 c 表示;

(5)**对 H_0作出推断** 比较检验统计量 T 的观测值 t 和相应的临界值 c,看样本观测值是否落入拒绝域. 如果样本观测值$(x_1,x_2,\cdots,x_n)\in W$,则拒绝原假设 H_0,也称为检验结果是显著的;否则不拒绝 H_0,或称为检验结果是不显著的.

对一个实际问题,有时并不满足于拒绝或接受原假设这样简单的回答,还希望知道得到比检验统计量 T 的观测值 t 更大(或更小,或两者兼有之)而拒绝原假设的概率,称这个概率为检验的 p **值**(p-value)或检验的观测显著性水平(Observed Significance Level).

§3.2 参数假设检验

参数假设检验问题的一般提法是:设总体 $X\sim F(x;\theta)$,其中 $\theta\in\Theta$ 为未知参数,因此 $\{F(x;\theta):\theta\in\Theta\}$ 表示总体 X 的可能分布族. 我们将参数空间 Θ 分解为互不相交的两个部分 Θ_0及 Θ_1,考虑检验问题

$$H_0:\theta\in\Theta_0 \leftrightarrow H_1:\theta\in\Theta_1. \tag{3.2.1}$$

从上节的讨论可以知道,统计假设显著性检验的关键在于从理论上导出为检验此假设的统计量的分布,一般这是困难的. 但在正态总体下,已经知道样本均值和样本方差的分布,这为讨论更一般的抽样分布奠定了基础. 另一方面,由于中心极限定理,正态分布在实际中得到了大量的应用,也使我们更关心对正态总体参数的检验. 因此,在这一节主要介绍正态总体参数

的几种显著性检验.

一、数学期望的检验

1. U 检验

设$(X_1,X_2,\cdots,X_n)$是取自正态总体 $X\sim N(\mu,\sigma_0^2)$的一个样本，其中 σ_0^2是已知常数，要检验假设

$$H_0:\mu=\mu_0 \leftrightarrow H_1:\mu\neq\mu_0. \tag{3.2.2}$$

由估计理论知道，$\hat{\mu}=\bar{X}$ 是 μ 的一个很好估计，它集中了样本包含的关于 μ 的信息，统计量的分布也已知. 当 H_0成立时，$\bar{X}$ 的观测值 $\bar{x}$ 较集中地分布在 μ_0周围，不应有明显偏离 μ_0的趋势. 即在 H_0成立时，有 $\bar{X}\sim N(\mu_0,\sigma_0^2/n)$，因此$\dfrac{\bar{X}-\mu_0}{\sigma_0}\sqrt{n}\sim N(0,1)$. 记

$$U=\frac{\bar{X}-\mu_0}{\sigma_0}\sqrt{n}, \tag{3.2.3}$$

U 作为检验统计量与 $\bar{X}$ 是等价的，且计算它的分位数或查相应的分布表比较方便. 故对给定的显著性水平 α，为使等式

$$\Pr\left\{(X_1,X_2,\cdots,X_n)\in W \,\middle|\, H_0\right\}=\alpha,$$

成立，由上面的说明，应有

$$\Pr\left\{U<u_1\text{或 }U>u_2 \,\middle|\, H_0\right\}=\alpha.$$

由于 $U\sim N(0,1)$具有对称性，故可取

$$\Pr\left\{|U|>u_{1-\frac{\alpha}{2}} \,\middle|\, H_0\right\}=\alpha.$$

其中 $u_{1-\frac{\alpha}{2}}$是标准正态分布的 $1-\dfrac{\alpha}{2}$分位数，因此得到检验的拒绝域为

$$W=\left\{(x_1,x_2,\cdots,x_n):\ |u|=\frac{|\bar{x}-\mu_0|}{\sigma_0}\sqrt{n}>u_{1-\frac{\alpha}{2}}\right\}=\{u<u_{\frac{\alpha}{2}}\text{或 }u>u_{1-\frac{\alpha}{2}}\}. \tag{3.2.4}$$

比较由样本观测值$(x_1,x_2,\cdots,x_n)$得到的 U 的观测值 u 和 $u_{1-\frac{\alpha}{2}}$. 若$|u|>u_{1-\frac{\alpha}{2}}$，则拒绝原假设 H_0，即认为总体的数学期望 μ 与 μ_0之间有显著差异；若$|u|\leqslant u_{1-\frac{\alpha}{2}}$，则接受 H_0，即认为观测结果与原假设 H_0无显著差异. 我们把这种利用服从正态分布统计量的检验方法称为 ***U* 检验**(***U*-test**). 把形如式(3.2.4)的拒绝域(检验统计量小于第一个给定数或大于第二个给定数的所有数值的集合)所对应的检验称为**双侧检验**(Two-sided Test).

有时，我们只关心总体的数学期望是否增大. 譬如，经过工艺改革后，考虑产品的质量(如材料的强度)是否比以前提高，即要在原假设 H_0: $\mu=\mu_0$和对立假设 H_1: $\mu>\mu_0$之间作出抉择. 此时，仍可利用式(3.2.3)给出的 U 作为检验统计量，但只有当 $\bar{X}>\mu_0$时，才有可能认为产品的质量有了提高. 因此，对给定的显著性水平 α，得到下面形式的拒绝域

$$W=\{u>u_{1-\alpha}\}. \tag{3.2.5}$$

一般地，若检验的拒绝域是检验统计量大于(或小于)某给定数的所有数值的集合，我们称它为**单侧检验**(One-sided Test). 由此可见，选择单侧检验还是双侧检验取决于对立假设.

例 3.3 某电器零件的平均电阻一直保持在 2.64 Ω,如果改变工艺前后电阻的标准差都保持在 0.06 Ω. 经工艺改变后测得 $n=100$ 个零件,其平均值 $\bar{x}=2.62$ Ω,问新工艺是否使此零件的电阻显著变小?

解 假定该电器零件的电阻服从正态分布,而且可以认为 $\sigma_0=0.06$ Ω. 因此考虑对假设

$$H_0: \mu=\mu_0=2.64 \leftrightarrow H_1: \mu<\mu_0$$

的检验,由所提的对立假设可知,应取单侧拒绝域

$$W=\{u<u_\alpha\}.$$

如果取 $\alpha=0.01$,查附表 1 可知 $u_\alpha=u_{0.01}=-2.32$,而

$$u=\frac{\bar{x}-\mu_0}{\sigma_0}\sqrt{n}=\frac{2.62-2.64}{0.06}\sqrt{100}=-3.33,$$

因为 $u=-3.33<-2.32$,所以拒绝原假设而接受对立假设,即认为新工艺使零件的电阻显著变小,而检验的 p 值需查分位数表. 更一般地,可以由计算机计算给出,此处为 $p=\Phi(-3.33)=0.000\,434$.

2. t 检验

U 检验只适用于正态总体方差 σ_0^2 已知情况,但是在许多实际问题中,总体的方差往往是未知的,讨论此时的数学期望检验.

设 $(X_1,X_2,\cdots,X_n)$ 是取自正态总体 $X\sim N(\mu,\sigma^2)$ 的一个样本,其中 σ^2 是未知参数,要检验假设

$$H_0: \mu=\mu_0 \leftrightarrow H_1: \mu\neq\mu_0 \tag{3.2.6}$$

由于总体方差 σ^2 未知,因此就不能用式(3.2.3)定义的 U 统计量. 一个自然的想法是以样本方差 $S^2=\frac{1}{n-1}\sum_{i=1}^{n}(X_i-\bar{X})^2$ 代替总体方差 σ^2,构造新的统计量

$$T=\frac{\bar{X}-\mu_0}{S}\sqrt{n}, \tag{3.2.7}$$

由定理 1.14 系 1 知道,在原假设 H_0 成立时,$\bar{X}$ 与 μ_0 不应有明显的偏离,且 $T\sim t(n-1)$. 由于 t 分布具有对称性,故对给定的显著性水平 α,可取拒绝域

$$W=\left\{(x_1,x_2,\cdots,x_n): \frac{|\bar{x}-\mu_0|}{s}\sqrt{n}>t_{1-\frac{\alpha}{2}}(n-1)\right\}=\{|t|>t_{1-\frac{\alpha}{2}}(n-1)\}, \tag{3.2.8}$$

其中 $t_\alpha(n-1)$ 是 $t(n-1)$ 分布的 α 分位数,我们把这种利用服从 t 分布统计量的检验方法称为 t **检验**(t-test). 对于单侧检验完全类似于 U 检验中的讨论.

这个结果是统计史上的一件大事,从此开创了小样本理论的发展,而在此以前是将 t 分布近似地作为正态分布的.

现将上述关于数学期望的检验方法总结在表 3.1 中.

表 3.1 单个正态总体的数学期望检验

H_0	H_1	方差 σ_0^2 已知	方差 σ^2 未知
		统计量 $U=\frac{\overline{X}-\mu_0}{\sigma_0}\sqrt{n}$	统计量 $T=\frac{\overline{X}-\mu_0}{S}\sqrt{n}$
		以显著性水平 α 拒绝 H_0，若	
$\mu=\mu_0$	$\mu\neq\mu_0$	$\lvert u\rvert>u_{1-\frac{\alpha}{2}}$	$\lvert t\rvert>t_{1-\frac{\alpha}{2}}(n-1)$
$\mu=\mu_0$	$\mu>\mu_0$	$u>u_{1-\alpha}$	$t>t_{1-\alpha}(n-1)$
$\mu=\mu_0$	$\mu<\mu_0$	$u<u_\alpha=-u_{1-\alpha}$	$t<t_\alpha(n-1)=-t_{1-\alpha}(n-1)$

例 3.4 糖厂用自动包装机包装白糖，每袋标准质量为 500 g，为了检查自动包装机的工作状态，需要每隔一定时间检查每包白糖的质量. 现抽出 10 袋白糖，测得质量为(单位：g)：495，510，505，498，503，492，502，512，497，506. 假定质量服从正态分布，试问机器工作是否正常？

解 对机器工作是否正常的检验，即是对假设

$$H_0:\mu=500\ \leftrightarrow\ H_1:\mu\neq500$$

的检验. 在质量服从正态分布的假定下，可用 t 检验，由所给的数据可以算出 $\bar{x}=502$，$s=6.50$，$n=10$，故 $\lvert t\rvert=\frac{\lvert\bar{x}-\mu_0\rvert}{s}\sqrt{10}=0.973$.

如果取显著性水平 $\alpha=0.10$，查附表 3 得 $t_{0.95}(9)=1.833$. 由于 $0.973=\lvert t\rvert<t_{1-\frac{\alpha}{2}}(9)=1.833$，所以不能拒绝原假设，即认为包装机工作正常，检验的 p 值为 0.355 8.

R 中 t.test 用作 t 检验，本题只需用命令 t.test(x,mu=500) 即可得到以下结果.

```
> t.test(x,mu=500)

    One Sample t-test

data: x
t = 0.9733, df = 9, p-value = 0.3558
alternative hypothesis: true mean is not equal to 500
95 percent confidence interval:
497.3517 506.6483
sample estimates:
mean of x
     502
```

二、方差的检验

设$(X_1,X_2,\cdots,X_n)$是取自正态总体 $X\sim N(\mu,\sigma^2)$ 的一个样本，要检验假设

$$H_0:\sigma^2=\sigma_0^2 \leftrightarrow H_1:\sigma^2\neq\sigma_0^2, \tag{3.2.9}$$

如果总体的数学期望$\mu=\mu_0$已知,则$\frac{1}{n}\sum_{i=1}^{n}(X_i-\mu_0)^2$反映了样本对$\mu_0$的偏离,且是$\sigma^2$的一个很好的估计. 当$H_0$成立时,$\frac{1}{n}\sum_{i=1}^{n}(X_i-\mu_0)^2$应在$\sigma_0^2$周围波动,不应明显地偏离$\sigma_0^2$. 而且知道在$H_0$成立时,有

$$\chi^2=\frac{1}{\sigma_0^2}\sum_{i=1}^{n}(X_i-\mu_0)^2\sim\chi^2(n). \tag{3.2.10}$$

故对给定的显著性水平α,可取拒绝域

$$W=\{(x_1,x_2,\cdots,x_n):\chi^2<\chi^2_{\frac{\alpha}{2}}(n)\text{或}\chi^2>\chi^2_{1-\frac{\alpha}{2}}(n)\}. \tag{3.2.11}$$

其中$\chi^2_\alpha(n)$是$\chi^2(n)$分布的α分位数. 我们把这种利用服从χ^2分布统计量的检验方法称为χ^2**检验**(Chi-square Test).

如果总体的数学期望μ未知,自然用μ的估计量$\bar{X}$代替,此时用

$$\chi^2=\frac{1}{\sigma_0^2}\sum_{i=1}^{n}(X_i-\bar{X})^2 \tag{3.2.12}$$

作为检验统计量,在H_0成立时,$\chi^2\sim\chi^2(n-1)$. 其拒绝域形式与式(3.2.11)类似.

现将关于方差的检验方法列于表3.2.

表3.2 单个正态总体的方差检验

H_0	H_1	数学期望μ_0已知 统计量$\chi^2=\sum_{i=1}^{n}(X_i-\mu_0)^2\Big/\sigma_0^2$	数学期望μ未知 统计量$\chi^2=\sum_{i=1}^{n}(X_i-\bar{X})^2\Big/\sigma_0^2$
		以显著性水平α拒绝H_0,若	
$\sigma^2=\sigma_0^2$	$\sigma^2\neq\sigma_0^2$	$\chi^2<\chi^2_{\frac{\alpha}{2}}(n)$或$\chi^2>\chi^2_{1-\frac{\alpha}{2}}(n)$	$\chi^2<\chi^2_{\frac{\alpha}{2}}(n-1)$或$\chi^2>\chi^2_{1-\frac{\alpha}{2}}(n-1)$
$\sigma^2=\sigma_0^2$	$\sigma^2>\sigma_0^2$	$\chi^2>\chi^2_{1-\alpha}(n)$	$\chi^2>\chi^2_{1-\alpha}(n-1)$
$\sigma^2=\sigma_0^2$	$\sigma^2<\sigma_0^2$	$\chi^2<\chi^2_{\alpha}(n)$	$\chi^2<\chi^2_{\alpha}(n-1)$

例3.5 设某种溶液中的水分含量服从正态分布,经10次测定得到$\bar{x}=0.425\%$, $s=0.037\%$,检验假设

$$H_0:\sigma=0.04\% \leftrightarrow H_1:\sigma\neq0.04\%.$$

解 用式(3.2.12)作为检验统计量,检验的拒绝域应为

$$W=\{(x_1,x_2,\cdots,x_n):\chi^2<\chi^2_{\frac{\alpha}{2}}(9)\text{或}\chi^2>\chi^2_{1-\frac{\alpha}{2}}(9)\}.$$

如果取定显著性水平$\alpha=0.05$,查附表2可得$\chi^2_{0.025}(9)=2.70$,$\chi^2_{0.975}(9)=19.02$,而

$$\chi^2=\frac{(n-1)s^2}{\sigma_0^2}=\frac{9\times(0.037\%)^2}{(0.04\%)^2}=7.70,$$

显然$\chi^2_{0.025}(9)<\chi^2<\chi^2_{0.975}(9)$,故不能拒绝原假设,即测定结果与原假设没有显著差异.

以上讨论的是单个正态总体参数假设检验问题. 有时,我们需要对两个有相同分布函数形式的总体,比较它们相应的参数是否有显著差异. 例如需要比较两种不同药物对某种疾病的治

疗效果；比较用两种不同原材料制造的产品质量；检查不同性别的同龄成年人的骨骼，研究他们是否以相同的速度吸收周围环境中的锶—90 等等实际问题. 一般地，当需要比较同一问题的两种不同处理方法，或两个不同问题用相同处理方法的结果时，常归结为比较两个总体的数学期望或方差. 下面，我们讨论两个正态总体的参数比较.

三、数学期望的比较

设$(X_1,X_2,\cdots,X_{n_1})$，$(Y_1,Y_2,\cdots,Y_{n_2})$是分别取自正态总体$N(\mu_1,\sigma_1^2)$，$N(\mu_2,\sigma_2^2)$的两个简单随机样本，而且假设这两个样本之间也是相互独立的. 分别用$\bar{X},\bar{Y},S_1^2,S_2^2$表示这两个样本的均值和方差，$\bar{X}=\frac{1}{n_1}\sum\limits_{i=1}^{n_1}X_i$，$\bar{Y}=\frac{1}{n_2}\sum\limits_{j=1}^{n_2}Y_j$，$S_1^2=\frac{1}{n_1-1}\sum\limits_{i=1}^{n_1}(X_i-\bar{X})^2$，$S_2^2=\frac{1}{n_2-1}\sum\limits_{j=1}^{n_2}(Y_j-\bar{Y})^2$.
考虑对假设

$$H_0:\mu_1=\mu_2 \leftrightarrow H_1:\mu_1\neq\mu_2 \tag{3.2.13}$$

的检验，这个问题是 W. V. Behrens 在 1929 年首先提出的，后来有包括 R. A. Fisher 在内的许多统计学家对此作过重要贡献，因而称为 Behrens – Fisher 问题. 直到目前，还有统计学家仍在研究这个问题. 下面分几种情况讨论.

1. 已知σ_1^2,σ_2^2(已知方差)

这里的原假设即是认为两个正态总体有相同的数学期望. 因此，应该考虑$\bar{X}-\bar{Y}$，由于给定两个样本之间的独立性，所以

$$\mathrm{E}(\bar{X}-\bar{Y})=\mu_1-\mu_2,\quad \mathrm{Var}(\bar{X}-\bar{Y})=\frac{\sigma_1^2}{n_1}+\frac{\sigma_2^2}{n_2}.$$

因此在原假设$H_0(\mu_1=\mu_2)$成立时，统计量

$$U=\frac{\bar{X}-\bar{Y}}{\sqrt{\dfrac{\sigma_1^2}{n_1}+\dfrac{\sigma_2^2}{n_2}}}\sim N(0,1).$$

否则，U服从均值不为零的正态分布. 故对给定的显著性水平α，应取拒绝域

$$W=\{|u|>u_{1-\frac{\alpha}{2}}\}.$$

2. $\sigma_1^2=\sigma_2^2=\sigma^2$(方差未知但相等)

类似于前面t检验的讨论，当总体方差未知时，应该用样本方差代替总体方差，而且由于已知两个总体的方差相等，我们用两个样本的合并方差$S_w^2=\frac{(n_1-1)S_1^2+(n_2-1)S_2^2}{n_1+n_2-2}$代替$\sigma_1^2=\sigma_2^2$. 由定理 1.11 系 2

$$\frac{\bar{X}-\bar{Y}-(\mu_1-\mu_2)}{S_w\sqrt{\dfrac{1}{n_1}+\dfrac{1}{n_2}}}\sim t(n_1+n_2-2).$$

因此在原假设$H_0(\mu_1=\mu_2)$成立时，统计量

$$T=\frac{\bar{X}-\bar{Y}}{S_w\sqrt{\dfrac{1}{n_1}+\dfrac{1}{n_2}}}\sim t(n_1+n_2-2) \tag{3.2.14}$$

可作为 H_0 的检验统计量. 对给定的显著性水平 α,取拒绝域

$$W=\{|t|>t_{1-\frac{\alpha}{2}}(n_1+n_2-2)\},\tag{3.2.15}$$

这就是两样本的 t 检验.

例 3.6 讨论一部古典文学作品的原著者问题在文学界时有发生,例如有人认为莎士比亚某些作品是培根写的. 这里我们举一个有关马克·吐温的例子:发表在 1861 年署名为 Quintus Curtius Snodgrass 的 10 篇文章,记录了作者作为路易斯安那州国民警卫队员的奇遇. 历史学家认为这些文章是重要的,但似乎没有一个叫 Quintus Curtius Snodgrass 的人. 另外,难以理解的是文章所表现的幽默风格很像马克·吐温. 为澄清这些文章的作者究竟是谁,自然应依靠文学上和历史上的线索,但也可以用统计方法解决问题. 研究表明,各个作者在文章中使用某种长度单词的比例是明显一致的,譬如某作者使用三个字母的单词的比例是明显地一致的,但不同的作者则有不同的比例. 因此,只要比较马克·吐温文章中某个长度字母的比例与 Snodgrass10 篇文章中相应长度的比例,就能判断这两位作者是否为同一个人. 表 3.3 给出了马克·吐温的 8 篇文章(与 Snodgrass 同时期发表的)和 Snodgrass 的 10 篇文章中三个字母单词的比例.

表 3.3 两位作者文章中三个字母单词的比例

马克·吐温	比例(X)	QCS	比例(Y)
给警官 Fathom 的信	0.225	第一篇	0.209
给 Caprell 夫人的信	0.262	第二篇	0.205
给地方企业的信		第三篇	0.196
第一封	0.217	第四篇	0.210
第二封	0.240	第五篇	0.202
第三封	0.230	第六篇	0.207
第四封	0.229	第七篇	0.224
第一封给国外小孩的信		第八篇	0.223
前一半	0.235	第九篇	0.220
后一半	0.217	第十篇	0.201

设 μ_1,μ_2 分别表示马克·吐温和 Snodgrass 所写文章中三个字母单词的比例,这是未知参数,我们需要在假设

$$H_0:\mu_1=\mu_2 \leftrightarrow H_1:\mu_1\neq\mu_2$$

之间作出选择. 容易算出

$$\bar{x}=\frac{1.855}{8}=0.232,\quad \bar{y}=\frac{2.097}{10}=0.210,\quad \bar{x}-\bar{y}=0.232-0.210=0.022.$$

及各自的样本方差与合并样本的方差为

$$s_1^2=0.000\,210\,3,\qquad s_2^2=0.000\,095\,5,$$

$$s_w=\sqrt{\frac{(n_1-1)s_1^2+(n_2-1)s_2^2}{n_1+n_2-2}}=0.012.$$

因此如果零假设 $H_0:\mu_1=\mu_2$ 成立,由式(3.2.14)定义的统计量 T 应服从自由度为 $n_1+n_2-2=$

16 的 t 分布. 取显著性水平 $\alpha=0.01$，查附表 3 得 $t_{0.995}(16)=2.92$，而

$$t=\frac{0.232-0.210}{0.012\sqrt{\frac{1}{8}+\frac{1}{10}}}=3.86$$

由于 $3.86>2.92$，因此拒绝原假设，即不能认为马克·吐温与 Snodgrass 是同一个人.

注：上例中涉及的比例并不是正态分布的，但是非正态性对比值 t 的概率分布只有很小的影响（更详细的说明可参考 §7.2 有关稳健性的内容）. 对这类数据，t 检验仍是一种合适的方法.

3. $\sigma_1^2\neq\sigma_2^2, n_1=n_2=n$（方差未知且不等，但样本大小相等）

定义

$$Z_i=X_i-Y_i, i=1,2,\cdots,n,$$

显然，Z_i 相互独立. 记

$$\mathrm{E}(Z_i)=\mathrm{E}(X_i-Y_i)=\mu_1-\mu_2\triangleq d,$$
$$\mathrm{Var}(Z_i)=\mathrm{Var}\,X_i+\mathrm{Var}\,Y_i=\sigma_1^2+\sigma_2^2\triangleq\sigma^2,$$

则

$$Z_i\sim N(d,\sigma^2), i=1,2,\cdots,n.$$

因此，检验假设（3.2.13）等价于检验假设

$$H_0: d=0\leftrightarrow H_1: d\neq 0, \tag{3.2.16}$$

这里 σ^2 未知，应用（3.2.7）定义的 t 检验，记

$$\overline{Z}=\frac{1}{n}\sum_{i=1}^{n}Z_i,\qquad S^2=\frac{1}{n-1}\sum_{i=1}^{n}(Z_i-\overline{Z})^2,$$

则当式（3.2.16）中的 $H_0(d=0)$ 成立时，有

$$T=\frac{\overline{Z}}{S}\sqrt{n}\sim t(n-1). \tag{3.2.17}$$

这就是配对试验的 t 检验.

例 3.7 为比较甲、乙两种安眠药的治疗效果，让 10 个病人分别服用这两种安眠药，用 X，Y 表示同一病人服用甲、乙两种安眠药后睡眠时间的延长时数，如下表：

表 3.4 两种安眠药的疗效比较

病人	1	2	3	4	5	6	7	8	9	10
x	1.9	0.8	1.1	0.1	0.1	4.4	5.5	1.6	4.6	3.4
y	0.7	-1.6	-0.2	-1.2	-0.1	3.4	3.7	0.8	0.0	2.0
$x-y$	1.2	2.4	1.3	1.3	0.2	1.0	1.8	0.8	4.6	1.4

假定 X,Y 分别服从正态分布 $N(\mu_1,\sigma^2)$，$N(\mu_2,\sigma^2)$，其中方差 σ^2 未知但相等，检验这两种安眠药的疗效是否有显著差异.

上述问题可归结为对假设

$$H_0:\mu_1=\mu_2 \leftrightarrow H_1:\mu_1\neq\mu_2$$

的检验问题. 由于假定两个正态总体的方差相等,故可用式(3.2.14)中的 T 统计量对 H_0 作显著性检验,但给定的两个样本间不独立. 由表中数据可以算出

$$\bar{x}=2.35,\quad s_1^2=3.905,\quad \bar{y}=0.75,\quad s_2^2=3.20,\quad s_w^2=3.55,\quad n_1=n_2=10,$$

代入式(3.2.14)而得 $t=1.90$. 给定显著性水平 $\alpha=0.05$,查 t 分布分位数表得 $t_{0.975}(18)=2.10$. 由于 $1.90<2.10$,因此不能拒绝 H_0,即认为这两种安眠药的疗效没有显著差异.

我们也可用式(3.2.17)给出的配对试验的 t 检验讨论这个假设,表 3.4 中最后一行给出了 $z=x-y$ 的值,可以算出 $\bar{z}=1.60$,$s^2=1.447$,$n=10$,代入式(3.2.17)得 $t=4.21$. 给定显著性水平 $\alpha=0.05$,查 t 分布分位数表得 $t_{0.975}(9)=2.26$,由于 $4.21>2.26$,因此拒绝原假设,认为这两种安眠药的疗效有显著差异.

按式(3.2.14)容易编写以下函数用于两样本的 t 检验.

```
> n1 = length(x);
> n2 = length(y);
> (mean(x) - mean(y))/sqrt((((n1 - 1)var(x) + (n2 - 1)var(y))/(n1 + n2 -
2)) * (1/n1 + 1/n2))
[1]1.898108
```

或调用函数 t.test,注意参数 var.equal = T(方差相等).

```
> t.test(x,y,var.equal = T)

        Two Sample t - test

data: x and y
t = 1.8981, df = 18, p - value = 0.07384
alternative hypothesis: true difference in means is not equal to 0
95 percent confidence interval:
 -0.1709608    3.3709608
sample estimates:
mean of x   mean of y
     2.35        0.75
```

如果用配对检验,应改变参数 paired = T(配对).

```
> t.test(x,y,paired = T)
```

```
Paired t - test

data: x and y
t = 4.2066, df = 9, p - value = 0.002284
alternative hypothesis: true difference in means is not equal to 0
95 percent confidence interval:
 0.7395869   2.4604131
sample estimates:
mean of the differences
                    1.6
```

为什么同一试验结果在相同的显著性水平 $\alpha = 0.05$ 下，所得结论不一致呢？事实上，在作配对试验的 t 检验时，考虑的是每个病人对两种不同安眠药疗效的差异，消除了不同病人对疗效的干扰. 只要两种药物的疗效有一定差异，就有可能否定 H_0. 而按不配对试验的 t 检验，药物之间、病人之间对疗效的影响交织在一起，不易分辨药物之间的差异，而且现在两组样本间也并不独立. 如果两个样本平均值之间的差异不大，但配对后，若每个对内两个数据差异很大，就有可能否定 H_0. 如果两个样本平均值之间差异较大，经配对后，每个对内的两个数据差异仍较大，若用不配对的 t 检验，也有可能不拒绝 H_0（如本例）. 总之，什么情况下用配对的检验法，什么情况下用不配对的检验法，要根据问题的要求而定. 如果想了解详细的讨论，读者可参考文献[5].

4. $\sigma_1^2 \neq \sigma_2^2,\ n_1 \neq n_2$

这是最一般的情况，我们不妨设 $n_1 < n_2$. 定义

$$Z_i = X_i - \sqrt{\frac{n_1}{n_2}}Y_i + \frac{1}{\sqrt{n_1 \cdot n_2}}\sum_{j=1}^{n_1} Y_j - \frac{1}{n_2}\sum_{j=1}^{n_2} Y_j, \qquad i = 1,2,\cdots,n_1,$$

不难验证当 $n_1 = n_2$ 时，$Z_i = X_i - Y_i$，与配对试验情况一致. 现在有

$$\mathrm{E}(Z_i) = \mu_1 - \sqrt{\frac{n_1}{n_2}}\mu_2 + \frac{1}{\sqrt{n_1 \cdot n_2}}n_1\mu_2 - \mu_2 = \mu_1 - \mu_2,$$

$$\begin{aligned}\mathrm{Var}(Z_i) &= \mathrm{E}\left[(X_i - \mu_1) - \sqrt{\frac{n_1}{n_2}}(Y_i - \mu_2) + \frac{1}{\sqrt{n_1 n_2}}\sum_{j=1}^{n_1}(Y_j - \mu_2) - \frac{1}{n_2}\sum_{j=1}^{n_2}(Y_j - \mu_2)\right]^2 \\ &= \sigma_1^2 + \frac{n_1}{n_2}\sigma_2^2 + \sigma_2^2\left(\frac{n_1}{n_1 n_2} + \frac{n_2}{n_2^2} - \frac{2}{n_2} + \frac{2\sqrt{n_1}}{n_2\sqrt{n_2}} - \frac{2n_1}{n_2\sqrt{n_1 n_2}}\right) \\ &= \sigma_1^2 + \frac{n_1}{n_2}\sigma_2^2,\end{aligned}$$

$$\mathrm{Cov}(Z_i, Z_j) = 0, \qquad i \neq j,\ i,j = 1,2,\cdots,n_1.$$

记 $d=\mu_1-\mu_2$，$\sigma^2=\sigma_1^2+\frac{n_1}{n_2}\sigma_2^2$，则有 $Z_i\sim N(d,\sigma^2)$，$i=1,2,\cdots,n_1$，且各 Z_i 相互独立. 因此检验假设(3.2.13)等价于检验假设

$$H_0:d=0 \leftrightarrow H_1:d\neq 0, \tag{3.2.18}$$

这里 σ^2 未知，应该用式(3.2.7)定义的 t 检验. 记

$$\overline{Z}=\frac{1}{n_1}\sum_{i=1}^{n_1}Z_i, \qquad S^2=\frac{1}{n_1-1}\sum_{i=1}^{n_1}(Z_i-\overline{Z})^2,$$

我们有

$$\overline{Z}=\overline{X}-\overline{Y};$$

$$\sum_{i=1}^{n_1}(Z_i-\overline{Z})^2=\sum_{i=1}^{n_1}\left[(X_i-\overline{X})-\sqrt{\frac{n_1}{n_2}}(Y_i-\overline{Y})+\frac{1}{\sqrt{n_1n_2}}\sum_{j=1}^{n_1}(Y_j-\overline{Y})-\frac{1}{n_2}\sum_{j=1}^{n_2}(Y_j-\overline{Y})\right]^2,$$

则当式(3.2.18)中的 $H_0(d=0)$ 成立时，有

$$T=\frac{\overline{Z}}{S}\sqrt{n_1}\sim t(n_1-1). \tag{3.2.19}$$

式(3.2.19)可作为此时的检验统计量. 关于 Behrens-Fisher 问题的更详细讨论可见文献[4].

现将关于数学期望比较的方法列于表 3.5.

表 3.5　两个正态总体数学期望的比较

H_0	H_1	σ_1^2,σ_2^2 已知 $U=\dfrac{\overline{X}-\overline{Y}}{\sqrt{\frac{\sigma_1^2}{n_1}+\frac{\sigma_2^2}{n_2}}}$	$\sigma_1^2=\sigma_2^2=\sigma^2$ 未知 $T_1=\dfrac{\overline{X}-\overline{Y}}{S_w\sqrt{\frac{1}{n_1}+\frac{1}{n_2}}}$	$\sigma_1^2\neq\sigma_2^2$ $n_1=n_2=n$ $T_2=\dfrac{\overline{Z}}{S}\sqrt{n}$	$\sigma_1^2\neq\sigma_2^2$ $n_1\neq n_2$ $T_3=\dfrac{\overline{Z}}{S}\sqrt{n_1}\,(n_1<n_2)$
		以显著性水平 α 拒绝 H_0，若			
$\mu_1=\mu_2$	$\mu_1\neq\mu_2$	$\lvert u\rvert>u_{1-\frac{\alpha}{2}}$	$\lvert t_1\rvert>t_{1-\frac{\alpha}{2}}(n_1+n_2-2)$	$\lvert t_2\rvert>t_{1-\frac{\alpha}{2}}(n-1)$	$\lvert t_3\rvert>t_{1-\frac{\alpha}{2}}(n_1-1)$
$\mu_1=\mu_2$	$\mu_1>\mu_2$	$u>u_{1-\alpha}$	$t_1>t_{1-\alpha}(n_1+n_2-2)$	$t_2>t_{1-\alpha}(n-1)$	$t_3>t_{1-\alpha}(n_1-1)$
$\mu_1=\mu_2$	$\mu_1<\mu_2$	$u<u_{\alpha}$	$t_1<t_{\alpha}(n_1+n_2-2)$	$t_2<t_{\alpha}(n-1)$	$t_3<t_{\alpha}(n_1-1)$

四、方差的比较

利用两样本的 t 检验需要假定两个总体均为正态且方差相等的条件，那么如何得知两个正态总体的未知方差相等呢？这就需要考虑两个正态总体方差的比较. 在实际中，也存在着同样的问题. 例如有两台机器制造某种相同的产品，质量指标的平均值没有显著差异，但是指标的波动却可能不同，比较这两台机器的性能就归结为两个总体方差的比较，即需要检验假设

$$H_0:\sigma_1^2=\sigma_2^2 \leftrightarrow H_1:\sigma_1^2\neq\sigma_2^2. \tag{3.2.20}$$

与单个总体的方差检验情况类似，这里可以考虑两个样本方差 S_1^2 与 S_2^2 的比. 在 $H_0(\sigma_1^2=\sigma_2^2)$ 成立时，样本方差的比不应太大或太小，且由定理 1.11 系 2，有

$$F=\frac{S_1^2}{S_2^2}\sim F(n_1-1,n_2-1). \tag{3.2.21}$$

故对给定的显著性水平 α，可取拒绝域

$$W=\{F<F_{\frac{\alpha}{2}}(n_1-1,n_2-1)\text{或}F>F_{1-\frac{\alpha}{2}}(n_1-1,n_2-1)\},\qquad(3.2.22)$$

其中 $F_\alpha(n_1-1,n_2-1)$ 是 $F(n_1-1,n_2-1)$ 分布的 α 分位数，这种检验方法称为 **F 检验**（F - test）.

实际使用时，首先计算两个样本方差 S_1^2,S_2^2，按其大小分别记为 S_u^2 和 S_l^2. 以 $F=S_u^2/S_l^2$ 算出 F 的观测值，并与 $F_{1-\frac{\alpha}{2}}(n_u-1,n_l-1)$ 比较，这里 n_u,n_l 分别为对应于 S_u^2,S_l^2 的样本大小. 若 $F>F_{1-\frac{\alpha}{2}}(n_u-1,n_l-1)$，则以显著性水平 α 拒绝原假设 H_0，否则接受 H_0. 现将关于方差比较的方法列于表 3.6.

表 3.6　两个正态总体方差的比较

H_0	H_1	数学期望 μ_1,μ_2 已知 $F_0=\dfrac{\sum_{i=1}^{n_1}(X_i-\mu_1)^2\Big/n_1}{\sum_{j=1}^{n_2}(Y_j-\mu_2)^2\Big/n_2}$	数学期望 μ_1,μ_2 未知 $F=\dfrac{S_1^2}{S_2^2}$
		以显著性水平 α 拒绝 H_0，若	
$\sigma_1^2=\sigma_2^2$	$\sigma_1^2\neq\sigma_2^2$	$F_0<F_{\frac{\alpha}{2}}(n_1,n_2)$ 或 $F_0>F_{1-\frac{\alpha}{2}}(n_1,n_2)$	$F<F_{\frac{\alpha}{2}}(n_1-1,n_2-1)$ 或 $F>F_{1-\frac{\alpha}{2}}(n_1-1,n_2-1)$
$\sigma_1^2=\sigma_2^2$	$\sigma_1^2>\sigma_2^2$	$F_0>F_{1-\alpha}(n_1,n_2)$	$F>F_{1-\alpha}(n_1-1,n_2-1)$
$\sigma_1^2=\sigma_2^2$	$\sigma_1^2<\sigma_2^2$	$F_0<F_\alpha(n_1,n_2)$	$F<F_\alpha(n_1-1,n_2-1)$

R 函数 var.test 用于方差比较.

五、非正态总体的参数假设检验

以上讨论了正态总体的参数假设检验问题. 但在实际中，我们还可能涉及非正态总体，甚至是离散总体的参数假设检验问题. 假定总体 X 具有有限方差，且样本大小 n 足够大，由中心极限定理，近似地有

$$\frac{\bar{X}-\mathrm{E}(X)}{\sqrt{\mathrm{Var}(X)}}\sqrt{n}\sim N(0,1).$$

因此，当总体的分布只含有一个未知参数时，可利用这个结论得到合适的参数假设检验方法. 作为例子，在这里仅讨论二项总体 $X\sim b(1,p)$ 的情况.

1. 单个非正态总体的参数检验

设 $(X_1,X_2,\cdots,X_n)$ 是取自 Bernoulli 总体 $X\sim b(1,p)$ 的一个样本，要检验假设

$$H_0:p=p_0\leftrightarrow H_1:p\neq p_0.\qquad(3.2.23)$$

我们知道，如果 $X\sim b(1,p)$，有 $\mathrm{E}(X)=p,\mathrm{Var}(X)=p(1-p)$. 因此在 $H_0(p=p_0)$ 成立时，由中心极限定理，当样本大小 n 足够大时，近似地有

$$U=\frac{\bar{X}-p_0}{\sqrt{p_0(1-p_0)}}\sqrt{n}\sim N(0,1),\qquad(3.2.24)$$

对给定的显著性水平 α，可取拒绝域

$$W=\{|u|>u_{1-\frac{\alpha}{2}}\}. \tag{3.2.25}$$

类似地可讨论单侧检验. 这个问题也称为比率的假设检验.

例 3.8 讨论本章开始提出的问题(3.1.1),只需(以后在§3.4将证明)考虑假设检验问题

$$H_0:p=0.05 \leftrightarrow H_1:p>0.05,$$

这里 $n=50,\bar{x}=4/50$, $p_0=0.05$,代入式(3.2.24)得

$$u=\frac{0.08-0.05}{\sqrt{0.05\times0.95}}\times\sqrt{50}=0.97.$$

给定显著性水平 $\alpha=0.05$,查正态分布分位数表得 $u_{0.95}=1.64$. 由于 $0.97<1.64$,因此不能拒绝 H_0,即认为此批产品的不合格品率没有超过规定的5%,因而可以出厂. 但如果抽取5 000件产品进行检查,其中有400件不合格品. 此时,虽然 $\bar{x}=0.08$ 与上面情况相等,但由于 $n=5\,000$,代入式(3.2.24)得

$$u=\frac{0.08-0.05}{\sqrt{0.05\times0.95}}\times\sqrt{5\,000}=9.73>1.64.$$

显然,此时产品的不合格率显著地超过规定的5%,因此不能出厂.

也可利用 $\sum\limits_{i=1}^{n}X_i\sim b(n,p)$ 的事实,给出小样本情况下的精确检验结果.

我们用以下R函数来完成本例的计算.

binom.test(4,50,0.05,alternative="greater")给出如下结果

```
        Exact binomial test

data: 4 and 50
number of successes = 4, number of trials = 50, p-value = 0.2396
alternative hypothesis: true probability of success is greater than 0.05
95 percent confidence interval:
0.02778767   1.00000000
sample estimates:
probability of success
           0.08
```

2. 两个非正态总体的参数比较

设$(X_1,X_2,\cdots,X_{n_1})$,$(Y_1,Y_2,\cdots,Y_{n_2})$是分别取自Bernoulli总体$b(1,p_1)$,$b(1,p_2)$的两个样本,并设这两个样本相互独立. 考虑假设检验问题

$$H_0:p_1=p_2 \leftrightarrow H_1:p_1\neq p_2. \tag{3.2.26}$$

由中心极限定理,类似于式(3.2.24),$\dfrac{\bar{X}-p_1}{\sqrt{p_1(1-p_1)}}\sqrt{n_1}$,$\dfrac{\bar{Y}-p_2}{\sqrt{p_2(1-p_2)}}\sqrt{n_2}$近似地服从正态分布 $N(0,1)$,因此近似地有

$$\frac{(\bar{X}-\bar{Y})-(p_1-p_2)}{\sqrt{\frac{p_1(1-p_1)}{n_1}+\frac{p_2(1-p_2)}{n_2}}}\sim N(0,1).$$

在 $H_0(p_1=p_2=p)$ 成立时，有

$$\frac{\bar{X}-\bar{Y}}{\sqrt{\frac{n_1+n_2}{n_1n_2}p(1-p)}}\sim N(0,1).$$

但上式含有未知参数 p，由合并样本得到 p 的极大似然估计 $\hat{p}=\left(\sum_{i=1}^{n_1}X_i+\sum_{j=1}^{n_2}Y_j\right)\Big/(n_1+n_2)$，并用 $\hat{p}$ 代替 p，可以证明在 H_0 成立时，近似地有

$$\frac{\bar{X}-\bar{Y}}{\sqrt{\frac{n_1+n_2}{n_1n_2}\hat{p}(1-\hat{p})}}\sim N(0,1),\tag{3.2.27}$$

因此对给定的显著性水平 α，可取拒绝域

$$W=\{|u|>u_{1-\frac{\alpha}{2}}\}.\tag{3.2.28}$$

例 3.9 表 3.7 中的数据反映了不同性别的成年人对某个问题所持的态度，调查者分别询问了 160 名男子和 192 名女子，结果有 55 名男子和 60 名女子对此问题持否定意见，其余的作肯定的回答. 如果以 P_M,P_W 分别表示男、女成年人否定此问题人数的比率. 希望检验假设

$$H_0:P_M=P_W\leftrightarrow H_1:P_M\neq P_W.$$

表 3.7 调查表汇总

	男	女	总人数
否定人数	55	60	115
肯定人数	105	132	237
总人数	160	192	352

将表 3.7 中数据代入式(3.2.27)，得

$$u=\frac{\frac{55}{160}-\frac{60}{192}}{\sqrt{\frac{\frac{115}{352}\times(1-\frac{115}{352})\times 352}{160\times 192}}}=0.64.$$

如果给定显著性水平 $\alpha=0.05$，由正态分布分位数表可得 $u_{0.975}=1.96$. 由于 $0.64<1.96$，因此不能拒绝 H_0，即没有充分依据认为不同性别的成年人对此问题的意见不同.

prop. test(neg, total) 给出如下结果：

```
> total <—c(160,192)
> neg <—c(55,60)
```

```
> prop.test(neg,total)

  2-sample test for equality of proportions with continuity correction

data: neg out of total
X-squared = 0.2584, df = 1, p-value = 0.6112
alternative hypothesis: two.sided
95 percent confidence interval:
 -0.07304197  0.13554197
sample estimates:
  prop 1    prop 2
0.34375   0.31250
```

§3.3 Neyman - Pearson 基本引理与随机化检验

一、功效函数

上节讨论的参数假设检验问题,特别是正态总体参数假设的显著性检验中,都是根据问题的直观背景提出一个统计量,研究在简单原假设成立时,这个统计量所服从的分布,按照使犯第一类错误概率不超过显著性水平的原则,求出检验的拒绝域. 现在讨论进一步的问题,例如当原假设是复合假设时,问题应怎样解决;对一般的假设检验问题,如何导出检验的统计量;对给定的统计量又如何求出其抽样分布,从而确定拒绝域. 显著性检验仅考虑犯第一类错误的概率. 但正如§3.1 中所指出的,一种检验方法还可能犯第二类错误. 例如在假设检验问题(3.2.9)中,我们用式(3.2.10)所定义的$\chi^2=\frac{1}{\sigma_0^2}\sum_{i=1}^{n}(X_i-\mu_0)^2$作为检验统计量,对给定的显著性水平 α,拒绝域取为式(3.2.11). 为什么这样取拒绝域呢? 是否还有其他方法? 事实上,由对此假设检验问题的直观背景,我们也可取以下形式的拒绝域

$$W=\{\chi^2<c \text{ 或 } \chi^2>d\}, \tag{3.3.1}$$

其中 c,d 是满足

$$\Pr_{\sigma_0}\{\chi^2<c\}+\Pr_{\sigma_0}\{\chi^2>d\}=\alpha$$

的任意常数. 显然,这种检验方法犯第一类错误的概率也是 α,因此提出了在众多的检验方法中,是否存在§3.1 中提到的 Neyman - Pearson 原则下的最优检验,如果存在又该怎样寻找的问题.

本节只讨论参数假设检验问题

$$H_0:\theta\in\Theta_0 \leftrightarrow H_1:\theta\in\Theta_1, \tag{3.3.2}$$

为此需要引进一些新的概念.

定义 3.1 若 W 是参数假设检验问题(3.3.2)的拒绝域,称

$$\beta(\theta)=\Pr_\theta\{(X_1,X_2,\cdots,X_n)\in W\}=\Pr\{(X_1,X_2,\cdots,X_n)\in W\mid\theta\},\theta\in\Theta \tag{3.3.3}$$

为这个检验的**功效函数**(Power Function).设总体 X 的分布为 $F(x;\theta)$, $\theta\in\Theta$. 当 $\theta\in\Theta_0$时,显然 $\beta(\theta)$是原假设 $H_0(\theta\in\Theta_0)$被否定的概率,即犯第一类错误的概率,这个概率是依赖于 θ 的函数. 当 $\theta\in\Theta_1$时,$\beta(\theta)$是不犯第二类错误的概率,而 $1-\beta(\theta)$是犯第二类错误的概率. 因此 Neyman - Pearson 原则下的最优检验,就是在满足条件

$$\beta(\theta)\leqslant\alpha,\qquad \text{对任意 } \theta\in\Theta_0 \tag{3.3.4}$$

下,使得当 $\theta\in\Theta_1$时,$\beta(\theta)$达到最大或 $1-\beta(\theta)$达到最小的检验方法. 可见,一个检验方法的优良性完全由它的功效函数所确定.

定义 3.2 称满足式(3.3.4)的 α 为检验 W 的水平,W 为水平 α 的检验.

例 3.10 设总体 X 服从正态分布 $N(\mu,\sigma_0^2)$,其中 σ_0^2是已知的,对给定的显著性水平 $\alpha=0.05$,若假设

$$H_0:\mu=0 \leftrightarrow H_1:\mu=\mu_1(\neq 0)$$

的拒绝域为

$$W=\left\{\frac{|\bar{x}|}{\sigma_0}\sqrt{n}\geqslant 1.96\right\},$$

此即上节讨论的 U 检验,那么这个检验的功效函数是

$$\beta(0)=\Pr_0\left\{\frac{|\bar{X}|}{\sigma_0}\sqrt{n}\geqslant 1.96\right\}=0.05,$$

$$\begin{aligned}\beta(\mu_1)&=\Pr_{\mu_1}\left\{\frac{|\bar{X}|}{\sigma_0}\sqrt{n}\geqslant 1.96\right\}\\&=\Pr_{\mu_1}\left\{\frac{\bar{X}}{\sigma_0}\sqrt{n}\leqslant -1.96\right\}+\Pr_{\mu_1}\left\{\frac{\bar{X}}{\sigma_0}\sqrt{n}\geqslant 1.96\right\}\\&=\Pr_{\mu_1}\left\{\frac{\bar{X}-\mu_1}{\sigma_0}\sqrt{n}\leqslant -1.96-\frac{\mu_1}{\sigma_0}\sqrt{n}\right\}+\Pr_{\mu_1}\left\{\frac{\bar{X}-\mu_1}{\sigma_0}\sqrt{n}\geqslant 1.96-\frac{\mu_1}{\sigma_0}\sqrt{n}\right\}\\&=1-\Phi\left(1.96-\frac{\mu_1}{\sigma_0}\sqrt{n}\right)+\Phi\left(-1.96-\frac{\mu_1}{\sigma_0}\sqrt{n}\right),\end{aligned}$$

可见,$|\mu_1|$越大,对应的检验的功效函数也越大.

为了计算使某个检验的功效函数达到预先指定值所必需的样本大小,一般只要在此检验函数名之前加上 power 即可. 例如:

```
> power.t.test(delta = 0.5, sd = 2, sig.level = 0.01, power = 0.9)

     Two - sample t test power calculation

              n = 477.8021
          delta = 0.5
             sd = 2
      sig.level = 0.01
          power = 0.9
    alternative = two.sided
```

NOTE: n is number in *each* group

功效函数也可用相应的检验函数 $\phi(x_1,x_2,\cdots,x_n)$ 来表示：

$$\beta_\phi(\theta)=\mathrm{E}_\theta[\phi(X_1,X_2,\cdots,X_n)]=\int_{\mathscr{X}}\phi(x_1,x_2,\cdots,x_n)\,\mathrm{d}\,\mathrm{F}(\mathrm{x}_1,\mathrm{x}_2,\cdots,x_n;\theta). \tag{3.3.5}$$

下一个问题就是如何在各种水平为 α 的检验中，寻找一个具有最大功效函数的检验.

二、Neyman - Pearson 基本引理

先讨论简单原假设对简单备择假设情况. 这不仅是因为这个问题比较简单，已经有了圆满的解决，而且它也是解决许多更一般检验问题的基础. 在所讨论的简单情况下，Neyman - Pearson 最优检验可写成下面的定义.

定义 3.3 设 $\phi_0(x_1,x_2,\cdots,x_n)$ 是简单原假设对简单备择假设

$$H_0:\theta=\theta_0 \leftrightarrow H_1:\theta=\theta_1 \tag{3.3.6}$$

的一个水平为 α 的检验函数，若对式(3.3.6)的任何一个水平为 α 的检验函数 $\phi(x_1,x_2,\cdots,x_n)$，有

$$\beta_{\phi_0}(\theta_1)\geqslant\beta_\phi(\theta_1), \tag{3.3.7}$$

则称 $\phi_0(x_1,x_2,\cdots,x_n)$ 是式(3.3.6)的水平为 α 的**最大功效检验**(Most Powerful Test)，简记为 MP 检验.

下面的定理给出了 $\phi(x_1,x_2,\cdots,x_n)$ 为假设检验问题(3.3.6)的 MP 检验的充要条件.

定理 3.1(Neyman - Pearson **基本引理**) 设总体 X 有密度函数 $f(x;\theta)$，$\theta\in\Theta$ 是未知参数，$(X_1,X_2,\cdots,X_n)$ 是取自 X 的一个样本. 记似然函数 $L(x_1,x_2,\cdots,x_n;\theta)=\prod_{i=1}^n f(x_i;\theta)$，则对任给的 α，$0<\alpha<1$，有

(1) 满足条件

$$\mathrm{E}_{\theta_0}[\phi(X_1,X_2,\cdots,X_n)]=\alpha \tag{3.3.8}$$

及

$$\phi(x_1,x_2,\cdots,x_n)=\begin{cases}1, & \text{当 } L(x_1,x_2,\cdots,x_n;\theta_1)>kL(x_1,x_2,\cdots,x_n;\theta_0);\\ 0, & \text{当 } L(x_1,x_2,\cdots,x_n;\theta_1)<kL(x_1,x_2,\cdots,x_n;\theta_0)\end{cases} \tag{3.3.9}$$

的检验函数 $\phi(x_1,x_2,\cdots,x_n)$ 是式(3.3.6)的水平为 α 的 MP 检验，其中 $0\leqslant k\leqslant\infty$；

(2) 如果 $\phi(x_1,x_2,\cdots,x_n)$ 是式(3.3.6)的检验水平为 α 的 MP 检验，则必存在常数 k，使得 $\phi(x_1,x_2,\cdots,x_n)$ 满足式(3.3.9).

证明 (1) 设 $\phi(x_1,x_2,\cdots,x_n)$ 是满足式(3.3.8)、(3.3.9)的检验函数，$\phi^*(x_1,x_2,\cdots,x_n)$ 是式(3.3.6)的任一水平为 α 的检验函数，即 $\mathrm{E}_{\theta_0}[\phi^*(X_1,X_2,\cdots,X_n)]\leqslant\alpha$. 记

$$S^+=\{(x_1,x_2,\cdots,x_n):\phi(x_1,x_2,\cdots,x_n)>\phi^*(x_1,x_2,\cdots,x_n)\},$$

$$S^-=\{(x_1,x_2,\cdots,x_n):\phi(x_1,x_2,\cdots,x_n)<\phi^*(x_1,x_2,\cdots,x_n)\},$$

则在 S^+ 上，$\phi(x_1,x_2,\cdots,x_n)\neq0$. 由式(3.3.9)，$L(x_1,x_2,\cdots,x_n;\theta_1)\geqslant kL(x_1,x_2,\cdots,x_n;\theta_0)$；同样在 S^- 上，$\phi(x_1,x_2,\cdots,x_n)\neq1$，因此 $L(x_1,x_2,\cdots,x_n;\theta_1)\leqslant kL(x_1,x_2,\cdots,x_n;\theta_0)$. 故在 $S^+\cup S^-$

上,总有

$$[\phi(x_1,x_2,\cdots,x_n)-\phi^*(x_1,x_2,\cdots,x_n)]\cdot[L(x_1,x_2,\cdots,x_n;\theta_1)-kL(x_1,x_2,\cdots,x_n;\theta_0)]\geqslant 0,$$

所以

$$\begin{aligned}&\int_{\mathscr{X}}[\phi(x_1,x_2,\cdots,x_n)-\phi^*(x_1,x_2,\cdots,x_n)]\cdot\\&\qquad[L(x_1,x_2,\cdots,x_n;\theta_1)-kL(x_1,x_2,\cdots,x_n;\theta_0)]\mathrm{d}x_1\mathrm{d}x_2\cdots\mathrm{d}x_n\\=&\int_{S^+\cup S^-}[\phi(x_1,x_2,\cdots,x_n)-\phi^*(x_1,x_2,\cdots,x_n)]\cdot\\&\qquad[L(x_1,x_2,\cdots,x_n;\theta_1)-kL(x_1,x_2,\cdots,x_n;\theta_0)]\mathrm{d}x_1\mathrm{d}x_2\cdots\mathrm{d}x_n\geqslant 0,\end{aligned}$$

由此得到

$$\begin{aligned}&\mathrm{E}_{\theta_1}[\phi(X_1,X_2,\cdots,X_n)-\phi^*(X_1,\cdots,X_n)]\\\geqslant&\ k\,\mathrm{E}_{\theta_0}[\phi(X_1,X_2,\cdots,X_n)-\phi^*(X_1,X_2,\cdots,X_n)]\\=&\ k[\alpha-\mathrm{E}_{\theta_0}(\phi^*(X_1,X_2,\cdots,X_n))]\geqslant 0.\end{aligned}$$

于是

$$\beta_\phi(\theta_1)=\mathrm{E}_{\theta_1}[\phi(X_1,X_2,\cdots,X_n)]\geqslant\mathrm{E}_{\theta_1}(\phi^*(X_1,X_2,\cdots,X_n)]=\beta_{\phi^*}(\theta_1),$$

由于$\phi^*(x_1,x_2,\cdots,x_n)$的任意性,这就证明了$\phi(x_1,x_2,\cdots,x_n)$是水平为$\alpha$的MP检验.

(2)若$\phi^*(X_1,X_2,\cdots,X_n)$是水平为$\alpha$的MP检验,$\phi(x_1,x_2,\cdots,x_n)$是满足式(3.3.8)、(3.3.9)的检验函数.则同上述,在$S^+\cup S^-$上,有

$$[\phi(x_1,x_2,\cdots,x_n)-\phi^*(x_1,x_2,\cdots,x_n)]\cdot[L(x_1,x_2,\cdots,x_n;\theta_1)-kL(x_1,x_2,\cdots,x_n;\theta_0)]\geqslant 0,$$

如果$\phi(x_1,x_2,\cdots,x_n)-\phi^*(x_1,x_2,\cdots,x_n)\neq 0$且$L(x_1,x_2,\cdots,x_n;\theta_1)-kL(x_1,\cdots,x_n;\theta_0)\neq 0$,则有$\beta_\phi(\theta_1)>\beta_{\phi^*}(\theta_1)$,此与$\phi^*(x_1,x_2,\cdots,x_n)$是水平为$\alpha$的MP检验矛盾.这就说明除了$L(x_1,x_2,\cdots,x_n;\theta_1)=kL(x_1,x_2,\cdots,x_n;\theta_0)$之外,必有$\phi(x_1,x_2,\cdots,x_n)=\phi^*(x_1,x_2,\cdots,x_n)$,即$\phi^*(x_1,x_2,\cdots,x_n)$满足式(3.3.9).

注:对于离散型分布情况,只需将定理中的分布密度函数用概率分布代替,结论全部成立.

Neyman-Pearson基本引理指出,对于一切简单原假设对简单备择假设的检验问题,MP检验(如果存在的话)必是式(3.3.9)形式的.如果记

$$\lambda(x_1,x_2,\cdots,x_n)=\frac{L(x_1,\cdots,x_n;\theta_1)}{L(x_1,\cdots,x_n;\theta_0)},\tag{3.3.10}$$

$\lambda(x_1,x_2,\cdots,x_n)$是似然函数的比,称为**似然比**(Likelihood Ratio),这样式(3.3.9)就可表示为

$$\phi(x_1,x_2,\cdots,x_n)=\begin{cases}1, & \text{当 }\lambda(x_1,x_2,\cdots,x_n)>k;\\0, & \text{当 }\lambda(x_1,x_2,\cdots,x_n)<k,\end{cases}$$

这种形式的检验也称为**似然比检验**(Likelihood Ratio Test).

例3.11 设总体X服从分布$N(\mu,\sigma_0^2)$,其中σ_0^2为已知,考虑假设检验问题

$$H_0:\mu=0\leftrightarrow H_1:\mu=\mu_1(\neq 0),$$

求一个水平为α的MP检验.

解 设$(X_1,X_2,\cdots,X_n)$是取自这个总体的一个样本,在H_0和H_1成立时,似然函数分别为

$$L(x_1,x_2,\cdots,x_n;0)=\left(\frac{1}{\sqrt{2\pi}\sigma_0}\right)^n\exp\left\{-\frac{1}{2\sigma_0^2}\sum_{i=1}^{n}x_i^2\right\};$$

$$L(x_1,x_2,\cdots,x_n;\mu_1)=\left(\frac{1}{\sqrt{2\pi}\sigma_0}\right)^n\exp\left\{-\frac{1}{2\sigma_0^2}\sum_{i=1}^{n}(x_i-\mu_1)^2\right\}.$$

构造似然比统计量

$$\lambda(X_1,X_2,\cdots,X_n)=\frac{L(X_1,X_2,\cdots,X_n;\mu_1)}{L(X_1,X_2,\cdots,X_n;0)}=\exp\left\{\frac{n\mu_1}{\sigma_0^2}\bar{X}-\frac{n\mu_1^2}{2\sigma_0^2}\right\},$$

由定理3.1,MP检验的拒绝域为

$$W=\{\lambda(x_1,x_2,\cdots,x_n)>k\}.$$

下面对$\mu_1>0$及$\mu_1<0$两种情况分别讨论.

(1)若$\mu_1>0$,则MP检验的拒绝域为

$$W_1=\{\lambda(x_1,x_2,\cdots,x_n)>k\}=\{\bar{x}>c_1\}.$$

在$H_0(\mu=0)$成立时,$\bar{X}\sim N\left(0,\frac{\sigma_0^2}{n}\right)$.故对给定的水平$\alpha$,为使式(3.3.8)成立,应有

$$\alpha=\Pr\{\bar{X}>c_1\mid\mu=0\}=1-\Phi\left(\frac{c_1}{\sigma_0}\sqrt{n}\right),$$

所以$\frac{c_1}{\sigma_0}\sqrt{n}=u_{1-\alpha}$,即$c_1=\frac{u_{1-\alpha}}{\sqrt{n}}\sigma_0$.如果记

$$\phi_1(x_1,x_2,\cdots,x_n)=\begin{cases}1, & \bar{x}>\frac{u_{1-\alpha}}{\sqrt{n}}\sigma_0,\\ 0, & \text{其他},\end{cases}\tag{3.3.11}$$

则$\phi_1(x_1,x_2,\cdots,x_n)$是简单原假设对简单备择假设

$$H_0:\mu=0\ \leftrightarrow\ H_1:\mu=\mu_1(>0)$$

的水平为α的MP检验.它仅与水平α有关,而与μ_1的具体数值无关.因此,若$\phi(x_1,x_2,\cdots,x_n)$是简单原假设对复合备择假设

$$H_0:\mu=0\ \leftrightarrow\ H_1:\mu>0\tag{3.3.12}$$

的任一水平为α的检验,则有

$$\beta_{\phi_1}(\mu_1)\geqslant\beta_{\phi}(\mu_1),\qquad \text{对任}\ \mu_1>0\ \text{成立}.$$

(2)若$\mu_1<0$,类似于(1)的讨论,此时MP检验的拒绝域为

$$W_2=\{\lambda(x_1,x_2,\cdots,x_n)>k\}=\{\bar{x}<c_2\},$$

对给定的水平α,应有

$$c_2=\frac{u_\alpha}{\sqrt{n}}\sigma_0.$$

令

$$\phi_2(x_1,x_2,\cdots,x_n)=\begin{cases}1, & \bar{x}<\frac{u_\alpha}{\sqrt{n}}\sigma_0,\\ 0, & \text{其他},\end{cases}\tag{3.3.13}$$

它也与μ_1无关,因此对简单原假设对复合备择假设

$$H_0:\mu=0 \leftrightarrow H_1:\mu<0 \tag{3.3.14}$$

的任一水平为α的检验$\phi(x_1,x_2,\cdots,x_n)$,也有

$$\beta_{\phi_2}(\mu_1)\geqslant\beta_{\phi}(\mu_1),\qquad 对任\mu_1<0成立.$$

定义3.4 设$\phi^*(x_1,x_2,\cdots,x_n)$是假设检验问题(3.3.2)的水平为$\alpha$的检验,若对(3.3.2)的任一水平为$\alpha$的检验$\phi(x_1,x_2,\cdots,x_n)$,都有

$$\beta_{\phi}(\theta)\leqslant\beta_{\phi^*}(\theta),\qquad 对任何\theta\in\Theta_1,$$

则称$\phi^*(x_1,x_2,\cdots,x_n)$为(3.3.2)的一个水平为$\alpha$的**一致最大功效检验**(Uniformly Most Powerful Test),简记为UMP检验.

因此,由式(3.3.11)和(3.3.13)给出的检验ϕ_1,ϕ_2分别是假设问题(3.3.12)及(3.3.14)的UMP检验.

例3.11说明Neyman-Pearson基本引理是构造复合假设的UMP检验的基础.

三、随机化检验

对一个统计假设检验问题,要求我们根据样本$(X_1,X_2,\cdots,X_n)$的取值情况,按照一定的规则,在原假设和备择假设之间,作出非此即彼的判断.但在具体问题中,有时可能出现这样的情况:根据样本观测值$(x_1,x_2,\cdots,x_n)$所提供的信息,有可能接受原假设,也有可能接受备择假设.例如总体X服从正态分布$N(\mu,\sigma_0^2)$,要检验的假设为$H_0:\mu\leqslant0 \leftrightarrow H_1:\mu>0$,如果样本平均值恰为$\bar{x}=0$,依此接受或拒绝$H_0$都没有足够根据.又如在一个口袋里放有黑、白两种球,只知球数之比为1:3,但不知哪种球较多.现从口袋中摸取两球,若取出来的两个球都是白球或都是黑球,自然可判断口袋中是白球多还是黑球多.但如果取出来的两个球为一白一黑,据此就不容易判断了.这些例子说明,当出现上述情况时,为作出最后的判断,尚需设计一个新的试验,由它来判断是否拒绝H_0,这就是所谓随机化检验.

例3.12 设总体X服从Bernoulli分布$b(1,p)$,概率分布为

$$f(x;p)=\begin{cases}p, & x=1;\\ 1-p, & x=0,\end{cases}$$

其中$0<p<1$是未知参数.求简单原假设对简单备择假设

$$H_0:p=p_0 \leftrightarrow H_1:p=p_1(>p_0)$$

的一个水平为α的MP检验.

解 设$(X_1,X_2,\cdots,X_n)$是取自这个总体的一个样本,记$\nu=\sum_{i=1}^{n}X_i$,则

$$L(x_1,x_2,\cdots,x_n;p)=\Pr\{X_1=x_1,X_1=x_2,\cdots,X_n=x_n;p\}=p^{\sum_{i=1}^{n}x_i}(1-p)^{n-\sum_{i=1}^{n}x_i},$$

构造似然比检验统计量

$$\begin{aligned}\lambda(X_1,X_2,\cdots,X_n)&=\frac{L(X_1,X_2,\cdots,X_n;p_1)}{L(X_1,X_2,\cdots,X_n;p_0)}\\&=\left[\frac{p_1(1-p_0)}{p_0(1-p_1)}\right]^{\nu}\left(\frac{1-p_1}{1-p_0}\right)^{n},\end{aligned}$$

由于对立假设为 $p_1>p_0$，所以检验的拒绝域取为

$$W=\{\lambda(x_1,x_2,\cdots,x_n)>k\}=\{\nu\geqslant r_0\}. \tag{3.3.15}$$

对于给定的水平 α，若存在 r_0，使

$$\Pr_{p_0}\{\nu\geqslant r_0\}=\sum_{r\geqslant r_0}\binom{n}{r}p_0^r(1-p_0)^{n-r}=\alpha, \tag{3.3.16}$$

则此 r_0所对应的拒绝域(3.3.15)，就是所求的水平为 α 的 MP 检验. 但由于 ν 是离散型分布，故可能不存在使式(3.3.16)成立的 r_0，而只能找到这样的 r_0，使

$$\begin{aligned}\Pr_{p_0}\{\nu\geqslant r_0\}&=\sum_{r\geqslant r_0}\binom{n}{r}p_0^r(1-p_0)^{n-r}\\&>\alpha>\Pr_{p_0}\{\nu>r_0\}\\&=\sum_{r\geqslant r_0+1}\binom{n}{r}p_0^r(1-p_0)^{n-r}\triangleq\alpha_1.\end{aligned} \tag{3.3.17}$$

因此，找不到一个水平恰好为 α 的似然比检验. 可见，为了理论上的需要，也有必要拓展检验函数的概念.

定义 3.5 设 $\phi(x_1,x_2,\cdots,x_n)$是定义在样本空间 $\mathscr{X}$ 上的函数，满足条件

$$0\leqslant\phi(x_1,x_2,\cdots,x_n)\leqslant 1,$$

则称 $\phi(x_1,x_2,\cdots,x_n)$为一个**检验**. 若 $\phi(x_1,x_2,\cdots,x_n)$只取 0,1 两个值，则称 ϕ 是**非随机化检验**(Non - randomized Test)，其拒绝域是由使 $\phi(x_1,x_2,\cdots,x_n)=1$ 的全体样本点组成，即非随机化检验 ϕ 是拒绝域的示性函数；否则，称 ϕ 是**随机化检验**(Randomized Test).

对随机化检验，在得到样本观测值$(x_1,x_2,\cdots,x_n)$后，不是立即作出是否拒绝原假设的判断，而是以概率 $\phi(x_1,x_2,\cdots,x_n)$ 拒绝原假设，以概率 $1-\phi(x_1,x_2,\cdots,x_n)$ 不拒绝原假设，因此尚需做一个成功概率为 $\phi(x_1,x_2,\cdots,x_n)$ 的 Bernoulli 试验，如果试验结果为“成功”，则拒绝原假设；否则，不拒绝原假设.

因此在例 3.12 中，记

$$\delta=\frac{\alpha-\alpha_1}{\binom{n}{r_0}p_0^{r_0}(1-p_0)^{n-r_0}},$$

$$\phi(x_1,x_2,\cdots,x_n)=\begin{cases}1, & \text{当 }\nu>r_0;\\ \delta, & \text{当 }\nu=r_0;\\ 0, & \text{当 }\nu<r_0,\end{cases} \tag{3.3.18}$$

容易计算

$$\mathrm{E}_{p_0}[\phi(X_1,X_2,\cdots,X_n)]=\alpha. \tag{3.3.19}$$

可见，由式(3.3.18)确定的随机化检验满足 Neyman - Pearson 基本引理中的条件(3.3.8)、(3.3.9)，所以它是所求的水平为 α 的 MP 检验.

与例3.11 类似，由于检验函数(3.3.18)与 p_1的具体数值无关，只要求 $p_1>p_0$，所以它也是假设检验问题

$$H_0: p = p_0 \leftrightarrow H_1: p > p_0$$

的 UMP 检验.

特别指出定义 3.3、3.4 及定理 3.1 中所提到的检验函数 ϕ,并不要求它是示性函数.

下面的定理是简单假设检验问题(3.3.6)的 MP 检验的存在性定理.

定理 3.2 对任给的 α,$0<\alpha<1$,假设检验问题(3.3.6)必存在水平为 α 的 MP 检验.

证明 设总体 X 具有分布密度函数 $f(x;\theta)$,则在 H_0 和 H_1 成立时,样本 $(X_1,X_2,\cdots,X_n)$ 的联合分布密度函数分别为 $L(x_1,x_2,\cdots,x_n;\theta_0)=\prod_{i=1}^{n} f(x_i;\theta_0)$,及 $L(x_1,x_2,\cdots,x_n;\theta_1)=\prod_{i=1}^{n} f(x_i;\theta_1)$. 记

$$\lambda(X_1,X_2,\cdots,X_n)=\frac{L(X_1,X_2,\cdots,X_n;\theta_1)}{L(X_1,X_2,\cdots,X_n;\theta_0)},$$

$$S_0=\{L(x_1,x_2,\cdots,x_n;\theta_0)=0\},\quad S^+=\{L(x_1,x_2,\cdots,x_n;\theta_0)>0\}.$$

显然似然比 $\lambda(X_1,X_2,\cdots,X_n)$ 在 S^+ 上有意义,且

$$\Pr_{\theta_0}\{(X_1,X_2,\cdots,X_n)\in S_0\}=0.$$

对任意实数 c,记

$$W_c=\{(x_1,x_2,\cdots,x_n):(x_1,x_2,\cdots,x_n)\in S^+,\ \lambda(x_1,x_2,\cdots,x_n)>c\},$$

$$\psi(c)=\Pr_{\theta_0}\{(X_1,X_2,\cdots,X_n)\in W_c\}=\Pr_{\theta_0}\{\lambda(X_1,X_2,\cdots,X_n)>c\}.$$

将 $\lambda(X_1,X_2,\cdots,X_n)$ 看作为一个非负随机变量,那么 $1-\psi(c)$ 就是 λ 的分布函数,所以 $\psi(c)$ 是单调非增右连续函数,$\psi(+\infty)=0$,$\psi(0+0)=1$. 如果对任给的 α,$0<\alpha<1$,存在常数 c_0,使

(1) $\psi(c_0)=\alpha$,那么定义检验函数

$$\phi(x_1,x_2,\cdots,x_n)=\begin{cases}1, & 当\ L(x_1,x_2,\cdots,x_n;\theta_1)>c_0L(x_1,x_2,\cdots,x_n;\theta_0);\\ 0, & 当\ L(x_1,x_2,\cdots,x_n;\theta_1)\leqslant c_0L(x_1,x_2,\cdots,x_n;\theta_0).\end{cases} \tag{3.3.20}$$

这是一个非随机化检验,拒绝域即为 W_{c_0}.

(2) $\psi(c_0)<\alpha\leqslant\psi(c_0-0)$(如图 3.1 所示),此时定义检验函数

$$\phi(x_1,x_2,\cdots,x_n)=\begin{cases}1, & 当\ L(x_1,x_2,\cdots,x_n;\theta_1)>c_0L(x_1,x_2,\cdots,x_n;\theta_0);\\ \dfrac{\alpha-\psi(c_0)}{\psi(c_0-0)-\psi(c_0)}, & 当\ L(x_1,x_2,\cdots,x_n;\theta_1)=c_0L(x_1,x_2,\cdots,x_n;\theta_0);\\ 0, & 当\ L(x_1,x_2,\cdots,x_n;\theta_1)<c_0L(x_1,x_2,\cdots,x_n;\theta_0).\end{cases} \tag{3.3.21}$$

这是一个随机化检验. 显然由(3.3.20)或(3.3.21)所定义的检验函数是水平为 α 的检验,即

$$\mathrm{E}_{\theta_0}[\phi(X_1,\cdots,X_n)]=\alpha,$$

且满足式(3.3.9),故由定理 3.1,此 ϕ 必是水平 α 的 MP 检验.

当总体为离散型时,类似可证结论成立.

由定理 3.2 的证明可以看到,假设检验问题(3.3.6)的水平为 α 的 MP 检验是否为随机化的,主要看

$$\Pr_{\theta_0}\{L(X_1,X_2,\cdots,X_n;\theta_1)=kL(X_1,X_2,\cdots,X_n;\theta_0)\}=0$$

是否成立,这等价于

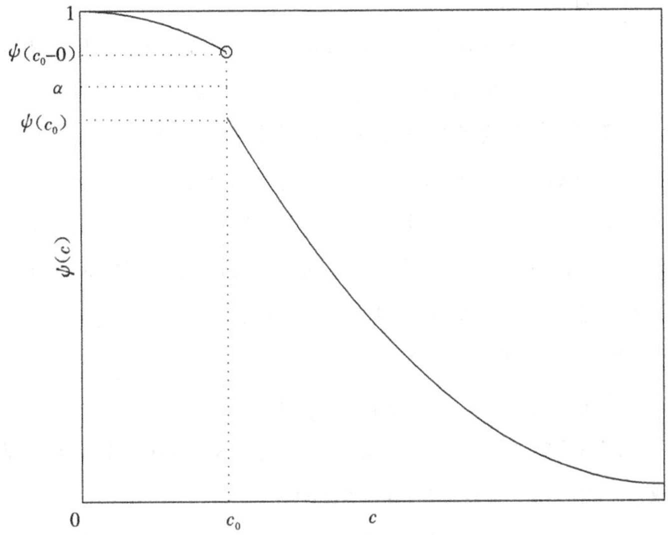

图 3.1 ψ 函数曲线图

$$\Pr_{\theta_0}\{\lambda(X_1,X_2,\cdots,X_n)=k\}=0, \tag{3.3.22}$$

或

$$\psi(c_0)=\psi(c_0-0).$$

因此,如果当 H_0 成立时,似然比 $\lambda(X_1,X_2,\cdots,X_n)$ 的分布是连续函数,则对任给的 α, $0<\alpha<1$,必能找到 k,使

$$\Pr_{\theta_0}\{\lambda(X_1,X_2,\cdots,X_n)\geqslant k\}=\alpha,$$

此时水平为 α 的 MP 检验是非随机化的;否则是随机化的. 对随机化 MP 检验,当样本点$(x_1, x_2,\cdots,x_n)\in W_k$时,拒绝原假设;当$(x_1,x_2,\cdots,x_n)\in \overline{W}_k$时,不拒绝原假设;而当$(x_1,x_2,\cdots,x_n)$落在 W_k 与 $\overline{W}_k$ 的边界时(这个事件发生的概率不为零),需要进行一次成功概率为 $\dfrac{\alpha-\psi(c_0)}{\psi(c_0-0)-\psi(c_0)}$的随机试验,以决定是否拒绝原假设.

回顾前面的几个例子可以发现,MP 检验都是充分统计量的函数,这对于似然比检验是普遍成立的.

定理 3.3 设 $T(X_1,X_2,\cdots,X_n)$ 是分布族$\{F(x;\theta);\theta\in\Theta\}$的充分统计量,那么简单假设检验问题(3.3.6)的水平为 α 的 MP 检验是充分统计量 T 的函数.

证明 由于 T 是充分统计量,故由因子分解定理,样本联合分布密度函数可写为如下形式:

$$L(x_1,x_2,\cdots,x_n;\theta)=h(x_1,x_2,\cdots,x_n)\cdot g[T(x_1,x_1,\cdots,x_n),\theta],$$

因此似然比统计量

$$\lambda(X_1,X_2,\cdots,X_n)=\frac{L(X_1,X_2,\cdots,X_n;\theta_1)}{L(X_1,X_2,\cdots,X_n;\theta_0)}=\frac{g(T,\theta_1)}{g(T,\theta_0)}$$

确定一个只含 T 的函数,由 Neyman – Pearson 基本引理可知定理的结论成立.

关于 MP 检验还有一个性质.

定理 3.4 设 $\phi(x_1,x_2,\cdots,x_n)$是假设检验问题(3.3.6)的水平为 α 的 MP 检验,则必有

$$\beta \triangleq \mathrm{E}_{\theta_1}[\phi(X_1,X_2,\cdots,X_n)] \geqslant \alpha.$$

又若 $0<\alpha<1$,则 $\beta=\alpha$ 的充分必要条件为在样本空间 $\mathscr{X}$ 上,几乎处处有

$$L(x_1,x_2,\cdots,x_n;\theta_1)=L(x_1,x_2,\cdots,x_n;\theta_0).$$

证明 令 $\phi^*(X_1,X_2,\cdots,X_n)\equiv\alpha$,则 $\mathrm{E}_{\theta_0}[\phi^*(X_1,X_2,\cdots,X_n)]=\alpha$,可见 ϕ^* 是(3.3.6)水平为 α 的检验. 又设 $\phi(x_1,x_2,\cdots,x_n)$是(3.3.6)的水平为 α 的 MP 检验,按照定义,有

$$\mathrm{E}_{\theta_1}[\phi(X_1,\cdots,X_n)] \geqslant \mathrm{E}_{\theta_1}[\phi^*(X_1,X_2,\cdots,X_n)]=\alpha.$$

又若 $0<\alpha<1$,如果 $\beta=\alpha$,则

$$\mathrm{E}_{\theta_1}[\phi(X_1,X_2,\cdots,X_n)]=\mathrm{E}_{\theta_1}[\phi^*(X_1,X_2,\cdots,X_n)].$$

这表明 ϕ^* 也是(3.3.6)的水平为 α 的 MP 检验,由 Neyman - Pearson 基本引理,必存在常数 k,使式(3.3.9)成立. 因为 $\phi^*\equiv\alpha$, $0<\alpha<1$,所以

$$L(x_1,x_2,\cdots,x_n;\theta_1)=kL(x_1,x_2,\cdots,x_n;\theta_0), \qquad \text{a. s.}.$$

由于 L 是样本的联合分布密度函数,因此 $k=1$. 这已证明了必要性,充分性是显然的. 因此定理 3.4 成立.

§3.4 一致最大功效检验

一、UMP 检验

对于简单假设检验问题,Neyman - Pearson 基本引理给出了令人满意的回答,现在考虑复合假设检验问题. 首先由例 3.11 可知,对一般假设检验问题 UMP 检验可以不存在. 实际上,设 $X\sim N(\mu,\sigma_0^2)$,考虑假设检验问题

$$H_0:\mu=0 \leftrightarrow H_1:\mu\neq 0. \tag{3.4.1}$$

一方面,在 $\mu>0$ 时,由式(3.3.11)定义的 ϕ_1 是水平为 α 的 UMP 检验. 但此检验的功效函数

$$\beta(\mu)=\mathrm{Pr}_\mu\left\{\bar{X}>\frac{u_{1-\alpha}}{\sqrt{n}}\sigma_0\right\}=1-\Phi\left(u_{1-\alpha}-\frac{\mu}{\sigma_0}\sqrt{n}\right)$$

在 $\mu<0$ 时取较小值,特别当 $\mu\to-\infty$, $\beta(\mu)\to 0$ 时. 因此,ϕ_1 不是(3.4.1)的 UMP 检验. 同样,由式(3.3.13)定义的 ϕ_2 也不是(3.4.1)的 UMP 检验. 注意到 $u_\alpha=-u_{1-\alpha}$,所以(3.4.1)不存在水平为 α 的 UMP 检验. 那么在什么条件下存在 UMP 检验呢? 我们仅讨论单边假设情况,先给出单调似然比的概念.

对于分布密度族 $\{f(x;\theta):\theta\in\Theta\}$,如果存在函数 $T(x)$,使得对任意的 $\theta_1<\theta_2$,有

(1) $\mathrm{Pr}\{f(X;\theta_1)\neq f(X;\theta_2)\}\neq 0$;

(2) $\lambda(x)=\dfrac{f(x;\theta_2)}{f(x;\theta_1)}$关于 $T(x)$ 非降(或非增),

则称分布密度族 $\{f(x;\theta):\theta\in\Theta\}$ 关于 $T(x)$ 具有**单调非降(或非增)似然比**. 如果 X 是离散型随机变量,概率分布族 $\{f(x;\theta):\theta\in\Theta\}$ 具有上述性质,也称 $\{f(x;\theta):\theta\in\Theta\}$ 关于 $T(x)$ 具有单调非降(或非增)似然比.

定理3.5 设$(X_1,X_2,\cdots,X_n)$具有连续型分布,分布密度函数族$\{f(x_1,x_2,\cdots,x_n;\theta):\theta\in\Theta\}$关于统计量$T(x_1,x_2,\cdots,x_n)$具有单调非降似然比,则

(1)对于单边假设

$$H_0:\theta\leqslant\theta_0 \leftrightarrow H_1:\theta>\theta_0, \tag{3.4.2}$$

存在水平为α的UMP检验

$$\phi_0(x_1,x_2,\cdots,x_n)=\begin{cases}1, & T(x_1,x_2,\cdots,x_n)>c;\\ \delta, & T(x_1,x_2,\cdots,x_n)=c;\\ 0, & T(x_1,x_2,\cdots,x_n)<c,\end{cases} \tag{3.4.3}$$

其中c和δ由下式确定

$$\mathrm{E}_{\theta_0}[\phi_0(X_1,\cdots,X_n)]=\alpha; \tag{3.4.4}$$

(2)记$\beta(\theta)=\mathrm{E}_\theta[\phi_0(X_1,X_2,\cdots,X_n)]$为上述检验的功效函数,则$\beta(\theta)$在$\Theta$上非降,且在$\{\theta:\theta\in\Theta,0<\beta(\theta)<1\}$上严格单增;

(3)对任一θ^*,检验函数$\phi_0(x_1,x_2,\cdots,x_n)$也是检验问题

$$H_0:\theta\leqslant\theta^* \leftrightarrow H_1:\theta>\theta^* \tag{3.4.5}$$

的水平为$\alpha^*=\beta(\theta^*)$的UMP检验;

(4)对任一$\theta<\theta_0$,在一切使$E_{\theta_0}[\phi(X_1,X_2,\cdots,X_n)]=\alpha$的检验函数中,由式(3.4.3)及(3.4.4)确定的检验ϕ_0使$\beta(\theta)$达到最小.

证明 (1)首先考虑简单假设

$$H_0:\theta=\theta_0 \leftrightarrow H_1:\theta=\theta_1(>\theta_0) \tag{3.4.6}$$

的检验,由Neyman - Pearson基本引理可知,MP检验的拒绝域为

$$W=\left\{(x_1,x_2,\cdots,x_n):\lambda(x_1,x_2,\cdots,x_n)=\frac{f(x_1,x_2,\cdots,x_n;\theta_1)}{f(x_1,x_2,\cdots,x_n;\theta_0)}>k\right\},$$

由于假设似然比λ关于T单调不减,故一定能找到这样的c,使得当$T>c$时,$\lambda>k$. 即由定理3.1及定理3.2,存在满足式(3.4.3)、(3.4.4)的c和δ,使式(3.4.3)定义的ϕ_0是(3.4.6)的水平为α的MP检验. 又因为检验函数ϕ_0与θ_1无关,只要求$\theta_1>\theta_0$,所以此ϕ_0也是假设

$$H_0:\theta=\theta_0 \leftrightarrow H_1:\theta>\theta_0 \tag{3.4.7}$$

的水平为α的UMP检验.

(2)如果记$\beta(\theta)$为由式(3.4.3)及式(3.4.4)所确定的检验ϕ_0的功效函数,$\beta(\theta)=\mathrm{E}_\theta(\phi_0)$,则此检验$\phi_0$也是

$$H_0:\theta=\theta_1 \leftrightarrow H_1:\theta=\theta_2(>\theta_1) \tag{3.4.8}$$

的水平为$\beta(\theta_1)$的MP检验. 由定理3.4可知$\beta(\theta_2)\geqslant\beta(\theta_1)$,而且若$0<\beta(\theta)<1$,那么$\beta(\theta_2)=\mathrm{E}_{\theta_2}(\phi_0)>\mathrm{E}_{\theta_1}(\phi_0)=\beta(\theta_1)$,即$\phi_0$的功效函数$\beta(\theta)$关于$\theta$严格单调上升,故(2)成立且有

$$\mathrm{E}_\theta(\phi_0)\leqslant\alpha,\qquad \theta\leqslant\theta_0.$$

所以ϕ_0为(3.4.2)的水平为α的检验. 由于使上式成立的ϕ必然有$\mathrm{E}_{\theta_0}(\phi)\leqslant\alpha$,故所有关于(3.4.2)的水平为$\alpha$的检验也一定是(3.4.7)的水平为$\alpha$的检验. 而$\phi_0$也是(3.4.7)的水平为$\alpha$的UMP检验,因此也是(3.4.2)的水平为$\alpha$的UMP检验.

(3)的证明类似于(1),此处从略.

最后证明(4). 考虑

$$H_0:\theta=\theta_0 \leftrightarrow H_1:\theta=\theta_1(<\theta_0)$$

的水平 $\alpha^*=1-\alpha$ 的检验问题,由 Neyman - Pearson 引理及本定理(1)可知,此检验问题的 MP 检验是 $\phi^*=1-\phi_0$,因此在 $E_{\theta_0}(\phi^*)=\alpha^*$ 条件下,ϕ^* 使 $E_{\theta_1}(\phi^*)$ 达到最大. 又

$$\beta_{\phi^*}(\theta)\triangleq E_\theta(\phi^*)=E_\theta(1-\phi_0)=1-E_\theta(\phi_0)=1-\beta(\theta),$$

所以 ϕ_0 是在 $E_{\theta_0}(\phi_0)=\alpha$ 的条件下,使 $\beta(\theta_1)$ 达到最小. 由 θ_1 的任意性可知,由(3.4.3)及(3.4.4)确定的 ϕ_0,是在 $E_{\theta_0}(\phi)=\alpha$ 的条件下,对任 $\theta<\theta_0$,使 $\beta(\theta)$ 达到最小的检验函数.

注:(1)如果似然比关于 T 是单调不增函数,此时定理 3.5 仍然成立,只需改变(3.4.3)中不等号方向;

(2)对于单边假设

$$H_0:\theta\geqslant\theta_0 \leftrightarrow H_1:\theta<\theta_0, \tag{3.4.9}$$

也有类似的定理成立,即存在水平为 α 的 UMP 检验,它由(3.4.3)及(3.4.4)确定,但(3.4.3)中不等号须改变方向;

(3)对 $(X_1,X_2,\cdots,X_n)$ 为离散情况,定理 3.5 也成立.

在例 3.11 中,由定理 3.5,立即得到(3.3.11)定义的 ϕ_1 是假设

$$H_0:\mu\leqslant 0 \leftrightarrow H_1:\mu>0$$

的水平为 α 的 UMP 检验.

例 3.13 在一批 N 件产品中,有 m 件次品,现从中随意取出 n 件产品进行检验,发现有 X 件次品,那么随机变量 X 服从超几何分布

$$\Pr_m\{X=x\}=\frac{\binom{m}{x}\binom{N-m}{n-x}}{\binom{N}{n}}\triangleq f(x;m).$$

希望构造关于假设

$$H_0:m\leqslant m_0 \leftrightarrow H_1:m>m_0$$

的水平为 α 的 UMP 检验. 因为

$$\frac{f(x;m+1)}{f(x;m)}=\frac{\binom{m+1}{x}\binom{N-m-1}{n-x}}{\binom{N}{n}}\Bigg/\frac{\binom{m}{x}\binom{N-m}{n-x}}{\binom{N}{n}}=\frac{(m+1)(N-m-n+x)}{(N-m)(m+1-x)}$$

是 x 的单调增加函数,即超几何分布族关于 $T=x$ 具有单调非降似然比. 故由定理 3.5,对此假设检验问题,存在水平为 α 的 UMP 检验:

$$\phi(x)=\begin{cases}1, & x>c;\\ (\alpha-\alpha_1)\dfrac{\binom{N}{n}}{\binom{m_0}{c}\binom{N-m_0}{n-c}}, & x=c;\\ 0, & x>c,\end{cases}$$

其中 c 满足条件

$$\sum_{x\geqslant c}\frac{\binom{m_0}{x}\binom{N-m_0}{n-x}}{\binom{N}{n}}>\alpha\geqslant\sum_{x\geqslant c+1}\frac{\binom{m_0}{x}\binom{N-m_0}{n-x}}{\binom{N}{n}}\triangleq\alpha_1.$$

对单参数指数族分布

$$f(x_1,x_2,\cdots,x_n;\theta)=a(\theta)\exp\{Q(\theta)T(x_1,x_2,\cdots,x_n)\}h(x_1,x_2,\cdots,x_n),$$

如果 $Q(\theta)$ 是关于 θ 的严格单调函数,容易验证此时似然比 λ 关于 $T=T(x_1,x_2,\cdots,x_n)$ 也是单调的,即分布关于 T 具有单调似然比,满足定理 3.5 的条件,因此对单参数指数族分布的单边假设存在 UMP 检验,这可以写成如下的定理.

定理 3.6 对单参数指数族分布,如果样本 $(X_1,X_2,\cdots,X_n)$ 的分布密度为

$$f(x_1,x_2,\cdots,x_n;\theta)=a(\theta)\exp\{Q(\theta)T(x_1,x_2,\cdots,x_n)\}h(x_1,x_2,\cdots,x_n),$$

其中 $Q(\theta)$ 是关于 θ 的严格单调函数,则对于单边假设(3.4.2)存在 UMP 检验. 当 $Q(\theta)$ 是 θ 的单调增加函数时,水平为 α 的 UMP 检验是

$$\phi(x_1,x_2,\cdots,x_n)=\begin{cases}1, & T(x_1,x_2,\cdots,x_n)>c;\\ \delta, & T(x_1,x_2,\cdots,x_n)=c;\\ 0, & T(x_1,x_2,\cdots,x_n)<c,\end{cases}\tag{3.4.10}$$

其中常数 c 和 δ 由下式确定

$$\mathrm{E}_{\theta_0}[\phi(X_1,X_2,\cdots,X_n)]=\alpha.$$

当 $Q(\theta)$ 是 θ 的单调下降函数时,只需改变(3.4.10)中的不等号方向.

例 3.14 在寿命试验及可靠性研究中,电子元件的寿命服从指数分布是一种常见的情况. 我们把指数分布作为 Gamma 分布的一种特例. 考虑 $\mathrm{Ga}(a,\lambda)$ 分布,这里 a 是已知的,在 $a=1$ 时,$\mathrm{Ga}(1,\lambda)$ 分布就是指数分布,λ 为未知参数,它表示元件的失效率. 设 $X_1,X_2,\cdots,X_n$ 是 n 个元件的寿命,希望对假设"失效率 λ 是否小于某 λ_0",构造一个水平为 α 的 UMP 检验,即考虑假设检验问题

$$H_0:\lambda\leqslant\lambda_0\leftrightarrow H_1:\lambda>\lambda_0.$$

由第 1 章式(1.3.1)容易知道 $(X_1,X_2,\cdots,X_n)$ 的分布密度函数为

$$\left[\frac{\lambda^a}{\Gamma(a)}\right]^n(x_1\cdots x_n)^{a-1}\exp\left(-\lambda\sum_{i=1}^n x_i\right),$$

其中 a 是已知的,这是单参数指数族. $Q(\lambda)=-\lambda$ 关于 λ 严格单减,$T(x_1,x_2,\cdots,x_n)=\sum_{i=1}^n x_i$. 因此由定理 3.5 知存在水平为 α 的 UMP 检验,拒绝域为

$$\sum_{i=1}^n X_i\leqslant c,$$

其中 c 应满足

$$\mathrm{Pr}_{\lambda_0}\left\{\sum_{i=1}^n X_i\leqslant c\right\}=\alpha.$$

由于 $\mathrm{Ga}(a,\lambda)$ 分布具有可加性,$T=\sum_{i=1}^n X_i\sim\mathrm{Ga}(na,\lambda)$,而 $\lambda T\sim\mathrm{Ga}(na,1)$. 记 $\mathrm{Ga}(na,1)$

的 α 分位数为 $g_\alpha(na)$，则由上式

$$c=\frac{1}{\lambda_0}g_\alpha(na).$$

注意到 Ga$(n/2,1/2)$分布就是$\chi^2(n)$分布，因此 $g_\alpha(n/2)=\chi^2_\alpha(n)/2$.

上式中的 c 可由附表 2 查到. 这个检验的功效函数为

$$\beta(\lambda)=\Pr_\lambda\left\{\sum_{i=1}^{n}X_i\leqslant c\right\}=\Pr_\lambda\left\{\lambda\sum_{i=1}^{n}X_i\leqslant\frac{\lambda}{\lambda_0}g_\alpha(n\alpha)\right\}=G\left(\frac{\lambda}{\lambda_0}g_\alpha(n\alpha)\right),$$

其中 $G(x)$表示 Ga$(na,1)$的分布函数.

如果存在 θ 的充分统计量 $T=T(X_1,X_2,\cdots,X_n)$，它保留了 θ 的全部信息. 对简单假设，Neyman－Pearson 引理说明 MP 检验就是似然比检验，定理 3.3 又说明 MP 检验还是充分统计量 T 的函数. 对单参数指数族，定理 3.6 表明 UMP 检验也是充分统计量 T 的函数，这在一般情况下也是成立的，即从样本$(X_1,X_2,\cdots,X_n)$出发对 θ 的检验，应该与从充分统计量 T 出发对 θ 的检验有相同的结果.

定理 3.7 设样本$(X_1,X_2,\cdots,X_n)$有分布密度族$\{f(x_1,x_2,\cdots,x_n;\theta):\theta\in\Theta\}$，$T(x_1,x_2,\cdots,x_n)$是 θ 的充分统计量，则对任一检验函数 $\phi(x_1,x_2,\cdots,x_n)$，必存在另一检验函数 $\psi(t)$，它是充分统计量 T 的函数，且与 ϕ 有相同的功效函数

$$\mathrm{E}_\theta\{\psi[T(X_1,\cdots,X_n)]\}=\mathrm{E}_\theta[\phi(X_1,X_2,\cdots,X_n)],\quad 对一切\ \theta\in\Theta.$$

证明 由于 T 是 θ 的充分统计量，所以$f(x_1,x_2,\cdots,x_n\mid t)$与 θ 无关，且

$$f(x_1,x_2,\cdots,x_n;\theta)=f(x_1,x_2,\cdots,x_n\mid t)f^T(t;\theta),$$

其中$f^T(t;\theta)$是 T 的导出分布密度. 对任一检验函数 $\phi(x_1,x_2,\cdots,x_n)$，$0\leqslant\phi\leqslant1$，令

$$\psi(t)=\int_{T(x_1,x_2,\cdots,x_n)=t}\phi(x_1,x_1,\cdots,x_n)f(x_1,x_2,\cdots,x_n\mid t)\,\mathrm{d}x_1\cdots\mathrm{d}x_n. \tag{3.4.11}$$

显然 $\psi(t)$与 θ 无关，且 $0\leqslant\psi(t)\leqslant1$，故 $\psi(t)$也是检验函数，且

$$\begin{aligned}\mathrm{E}_\theta[\psi(t)]&=\int\psi(t)f^T(t;\theta)\,\mathrm{d}t\\&=\iint\phi(x_1,x_2,\cdots,x_n)f(x_1,x_2,\cdots,x_n\mid t)f^T(t;\theta)\,\mathrm{d}x_1\cdots\mathrm{d}x_n\mathrm{d}t\\&=\int\phi(x_1,x_2,\cdots,x_n)f(x_1,x_2,\cdots,x_n;\theta)\,\mathrm{d}x_1\cdots\mathrm{d}x_n\\&=\mathrm{E}_\theta[\phi(X_1,X_2,\cdots,X_n)],\qquad 对一切\ \theta\in\Theta.\end{aligned}$$

注：对离散型概率分布族，定理同样成立.

定理 3.7 说明检验函数的统计性质完全取决于功效函数，我们称功效函数相等的两个检验为**等价的**(Equivalent). 当存在 θ 的充分统计量 $T(x_1,x_2,\cdots,x_n)$时，可以把$(X_1,X_2,\cdots,X_n)$的概率分布族$\{f(x_1,x_2,\cdots,x_n;\theta):\theta\in\Theta\}$上关于 θ 的假设检验问题，等价地转换成在 $T=T(x_1,x_2,\cdots,x_n)$的分布族$\{f^T(t;\theta):\theta\in\Theta\}$上关于 θ 的假设检验问题，这称为"**充分性原则**"(Principle of Sufficieney).

关于构造双边假设

$$H_0:\theta\leqslant\theta_1 或\ \theta\geqslant\theta_2\ (\theta_1<\theta_2)\ \leftrightarrow\ H_1:\theta_1<\theta<\theta_2 \tag{3.4.12}$$

水平为 α 的 UMP 检验,我们只不加证明地给出以下的定理. 有关证明可参阅文献[4].

定理 3.8 对单参数指数族分布

$$f(x_1,x_2,\cdots,x_n;\theta)=a(\theta)\exp\{Q(\theta)T(x_1,x_2,\cdots,x_n)\}h(x_1,x_2,\cdots,x_n),$$

其中 $Q(\theta)$ 是 θ 的严格单调增函数,则关于(3.4.12)存在水平为 α 的 UMP 检验

$$\phi[T(x_1,x_2,\cdots,x_n)]=\begin{cases}1, & c_1<T(x_1,x_2,\cdots,x_n)<c_2, c_1<c_2;\\ \delta_i, & T(x_1,x_2,\cdots,x_n)=c_i,\ i=1,2;\\ 0, & T(x_1,x_2,\cdots,x_n)<c_1 \text{或} T(x_1,x_2,\cdots,x_n)>c_2,\end{cases}$$

其中常数 $c_i,\delta_i(i=1,2)$ 由下式确定:

$$\mathrm{E}_{\theta_1}[\phi(T)]=\mathrm{E}_{\theta_2}[\phi(T)]=\alpha.$$

对离散型概率分布族,定理同样成立.

若 $Q(\theta)$ 是 θ 的严格单调减函数,则 $1-\phi$ 即为所求.

例 3.15 设总体 X 服从指数分布,分布密度函数为

$$f(x;\lambda)=\lambda \mathrm{e}^{-\lambda x},\qquad x>0,$$

其中 $\lambda>0$ 为未知参数,求双边假设

$$H_0:\lambda\leqslant\lambda_1 \text{或} \lambda\geqslant\lambda_2(\lambda_1<\lambda_2)\leftrightarrow H_1:\lambda_1<\lambda<\lambda_2$$

水平为 α 的 UMP 检验.

解 设 $(X_1,X_2,\cdots,X_n)$ 是取自这个指数分布的一个样本,分布密度为

$$f(x_1,x_2,\cdots,x_n;\lambda)=\lambda^n \mathrm{e}^{-\lambda\sum\limits_{i=1}^n x_i},$$

可知这是单参数指数分布族,其中 $T=\sum\limits_{i=1}^n x_i$, $Q(\lambda)=-\lambda$ 是 λ 的严格单调减函数,所以由定理 3.8 可知,此双边假设检验问题的水平为 α 的 UMP 检验是

$$\phi(x_1,x_2,\cdots,x_n)=\begin{cases}1, & \sum\limits_{i=1}^n x_i\leqslant c_1 \text{或} \sum\limits_{i=1}^n x_i\geqslant c_2;\\ 0, & c_1<\sum\limits_{i=1}^n x_i<c_2,\end{cases}$$

其中 c_1,c_2 应满足

$$\mathrm{E}_{\lambda_1}(\phi)=\mathrm{E}_{\lambda_2}(\phi)=\alpha.$$

由于 $T\sim \mathrm{Ga}(n,\theta)$,导出分布密度函数为 $f^T(t;\lambda)=\dfrac{\lambda^n}{(n-1)!}t^{n-1}\mathrm{e}^{-\lambda t}, t>0$. 因此 c_1,c_2 可由下式确定

$$\int_{c_1}^{c_2}\frac{\lambda_1^n}{(n-1)!}t^{n-1}\mathrm{e}^{-\lambda_1 t}\mathrm{d}t=\int_{c_1}^{c_2}\frac{\lambda_2^n}{(n-1)!}t^{n-1}\mathrm{e}^{-\lambda_2 t}\mathrm{d}t=1-\alpha.$$

二、UMP 无偏检验

以上我们已经讨论了单参数指数分布族的单边假设,及形如(3.4.12)的双边假设的 UMP 检验,但对一般的分布族及其他形式的双边假设检验问题,实际上,如本节开始所指出那样,并不一定存在 UMP 检验. 当不存在 UMP 检验时,自然希望在满足某种特定要求的较小检验类中

寻找最优的检验,这种简单的要求之一就是所谓无偏性.

定义 3.6 对检验问题

$$H_0:\theta\in\Theta_0 \leftrightarrow H_1:\theta\in\Theta_1, \tag{3.4.13}$$

和给定的水平 α,如果检验函数 $\phi(x_1,x_2,\cdots,x_n)$ 的功效函数

$$\beta_\phi(\theta)=\mathrm{E}_\alpha[\phi(X_1,X_2,\cdots,X_n)]$$

满足条件

$$\begin{cases}\beta_\phi(\theta)\leqslant\alpha, & \theta\in\Theta_0;\\ \beta_\phi(\theta)\geqslant\alpha, & \theta\in\Theta_1,\end{cases} \tag{3.4.14}$$

则称此检验函数 $\phi(x_1,x_2,\cdots,x_n)$ 是水平为 α 的无偏检验,简称为**无偏检验**(Unbiased Test).

由定理 3.4,显然 UMP 检验一定是无偏检验.

若某个检验 ϕ 不是无偏的,即存在 $\theta_0\in\Theta_0$ 及 $\theta_1\in\Theta_1$,使 $\beta_\phi(\theta_0)>\beta_\phi(\theta_1)$,这表示当 $\theta=\theta_1$,即 H_0 不成立时,拒绝 H_0 的概率反而比 $\theta=\theta_0$,即 H_0 成立时,H_0 被拒绝的概率来得小,这种检验从整体上是不可取的. 但有时为了照顾 Θ_0 在某个范围内的一致最优性,有可能得出这种检验. 本节开始讨论的关于正态总体检验问题(3.4.1)的例题中,由(3.3.11)定义的 ϕ_1 及(3.3.13)定义的 ϕ_2 就是这种情况. 如果取检验函数

$$\phi^*(x_1,x_2,\cdots,x_n)=\begin{cases}1, & |\bar{x}|\geqslant\dfrac{u_{1-\frac{\alpha}{2}}}{\sqrt{n}}\sigma_0;\\ 0, & \text{其他},\end{cases} \tag{3.4.15}$$

则可以验证:

(1) ϕ^* 是(3.4.1)的水平为 α 的检验.

(2) ϕ^* 是(3.4.1)的无偏检验.

实际上,ϕ^* 的功效函数

$$\begin{aligned}\beta^*(\mu)&=\mathrm{Pr}_\mu\left\{|\bar{X}|\geqslant\frac{u_{1-\frac{\alpha}{2}}}{\sqrt{n}}\sigma_0\right\}\\ &=\mathrm{Pr}_\mu\left\{\frac{\bar{X}-\mu}{\sigma_0}\sqrt{n}>u_{1-\frac{\alpha}{2}}-\frac{\mu}{\sigma_0}\sqrt{n}\right\}+\mathrm{Pr}_\mu\left\{\frac{\bar{X}-\mu}{\sigma_0}\sqrt{n}<u_{\frac{\alpha}{2}}-\frac{\mu}{\sigma_0}\sqrt{n}\right\}\\ &=1-\Phi\left(u_{1-\frac{\alpha}{2}}-\frac{\mu}{\sigma_0}\sqrt{n}\right)+\Phi\left(u_{\frac{\alpha}{2}}-\frac{\mu}{\sigma_0}\sqrt{n}\right)\\ &=\Phi\left(u_{\frac{\alpha}{2}}+\frac{\mu}{\sigma_0}\sqrt{n}\right)+\Phi\left(u_{\frac{\alpha}{2}}-\frac{\mu}{\sigma_0}\sqrt{n}\right)\geqslant\alpha.\end{aligned}$$

(3)在 $\mu>0$ 时,$\beta^*(\mu)<\beta_1(\mu)$;在 $\mu<0$ 时,$\beta^*(\mu)<\beta_2(\mu)$. 这里 $\beta_i(\mu)$ 是上面所指的式(3.3.11)及(3.3.13)定义的检验 $\phi_i(i=1,2)$ 的功效函数.

可见,$\phi^*(x)$ 在整体上有较好的性质(无偏性),但在局部上没有达到可能最好的结果,$\phi^*(x)$ 在无偏检验类中是最优的.

定义 3.7 记

$$\phi_{\alpha,U}=\{\phi:\mathrm{E}_{\theta_0}(\phi)\leqslant\alpha,\text{任 }\theta_0\in\Theta_0;\mathrm{E}_{\theta_1}(\phi)\geqslant\alpha,\text{任 }\theta_1\in\Theta_1\} \tag{3.4.16}$$

是(3.4.13)的水平为 α 的无偏检验类,若存在检验函数 $\phi_0(x_1,x_2,\cdots,x_n)\in\phi_{\alpha,U}$,且

$$\mathrm{E}_\theta(\phi_0)\geqslant \mathrm{E}_\theta(\phi),\quad 对任\ \theta\in\Theta_1,\phi\in\phi_{\alpha,U},$$

则称 ϕ_0 是水平为 α 的**一致最大功效无偏检验**(Uniformly Most Powerful Unbiased Test),简称为 **UMP 无偏检验**.

UMP 检验一定是无偏的,因而它一定是 UMP 无偏检验.

对一大类检验问题,它不一定存在 UMP 检验,但存在 UMP 无偏检验. 对单参数指数族分布的其他双边检验问题,可以构造 UMP 无偏检验.

定理 3.9 对单参数指数族分布

$$f(x_1,x_2,\cdots,x_n;\theta)=a(\theta)\exp\{Q(\theta)T(x_1,x_2,\cdots,x_n)\}h(x_1,x_2,\cdots,x_n),$$

其中 $Q(\theta)$ 是 θ 的严格单调增函数,则对于双边假设检验问题

$$H_0:\theta_1\leqslant\theta\leqslant\theta_2 \leftrightarrow H_1:\theta<\theta_1 或\ \theta>\theta_2(\theta_1<\theta_2) \tag{3.4.17}$$

和任一水平 α, $0<\alpha<1$,存在 UMP 无偏检验

$$\phi[T(x_1,x_2,\cdots,x_n)]=\begin{cases}1, & T(x_1,x_2,\cdots,x_n)<c_1 或\ T(x_1,x_2,\cdots,x_n)>c_2;\\ \delta_i, & T(x_1,x_2,\cdots,x_n)=c_i,i=1,2;\\ 0, & c_1<T(x_1,x_2,\cdots,x_n)<c_2,\end{cases} \tag{3.4.18}$$

其中,常数 δ_i 和 c_i, $i=1,2$ 由下式确定:

$$\mathrm{E}_{\theta_1}[\phi(T)]=\mathrm{E}_{\theta_2}[\phi(T)]=\alpha. \tag{3.4.19}$$

(如果 $Q(\theta)$ 关于 θ 严格单调减,则式(3.4.18)中不等式需改变方向.)

定理 3.10 对单参数指数族分布

$$f(x_1,x_2,\cdots,x_n;\theta)=a(\theta)\exp\{\theta T(x_1,x_2,\cdots,x_n)\}h(x_1,x_2,\cdots,x_n),$$

其中 θ 是一个实值参数,则关于双边假设检验问题

$$H_0:\theta=\theta_0 \leftrightarrow H_1:\theta\neq\theta_0 \tag{3.4.20}$$

和任一水平 α,$0<\alpha<1$,存在形如(3.4.18)的 UMP 无偏检验,其中的常数 $\delta_i,c_i,i=1,2$,由以下两式确定:

$$\begin{cases}\mathrm{E}_{\theta_0}[\phi(T)]=\alpha,\\ \mathrm{E}_{\theta_0}[T\phi(T)]=\alpha\,\mathrm{E}_{\theta_0}(T).\end{cases} \tag{3.4.21}$$

定理 3.9,3.10 对离散型情况同样成立,定理的证明可参阅文献[4].

例 3.16 设 $(X_1,X_2,\cdots,X_n)$ 是取自正态分布族 $\{N(\mu,\sigma_0^2):-\infty<\mu<+\infty\}$ 的样本,其中 σ_0^2 是已知参数,求双边假设

$$H_0:\mu=\mu_0 \leftrightarrow H_1:\mu\neq\mu_0$$

的水平为 α 的 UMP 无偏检验.

解 由例 3.11 知道,$\{N(\mu,\sigma_0^2):-\infty<\mu<+\infty\}$ 是单参数指数族,令 $\theta=n\mu/\sigma_0^2$,$T(x_1,x_2,\cdots,x_n)=\bar{x}$,故由定理 3.10,所求的 UMP 无偏检验为

$$\phi=\begin{cases}1, & \bar{x}<c_1 或\ \bar{x}>c_2;\\ 0, & c_1<\bar{x}<c_2,\end{cases}$$

其中 c_1,c_2 由以下几式确定

$$\mathrm{E}_{\theta_0}[\phi(T)]=\alpha,\quad \mathrm{E}_{\theta_0}[T\phi(T)]=\alpha\,\mathrm{E}_{\theta_0}(T),\quad \theta_0=n\mu_0/\sigma_0^2.$$

由于在 $\theta=\theta_0$ 时，$\bar{X}\sim N(\mu_0,\sigma_0^2/n)$，它关于 μ_0 对称，因此可以取 $c_1=\mu_0-c_0, c_2=\mu_0+c_0$，即

$$\phi=\begin{cases}1, & |\bar{x}-\mu_0|>c_0;\\ 0, & 其他.\end{cases}$$

现在

$$E_{\theta_0}[\phi(T)]=Pr_{\mu_0}\{|\bar{X}-\mu_0|>c_0\}=Pr_{\mu_0}\left\{\frac{|\bar{X}-\mu_0|}{\sigma_0}\sqrt{n}>\frac{c_0}{\sigma_0}\sqrt{n}\right\}=\alpha,$$

所以 $\frac{c_0}{\sigma_0}\sqrt{n}=u_{1-\frac{\alpha}{2}}$，即 $c_0=u_{1-\frac{\alpha}{2}}\frac{\sigma_0}{\sqrt{n}}$. 此时

$$E_{\theta_0}[T\phi(T)]=E_{\theta_0}[(T-\mu_0)\phi(T)]+\mu_0E_{\theta_0}[\phi(T)]=\mu_0E_{\theta_0}[\phi(T)]=\alpha\mu_0.$$

显然 $E_{\theta_0}(T)=\mu_0$，因此 $E_{\theta_0}[T\phi(T)]=\alpha E_{\theta_0}(T)$ 成立，于是所求的水平为 α 的 UMP 无偏检验即是

$$\phi=\begin{cases}1, & |\bar{x}-\mu_0|>u_{1-\frac{\alpha}{2}}\frac{\sigma_0}{\sqrt{n}};\\ 0, & 其他.\end{cases}$$

三、抽样检验

为了保证产品质量符合要求，需要对产品进行检查、验收. 一般地，当工厂生产稳定、产品质量有较好的一致性时，只从一批产品中随机抽取部分样品进行检验，然后由这一部分样品的质量情况来推断这批产品的质量情况. 这就是抽样检验的方法.

抽样是数理统计的一个重要课题，从 20 世纪 20 年代开始就有人对制定合理的抽样检验方案进行研究，至今已有相当长的历史，相应的理论和方法已日趋完善.

抽样检验方法可分为两大类：计数抽样检验和计量抽样检验. 当只需判断每件单位产品质量是否合格，然后利用样本中不合格产品的件数来判断整批产品是否合格，称为计件抽样检验；当需根据产品的外观质量的缺陷数来判断整批产品是否合格时，这种抽样检验称为计点抽样检验. 计件和计点抽样检验统称为**计数抽样**检验（Inspection by Attributes）. 当需根据样品的定量指标来判断整批产品是否合格时，称为**计量抽样**检验（Inspection by Variable）.

在各种抽样检验中又可按抽检样本的个数而分类：有抽检一个样本的一次抽样检验，有抽检两个或多个样本的两次或多次抽样检验，以及不限制抽检样本个数的序贯抽样检验. 对其他抽样检验有兴趣的读者可参阅文献[6].

1. 产品质量以总体不合格品率 p 来表示的一次计数抽样检验方案

一次计数抽样方案是一批产品是否合格的一套规则，它由样本大小 n 和允许不合格品个数 c 这两个参数组成，记为 $(n|c)$. 抽样方案 $(n|c)$ 表示从一批产品中抽取 n 个样品，如果样本中不合格品数 d 小于或等于 c，则接收此批产品；否则拒收此批产品.

怎样确定抽样方案 $(n|c)$ 呢？首先，根据工厂平时的生产质量确定一个正数 p_0，当产品的不合格品率 $p\leqslant p_0$ 时，认为这批产品合格. 再根据使用方对产品质量的最低要求，确定一个正数 p_1，当产品的不合格品率 $p\geqslant p_1$ 时，认为这批产品不合格. 一般地，$0<p_0<p_1<1$. 同时要求控制犯两类错误的概率，即使得对于 $p\leqslant p_0$ 的总体，错误地判断它为不合格的概率不大于 α，而对于 $p\geqslant p_1$ 的总体，错误地判断它为合格的概率不大于 β，α 与 β 的确定应由生产方和使用方协商

确定. 如此就提出了假设检验问题 $H_0:p\leqslant p_0 \leftrightarrow H_1:p\geqslant p_1$.

设在批量为 N 的一批产品中,如果不合格品率为 p,则批中不合格品个数为 Np,合格品的个数为 $N-Np$. 在这样一批产品中,随机地抽取 n 个,其中的不合格品个数 d 服从超几何分布,所以 $d\leqslant c$ 的概率为

$$L(p,n,c)=\sum_{d=0}^{c}\frac{\binom{Np}{d}\binom{N-Np}{n-d}}{\binom{N}{n}}.$$

按上面的要求,需满足

$$\begin{cases}L(p_0,n,c)\geqslant 1-\alpha,\\ L(p_1,n,c)\leqslant\beta.\end{cases}\tag{3.4.22}$$

在 N,p_0,p_1,α,β 给定时,可以由试算法求出式(3.4.22)的解 n,c.

当批量 N 很大,而抽样数 n 不大时,可以用二项分布近似代替超几何分布,即

$$L(p,n,c)\approx\sum_{d=0}^{c}\binom{n}{d}p^d(1-p)^{n-d},$$

这时 $L(p,n,c)$ 有表可查. 又若 p 相当小,还可用 Poisson 分布近似代替,

$$L(p,n,c)\approx\sum_{d=0}^{c}\frac{(np)^d}{d!}\mathrm{e}^{-np}$$

也有表可查,这样就能较方便地求出 n,c.

由于计数抽样方案在各行各业中都已广泛使用,因此许多国家已把它定为国家标准,国际标准化组织(ISO)把计数抽样方案作为国际标准 ISO—2859,我国也已制定出相应的国家标准 GB—2828.1—2003.

2. 产品质量以总体均值 μ 来表示的一次计量单侧检验方案

当产品的质量特征 X 服从正态分布 $N(\mu,\sigma^2)$,且一批产品的质量是以 X 的数学期望 $\mathrm{E}(X)=\mu$来衡量时,由 §3.2 讨论可知,我们可以用样本均值 $\bar{X}=\frac{1}{n}\sum_{i=1}^{n}X_i$来推断总体的质量情况.

为了制定相应的抽样检验方案,类似于一次计数抽样方案$(n|c)$,首先根据工厂平时的生产质量情况确定一个平均值 μ_0,以及根据使用方的要求确定产品质量的最低平均值 μ_1,同时要求规定生产方风险 α 和使用方风险 β(即控制犯两类错误的概率). 在平均值 μ 愈大愈好情况下,这相当于假设检验问题

$$H_0:\mu\geqslant\mu_0 \leftrightarrow H_1:\mu\leqslant\mu_1.$$

而一次计量抽样方案$(n|k)$应满足

$$\begin{cases}\Pr\{\bar{X}<k\mid\mu=\mu_0\}\leqslant\alpha;\\ \Pr\{\bar{X}\geqslant k\mid\mu=\mu_1\}\leqslant\beta.\end{cases}$$

当 σ 已知时,n,k 应满足

$$\begin{cases}\Phi\left(\dfrac{k-\mu_0}{\sigma/\sqrt{n}}\right)=\alpha;\\ \Phi\left(\dfrac{k-\mu_1}{\sigma/\sqrt{n}}\right)=1-\beta,\end{cases}$$

容易解得

$$\begin{cases}n=\left(\dfrac{u_\alpha-u_{1-\beta}}{\mu_0-\mu_1}\right)^2\sigma^2;\\ k=\dfrac{\mu_1u_\alpha-\mu_0u_{1-\beta}}{u_\alpha-u_{1-\beta}},\end{cases}$$

其中 $\Phi(x)$ 表示标准正态分布的分布函数，u_α 为标准正态分布的 α 分位点.

当 σ 未知时，n,k 应满足

$$\begin{cases}\dfrac{k-\mu_0}{S/\sqrt{n}}=t_\alpha;\\ \dfrac{k-\mu_1}{S/\sqrt{n}}=t_{1-\beta},\end{cases}$$

容易解得

$$\begin{cases}n=\left(\dfrac{t_\alpha-t_{1-\beta}}{\mu_0-\mu_1}\right)^2S^2,\\ k=\dfrac{\mu_1t_\alpha-\mu_0t_{1-\beta}}{t_\alpha-t_{1-\beta}},\end{cases}$$

其中 S^2 是样本方差，t_α 为 $t(n-1)$ 分布的 α 分位点.

§3.5 区间估计

我们在第 2 章讨论了参数的点估计，即以一个依赖于样本 $(X_1,X_2,\cdots,X_n)$ 的函数 $\hat{\theta}(X_1,X_2,\cdots,X_n)$ 作为参数 θ 的近似值. 尽管点估计随样本观测值的不同而异，但每次都能得到一个明确的数值，因此在实际中常使用点估计对参数 θ 作出某种判断，而且估计量的方差也在某种意义上反映了估计的精度. 描述点估计精度的另一种形式是区间估计. 实际上，区间估计也是估计理论中一个重要的分支，它同点估计既有联系又有区别. 近代区间估计理论是由 J. Neyman 和 R. A. Fisher 发展起来的，本节主要介绍 Neyman 的置信区间的基本概念.

一、区间估计的基本概念

作为刻画估计量 $\hat{\theta}=\hat{\theta}(X_1,X_2,\cdots,X_n)$ 精度的一个方法是指出一个形如 $[\hat{\theta}-d,\hat{\theta}+d]$ 的区间，并以一定概率保证包含未知参数 θ，其中 $d=d(X_1,X_2,\cdots,X_n)$ 是样本的函数. 这就是所谓的区间估计，下面给出区间估计的正式定义.

定义 3.8 设有一个参数分布族 $\{F(x;\theta):\theta\in\Theta\}$，$(X_1,X_2,\cdots,X_n)$ 是来自总体分布为 $F(x;\theta)$ 的一个样本. 若 $\hat{\theta}_l=\hat{\theta}_l(X_1,X_2,\cdots,X_n)$，$\hat{\theta}_u=\hat{\theta}_u(X_1,X_2,\cdots,X_n)$，是定义在样本空间 $\mathscr{X}$ 上、而在参数空间 Θ 上取值的两个统计量，且 $\hat{\theta}_l\leqslant\hat{\theta}_u$，则称随机区间 $[\hat{\theta}_l,\hat{\theta}_u]$ 为参数 θ 的一个区

间估计. 如果对给定的 $\alpha(0<\alpha<1)$,有

$$\Pr_{\theta}\{\hat{\theta}_l\leqslant\theta\leqslant\hat{\theta}_u\}=1-\alpha,\qquad 对任\ \theta\in\Theta, \tag{3.5.1}$$

则称$(\hat{\theta}_l,\hat{\theta}_u)$是 θ 的**置信水平**(Confidence Level)为 $1-\alpha$ 的**置信区间**(Confidence Interval),而 $\hat{\theta}_l,\hat{\theta}_u$分别称为(双侧)**置信下、上限**(Lower,Upper Confidence Limit).

应当着重指出,这里 θ 是一个未知的且没有任何随机性的数,但区间$[\hat{\theta}_l,\hat{\theta}_u]$与样本$(X_1,X_2,\cdots,X_n)$有关,是一个随机区间. 因此,上式的意义是在重复抽样下,将得到许多不同的区间$[\hat{\theta}_l,\hat{\theta}_u]$,则在这些区间中大约有 $100(1-\alpha)\%$ 的区间包含未知参数 θ. 对某一次抽样得到的区间$[\hat{\theta}_l,\hat{\theta}_u]$,这是一个确定的区间,它或者包含了 θ,或者没有包含 θ,因此这时不能说$[\hat{\theta}_l,\hat{\theta}_u]$包含 θ 的概率为 $1-\alpha$.

从定义来看,给出一个未知参数的区间估计并不难,置信水平只反映了区间估计的可靠度,即随机区间$[\hat{\theta}_l,\hat{\theta}_u]$包含 θ 的概率有多大,自然我们希望这个概率越大越好. 还有另一个重要的方面,即区间估计的精确度. 假如这可以用区间长度来刻画的话,我们希望这个长度尽量短些. 这是两个互相矛盾的方面. 比如要估计某种电子产品的寿命,为提高区间估计的可靠度,可以把区间取得较大,如[0,10 000](单位:h),但这样丧失了精确度,此结果没有什么意义;相反,为提高精确度,把区间取得很小,如[9 000,9 100],这又可能丧失了可靠度. 区间估计理论就是要充分利用样本提供的信息,作出尽可能可靠和精确的估计.

在一些实际问题中,有时仅对未知参数在一个方向上的界限感兴趣. 例如要求某种材料的强度越大越好,此时我们只关心下界;又如要求某种药品的毒性越小越好,此时我们只关心上界. 对这些问题,没有必要去寻找两端都有限的置信区间,因此我们引进如下定义.

定义 3.9 若 $\hat{\theta}_l=\hat{\theta}_l(X_1,X_2,\cdots,X_n)$和 $\hat{\theta}_u=\hat{\theta}_u(X_1,X_2,\cdots,X_n)$是定义在样本空间 $\mathscr{X}$上,而在参数空间 Θ 上取值的两个统计量,如果对给定的 $\alpha(0<\alpha<1)$,分别有

$$\Pr_{\theta}\{\hat{\theta}_l\leqslant\theta\}=1-\alpha,\quad \Pr_{\theta}\{\hat{\theta}_u\geqslant\theta\}=1-\alpha,\quad 对任\ \theta\in\Theta, \tag{3.5.2}$$

则分别称 $\hat{\theta}_l$和 $\hat{\theta}_u$是 θ 的置信水平为 $1-\alpha$ 的(单侧)**置信下限**和(单侧)**置信上限**.

显然,单侧置信下限和单侧置信上限分别是置信区间的特殊情况. 在总体分布为连续型情况下,单侧置信限与双侧置信限之间有着以下定理所刻画的关系.

定理 3.11 设 $\hat{\theta}_l$和 $\hat{\theta}_u$分别是参数 θ 的置信水平为 $1-\alpha_1$和 $1-\alpha_2$的单侧置信下限和单侧置信上限,且 $\hat{\theta}_l\leqslant\hat{\theta}_u$. 若总体分布是连续型的,则$[\hat{\theta}_l,\hat{\theta}_u]$是 θ 的置信水平为 $1-(\alpha_1+\alpha_2)$的双侧置信区间.

证明 在定理的假设下,考虑下面的三个事件$\{\hat{\theta}_1\leqslant\theta\leqslant\hat{\theta}_2\}$,$\{\hat{\theta}_1>\theta\}$,$\{\hat{\theta}_2<\theta\}$. 显然它们互不相容,它们的并是必然事件,由此立即可以推知定理成立.

容易将置信区间的概念推广到多维参数的情况.

定义 3.10 设有一个参数分布族$\{F(x;\boldsymbol{\theta}):\boldsymbol{\theta}\in\Theta\}$,$\boldsymbol{\theta}=(\theta_1,\theta_2,\cdots,\theta_k)\in\Theta\subset\mathrm{R}^k$. $(X_1,X_2,\cdots,X_n)$是来自总体分布为 $F(x;\boldsymbol{\theta})$的一个样本. 若 $S(X_1,X_2,\cdots,X_n)$满足:

(1)对任意的样本观测值$(x_1,x_2,\cdots,x_n)$,$S(x_1,x_2,\cdots,x_n)$是 Θ 的一个子集,

(2)对给定的 $\alpha(0<\alpha<1)$

$$\Pr_{\boldsymbol{\theta}}\{\boldsymbol{\theta}\in S(X_1,X_2,\cdots,X_n)\}=1-\alpha,\qquad 对任\ \boldsymbol{\theta}\in\Theta, \tag{5.3}$$

则称 $S(x_1,x_2,\cdots,x_n)$是 $\boldsymbol{\theta}$ 的置信水平为 $1-\alpha$ 的**置信域**(Confidence Region).

在多维参数情况，置信域的形状可能是多样的，但在实际应用中，只限于一些有规则的几何图形，如长方体（长方体的面与坐标平面平行）、球、椭球之类. 特别地，当置信域为长方体时，又称为**联合置信区域**(Simultaneous Confidence Region).

二、构造置信区间的方法

1. 直接法

设法寻找一个样本$(X_1,X_2,\cdots,X_n)$和参数θ的函数$G=G(X_1,X_2,\cdots,X_n,\theta)$，要求$G$的分布已知，且不依赖于任何未知参数，即

$$\Pr_\theta\{G(X_1,X_2,\cdots,X_n,\theta)\leqslant x\}=F_G(x) \tag{3.5.4}$$

为一个已知分布，如正态分布、χ^2分布、t分布、F分布等. 然后根据置信水平$1-\alpha$确定G的分布F_G的分位数c,d，使

$$\Pr_\theta\{c\leqslant G\leqslant d\}=F_G(d)-F_G(c-0)=1-\alpha. \tag{3.5.5}$$

假如参数θ可以从函数$G(X_1,X_2,\cdots,X_n,\theta)$中分离出来，那么不等式$c\leqslant G\leqslant d$可变形为

$$\hat\theta_l(X_1,X_2,\cdots,X_n)\leqslant\theta\leqslant\hat\theta_u(X_1,X_2,\cdots,X_n), \tag{3.5.6}$$

即有

$$\Pr_\theta\{\hat\theta_l\leqslant\theta\leqslant\hat\theta_u\}=1-\alpha, \tag{3.5.7}$$

则$[\hat\theta_l,\hat\theta_u]$就是$\theta$的置信水平为$1-\alpha$的置信区间.

使用直接法构造置信区间，关键在于寻找函数$G=G(X_1,X_2,\cdots,X_n,\theta)$，这要求对抽样分布较为熟悉.

例 3.17 设$(X_1,X_2,\cdots,X_n)$是来自均匀分布$R(0,\theta)$的一个样本，对给定的$\alpha(0<\alpha<1)$，求θ的置信水平为$1-\alpha$的置信区间.

解 由第1章例1.21知，$X_{(n)}$是θ的充分统计量，分布函数为$F(t)=\Pr_\theta\{X_{(n)}\leqslant t\}=(t/\theta)^n,0<t<\theta$. 因此若令$G=G(X_1,X_2,\cdots,X_n,\theta)=X_{(n)}/\theta$，则$G$的分布函数为

$$F_G(x)=\begin{cases}0, & x\leqslant 0;\\ x^n, & 0<x<1;\\ 1, & 1\leqslant x.\end{cases}$$

这个分布不依赖于任何未知参数，且θ能从G中分离出来. 对给定的置信水平$1-\alpha$，可以选取$\lambda(0<\lambda<1)$，使

$$\Pr_\theta\left\{\lambda\leqslant\frac{X_{(n)}}{\theta}\leqslant 1\right\}=1-\alpha,$$

或

$$F_G(1)-F_G(\lambda)=1-\lambda^n=1-\alpha,$$

因此$\lambda=\sqrt[n]{\alpha}$. 再由不等式的等价变形得

$$\Pr_\theta\{X_{(n)}\leqslant\theta\leqslant X_{(n)}/\sqrt[n]{\alpha}\}=1-\alpha,$$

故$[X_{(n)},X_{(n)}/\sqrt[n]{\alpha}]$是$\theta$的置信水平为$1-\alpha$的置信区间.

例 3.18 设$(X_1,X_2,\cdots,X_n)$是来自正态总体$N(\mu,\sigma^2)$的一个样本，μ,σ^2是未知参数. 求μ的置信水平为$1-\alpha$的置信区间.

解 由定理1.11系1知

$$G=T=\frac{\bar{X}-\mu}{S}\sqrt{n}\sim t(n-1).$$

因此可适当选择 t_1 和 t_2,使

$$\Pr\left\{t_1\leqslant\frac{\bar{X}-\mu}{S}\sqrt{n}\leqslant t_2\right\}=1-\alpha,$$

或等价地有

$$\Pr\left\{\bar{X}-t_2\frac{S}{\sqrt{n}}\leqslant\mu\leqslant\bar{X}-t_1\frac{S}{\sqrt{n}}\right\}=1-\alpha.$$

选择不同的 t_1,t_2,便得到不同的置信区间.一般由 t 分布的对称性,常取 $-t_1=t_2=t_{1-\frac{\alpha}{2}}(n-1)$,于是得 μ 的置信水平为 $1-\alpha$ 的置信区间是

$$\left[\bar{X}-t_{1-\frac{\alpha}{2}}(n-1)\frac{S}{\sqrt{n}},\quad \bar{X}+t_{1-\frac{\alpha}{2}}(n-1)\frac{S}{\sqrt{n}}\right].$$

如果要求 σ^2 的置信水平为 $1-\alpha$ 的置信区间,由定理 1.11 可知

$$G=\frac{(n-1)S^2}{\sigma^2}\sim\chi^2(n-1).$$

因此对给定的置信水平 $1-\alpha$,可以定出 c,d,使

$$\Pr\left\{c\leqslant\frac{(n-1)S^2}{\sigma^2}\leqslant d\right\}=1-\alpha.$$

为了方便,常取 $c=\chi^2_{\frac{\alpha}{2}}(n-1)$,$d=\chi^2_{1-\frac{\alpha}{2}}(n-1)$,所以

$$\Pr\left\{\frac{(n-1)S^2}{\chi^2_{1-\frac{\alpha}{2}}(n-1)}\leqslant\sigma^2\leqslant\frac{(n-1)S^2}{\chi^2_{\frac{\alpha}{2}}(n-1)}\right\}=1-\alpha.$$

所求的 σ^2 的置信水平为 $1-\alpha$ 的置信区间是

$$\left[\frac{(n-1)S^2}{\chi^2_{1-\frac{\alpha}{2}}(n-1)},\quad \frac{(n-1)S^2}{\chi^2_{\frac{\alpha}{2}}(n-1)}\right].$$

如果要求 (μ,σ^2) 的置信水平为 $1-\alpha$ 的置信域,考虑到统计量 $\bar{X}$ 与 S^2 的独立性,以及它们所服从的分布,可以找到数 a 和 b_1,b_2 使

$$\Pr\left\{\frac{|\bar{X}-\mu|}{\sigma}\sqrt{n}\leqslant a\right\}=\sqrt{1-\alpha},$$

$$\Pr\left\{b_1\leqslant\frac{(n-1)S^2}{\sigma^2}\leqslant b_2\right\}=\sqrt{1-\alpha}.$$

由于独立性,有

$$\Pr\left\{(\bar{X}-\mu)^2\leqslant\frac{a^2\sigma^2}{n},\quad \frac{(n-1)S^2}{b_2}\leqslant\sigma^2\leqslant\frac{(n-1)S^2}{b_1}\right\}=1-\alpha.$$

可见 (μ,σ^2) 的置信水平为 $1-\alpha$ 的置信域,就是上式左边大括号内不等式所给出的范围,如图 3.2 中的阴影部分.

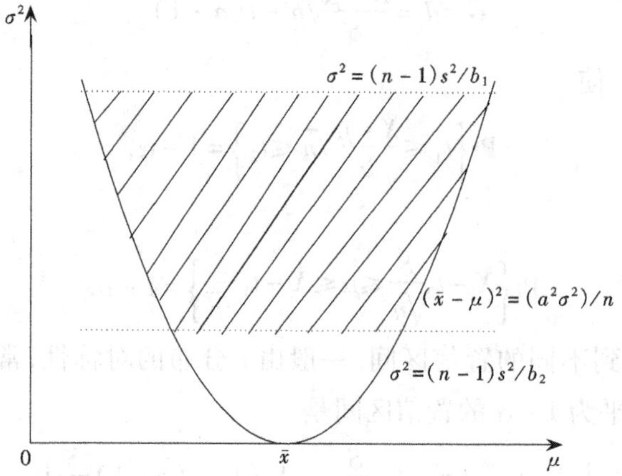

图 3.2　(μ,σ^2)的置信水平为 $1-\alpha$ 的置信域

例 3.19　设某产品的寿命 X 服从指数分布

$$f(x;\lambda)=\lambda e^{-\lambda x},\quad x>0,\lambda>0,$$

平均寿命为 $E(X)=1/\lambda$. 由于产品的寿命愈长愈好,所以希望求出该产品平均寿命的下限,即求 λ 的置信水平为 $1-\alpha$ 的单侧置信上限. 设 $X_1,X_2,\cdots,X_n$是从中抽取的 n 个样品的寿命,注意到指数分布、Gamma 分布、χ^2分布之间的关系,我们有 $X_i\sim \mathrm{Ga}(1,\lambda)$, $T_n=\sum_{i=1}^{n}X_i\sim \mathrm{Ga}(n,\lambda)$, $2\lambda T_n\sim \mathrm{Ga}(n,1/2)=\chi^2(2n)$. 可见,$G=2\lambda T_n$的分布不依赖于任何未知参数,故对给定的置信水平 $1-\alpha$,有

$$\Pr_{\lambda}\{2\lambda T_n\leqslant\chi^2_{1-\alpha}(2n)\}=1-\alpha,$$

或

$$\Pr\{\lambda\leqslant\chi^2_{1-\alpha}(2n)/2T_n\}=1-\alpha.$$

所以参数 λ 的置信水平为 $1-\alpha$ 的单侧置信上限为

$$\hat{\lambda}_u=\chi^2_{1-\alpha}(2n)/(2\sum_{i=1}^{n}X_i).$$

我们还可以利用极大似然估计的渐近正态性构造近似的置信区间. 由定理 2.13,在很普遍的条件下,有

$$(\hat{\theta}-\theta)/\sqrt{\mathrm{Var}(\hat{\theta})}\sim N(0,1),$$

当 n 很大时,上式近似成立,其中 $\hat{\theta}$ 是 θ 的极大似然估计,详细讨论如下.

2. 大样本方法

在一般情况下,用直接法构造参数 θ 的置信区间并不容易. 在样本大小 n 充分大时,由似然函数提供的有关 θ 的信息,不仅能得到 θ 的极大似然估计 $\hat{\theta}$,还可得到 θ 的置信区间$(\hat{\theta}_l,\hat{\theta}_u)$. 事实上,使似然函数取得极大值的 $\hat{\theta}$ 是 θ 的极大似然估计,而与样本观测值比较一致的 θ 值集合就构成了 θ 的置信区间$(\hat{\theta}_l,\hat{\theta}_u)$. 记

$$L(\hat{\theta})/L(\hat{\theta}_l)=L(\hat{\theta})/L(\hat{\theta}_u)=c',\quad \hat{\theta}_l\leqslant\hat{\theta}\leqslant\hat{\theta}_u,$$

或等价地记

$$l(\hat{\theta}) - l(\hat{\theta}_l) = l(\hat{\theta}) - l(\hat{\theta}_u) = \ln c' = c.$$

其中 $l(\theta) = \ln L(\theta)$ 是对数似然函数，c 越大，置信区间越大. 称

$$D(\theta) = 2\{l(\hat{\theta}) - l(\theta)\} \geqslant 0 \tag{3.5.8}$$

为**差异度函数**(Deviance Function). 置信区间即是集合

$$\{\theta \in \Theta : D(\theta) \leqslant c^*\}, \tag{3.5.9}$$

其中 $c^* = 2c$.

例 3.20(续例 3.18) 已知 $\sigma^2 = 1$，即 $X_i \sim N(\theta, 1)$ 时，对 $\theta \in \Theta = (-\infty, \infty)$，有似然函数

$$L(\theta) = \prod_{i=1}^{n} \frac{1}{\sqrt{2\pi}} \exp\left\{-\frac{1}{2}(x_i - \theta)^2\right\}$$

及对数似然函数

$$l(\theta) = \sum_{i=1}^{n} \left\{-\frac{1}{2}\ln(2\pi) - \frac{1}{2}(x_i - \theta)^2\right\} = C - \frac{1}{2}\sum_{i=1}^{n}(x_i - \theta)^2,$$

其中 $C = -\frac{n}{2}\ln(2\pi)$ 是不依赖于 θ 的常数，可见 $l(\theta)$ 是一个二次函数.

$$l'(\theta) = \sum_{i=1}^{n}(x_i - \theta) = n(\bar{x} - \theta)$$

且

$$l''(\theta) = -n,$$

由此可以得到 θ 的极大似然估计 $\hat{\theta} = \bar{x}$，而

$$D(\theta) = \sum_{i=1}^{n}(x_i - \theta)^2 - \sum_{i=1}^{n}(x_i - \bar{x})^2 = n(\bar{x} - \theta)^2$$

因此由 $D(\theta) \leqslant c^*$ 可得

$$\hat{\theta}_l = \bar{x} - \sqrt{c^*/n}, \quad \hat{\theta}_u = \bar{x} + \sqrt{c^*/n}.$$

在已知 $\sigma^2 = 1$ 时，$\bar{X} \sim N(\theta, 1/n)$，因此 $D(\theta) \sim \chi^2(1)$ 或 $\sqrt{D(\theta)} \sim N(0,1)$. 这样，为使

$$\Pr\{\theta \in \Theta : D(\theta) \leqslant c^*\} = 1 - \alpha,$$

或等价地有

$$\Pr\{\theta \in \Theta : \sqrt{D(\theta)} \leqslant \sqrt{c^*}\} = 1 - \alpha,$$

显然，

$$\sqrt{c^*} = u_{1-\alpha/2}.$$

这样就可以得到 θ 的置信水平为 $1-\alpha$ 的置信区间，如图 3.3 所示. 例如 $\alpha = 0.05$ 时，$\sqrt{c^*} = 1.96$. θ 的置信水平为 95% 的置信区间是 $[\bar{x} - 1.96/\sqrt{n}, \bar{x} + 1.96/\sqrt{n}]$. 这个结果与下面的例 3.25完全一致.

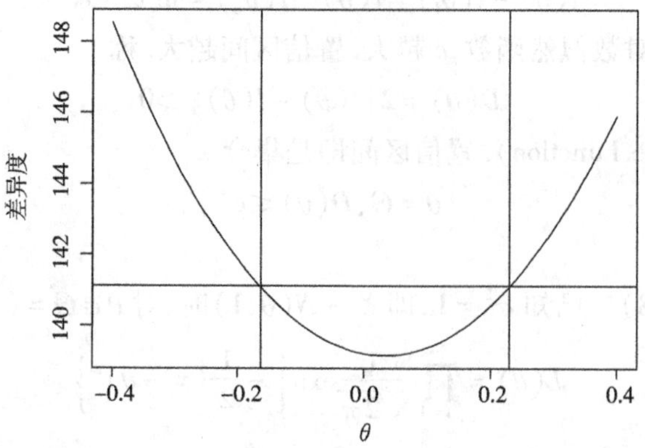

图 3.3　利用差异度函数得到 θ 的置信区间

例 3.21(续例 3.17)　对均匀分布 $R(0,\theta)$ 总体,密度函数为

$$f(x;\theta)=\begin{cases}\theta^{-1}, & 若 0\leqslant x\leqslant\theta;\\ 0, & 其他.\end{cases}$$

因此

$$L(\theta)=\begin{cases}\theta^{-n}, & 若 0\leqslant x_i\leqslant\theta, 对所有的 i=1,2,\cdots,n,\\ 0, & 其他,\end{cases}$$

$$l(\theta)=-n\ln\theta,\quad 0\leqslant\max(x_1,x_2,\cdots,x_n)\leqslant\theta.$$

由此 $\Theta=(\max(x_1,x_2,\cdots,x_n),\infty)$. 由第 2 章例 2.9, θ 的极大似然估计值为 $\hat{\theta}=\max(x_1,x_2,\cdots,x_n)$. 由于 θ 不可能小于 $\hat{\theta}=\max(x_1,x_2,\cdots,x_n)$,所以取 $\hat{\theta}_l=\max(x_1,x_2,\cdots,x_n)$. 为求 $\hat{\theta}_u$,应由

$$D(\hat{\theta}_u)=2n[\ln\hat{\theta}_u-\ln\hat{\theta}]=c^*$$

解得

$$\hat{\theta}_u=\hat{\theta}\exp\{c^*/(2n)\}.$$

这里的对数似然函数不是 θ 的二次函数,而且知道 θ 不可能小于 $\hat{\theta}=\max(x_1,x_2,\cdots,x_n)$,因此在 $\hat{\theta}$ 的左侧不可能提供有关 θ 的信息.

例 3.22(续例 3.19)　记 $\theta=\lambda\in\Theta=(0,\infty)$,似然函数及对数似然函数分别为

$$L(\theta)=\prod_{i=1}^{n}\theta\exp\{-\theta x_i\}=\theta^n\exp\Big\{-\theta\sum_{i=1}^{n}x_i\Big\},$$

$$l(\theta)=n\ln\theta-\theta\sum_{i=1}^{n}x_i=n\ln\theta-\theta n\bar{x}.$$

显然,似然方程

$$l'(\theta)=n\theta^{-1}-n\bar{x}=0$$

的解为 $\hat{\theta}=1/\bar{x}$. 由于对任何 $\theta\in\Theta$,都有

$$l''(\theta)=-n\theta^{-2}<0,$$

因此 $\hat{\theta}=1/\bar{x}$ 是 θ 的极大似然估计. 现在

$$D(\theta)=2n[\ln(\hat{\theta}/\theta)+\bar{x}(\theta-\hat{\theta})],$$

为得到 $D(\theta)=c^*$ 的解,需要用数值方法. 但如果将 $l(\theta)$ 及 $l'(\theta)$ 在 $\theta=\hat{\theta}$ 附近分别作 Taylor 展

开，我们有

$$l(\theta)=l(\hat{\theta})+(\theta-\hat{\theta})l'(\hat{\theta})+\frac{1}{2}(\theta-\hat{\theta})^2l''(\hat{\theta}^*),\quad 若|\theta^*-\theta|\leqslant|\hat{\theta}-\theta|,\tag{3.5.10}$$

$$l'(\theta)=l'(\hat{\theta})+(\theta-\hat{\theta})l''(\theta^+),\quad 若|\theta^+-\theta|\leqslant|\hat{\theta}-\theta|.\tag{3.5.11}$$

所以

$$\begin{aligned}D(\theta)&\approx 2\left\{l(\hat{\theta})-\left[l(\hat{\theta})+(\theta-\hat{\theta})l'(\hat{\theta})+\frac{1}{2}(\theta-\hat{\theta})^2l''(\hat{\theta}^*)\right]\right\}\\&\approx-(\theta-\hat{\theta})^2l''(\hat{\theta})\\&=n(\theta-\hat{\theta})^2\hat{\theta}^{-2}.\end{aligned}$$

可见 $D(\theta)$ 近似为二次函数，故有

$$\hat{\theta}_l\approx\hat{\theta}(1-\sqrt{c^*/n}),\quad \hat{\theta}_u\approx\hat{\theta}(1+\sqrt{c^*/n}).$$

由图 3.4 可以看出，对 n 较大的右图，由虚线表示的精确差异度函数相对于 n 较小的左图比较对称(注意：两个图的纵轴刻度不同).

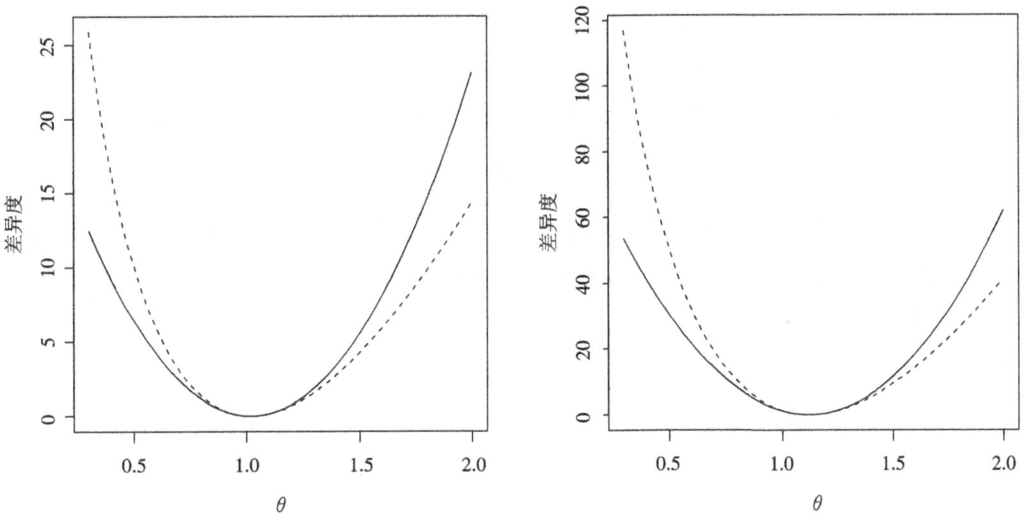

图 3.4　对不同的 n($n=25$(左)，$n=100$(右))精确的(虚线)和近似的(实线)差异度函数

进一步考虑 $g=g(\theta)$ 的置信区间. 如果 $g=g(\theta)$ 具有单值反函数，则由极大似然估计的不变性(定理 2.10)，$\hat{g}=g(\hat{\theta})$ 是 $g(\theta)$ 的极大似然估计，由 $\hat{g}_l=g(\hat{\theta}_l)$，$\hat{g}_u=g(\hat{\theta}_u)$ 得到的 $[\hat{g}_l,\hat{g}_u]$ 就是 $g(\theta)$ 的相应置信水平的置信区间.

在以上例子中，我们直观地导出了未知参数 θ，或更一般的 $g(\theta)$ 的置信区间. 但对给定的置信水平 $1-\alpha$，只在例 3.20 的讨论中，给出了 $\sqrt{c^*}=u_{1-\frac{\alpha}{2}}$. 其余两个例子中，由于不知道 $D(\theta)$ 的分布，不能给出 c^* 的值. 如果在大样本情况，则可利用极大似然估计的渐近正态性，解决这个问题.

为记号简单起见，如第 2 章式(2.3.6)，记 $S=S(\theta)=l'(\theta)$，称为**得分**(Score)函数，$I_O(\theta)=-l''(\theta)$，称为观测信息量. 实际上，由于样本 $(X_1,X_2,\cdots,X_n)$ 的独立同分布性质，由第 2 章式(2.3.7)及(2.3.8)可知，$\mathrm{E}[S(\theta)]=0$，$\mathrm{Var}[S(\theta)]=nI(\theta)$. 而第 2 章式(2.3.11)说明

$$\mathrm{E}[I_O(\theta)] = \mathrm{E}\left[-\frac{\partial^2}{\partial\theta^2}\ln L(X_1, X_2, \cdots, X_n;\theta)\right] = nI(\theta),$$

即观测信息量 $I_O(\theta)$ 可以作为理论信息量 $nI(\theta)$ 的一个近似. 由式(3.5.10)及(3.5.11)可知,似然函数或对数似然函数是确定极大值位置 $\hat{\theta}$、梯度 $S(\theta)$ 及曲率 $I_O(\theta)$ 的随机变量,而且在定理2.13的条件下,$\sqrt{nI(\theta)}(\hat{\theta}-\theta)$ 渐近地服从标准正态分布. 由强大数定理,

$$I_O(\theta) = -\sum_{i=1}^{n} \frac{\partial^2 \ln L(X;\theta)}{\partial\theta^2}$$

依概率1收敛于 $nI(\theta)$. 因此,$\sqrt{nI(\hat{\theta})}(\hat{\theta}-\theta)$, $\sqrt{I_O(\theta)}(\hat{\theta}-\theta)$, $\sqrt{I_O(\hat{\theta})}(\hat{\theta}-\theta)$ 都是渐近服从标准正态分布的. 进一步,当 $n\to\infty$ 时,$D(\theta)\sim\chi^2(1)$,其证明见文献[7].

因此,我们可以分别构造 θ 及 $g(\hat{\theta})$ 的下列近似置信区间:

$$[\tilde{\theta}_l, \tilde{\theta}_u] = [\hat{\theta} - u_{1-\frac{\alpha}{2}} se(\hat{\theta}), \hat{\theta} + u_{1-\frac{\alpha}{2}} se(\hat{\theta})], \tag{3.5.12}$$

$$[\tilde{g}_l, \tilde{g}_u] = [\hat{g} - u_{1-\frac{\alpha}{2}} se(\hat{g}), \hat{g} + u_{1-\frac{\alpha}{2}} se(\hat{g})]. \tag{3.5.13}$$

其中如第2章式(2.5.2)所指出的,$se(\hat{\theta}) = [nI(\theta)]^{-1/2}$, $se(\hat{g}) = |g'(\theta)|[nI(\theta)]^{-1/2}$ 分别是 $\hat{\theta}, \hat{g}$ 的标准误. 而且还可以用与 $nI(\theta)$ 渐近等价的 $nI(\hat{\theta})$, $I_O(\theta)$, $I_O(\hat{\theta})$ 来代替 $nI(\theta)$, $g'(\theta)$ 也可用 $g'(\hat{\theta})$ 代替.

例3.23(续例3.18) 我们已经得到对数似然函数

$$l(\theta) = C - \frac{1}{2}\sum_{i=1}^{n}(x_i - \theta)^2,$$

这是一个二次函数. 由此可见 θ 的极大似然估计为 $\hat{\theta} = \bar{x}$,还容易得到 $I_O(\theta) = -l''(\theta) = n$ 是一个常数. 故必有 $nI(\theta) = I_O(\theta)$. 此时,两种形式的置信区间给出相同的结果,即 $[\hat{\theta}_l, \hat{\theta}_u] = [\tilde{\theta}_l, \tilde{\theta}_u]$,且都是精确的,见图3.5.

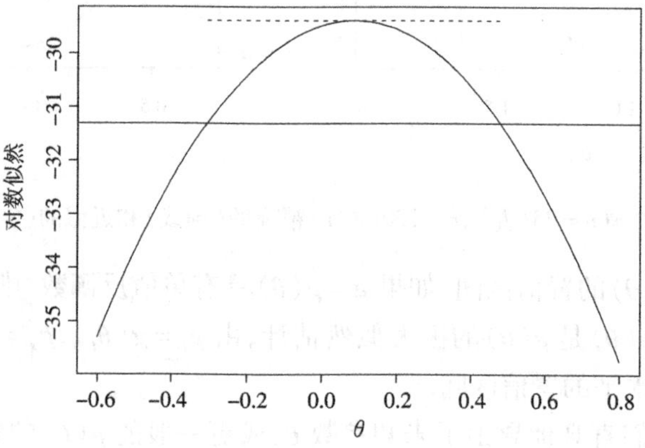

图3.5 精确的置信区间 $[\hat{\theta}_l, \hat{\theta}_u] = [\tilde{\theta}_l, \tilde{\theta}_u]$

如果希望求 $g = g(\theta) = \Pr\{X \leqslant x\} = \Phi(x-\theta)$(其中 x 已知)的置信区间,那么由极大似然估计的不变性,$\hat{g} = \Phi(x-\hat{\theta})$,且 $[\hat{g}_l, \hat{g}_u] = [\Phi(x-\hat{\theta}_u), \Phi(x-\hat{\theta}_l)]$.

下面考虑 $[\tilde{g}_l, \tilde{g}_u]$ 形式的置信区间. 由于 $I_O(\hat{\theta}) = n$, $g(\theta) = \Phi(x-\theta)$,则由第2章式(2.5.2),$\hat{g}$ 的渐近方差为

$$\text{Var}(\hat{g}) = [g'(\theta)]^2[nI(\theta)]^{-1} \approx [g'(\hat{\theta})]^2[I_O(\hat{\theta})]^{-1}$$
$$= \left[-\frac{1}{\sqrt{2\pi}}\exp\left\{-\frac{1}{2}(x-\hat{\theta})^2\right\}\right]^2 n^{-1},$$

渐近标准误为

$$se(\hat{g}) = \frac{1}{\sqrt{2\pi}}\exp\left\{-\frac{1}{2}(x-\hat{\theta})^2\right\}n^{-1/2}.$$

因此

$$\tilde{g}_l = \Phi(x-\hat{\theta}) - u_{1-\frac{\alpha}{2}}\frac{1}{\sqrt{2\pi}}\exp\left\{-\frac{1}{2}(x-\hat{\theta})^2\right\}n^{-1/2},$$

$$\tilde{g}_u = \Phi(x-\hat{\theta}) + u_{1-\frac{\alpha}{2}}\frac{1}{\sqrt{2\pi}}\exp\left\{-\frac{1}{2}(x-\hat{\theta})^2\right\}n^{-1/2}.$$

图 3.6 给出了$[\hat{g}_l,\hat{g}_u]$(实线)和$[\tilde{g}_l,\tilde{g}_u]$(虚线)形式的置信区间.

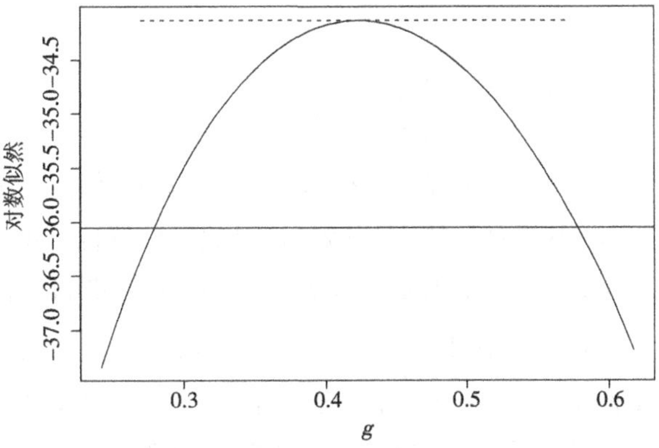

图 3.6 $g=\Phi(x-\theta)$的两种形式的置信区间

描图 3.6 的 R 函数可以自己动手编写. 例如下面,其中还有许多可以改进的地方,如用 th <—mean(X),并以 th 代替 mean(X).

```
X <—rnorm(25,0,1)
n <—length(X)
x <—0
theta <—seq( -0.3,0.7,0.01)
ntheta <—length(theta)
g <—pnorm(x - theta)
log_likelihood <—rep(0,ntheta)
for(i in 1:ntheta)
log_likelihod[i] <— -n/2 * log(2 * pi) - sum((X - theta[i])^2)/2
plot(g,log_likelihood,type ="1")
```

```
thetau <—mean(X) -1.96/sprt(n)
thetau <—mean(X) +1.96/sprt(n)
gll <—pnorm(x - mean(X)) - 1.96 * (2 * n * pi)^( -0.5) * exp( - 0.5 * (x - mean(X))^2)
guu <—pnorm(x - mean(X)) +1.96 * (2 * n * pi)^( -0.5) * exp( -0.5 * (x - mean(X))^2)
11 <— - n/2 * log(2 * pi) - sum((X - mean(X))^2)/2
abline(h = l1 - 1.96 ^ 2/2)
x <—seq(gll,guu,0.01)
nx <—length(x)
y <—rep(l1,nx)
lines(x,y,lty =2)
```

例 3.24(续例 3.19)　对数似然函数为

$$l(\theta) = n\ln\theta - \theta n\bar{x},$$

θ 的极大似然估计是 $\hat{\theta} = 1/\bar{x}$,还容易得到 $I_O(\theta) = -l''(\theta) = n\theta^{-2}$ 是一个常数,故仍有 $nI(\theta) = I_O(\theta)$. 但对数似然函数 $l(\theta)$ 不是对称的,有点偏斜,因此近似置信区间 $[\tilde{\theta}_l, \tilde{\theta}_u]$ 与 $[\hat{\theta}_l, \hat{\theta}_u]$ 将稍有不同. 观测信息函数 $I_O(\theta)$ 在极大似然估计 $\hat{\theta}$ 处的值为 $n\hat{\theta}^{-2}$,我们得到近似的区间

$$[\tilde{\theta}_l, \tilde{\theta}_u] = [\hat{\theta}(1 - u_{1-\frac{\alpha}{2}}/\sqrt{n}), \hat{\theta}(1 + u_{1-\frac{\alpha}{2}}/\sqrt{n})],$$

这与前面的一致. 但一般地,由式(3.5.9)给出置信区间,需要用数值方法;而按式(3.5.12)能比较简单地给出近似置信区间,且随 n 的增加,特别当 $n > 100$ 时,有一个合理的近似.

如果希望求 $g = g(\theta) = \Pr\{X \leqslant x\} = 1 - \exp(-\theta x)$(其中 x 已知)的置信区间,那么由 $g'(\theta) = x\exp(-\theta x)$, $I_O(\theta) = nI(\theta) = n\theta^{-2}$,立即可得 $se(\hat{g}) = \hat{\theta}x\exp(-\hat{\theta}x)n^{-1/2}$. 按式(3.5.13)得到 g 的近似置信区间 $[\tilde{g}_l, \tilde{g}_u]$. 图 3.7 还给出了形如 $[1 - \exp(-\theta_l x), 1 - \exp(-\theta_u x)]$ 的置信区间(在原两条水平线之间的第三条水平线).

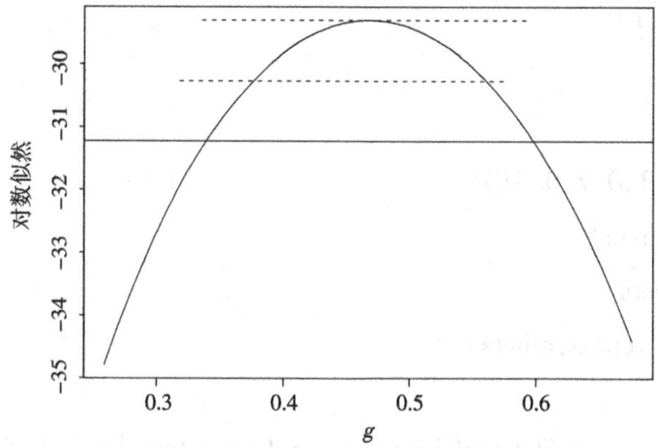

图 3.7　$g = 1 - \exp(-\theta x)$ 的三种形式的置信区间

三、置信区间和假设检验

置信区间和假设检验之间存在非常密切的联系，正是由于这种关系，使 Neyman 和 Pearson 的假设检验理论能够用于区间估计问题. 我们先用以下的例子来说明这两个概念之间的联系.

例 3.25 设$(X_1,X_2,\cdots,X_n)$是来自正态总体$N(\mu,\sigma_0^2)$的一个样本，其中σ_0^2是已知的常数. 求μ的置信水平为$1-\alpha$的置信区间.

解 我们考虑相应的假设检验问题

$$H_0:\mu=\mu_0 \leftrightarrow H_1:\mu\neq\mu_0,$$

对给定的显著性水平α，已知U检验的接受域为

$$\overline{W}=\left\{(x_1,x_2,\cdots,x_n):\frac{|\bar{x}-\mu_0|}{\sigma_0}\sqrt{n}\leqslant u_{1-\frac{\alpha}{2}}\right\}.$$

显然不同的μ_0对应着不同的接受域，记为$A(\mu_0)$，或者

$$A(\mu)=\left\{(x_1,x_2,\cdots,x_n):\mu-\frac{\sigma_0}{\sqrt{n}}u_{1-\frac{\alpha}{2}}\leqslant\bar{x}\leqslant\mu+\frac{\sigma_0}{\sqrt{n}}u_{1-\frac{\alpha}{2}}\right\}. \tag{3.5.12}$$

另一方面，对某个样本观测值$(x_1,x_2,\cdots,x_n)$，应有不同的μ，使$\bar{x}\in A(\mu)$，记这些μ的集合为S. 显然S依赖于$(x_1,x_2,\cdots,x_n)$，即

$$S(x_1,x_2,\cdots,x_n)=\{\mu:\bar{x}\in A(\mu)\}.$$

对于本例有

$$S(x_1,x_2,\cdots,x_n)=\left\{\mu:\frac{|\bar{x}-\mu|}{\sigma_0}\sqrt{n}\leqslant u_{1-\frac{\alpha}{2}}\right\}$$

$$=\left\{\mu:\bar{x}-\frac{\sigma_0}{\sqrt{n}}u_{1-\frac{\alpha}{2}}\leqslant\mu\leqslant\bar{x}+\frac{\sigma_0}{\sqrt{n}}u_{1-\frac{\alpha}{2}}\right\}. \tag{3.5.13}$$

显然

$$\Pr\left\{\bar{X}-\frac{\sigma_0}{\sqrt{n}}u_{1-\frac{\alpha}{2}}\leqslant\mu\leqslant\bar{X}+\frac{\sigma_0}{\sqrt{n}}u_{1-\frac{\alpha}{2}}\right\}=1-\alpha,$$

因此

$$\left[\bar{X}-\frac{\sigma_0}{\sqrt{n}}u_{1-\frac{\alpha}{2}},\bar{X}+\frac{\sigma_0}{\sqrt{n}}u_{1-\frac{\alpha}{2}}\right]$$

就是μ的置信水平为$1-\alpha$的置信区间.

特别当$\mu_0=0$时，如果上述置信区间包含了$\mu=0$，置信上下限有不同符号，必有

$$\bar{X}\leqslant\frac{\sigma_0}{\sqrt{n}}u_{1-\frac{\alpha}{2}},$$

这等价于样本观测值$(x_1,x_2,\cdots,x_n)$落入了$A(0)$或$\overline{W}$，因此不能拒绝H_0. 同样，对一般的$\mu_0\neq0$，如果置信区间包含了欲检验的μ_0，则不拒绝H_0；否则，若置信区间没有包含μ_0，则应该拒绝H_0.

例 3.26 设$(X_1,X_2,\cdots,X_n)$是来自正态总体$N(\mu,\sigma^2)$的样本，求假设检验问题

$$H_0:\sigma^2=\sigma_0^2 \leftrightarrow H_1:\sigma^2\neq\sigma_0^2$$

的显著性水平为α的检验.

解 由例3.18已知σ^2的置信水平为$1-\alpha$的置信区间为

$$\left[\frac{(n-1)S^2}{\chi^2_{1-\frac{\alpha}{2}}(n-1)},\ \frac{(n-1)S^2}{\chi^2_{\frac{\alpha}{2}}(n-1)}\right].$$

如果记$\chi^2=\dfrac{(n-1)S^2}{\sigma_0^2}$,并令

$$\overline{W}=\{(x_1,x_2,\cdots,x_n):\chi^2_{\frac{\alpha}{2}}(n-1)\leqslant\chi^2\leqslant\chi^2_{1-\frac{\alpha}{2}}(n-1)\},$$

显然对不同的σ_0^2,$\overline{W}$一般也不一样,仍按上面的记号,记为$A(\sigma_0^2)$,即

$$A(\sigma_0^2)=\{(x_1,x_2,\cdots,x_n):\chi^2_{\frac{\alpha}{2}}(n-1)\leqslant\chi^2\leqslant\chi^2_{1-\frac{\alpha}{2}}(n-1)\}.$$

这样,我们实际上已经得到了上述假设检验问题一个水平为α的检验函数

$$\phi(x_1,x_2,\cdots,x_n)=\begin{cases}1, & \chi^2<\chi^2_{\frac{\alpha}{2}}(n-1)\text{或}\chi^2>\chi^2_{\frac{\alpha}{2}}(n-1);\\ 0, & \text{其他}.\end{cases}$$

由这两个例子可以看出置信区间与假设检验之间的关系,对此有以下定理.

定理3.12 设$A(\theta_0)$是假设检验问题

$$H_0:\theta=\theta_0\leftrightarrow H_1:\theta\neq\theta_0 \tag{3.5.14}$$

的某个检验函数$\phi(x_1,x_2,\cdots,x_n)$的接受域:

$$A(\theta_0)=\{(x_1,x_2,\cdots,x_n):\phi(x_1,x_2,\cdots,x_n)=0\},$$

若集合

$$S(x_1,x_2,\cdots,x_n)=\{\theta:(x_1,x_2,\cdots,x_n)\in A(\theta),\theta\in\Theta\}$$

是一个有界闭区间,则$S(x_1,x_2,\cdots,x_n)$为θ的置信水平为$1-\alpha$的置信区间的充分必要条件是:$\phi(x_1,x_2,\cdots,x_n)$是(3.5.14)的显著性水平为α的检验.

证明 由于事件$\{\theta\in S(x_1,x_2,\cdots,x_n)\}$与$\{(x_1,x_2,\cdots,x_n)\in A(\theta)\}$是等价的,于是

$$\Pr\{\theta\in S(x_1,x_2,\cdots,x_n)\}=\Pr\{(x_1,x_2,\cdots,x_n)\in A(\theta)\}=1-\alpha.$$

同样,为寻找参数θ的置信水平为$1-\alpha$的单侧置信下限,只要能找到单边假设检验问题

$$H_0:\theta=\theta_0\leftrightarrow H_1:\theta>\theta_0$$

的显著性水平为α的非随机化检验,且接受域是一个左闭区间,那么这个区间的左端点就是参数θ的置信水平为$1-\alpha$的单侧置信下限.类似地可以考虑单侧置信上限.

这个定理不仅指出了区间估计的置信水平和假设检验的显著性水平之间的联系,而且还指出了它们的最优性之间的联系.

为进一步理解定理的意义,我们可以用图表示$A(\theta)$和$S(x_1,x_2,\cdots,x_n)$.记$B=\{(x_1,x_2,\cdots,x_n;\theta):\phi_\theta(x_1,x_2,\cdots,x_n)=0\}$,那么这个集合的垂直截口,就是根据某观测值$(x_1,x_2,\cdots,x_n)$得到的$\theta$的置信区间;集合$B$的水平截口就是某个假设的接受域.

因此,如果对某个$\theta=\theta_0$,观测值$(x_1,x_2,\cdots,x_n)$没有落入集合B的水平截口内,即没有落入接受域,依假设检验规则,可以认为检验结果是显著的,或拒绝原假设.

例如考虑正态总体$N(\mu,1)$中参数μ的假设检验与置信区间的关系.由所有满足$\phi_\mu(x_1,x_2,\cdots,x_n)=0$的参数$\mu$和数据$(x_1,x_2,\cdots,x_n)$构成的集合$B$可以由$A(\mu)$或$S(x_1,x_2,\cdots,x_n)$完全确定.如果取$\alpha=0.05$,则$B=\{(x_1,x_2,\cdots,x_n;\mu):|\bar{x}-\mu|\leqslant1.96/\sqrt{n}\}$,这是由两条平行直线

$\bar{x}=\mu\pm1.96/\sqrt{n}$所夹的区域. 这样,由 $N(\mu,1)$关于 μ 的置信水平为95%的置信区间$[\bar{x}-1.96/\sqrt{n},\bar{x}+1.96/\sqrt{n}]$可得

$$H_0:\mu=\mu_0 \leftrightarrow H_1:\mu\neq\mu_0$$

的显著性水平为 0.05 的检验

$$\phi_{\mu_0}(x)=\begin{cases}1, & |\bar{x}-\mu_0|>1.96/\sqrt{n};\\ 0, & |x-\mu_0|\leqslant1.96/\sqrt{n}.\end{cases}$$

这个检验的接受域为

$$A(\mu_0)=\{x:|\bar{x}-\mu_0|\leqslant1.96/\sqrt{n}\}.$$

图 3.8 中 $A(1)$为 $\mu_0=1$ 的情况. 反之,从

$$H_0:\mu=\mu_0 \leftrightarrow H_1:\mu\neq\mu_0$$

的显著性水平为 0.05 的检验,也可得 $N(\mu,1)$关于 μ 的置信水平为 0.95 的置信区间

$$\begin{aligned}S(x_1,x_2,\cdots,x_n)&=\{\mu:|\bar{x}-\mu|\leqslant1.96/\sqrt{n}\}\\&=\{\mu:\bar{x}-1.96/\sqrt{n}\leqslant\mu\leqslant\bar{x}+1.96/\sqrt{n}\},\end{aligned}$$

图 3.8 中 $S(0)$为 $\bar{x}=0$ 时的置信区间.

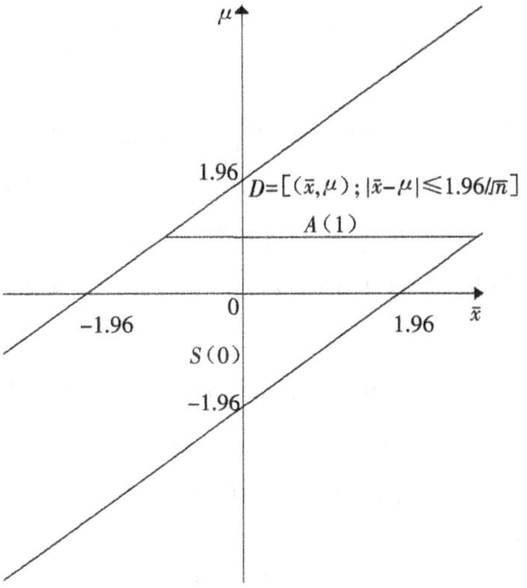

图 3.8　置信区间与接受域关系示意图

定理 3.12 说明区间估计与假设检验在某种意义下是等价的,读者不难理解为什么有些软件包(如 R 及 MATLAB 统计工具箱等)的假设检验功能很少,而区间估计结果随处可见.

下面将正态总体参数的置信区间汇总列入表 3.8.

表 3.8　正态总体参数的置信区间

	待估计参数	其他参数	样本函数及分布	置信水平为 $1-\alpha$ 的置信区间
单个正态总体	μ	σ^2 已知	$\frac{\overline{X}-\mu}{\sigma}\sqrt{n}\sim N(0,1)$	$\left[\overline{X}\pm\frac{\sigma}{\sqrt{n}}u_{1-\frac{\alpha}{2}}\right]$
	μ	σ^2 未知	$\frac{\overline{X}-\mu}{S}\sqrt{n}\sim t(n-1)$	$\left[\overline{X}\pm\frac{S}{\sqrt{n}}t_{1-\frac{\alpha}{2}}(n-1)\right]$
	σ^2	μ 未知	$\frac{(n-1)S^2}{\sigma^2}\sim\chi^2(n-1)$	$\left[\frac{(n-1)S^2}{\chi^2_{1-\frac{\alpha}{2}}(n-1)},\frac{(n-1)S^2}{\chi^2_{\frac{\alpha}{2}}(n-1)}\right]$
两个正态总体	$\mu_1-\mu_2$	σ_1^2,σ_2^2 已知	$\frac{(\overline{X}-\overline{Y})-(\mu_1-\mu_2)}{\sqrt{\frac{\sigma_1^2}{n_1}+\frac{\sigma_2^2}{n_2}}}\sim N(0,1)$	$\left[(\overline{X}-\overline{Y})\pm u_{1-\frac{\alpha}{2}}\sqrt{\frac{\sigma_1^2}{n_1}+\frac{\sigma_2^2}{n_2}}\right]$
	$\mu_1-\mu_2$	$\sigma_1^2=\sigma_2^2$ 未知	$\frac{(\overline{X}-\overline{Y})-(\mu_1-\mu_2)}{S_w\sqrt{\frac{1}{n_1}+\frac{1}{n_2}}}\sim t(n_1+n_2-2)$	$\left[(\overline{X}-\overline{Y})\pm S_w\cdot t_{1-\frac{\alpha}{2}}(n_1+n_2-2)\sqrt{\frac{1}{n_1}+\frac{1}{n_2}}\right]$
	$\frac{\sigma_1^2}{\sigma_2^2}$	μ_1,μ_2 未知	$\frac{S_1^2}{S_2^2}\cdot\frac{\sigma_2^2}{\sigma_1^2}\sim F(n_1-1,n_2-1)$	$\left[\frac{S_1^2}{S_2^2}F_{\frac{\alpha}{2}}(n_2-1,n_1-1),\frac{S_1^2}{S_2^2}F_{1-\frac{\alpha}{2}}(n_2-1,n_1-1)\right]$

§3.6　广义似然比检验

我们继续讨论 Neyman－Pearson 原则下的最优检验问题. 对简单假设检验问题, Neyman－Pearson 引理指出, MP 检验必是似然比检验. 对一般的假设检验问题, 我们不能给出统一的 UMP 检验形式, 因为有时可能不存在这样的检验. 但对相当多的假设检验问题, Neyman－Pearson 引理可以使我们摆脱根据经验选取统计量, 而提供一种很好的解法, 即似然比检验统计量.

设总体 X 有密度函数 $f(x;\theta)$, $\theta\in\Theta$ 是未知参数(也可以是未知参数向量), $(X_1,X_2,\cdots,X_n)$ 是从总体 X 抽取的样本. 要求检验假设

$$H_0:\theta\in\Theta_0\leftrightarrow H_1:\theta\in\Theta_1. \tag{3.6.1}$$

首先考虑简单假设, 即 $\Theta_0=\{\theta_0\}$, $\Theta_1=\{\theta_1\}$ 为单点集情形. 此时总体的密度函数或者是 $f(x;\theta_0)$, 或者是 $f(x;\theta_1)$. 因此样本 $(X_1,X_2,\cdots,X_n)$ 的概率密度, 在原假设 $H_0:\theta\in\Theta_0$ 成立下, 是 $L(x_1,x_2,\cdots,x_n;\theta_0)=\prod\limits_{i=1}^{n}f(x_i;\theta_0)$; 在对立假设 $H_1:\theta=\theta_1$ 成立下, 是 $L(x_1,x_2,\cdots,x_n;\theta_1)=\prod\limits_{i=1}^{n}f(x_i;\theta_1)$. 类似于极大似然原理, 在取得样本观测值 $(x_1,x_2,\cdots,x_n)$ 后, 若 H_0 成立, 则可能有 $L(x_1,x_2,\cdots,x_n;\theta_0)>L(x_1,x_2,\cdots,x_n;\theta_1)$; 否则, 可能有 $L(x_1,x_2,\cdots,x_n;\theta_0)<L(x_1,x_2,\cdots,x_n;\theta_1)$. 基于此, 构造统计量

$$\lambda(x_1,x_2,\cdots,x_n)=\frac{L(x_1,x_2,\cdots,x_n;\theta_0)}{L(x_1,x_2,\cdots,x_n;\theta_1)},$$

如果比值 $\lambda=\lambda(x_1,x_2,\cdots,x_n)$ 充分小, 则应否定原假设 H_0. Neyman－Pearson 引理已经指出, 这种检验是 MP 检验.

一般地，当 Θ_0,Θ_1 不是单点集时，考虑形如上式的统计量

$$\lambda(x_1,x_2,\cdots,x_n)=\frac{\sup\limits_{\theta\in\Theta_0}L(x_1,x_2,\cdots,x_n;\theta)}{\sup\limits_{\theta\in\Theta}L(x_1,x_2,\cdots,x_n;\theta)},\tag{3.6.2}$$

$\lambda(x_1,x_2,\cdots,x_n)$ 称为**广义似然比**，显然 $0\leqslant\lambda(x_1,x_2,\cdots,x_n)\leqslant 1$. 类似于极大似然原理，如果 $\lambda(x_1,x_2,\cdots,x_n)$ 取值较小，则有理由怀疑 H_0 不真，即当 $\lambda(x_1,x_2,\cdots,x_n)\leqslant\lambda_0$ 时拒绝 H_0，其中 λ_0 的选取应使下式成立：

$$\Pr\{\lambda(X_1,X_2,\cdots,X_n)\leqslant\lambda_0\}\leqslant\alpha,\quad 对一切\ \theta\in\Theta.\tag{3.6.4}$$

这种检验称为水平为 α 的**广义似然比检验**(Generalized Likelihood-Ratio Test).

例 3.27 设 $(X_1,X_2,\cdots,X_n)$ 是抽自总体分布为 $N(\mu,\sigma^2)$ 的一个样本，其中 μ,σ^2 都是未知参数. 要求检验

$$H_0:\mu=\mu_0\leftrightarrow H_1:\mu\neq\mu_0.$$

显然，样本分布密度函数为

$$L(x_1,x_2,\cdots,x_n;\mu,\sigma^2)=\left(\frac{1}{\sqrt{2\pi}\sigma}\right)^n\exp\left\{-\frac{1}{2\sigma^2}\sum_{i=1}^n(x_i-\mu)^2\right\},$$

参数空间 $\Theta=\{(\mu,\sigma^2):-\infty<\mu<+\infty,\sigma^2>0\}$，相应的 $\Theta_0=\{(\mu_0,\sigma^2):\sigma^2>0\}$. 容易求出

$$\sup_{(\mu,\sigma^2)\in\Theta_0}L(x_1,x_2,\cdots,x_n;\mu,\sigma^2)=\left[2\pi\cdot\frac{1}{n}\sum_{i=1}^n(x_i-\mu_0)^2\right]^{-\frac{n}{2}}\mathrm{e}^{-\frac{n}{2}},$$

$$\sup_{(\mu,\sigma^2)\in\Theta}L(x_1,x_2,\cdots,x_n;\mu,\sigma^2)=\left[2\pi\cdot\frac{1}{n}\sum_{i=1}^n(x_i-\bar{x})^2\right]^{-\frac{n}{2}}\mathrm{e}^{-\frac{n}{2}}.$$

所以广义似然比为

$$\lambda(x_1,x_2,\cdots,x_n)=\frac{\sup\limits_{(\mu,\sigma^2)\in\Theta_0}L(x_1,x_2,\cdots,x_n;\mu,\sigma^2)}{\sup\limits_{(\mu,\sigma^2)\in\Theta}L(x_1,x_2,\cdots,x_n;\mu,\sigma^2)}$$

$$=\left[\frac{\sum\limits_{i=1}^n(x_i-\bar{x})^2}{\sum\limits_{i=1}^n(x_i-\mu_0)^2}\right]^{\frac{n}{2}}=\left[\frac{\sum\limits_{i=1}^n(x_i-\bar{x})^2}{\sum\limits_{i=1}^n(x_i-\bar{x})^2+n(\bar{x}-\mu_0)^2}\right]^{\frac{n}{2}},$$

它显然是

$$t=\frac{\sqrt{n(n-1)}\,|\bar{x}-\mu_0|}{\sqrt{\sum\limits_{i=1}^n(x_i-\bar{x})^2}}$$

的严格减函数，因此广义似然比检验的拒绝域 $\lambda(x_1,x_2,\cdots,x_n)\leqslant\lambda_0$ 可等价地表示成 $|t|>c_0$. 由于当 H_0 成立时，$t\sim t(n-1)$，故 c_0 由下式确定，即

$$\int_{c_0}^{\infty}t(x;n-1)\,\mathrm{d}x=\frac{\alpha}{2},$$

其中 α 是检验的显著性水平. 这正是 §3.2 中的 t 检验.

同样可以证明在 §3.2 中讨论过的很多重要检验都是广义似然比检验，我们不在此一一

列举了. 虽然对于不同的问题,具体的计算有所不同,但得到广义似然比检验的步骤是相同的:

(1)计算 θ 的极大似然估计 $\hat{\theta}$;

(2)计算 θ 在 Θ_0 上的极大似然估计 $\hat{\theta}_0$;

(3)求广义似然比统计量(3.6.2);

(4)寻找函数 $T(x_1,x_2,\cdots,x_n)$,要求 λ 关于 T 是严格单调的,在 H_0 成立时,统计量 T 的分布比较简单,或有表可查,使得能够得到广义似然比检验的临界值.

在多数情况下,似然比有复杂的形式,精确分布很难求得. 1938 年 S. S. Wilks 证明了当 $n\to\infty$ 时, $-2\ln\lambda$ 有极限分布 $\chi^2(k-r)$,其中 k 为 Θ 的维数,r 为 Θ_0 的维数. 利用统计量的极限分布所构造的检验,即大样本检验,有重要的理论意义及实际意义.

例 3.28 设总体 X 服从多项分布

$$\Pr\{X=i\}=p_i,\quad i=1,2,\cdots,r,$$

其中 $\boldsymbol{\theta}=(p_1,p_2,\cdots,p_r)$ 是未知参数,且满足 $\sum\limits_{i=1}^{r}p_i=1$. 求检验问题

$$H_0:p_i=p_{i_0},i=1,2,\cdots,r \leftrightarrow H_1:p_i\neq p_{i_0},\text{至少对某个 } i$$

的广义似然比检验.

解 设$(X_1,X_2,\cdots,X_n)$是从该总体抽得的一个样本,分别以 $N_1,N_2,\cdots,N_r$ 表示其中取值为 $1,2,\cdots,r$ 的频数,则有 $N_1+N_2+\cdots+N_r=n$,相应的似然函数为

$$L(x_1,x_2,\cdots,x_n;\theta)=\Pr_\theta\{N_1=n_1,N_2=n_2,\cdots,N_r=n_r\}=p_1^{n_1}\cdots p_r^{n_r},$$

$$L(x_1,x_2,\cdots,x_n;\theta_0)=\Pr_{\theta_0}\{N_1=n_1,N_2=n_2,\cdots,N_r=n_r\}=p_{10}^{n_1}\cdots p_{r0}^{n_r},$$

其中 $\boldsymbol{\theta}_0=(p_{10},p_{20},\cdots,p_{r0})$,即 Θ_0 是一个单点集. 因此只需求 $\boldsymbol{\theta}$ 在参数空间

$$\Theta=\{(p_1,p_2,\cdots,p_r):0<p_i<1,i=1,2,\cdots,r,\sum_{i=1}^{n}p_i=1\}$$

上的极大似然估计,Θ 是 $r-1$ 维的. 显然

$$\ln L=\sum_{i=1}^{r}n_i\ln p_i=\sum_{i=1}^{r-1}n_i\ln p_i+(n-\sum_{i=1}^{r-1}n_i)\ln(1-\sum_{i=1}^{r-1}p_i),$$

$$\frac{\partial\ln L}{\partial p_i}=\frac{n_i}{p_i}-\frac{n_r}{p_r},\quad i=1,2,\cdots,r-1.$$

令上式为零,即得 p_i 的极大似然估计

$$\hat{p}_i=\frac{n_i}{n_r}p_r,\quad i=1,2,\cdots,r-1.$$

又 $1-\hat{p}_r=\sum\limits_{i=1}^{r-1}\hat{p}_i=\left(\frac{n}{n_r}-1\right)\hat{p}_r$,所以 $\hat{p}_r=\frac{n_r}{n}$. 故

$$\hat{p}_i=\frac{n_i}{n},\quad i=1,2,\cdots,r.$$

于是

$$\sup_{\theta\in\Theta}L(x_1,x_2,\cdots,x_n;\boldsymbol{\theta})=\prod_{i=1}^{r}\left(\frac{n_i}{n}\right)^{n_i}.$$

由此得到广义似然比为

$$\lambda(x_1,x_2,\cdots,x_n)=\frac{L(x_1,x_2,\cdots,x_n;\boldsymbol{\theta}_0)}{\sup\limits_{\theta\in\Theta}L(x_1,x_2,\cdots,x_n;\boldsymbol{\theta})}=\prod_{i=1}^{r}\left(\frac{np_{i0}}{n_i}\right)^{n_i}.$$

我们无法求得 λ 的精确分布,为此考虑大样本检验,即利用 $n\to\infty$ 时,统计量的极限分布所构造的检验. 由于

$$\begin{aligned}\ln\lambda(x_1,x_2,\cdots,x_n)&=\sum_{i=1}^{r}n_i\ln\left(\frac{np_{i0}}{n_i}\right)\\&=-\sum_{i=1}^{r}\left[np_{i0}+(n_i-np_{i0})\right]\ln\left(1+\frac{n_i-np_{i0}}{np_{i0}}\right)\\&=-\sum_{i=1}^{r}\left[np_{i0}+(n_i-np_{i0})\right]\left[\frac{n_i-np_{i0}}{np_{i0}}-\frac{1}{2}\left(\frac{n_i-np_{i0}}{np_{i0}}\right)^2+\text{高阶项}\right]\\&=-\frac{1}{2}\sum_{i=1}^{r}\frac{(n_i-np_{i0})^2}{np_{i0}}+\text{高阶项},\end{aligned}$$

所以

$$-2\ln\lambda(x_1,x_2,\cdots,x_n)\approx\sum_{i=1}^{r}\frac{(n_i-np_{i0})^2}{np_{i0}}.$$

又因为 $-2\ln\lambda(x_1,x_2,\cdots,x_n)$ 关于 $\lambda(x_1,x_2,\cdots,x_n)$ 是单调减少函数,所以广义似然比检验的拒绝域 $\lambda(x_1,x_2,\cdots,x_n)<\lambda_0$ 等价于 $-2\ln\lambda(x_1,x_2,\cdots,x_n)>c$,这又可近似地表示为

$$\sum_{i=1}^{r}\frac{(n_i-np_{i0})^2}{np_{i0}}>c_0.$$

在第 5 章我们将证明在 H_0 成立时,$\sum\limits_{i=1}^{r}\dfrac{(n_i-np_{i0})^2}{np_{i0}}$ 渐近分布为 $\chi^2(r-1)$ 分布. 因此得到本检验问题的水平为 α 的拒绝域是

$$\sum_{i=1}^{r}\frac{(n_i-np_{i0})^2}{np_{i0}}>\chi^2_{1-\alpha}(r-1).$$

关于广义似然比检验有以下几点说明:

(1)广义似然比检验可以不涉及对立假设,即可用于参数的显著性检验问题;

(2)在假设检验问题中,广义似然比检验起着重要的作用,是一个应用广泛的方法,很多好的检验都可由此而得;

(3)广义似然比检验可以看作是 Neyman - Pearson 引理中 MP 检验的推广;

(4)广义似然比检验有直观意义,在理论上也可证明有某些良好的大样本性质,但在某些特殊情况下却可能得到很不好的结果.

习题 3

3.1 设 $X_1,X_2,\cdots,X_{25}$ 是取自正态总体 $N(\mu,9)$ 的样本,其中 μ 为未知参数,如果检验问题

$$H_0:\mu=\mu_0\leftrightarrow H_1:\mu\neq\mu_0,$$

其中 μ_0 是已知常数,取检验的拒绝域为

$$W=\{|\bar{x}-\mu_0|\geqslant C\},$$

其中 $\bar{X}$ 为样本均值.

(1)试确定常数 C,使检验的显著性水平为 0.05;

(2)在显著性水平 $\alpha=0.05$ 下,求犯第二类错误的概率(用 $\Phi(x)$ 表示).

3.2　设总体 X 服从 $(0,\theta)$ 上的均匀分布 $R(0,\theta)$,$\theta>0$ 为未知参数,$(X_1,X_2,\cdots,X_n)$ 为取自这个总体的一个样本,$X_{(n)}=\max\{X_1,X_2,\cdots,X_n\}$, 对

$$H_0:\theta\geqslant 2\leftrightarrow H_1:\theta<2,$$

求检验函数

$$\varphi(x_1,x_2,\cdots,x_n)=\begin{cases}1, x_{(n)}\leqslant\dfrac{3}{2},\\0, x_{(n)}>\dfrac{3}{2},\end{cases}$$

犯第一类错误的概率.

3.3　在正态总体 $N(\mu,1)$ 中抽取 100 个样品,计算得到 $\bar{x}=5.32$.

(1)检验 $H_0:\mu=5\leftrightarrow H_1:\mu\neq 5(\alpha=0.01)$;

(2)计算上述检验法在 $H_1:\mu=4.8$ 时犯第二类错误的概率.

3.4　设某次考试的考生成绩服从正态分布,从中随机抽取 36 位考生的成绩,算得平均成绩为 66.5 分,标准差为 15 分,问在显著性水平 $\alpha=0.05$ 下,是否可以认为这次考试全体考生的平均成绩为 70 分?

3.5　一种电子元件,要求其使用寿命不得低于 1 000 h,现从一批这种元件中随机抽取 25 件,测得其寿命平均值为 950 h. 已知该种元件寿命服从标准差 $\sigma=100$ h 的正态分布,试在显著性水平 $\alpha=0.05$ 下确定这批产品是否合格.

3.6　甲制药厂进行有关麻疹疫苗效果的研究,用 X 表示一个人用这种疫苗注射后的抗体强度,假定 $X\sim N(\mu,\sigma^2)$. 另一家与之竞争的乙制药厂生产的同种疫苗的平均抗体强度是 1.9,若甲厂为证实其疫苗有更高的平均抗体,则:

(1)如何提出原假设 H_0 和备择假设 H_1?

(2)从甲厂取容量为 16 的样本,测得 $\bar{x}=2.225$, $s^2=0.268\,7$,检验 (1)的假设($\alpha=0.05$).

3.7　某厂生产的某种元件,根据以往的经验知其寿命服从标准差为 7.5 h 的正态分布,从该厂新生产的一批元件中随机抽取 25 只元件,测得寿命的标准差为 9.5 h,能否认为新生产的这批元件寿命的波动性较以往有显著变化($\alpha=0.05$)?

3.8　某种导线要求其电阻(单位:Ω)的标准差不得超过 0.005. 今在生产的一批导线中随机抽取 9 根,测得电阻标准差 $s=0.007$ Ω,设导线电阻服从正态分布,在显著性水平 $\alpha=0.05$ 下,能否认为这批导线的电阻标准差显著地变大?

3.9　一位生物学家为了比较生活在平原上与高原上的某种昆虫是否为同类,对 $n=20$ 个高原雄甲虫进行了多种测量,其中之一是翅膀上黑斑的长度. 已知平原雄甲虫黑斑长度服从 μ

$=3.14$ mm 的正体分布，从高原雄甲虫样本得到黑斑长度为 $\bar{x}=3.23$ mm, $s=0.214$ mm. 假定高原雄甲虫黑斑长度服从正体分布 $N(\mu,\sigma^2)$.

(1) 在 $\alpha=0.05$ 下，检验假设

$$H_0:\mu=3.14\ \text{mm}\leftrightarrow H_1:\mu\neq 3.14\ \text{mm};$$

(2) 假定高原雄甲虫吸收热量较多，因此斑点较长. 在 $\alpha=0.05$ 下，检验假设

$$H_0:\mu=3.14\ \text{mm}\leftrightarrow H_1:\mu>3.14\ \text{mm}.$$

(3) 假定已知平原雄甲虫斑点长是 $\mu=3.14$ mm 和 $\sigma^2=0.0505\ \text{mm}^2$ 的正态分布. 对于 $n=20$ 的高原雄甲虫样本，在 $\alpha=0.05$ 下，检验假设

$$H_0:\sigma^2=0.0505\ \text{mm}^2\leftrightarrow H_1:\sigma^2\neq 0.0505\ \text{mm}^2.$$

3.10 从两所中学同一年级中分别随意选了 25 名学生举行一次考试，第一个学校学生的平均成绩为 74 分，标准差为 8 分；第二个学校学生的平均成绩为 78 分，标准差为 7 分. 假设考试成绩都服从正态分布，试问在显著性水平 $\alpha=0.05$ 下，两个学校学生的考试成绩是否有显著差异？

3.11 设总体 X 服从两点分布 $b(1,p)$, $0<p<1$ 为未知参数，(X_1,X_2,X_3) 是取自这个总体的一个样本，对假设检验问题

$$H_0:p=\frac{1}{2}\leftrightarrow H_1:p=\frac{3}{4},$$

取检验函数

$$\varphi(x_1,x_2,x_3)=\begin{cases}1, v\geqslant 1,\\ 0, v<1,\end{cases}$$

其中 v 表示样本中取值为 1 的频数.

(1) 求此检验函数犯第一、犯第二类错误的概率；

(2) 求此检验函数在 $p=\dfrac{3}{4}$ 时的功效函数.

3.12 设总体 X 服从 Poisson 分布 $P(\lambda)$, $\lambda>0$ 为未知参数，(X_1,X_2) 是取自这个总体的一个样本，对假设检验问题

$$H_0:\lambda=\frac{1}{2}\leftrightarrow H_1:\lambda=2,$$

求检验函数

$$\varphi(x_1,x_2)=\begin{cases}1, & x_1+x_2\geqslant 3,\\ 0, & \text{其他}\end{cases}$$

犯第一、第二类错误的概率及求此检验函数在 $\lambda=2$ 时的功效函数.

3.13 设样本 $(X_1,X_2,\cdots,X_n)$ 来自参数为 λ 的 Poisson 分布 $P(\lambda)$，对假设检验问题

(1) $H_0:\lambda=\lambda_0\leftrightarrow H_1:\lambda=\lambda_1(<\lambda_0)$;

(2) $H_0:\lambda=\lambda_0\leftrightarrow H_1:\lambda=\lambda_1(>\lambda_0)$,

分别求水平为 α 的 MP 检验.

3.14 考虑一个标 1,2,3 的三种个体组成的总体，它们发生的概率为 Hardy-Weinberg 比

例：$P_r(1;\theta)=\theta^2, P_r(2;\theta)=2\theta(1-\theta), P_r(3;\theta)=(1-\theta)^2$. 对于取自这个总体的一个样本$(X_1,X_2,\cdots,X_n)$，设$N_1,N_2$和$N_3$分别表示$X_i$等于1,2和3的频数，$T(X_1,X_2,\cdots,X_n)=2N_1+N_2$. 证明此分布列关于$T(x_1,x_2,\cdots,x_n)$具有单调似然比.

3.15 设$(X_1,X_2,\cdots,X_n)$是取自正态总体$N(\mu_0,\sigma^2)$的一个样本. μ_0为已知参数.

(1)求假设检验问题

$$H_0:\sigma^2=\sigma_0^2\leftrightarrow H_1:\sigma^2=\sigma_1^2(>\sigma_0^2)$$

的水平为α的MP检验$\varphi^*(x_1,x_2,\cdots,x_n)$；

(2)证明$\varphi^*(x_1,x_2,\cdots,x_n)$也是

$$H_0:\sigma^2=\sigma_0^2\leftrightarrow H_1:\sigma^2>\sigma_0^2$$

的水平为α的UMP检验.

3.16 设总体X服从指数分布$\mathrm{Exp}(\frac{1}{\theta})$，其概率密度为

$$f(x;\theta)=\begin{cases}\dfrac{1}{\theta}e^{-\frac{x}{\theta}}, & x>0,\\ 0, & x\leqslant 0,\end{cases}$$

$\theta>0$是未知参数，$(X_1,X_2,\cdots,X_n)$为取自这个总体的一个样本.

(1)求假设检验问题

$$H_0:\theta=\theta_0\leftrightarrow H_1:\theta=\theta_1(>\theta_0)$$

的水平为α的MP检验$\varphi^*(x_1,x_2,\cdots,x_n)$；

(2)证明$\varphi^*(x_1,x_2,\cdots,x_n)$也是

$$H_0:\theta=\theta_0\leftrightarrow H_1:\theta>\theta_0$$

的水平为α的UMP检验.

3.17 设总体X服从$N(0,\sigma^2)$分布，$(X_1,X_2,\cdots,X_n)$是取自正态的一个样本. 求假设检验问题$H_0:\sigma^2\leqslant\sigma_1^2$或$\sigma^2\geqslant\sigma_2^2\leftrightarrow H_1:\sigma_1^2<\sigma^2<\sigma_2^2$的水平为$\alpha$的$UMP$检验。

3.18 设总体X服从$N(\mu,1)$分布，$(X_1,X_2,\cdots,X_n)$是取自正态的一个样本. 求假设检验问题$H_0:\mu_1\leqslant\mu\leqslant\mu_2\leftrightarrow H_1:\mu<\mu_1$或$\mu>\mu_2$的水平为$\alpha$的$UMP$无偏检验。

3.19 设来自正态总体$N(\mu,4)$的容量为16的简单随机样本，其样本均值$\bar{x}=5$，求未知参数μ的置信水平为95%的置信区间.

3.20 某电池厂为估计自己生产的电池的寿命(单位:h)，从其生产的产品中随机抽取100只电池进行寿命试验，测得电池的寿命的平均值为226.6 h，样本标准差为193.5 h. 设电池寿命服从正态分布，求该电池厂生产的电池的平均寿命的置信水平为95%的置信区间.

3.21 已知某元件寿命(单位:h)$X\sim N(\mu,\sigma^2)$，现抽取11个元件，测得寿命的平均值$\bar{x}=800$ h，样本标准差$s=11$ h，求μ和σ^2的置信水平为90%的置信区间.

3.22 设正态总体的方差为2，为使总体的均值μ的置信水平为95%的置信区间长度不大于给定的常数L，应抽取多大的样本容量的样本？

3.23 假设0.50、1.25、0.80、2.00是来自总体X的简单随机样本值，已知$Y=\ln X$服从正态分布$N(\mu,1)$.

(1)求 X 的数学期望 $E(X)$(记 $E(X)$ 为 b);

(2)求 μ 的置信度为 0.95 的置信区间;

(3)利用上述结果求 b 的置信度为 0.95 的置信区间.

3.24 设$(X_1,X_2,\cdots,X_n)$是取自正态总体 $N(\mu,\sigma^2)$ 的一个样本. 其中 μ,σ^2 都是未知参数. 求:

(1)μ 的置信水平为 $1-\alpha$ 的置信下限;

(2)μ 的置信水平为 $1-\alpha$ 的置信上限;

(3)σ^2 的置信水平为 $1-\alpha$ 的置信上限.

3.25 设$(X_1,X_2,\cdots,X_{n_1})$和$(Y_1,Y_2,\cdots,Y_{n_2})$是分别来自正态总体 $N(\mu_1,\sigma_1^2)$ 和 $N(\mu_2,\sigma_2^2)$ 的两个独立样本.

(1)若 σ_1^2,σ_2^2 已知,求 $\mu_1-\mu_2$ 的有固定长度 L 的置信水平为 $1-\alpha$ 的置信区间;

(2)若 $\sigma_1^2=\sigma_2^2=\sigma^2$ 已知,为使置信水平是 95% 的 $\mu_1-\mu_2$ 的置信区间长度为$\frac{2}{5}\sigma$,样本大小 $n_1=n_2$ 应取多大?

(3)若 $\mu_1,\mu_2,\sigma_1^2,\sigma_2^2$ 都未知,求$\frac{\sigma_1^2}{\sigma_2^2}$的置信水平为 $1-\alpha$ 的置信区间.

3.26 为检验一种兴奋剂对老鼠迷宫训练的影响,一位心理学家进行了如下的试验. 将 20 只老鼠分成两组,每组 10 只. 第一组为控制组,为每只老鼠进行简单的日常迷宫训练,直到它们达到训练标准,即无错误地通过迷宫(没有错误返回),并在每天训练后,给每只老鼠注射生理盐水. 第二组是试验组,除了在每天训练后给每只老鼠注射含有兴奋剂的生理盐水以外,其它都和第一组相同. 记录在达到训练标准前,每只老鼠在训练中错误次数的总和,结果如下:第一组 $n_1=10,\bar{x}_1=19.5,s_1^2=3.59$;第二组 $n_2=10,\bar{x}_2=15.8,s_2^2=3.37$. 假定两种条件下的总体分布分别为 $N(\mu_1,\sigma^2)$,$N(\mu_2,\sigma^2)$.

(1)计算 $\mu_1-\mu_2$ 的 98% 的置信区间;

(2)在 $\alpha=0.01$ 下,检验

$$H_0:\mu_1-\mu_2=0\leftrightarrow H_1:\mu_1-\mu_2\neq0;$$

(3)如果在检验前认为达到训练标准的试验组(第二组)平均试验次数要比控制组少,于是应该在 $\alpha=0.01$ 下,作

$$H_0:\mu_1-\mu_2=0\leftrightarrow H_1:\mu_1-\mu_2>0$$

的检验;

(4)计算$\frac{\sigma_1^2}{\sigma_2^2}$的 99% 置信区间;

(5)在 $\alpha=0.05$ 下,作方差相等假设的双侧检验.

3.27 设样本$(X_1,X_2,\cdots,X_n)$取自正态总体 $N(\mu,\sigma^2)$ 的一个样本. 其中 μ,σ^2 都是未知参数. 求假设检验问题

$$H_0:\sigma^2=\sigma_0^2\leftrightarrow H_1:\sigma^2\neq\sigma_0^2$$

的广义似然比检验.

第4章 线性模型

线性模型是一类重要的统计模型,一般包括线性回归分析模型、方差分析模型、协方差分析模型和方差分量模型等,内容十分丰富,应用极其广泛. 本章只介绍线性回归模型与方差分析模型,这是最基本的线性模型.

§4.1 线性模型的概念

在数学的应用中,经常需要研究变量之间的各种关系. 变量关系有两种基本类型. 一种是只要知道自变量 $x_1,x_2,\cdots,x_k$ 所取的值,因变量 y 的取值就唯一确定了. 如大家所知,变量之间的这种确定性关系称为函数关系. 另一种是因变量 y 的取值与自变量 $x_1,x_2,\cdots,x_k$ 的取值有关,但这种关系没有密切到如上所述的确定关系,我们把变量间的这种关系称为**相关关系**(Dependent Relationship). 例如某种农作物的单位面积产量与单位面积施肥量的关系,人的体重与身高的关系就是一种相关关系.

造成变量间不确定关系的原因很多,但主要是由于影响因变量 y 的因素(自变量)很多,由于认识水平及客观条件的限制,人们不能考虑所有因素,只能考虑其中的一部分. 其他未被考虑的因素,由于其取值未加控制,就不可避免地对因变量 y 产生随机影响,从而造成 y 取值的不确定性. 而且即使在可能的情况下,考虑到了对 y 有影响的全部因素,但由于观测仪器、外界环境、操作人员等偶然性原因,也会影响 y 的取值. 因此 y 应当是一个随机变量,其分布由自变量 $x_1,x_2,\cdots,x_k$ 的取值及随机误差所确定.

假设因变量 y 与 k 个自变量 $x_1,x_2,\cdots,x_k$ 之间存在简单的线性关系

$$y=\beta_0+\beta_1x_1+\cdots+\beta_kx_k+\varepsilon, \tag{4.1.1}$$

其中 ε 是一个随机变量. 进一步假定对自变量 $x_1,x_2,\cdots,x_k$ 的 n 组不同的取值 $x_{i1}\cdots x_{ik}(i=1,2,\cdots,n)$,得到因变量 y 的 n 次观测 $y_1,y_2,\cdots y_n$. 则由(4.1.1),有关系式

$$\begin{cases} y_1=\beta_0+\beta_1x_{11}+\cdots+\beta_kx_{1k}+\varepsilon_1, \\ \cdots \\ y_n=\beta_0+\beta_1x_{n1}+\cdots+\beta_kx_{nk}+\varepsilon_n \end{cases}$$

成立或写成矩阵形式为

$$\boldsymbol{Y}=\boldsymbol{X\beta}+\boldsymbol{\varepsilon},$$

其中

$$\boldsymbol{Y}=\begin{pmatrix} y_1 \\ y_2 \\ \vdots \\ y_n \end{pmatrix},\boldsymbol{X}=\begin{pmatrix} 1 & x_{11} & \cdots & x_{1k} \\ 1 & x_{21} & \cdots & x_{2k} \\ \vdots & \vdots & & \vdots \\ 1 & x_{n1} & \cdots & x_{nk} \end{pmatrix},\boldsymbol{\beta}=\begin{pmatrix} \beta_0 \\ \beta_1 \\ \vdots \\ \beta_k \end{pmatrix},\boldsymbol{\varepsilon}=\begin{pmatrix} \varepsilon_1 \\ \varepsilon_2 \\ \vdots \\ \varepsilon_n \end{pmatrix}, \tag{4.1.2}$$

这里 $\boldsymbol{\varepsilon}$ 表示随机误差向量，满足 $E(\boldsymbol{\varepsilon})=\mathbf{0}$，$\mathrm{Cov}(\boldsymbol{\varepsilon},\boldsymbol{\varepsilon})=\boldsymbol{\Sigma}$. 称模型

$$\boldsymbol{Y}=\boldsymbol{X\beta}+\boldsymbol{\varepsilon},\quad E(\boldsymbol{\varepsilon})=0,\quad \mathrm{Cov}(\boldsymbol{\varepsilon},\boldsymbol{\varepsilon})=\boldsymbol{\Sigma} \tag{4.1.3}$$

为线性模型，记作$(\boldsymbol{Y},\boldsymbol{X\beta},\boldsymbol{\Sigma})$. 这里 $\boldsymbol{Y}$ 表示变量 y 的 n 次观测值组成的列向量，称为观测向量，$\boldsymbol{X}$ 是 k 个自变量 $x_1,x_2,\cdots,x_k$在 n 次观测中的取值，对于不同类型的线性模型，$x_1,x_2,\cdots,x_k$的取值具有不同特征，但都是可以控制的. 当 $x_1,x_2,\cdots,x_k$的取值可任意选定时，我们总希望找出某种比较好的选择，使由之产生的模型(4.1.3)在进行统计推断时能得到较好的结果. 这是试验设计问题. 因此称 $\boldsymbol{X}$ 为**设计矩阵**(Design Matrix). $\boldsymbol{\beta}$ 是未知的参数向量，一般假定 $\boldsymbol{\Sigma}$ 是已知的. 在许多实际问题中，还假定 n 次观测 $y_1,y_2,\cdots,y_n$相互独立，具有公共方差，此时 $\boldsymbol{\Sigma}=\sigma^2\boldsymbol{I}_n$，这里 σ^2可以是未知参数，它也是模型中的未知参数，称为误差方差.

对 $x_1,x_2,\cdots,x_k$的不同取值，可得到不同的线性模型. 例如当它们表示离散或连续随机变量的一组已知取值时，模型(4.1.3)是线性回归模型；如果它们只能取 0,1 两个值，模型(4.1.3)是方差分析模型；更复杂一些的假定可得到协方差分析模型及方差分量模型等等.

下面给出本章着重讨论的线性回归模型和方差分析模型.

一、线性回归模型

当变量间存在相关关系时，我们特别关心因变量 y 取值的平均，即在给定 $x_1,x_2,\cdots,x_k$的条件下，随机变量 y 的数学期望，记作$f(x_1,x_2,\cdots,x_k)=\mathrm{E}(y|x_1,x_2,\cdots,x_k)$. 此时，因变量 y 与自变量 $x_1,x_2,\cdots,x_k$之间的相关关系可以表示为

$$y=\mathrm{E}(y|x_1,x_2,\cdots,x_k)+\varepsilon, \tag{4.1.4}$$

这里 ε 仍表示随机误差，上式称为 y 关于 $x_1,x_2,\cdots,x_k$的回归. 如此，我们可以把随机变量的取值分解为两部分，一部分是 y 对自变量 $x_1,x_2,\cdots,x_k$取值的依赖关系$f(x_1,x_2,\cdots,x_k)$，它反映了 y 取值的“平均趋势”，这是相关关系的主要部分；另一部分则是随机误差 ε 的大小. 假如不限制回归函数$f(x_1,x_2,\cdots,x_k)$的类型，企图从 $x_1,x_2,\cdots,x_k$的任意函数中找到一个能反映 y 的数学期望随 $x_1,x_2,\cdots,x_k$的变化规律是困难的. 因此通常从被研究问题的物理方面、技术方面等来确定回归函数 $\mathrm{E}(y|x_1,x_2,\cdots,x_k)$的类型.

例 4.1 作等速直线运动的质点在时刻 t 的位置 S 可用公式

$$S=S_0+vt$$

表示. 其中 S_0是质点在 $t=0$ 时的初始位置，v 是质点运动的平均速度. 如果 S_0及 v 未知，S 可以测量，那么我们只要在两个不同的时刻测量质点的位置，就可解出 S_0及 v 的值. 但由于种种原因，质点的位置不能精确地测量，而带有随机的测量误差，也就是 S 不能被真正测量，实际测量得到的数据是 $y=S+\varepsilon$，其中 ε 表示测量的随机误差. 于是我们有关系式

$$y=S_0+vt+\varepsilon.$$

例 4.2 研究草原牧草的再生过程. 牧草的产量 y 随时间 x 而增长，但它又受天气等许多随机因素的影响，因而有

$$y=f(x;\theta)+\varepsilon$$

形式. 由于牧草的生长速度在开始时不断增加，而增加到一定程度后就逐渐缓慢，生长曲线呈 S 形.

若假定 y 的生长极限为 a，生长速度与生长余量$(a-y)$成正比，此时 y 满足微分方程

$$\frac{\mathrm{d}y}{\mathrm{d}x}=k(a-y).$$

由此解出 y,得到模型

$$y=(1-\beta\mathrm{e}^{-kx})+\varepsilon.$$

这个模型称为生长模型,在农业、生物、经济、化工等领域中有广泛的应用.

例 4.3 某种化工产品的反应速度 y 与催化剂的使用量 x_1 及反应物的加入量 x_2 之间的关系可表示为

$$y=\theta_1\theta_2x_1(1+\theta_1x_1+\theta_2x_2)^{-1}+\varepsilon.$$

上述几个例子说明,回归函数 $\mathrm{E}(y|x_1,x_2,\cdots,x_k)$ 可以是线性的,也可以是非线性的. 但对线性回归,如例 4.1 中回归函数是参数的线性函数,$\mathrm{E}(y|x_1,x_2,\cdots,x_k)=\beta_0+\beta_1x_1+\beta_2x_2+\cdots+\beta_kx_k$ 是最简单且最重要的情况,在理论上有比较深入的讨论和一般的结果,而且也是非线性回归的基础. 因此,我们在本章只考虑

$$y=\beta_0+\beta_1x_1+\cdots+\beta_kx_k+\varepsilon, \tag{4.1.5}$$

称为理论线性回归模型. 由随机误差 ε 在线性回归模型中的地位可见,它的概率性质决定了模型的概率性质. 根据回归函数的意义,自然应有 $\mathrm{E}(\varepsilon)=0$. 关于变量 $(x_1,x_2,\cdots,x_k;y)$ 的 n 次观测,我们假定各次观测所受的随机影响程度相同,且任意两次观测的误差不相关. 这种假定在一般情况下是合理的,称为 **Gauss – Markov 条件**

$$\mathrm{Cov}(\boldsymbol{\varepsilon},\boldsymbol{\varepsilon})=\sigma^2\boldsymbol{I}_n. \tag{4.1.6}$$

这里 $\boldsymbol{\varepsilon}$ 是如式(4.1.2)那样的随机误差向量,且 $\mathrm{E}(\boldsymbol{\varepsilon})=\boldsymbol{0}$. 为了不引进更多记号,以后 $\boldsymbol{\varepsilon}$ 有时表示一个随机变量,有时表示一个随机向量,由模型的意义,相信读者不会混淆. 这样我们得到线性回归模型(4.1.3),β_0 称为**常数项**(Constant Term),$\beta_1,\beta_2,\cdots,\beta_k$ 称为**回归系数**(Regression Coefficient),表示自变量 $x_1,x_2,\cdots,x_k$ 的改变对 y 影响的大小. 在有些问题中,还需假定 $\boldsymbol{\varepsilon}$ 满足正态条件

$$\boldsymbol{\varepsilon}\sim N(\boldsymbol{0},\sigma^2\boldsymbol{I}_n) \tag{4.1.7}$$

其中 $\sigma^2\in(0,\infty)$,也是线性回归模型中的重要参数,$\boldsymbol{I}_n$ 为 n 阶单位阵. 对非线性回归模型有兴趣的读者可参阅文献[8].

为了对未知参数进行估计或研究其他有关的统计推断问题,需进行试验. 设做了 n 次试验,第 i 次试验的观测值为 $(x_{i1},\cdots,x_{ik};y_i)$,称为第 i 个试验点. 以后我们总假定试验次数 n 不小于线性回归模型(4.1.3)包含的未知参数个数,且设计矩阵 $\boldsymbol{X}$ 是列满秩的,即

$$\mathrm{rk}(\boldsymbol{X})=k+1. \tag{4.1.8}$$

当 $\mathrm{rk}(\boldsymbol{X})<k+1$ 时的讨论,读者可参阅文献[4]或[9].

二、方差分析模型

方差分析(Analysis of Variance),简记为 ANOVA,作为分析试验数据的一种重要工具,是数理统计的基本方法之一. 同回归分析一样,方差分析也是研究一些因子(自变量)与某个指标(因变量)的相关关系,研究哪些因子对指标的影响是显著的,哪些因子对指标的影响不显著. 但它们之间也有不同. 首先,在回归分析中,自变量一般是取连续值的数量因子,而方差分析中的自变量,有时却是一种属性因子(例如化工生产中的催化剂种类);其次,回归分析的目

的在于找出自变量与因变量之间关系的数学表达式(回归函数),一般需要做相当多次试验,但如果只是为了弄清自变量对因变量的影响是否显著,则可以按照预定的计划,只做少数的试验,就可用方差分析的方法做出判断;另外,回归分析的设计矩阵,一般如式(4.1.8)所要求,是列满秩的,但在方差分析中,设计矩阵中的元素只是表示某一效应在某次试验中的有无,通常只取0,1两个值,设计矩阵常常是降秩的,因而对试验的设计有一定要求.从某种意义上说,方差分析中的问题比回归分析复杂些,只有选择适当的设计矩阵,才能顺利地计算、分析、解释方差分析所考虑的问题.

§4.2 一元线性回归模型的统计分析

由于一元线性模型的几何意义与统计思想比较明显,因此首先对它进行比较细致的讨论,而对多元线性模型的统计分析则在下节给出.

一、参数 β_0,β_1 的最小二乘估计

为简单、直观起见,首先考虑只有一个自变量 x 的情况,设

$$y=\beta_0+\beta_1x+\varepsilon, \tag{4.2.1}$$

且假定 $E(\varepsilon)=0,\mathrm{Var}(\varepsilon)=\sigma^2$,式(4.2.1)称为**(理论)一元线性回归模型**(Simple Linear Regression Model).若进一步要求

$$\varepsilon\sim N(0,\sigma^2), \tag{4.2.2}$$

则称为一元正态线性回归模型.

设 n 次试验的观测值为 $(x_1,y_1),(x_2,y_2),\cdots,(x_n,y_n)$,将它们在直角坐标系中点出,称这样的图为**散点图**(Scatter Chart),如图4.1所示.观测值 y_i 与 x_i 的关系为

$$\begin{cases} y_i=\beta_0+\beta_1x_i+\varepsilon_i, \\ E(\varepsilon_i)=0,\mathrm{Var}(\varepsilon_i)=\sigma^2 \qquad (i=1,2,\cdots,n), \\ \varepsilon_1,\varepsilon_2,\cdots,\varepsilon_n \text{两两不相关}, \end{cases}$$

这是一个线性模型.为了估计其中的未知参数 β_0,β_1,我们希望选取一条回归直线 $\tilde{y}=\beta_0+\beta_1x$,使它最接近这 n 个点.对于每一个 x_i,可以得到回归直线 $\tilde{y}=\beta_0+\beta_1x$ 上的一点,其纵坐标为 $\tilde{y}_i=\beta_0+\beta_1x_i$,值 $|y_i-\tilde{y}_i|$ 刻画了 y_i 与回归直线 $\tilde{y}=\beta_0+\beta_1x$ 在垂直方向的偏离程度,如图4.2上各竖直短线所示.我们认为,对所有的 x_i,$|y_i-\tilde{y}_i|$ 越小,回归直线与所有的试验点拟合得越好.因此,所有观测值 y_i 与 $\tilde{y}_i$ 的偏离平方和

$$Q(\beta_0,\beta_1)=\sum_{i=1}^{n}(y_i-\tilde{y}_i)^2=\sum_{i=1}^{n}(y_i-\beta_0-\beta_1x_i)^2 \tag{4.2.3}$$

刻画了全部观测值与回归直线的偏离程度,对不同的 β_0 和 β_1,Q 的取值也不同.称使 Q 达到最小的那个 β_0,β_1 分别为 β_0,β_1 的**最小二乘估计**(Least Squares Estimate),简记为LS估计,称这种求估计量的方法为**最小二乘法**(Method of Least Squares).最小二乘法始于C. F. Gauss(1809),后来A. A. Markov(1900)做了重要工作,奠定了这方面的基础.

为求 β_0,β_1 的LS估计,计算 $Q(\beta_0,\beta_1)$ 关于 β_0,β_1 的偏导数 $\frac{\partial Q}{\partial\beta_0},\frac{\partial Q}{\partial\beta_1}$,并令它们等于0,得

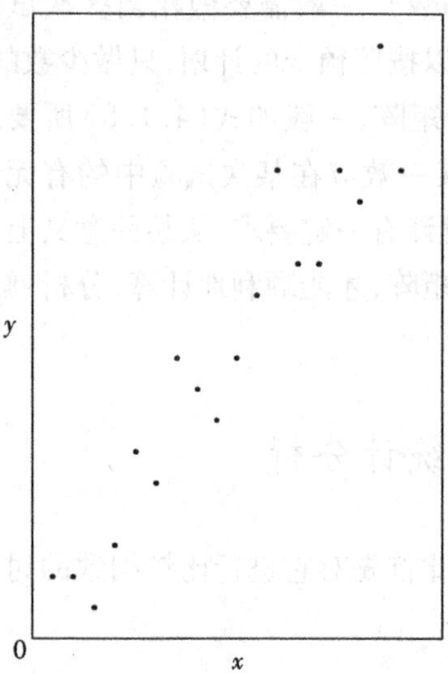

图 4-1　散点图

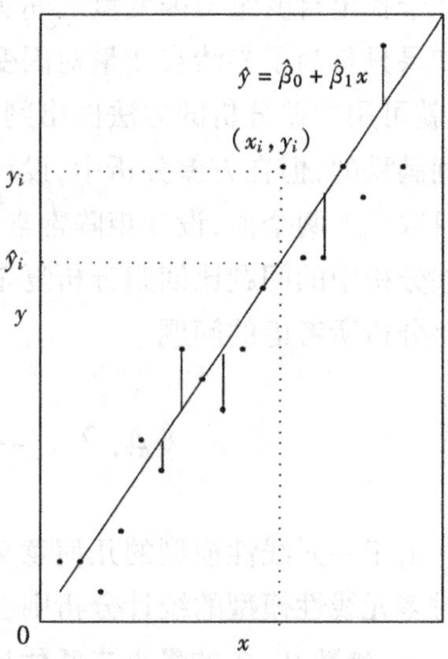

图 4-2　最小二乘法

$$\begin{cases}\dfrac{\partial Q}{\partial \beta_0}=-2\sum_{i=1}^{n}(y_i-\beta_0-\beta_1 x_i)=0;\\ \dfrac{\partial Q}{\partial \beta_1}=-2\sum_{i=1}^{n}(y_i-\beta_0-\beta_1 x_i)x_i=0.\end{cases} \tag{4.2.4}$$

方程组(4.2.4)称为**正规方程组**(System of Normal Equations),整理后得方程组

$$\begin{cases}n\beta_0+\beta_1\sum_{i=1}^{n}x_i=\sum_{i=1}^{n}y_i,\\ \beta_0\sum_{i=1}^{n}x_i+\beta_1\sum_{i=1}^{n}x_i^2=\sum_{i=1}^{n}x_i y_i,\end{cases} \tag{4.2.5}$$

由第一式得

$$\hat{\beta}_0=\bar{y}-\hat{\beta}_1\bar{x}, \tag{4.2.6}$$

将它代入第二式,经整理得

$$\hat{\beta}_1=\frac{\sum_{i=1}^{n}x_i y_i-n\bar{x}\bar{y}}{\sum_{i=1}^{n}x_i^2-n\bar{x}^2}=\frac{\sum_{i=1}^{n}(x_i-\bar{x})(y_i-\bar{y})}{\sum_{i=1}^{n}(x_i-\bar{x})^2}, \tag{4.2.7}$$

其中 $\bar{x}=\frac{1}{n}\sum_{i=1}^{n}x_i$, $\bar{y}=\frac{1}{n}\sum_{i=1}^{n}y_i$. 记

$$S_{yy}=\sum_{i=1}^{n}(y_i-\bar{y})^2,\quad S_{xy}=\sum_{i=1}^{n}(x_i-\bar{x})(y_i-\bar{y}),\quad S_{xx}=\sum_{i=1}^{n}(x_i-\bar{x})^2, \tag{4.2.8}$$

则 β_1 的最小二乘估计可表示为

$$\hat{\beta}_1=\frac{S_{xy}}{S_{xx}}, \tag{4.2.9}$$

由此得到**经验回归直线**(Empirical Regression Line)

$$\hat{y}=\hat{\beta}_0+\hat{\beta}_1 x. \tag{4.2.10}$$

将式(4.2.6)变形可得

$$\bar{y}=\hat{\beta}_0+\hat{\beta}_1\bar{x}. \tag{4.2.11}$$

上式表明:对于一组观测值$(x_1,y_1),(x_2,y_2),\cdots,(x_n,y_n)$,经验回归直线$y=\hat{\beta}_0+\hat{\beta}_1 x$必通过散点图的几何重心$(\bar{x},\bar{y})$.

下面给出回归系数最小二乘估计量的某些性质.

性质1 $\hat{\beta}_0,\hat{\beta}_1$分别是$\beta_0,\beta_1$的无偏估计,且

$$\mathrm{Var}(\hat{\beta}_0)=\left(\frac{1}{n}+\frac{\bar{x}^2}{S_{xx}}\right)\sigma^2=\frac{\sum_{i=1}^{n}x_i^2}{nS_{xx}}\sigma^2; \tag{4.2.12}$$

$$\mathrm{Var}(\hat{\beta}_1)=\frac{1}{S_{xx}}\sigma^2; \tag{4.2.13}$$

$$\mathrm{Cov}(\hat{\beta}_0,\hat{\beta}_1)=-\frac{\bar{x}}{S_{xx}}\sigma^2. \tag{4.2.14}$$

证明 由式(4.2.7)及(4.2.8)有

$$\hat{\beta}_1=\frac{\sum_{i=1}^{n}(x_i-\bar{x})y_i}{S_{xx}}=\sum_{i=1}^{n}\frac{x_i-\bar{x}}{S_{xx}}y_i=\sum_{i=1}^{n}C_iy_i, \tag{4.2.15}$$

其中$C_i=\dfrac{x_i-\bar{x}}{S_{xx}}$,易见

$$\sum_{i=1}^{n}C_i=0,\quad \sum_{i=1}^{n}C_ix_i=1,\quad \sum_{i=1}^{n}C_i^2=\frac{1}{S_{xx}}, \tag{4.2.16}$$

故

$$\mathrm{E}(\hat{\beta}_1)=\sum_{i=1}^{n}C_i\mathrm{E}(y_i)=\sum_{i=1}^{n}C_i(\beta_0+\beta_1x_i)=\beta_1,$$

$$\mathrm{Var}(\hat{\beta}_1)=\sum_{i=1}^{n}C_i^2\mathrm{Var}(y_i)=\sigma^2\sum_{i=1}^{n}C_i^2=\frac{1}{S_{xx}}\sigma^2.$$

又由式(4.2.6)得

$$\hat{\beta}_0=\bar{y}-\hat{\beta}_1\bar{x}=\bar{y}-\sum_{i=1}^{n}C_iy_i\bar{x}=\sum_{i=1}^{n}\left(\frac{1}{n}-C_i\bar{x}\right)y_i, \tag{4.2.17}$$

故

$$\mathrm{E}(\hat{\beta}_0)=\sum_{i=1}^{n}\left(\frac{1}{n}-C_i\bar{x}\right)\mathrm{E}(y_i)=\sum_{i=1}^{n}\left(\frac{1}{n}-C_i\bar{x}\right)(\beta_0+\beta_1x_i)=\beta_0,$$

$$\mathrm{Var}(\hat{\beta}_0)=\sum_{i=1}^{n}\left(\frac{1}{n}-C_i\bar{x}\right)^2\mathrm{Var}(y_i)=\sigma^2\sum_{i=1}^{n}\left(\frac{1}{n}-C_i\bar{x}\right)^2$$

$$=\left(\frac{1}{n}+\frac{\bar{x}^2}{S_{xx}}\right)\sigma^2=\frac{\sum_{i=1}^{n}x_i^2}{nS_{xx}}\sigma^2,$$

$$\text{Cov}(\hat{\beta}_0,\hat{\beta}_1)=\text{Cov}\left(\sum_{i=1}^{n}\left(\frac{1}{n}-C_i\bar{x}\right)y_i,\sum_{i=1}^{n}C_iy_i\right)=\sum_{i=1}^{n}\text{Cov}\left(\left(\frac{1}{n}-C_i\bar{x}\right)y_i,C_iy_i\right)$$
$$=\sigma^2\sum_{i=1}^{n}\left(\frac{1}{n}-C_i\bar{x}\right)C_i=-\frac{\bar{x}}{S_{xx}}\sigma^2.$$

性质 2 $\text{Cov}(\hat{\beta}_1,\bar{y})=0$,即 $\hat{\beta}_1$ 与 $\bar{y}$ 不相关.

证明 由式(4.2.15)得

$$\text{Cov}(\hat{\beta}_1,\bar{y})=\text{Cov}\left(\sum_{i=1}^{n}C_iy_i,\frac{1}{n}\sum_{i=1}^{n}y_i\right)=\frac{\sigma^2}{n}\sum_{i=1}^{n}C_i=0.$$

性质 3 $\hat{\beta}_0,\hat{\beta}_1$ 分别是 β_0,β_1 的最小方差线性无偏估计.

性质 3 的证明将在 §4.3 用一般形式给出.

二、参数 σ^2 的估计

在得到了经验回归方程(4.2.10)后,容易计算 $\hat{y}_i=\hat{\beta}_0+\hat{\beta}_1x_i$,称其为回归值,而

$$\hat{\varepsilon}_i=y_i-\hat{y}_i,\tag{4.2.18}$$

称为第 i 个**残差**(Residual),$i=1,2,\cdots,n$,可以作为误差 ε_i 的一个估计.

$$Q_e=\sum_{i=1}^{n}\hat{\varepsilon}_i^2=\sum_{i=1}^{n}(y_i-\hat{y}_i)^2=\sum_{i=1}^{n}(y_i-\hat{\beta}_0-\hat{\beta}_1x_i)^2\tag{4.2.19}$$

称为**残差平方和**(Sum of Squares of Residual),它代表 y_i 与经验回归直线上点的纵坐标 $\hat{y}_i$ 的离差平方和,反映了试验的随机误差,因此一个基于 Q_e 的统计量作为 σ^2 的估计,应该具有良好的性质. 将 $\hat{\beta}_0=\bar{y}-\hat{\beta}_1\bar{x}$ 代入上式,再由式(4.2.9),得到

$$Q_e=\sum_{i=1}^{n}(y_i-\bar{y})^2+\hat{\beta}_1^2\sum_{i=1}^{n}(x_i-\bar{x})^2-2\hat{\beta}_1\sum_{i=1}^{n}(x_i-\bar{x})(y_i-\bar{y})$$
$$=S_{yy}+\hat{\beta}_1^2S_{xx}-2\hat{\beta}_1S_{xy}=S_{yy}-\hat{\beta}_1S_{xy}\tag{4.2.20}$$
$$=S_{yy}-\frac{S_{xy}^2}{S_{xx}},\tag{4.2.21}$$

我们用

$$\hat{\sigma}^2=\frac{Q_e}{n-2}=\frac{S_{yy}-\hat{\beta}_1S_{xy}}{n-2}\tag{4.2.22}$$

作为 σ^2 的一个估计量.

性质 4 $\hat{\sigma}^2$ 为 σ^2 的无偏估计.

证明 由式(4.2.21)及(4.2.9),$Q_e=S_{yy}-\dfrac{S_{xy}^2}{S_{xx}}=S_{yy}-\hat{\beta}_1^2S_{xx}$. 为证明 $\hat{\sigma}^2$ 的无偏性,我们需要计算

$$\text{E}(S_{yy})=\text{E}\left[\sum_{i=1}^{n}(y_i-\bar{y})^2\right]=\sum_{i=1}^{n}\text{E}(y_i^2)-n\text{E}(\bar{y}^2)$$
$$=\sum_{i=1}^{n}\{\text{Var}(y_i)+[\text{E}(y_i)]^2\}-n\{\text{Var}(\bar{y})+[\text{E}(\bar{y})]^2\}$$
$$=\sum_{i=1}^{n}[\sigma^2+(\beta_0+\beta_1x_i)^2]-n\left[\frac{\sigma^2}{n}+(\beta_0+\beta_1\bar{x})^2\right]$$

$$= (n-1)\sigma^2 + \beta_1^2\left(\sum_{i=1}^{n} x_i^2 - n\bar{x}^2\right) = (n-1)\sigma^2 + \beta_1^2 S_{xx},$$

由性质 1 有

$$\mathrm{E}(\hat{\beta}_1^2 S_{xx}) = S_{xx}\mathrm{E}(\hat{\beta}_1{}^2) = S_{xx}\{\mathrm{Var}(\hat{\beta}_1) + [\mathrm{E}(\hat{\beta}_1)]^2\}$$
$$= S_{xx}\left(\frac{1}{S_{xx}}\sigma^2 + \beta_1^2\right) = \sigma^2 + \beta_1^2 S_{xx},$$

所以 $\mathrm{E}(Q_e) = (n-2)\sigma^2$，从而 $\hat{\sigma}^2$ 为 σ^2 的无偏估计.

例 4.4 已经知道加入某种催化剂可以降低汽车在燃烧汽油时排出废气中氧化氮的含量. 现在试验加入不同量的催化剂（这是可严格控制的变量，作为自变量 x），测量废气中氧化氮的降低量（这个降低量受种种因素的影响，作为因变量 y），结果如下表所示：

催化剂量(x)	1	1	2	3	4	4	5	6	6	7
氧化氮降低量(y)	2.1	2.5	3.1	3.0	3.8	3.2	4.3	3.9	4.4	4.8

这是两个变量间的简单线性回归，容易算得

$$\bar{x} = 3.9,\quad \bar{y} = 3.51,\ S_{xx} = 40.9,\quad S_{yy} = 6.849,\quad S_{xy} = 15.81,$$

代入式(4.2.6)和(4.2.9)得

$$\hat{\beta}_1 = \frac{S_{xy}}{S_{xx}} = \frac{15.81}{40.9} = 0.386\ 55,$$

$$\hat{\beta}_0 = \bar{y} - \hat{\beta}_1\bar{x} = 2.002\ 44.$$

因此，得到经验回归方程（或调用 R 函数 lm(y ~ x)）

$$\hat{y} = 2.002\ 44 + 0.386\ 55x.$$

由式(4.2.20)，残差平方和

$$Q_e = S_{yy} - \hat{\beta}_1 S_{xy} = 0.737\ 6,$$

故

$$\hat{\sigma}^2 = \frac{Q_e}{n-2} = 0.092\ 2.$$

为计算残差平方和 Q_e 可以如下进行

```
> lm.cui <—lm(y ~ x)
> sum(resid(lm.cui)^2)
[1]0.7376039
```

三、回归显著性检验

对任意给定的一组数据 $(x_1, y_1), (x_2, y_2), \cdots, (x_n, y_n)$，都可以用式(4.2.6)和(4.2.9)计算最小二乘估计 $\hat{\beta}_0, \hat{\beta}_1$，从而得到回归直线 $\hat{y} = \hat{\beta}_0 + \hat{\beta}_1 x$. 但这并不能说明 y 与 x 之间确实存在线性关系. 如果观测值 y_i 与回归值 $\hat{y}_i$ 的差，即残差 $\hat{\varepsilon}_i$ 比较小，我们就可以认为 y 与 x 之间确实存在线性相关关系. 因此有必要进行线性回归的显著性检验，这可以表示为对假设

$$H_0:\beta_1=0 \leftrightarrow H_1:\beta_1\neq 0. \tag{4.2.23}$$

的检验. 首先对 S_{yy}(称为数据的总离差平方和)进行分解,

$$S_{yy}=\sum_{i=1}^{n}(y_i-\bar{y})^2=\sum_{i=1}^{n}(y_i-\hat{y}_i+\hat{y}_i-\bar{y})^2$$
$$=\sum_{i=1}^{n}(y_i-\hat{y}_i)^2+\sum_{i=1}^{n}(\hat{y}_i-\bar{y})^2+2\sum_{i=1}^{n}(y_i-\hat{y}_i)(\hat{y}_i-\bar{y}),$$

由式(4.2.6)有

$$\hat{y}_i=\hat{\beta}_0+\hat{\beta}_1x_i=\bar{y}+\hat{\beta}_1(x_i-\bar{x}),$$

由式(4.2.8)和(4.2.9)有

$$\sum_{i=1}^{n}(y_i-\hat{y}_i)(\hat{y}_i-\bar{y})=\sum_{i=1}^{n}[y_i-\bar{y}-\hat{\beta}_1(x_i-\bar{x})]\hat{\beta}_1(x_i-\bar{x})$$
$$=\hat{\beta}_1S_{xy}-\hat{\beta}_1^{\,2}S_{xx}=0.$$

故

$$S_{yy}=\sum_{i=1}^{n}(y_i-\hat{y}_i)^2+\sum_{i=1}^{n}(\hat{y}_i-\bar{y})^2\triangleq Q_e+U, \tag{4.2.24}$$

称为平方和分解公式. 其中 $Q_e=\sum_{i=1}^{n}(y_i-\hat{y}_i)^2$,即式(4.2.19)给出的残差平方和,反映了随机误差的存在而引起因变量的波动;

$$U=\sum_{i=1}^{n}(\hat{y}_i-\bar{y})^2, \tag{4.2.25}$$

称为**回归平方和**(Sum of Squares of Regression),表示回归值 $\hat{y}_i$的波动,易得

$$U=\hat{\beta}_1^{\,2}S_{xx}. \tag{4.2.26}$$

定理 4.1 在正态性条件(4.2.2)下,有

(1)$\hat{\beta}_1\sim N\left(\beta_1,\dfrac{\sigma^2}{S_{xx}}\right)$;

(2)$\hat{\beta}_0\sim N\left(\beta_0,\left(\dfrac{1}{n}+\dfrac{\bar{x}^2}{S_{xx}}\right)\sigma^2\right)$;

(3)$\dfrac{Q_e}{\sigma^2}\sim\chi^2(n-2)$,且 Q_e与 $\hat{\beta}_1$独立;

(4)在 H_0: $\beta_1=0$ 条件下,$\dfrac{U}{\sigma^2}\sim\chi^2(1)$,从而

$$F=\frac{U}{Q_e/(n-2)}=(n-2)\frac{U}{Q_e}\sim F(1,n-2);$$

(5)$\dfrac{\hat{\beta}_1-\beta_1}{\hat{\sigma}}\sqrt{S_{xx}}\sim t(n-2)$,其中 $\hat{\sigma}^2=\dfrac{Q_e}{n-2}$.

证明 由式(4.2.15)和(4.2.17)、性质 1 及正态分布的性质,易知(1)和(2)成立.

(3)的证明参见下一节性质 7 的证明.

(4)在 $H_0:\beta_1=0$ 条件下,由(1),$\hat{\beta}_1\sim N(0,\dfrac{\sigma^2}{S_{xx}})$,故$\dfrac{\hat{\beta}_1}{\sigma}\sqrt{S_{xx}}\sim N(0,1)$,从而

$$\frac{U}{\sigma^2}=\frac{\hat{\beta}_1^2 S_{xx}}{\sigma^2}\sim\chi^2(1).$$

(5)由(1)、(3)立即得到.

由此定理,可以得到回归显著性检验(4.2.23)的以下几种检验方法.

检验法1(F检验法)

考虑检验统计量

$$F=(n-2)\frac{U}{Q_e}, \tag{4.2.27}$$

由定理4.1(4)可知,当H_0成立时,$F\sim F(1,n-2)$.当H_0不成立时,即y与x之间确实存在线性相关关系时,F有变大的趋势.故在显著性水平α下,当$F>F_{1-\alpha}(1,n-2)$时,拒绝原假设H_0.

检验法2(t检验法)

考虑检验统计量

$$T=\frac{\hat{\beta}_1\sqrt{S_{xx}}}{\hat{\sigma}}, \tag{4.2.28}$$

由定理4.1(5),当H_0成立时,$T\sim t(n-2)$.在显著性水平α下,检验的拒绝域为

$$W=\{|t|>t_{1-\frac{\alpha}{2}}(n-2)\}. \tag{4.2.29}$$

类似地可以得到单侧检验的拒绝域,如下例所示.

例4.5 考虑例4.4中的问题,判断在试验范围内,增加催化剂量是否导致氧化氮的显著减少,即对单侧假设

$$H_0:\beta_1=0\leftrightarrow H_1:\beta_1>0$$

进行检验.例4.4中已求出$\hat{\beta}_1=0.38655$,$S_{xx}=40.9$,$\hat{\sigma}^2=0.0922$.因此由式(4.2.28),$T=8.1413$.若取显著性水平$\alpha=0.05$,$n-2=8$,查附表3得$T_{0.95}(8)=1.8595$,显然$t>t_{0.95}(8)$,故假设H_0不成立,即可以认为催化剂量的增加能使废气中氧化氮的含量减少.

R函数summary(lm(y~x))给出较详细的结果,包括上述F检验和t检验.

```
>summary(lm(y~x))

call:
lm(formula = y~x)

Residuals:
      Min         1Q     Median        3Q       Max
 -0.42176   -0.25727    0.08496   0.21626   0.36479

Coefficients:
```

```
             Estimate  Std. Error  t value  Pr( >|t|)
(Intercept)  2.00244   0.20859     9.600    1.15e-05   ***
x            0.38655   0.04748     8.141    3.85e-05   ***
---
Signif. codes:0' *** '0.001' ** '0.01' * '0.05'. '0.1"1

Residual standard error: 0.3036 on 8 degrees of freedom
Multiple R-Squared: 0.8923, Adjusted R-squared: 0.8788
F-statistic: 66.28 on 1 and 8 DF, p-value: 3.848e-05
```

检验法3(相关系数检验法)

考虑检验统计量

$$R = \frac{S_{xy}}{\sqrt{S_{xx}S_{yy}}} = \hat{\beta}_1\sqrt{\frac{S_{xx}}{S_{yy}}}$$

或

$$R^2 = \hat{\beta}_1^2\frac{S_{xx}}{S_{yy}},$$

通常称 R 为**线性相关系数**(Linear Correlation Coefficient),称 R^2 为**相关指数**(Correlation Index)或**决定系数**(Coeffcient of Determination),$|R|$(或 R^2)的观测值的大小反映了自变量与因变量之间线性相关程度. $|R|$(或 R^2)越接近1,说明线性相关程度越紧密,所配直线效果越好. 实际上,$R^2 = U/S_{yy}$反映了回归平方和在总离差平方和中的比例,或者说,在 y 的总离差中,可以用 x 与 y 之间的线性关系来解释的部分是 R^2. 故当$|R| > c$ 时,拒绝 H_0,其中临界值 c 有表可查,见文献[10].

R 函数 cor. test(x,y)给出相关系数检验,对例 4.4 有以下结果:

```
> cor.test(x,y)

                Pearson's product-moment correlation

data:x and y
t = 8.1415, df = 8, p-value = 3.848e-05
alternative hypothesis: true correlation is not equal to 0
95 percent confidence interval:
 0.777293 0.987138
sample estimates:
      cor
0.9446189
```

容易看到，由式(4.2.21)可得

$$Q_e = S_{yy}(1 - R^2),$$

故

$$U = S_{yy} - Q_e = R^2 S_{yy}.$$

从而由式(4.2.27)和(4.2.28)得到

$$F = (n-2)\frac{R^2}{1-R^2};$$

$$T = \sqrt{n-2}\frac{R}{\sqrt{1-R^2}}.$$

由此可见上述三种检验方法是完全等价的.

四、利用回归方程进行预测

建立线性回归模型的主要目的是为了预测和控制，如果经显著性检验后认为经验回归直线(4.2.10)有意义，我们自然希望利用这个模型预测自变量 x 取值为 x_0 时，对应的因变量 y_0 的取值 $\hat{y}_0$，并且要了解这个预测值 $\hat{y}_0$ 与真实值 y_0 之间可能有多大偏差，或者以一定概率给出此 y_0 的取值范围. 反过来，为了使 y 值落在某个范围内，应如何控制自变量 x 的取值？回答这个问题需要正态性假设，下面考虑正态回归模型.

当经验回归直线(4.2.10)有意义时，显然可以用

$$\hat{y}_0 = \hat{\beta}_0 + \hat{\beta}_1 x_0$$

作为

$$y_0 = \beta_0 + \beta_1 x_0 + \varepsilon$$

的预测，而且由最小二乘估计性质 1 可知，$\hat{y}_0$ 是 y_0 的无偏估计.

现在考虑这个预测的精度，即 $\hat{y}_0$ 与 y_0 的偏差不超过 δ(此 δ 与 x_0 有关)的概率

$$\Pr\{|\hat{y}_0 - y_0| < \delta(x_0)\} = 1 - \alpha.$$

在正态性假定(4.2.2)下，

$$y_0 \sim N(\beta_0 + \beta_1 x_0, \sigma^2),$$

由定理 4.1 及最小二乘估计性质 2 可得

$$\hat{y}_0 \sim N\left(\beta_0 + \beta_1 x_0, \left[\frac{1}{n} + \frac{(x_0 - \bar{x})^2}{S_{xx}}\right]\sigma^2\right).$$

如果将 (x_0, y_0) 看作一个新的试验点，这个尚未进行的试验与以前的 n 次试验是独立的，因此残差

$$y_0 - \hat{y}_0 \sim N\left(0, \left[1 + \frac{1}{n} + \frac{(x_0 - \bar{x})^2}{S_{xx}}\right]\sigma^2\right).$$

由定理 4.1(3)，上述残差与 Q_e 相互独立，因此

$$\frac{y_0 - \hat{y}_0}{\hat{\sigma}\sqrt{1 + \frac{1}{n} + \frac{(x_0 - \bar{x})^2}{S_{xx}}}} \sim t(n-2),$$

所以 y_0 的置信水平为 $1-\alpha$ 的置信区间(即预测区间)为

$$[\hat{y}_0-\delta(x_0),\hat{y}_0+\delta(x_0)],\tag{4.2.30}$$

其中

$$\delta(x_0)=\hat{\sigma}t_{1-\frac{\alpha}{2}}(n-2)\sqrt{1+\frac{1}{n}+\frac{(x_0-\bar{x})^2}{S_{xx}}}.\tag{4.2.31}$$

即 y_0 的预测区域是一个以 $\hat{y}_0$ 为中心，半长为 $\delta(x_0)$ 的区间. $\delta(x_0)$ 的大小反映了预测精度，在固定 n 及 α 的情况下，由式(4.2.31)可知，$\delta(x_0)$ 与 $\hat{\sigma}$，$(x_0-\bar{x})$ 及 S_{xx} 有关. 因此，提高观测数据本身的精度，减少残差平方和 $Q_e=\sum(y_i-\hat{y}_i)^2$，或增大自变量取值的离散程度 S_{xx}，都可以得到较精确的预测. 而且在达到上述要求后，x_0 越接近 $\bar{x}$，预测的精度也就越高. 图 4.3 就是预测区间示意图.

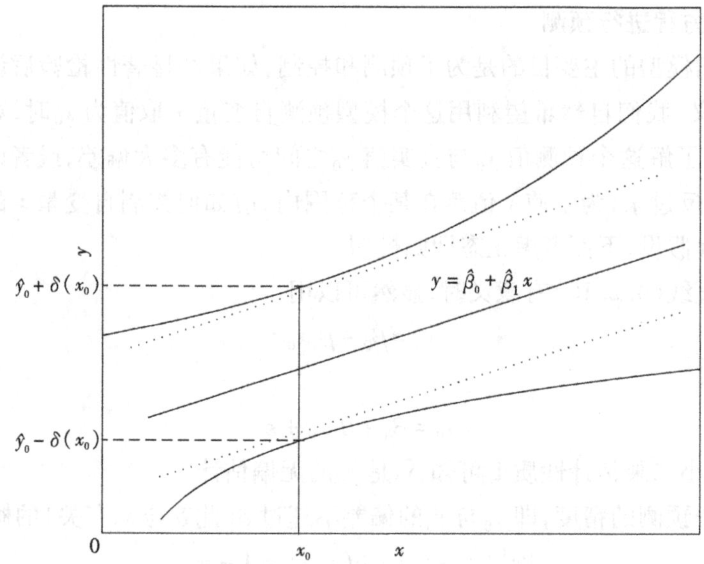

图 4.3　预测区间示意图

当 n 很大时，$t_{1-\frac{\alpha}{2}}(n-2)\approx u_{1-\frac{\alpha}{2}}$；又若 x_0 离 $\bar{x}$ 不太远，式(4.2.31)中的根式近似为 1. 则得 y_0 的置信水平近似为 $1-\alpha$ 的预测区间为

$$[\hat{y}_0-u_{1-\frac{\alpha}{2}}\hat{\sigma},\hat{y}_0+u_{1-\frac{\alpha}{2}}\hat{\sigma}].\tag{4.2.32}$$

这里必须指出：回归方程的适用范围一般只限于原观测数据的变动范围之内，对超出原观测数据变动范围的 x_0 进行预测是没有意义的. 当然，在一定条件下，对回归方程适用范围的适当外推，在实际问题中也有所应用，但所得结论仅供参考.

R 函数 predict(lm. cui, interval ="prediction")给出预测区间，下面是例 4.4 中 10 次试验的预测结果.

```
> predict(lm. cui, interval ="prediction")
```

	fit	lwr	upr
1	2.388998	1.588913	3.189082
2	2.388998	1.588913	3.189082
3	2.775550	2.012271	3.538829
4	3.162103	2.421138	3.903068
5	3.548655	2.814190	4.283121
6	3.548655	2.814190	4.283121
7	3.935208	3.191014	4.679402
8	4.321760	3.552225	5.091296
9	4.321760	3.552225	5.091296
10	4.708313	3.899289	5.517337

利用近似预测区间式(4.2.32),如果要以 $1-\alpha$ 的概率控制 y 在(y_1,y_2)内,只要取

$$x_1=\frac{1}{\hat{\beta}_1}\min(y_1-\hat{\beta}_0+\hat{\sigma}u_{1-\frac{\alpha}{2}},y_2-\hat{\beta}_0-\hat{\sigma}u_{1-\frac{\alpha}{2}}),$$

$$x_2=\frac{1}{\hat{\beta}_1}\max(y_1-\hat{\beta}_0+\hat{\sigma}u_{1-\frac{\alpha}{2}},y_2-\hat{\beta}_0-\hat{\sigma}u_{1-\frac{\alpha}{2}}),$$

并要求 x 在(x_1,x_2)内取值时,即可达到上述目的.

我们还可由定理4.1(5)得到β_1的置信水平为 $1-\alpha$ 的置信区间

$$\left[\hat{\beta}_1-t_{1-\frac{\alpha}{2}}(n-2)\frac{\hat{\sigma}}{\sqrt{S_{xx}}},\hat{\beta}_1+t_{1-\frac{\alpha}{2}}(n-2)\frac{\hat{\sigma}}{\sqrt{S_{xx}}}\right].$$

同样,由定理4.1(2)及(3)易得β_0的置信水平为 $1-\alpha$ 的置信区间

$$\left[\hat{\beta}_0-t_{1-\frac{\alpha}{2}}(n-2)\hat{\sigma}\sqrt{\sum_{i=1}^{n}x_i^2\Big/(nS_{xx})},\hat{\beta}_0+t_{1-\frac{\alpha}{2}}(n-2)\hat{\sigma}\sqrt{\sum_{i=1}^{n}x_i^2\Big/(nS_{xx})}\right].$$

*五、可化为一元线性回归的模型

例4.4是一元线性回归问题,我们先求出氧化氮降低量关于催化剂加入量的经验回归直线,然后对所得的回归模型进行显著性检验,确定所建立的模型是否有意义.实际上,还有一种直观、简单的方法,只需根据散点图呈现的形状,粗略地看出像不像一条直线.如果很不像一条直线,即使配了回归直线,回归显著性检验也一定会作出不拒绝 $H_0:\beta=0$ 的判断.正确的处理方法应该根据散点图呈现的形状,与某些已知函数图形作比较,选择一条合适的曲线来拟合.下面列出一些常用的函数及其图形:

(1)双曲线方程:$\frac{1}{y}=a+\frac{b}{x}$(图4.4);

(2)幂函数方程:$y=ax^b$(图4.5);

(3)指数曲线方程:$y=a\mathrm{e}^{\frac{b}{x}}$(图4.6);

(4)指数曲线方程:$y=a\mathrm{e}^{bx}$(图4.7);

(5)对数曲线方程：$y=a+b\ln x$(图 4.8)；

(6)S 型曲线方程：$y=\dfrac{1}{a+b\mathrm{e}^{-x}}$(图 4.9).

它们都可以通过适当的变换化成关于参数是线性的函数表达式，进一步按最小二乘法估计未知参数，给出原曲线方程中参数的估计值，我们仅举一个例子作为说明.

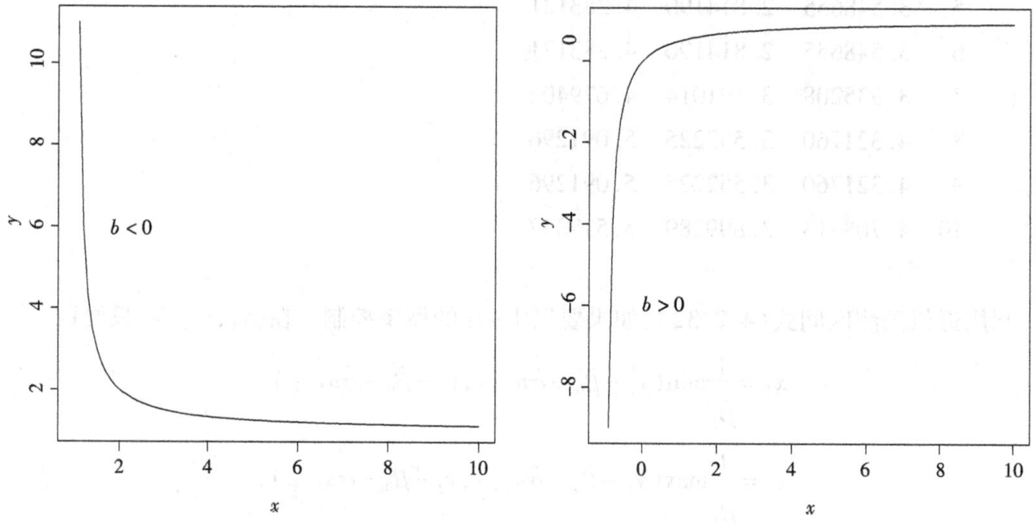

图 4.4　$\dfrac{1}{y}=a+\dfrac{b}{x}$

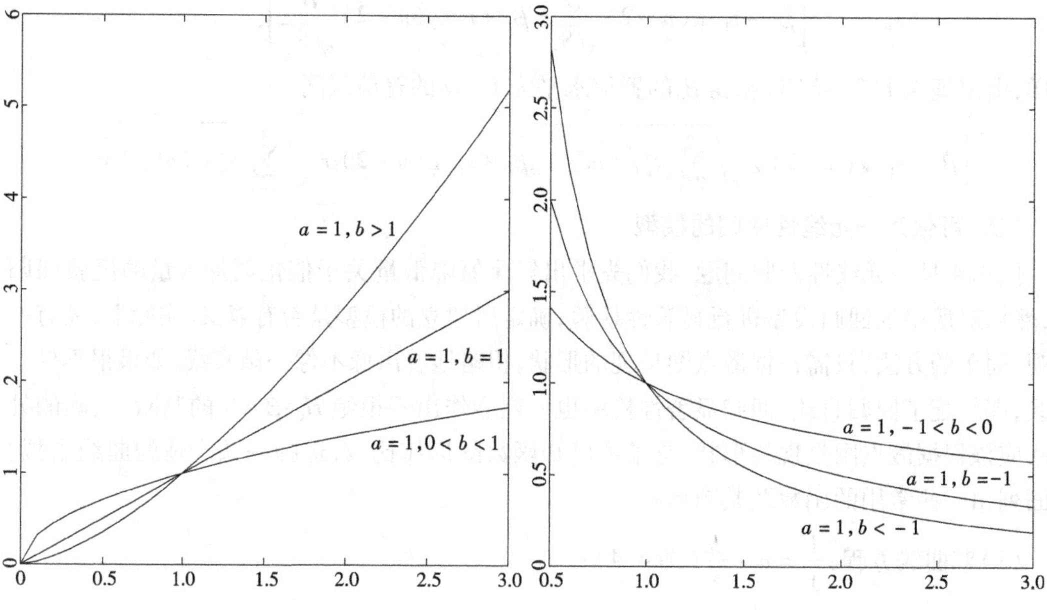

图 4.5　$y=ax^{b}$

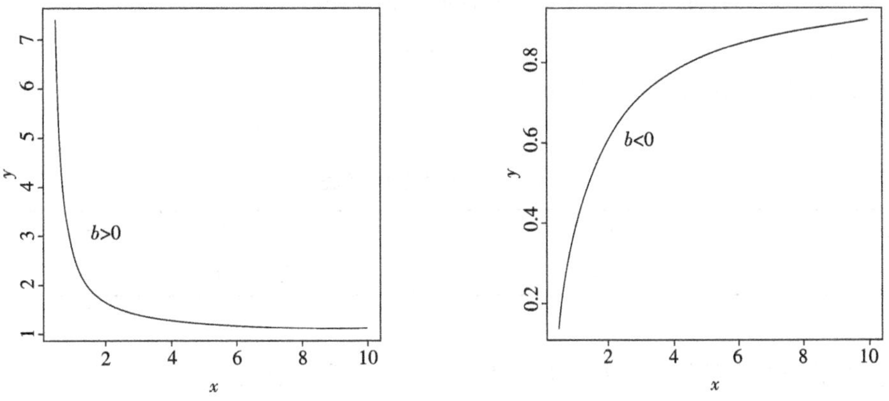

图 4.6 $y=a\mathrm{e}^{\frac{b}{x}}$

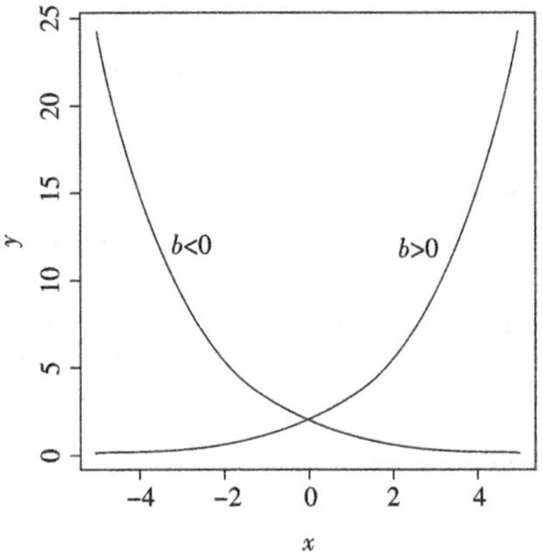

图 4.7 $y=a\mathrm{e}^{bx}$

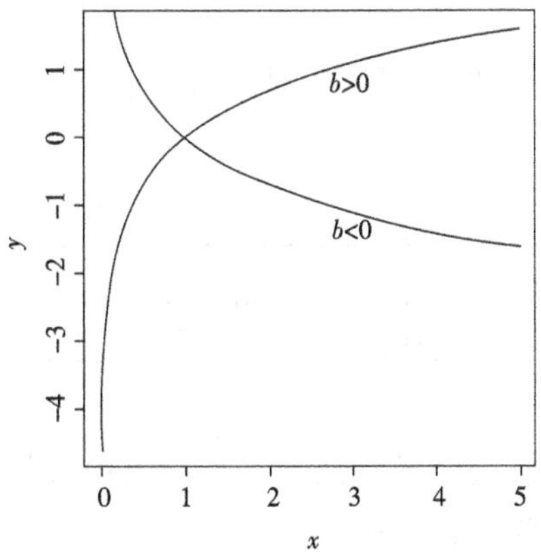

图 4.8 $y=a+b\ln x$

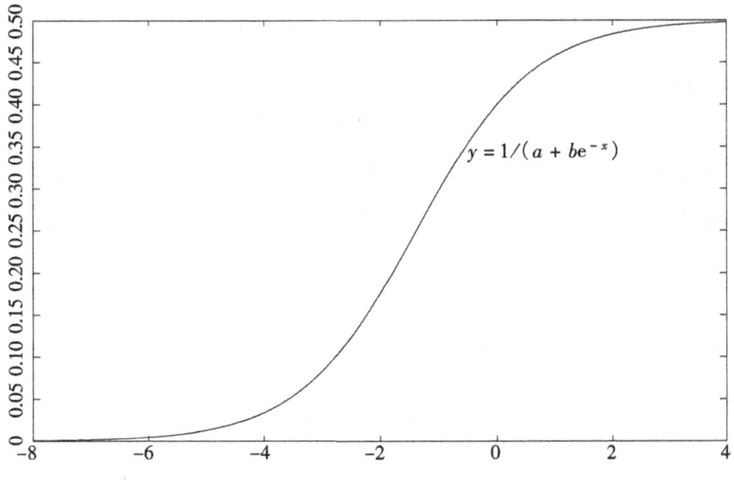

图 4.9 $y=\dfrac{1}{a+b\mathrm{e}^{-x}}$

例 4.6 已知鱼的体重 y 与它的身长 x 有近似关系式

$$y = ax^b, \tag{4.2.33}$$

今测得某种鱼的生长数据如表 4.1 所示.

表 4.1 鱼的生长数据表

身长 x(mm)	29	60	124	155	170	185	190
体重 y(g)	0.5	34	75	122.5	170	190	195

为了得到关于参数的线性函数,对式(4.2.33)两边取对数,有

$$\ln y = \ln a + b\ln x,$$

令 $u = \ln y$, $v = \ln x$, $A = \ln a$,上式即为

$$u = A + bv, \tag{4.2.34}$$

这是一个线性回归模型. 对表 4.1 中数据作相应的变换,得到的值列于表 4.2 中.

表 4.2 变换后的数据表

$v = \ln x$	3.367	4.094	4.820	5.043	5.136	5.220	5.247
$u = \ln y$	-0.693	3.526	4.317	4.808	5.136	5.257	5.273

由此按式(4.2.6)和(4.2.7)可得参数 A,b 的最小二乘估计为 $\hat{A} = -9.542$, $\hat{b} = 2.867$,因此得到经验回归方程

$$u = -9.542 + 2.867v.$$

若以

$$\hat{a} = e^{\hat{A}} = e^{-9.542} = 7.18 \times 10^{-5}$$

作为 a 的估计,最后有

$$\hat{y} = 7.18 \times 10^{-5} x^{2.867}. \tag{4.2.35}$$

这里必须强调,所谓线性回归是指关于参数的线性. 因此,由变换后的数据(v_i, u_i)求 b 的最小二乘估计是合理的,而 a 的估计值可以用使

$$\sum_{i=1}^{n} (y_i - ax_i^b)^2$$

达到最小的那个$\hat{\hat{a}}$. 由微分学知识,$\hat{\hat{a}}$应是方程

$$\sum_{i=1}^{n} (y_i - ax_i^b) x_i^b = 0$$

的解,即

$$\hat{\hat{a}} = \sum_{i=1}^{n} \left(y_i x_i^b \Big/ \sum_{i=1}^{n} x_i^{2b} \right).$$

代入表 4.1 中的数据可得

$$\hat{\hat{a}} = 6.184 \times 10^{-6}.$$

如此求得经验非线性回归方程为

$$\hat{\hat{y}} = \hat{\hat{a}} x^{\hat{b}} = 6.184 \times 10^{-6} x^{2.867}. \tag{4.2.36}$$

比较式(4.2.35)和(4.2.36)相应的残差的变化如下：

$y_i - \hat{y}_i$	−0.62	25.00	2.84	−14.21	−8.16	−35.04	−50.00
$y_i - \hat{\hat{y}}_i$	−0.46	26.26	12.94	4.75	16.65	−3.55	−16.08

故

$$\sum_{i=1}^{7} (y_i - \hat{y}_i)^2 = 4\ 629.9, \quad \sum_{i=1}^{7} (y_i - \hat{\hat{y}}_i)^2 = 1\ 428.2,$$

可见

$$\sum_{i=1}^{7} (y_i - \hat{\hat{y}})^2 < \sum_{i=1}^{7} (y_i - \hat{y}_i)^2.$$

注意上面两组残差的符号，都是两端为负，中间为正，这表明回归函数(4.2.33)的形式也许不大合适，可以试用其他函数类型，从中选择使残差平方和最小的那种函数类型，这个工作可由计算机来做. 也可能是这种鱼在从小到大的生长过程中，体重和身长的关系并不总是 $y = ax^b$ 的形式，可考虑是否应该分段求相应的关系式，即**分段回归**或称**样条分析**(Spline Analysis)，关于这方面的介绍可见文献[11].

§4.3 多元线性回归模型的参数估计

与一元线性回归模型相比，多元线性回归模型没有多少本质上的不同，只是在形式上复杂一些. 为记号简单起见，仍用式(4.1.2)所示的记号. 我们讨论式(4.1.3)给出的多元线性回归模型$(\boldsymbol{Y}, \boldsymbol{X\beta}, \sigma^2 \boldsymbol{I}_n)$中未知参数 $\boldsymbol{\beta}, \sigma^2$ 的估计及性质，并给出一般证明.

一、参数 $\boldsymbol{\beta}$ 的估计

考虑线性回归模型$(\boldsymbol{Y}, \boldsymbol{X\beta}, \sigma^2 \boldsymbol{I}_n)$，使

$$Q(\boldsymbol{\beta}) = \sum_{i=1}^{n} \left[y_i - (\beta_0 + \sum_{j=1}^{k} x_{ij}\beta_j) \right]^2 = (\boldsymbol{Y} - \boldsymbol{X\beta})^{\mathrm{T}} (\boldsymbol{Y} - \boldsymbol{X\beta}) = \| \boldsymbol{Y} - \boldsymbol{X\beta} \|^2 \tag{4.3.1}$$

达到最小的 $\hat{\boldsymbol{\beta}}$，即

$$\| \boldsymbol{Y} - \boldsymbol{X}\hat{\boldsymbol{\beta}} \|^2 = \min_{\beta} \| \boldsymbol{Y} - \boldsymbol{X\beta} \|^2, \tag{4.3.2}$$

称 $\hat{\boldsymbol{\beta}}$ 为 $\boldsymbol{\beta}$ 的最小二乘估计.

我们可以用微分法求出 $\hat{\boldsymbol{\beta}}$，记

$$Q = Q(\boldsymbol{\beta}) = (\boldsymbol{Y} - \boldsymbol{X\beta})^{\mathrm{T}} (\boldsymbol{Y} - \boldsymbol{X\beta}) = \| \boldsymbol{Y} - \boldsymbol{X\beta} \|^2$$

$$=\boldsymbol{Y}^{\mathrm{T}}\boldsymbol{Y}-2\boldsymbol{\beta}^{\mathrm{T}}\boldsymbol{X}^{\mathrm{T}}\boldsymbol{Y}+\boldsymbol{\beta}^{\mathrm{T}}\boldsymbol{X}^{\mathrm{T}}\boldsymbol{X}\boldsymbol{\beta},$$

两边分别关于 $\boldsymbol{\beta}$ 求导,并令其为 0 得

$$\frac{\partial Q}{\partial\boldsymbol{\beta}}=-2\boldsymbol{X}^{\mathrm{T}}\boldsymbol{Y}+2\boldsymbol{X}^{\mathrm{T}}\boldsymbol{X}\boldsymbol{\beta}=0,\tag{4.3.3}$$

整理后即有

$$\boldsymbol{X}^{\mathrm{T}}\boldsymbol{X}\boldsymbol{\beta}=\boldsymbol{X}^{\mathrm{T}}\boldsymbol{Y}.\tag{4.3.4}$$

式(4.3.4)称为正规方程组,记 $\boldsymbol{S}$ 为正规方程组的系数矩阵

$$\boldsymbol{S}=\boldsymbol{X}^{\mathrm{T}}\boldsymbol{X},\tag{4.3.5}$$

在式(4.1.8)成立时,$\boldsymbol{X}$ 是列满秩矩阵,$\boldsymbol{S}^{-1}=(\boldsymbol{X}^{\mathrm{T}}\boldsymbol{X})^{-1}$存在,则

$$\hat{\boldsymbol{\beta}}=(\boldsymbol{X}^{\mathrm{T}}\boldsymbol{X})^{-1}\boldsymbol{X}^{\mathrm{T}}\boldsymbol{Y}=\boldsymbol{S}^{-1}\boldsymbol{X}^{\mathrm{T}}\boldsymbol{Y}.\tag{4.3.6}$$

就是正规方程组(4.3.4)的解,关于正规方程组的解和 $\boldsymbol{\beta}$ 的最小二乘估计有以下关系.

定理 4.2 (1)正规方程组(4.3.4)的解必是 $\boldsymbol{\beta}$ 的最小二乘估计;

(2)$\boldsymbol{\beta}$ 的最小二乘估计必为正规方程组(4.3.4)的解.

证明 (1)设 $\tilde{\boldsymbol{\beta}}$ 是正规方程组(4.3.4)的解,即 $\tilde{\boldsymbol{\beta}}$ 满足

$$(\boldsymbol{X}^{\mathrm{T}}\boldsymbol{X})\tilde{\boldsymbol{\beta}}=\boldsymbol{X}^{\mathrm{T}}\boldsymbol{Y},$$

那么对任意的 $\boldsymbol{\beta}$ 有

$$\begin{aligned}Q(\boldsymbol{\beta})&=\|\boldsymbol{Y}-\boldsymbol{X}\boldsymbol{\beta}\|^2=(\boldsymbol{Y}-\boldsymbol{X}\boldsymbol{\beta})^{\mathrm{T}}(\boldsymbol{Y}-\boldsymbol{X}\boldsymbol{\beta})\\&=[(\boldsymbol{Y}-\boldsymbol{X}\tilde{\boldsymbol{\beta}})+\boldsymbol{X}(\tilde{\boldsymbol{\beta}}-\boldsymbol{\beta})]^{\mathrm{T}}[(\boldsymbol{Y}-\boldsymbol{X}\tilde{\boldsymbol{\beta}})+\boldsymbol{X}(\tilde{\boldsymbol{\beta}}-\boldsymbol{\beta})]\\&=(\boldsymbol{Y}-\boldsymbol{X}\tilde{\boldsymbol{\beta}})^{\mathrm{T}}(\boldsymbol{Y}-\boldsymbol{X}\tilde{\boldsymbol{\beta}})+(\tilde{\boldsymbol{\beta}}-\boldsymbol{\beta})^{\mathrm{T}}\boldsymbol{X}^{\mathrm{T}}\boldsymbol{X}(\tilde{\boldsymbol{\beta}}-\boldsymbol{\beta})+2(\boldsymbol{\beta}-\tilde{\boldsymbol{\beta}})^{\mathrm{T}}\boldsymbol{X}^{\mathrm{T}}(\boldsymbol{Y}-\boldsymbol{X}\tilde{\boldsymbol{\beta}}),\end{aligned}$$

由于

$$(\tilde{\boldsymbol{\beta}}-\boldsymbol{\beta})^{\mathrm{T}}\boldsymbol{X}^{\mathrm{T}}(\boldsymbol{Y}-\boldsymbol{X}\tilde{\boldsymbol{\beta}})=(\tilde{\boldsymbol{\beta}}-\boldsymbol{\beta})^{\mathrm{T}}(\boldsymbol{X}^{\mathrm{T}}\boldsymbol{Y}-\boldsymbol{X}^{\mathrm{T}}\boldsymbol{X}\tilde{\boldsymbol{\beta}})=\boldsymbol{0},$$
$$(\tilde{\boldsymbol{\beta}}-\boldsymbol{\beta})^{\mathrm{T}}\boldsymbol{X}^{\mathrm{T}}\boldsymbol{X}(\tilde{\boldsymbol{\beta}}-\boldsymbol{\beta})=\|\boldsymbol{X}(\tilde{\boldsymbol{\beta}}-\boldsymbol{\beta})\|^2\geqslant 0.$$

故

$$Q(\boldsymbol{\beta})\geqslant(\boldsymbol{Y}-\boldsymbol{X}\tilde{\boldsymbol{\beta}})^{\mathrm{T}}(\boldsymbol{Y}-\boldsymbol{X}\tilde{\boldsymbol{\beta}})=Q(\tilde{\boldsymbol{\beta}}),\tag{4.3.7}$$

其中等号成立的充要条件为 $\|\boldsymbol{X}(\tilde{\boldsymbol{\beta}}-\boldsymbol{\beta})\|^2=0$. 由 $\boldsymbol{\beta}$ 的任意性可知 $\tilde{\boldsymbol{\beta}}$ 满足式(4.3.2),因此 $\tilde{\boldsymbol{\beta}}$ 是 $\boldsymbol{\beta}$ 的最小二乘估计.

(2)设 $\hat{\boldsymbol{\beta}}$ 为 $\boldsymbol{\beta}$ 的最小二乘估计,$\tilde{\boldsymbol{\beta}}$ 是正规方程组(4.3.4)的解,由(4.3.2)得

$$Q(\hat{\boldsymbol{\beta}})\leqslant Q(\tilde{\boldsymbol{\beta}}),$$

而由式(4.3.7)可知

$$Q(\tilde{\boldsymbol{\beta}})\leqslant Q(\hat{\boldsymbol{\beta}}),$$

故得

$$Q(\hat{\boldsymbol{\beta}})=Q(\tilde{\boldsymbol{\beta}}).$$

这意味着

$$(\tilde{\boldsymbol{\beta}}-\hat{\boldsymbol{\beta}})^{\mathrm{T}}\boldsymbol{X}^{\mathrm{T}}\boldsymbol{X}(\tilde{\boldsymbol{\beta}}-\hat{\boldsymbol{\beta}})=\|\boldsymbol{X}(\tilde{\boldsymbol{\beta}}-\hat{\boldsymbol{\beta}})\|^2=0,$$

因此 $\boldsymbol{X}\tilde{\boldsymbol{\beta}}=\boldsymbol{X}\hat{\boldsymbol{\beta}}$,故由 $\tilde{\boldsymbol{\beta}}$ 满足正规方程(4.3.4)可知,

$$\boldsymbol{X}^{\mathrm{T}}\boldsymbol{X}\hat{\boldsymbol{\beta}}=\boldsymbol{X}^{\mathrm{T}}\boldsymbol{X}\tilde{\boldsymbol{\beta}}=\boldsymbol{X}^{\mathrm{T}}\boldsymbol{Y},$$

即 $\hat{\boldsymbol{\beta}}$ 也是正规方程组(4.3.4)的解.

这个定理给出了正规方程组(4.3.4)的解和 $\boldsymbol{\beta}$ 的最小二乘估计的一致性.

二、最小二乘估计的性质

关于随机向量的数学期望及协方差阵的以下结果是重要的,请读者自己验证.

设 $\boldsymbol{Y},\boldsymbol{Z}$ 是随机向量,$\boldsymbol{A},\boldsymbol{B}$ 为常数阵,则

(1) $\mathrm{E}(\boldsymbol{AY})=\boldsymbol{A}\mathrm{E}(\boldsymbol{Y})$;　　(4.3.8)

(2) $\mathrm{Cov}(\boldsymbol{AY},\boldsymbol{BZ})=\boldsymbol{A}\mathrm{Cov}(\boldsymbol{Y},\boldsymbol{Z})\boldsymbol{B}^{\mathrm{T}}$.　　(4.3.9)

现在讨论线性回归模型 $(\boldsymbol{Y},\boldsymbol{X\beta},\sigma^2\boldsymbol{I}_n)$ 中 $\boldsymbol{\beta}$ 的最小二乘估计 $\hat{\boldsymbol{\beta}}$ 的性质.

性质1 $\hat{\boldsymbol{\beta}}$ 是 $\boldsymbol{\beta}$ 的线性无偏估计.

证明 由式(4.3.6),$\hat{\boldsymbol{\beta}}$ 显然是线性估计,又由式(4.3.8)

$$\mathrm{E}(\hat{\boldsymbol{\beta}})=\mathrm{E}[(\boldsymbol{X}^{\mathrm{T}}\boldsymbol{X})^{-1}\boldsymbol{X}^{\mathrm{T}}\boldsymbol{Y}]=(\boldsymbol{X}^{\mathrm{T}}\boldsymbol{X})^{-1}\boldsymbol{X}^{\mathrm{T}}E(\boldsymbol{Y})=(\boldsymbol{X}^{\mathrm{T}}\boldsymbol{X})^{-1}\boldsymbol{X}^{\mathrm{T}}\boldsymbol{X\beta}=\boldsymbol{\beta}. \tag{4.3.10}$$

性质2 $\mathrm{Cov}(\hat{\boldsymbol{\beta}},\hat{\boldsymbol{\beta}})=\sigma^2(\boldsymbol{X}^{\mathrm{T}}\boldsymbol{X})^{-1}$.　　(4.3.11)

证明 由式(4.3.9),我们有

$$\begin{aligned}\mathrm{Cov}(\hat{\boldsymbol{\beta}},\hat{\boldsymbol{\beta}})&=\mathrm{Cov}[(\boldsymbol{X}^{\mathrm{T}}\boldsymbol{X})^{-1}\boldsymbol{X}^{\mathrm{T}}\boldsymbol{Y},(\boldsymbol{X}^{\mathrm{T}}\boldsymbol{X})^{-1}\boldsymbol{X}^{\mathrm{T}}\boldsymbol{Y}]\\&=(\boldsymbol{X}^{\mathrm{T}}\boldsymbol{X})^{-1}\boldsymbol{X}^{\mathrm{T}}\mathrm{Cov}(\boldsymbol{Y},\boldsymbol{Y})\boldsymbol{X}(\boldsymbol{X}^{\mathrm{T}}\boldsymbol{X})^{-1}\\&=\sigma^2(\boldsymbol{X}^{\mathrm{T}}\boldsymbol{X})^{-1}\boldsymbol{X}^{\mathrm{T}}\boldsymbol{X}(\boldsymbol{X}^{\mathrm{T}}\boldsymbol{X})^{-1}\\&=\sigma^2(\boldsymbol{X}^{\mathrm{T}}\boldsymbol{X})^{-1}.\end{aligned}$$

可见 $\hat{\boldsymbol{\beta}}$ 的各分量 $\hat{\beta}_0,\hat{\beta}_1,\cdots,\hat{\beta}_k$ 在一般情况下并不独立. 若以 c_{ij} 表示 $\boldsymbol{S}^{-1}$ 的第 (i,j) 元素,$i,j=0,1,\cdots,k$,即

$$\boldsymbol{S}^{-1}=(\boldsymbol{X}^{\mathrm{T}}\boldsymbol{X})^{-1}=\begin{pmatrix}c_{00}&c_{01}&\cdots&c_{0k}\\c_{10}&c_{11}&\cdots&c_{1k}\\\vdots&\vdots&&\vdots\\c_{k0}&c_{k1}&\cdots&c_{kk}\end{pmatrix}, \tag{4.3.12}$$

则有

$$\mathrm{Cov}(\hat{\beta}_i,\hat{\beta}_j)=\sigma^2c_{ij},\qquad i,j=0,1,\cdots,k;$$
$$\mathrm{Var}(\hat{\beta}_i)=\sigma^2c_{ii},\qquad i=0,1,\cdots,k.$$

由于 $\hat{\beta}_i$ 是 β_i 的无偏估计,于是 $\mathrm{Var}(\hat{\beta}_i)$ 的大小可作为估计量 $\hat{\beta}_i$ 的优良性准则. 因此,在设计试验时应选择使 c_{ii} 尽可能小的设计矩阵 $\boldsymbol{X}$. $\mathrm{Cov}(\hat{\beta}_i,\hat{\beta}_j)$ 反映了 $\hat{\beta}_i,\hat{\beta}_j$ 之间的相关性,称使 $c_{ij}=\delta_{ij}$ $(i,j=0,1,\cdots,k)$ 的设计矩阵 $\boldsymbol{X}$ 为**正交**的(Orthogonal)(其中若 $i\neq j,\delta_{ij}=0$;若 $i=j,\delta_{ij}=1$). 有关回归试验的正交设计的详细讨论可见文献[12].

是否还存在 β_i 的其他线性无偏估计,其方差比最小二乘估计 $\hat{\beta}_i$ 的方差更小呢? 下面的 Guass - Markov 定理回答了这个问题.

对任一 $k+1$ 维向量 $\boldsymbol{C}=(c_0,c_1,\cdots,c_k)^{\mathrm{T}}$,若存在 n 维列向量 $\boldsymbol{L}$,使 $\mathrm{E}(\boldsymbol{L}^{\mathrm{T}}\boldsymbol{Y})=\boldsymbol{C}^{\mathrm{T}}\boldsymbol{\beta}$,则称 $\boldsymbol{C}^{\mathrm{T}}\boldsymbol{\beta}$ 为可估函数,而可估函数 $\boldsymbol{C}^{\mathrm{T}}\boldsymbol{\beta}$ 的最小方差线性无偏估计,称为它的**最好线性无偏估计**(Best Linear Unbiased Estimate),简记为 BLUE.

性质3 (Guass - Markov **定理**) $\boldsymbol{C}^{\mathrm{T}}\hat{\boldsymbol{\beta}}$ 是 $\boldsymbol{C}^{\mathrm{T}}\boldsymbol{\beta}$ 的最好线性无偏估计,其中 $\hat{\boldsymbol{\beta}}$ 是 $\boldsymbol{\beta}$ 的最小二

乘估计.

证明 由性质1易见 $\boldsymbol{C}^{\mathrm{T}}\hat{\boldsymbol{\beta}}$ 是 $\boldsymbol{C}^{\mathrm{T}}\boldsymbol{\beta}$ 的无偏估计,它显然是 $\boldsymbol{Y}$ 的线性函数. 只需证明对 $\boldsymbol{C}^{\mathrm{T}}\boldsymbol{\beta}$ 的任一线性无偏估计 $\boldsymbol{T}=\boldsymbol{L}^{\mathrm{T}}\boldsymbol{Y}$,有 $\mathrm{Var}(\boldsymbol{T})\geqslant\mathrm{Var}(\boldsymbol{C}^{\mathrm{T}}\hat{\boldsymbol{\beta}})$.

设 $\boldsymbol{T}=\boldsymbol{L}^{\mathrm{T}}\boldsymbol{Y}$ 是 $\boldsymbol{C}^{\mathrm{T}}\boldsymbol{\beta}$ 的无偏估计,则对任 $\boldsymbol{\beta}$ 有

$$\mathrm{E}(\boldsymbol{T})=\mathrm{E}(\boldsymbol{L}^{\mathrm{T}}\boldsymbol{Y})=\boldsymbol{L}^{\mathrm{T}}\mathrm{E}(\boldsymbol{Y})=\boldsymbol{L}^{\mathrm{T}}\boldsymbol{X}\boldsymbol{\beta}=\boldsymbol{C}^{\mathrm{T}}\boldsymbol{\beta},$$

所以必须有

$$\boldsymbol{L}^{\mathrm{T}}\boldsymbol{X}=\boldsymbol{C}^{\mathrm{T}}. \tag{4.3.13}$$

注意到性质2及式(4.3.13),有

$$\mathrm{Var}(\boldsymbol{T})=\mathrm{Var}(\boldsymbol{L}^{\mathrm{T}}\boldsymbol{Y})=\boldsymbol{L}^{\mathrm{T}}\mathrm{Cov}(\boldsymbol{Y},\boldsymbol{Y})\boldsymbol{L}=\sigma^2\boldsymbol{L}^{\mathrm{T}}\boldsymbol{L},$$
$$\mathrm{Var}(\boldsymbol{C}^{\mathrm{T}}\hat{\boldsymbol{\beta}})=\boldsymbol{C}^{\mathrm{T}}\mathrm{Cov}(\hat{\boldsymbol{\beta}},\hat{\boldsymbol{\beta}})\boldsymbol{C}=\sigma^2\boldsymbol{C}^{\mathrm{T}}(\boldsymbol{X}^{\mathrm{T}}\boldsymbol{X})^{-1}\boldsymbol{C},$$

及

$$\begin{aligned}0&\leqslant\|\boldsymbol{L}-\boldsymbol{X}(\boldsymbol{X}^{\mathrm{T}}\boldsymbol{X})^{-1}\boldsymbol{C}\|^2\\&=[\boldsymbol{L}-\boldsymbol{X}(\boldsymbol{X}^{\mathrm{T}}\boldsymbol{X})^{-1}\boldsymbol{C}]^{\mathrm{T}}[\boldsymbol{L}-\boldsymbol{X}(\boldsymbol{X}^{\mathrm{T}}\boldsymbol{X})^{-1}\boldsymbol{C}]\\&=\boldsymbol{L}^{\mathrm{T}}\boldsymbol{L}-\boldsymbol{L}^{\mathrm{T}}\boldsymbol{X}(\boldsymbol{X}^{\mathrm{T}}\boldsymbol{X})^{-1}\boldsymbol{C}-\boldsymbol{C}^{\mathrm{T}}(\boldsymbol{X}^{\mathrm{T}}\boldsymbol{X})^{-1}\boldsymbol{X}^{\mathrm{T}}\boldsymbol{L}+\boldsymbol{C}^{\mathrm{T}}(\boldsymbol{X}^{\mathrm{T}}\boldsymbol{X})^{-1}\boldsymbol{X}^{\mathrm{T}}\boldsymbol{X}(\boldsymbol{X}^{\mathrm{T}}\boldsymbol{X})^{-1}\boldsymbol{C}\\&=\boldsymbol{L}^{\mathrm{T}}\boldsymbol{L}-\boldsymbol{C}^{\mathrm{T}}(\boldsymbol{X}^{\mathrm{T}}\boldsymbol{X})^{-1}\boldsymbol{C}-\boldsymbol{C}^{\mathrm{T}}(\boldsymbol{X}^{\mathrm{T}}\boldsymbol{X})^{-1}\boldsymbol{C}+\boldsymbol{C}^{\mathrm{T}}(\boldsymbol{X}^{\mathrm{T}}\boldsymbol{X})^{-1}\boldsymbol{C}\\&=\boldsymbol{L}^{\mathrm{T}}\boldsymbol{L}-\boldsymbol{C}^{\mathrm{T}}(\boldsymbol{X}^{\mathrm{T}}\boldsymbol{X})^{-1}\boldsymbol{C}.\end{aligned}$$

因此得到

$$\mathrm{Var}(\boldsymbol{C}^{\mathrm{T}}\hat{\boldsymbol{\beta}})\leqslant\mathrm{Var}(\boldsymbol{T}). \tag{4.3.14}$$

由于 $\boldsymbol{T}$ 是 $\boldsymbol{C}^{\mathrm{T}}\boldsymbol{\beta}$ 的任一线性无偏估计,所以 $\boldsymbol{C}^{\mathrm{T}}\hat{\boldsymbol{\beta}}$ 是 $\boldsymbol{C}^{\mathrm{T}}\boldsymbol{\beta}$ 的最好线性无偏估计.

Guass - Markov 定理指出,$\boldsymbol{C}^{\mathrm{T}}\hat{\boldsymbol{\beta}}$ 在 $\boldsymbol{C}^{\mathrm{T}}\boldsymbol{\beta}$ 的一切线性无偏估计中是方差最小的,但在 $\boldsymbol{C}^{\mathrm{T}}\boldsymbol{\beta}$ 的一切无偏估计中并不一定方差最小. 如果在正态性条件式(4.1.7)下,$\boldsymbol{C}^{\mathrm{T}}\hat{\boldsymbol{\beta}}$ 还是一致最小方差无偏估计.

性质4 在正态性条件(4.1.7)下,$\boldsymbol{C}^{\mathrm{T}}\hat{\boldsymbol{\beta}}$ 是 $\boldsymbol{C}^{\mathrm{T}}\boldsymbol{\beta}$ 的一致最小方差无偏估计.

证明 由式(4.1.7),$\boldsymbol{\varepsilon}\sim N(\boldsymbol{0},\sigma^2\boldsymbol{I}_n)$,可得 $\boldsymbol{Y}\sim N(\boldsymbol{X}\boldsymbol{\beta},\sigma^2\boldsymbol{I}_n)$,由定义1.11,$\boldsymbol{Y}$ 有密度函数

$$\begin{aligned}f(\boldsymbol{Y};\boldsymbol{\beta},\sigma^2)&=(2\pi\sigma^2)^{-n/2}\exp\left[-\frac{1}{2\sigma^2}(\boldsymbol{Y}-\boldsymbol{X}\boldsymbol{\beta})^{\mathrm{T}}(\boldsymbol{Y}-\boldsymbol{X}\boldsymbol{\beta})\right]\\&=(2\pi\sigma^2)^{-n/2}\exp\left(-\frac{1}{2\sigma^2}\boldsymbol{Y}^{\mathrm{T}}\boldsymbol{Y}+\frac{\boldsymbol{\beta}^{\mathrm{T}}}{\sigma^2}\boldsymbol{X}^{\mathrm{T}}\boldsymbol{Y}-\frac{1}{2\sigma^2}\boldsymbol{\beta}^{\mathrm{T}}\boldsymbol{X}^{\mathrm{T}}\boldsymbol{X}\boldsymbol{\beta}\right)\\&=(2\pi\sigma^2)^{-n/2}\exp[\theta_1T_1(\boldsymbol{Y})+\boldsymbol{\theta}_2{}^{\mathrm{T}}\boldsymbol{T}_2(\boldsymbol{Y})]\exp\left[\frac{1}{4\theta_1}\boldsymbol{\theta}_2{}^{\mathrm{T}}\boldsymbol{X}^{\mathrm{T}}\boldsymbol{X}\boldsymbol{\theta}_2\right],\end{aligned} \tag{4.3.15}$$

其中

$$\theta_1=-\frac{1}{2\sigma^2},\quad \boldsymbol{\theta}_2=\frac{\boldsymbol{\beta}}{\sigma^2},\quad T_1(\boldsymbol{Y})=\boldsymbol{Y}^{\mathrm{T}}\boldsymbol{Y},\quad \boldsymbol{T}_2(\boldsymbol{Y})=\boldsymbol{X}^{\mathrm{T}}\boldsymbol{Y}.$$

由定义1.13,这是一个指数族,参数空间

$$\{(\sigma^2,\boldsymbol{\beta}):0<\sigma^2<\infty,\boldsymbol{\beta}=(\beta_0,\beta_1,\cdots,\beta_k)^{\mathrm{T}},-\infty<\beta_i<\infty,i=0,1,\cdots,k\},$$

显然包含一个 $k+2$ 维矩形,而 $\boldsymbol{\theta}=(\theta_1,\boldsymbol{\theta}_2)^{\mathrm{T}}$ 的值域

$$\left\{(-\frac{1}{2\sigma^2},\frac{\beta_0}{\sigma^2},\frac{\beta_1}{\sigma^2},\cdots,\frac{\beta_k}{\sigma^2}):0<\sigma^2<\infty,-\infty<\beta_i<\infty,i=0,1,\cdots,k\right\}$$

包含有 $k+2$ 维开集，由定理1.14，$\boldsymbol{T}=(\boldsymbol{T}_1,\boldsymbol{T}_2)$ 是 $(\sigma^2,\boldsymbol{\beta})$ 的充分完备统计量，而

$$\boldsymbol{C}^{\mathrm{T}}\hat{\boldsymbol{\beta}}=\boldsymbol{C}^{\mathrm{T}}(\boldsymbol{X}^{\mathrm{T}}\boldsymbol{X})^{-1}\boldsymbol{X}^{\mathrm{T}}\boldsymbol{Y}=\boldsymbol{C}^{\mathrm{T}}(\boldsymbol{X}^{\mathrm{T}}\boldsymbol{X})^{-1}\boldsymbol{T}_2,$$

为 $\boldsymbol{T}=(\boldsymbol{T}_1(\boldsymbol{y}),\boldsymbol{T}_2(\boldsymbol{y}))$ 的函数，且是 $\boldsymbol{C}^{\mathrm{T}}\boldsymbol{\beta}$ 的无偏估计，因此是 $\boldsymbol{C}^{\mathrm{T}}\boldsymbol{\beta}$ 的一致最小方差无偏估计.

三、σ^2 的估计

由最小二乘估计原理可以知道，在线性模型 $(\boldsymbol{Y},\boldsymbol{X\beta},\sigma^2\boldsymbol{I}_n)$ 中，$\boldsymbol{\beta}$ 用它的最小二乘估计 $\hat{\boldsymbol{\beta}}$ 代替时，$\|\boldsymbol{Y}-\boldsymbol{X\beta}\|^2$ 达到最小. 记

$$\hat{\boldsymbol{Y}}=\boldsymbol{X}\hat{\boldsymbol{\beta}}$$

表示 n 个试验点处 $\boldsymbol{Y}$ 的回归值，

$$\hat{\boldsymbol{\varepsilon}}=\boldsymbol{Y}-\hat{\boldsymbol{Y}}=\boldsymbol{Y}-\boldsymbol{X}\hat{\boldsymbol{\beta}}$$

表示实际观测值 $\boldsymbol{Y}$ 与它的回归值 $\hat{\boldsymbol{Y}}$ 之差，称为**残差**. 关于残差 $\hat{\boldsymbol{\varepsilon}}$ 有如下性质.

性质5 (1) $\mathrm{E}(\hat{\boldsymbol{\varepsilon}})=\boldsymbol{0}$; (4.3.16)

(2) $\mathrm{Cov}(\hat{\boldsymbol{\varepsilon}},\hat{\boldsymbol{\varepsilon}})=\sigma^2[\boldsymbol{I}_n-\boldsymbol{X}(\boldsymbol{X}^{\mathrm{T}}\boldsymbol{X})^{-1}\boldsymbol{X}^{\mathrm{T}}]$; (4.3.17)

(3) $\mathrm{Cov}(\hat{\boldsymbol{\beta}},\hat{\boldsymbol{\varepsilon}})=\boldsymbol{0}$. (4.3.18)

证明 式(4.3.16)显然成立. 为证其余两式，我们改写 $\hat{\boldsymbol{\varepsilon}}$ 为

$$\begin{aligned}\hat{\boldsymbol{\varepsilon}}&=\boldsymbol{Y}-\boldsymbol{X}\hat{\boldsymbol{\beta}}=\boldsymbol{Y}-\boldsymbol{X}(\boldsymbol{X}^{\mathrm{T}}\boldsymbol{X})^{-1}\boldsymbol{X}^{\mathrm{T}}\boldsymbol{Y}\\&=[\boldsymbol{I}_n-\boldsymbol{X}(\boldsymbol{X}^{\mathrm{T}}\boldsymbol{X})^{-1}\boldsymbol{X}^{\mathrm{T}}]\boldsymbol{Y}\triangleq\boldsymbol{AY},\end{aligned}$$

这里

$$\boldsymbol{A}=\boldsymbol{I}_n-\boldsymbol{X}(\boldsymbol{X}^{\mathrm{T}}\boldsymbol{X})^{-1}\boldsymbol{X}^{\mathrm{T}}. \tag{4.3.19}$$

不难验证 $\boldsymbol{A}$ 是对称幂等阵

$$\boldsymbol{A}^{\mathrm{T}}=\boldsymbol{A},\quad \boldsymbol{A}^2=\boldsymbol{A}. \tag{4.3.20}$$

故由式(4.3.9)

$$\begin{aligned}\mathrm{Cov}(\hat{\boldsymbol{\varepsilon}},\hat{\boldsymbol{\varepsilon}})&=\mathrm{Cov}(\boldsymbol{AY},\boldsymbol{AY})=\boldsymbol{A}\mathrm{Cov}(\boldsymbol{Y},\boldsymbol{Y})\boldsymbol{A}^{\mathrm{T}}\\&=\sigma^2\boldsymbol{AA}^{\mathrm{T}}=\sigma^2\boldsymbol{A}=\sigma^2[\boldsymbol{I}_n-\boldsymbol{X}(\boldsymbol{X}^{\mathrm{T}}\boldsymbol{X})^{-1}\boldsymbol{X}^{\mathrm{T}}];\\\mathrm{Cov}(\hat{\boldsymbol{\beta}},\hat{\boldsymbol{\varepsilon}})&=\mathrm{Cov}[(\boldsymbol{X}^{\mathrm{T}}\boldsymbol{X})^{-1}\boldsymbol{X}^{\mathrm{T}}\boldsymbol{Y},\boldsymbol{AY}]\\&=(\boldsymbol{X}^{\mathrm{T}}\boldsymbol{X})^{-1}\boldsymbol{X}^{\mathrm{T}}\mathrm{Cov}(\boldsymbol{Y},\boldsymbol{Y})\boldsymbol{A}^{\mathrm{T}}\\&=\sigma^2(\boldsymbol{X}^{\mathrm{T}}\boldsymbol{X})^{-1}\boldsymbol{X}^{\mathrm{T}}\boldsymbol{A}=\boldsymbol{0}.\end{aligned}$$

下面给出最小二乘估计 $\hat{\boldsymbol{\beta}}$ 与残差 $\hat{\boldsymbol{\varepsilon}}$ 的几何意义. 如果把某个随机变量的 n 个观测值看成是 n 维欧氏空间中的一个向量，在此空间中，向量 $\boldsymbol{Y}=(y_1,\cdots,y_n)^{\mathrm{T}}$ 的长度定义为 $\|\boldsymbol{Y}\|=\sqrt{\boldsymbol{Y}^{\mathrm{T}}\boldsymbol{Y}}=\sqrt{\sum_{i=1}^{n}y_i^2}$，两个向量 $\boldsymbol{Y}_1,\boldsymbol{Y}_2$ 之间的距离定义为 $\|\boldsymbol{Y}_1-\boldsymbol{Y}_2\|$.

记设计矩阵 $\boldsymbol{X}$ 的列向量为 $\boldsymbol{X}_0=(1,\cdots,1)^{\mathrm{T}}$，$\boldsymbol{X}_i=(x_{1i},\cdots,x_{ni})^{\mathrm{T}}$，$i=1,\cdots,k$，是 n 维欧氏空间中 $k+1$ 个向量，它们的线性组合全体构成 n 维空间的一个线性子空间，记为 $\mathscr{L}(\boldsymbol{X})$. 对任一 $\hat{\boldsymbol{\beta}}=(\hat{\beta}_0,\hat{\beta}_1,\cdots,\hat{\beta}_k)^{\mathrm{T}}$，$\boldsymbol{X\beta}\in\mathscr{L}(\boldsymbol{X})$. 因此由式(4.3.2)，求 $\boldsymbol{\beta}$ 的最小二乘估计 $\hat{\boldsymbol{\beta}}$，就是在 $\mathscr{L}(\boldsymbol{X})$ 中寻找一个向量 $\boldsymbol{X}\hat{\boldsymbol{\beta}}$，使得相应的 $\hat{\boldsymbol{\varepsilon}}$ 长度最短，这仅当 $\boldsymbol{X}\hat{\boldsymbol{\beta}}$ 是 $\boldsymbol{Y}$ 在 $\mathscr{L}(\boldsymbol{X})$ 中的投影时才能达到，如图4.10所示. 由 $\boldsymbol{X}\hat{\boldsymbol{\beta}}=\boldsymbol{X}(\boldsymbol{X}^{\mathrm{T}}\boldsymbol{X})^{-1}\boldsymbol{X}^{\mathrm{T}}\boldsymbol{Y}$，可以称

$$\boldsymbol{P}=\boldsymbol{X}(\boldsymbol{X}^{\mathrm{T}}\boldsymbol{X})^{-1}\boldsymbol{X}^{\mathrm{T}} \tag{4.3.21}$$

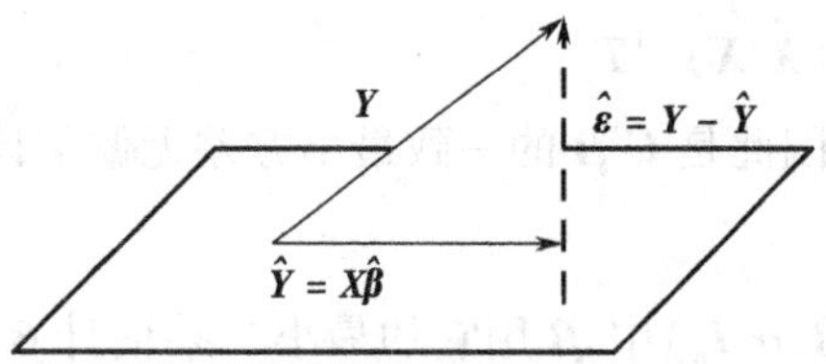

图 4.10 最小二乘估计的几何解释

为空间 $\mathscr{L}(\boldsymbol{X})$ 上的**投影阵**(Projective Matrix),或**帽子阵**(Hat Matrix). 容易看出,投影阵 $\boldsymbol{P}$ 是对称的,$\boldsymbol{P}^{\mathrm{T}}=\boldsymbol{P}$;幂等的,$\boldsymbol{P}^2=\boldsymbol{P}$.

当 $\hat{\boldsymbol{\beta}}$ 是 $\boldsymbol{\beta}$ 的最小二乘估计时,$\hat{\boldsymbol{\varepsilon}}$ 表示 $\boldsymbol{Y}$ 到 $\mathscr{L}(\boldsymbol{X})$ 的垂线,(4.3.18)表示 $\hat{\boldsymbol{Y}}$ 与 $\hat{\boldsymbol{\varepsilon}}$ 互相垂直.

类似于式(4.2.19),记 Q_e 为残差向量 $\hat{\boldsymbol{\varepsilon}}$ 的长度平方,即

$$Q_e=\|\hat{\boldsymbol{\varepsilon}}\|^2=\hat{\boldsymbol{\varepsilon}}^{\mathrm{T}}\hat{\boldsymbol{\varepsilon}}$$

称为残差平方和,显然由式(4.3.19)有

$$\begin{aligned}Q_e&=\hat{\boldsymbol{\varepsilon}}^{\mathrm{T}}\hat{\boldsymbol{\varepsilon}}=(\boldsymbol{Y}-\boldsymbol{X}\hat{\boldsymbol{\beta}})^{\mathrm{T}}(\boldsymbol{Y}-\boldsymbol{X}\hat{\boldsymbol{\beta}})=(\boldsymbol{AY})^{\mathrm{T}}(\boldsymbol{AY})\\&=\boldsymbol{Y}^{\mathrm{T}}\boldsymbol{AY}=\boldsymbol{Y}^{\mathrm{T}}\boldsymbol{Y}-\boldsymbol{Y}^{\mathrm{T}}\boldsymbol{X}(\boldsymbol{X}^{\mathrm{T}}\boldsymbol{X})^{-1}(\boldsymbol{X}^{\mathrm{T}}\boldsymbol{X})(\boldsymbol{X}^{\mathrm{T}}\boldsymbol{X})^{-1}\boldsymbol{X}^{\mathrm{T}}\boldsymbol{Y}\\&=\boldsymbol{Y}^{\mathrm{T}}\boldsymbol{Y}-\hat{\boldsymbol{\beta}}^{\mathrm{T}}\boldsymbol{X}^{\mathrm{T}}\boldsymbol{X}\hat{\boldsymbol{\beta}}=\boldsymbol{Y}^{\mathrm{T}}\boldsymbol{Y}-\hat{\boldsymbol{Y}}^{\mathrm{T}}\boldsymbol{X}\hat{\boldsymbol{\beta}}=\boldsymbol{Y}^{\mathrm{T}}\boldsymbol{Y}-\hat{\boldsymbol{Y}}^{\mathrm{T}}\hat{\boldsymbol{Y}},\end{aligned}\tag{4.3.22}$$

上式说明残差向量 $\hat{\boldsymbol{\varepsilon}}$ 与估计向量 $\hat{\boldsymbol{Y}}$ 的长度平方和等于观测向量 $\boldsymbol{Y}$ 的长度平方,同时也给出了 Q_e 的不同表达式.

残差 $\hat{\boldsymbol{\varepsilon}}$ 与随机误差 σ^2 有关,因此用 $Q_e=\|\hat{\boldsymbol{\varepsilon}}\|^2$ 作为 σ^2 的估计是合理的. 为证明残差平方和 Q_e 与 σ^2 的无偏估计之间关系,要用到以下三个结果,请读者自己验证.

(1)设 n 维随机向量 $\boldsymbol{Y}$,有 $\mathrm{E}(\boldsymbol{Y})=\boldsymbol{a}$,$\mathrm{Cov}(\boldsymbol{Y},\boldsymbol{Y})=\sigma^2\boldsymbol{I}_n$,$\boldsymbol{A}$ 为 n 阶对称常数阵,则

$$\mathrm{E}(\boldsymbol{Y}^{\mathrm{T}}\boldsymbol{AY})=\boldsymbol{a}^{\mathrm{T}}\boldsymbol{Aa}+\sigma^2\mathrm{tr}(\boldsymbol{A}),\tag{4.3.23}$$

这里记号 $\mathrm{tr}(\boldsymbol{A})\triangleq\sum_{i=1}^{n}a_{ii}$ 表示 n 阶矩阵 $\boldsymbol{A}$ 的**迹**(Trace).

(2)设 $\boldsymbol{A},\boldsymbol{B}$ 是两个使乘积 $\boldsymbol{AB},\boldsymbol{BA}$ 都为方阵的矩阵,则

$$\mathrm{tr}(\boldsymbol{AB})=\mathrm{tr}(\boldsymbol{BA}).\tag{4.3.24}$$

特别有 $\mathrm{tr}(\boldsymbol{AA}^{\mathrm{T}})=\mathrm{tr}(\boldsymbol{A}^{\mathrm{T}}\boldsymbol{A})$, $\mathrm{tr}(\boldsymbol{ab}^{\mathrm{T}})=\mathrm{tr}(\boldsymbol{b}^{\mathrm{T}}\boldsymbol{a})=\boldsymbol{b}^{\mathrm{T}}\boldsymbol{a}$(这里 $\boldsymbol{a},\boldsymbol{b}$ 表示两个列向量).

(3) $\mathrm{tr}(\boldsymbol{A}+\boldsymbol{B})=\mathrm{tr}(\boldsymbol{A})+\mathrm{tr}(\boldsymbol{B})$. (4.3.25)

性质 6 记

$$\hat{\sigma}^2=\frac{Q_e}{n-k-1},\tag{4.3.26}$$

称为**残差方差**(Residual Variance),则有

$$\mathrm{E}(\hat{\sigma}^2)=\sigma^2.\tag{4.3.27}$$

证明 由式(4.3.22)、(4.3.23)及(4.3.24)有

$$\begin{aligned}\mathrm{E}(Q_e)&=\mathrm{E}(\boldsymbol{Y}^{\mathrm{T}}\boldsymbol{AY})\\&=\boldsymbol{\beta}^{\mathrm{T}}\boldsymbol{X}^{\mathrm{T}}[\boldsymbol{I}_n-\boldsymbol{X}(\boldsymbol{X}^{\mathrm{T}}\boldsymbol{X})^{-1}\boldsymbol{X}^{\mathrm{T}}]\boldsymbol{X\beta}+\sigma^2\mathrm{tr}[\boldsymbol{I}_n-\boldsymbol{X}(\boldsymbol{X}^{\mathrm{T}}\boldsymbol{X})^{-1}\boldsymbol{X}^{\mathrm{T}}]\\&=\sigma^2\mathrm{tr}[\boldsymbol{I}_n-\boldsymbol{X}(\boldsymbol{X}^{\mathrm{T}}\boldsymbol{X})^{-1}\boldsymbol{X}^{\mathrm{T}}]\\&=\sigma^2\{n-\mathrm{tr}[\boldsymbol{X}(\boldsymbol{X}^{\mathrm{T}}\boldsymbol{X})^{-1}\boldsymbol{X}^{\mathrm{T}}]\}\\&=\sigma^2[n-\mathrm{tr}(\boldsymbol{I}_{k+1})]=\sigma^2(n-k-1),\end{aligned}$$

由此即得

$$\mathrm{E}(\hat{\sigma}^2)=\mathrm{E}\left(\frac{Q_e}{n-k-1}\right)=\sigma^2.$$

为求出残差平方和 Q_e 的分布,我们还需假定线性回归模型($\boldsymbol{Y},\boldsymbol{X\beta},\sigma^2\boldsymbol{I}_n$)满足正态条件(4.1.7),由此可以得到比性质 1 更强的结论.

性质 7 在正态性条件(4.1.7)下,

(1)$\hat{\boldsymbol{\beta}},\hat{\boldsymbol{\varepsilon}}$ 相互独立,且 $\hat{\boldsymbol{\beta}}\sim N(\boldsymbol{\beta},\sigma^2\boldsymbol{S}^{-1})$,$\hat{\boldsymbol{\varepsilon}}\sim N(\boldsymbol{0},\sigma^2\boldsymbol{A})$;

(2)$\hat{\boldsymbol{\beta}},Q_e$ 相互独立;

(3)$\dfrac{Q_e}{\sigma^2}\sim\chi^2(n-k-1)$.

证明 由性质 1、2 及 5,(1)与(2)显然成立. 下面主要证明(3). 由式(4.3.22)有

$$\begin{aligned}Q_e&=\boldsymbol{Y}^{\mathrm{T}}\boldsymbol{AY}=(\boldsymbol{X\beta}+\boldsymbol{\varepsilon})^{\mathrm{T}}\boldsymbol{A}(\boldsymbol{X\beta}+\boldsymbol{\varepsilon})\\&=\boldsymbol{\beta}^{\mathrm{T}}\boldsymbol{X}^{\mathrm{T}}\boldsymbol{AX\beta}+\boldsymbol{\beta}^{\mathrm{T}}\boldsymbol{X}^{\mathrm{T}}\boldsymbol{A\varepsilon}+\boldsymbol{\varepsilon}^{\mathrm{T}}\boldsymbol{AX\beta}+\boldsymbol{\varepsilon}^{\mathrm{T}}\boldsymbol{A\varepsilon},\end{aligned}$$

注意到 $\boldsymbol{A}=\boldsymbol{I}_n-\boldsymbol{X}(\boldsymbol{X}^{\mathrm{T}}\boldsymbol{X})^{-1}\boldsymbol{X}^{\mathrm{T}}$,容易验证

$$\boldsymbol{\beta}^{\mathrm{T}}\boldsymbol{X}^{\mathrm{T}}\boldsymbol{AX\beta}=\boldsymbol{0};$$
$$\boldsymbol{\beta}^{\mathrm{T}}\boldsymbol{X}^{\mathrm{T}}\boldsymbol{A}=\boldsymbol{AX\beta}=\boldsymbol{0}.$$

因此

$$Q_e=\boldsymbol{\varepsilon}^{\mathrm{T}}\boldsymbol{A\varepsilon},\tag{4.3.28}$$

可见残差平方和 Q_e 是随机误差 $\boldsymbol{\varepsilon}$ 的二次型.

由式(4.3.20),矩阵 $\boldsymbol{A}$ 是对称幂等阵,因此一定存在一个 $\boldsymbol{n}$ 阶正交阵 $\boldsymbol{\Gamma}$,使 $\boldsymbol{A}=\boldsymbol{\Gamma}^{\mathrm{T}}\boldsymbol{\Lambda\Gamma}$,其中 $\boldsymbol{\Lambda}=\mathrm{diag}(\lambda_1,\cdots,\lambda_n)$,$\lambda_1,\cdots,\lambda_n$ 是 $\boldsymbol{A}$ 的特征根,且 λ_i 非 0 即 1,非零个数为 $\mathrm{rk}(\boldsymbol{A})=\mathrm{tr}(\boldsymbol{A})=n-k-1$,不妨设为 $\lambda_1=\cdots=\lambda_{n-k-1}=1$,即 $\boldsymbol{\Lambda}=\begin{pmatrix}\boldsymbol{I}_{n-k-1}&\boldsymbol{0}\\\boldsymbol{0}&\boldsymbol{0}\end{pmatrix}$. 记 $\boldsymbol{e}=\boldsymbol{\Gamma\varepsilon}/\sigma$,由设 $\boldsymbol{\varepsilon}\sim N(\boldsymbol{0},\sigma^2\boldsymbol{I}_n)$ 及 $\boldsymbol{\Gamma}$ 的正交性可知 $\boldsymbol{e}\sim N(\boldsymbol{0},\boldsymbol{I}_n)$,即 $\boldsymbol{e}=(\boldsymbol{e}_1,\cdots,\boldsymbol{e}_n)^{\mathrm{T}}$ 中每个分量 $\boldsymbol{e}_i$ 独立,都服从 $N(0,1)$,故由式(4.3.28)可得

$$\frac{Q_e}{\sigma^2}=\left(\frac{\boldsymbol{\varepsilon}}{\sigma}\right)^{\mathrm{T}}\boldsymbol{\Gamma}^{\mathrm{T}}\boldsymbol{\Gamma\Lambda\Gamma}^{\mathrm{T}}\boldsymbol{\Gamma}\left(\frac{\boldsymbol{\varepsilon}}{\sigma}\right)=\boldsymbol{e}^{\mathrm{T}}\boldsymbol{\Lambda e}=\sum_{i=1}^{n-k-1}e_i^2\sim\chi^2(n-k-1).$$

性质 8 若 $\boldsymbol{\varepsilon}\sim N(\boldsymbol{0},\sigma^2\boldsymbol{I}_n)$,则 $\boldsymbol{\beta}$ 的最小二乘估计 $\hat{\boldsymbol{\beta}}$ 也是 $\boldsymbol{\beta}$ 的极大似然估计,σ^2 的极大似然估计为 $\dfrac{Q_e}{n}$.

证明 由式(4.3.15)可得 $\boldsymbol{\beta},\sigma^2$ 的对数似然函数

$$\ln L(\boldsymbol{\beta},\sigma^2)=-\frac{n}{2}\ln 2\pi-\frac{n}{2}\ln\sigma^2-\frac{1}{2\sigma^2}(\boldsymbol{Y}-\boldsymbol{X\beta})^{\mathrm{T}}(\boldsymbol{Y}-\boldsymbol{X\beta}),$$

因此

$$\begin{cases}\dfrac{\partial\ln L}{\partial\boldsymbol{\beta}}=-\dfrac{1}{2\sigma^2}(-2\boldsymbol{X}^{\mathrm{T}}\boldsymbol{Y}+2\boldsymbol{X}^{\mathrm{T}}\boldsymbol{X\beta});\\[2mm]\dfrac{\partial\ln L}{\partial\sigma^2}=-\dfrac{n}{2\sigma^2}+\dfrac{1}{2\sigma^4}(\boldsymbol{Y}-\boldsymbol{X\beta})^{\mathrm{T}}(\boldsymbol{Y}-\boldsymbol{X\beta}),\end{cases}$$

令它们为零,解得$\boldsymbol{\beta},\sigma^2$的极大似然估计为

$$\hat{\boldsymbol{\beta}}_L=(\boldsymbol{X}^{\mathrm{T}}\boldsymbol{X})^{-1}\boldsymbol{X}^{\mathrm{T}}\boldsymbol{Y};$$

$$\hat{\sigma}_L^2=\frac{1}{n}(\boldsymbol{Y}-\boldsymbol{X}\hat{\boldsymbol{\beta}}_L)^{\mathrm{T}}(\boldsymbol{Y}-\boldsymbol{X}\hat{\boldsymbol{\beta}}_L)=\frac{Q_e}{n}.$$

例 4.7 用天平称物体的质量有一定的误差,为提高精度,常将一个物体称若干次后取其平均值. 若同时称几个物体,则可以适当安排一个称量方案,在不增加称量总次数的情况下,增加每一物体重复称量的次数,从而提高称量的精度. 现有 4 个物体 A,B,C,D,质量分别为β_1,β_2,β_3,β_4,按以下方案称重.

β_1	β_2	β_3	β_4	y
1	1	1	1	y_1
1	1	−1	−1	y_2
1	−1	1	−1	y_3
1	−1	−1	1	y_4

其中 1 表示物体放在天平左边,−1 表示放在右边,y_i是使天平达到平衡时右边所加砝码的重量,仍以ε_i表示各次称量时的随机误差,则有

$$\begin{pmatrix}y_1\\y_2\\y_3\\y_4\end{pmatrix}=\begin{pmatrix}1&1&1&1\\1&1&-1&-1\\1&-1&1&-1\\1&-1&-1&1\end{pmatrix}\begin{pmatrix}\beta_1\\\beta_2\\\beta_3\\\beta_4\end{pmatrix}+\begin{pmatrix}\varepsilon_1\\\varepsilon_2\\\varepsilon_3\\\varepsilon_4\end{pmatrix},$$

因此,可用式(4.3.6)求出$\beta_1,\beta_2,\beta_3,\beta_4$的最小二乘估计,这里

$$\boldsymbol{S}=\boldsymbol{X}^{\mathrm{T}}\boldsymbol{X}=\begin{pmatrix}4&0&0&0\\0&4&0&0\\0&0&4&0\\0&0&0&4\end{pmatrix},\qquad \boldsymbol{X}^{\mathrm{T}}\boldsymbol{Y}=\begin{pmatrix}y_1+y_2+y_3+y_4\\y_1+y_2-y_3-y_4\\y_1-y_2+y_3-y_4\\y_1-y_2-y_3+y_4\end{pmatrix}.$$

由于$\boldsymbol{S}$为对角阵,故立即可得

$$\hat{\boldsymbol{\beta}}=\begin{pmatrix}\hat{\beta}_1\\\hat{\beta}_2\\\hat{\beta}_3\\\hat{\beta}_4\end{pmatrix}=\boldsymbol{S}^{-1}\boldsymbol{X}^{\mathrm{T}}\boldsymbol{Y}=\begin{pmatrix}\frac{1}{4}(y_1+y_2+y_3+y_4)\\\frac{1}{4}(y_1+y_2-y_3-y_4)\\\frac{1}{4}(y_1-y_2+y_3-y_4)\\\frac{1}{4}(y_1-y_2-y_3+y_4)\end{pmatrix}.$$

此例说明,当$\boldsymbol{S}$为对角阵时,求$\hat{\boldsymbol{\beta}}$的计算将大大简化. 如何适当选取试验点,使得到的试验结果含有最多的信息,而且数学上处理方便,这是一个非常实际的问题. **试验设计**(Design of

Experiments)就是研究这方面问题的一个数理统计分支. 由于这个例子中的设计矩阵 $\boldsymbol{X}$,具有任意不同的二列相互正交(内积为零)的性质,因而使得 $\boldsymbol{S}$ 为对角阵,称这种试验为**正交**(Orthgonal)的. 有关回归试验设计的更多内容可参阅文献[12].

四、线性回归模型的中心化处理

为理论上及应用上的方便,需要考虑线性回归模型(4.1.3)的中心化处理问题. 所谓中心化处理,即是对 n 次观测值$(x_{i1},\cdots,x_{ik};y_i)$,$i=1,\cdots,n$,在求出每个变量的平均值$(\bar{x}_1,\cdots,\bar{x}_k;\bar{y})$后,用新的数据$(x_{i1}-\bar{x}_1,\cdots,x_{ik}-\bar{x}_k;y_i-\bar{y})$,$i=1,\cdots,n$ 来估计模型(4.1.3)中的回归系数. 由式(4.1.3),这些新数据满足关系式

$$\begin{cases} y_1-\bar{y}=\tilde{\beta}_0+\beta_1(x_{11}-\bar{x}_1)+\cdots+\beta_k(x_{1k}-\bar{x}_k)+\varepsilon_1; \\ \cdots \\ y_n-\bar{y}=\tilde{\beta}_0+\beta_1(x_{n1}-\bar{x}_1)+\cdots+\beta_k(x_{nk}-\bar{x}_k)+\varepsilon_n, \end{cases} \tag{4.3.29}$$

其中 $\tilde{\beta}_0=\beta_0+\beta_1\bar{x}_1+\cdots+\beta_k\bar{x}_k-\bar{y}$. 记

$$\tilde{\boldsymbol{X}}=\begin{pmatrix} x_{11}-\bar{x}_1 & \cdots & x_{1k}-\bar{x}_k \\ \vdots & & \vdots \\ x_{n1}-\bar{x}_1 & \cdots & x_{nk}-\bar{x}_k \end{pmatrix}, \qquad \tilde{\boldsymbol{Y}}=\begin{pmatrix} y_1-\bar{y} \\ \vdots \\ y_n-\bar{y} \end{pmatrix}, \tag{4.3.30}$$

为不致引进过多的记号,记

$$\boldsymbol{\beta}_1=(\beta_1,\cdots,\beta_k)^{\mathrm{T}},$$

如此线性回归模型(4.1.3)成为

$$\tilde{\boldsymbol{Y}}=\tilde{\beta}_0\mathbf{1}+\tilde{\boldsymbol{X}}\boldsymbol{\beta}_1+\boldsymbol{\varepsilon}=(\mathbf{1}\quad\tilde{\boldsymbol{X}})\begin{pmatrix}\tilde{\beta}_0 \\ \boldsymbol{\beta}_1\end{pmatrix}+\boldsymbol{\varepsilon}, \tag{4.3.31}$$

其中 $\mathbf{1}=(1,\cdots,1)^{\mathrm{T}}$ 是所有分量都为 1 的列向量. 容易验证

$$\mathbf{1}^{\mathrm{T}}\tilde{\boldsymbol{X}}=\mathbf{0}, \tag{4.3.32}$$

称满足条件(4.3.32)的设计矩阵为**中心化的**,自然也有 $\mathbf{1}^{\mathrm{T}}\tilde{\boldsymbol{Y}}=\mathbf{0}$.

对线性回归模型(4.3.31),利用式(4.3.6)可得 $\tilde{\beta}_0$ 和 $\boldsymbol{\beta}_1$ 的最小二乘估计

$$\begin{aligned}\begin{pmatrix}\hat{\tilde{\beta}}_0 \\ \hat{\boldsymbol{\beta}}_1\end{pmatrix}&=[(\mathbf{1}\quad\tilde{\boldsymbol{X}})^{\mathrm{T}}(\mathbf{1}\quad\tilde{\boldsymbol{X}})]^{-1}(\mathbf{1}\quad\tilde{\boldsymbol{X}})^{\mathrm{T}}\tilde{\boldsymbol{Y}} \\ &=\begin{pmatrix} n & \mathbf{0} \\ \mathbf{0} & \tilde{\boldsymbol{X}}^{\mathrm{T}}\tilde{\boldsymbol{X}}\end{pmatrix}^{-1}\begin{pmatrix}0 \\ \tilde{\boldsymbol{X}}^{\mathrm{T}}\tilde{\boldsymbol{Y}}\end{pmatrix}=\begin{pmatrix}\frac{1}{n} & \mathbf{0} \\ \mathbf{0} & (\tilde{\boldsymbol{X}}^{\mathrm{T}}\tilde{\boldsymbol{X}})^{-1}\end{pmatrix}\begin{pmatrix}0 \\ \tilde{\boldsymbol{X}}^{\mathrm{T}}\tilde{\boldsymbol{Y}}\end{pmatrix}.\end{aligned}$$

故知

$$\begin{cases}\hat{\tilde{\beta}}_0=0; \\ \hat{\boldsymbol{\beta}}_1=(\tilde{\boldsymbol{X}}^{\mathrm{T}}\tilde{\boldsymbol{X}})^{-1}\tilde{\boldsymbol{X}}^{\mathrm{T}}\tilde{\boldsymbol{Y}}.\end{cases}$$

因此不妨直接考虑下列中心化线性回归模型

$$\tilde{\boldsymbol{Y}}=\tilde{\boldsymbol{X}}\boldsymbol{\beta}_1+\boldsymbol{\varepsilon} \tag{4.3.33}$$

在一元线性回归模型中,式(4.2.11)表明经验回归直线必然通过散点图的重心. 多元线性回归模型也应有此性质,即

$$y-\bar{y}=\hat{\beta}_1(x_1-\bar{x}_1)+\cdots+\hat{\beta}_k(x_k-\bar{x}_k). \tag{4.3.34}$$

实际上,由式(4.3.6)给出的$\boldsymbol{\beta}$最小二乘估计$\hat{\boldsymbol{\beta}}$满足正规方程组(4.3.4),上式就是其中应该满足的第一个式子,这也与(4.3.29)中的$\tilde{\beta}_0$一致.

由于$\tilde{\boldsymbol{X}}^{\mathrm{T}}\tilde{Y}=\tilde{X}^{\mathrm{T}}(Y-\mathbf{1}\bar{y})=\tilde{\boldsymbol{X}}^{\mathrm{T}}\boldsymbol{Y}$,故

$$\hat{\boldsymbol{\beta}}_1=(\tilde{\boldsymbol{X}}^{\mathrm{T}}\tilde{\boldsymbol{X}})^{-1}\tilde{\boldsymbol{X}}^{\mathrm{T}}\tilde{\boldsymbol{Y}}=(\tilde{\boldsymbol{X}}^{\mathrm{T}}\tilde{\boldsymbol{X}})^{-1}\tilde{\boldsymbol{X}}^{\mathrm{T}}\boldsymbol{Y}, \tag{4.3.35}$$

$$\mathrm{Cov}(\hat{\boldsymbol{\beta}}_1,\hat{\boldsymbol{\beta}}_1)=\sigma^2(\tilde{\boldsymbol{X}}^{\mathrm{T}}\tilde{\boldsymbol{X}})^{-1}. \tag{4.3.36}$$

以上讨论说明,基于式(4.1.3)与基于式(4.3.33)得到的回归系数$\boldsymbol{\beta}$的最小二乘估计是一致的,它们的差别在于前者突出了常数项β_0的地位.实际上,β_0可看作与因变量的度量起点有关,而回归系数β_j则反映了y随自变量x_j而变化的大小,二者性质不同.因此在处理回归分析问题时,常有必要将它们分别对待.为书写方便,我们仍将式(4.3.33)记为

$$\boldsymbol{Y}=\boldsymbol{X\beta}+\boldsymbol{\varepsilon}.$$

当有必要时,将会指出所考虑的模型是否中心化的.

另外,由式(4.3.34),有

$$\hat{y}_i-\bar{y}=\hat{\beta}_1(x_{i1}-\bar{x}_1)+\cdots+\hat{\beta}_k(x_{ik}-\bar{x}_k),i=1,2,\cdots,n,$$

由此显然可得

$$\sum_{i=1}^{n}(\hat{y}_i-\bar{y})=0,$$

或

$$\sum_{i=1}^{n}\hat{y}_i=\sum_{i=1}^{n}\bar{y}_i \tag{4.3.37}$$

例4.8 某种水泥在凝固时放出的热量y(cal/g),与水泥中下列4种化学成分有关:

x_1: $3CaO\cdot Al_3O_3$的成分(%);

x_2: $3CaO\cdot SiO_2$的成分(%);

x_3: $4CaO\cdot Al_2O_3\cdot Fe_3O_3$的成分(%);

x_4: $2CaO\cdot SiO_2$的成分(%).

现记录了13组观测数据,列在表4.3中.求y关于这些自变量x_1,x_2,x_3,x_4的线性回归模型

$$\hat{y}=\hat{\beta}_0+\hat{\beta}_1x_1+\hat{\beta}_2x_2+\hat{\beta}_3x_3+\hat{\beta}_4x_4.$$

解 这是一个被广泛引用的经典例子,最早出现在A. Hald于1952年的著作中.首先计算各个变量的样本平均值,由表中数据可以算出

$$\bar{x}_1=7.462,\quad \bar{x}_2=48.154,\quad \bar{x}_3=11.769,\quad \bar{x}_4=30.000,\quad \bar{y}=95.423.$$

然后进行中心化处理,并计算正规方程组的系数矩阵$\tilde{\boldsymbol{S}}$:

表4.3 水泥凝固试验数据表

编号	x_1	x_2	x_3	x_4	y
1	7	26	6	60	78.5
2	1	29	15	52	74.3
3	11	56	8	20	104.3
4	11	31	8	47	87.6

续表

编号	x_1	x_2	x_3	x_4	y
5	7	52	6	33	95.9
6	11	55	9	22	109.2
7	3	71	17	6	102.7
8	1	31	22	44	72.5
9	2	54	18	22	93.1
10	21	47	4	26	115.9
11	1	40	23	34	83.8
12	11	66	9	12	113.3
13	10	68	8	12	109.4

$$\widetilde{\boldsymbol{S}}=\widetilde{\boldsymbol{X}}^{\mathrm{T}}\widetilde{X}=(S_{ij})=\begin{pmatrix}415.23 & 251.08 & -372.62 & -290.00\\ * & 2905.69 & -166.54 & -3041.00\\ * & * & 492.31 & 38.00\\ * & * & * & 3362.00\end{pmatrix},$$

其中“ * ”表示相应的对称元素. 再计算正规方程组的常数列向量 $\widetilde{\boldsymbol{X}}^{\mathrm{T}}\widetilde{Y}=(S_{10},S_{20},\cdots,S_{k0})^{\mathrm{T}}$,得到

$$S_{10}=775.96,\quad S_{20}=2292.95,\quad S_{30}=-618.23,\quad S_{40}=-2481.70.$$

解正规方程组 $\hat{\boldsymbol{\beta}}=\widetilde{\boldsymbol{S}}^{-1}\widetilde{\boldsymbol{X}}^{\mathrm{T}}\widetilde{\boldsymbol{Y}}$ 得

$$\hat{\beta}_1=1.551\,1,\quad \hat{\beta}_2=0.510\,2,\quad \hat{\beta}_3=0.101\,9,\quad \hat{\beta}_4=-0.144\,1,$$

$$\hat{\beta}_0=\bar{y}-\sum\hat{\beta}_i\bar{x}_i=62.405\,4,$$

最后得到经验回归方程为

$$\hat{y}=62.405\,4+1.551\,1x_1+0.510\,2x_2+0.101\,9x_3-0.144\,1x_4.$$

我们将在附录中给出这个例子较详细的计算.

***五、广义最小二乘估计**

在线性回归模型$(\boldsymbol{Y},\boldsymbol{X\beta},\sigma^2\boldsymbol{I}_n)$中,我们假定了各次观测是独立进行的,即

$$\mathrm{Cov}(\boldsymbol{Y},\boldsymbol{Y})=\sigma^2\boldsymbol{I}_n.$$

但在许多问题中并非如此. 考虑更一般的情况

$$\mathrm{Cov}(\boldsymbol{Y},\boldsymbol{Y})=\sigma^2\boldsymbol{V},\tag{4.3.38}$$

其中 $\boldsymbol{V}$ 是已知的对称阵,且$|\boldsymbol{V}|\neq0$,将相应线性回归模型记为$(\boldsymbol{Y},\boldsymbol{X\beta},\sigma^2\boldsymbol{V})$. 为了求$(\boldsymbol{Y},\boldsymbol{X\beta},\sigma^2\boldsymbol{V})$中未知参数$\boldsymbol{\beta},\sigma^2$的最小二乘估计,作变换 $\boldsymbol{Z}=\boldsymbol{V}^{-1/2}\boldsymbol{Y},\boldsymbol{U}=\boldsymbol{V}^{-1/2}\boldsymbol{X}$,那么

$$\mathrm{E}(\boldsymbol{Z})=\mathrm{E}(\boldsymbol{V}^{-1/2}\boldsymbol{Y})=\boldsymbol{V}^{-1/2}\mathrm{E}(\boldsymbol{Y})=\boldsymbol{V}^{-1/2}\boldsymbol{X\beta}=\boldsymbol{U\beta},$$

$$\mathrm{Cov}(\boldsymbol{Z},\boldsymbol{Z})=\mathrm{Cov}(\boldsymbol{V}^{-1/2}\boldsymbol{Y},\boldsymbol{V}^{-1/2}\boldsymbol{Y})=\sigma^2\boldsymbol{V}^{-1/2}\cdot\boldsymbol{V}\cdot\boldsymbol{V}^{-1/2}=\sigma^2\boldsymbol{I}_n.$$

如此,线性回归模型$(\boldsymbol{Y},\boldsymbol{X\beta},\sigma^2\boldsymbol{V})$便化为$(\boldsymbol{Z},\boldsymbol{U\beta},\sigma^2\boldsymbol{I}_n)$,这是前面讨论过的情况. 由式(4.3.4)可得正规方程组

$$\boldsymbol{U}^{\mathrm{T}}\boldsymbol{U\beta}=\boldsymbol{U}^{\mathrm{T}}\boldsymbol{Z},$$

或

$$\boldsymbol{X}^{\mathrm{T}}\boldsymbol{V}^{-1}\boldsymbol{X\beta}=\boldsymbol{X}^{\mathrm{T}}\boldsymbol{V}^{-1}\boldsymbol{Y}.$$

此正规方程的解

$$\hat{\boldsymbol{\beta}} = (\boldsymbol{X}^{\mathrm{T}}\boldsymbol{V}^{-1}\boldsymbol{X})^{-1}\boldsymbol{X}^{\mathrm{T}}\boldsymbol{V}^{-1}\boldsymbol{Y} \tag{4.3.39}$$

就是$\boldsymbol{\beta}$的最小二乘估计,称为**广义最小二乘估计**(Generalized Least Squares Estimator).由式(4.3.11)有

$$\mathrm{Cov}(\hat{\boldsymbol{\beta}},\hat{\boldsymbol{\beta}}) = \sigma^2(\boldsymbol{U}^{\mathrm{T}}\boldsymbol{U})^{-1} = \sigma^2(\boldsymbol{X}^{\mathrm{T}}\boldsymbol{V}^{-1}\boldsymbol{X})^{-1}, \tag{4.3.40}$$

残差平方和为

$$\begin{aligned}\|\boldsymbol{Z}-\boldsymbol{U}\hat{\boldsymbol{\beta}}\|^2 &= \|\boldsymbol{V}^{-1/2}\boldsymbol{Y}-\boldsymbol{V}^{-1/2}\boldsymbol{X}(\boldsymbol{X}^{\mathrm{T}}\boldsymbol{V}^{-1}\boldsymbol{X})^{-1}\boldsymbol{X}^{\mathrm{T}}\boldsymbol{V}^{-1}\boldsymbol{Y}\|^2 \\ &= \boldsymbol{Y}^{\mathrm{T}}\boldsymbol{V}^{-1}\boldsymbol{Y}-\boldsymbol{Y}^{\mathrm{T}}\boldsymbol{V}^{-1}\boldsymbol{X}(\boldsymbol{X}^{\mathrm{T}}\boldsymbol{V}^{-1}\boldsymbol{X})^{-1}\boldsymbol{X}^{\mathrm{T}}\boldsymbol{V}^{-1}\boldsymbol{Y} \\ &= \boldsymbol{Y}^{\mathrm{T}}\boldsymbol{V}^{-1}\boldsymbol{Y}-\boldsymbol{Y}^{\mathrm{T}}\boldsymbol{V}^{-1}\boldsymbol{X}\hat{\boldsymbol{\beta}}.\end{aligned}$$

由此可见,模型$(\boldsymbol{Y},\boldsymbol{X\beta},\sigma^2\boldsymbol{I}_n)$与$(\boldsymbol{Y},\boldsymbol{X\beta},\sigma^2\boldsymbol{V})$的本质差异在于正规方程组的计算.

例 4.9 设随机变量X的分布函数$G(X)$有如下形式

$$G(x) = F\left(\frac{x-\mu}{\sigma}\right), \qquad S>0,$$

相应的分布密度有关系

$$g(x) = \frac{1}{\sigma}f\left(\frac{x-\mu}{\sigma}\right),$$

其中μ,σ分别是分布的位置参数和尺度参数.因此随机变量$Y=\dfrac{X-\mu}{\sigma}$有分布密度$f(y)$,它不含未知参数.正态分布、均匀分布、两参数指数分布、极值分布等都是这种情况.

设$X_1,X_2,\cdots,X_n$是随机变量X的n次观测,$X_{(1)}\leqslant X_{(2)}\leqslant\cdots\leqslant X_{(n)}$是次序统计量,那么

$$Y_{(i)} = \frac{X_{(i)}-\mu}{\sigma}, \quad i=1,\cdots,n$$

是Y的次序统计量,由于Y的分布不依赖于任何未知参数,因此可以求得

$$\mathrm{E}(Y_{(i)}) = m_i, \quad i=1,\cdots,n,$$

$$\mathrm{Cov}(Y_{(i)},Y_{(j)}) = V_{ij}, \quad i,j=1,\cdots,n,$$

而

$$\mathrm{E}(X_{(i)}) = \mu+\sigma m_i, \quad i=1,\cdots,n, \tag{4.3.41}$$

$$\mathrm{Cov}(X_{(i)},X_{(j)}) = \sigma^2 V_{ij}, \quad i,j=1,\cdots,n. \tag{4.3.42}$$

记

$$\boldsymbol{X}=(X_{(1)},\cdots,X_{(n)})^{\mathrm{T}}, \quad \boldsymbol{m}=(m_1,\cdots,m_n)^{\mathrm{T}}, \boldsymbol{1}=(1,\cdots,1)^{\mathrm{T}}, \quad \boldsymbol{V}=(V_{ij})_{n\times n},$$

一般$|\boldsymbol{V}|\neq 0$.式(4.3.41)、(4.3.42)分别成为

$$\mathrm{E}(\boldsymbol{X}) = \mu\boldsymbol{1}+\sigma\boldsymbol{m} = \boldsymbol{A\theta},$$

$$\mathrm{Cov}(\boldsymbol{X},\boldsymbol{X}) = \sigma^2\boldsymbol{V},$$

其中$\boldsymbol{A}=(\boldsymbol{1}\boldsymbol{m})_{n\times 2}$,$\boldsymbol{\theta}^{\mathrm{T}}=(\mu,\sigma)$.因此由式(4.3.39)可得$\boldsymbol{\theta}$的广义最小二乘估计

$$\hat{\boldsymbol{\theta}} = (\boldsymbol{A}^{\mathrm{T}}\boldsymbol{V}^{-1}\boldsymbol{A})^{-1}\boldsymbol{A}^{\mathrm{T}}\boldsymbol{V}^{-1}\boldsymbol{X}. \tag{4.3.43}$$

式(4.3.40)给出$\hat{\boldsymbol{\theta}}$的协方差阵为

$$\sigma^2(\boldsymbol{A}^{\mathrm{T}}\boldsymbol{V}^{-1}\boldsymbol{A})^{-1}, \tag{4.3.44}$$

其中

$$\boldsymbol{A}^{\mathrm{T}}\boldsymbol{V}^{-1}\boldsymbol{A}=\begin{pmatrix}\boldsymbol{1}^{\mathrm{T}}\\ \boldsymbol{m}^{\mathrm{T}}\end{pmatrix}\boldsymbol{V}^{-1}(\boldsymbol{1m})=\begin{pmatrix}\boldsymbol{1}^{\mathrm{T}}\boldsymbol{V}^{-1}\boldsymbol{1} & \boldsymbol{1}^{\mathrm{T}}\boldsymbol{V}^{-1}\boldsymbol{m}\\ \boldsymbol{m}^{\mathrm{T}}\boldsymbol{V}^{-1}\boldsymbol{1} & \boldsymbol{m}^{\mathrm{T}}\boldsymbol{V}^{-1}\boldsymbol{m}\end{pmatrix}.$$

记 $\Delta=|\boldsymbol{A}^{\mathrm{T}}\boldsymbol{V}^{-1}\boldsymbol{A}|$，表示 $\boldsymbol{A}^{\mathrm{T}}\boldsymbol{V}^{-1}\boldsymbol{A}$ 的行列式，则有

$$(\boldsymbol{A}^{\mathrm{T}}\boldsymbol{V}^{-1}\boldsymbol{A})^{-1}=\frac{1}{\Delta}\begin{pmatrix}\boldsymbol{m}^{\mathrm{T}}\boldsymbol{V}^{-1}\boldsymbol{m} & -\boldsymbol{m}^{\mathrm{T}}\boldsymbol{V}^{-1}\boldsymbol{1}\\ -\boldsymbol{1}^{\mathrm{T}}\boldsymbol{V}^{-1}\boldsymbol{m} & \boldsymbol{1}^{\mathrm{T}}\boldsymbol{V}^{-1}\boldsymbol{1}\end{pmatrix},$$

所以

$$\begin{aligned}\hat{\boldsymbol{\theta}}&=\frac{1}{\Delta}\begin{pmatrix}\boldsymbol{m}^{\mathrm{T}}\boldsymbol{V}^{-1}\boldsymbol{m} & -\boldsymbol{m}^{\mathrm{T}}\boldsymbol{V}^{-1}\boldsymbol{1}\\ -\boldsymbol{1}^{\mathrm{T}}\boldsymbol{V}^{-1}\boldsymbol{m} & \boldsymbol{1}^{\mathrm{T}}\boldsymbol{V}^{-1}\boldsymbol{1}\end{pmatrix}\begin{pmatrix}\boldsymbol{1}^{\mathrm{T}}\boldsymbol{V}^{-1}\\ \boldsymbol{m}^{\mathrm{T}}\boldsymbol{V}^{-1}\end{pmatrix}X\\&=\frac{1}{\Delta}\begin{pmatrix}\boldsymbol{m}^{\mathrm{T}}\boldsymbol{V}^{-1}\boldsymbol{m}\boldsymbol{1}^{\mathrm{T}}\boldsymbol{V}^{-1}-\boldsymbol{m}^{\mathrm{T}}\boldsymbol{V}^{-1}\boldsymbol{1}\boldsymbol{m}^{\mathrm{T}}\boldsymbol{V}^{-1}\\ -\boldsymbol{1}^{\mathrm{T}}\boldsymbol{V}^{-1}\boldsymbol{m}\boldsymbol{1}^{\mathrm{T}}\boldsymbol{V}^{-1}+\boldsymbol{1}^{\mathrm{T}}\boldsymbol{V}^{-1}\boldsymbol{1}\boldsymbol{m}^{\mathrm{T}}\boldsymbol{V}^{-1}\end{pmatrix}X,\end{aligned}$$

或

$$\hat{\boldsymbol{\mu}}=-\boldsymbol{m}^{\mathrm{T}}\boldsymbol{\Gamma X},\hat{\boldsymbol{\sigma}}=\boldsymbol{1}^{\mathrm{T}}\boldsymbol{\Gamma X},$$

其中

$$\boldsymbol{\Gamma}=\frac{\boldsymbol{V}^{-1}(\boldsymbol{1m}^{\mathrm{T}}-\boldsymbol{m1}^{\mathrm{T}})\boldsymbol{V}^{-1}}{\Delta}$$

是反对称阵，又由式(4.3.44)

$$\mathrm{Cov}(\hat{\mu},\hat{\mu})=\sigma^2\frac{\boldsymbol{m}^{\mathrm{T}}\boldsymbol{V}^{-1}\boldsymbol{m}}{\Delta},\quad \mathrm{Cov}(\hat{\sigma},\hat{\sigma})=\sigma^2\frac{\boldsymbol{1}^{\mathrm{T}}\boldsymbol{V}^{-1}\boldsymbol{1}}{\Delta},\quad \mathrm{Cov}(\hat{\mu},\hat{\sigma})=-\sigma^2\frac{\boldsymbol{1}^{\mathrm{T}}\boldsymbol{V}^{-1}\boldsymbol{m}}{\Delta}.$$

§4.4 多元线性回归模型的假设检验

一、回归显著性检验

上一节我们讨论了线性模型中未知参数 $\boldsymbol{\beta},\sigma^2$ 的估计问题. 但是在实际应用中，事先并不能断定随机变量 y 与一组自变量 $x_1,x_2,\cdots,x_k$ 之间确有线性关系，我们只是对它们作了 y 服从线性模型$(\boldsymbol{Y},\boldsymbol{X\beta},\sigma^2\boldsymbol{I}_n)$的假定. 尽管这种假定有时是有根据的，但有时却是为了计算简单，且作为一种近似而设的. 实际上，只要有可能和必要，应当研究线性模型的形式是否正确，用 n 次试验数据$(x_{i1},\cdots,x_{ik},y_i)$，$i=1,\cdots,n$，进行回归显著性检验是一种重要的途径. 如果由这些试验数据，按式(4.3.6)得到回归系数 $\beta_1,\beta_2,\cdots,\beta_k$ 的估计 $\hat{\beta}_1,\hat{\beta}_2,\cdots,\hat{\beta}_k$，有 $\hat{\beta}_i\approx 0$，$i=1,\cdots,k$，这表明 $x_1,x_2,\cdots,x_k$ 与 y 的线性关系很弱，这时经验回归方程

$$\hat{y}=\hat{\beta}_0+\hat{\beta}_1x_1+\cdots+\hat{\beta}_kx_k \tag{4.4.1}$$

也就没有什么实际意义. 与一元线性回归模型类似，我们需要考虑假设

$$H_0:\beta_1=\cdots=\beta_k=0 \tag{4.4.2}$$

的检验问题.

如果通过检验不能拒绝假设(4.4.2)，则表明线性回归模型(4.1.1)不合适或拟合效果不好，这可能由于对 y 有显著影响的自变量，没有包含在自变量 $x_1,x_2,\cdots,x_k$ 中，因此使得模型误差很大；也可能由于回归函数不是线性的，需作进一步的研究. 如果经检验，假设(4.4.2)被拒

绝了,则可以认为所选自变量的全体对 y 确有影响,因而线性回归方程(4.1.1)有一定意义.对假设(4.4.2)的检验称为回归显著性检验.类似于一元情况,我们考虑平方和分解.

首先考察 y 取值的变化情况.一般地,$y_1,y_2,\cdots,y_n$不可能完全相同,我们用

$$S_{yy}=\sum_{i=1}^{n}(y_i-\bar{y})^2=(\boldsymbol{Y}-\boldsymbol{1}\bar{y})^{\mathrm{T}}(\boldsymbol{Y}-\boldsymbol{1}\bar{y})=\|\boldsymbol{Y}-\boldsymbol{1}\bar{y}\|^2 \tag{4.4.3}$$

表示 y 取值的波动,其中 $\bar{y}=\dfrac{1}{n}\sum\limits_{i=1}^{n}y_i$是 y 取值的平均,S_{yy}称为总变差平方和.y 取值为什么会有波动呢?一方面是各组自变量取值$(x_{i1},x_{i2},\cdots,x_{ik})$,$i=1,\cdots,n$,不全相同,既然 y 与 $x_1,x_2,\cdots,x_k$可能有关,这就导致 $y_1,y_2,\cdots,y_n$的不同;其次是随机误差及其他仅考虑 $x_1,x_2,\cdots,x_k$与 y 的线性关系时的非线性误差的存在.我们可以把总变差平方和分解为两部分

$$S_{yy}=\|\boldsymbol{Y}-\boldsymbol{1}\bar{y}\|^2=\|\boldsymbol{Y}-\hat{\boldsymbol{Y}}\|^2+\|\hat{\boldsymbol{Y}}-\boldsymbol{1}\bar{y}\|^2\triangleq Q_e+U, \tag{4.4.4}$$

(4.4.4)称为**平方和分解公式**.显然,

$$Q_e=\|\boldsymbol{Y}-\hat{\boldsymbol{Y}}\|^2$$

就是残差平方和,

$$U=\|\hat{\boldsymbol{Y}}-\boldsymbol{1}\bar{y}\|^2=\sum_{i=1}^{n}(\hat{y}_i-\bar{y})^2$$

表示回归值 $\hat{y}_i$的波动,称为**回归平方和**(Sum of Squares of Regression).

事实上,

$$\begin{aligned}S_{yy}&=\|\boldsymbol{Y}-\boldsymbol{1}\bar{y}\|^2=\|(\boldsymbol{Y}-\hat{\boldsymbol{Y}})+(\hat{\boldsymbol{Y}}-\boldsymbol{1}\bar{y})\|^2\\&=\|\boldsymbol{Y}-\hat{\boldsymbol{Y}}\|^2+\|\hat{\boldsymbol{Y}}-\boldsymbol{1}\bar{y}\|^2+2(\boldsymbol{Y}-\hat{\boldsymbol{Y}})^{\mathrm{T}}(\hat{\boldsymbol{Y}}-\boldsymbol{1}\bar{y}),\end{aligned}$$

引用式(4.3.19)及(4.3.21)的记号,显然 $\boldsymbol{AP}=\boldsymbol{0}$,而(4.3.37)说明$(\boldsymbol{Y}-\hat{\boldsymbol{Y}})^{\mathrm{T}}\boldsymbol{1}=\boldsymbol{0}$.因此

$$\begin{aligned}(\boldsymbol{Y}-\hat{\boldsymbol{Y}})^{\mathrm{T}}(\hat{\boldsymbol{Y}}-1\bar{y})&=(\boldsymbol{Y}-\hat{\boldsymbol{Y}})^{\mathrm{T}}\hat{\boldsymbol{Y}}-(\boldsymbol{Y}-\hat{\boldsymbol{Y}})^{\mathrm{T}}\boldsymbol{1}\bar{y}\\&=\{[\boldsymbol{I}_n-\boldsymbol{X}(\boldsymbol{X}^{\mathrm{T}}\boldsymbol{X})^{-1}\boldsymbol{X}^{\mathrm{T}}]\boldsymbol{Y}\}^{\mathrm{T}}[\boldsymbol{X}(\boldsymbol{X}^{\mathrm{T}}\boldsymbol{X})^{-1}\boldsymbol{X}^{\mathrm{T}}\boldsymbol{Y}]-(\boldsymbol{Y}-\hat{\boldsymbol{Y}})^{\mathrm{T}}\boldsymbol{1}\bar{y}\\&=\boldsymbol{Y}^{\mathrm{T}}\boldsymbol{APY}-(\boldsymbol{Y}-\hat{\boldsymbol{Y}})^{\mathrm{T}}\boldsymbol{1}\bar{y}=0,\end{aligned}$$

于是得到

$$S_{yy}=Q_e+U.$$

引用中心化线性回归模型的记号,还可得到回归平方和的其他表示:

$$\begin{aligned}U&=\|\hat{\boldsymbol{Y}}-\boldsymbol{1}\bar{y}\|^2=\|\tilde{\boldsymbol{X}}\hat{\boldsymbol{\beta}}_1\|^2=\hat{\boldsymbol{\beta}}_1^{\mathrm{T}}\tilde{\boldsymbol{X}}^{\mathrm{T}}\tilde{\boldsymbol{X}}\hat{\boldsymbol{\beta}}_1\\&=\boldsymbol{Y}^{\mathrm{T}}\tilde{\boldsymbol{X}}(\tilde{\boldsymbol{X}}^{\mathrm{T}}\tilde{\boldsymbol{X}})^{-1}\tilde{\boldsymbol{X}}^{\mathrm{T}}\boldsymbol{Y}=\hat{\boldsymbol{\beta}}_1^{\mathrm{T}}\tilde{\boldsymbol{X}}^{\mathrm{T}}\tilde{\boldsymbol{Y}}=\sum_{i=1}^{k}\hat{\beta}_iS_{i0},\end{aligned} \tag{4.4.5}$$

其中

$$S_{i0}=\sum_{l=1}^{n}(x_{li}-\bar{x}_i)(y_l-\bar{y}),i=1,2,\cdots,k.$$

这样,可以通过比较回归平方和 U 与残差平方和 Q_e的大小,来检验假设(4.4.2)是否成立.如果回归平方和 U 比误差平方和 Q_e大得多,则回归影响是显著的,这时应该拒绝假设(4.4.2);否则,即认为回归影响不显著,因此不拒绝假设(4.4.2).

在正态性假定(4.1.7)下,由上节最小二乘估计性质 7,$\dfrac{Q_e}{\sigma^2}\sim\chi^2(n-k-1)$,若原假设(4.4.

2)成立,则有

$$\frac{S_{yy}}{\sigma^2}\sim\chi^2(n-1).$$

由式(4.1.8)可知,$\mathrm{rk}(\widetilde{X})=k$,因此 $\mathrm{rk}(\widetilde{X}(\widetilde{X}^{\mathrm{T}}\widetilde{X})^{-1}\widetilde{X}^{\mathrm{T}})=k$. 注意到式(4.4.5),故由 Cochran 定理

$$\frac{U}{\sigma^2}\sim\chi^2(k),$$

且 U,Q_e相互独立,所以

$$F=\frac{U/k}{Q_e/(n-k-1)}\sim F(k,n-k-1), \tag{4.4.6}$$

即 F 可作为假设(4.4.2)的检验统计量. 对给定的显著性水平 α,若 $F>F_{1-\alpha}(k,n-k-1)$,拒绝假设(4.4.2),认为线性回归模型(4.1.3)或(4.3.33)有一定意义;若 $F<F_{1-\alpha}(k,n-k-1)$,就认为回归模型没有意义.

我们也可考虑

$$R^2=\frac{U}{S_{yy}}, \tag{4.4.7}$$

称 R 为**(全)相关系数**(Multiple Correction Coeffcient)或**复决定系数**(Multiple Coeffcient of Determination),它刻画了全体自变量 $x_1,x_2,\cdots,x_k$对于因变量 y 的线性相关程度. R^2越大,越接近于1,说明上述线性相关程度越显著,R^2可作为衡量回归方程总效果的一个数量指标.

另一个经常出现在统计软件中的指标是

$$R_a^2=1-\frac{Q_e/(n-k-1)}{S_{yy}/(n-1)}, \tag{4.4.8}$$

称为**调整的**(Adjusted)复决定系数. R_a^2考虑了样本大小 n 及回归系数 β 的维数 k 的影响,它总是小于 R^2. 更重要的是不会由于往模型中增加越来越多的自变量,使得 R_a^2接近于1. 因此,有人更愿意以较为保守的 R_a^2作为模型适应性的度量.

式(4.4.6)、(4.4.7)和(4.4.8)有下面的关系

$$F=\frac{n-k-1}{k}\frac{R^2}{1-R^2},$$

$$R_a^2=1-\frac{n-1}{n-k-1}(1-R^2).$$

这里要特别指出,拒绝假设(4.4.2),只是说明 y 对所有自变量 $x_1,x_2,\cdots,x_k$的全体有线性相关关系,线性回归方程有一定意义. 即使这样,也可能 y 与某个自变量 x_i并没有密切关系,或者 x_i对 y 的影响可被其他自变量代替. 因此,还需进一步考虑单个回归系数是否为零的检验.

二、回归系数的显著性检验

现在讨论上面提出的问题,考虑检验假设

$$H_{0i}:\beta_i=0. \tag{4.4.9}$$

在正态性假定(4.1.7)下,由最小二乘估计性质 7 可知 $\hat{\beta}_i\sim N(\beta_i,\sigma^2c_{ii})$,其中 c_{ii}如式(4.3.12)定义,且 $\hat{\beta}_i$与 Q_e相互独立. 因此

$$T=\frac{\hat{\beta}_i-\beta_i}{\sqrt{c_{ii}}}\bigg/\sqrt{\frac{Q_e}{n-k-1}}\sim t(n-k-1),$$

或等价地有

$$F=\frac{(\hat{\beta}_i-\beta_i)^2}{c_{ii}}\bigg/\frac{Q_e}{n-k-1}\sim F(1,n-k-1).$$

在假设(4.4.9)成立时，我们有

$$T=\frac{\hat{\beta}_i}{\sqrt{c_{ii}}}\bigg/\sqrt{\frac{Q_e}{n-k-1}}\sim t(n-k-1),\tag{4.4.10}$$

或

$$F=\frac{\hat{\beta}_i^2}{c_{ii}}\bigg/\frac{Q_e}{n-k-1}\sim F(1,n-k-1)\tag{4.4.11}$$

对给定的显著性水平 α，若 $|T|>t_{1-\alpha/2}(n-k-1)$（或 $F>F_{1-\alpha}(1,n-k-1)$），则拒绝假设(4.4.9)，即认为自变量 x_i 对 y 有显著影响，称 x_i 为显著因子；否则，不拒绝假设(4.4.9)，即不应在线性模型中选入这个自变量，得到一个更简单的线性回归方程.

例 4.10 对例 4.8 建立的线性回归方程进行检验.

解 (1)回归显著性检验.

首先求出总变差平方和 $S_{yy}=\sum\limits_{i=1}^{4}(y_i-\bar{y})^2=2\ 715.76$. 例 4.8 中已求得 $\hat{\beta}_i, S_{i0}, i=1,2,3,4$，故由式(4.4.5)可得回归平方和

$$U=\sum_{i=1}^{4}\hat{\beta}_iS_{i0}=2\ 667.84.$$

而残差平方和为

$$Q_e=S_{yy}-U=47.92,$$

因此，回归显著性检验统计量 F 的观测值为

$$F=\frac{U/k}{Q_e/(n-k-1)}=111.5,$$

也可求出全相关系数及调整的复决定系数

$$R^2=\frac{U}{S_{yy}}=0.982\ 4,\quad R_a^2=0.973\ 6.$$

对显著性水平 $\alpha=0.05$，查附表 4 得 $F_{0.95}(4,8)=3.84$，由于 $F>F_{0.95}(4,8)$，计算得到的 p 值为 4.756e−07，故回归效果显著.

(2)回归系数的显著性检验.

例 4.8 中已求得经中心化处理后的正规方程组的系数矩阵 $\tilde{S}$，因此对称阵

$$\tilde{S}^{-1}=(c_{ij})=\begin{pmatrix}0.092\ 763 & 0.085\ 736 & 0.096\ 291 & 0.084\ 504\\ * & 0.087\ 607 & 0.087\ 917 & 0.085\ 644\\ * & * & 0.095\ 255 & 0.086\ 441\\ * & * & * & 0.084\ 076\end{pmatrix},$$

即 $c_{11}=0.092\ 763, c_{22}=0.087\ 607, c_{33}=0.095\ 255, c_{44}=0.084\ 076$，各回归系数显著性检验的

统计量观测值分别为 $t_1=2.083$, $t_2=0.705$, $t_3=0.135$, $t_4=-0.203$. 对显著性水平 $\alpha=0.05$, 经查附表 3 可得 $t_{0.975}(8)=2.306$, 由于各 t_i 均小于此临界值, 计算得到的 p 值分别为 0.070 8, 0.500 9, 0.895 9, 0.844 1, 可见各个自变量的影响皆不显著.

三、偏回归平方和

从例 4.10 看到了一种似乎矛盾的现象: 各个自变量对 y 的影响皆不显著, 但总的回归效果却是显著的, 这是由于各自变量之间密切相关造成的. 所谓某个自变量对 y 的影响, 是指从回归方程剔除了这个自变量后所造成的影响. 如果两个自变量, 例如 x_1 和 x_2, 的关系密切, x_1 对 y 的影响基本上能被 x_2 所代表, 那么在回归方程中即使没有自变量 x_1 也没有关系; 同样, 在回归方程中保留 x_1, 剔除 x_2, 也不会影响回归的显著性. 因此有必要考虑每一个自变量在回归平方和中所作的贡献, 即在剔除了这个自变量后, 回归平方和将会减少多少, 称回归平方和的减少部分为 y 对这个自变量的**偏回归平方和**(Partial Sum of Squares).

如果在线性回归方程(4.4.1)中剔除了自变量 x_i, 我们不能简单地抹去这一项而得到

$$\hat{y}=\hat{\beta}_0+\hat{\beta}_1x_1+\cdots+\hat{\beta}_{i-1}x_{i-1}+\hat{\beta}_{i+1}x_{i+1}+\cdots+\hat{\beta}_kx_k,$$

应该重新估计回归系数, 建立新的回归方程

$$\hat{y}^*=\hat{\beta}_0^*+\hat{\beta}_1^*x_1+\cdots+\hat{\beta}_{i-1}^*x_{i-1}+\hat{\beta}_{i+1}^*x_{i+1}+\cdots+\hat{\beta}_k^*x_k. \tag{4.4.12}$$

一般地, $\hat{\beta}_j^*\neq\hat{\beta}_j$. 可以证明 $\hat{\beta}_j^*$ 与 $\hat{\beta}_j$ 之间有以下关系

$$\hat{\beta}_j^*=\hat{\beta}_j-\frac{c_{ij}}{c_{ii}}\hat{\beta}_i,\quad j\neq i, \tag{4.4.13}$$

$$\hat{\beta}_0^*=-\sum_{j\neq i}\hat{\beta}_j^*\bar{x}_j, \tag{4.4.14}$$

其中 c_{ij} 为 $\boldsymbol{S}^{-1}=(\boldsymbol{X}'\boldsymbol{X})^{-1}$ 的元素.

为方便起见, 我们讨论中心化模型下偏回归平方和的意义. 若以 U'_i 表示剔除自变量 x_i 后的回归平方和, 即 $U'_i=\sum\limits_{j\neq i}\hat{\beta}_j^*S_{j0}$, 则 y 对 x_i 的偏回归平方和为

$$U_i=U-U'_i=\sum_{j=1}^{k}\hat{\beta}_jS_{j0}-\sum_{j=1,j\neq i}^{k}\hat{\beta}_j^*S_{j0}, \tag{4.4.15}$$

由式(4.4.13)有

$$U_i=\sum_{j=1}^{k}\hat{\beta}_jS_{j0}-\sum_{j=1,j\neq i}^{k}\hat{\beta}_jS_{j0}+\frac{\hat{\beta}_i}{c_{ii}}\sum_{j=1,j\neq i}^{k}c_{ij}S_{j0}=\frac{\hat{\beta}_i}{c_{ii}}\sum_{j=1}^{k}c_{ij}S_{j0}.$$

注意到式(4.3.6), 若将 $\hat{\boldsymbol{\beta}}$ 的各分量写出来, 就是 $\hat{\beta}_i=\sum\limits_{j=1}^{k}c_{ij}S_{j0}$, 因此

$$U_i=\frac{\hat{\beta}_i^2}{c_{ii}}. \tag{4.4.16}$$

可见, 回归系数显著性检验的 F 统计量(4.4.11)的分子就是偏回归平方和.

综上所述, 在用式(4.4.11)给出的 F 统计量对每个回归系数进行显著性检验时, 凡是偏回归平方和大的变量, 一定是显著的; 凡是偏回归平方和小的变量, 却不一定不显著. 但是可以肯定, 偏回归平方和最小的那个变量, 必然是所有变量中对 y 影响最小的一个. 假如相应的回归系数检验又不显著, 那就可以将这个变量剔除. 剔除一个变量后, 得重新计算回归系数及偏回归平方和, 一般它们的大小都会有所改变, 所以对它们应重新检验.

例 4.11 由例 4.8 及例 4.10 的结果可以求出各变量的偏回归平方和. 按式(4.4.16)计算得到

$$U_1 = 25.936\ 1,\ U_2 = 2.970\ 1, U_3 = 0.109\ 0,\ U_4 = 0.247\ 0.$$

可见 U_3 为最小,例 4.10 的回归系数显著性检验又说明 x_3 对 y 的影响最小,且是不显著变量,故可将 x_3 剔除. 按式(4.4.13)重新计算新的回归系数

$$\hat{\beta}_1^* = \hat{\beta}_1 - \frac{c_{13}}{c_{33}}\hat{\beta}_3 = 1.451\ 9,$$

$$\hat{\beta}_2^* = \hat{\beta}_2 - \frac{c_{23}}{c_{33}}\hat{\beta}_3 = 0.416\ 1,$$

$$\hat{\beta}_4^* = \hat{\beta}_4 - \frac{c_{43}}{c_{33}}\hat{\beta}_3 = -0.236\ 5,$$

$$\hat{\beta}_0^* = \bar{y} - \sum_{j \neq 3} \hat{\beta}_j^* \bar{x}_j = 71.648\ 2.$$

于是新的回归方程为

$$\hat{y} = 71.648\ 2 + 1.451\ 9x_1 + 0.416\ 1x_2 - 0.236\ 5x_4,$$

新的回归平方和为

$$U_3' = U - U_3 = 2\ 667.84 - 0.109\ 0 = 2\ 667.73.$$

我们将在书末的附录中,给出这个例子比较完整的计算结果.

四、"最优"回归方程的选择

在实际中常常遇到有许多因素对因变量 y 产生影响的问题,但如果把所有可能产生影响的因素全部考虑进去,所建立起来的回归方程却不一定是最好的. 首先由于自变量过多,使用不便,而且在回归方程中引入无意义变量,会使 $\hat{\sigma}^2$ 增大,降低预测的精确性及回归方程的稳定性. 但是另一方面,我们也希望回归方程中包含的变量尽可能多些,特别是对 y 有显著影响的自变量,如此能使回归平方和 U 增大,残差平方和 Q_e 减少,从而一般地也能减小 $\hat{\sigma}^2$,提高预测精度. 因此,为了建立一个"最优"回归方程,如何选择自变量是个重要问题. 我们希望在回归方程中包含所有对 y 有显著影响的自变量,且又不包含对 y 影响不显著的自变量,同时还要求在同类方程中残差平方和 Q_e 达到最小,我们称符合上面要求的回归方程为"**最优**"的.

选择"最优"回归方程有几种不同的方法,下面以例 4.8 中的数据为例来说明.

(1) **全部比较法**,从所有可能自变量组合的回归方程中挑选最优者.

在这个例子中,只含一个自变量的回归方程有 $C_4^1 = 4$ 个,含二个的有 $C_4^2 = 6$ 个,含三个的有 $C_4^3 = 4$ 个,包含全部自变量的回归方程 1 个,共 15 个回归方程. 对每个回归方程及自变量进行显著性检验,其结果列于表 4.4. 然后从中挑选一个回归方程,要求所有自变量都是显著的,且 $\hat{\sigma}^2$ 最小. 从表 4.4 可以看出第 5 个方程

$$\hat{y} = 52.577\ 3 + 1.468\ 3x_1 + 0.662\ 3x_2$$

符合上述两个要求.

用"全部比较"法总可以找一个"最优"方程,但计算量太大,如果有 k 个自变量,就需要建立 $2^k - 1$ 个回归方程. 对一个实际问题而言,这种方法有时是不实用的.

表 4.4 所有的回归方程

	b_0	b_1	b_2	b_3	b_4	Q_e	f_e	$\hat{\sigma}^2$
1	81.479 3	1.868 7**				1 265.69	11	115.06
2	57.423 6		0.789 1**			906.34	11	82.39
3	110.202 6			-1.255 8**		1 939.40	11	176.31
4	117.567 9				-0.738 2**	883.87	11	80.35
5	52.577 3	1.468 3**	0.662 3**			57.90	10	5.79
6	72.349 0	2.312 5*		0.494 5		1 227.07	10	122.71
7	103.0973	1.440 0**			-0.614 0**	74.74	10	7.48
8	72.074 7		0.731 3**	-1.008 4**		415.44	10	41.54
9	94.160 0		0.310 9		-0.456 9	868.88	10	86.89
10	131.282 4			-1.199 9**	-0.724 6**	175.74	10	17.57
11	48.193 6	1.695 9**	0.656 9**	0.250 0		48.11	9	5.35
12	71.648 2	1.451 9**	0.416 1(*)		-0.236 5	47.97	9	5.33
13	111.684 4	1.051 9**		-0.410 0(*)	-0.642 8**	50.84	9	5.65
14	203.641 8		-0.923 4**	-1.448 0**	-1.557 0**	73.82	9	8.20
15	62.405 2	1.551 1(*)	0.510 2	0.101 9	-0.144 1	47.92	8	5.99

注：数字右上角注(*)为在 $\alpha=0.10$ 水平上显著，注*为在 $\alpha=0.05$ 水平上显著，注**为在 $\alpha=0.01$ 水平上显著.

(2) **只出不进法**，从包含全部自变量的回归方程中逐个剔除不显著的自变量，直到回归方程中所含自变量全部都是显著的为止.

在此例中，从第 15 个方程开始，对每一个自变量作显著性检验，剔除不显著自变量中偏回归平方和最小的 x_3，如例 4.11 那样得到第 12 个回归方程. 再对其中的每个自变量进行显著性检验，剔除不显著自变量 x_4 得到第 5 个方程. 由于第 5 个方程中所有自变量都显著，故是“最优”的.

只出不进法在实际中是可行的. 当所考虑的自变量不多，特别是不显著自变量不多时，可以采用. 但是在自变量较多，尤其是不显著自变量较多时，计算量仍然较大，因为每剔除一个自变量就得重新计算回归系数.

(3) **只进不出法**，从一个自变量开始，把显著的自变量逐个引入回归方程，直到在余下的自变量中选出一个与已引入的自变量一起组成回归方程有最大回归平方和，经检验为不显著，因而不被引入时为止.

在此例中，先计算各自变量与 y 的相关系数，将相关系数的绝对值最大的那个自变量 x_4 引入而得第 4 个回归方程，经检验 x_4 是显著的. 然后在余下的自变量中，找出与 x_4 一起组成的二元回归方程中有最大偏回归平方和的 x_1，引入 x_1 而得第 7 个回归方程，经检验 x_1 是显著的. 再在余下的自变量中找出一个与 x_1 和 x_4 一起组成的三元回归方程中，有最大偏回归平方和的，这时引入 x_2，而得第 12 个方程，经检验 x_2 也显著. 最后，由于 x_3 不是显著的自变量，不再引入. 在最终得到的第 12 个方程中，由于 x_4 不是显著的自变量，因此它并不是“最优”的.

只进不出法虽然计算量少些，但它有严重的缺点. 虽然刚引入回归方程的那个自变量是显著的，但由于自变量之间可能有相关关系，所以在引入新的自变量后，有可能使原来引入的自变量成为不显著，因此不一定能得到"最优"方程.

(4) **逐步回归法**，综合方法(2)和(3)，将自变量按其对 y 的影响一个个地引入，同时每引入一个新的自变量，即对原已引入的自变量逐个检验，将不显著的剔除，直至回归方程再也不能引入新的自变量，同时也不能从回归方程剔除任何一个自变量为止. 如此保证最终得到的回归方程是"最优"的.

从方法上看，逐步回归法并不包含许多新的内容，但它牵涉到较多的计算技巧，使得能够以较少的计算量完成.

以上各种方法中所考虑的自变量选择原则都是基于残差平方和的方法，但也可以从某种目标出发，如要求回归系数的估计准确些、要求预测偏差的方差小一些等等. 不同的标准导致不同的选择方案，关于这方面的深入讨论可参阅文献[13]. 另一方面，以上各种方法在选入或剔除自变量时都经 F 检验，但实际上，如某些统计学家所指出的，在合理假定下不能认为 F 检验是正确的，因为在理论上它并不能以任何概率保证所选出自变量的显著性. 如上例所指出，x_4 在只进不出法中是显著自变量，但在只出不进法中，却是不显著的. 另外，由这些方法选择的自变量，由于第 l 个自变量的选入，仅要求它与已选入的 $l-1$ 个自变量一起组成的回归方程有最小残差平方和，因此最后所得的回归方程残差平方和不一定是包含同样多自变量回归方程的残差平方和中最小者. 但一般说来，逐步回归法的结果还是比较好的. 又因为逐步回归的计算量相对较小，且有较好的计算程序，因而目前仍是一个被广泛使用、值得重视的方法.

§4.5 非线性回归

在农业、生物、经济、气象、工程等各个部门的应用中，常常会遇到一些非线性回归问题，如本章例 4.2、例 4.3 就是这样的例子，其中的回归函数是非线性的.

非线性回归通常可分为两大类：一类是形式上为非线性，但实际上还是线性的，如例 4.6 所给出的；另一类实质上就是非线性的. 本节将只讨论简单情形. 我们用一个例子来说明，(如果可能)怎样把非线性回归问题化为线性回归问题. 希望对这方面问题有进一步了解，可阅读非线性回归专著[8].

一、多项式回归

在 §4.2 中给出了一些常见函数类型，通过适当的变换，可以将它们化为一元线性回归模型. 还有许多函数具有这种性质，其中最重要的一类就是多项式，相应的问题称为多项式回归. 下面给出一个例子.

例 4.12 将 16 ~ 30 岁的男女运动员按年龄分成 7 组，以年龄的组中值作为 x，考察年龄大小对"旋转定向"能力的影响，测得如表 4.5 所示的几组数据.

表 4.5　旋转定向能力试验数据表

x(年龄)	17	19	21	23	25	27	29
y(旋转定向能力)	22.48	26.63	24.2	30.7	26.51	23.00	20.80

由数据变化可以看出,旋转定向能力并不随年龄增大直线上升,而是先升后降,因此假定它们之间的关系是二次多项式,即有

$$y_i = \beta_0 + \beta_1 x_i + \beta_2 x_i^2 + \varepsilon_i,\ i = 1,2,\cdots,n. \tag{4.5.1}$$

如果把 x^2 看成一个新的自变量 x_2, $x_{i2} = x_i^2$, $i = 1,2,\cdots,n$,用 x_1 记 x,式(4.5.1)可改写为

$$y_i = \beta_0 + \beta_1 x_{i1} + \beta_2 x_{i2} + \varepsilon_i,\ i = 1,2,\cdots,n.$$

这是一个二元线性回归方程,经计算可以得到如下结果.

$$\bar{x}_1 = 23,\quad \bar{x}_2 = 545,\quad \bar{y} = 24.902\ 9;$$

$$S_{11} = 112,\ S_{12} = 515\ 2,\ S_{22} = 238\ 336,\ S_{10} = -19.98,\ S_{20} = -1\ 153.2.$$

写出正规方程组

$$\begin{cases} 112\hat{\beta}_1 + 5\ 152\hat{\beta}_2 = -19.98, \\ 5\ 152\hat{\beta}_1 + 238\ 336\hat{\beta}_2 = -1\ 153.2, \end{cases}$$

由此解得

$$\hat{\beta}_1 = 7.834\ 6,\quad \hat{\beta}_2 = -0.1742,\quad \hat{\beta}_0 = -60.356\ 9,$$

于是得到回归方程

$$\hat{y} = -60.356\ 9 + 7.834\ 6x - 0.174\ 2x^2. \tag{4.5.2}$$

下面对式(4.5.2)进行回归显著性检验,由

$$S_{yy} = \sum_{i=1}^{7} (y_i - \bar{y})^2 = 65.99,$$

$$U = \hat{\beta}_1 S_{10} + \hat{\beta}_2 S_{20} = 46.07,$$

$$Q_e = S_{yy} - U = 19.92,$$

得

$$F = \frac{U/k}{Q_e/(n-k-1)} = 4.626.$$

取显著性水平 $\alpha = 0.10$,查附表 4 得 $F_{0.90}(2,4) = 4.32$,由于 $4.32 < 4.626$,因此可以认为式(4.5.2)是有意义的.

二次多项式回归的命令为:

```
> summary(lm(y ~ x + I(x^2)))

Call:
lm(formula = y ~ x + I(x^2))

Residuals:
```

```
         1          2          3          4          5          6          7
-0.009286   1.013571  -3.150000   3.010000  -0.126429  -1.189286   0.451429
Coefficients:
            Estimate  Std. Error  t value  Pr(>|t|)
(Intercept) -60.35687   32.95253  -1.832   0.1410
x             7.83464    2.92703   2.677   0.0554.
I(x^2)       -0.17420    0.06345  -2.745   0.0516.
---
Signif. codes: 0 '***' 0.001 '**' 0.01 '*' 0.05 '.' 0.1 ' ' 1

Residual standard error: 2.326 on 4 degrees of freedom
Multiple R-Squared: 0.672,     Adjusted R-squared: 0.508
F-statistic: 4.098 on 2 and 4 DF, p-value: 0.1076
```

一般地,如果因变量 y 与自变量 x 的关系是一个 k 次多项式

$$y_i=\beta_0+\beta_1x_i+\beta_2x_i^2+\cdots+\beta_kx_i^k+\varepsilon_i,\ i=1,2,\cdots,n,$$

都可依例 4.12 的方法,令 $x_i^j=x_{ij}$, $i=1,2,\cdots,n$, $j=1,2,\cdots,k$,而化为 k 元线性回归问题. 因此多项式回归是形式上非线性、实质上线性的回归.

多项式回归可以处理相当一类非线性问题,因为任一函数都可用多项式分段逼近. 因此在许多实际问题中,常用多项式回归进行分析和计算. 但是多项式回归的回归系数间存在着相关性,其计算量随着多项式次数 k 的增大而迅速增加. 特别当增高多项式次数而不能显著地增加回归平方和时,就不应再盲目地增高了. 事实上由于每增高一次幂,就等于增加一个新的自变量,残差平方和就将多失去一个自由度,这对提高回归方程的精度是不利的.

为简化计算、消去回归系数间的相关性而研究了各种方法. 当自变量的取值是等间隔时,利用正交多项式能有效地达到上面的目的,这方面的详细讨论可见文献[5].

二、一般非线性回归

例 4.13 为使晶体振荡器的频率稳定,需用热敏网络来补偿(如图 4.11). 由欧姆定律,网络中各量有如下关系

$$\frac{E-V}{V}=\frac{b_1+\dfrac{b_3a_5\mathrm{e}^{c_5\left(\frac{1}{T}-\frac{1}{293}\right)}}{b_3+a_5\mathrm{e}^{c_5\left(\frac{1}{T}-\frac{1}{293}\right)}}}{b_2+a_4\mathrm{e}^{c_4\left(\frac{1}{T}-\frac{1}{293}\right)}},$$

或

$$V=\frac{E\cdot\left[b_2+a_4\mathrm{e}^{c_4\left(\frac{1}{T}-\frac{1}{293}\right)}\right]}{b_1+\dfrac{b_3a_5e^{c_5\left(\frac{1}{T}-\frac{1}{293}\right)}}{b_3+a_5e^{c_5\left(\frac{1}{T}-\frac{1}{293}\right)}}+b_2+a_4e^{c_4\left(\frac{1}{T}-\frac{1}{293}\right)}}. \tag{4.5.3}$$

对某振荡器在输入电压 $E=12$ V, $a_5=1$ 条件下,进行了 22 次试验,所得结果列于表 4.6.

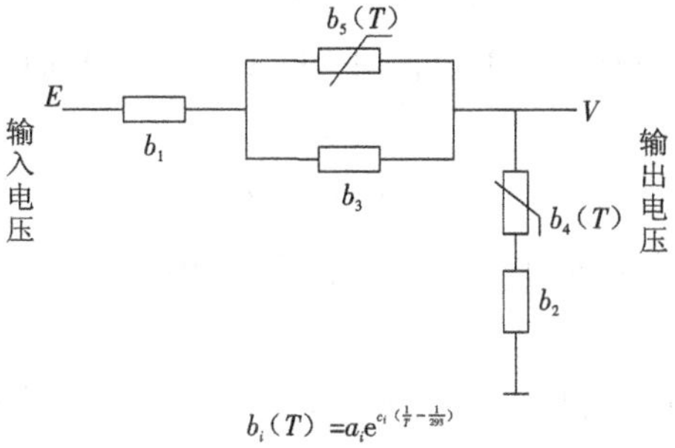

图 4.11　晶体振荡器线路图

要求确定补偿网络中各个参数 a_i, b_i, c_i.

表 4.6　振荡器试验数据表

i	T_i(K)	V_i(V)	i	T_i(K)	V_i(V)
1	233.40	4.202	12	288.67	3.750
2	239.36	3.730	13	292.99	3.966
3	243.60	3.493	14	297.68	4.210
4	249.90	3.252	15	303.37	4.527
5	254.20	3.155	16	309.74	4.912
6	258.06	3.110	17	314.01	5.168
7	262.55	3.086	18	319.25	5.469
8	268.73	3.151	19	323.11	5.713
9	272.86	3.218	20	327.75	5.905
10	278.15	3.357	21	332.77	6.122
11	283.28	3.530	22	339.09	6.356

这是一个实质上的非线性回归问题,即使采用§4.2 中提到的各种变换方法,也不能化为线性回归问题. 对这种一般非线性回归问题,求未知参数的最小二乘估计,也就是使得残差平方和

$$\| \boldsymbol{Y}-\hat{\boldsymbol{Y}} \|^2=\sum_{i=1}^{n}(y_i-\hat{y}_i)^2$$

达到最小的参数估计值,几乎只能通过迭代法求解. 先将式(4.5.3)右边在各参数的初值附近作 Taylor 展开进行线性近似,求出近似模型中各参数的最小二乘估计,然后反复迭代,直至达到所要求的精度为止. 这种方法称为 **Taylor 展开法**或称 **Gauss – Newton 法**.

为简单起见,进行如下变量代换 $T^*=\dfrac{1}{T}-\dfrac{1}{293}$,这样模型就变为

$$V=\frac{12(b_2+a_4 e^{c_4 T^*})(b_3+e^{c_5 T^*})}{b_1 b_3+b_1 e^{c_5 T^*}+b_3 e^{c_5 T^*}+(b_2+a_4 e^{c_4 T^*})(b_3+e^{c_5 T^*})}.$$

选取参数初值 $b_1^{(0)}=0.5$, $b_2^{(0)}=0.5$, $b_3^{(0)}=1$, $a_4^{(0)}=0.02$, $c_4^{(0)}=5\,000$, $c_5^{(0)}=4\,000$,再用 Gauss – Newton 法进行非线性回归,经过 8 次迭代,最后得到的结果为

$$b_1 = 0.2180,\ b_2 = 0.3560,\ b_3 = 1.109,$$

$$a_4 = 0.01038,\ c_4 = 4036.0,\ c_5 = 4796.0,$$

残差平方和

$$Q_e = 0.002484.$$

R 中非线性回归模型参数的最小二乘估计由函数 nls 执行.

```
> read.table("d:/example3.txt",col.names = c("temp", "press"))—>ex
> attach(ex)
> press.nls <—nls(press ~ 12 * (b2 + a4 * exp(c4 * temp)) * (b3 + exp(c5 *
  temp))/(b1 * b3 + b1 * exp(c5 * temp) + b3 * exp(c5 * temp) + (b2 + a4 * exp(c4
  * temp)) * (b3 + exp(c5 * temp))) ,data = ex,start = c(b1 = 0.5,b2 = 0.5,b3 =
  1,a4 = 0.02,c4 = 5000,c5 = 4000),trace = T)
```

```
25.869:     5e-01       5e-01      1e+00      2e-02       5e+03     4e+03
21.698:    -5.419e-02   0.244      1.534      3.139e-02   3.041e+03 4.154e+03
10.871:     4.986e-02   2.710e-01  8.079e-01 -4.117e-03   3.744e+03 4.029e+03
4.862:      1.084e-01   3.175e-01  1.032e+00  6.258e-03   5.366e+03 4.135e+03
5.296e-02:  2.052e-01   3.655e-01  1.205e+00  1.071e-02   4.065e+03 4.555e+03
3.199e-03:  2.186e-01   3.562e-01  1.103e+00  1.036e-02   4.036e+03 4.791e+03
2.485e-03:  2.180e-01   3.560e-01  1.109e+00  1.038e-02   4.037e+03 4.796e+03
2.485e-03:  2.180e-01   3.560e-01  1.109e+00  1.038e-02   4.036e+03 4.796e+03
```

这里假定原始数据存于文件 d:/example3.txt 内,并以 press, temp 分别表示输出电压 V 与绝对温度 T. 函数 nls 中的参数分别表示拟合模型的表示式、数据框名、初值等. 显示的是每次迭代计算的结果,共 8 行,表示经 8 次迭代. 每行内给出残差平方和及 6 个系数 b1,b2,b3,a4,c4,c5 的最小二乘估计值. 实际上,如果用 d4 = exp(c4 * temp),d5 = exp(c5 * temp) 可以简化表达式,减少不必要的重复计算,从而缩短计算时间. 更详细的结果如下.

```
> summary(press.nls)

Formula: press ~ 12 * (b2 + a4 * exp(c4 * temp)) * (b3 + exp(c5 * temp))/(b1 *
  b3 + b1 * exp(c5 * temp) + b3 * exp(c5 * temp) + (b2 + a4 *
  exp(c4 * temp)) * (b3 + exp(c5 * temp)))

Parameters:
```

```
        Estimate    Std. Error   t value   Pr( >|t|)
b1   2.180e-01   6.306e-03   34.56    < 2e-16    ***
b2   3.560e-01   5.364e-03   66.37    < 2e-16    ***
b3   1.109e+00   6.603e-02   16.79   1.39e-11    ***
a4   1.038e-02   2.768e-03    3.75    0.00175    **
c4   4.036e+03   2.211e+02   18.25   3.90e-12    ***
c5   4.796e+03   1.409e+02   34.04   2.34e-16    ***
---
Signif. codes: 0 '***' 0.001 '**' 0.01 '*' 0.05 '.' 0.1 ' ' 1

Residual standard error: 0.01246 on 16 degrees of freedom

Correlation of Parameter Estimates:
     b1  b2  b3  a    c4
b2   .   1
b3       ,   1
a4       ,   B   1
c4       ,   *   B    1
c5   ,   .   +   +    ,
attr(,"legend")
[1] 0 ' ' 0.3 '.' 0.6 ',' 0.8 '+' 0.9 '*' 0.95 'B' 1
```

Gauss-Newton 法收敛速度可能很慢,因此有时实际上不可能求出合乎要求的解,而且对初值的依赖性很强,初值选取不当,会使迭代过程发散. 为克服这种困难,有一种改进的算法 Marquardt 法. 这些计算方法都有现成的程序,有兴趣的读者可参阅文献[11],在此不作深入讨论. 对这种具有已知函数的参数选择问题,利用正交试验也许能收到更好的效果,文献[14]详细介绍了这种称为"三次设计"的方法.

§4.6 单因子试验方差分析

我们已在本章开始时简单介绍了方差分析模型也是一类重要的线性模型,现在比较详细地讨论这个问题.

一、方差分析的基本概念

如果一项试验中,只有一个因子变化,其他因子保持不变的话,称这种试验为**单因子试验**,因子所处的状态称为**水平**(Level),我们先举一个例子来说明方差分析的基本概念和方法.

例 4.14 某化工厂在用钡泥制取硝酸钡的试验中,加入 3 种不同酸度的硝酸,测得废水中硝酸钡的含量,每种情况都测 4 次,所得结果列于表 4.7. 试问酸度对废水中硝酸钡的含量是否有显著的影响？

表 4.7　硝酸钡试验数据表

硝酸钡含量＼溶钡酸度 样本品	A_1 PH 值 =4	A_2 PH 值 =3	A_3 PH 值 =2	Σ
1	6.17	5.89	5.01	
2	6.73	5.73	5.19	
3	6.45	5.50	5.37	
4	6.53	5.61	5.26	
Σ	25.88	22.73	20.83	69.44
$(\Sigma)^2$	669.774 4	516.652 9	433.888 9	1 620.316 2
Σ^2	167.605 0	129.247 1	108.540 7	4.539 3

在分析这个问题时，首先应看到即使在同样酸度下，废水中硝酸钡含量的各次测量值也不一样. 可以设想，在一定的酸度下，废水中硝酸钡的含量应该有一个理论上的值，各次测量值可以看成是这个理论值与试验的随机误差影响的结果，假定随机误差服从正态分布. 酸度不同时，废水中硝酸钡的含量可以有不同的理论值，这是一种系统误差. 又由于其他试验条件尽可能保持不变，因而可以认为所有试验的方差是相同的. 这样，我们假定：

(1) 在不同酸度 A_i 下，废水中硝酸钡的含量分别服从正态分布 $N(\mu_i, \sigma^2)$，$i=1,2,3$，其中 μ_i，σ^2 都是未知参数；

(2) 在某酸度 A_i 下得到的样本 Y_{ij}，$j=1,2,3,4$，是简单随机样本，且不同酸度下得到的样本相互独立.

要求检验假设 $H_0: \mu_1=\mu_2=\mu_3$.

在第 3 章我们曾讨论过比较两个正态总体均值相等的 t 检验. 若用这种方法两两比较，就太麻烦了. 而且，如果每次两两比较都是在显著性水平 α 下进行的，那么 H_0 的检验水平就不是 α 了. 因此必须研究一种新的方法，考查在不同酸度下，废水中硝酸钡含量平均值的差异. 如果这种平均值的差异与试验的随机误差相比不相上下，那么就可以认为不同酸度对废水中硝酸钡的含量没有显著差别；反之，如果不同酸度下，废水中硝酸钡含量的平均值差异与随机误差相比显得较大，那么这种差异就不能用随机因素的干扰来解释，而只能认为是酸度不同引起的. 这个原则如何具体实施呢？

记 Y_{ij} 为在酸度 A_i 下，第 j 次测量的废水中硝酸钡含量，$\overline{Y}_{i\cdot}$ 为酸度 A_i 时各次测量的平均值，由表 4.7 中数据可以算出 $\overline{Y}_{1\cdot}=6.47$，$\overline{Y}_{2\cdot}=5.68$，$\overline{Y}_{3\cdot}=5.21$，所有各次测量的总平均

$$\overline{Y}=\frac{1}{3}\sum_{i=1}^{3}\overline{Y}_{i\cdot}=\frac{1}{3}\times(6.47+5.68+5.21)=5.787.$$

称所有观测值 Y_{ij} 与总平均 $\overline{Y}$ 的离差平方和

$$S_T=\sum_{i=1}^{3}\sum_{j=1}^{4}(Y_{ij}-\overline{Y})^2$$

为试验**总误差**(Total Error). 我们把相同酸度时的各次测量值作为一组,这一组数据的离差平方和

$$V_i = \sum_{j=1}^{4} (Y_{ij} - \overline{Y}_{i.})^2$$

反映了随机误差的大小,由于假定各次试验的方差相同,故可以用各 V_i 之和来表示试验的误差,记

$$S_E = \sum_{i=1}^{3} \sum_{j=1}^{4} (Y_{ij} - \overline{Y}_{i.})^2 = V_1 + V_2 + V_3$$

$$= 0.161\,6 + 0.083\,9 + 0.068\,5 = 0.313\,9,$$

称为**组内平方和**(Sum of Squares within Classes)或**误差平方和**(Error Sum of Squares).

各种不同酸度下废水中硝酸钡含量的差异,可以用各自的平均值 $\overline{Y}_{i.}$ 与总平均 $\overline{Y}$ 之差异来反映,当然这还与试验次数有关. 现在每种条件下都作了 4 次试验,记

$$S_A = \sum_{i=1}^{3} 4(\overline{Y}_{i.} - \overline{Y})^2 = 3.252\,9,$$

称为**组间平方和**(Sum of Squares between Classes).

方差分析的基本思想就是求出组间平方和与组内平方和之比 F. 比值 F 越大,说明因子(酸度)的影响越显著;反之,说明因子的影响不显著. 为了消除数据个数及分组数(水平)的多少给平方和带来的影响,在求 F 值时还应除以一个数,这个数叫做**自由度**(Freedom). 这里,对 S_A 应除以 2 (组数减 1),对 S_E 除以 9(试验总次数减组数),即

$$F = \frac{S_A/2}{S_E/9} = \frac{3.252\,9/2}{0.313\,9/9} = 46.626.$$

对显著性水平 $\alpha = 0.01$,与 F 分布的分位数 $F_{0.99}(2,9) = 8.02$ 比较,由于 $46.62 > 8.02$,p 值为 0.000 017 81,因此可以认为不同的酸度对废水中硝酸钡的含量有显著影响.

运行 R 函数 anova(lm(hanliang~ suandu))得到以下结果,这里 hanliang 表示废水中硝酸钡的含量,suandu 表示硝酸酸度.

```
anova(lm(hanliang~ suandu))
Analysis of Variance Table

Response: hanliang
          Df  Sum Sq  Mean Sq  F value    Pr(>F)
suandu     2  3.2529   1.6265   46.626  1.781e-05  ***
Residuals  9  0.3139   0.0349
---
Signif. codes: 0 '***' 0.001 '**' 0.01 '*' 0.05 '.' 0.1 ' ' 1
```

下面分析随机误差对试验结果的影响. 将试验数据 Y_{ij} 写成

$$Y_{ij}=\overline{Y}_{i\cdot}+(Y_{ij}-\overline{Y}_{i\cdot}),$$

这表示在酸度为A_i时第j次试验结果Y_{ij}是酸度为A_i时的试验平均值$\overline{Y}_{i\cdot}$与这次试验的随机误差$(Y_{ij}-\overline{Y}_{i\cdot})$的迭加. 从理论上来分析,即有

$$\begin{cases}Y_{ij}=\mu_i+\varepsilon_{ij};\\ \varepsilon_{ij}\sim N(0,\sigma^2), \quad i=1,2,3,j=1,2,3,4,\end{cases}$$

其中μ_i表示在酸度为A_i时废水中硝酸钡含量的理论值,ε_{ij}是试验的随机误差. 再考虑因子的不同水平对试验结果的影响,将Y_{ij}写成

$$Y_{ij}=\overline{Y}+(\overline{Y}_{i\cdot}-\overline{Y})+(Y_{ij}-\overline{Y}_{i\cdot}),$$

这表示每个数据都可看成试验的总平均$\overline{Y}$与不同酸度A_i对试验结果的影响$(\overline{Y}_{i\cdot}-\overline{Y})$,以及每次试验的随机误差$(Y_{ij}-\overline{Y}_{i\cdot})$的迭加. 从理论上分析,即有

$$\begin{cases}Y_{ij}=\mu+\alpha_i+\varepsilon_{ij};\\ \varepsilon_{ij}\sim N(0,\sigma^2),\end{cases}$$

其中μ表示总平均,$\alpha_i=\mu_i-\mu$称为水平A_i的效应,表示不同酸度对总平均μ的影响. 显然,各个α_i有正有负,它们应满足$\sum\limits_{i=1}^{3}\alpha_i=0$.

一般地,方差分析中所考虑的主要问题有:

(1)检验各种效应是否存在;

(2)若某种效应存在$\alpha_i\neq 0$,进一步考虑$\alpha_i=\alpha_j$的检验或$\alpha_i-\alpha_j$的估计;

(3)对多因子试验,寻找各因子所处水平的最好配合,使指标达到最理想效果.

二、单因子试验方差分析的一般方法

例4.14已经说明了单因子试验方差分析的基本思想,现在考虑单因子试验方差分析的一般方法. 设因子A有p个不同的水平:$A_1,A_2,\cdots,A_p$,我们要研究因子A的不同水平对随机变量(指标)Y的影响. 假定每个水平A_i下,随机变量Y服从均值μ_i可能不同,但方差相同的正态分布$N(\mu_i,\sigma^2)$,因此有p个不同的总体. 记$(Y_{i1},\cdots,Y_{in_i})$为第i个总体中抽得的大小为n_i的简单随机样本,并设取得的p个样本相互独立,要求检验假设

$$H_0:\mu_1=\mu_2=\cdots=\mu_p. \tag{4.6.1}$$

记

$$\mu=\frac{1}{n}\sum_{i=1}^{p}n_i\mu_i,\quad n=\sum_{i=1}^{p}n_i,\quad \alpha_i=\mu_i-\mu,\quad i=1,2,\cdots,p, \tag{4.6.2}$$

α_i叫做水平A_i的**效应**(Effect),显然

$$\sum_{i=1}^{p}n_i\alpha_i=0. \tag{4.6.3}$$

这样,我们便得到单因子试验方差分析(One-Way Analysis of Variance)模型

$$\begin{cases}Y_{ij}=\mu+\alpha_i+\varepsilon_{ij};\\ \varepsilon_{ij}\sim N(0,\sigma^2),\quad i=1,2,\cdots,p,j=1,2,\cdots,n_i;\\ \sum\limits_{i=1}^{p}n_i\alpha_i=0.\end{cases} \tag{4.6.4}$$

写成矩阵形式为

$$\begin{pmatrix} Y_{11} \\ \vdots \\ Y_{1n_1} \\ Y_{21} \\ \vdots \\ Y_{2n_2} \\ \vdots \\ Y_{p1} \\ \vdots \\ Y_{pn_p} \end{pmatrix} = \begin{pmatrix} 1 & 1 & 0 & \cdots & 0 \\ \vdots & \vdots & \vdots & & \vdots \\ 1 & 1 & 0 & \cdots & 0 \\ 1 & 0 & 1 & \cdots & 0 \\ \vdots & \vdots & \vdots & & \vdots \\ 1 & 0 & 1 & \cdots & 0 \\ \vdots & \vdots & \vdots & & \vdots \\ 1 & 0 & 0 & \cdots & 1 \\ \vdots & \vdots & \vdots & & \vdots \\ 1 & 0 & 0 & \cdots & 1 \end{pmatrix} \begin{pmatrix} \mu \\ \alpha_1 \\ \alpha_2 \\ \vdots \\ \alpha_p \end{pmatrix} + \begin{pmatrix} \varepsilon_{11} \\ \vdots \\ \varepsilon_{1n_1} \\ \varepsilon_{21} \\ \vdots \\ \varepsilon_{2n_2} \\ \vdots \\ \varepsilon_{p1} \\ \vdots \\ \varepsilon_{pn_p} \end{pmatrix}.$$

可见单因子试验方差分析模型是带约束条件 $\sum_{i=1}^{p} n_i\alpha_i = 0$ 的线性模型. 显然,这里的设计矩阵由元素 0,1 组成,不是列满秩的. 记

$$\overline{Y}_{i\cdot} = \frac{1}{n_i}\sum_{j=1}^{n_i} Y_{ij}, \quad \overline{Y} = \frac{1}{n}\sum_{i=1}^{p}\sum_{j=1}^{n_i} Y_{ij} = \frac{1}{n}\sum_{i=1}^{p} n_i\overline{Y}_{i\cdot}, \quad i = 1,2,\cdots,p, \tag{4.6.5}$$

其中$\overline{Y}_{i\cdot}$表示取自第 i 个总体的样本平均值,称为组平均;$\overline{Y}$为所有 p 个样本的平均值,称为总平均. 考虑

$$S_T = \sum_{i=1}^{p}\sum_{j=1}^{n_i}(Y_{ij} - \overline{Y})^2, \tag{4.6.6}$$

它描写了所有试验数据的离散程度,称为总变差平方和. 由式(4.6.5)可知

$$\sum_{i=1}^{p}\sum_{j=1}^{n_i}(Y_{ij} - \overline{Y}_{i\cdot})(\overline{Y}_{i\cdot} - \overline{Y}) = \sum_{i=1}^{p}(\overline{Y}_{i\cdot} - \overline{Y})\sum_{j=1}^{n_i}(Y_{ij} - \overline{Y}_{i\cdot}) = 0.$$

因此

$$\begin{aligned} S_T &= \sum_{i=1}^{p}\sum_{j=1}^{n_i}(Y_{ij} - \overline{Y})^2 = \sum_{i=1}^{p}\sum_{j=1}^{n_i}[(Y_{ij} - \overline{Y}_{i\cdot}) + (\overline{Y}_{i\cdot} - \overline{Y})]^2 \\ &= \sum_{i=1}^{p}\sum_{j=1}^{n_i}(Y_{ij} - \overline{Y}_{i\cdot})^2 + \sum_{i=1}^{p}\sum_{j=1}^{n_i}(\overline{Y}_{i\cdot} - \overline{Y})^2 \\ &= S_E + S_A, \end{aligned} \tag{4.6.7}$$

其中

$$S_E = \sum_{i=1}^{p}\sum_{j=1}^{n_i}(Y_{ij} - \overline{Y}_{i\cdot})^2 \tag{4.6.8}$$

反映了在相同条件下各次试验的差异,称为误差平方和或组内平方和,而

$$S_A = \sum_{i=1}^{p} n_i(\overline{Y}_{i\cdot} - \overline{Y})^2 \tag{4.6.9}$$

反映了来自不同总体的样本之间的差异,即因子各水平效应 α_i 的影响,称为组间平方和,S_A 也

与试验误差有关. 实际上,由(4.6.4)还有

$$S_E=\sum_{i=1}^{p}\sum_{j=1}^{n_i}(Y_{ij}-\overline{Y}_{i\cdot})^2=\sum_{i=1}^{p}\sum_{j=1}^{n_i}(\varepsilon_{ij}-\overline{\varepsilon}_{i\cdot})^2, \tag{4.6.10}$$

$$S_A=\sum_{i=1}^{p}n_i(\overline{Y}_{i\cdot}-\overline{Y})^2=\sum_{i=1}^{p}n_i(\alpha_i+\overline{\varepsilon}_{i\cdot}-\overline{\varepsilon})^2, \tag{4.6.11}$$

其中

$$\overline{\varepsilon}_{i\cdot}=\frac{1}{n_i}\sum_{j=1}^{n_i}\varepsilon_{ij},\quad \overline{\varepsilon}=\frac{1}{n}\sum_{i=1}^{p}\sum_{j=1}^{n_i}\varepsilon_{ij}=\frac{1}{n}\sum_{i=1}^{p}n_i\overline{\varepsilon}_{i\cdot},\quad i=1,2,\cdots,p,$$

容易算出它们的数学期望

$$\mathrm{E}(S_E)=\sum_{i=1}^{p}\mathrm{E}\Big(\sum_{j=1}^{n_i}(Y_{ij}-\overline{Y}_{i\cdot})^2\Big)=\sum_{i=1}^{p}(n_i-1)\sigma^2=(n-p)\sigma^2, \tag{4.6.12}$$

$$\begin{aligned}\mathrm{E}(S_A)&=\sum_{i=1}^{p}n_i\mathrm{E}(\overline{Y}_{i\cdot}-\overline{Y})^2=\sum_{i=1}^{p}n_i\mathrm{E}(\overline{Y}_{i\cdot}^2)-n\mathrm{E}(\overline{Y}^2)\\&=\sum_{i=1}^{p}n_i\Big(\mu_i^2+\frac{\sigma^2}{n_i}\Big)-n\Big(\mu^2+\frac{\sigma^2}{n}\Big)\\&=(p-1)\sigma^2+\sum_{i=1}^{p}n_i(\mu_i-\mu)^2\\&=(p-1)\sigma^2+\sum_{i=1}^{p}n_i\alpha_i^2,\end{aligned} \tag{4.6.13}$$

$$\begin{aligned}\mathrm{E}(S_T)&=\sum_{i=1}^{p}\sum_{j=1}^{n_i}\mathrm{E}(Y_{ij}-\overline{Y})^2=\sum_{i=1}^{p}\sum_{j=1}^{n_i}\mathrm{E}(Y_{ij})-n\mathrm{E}(\overline{Y}^2)\\&=\sum_{i=1}^{p}\sum_{j=1}^{n_i}(\mu_i^2+\sigma^2)-n\Big(\frac{\sigma^2}{n}+\mu^2\Big)\\&=(n-1)\sigma^2+\sum_{i=1}^{p}n_i(\mu_i-\mu)^2\\&=(n-1)\sigma^2+\sum_{i=1}^{p}n_i\alpha_i^2.\end{aligned} \tag{4.6.14}$$

因此,若记

$$\overline{S}_E=\frac{S_E}{n-p},\quad \overline{S}_A=\frac{S_A}{p-1}, \tag{4.6.15}$$

则有

$$\mathrm{E}(\overline{S}_E)=\sigma^2, \tag{4.6.16}$$

$$\mathrm{E}(\overline{S}_A)=\sigma^2+\frac{1}{p-1}\sum_{i=1}^{p}n_i\alpha_i^2. \tag{4.6.17}$$

可见,$\overline{S}_E$是试验误差的方差 σ^2 的无偏估计,而仅当假设(4.6.1)成立时,才有 $\mathrm{E}(\overline{S}_A)=\sigma^2$,否则 $\mathrm{E}(\overline{S}_A)>\sigma^2$. 故

$$F=\frac{\overline{S}_A}{\overline{S}_E}=\frac{S_A/(p-1)}{S_E/(n-p)}. \tag{4.6.18}$$

在假设(4.6.1)成立时,不应太大,当 F 值过大时,可以认为假设(4.6.1)不成立.

下面讨论统计量 F 的分布，显然

$$\sum_{j=1}^{n_i}\frac{(Y_{ij}-\overline{Y}_{i\cdot})^2}{\sigma^2}\sim\chi^2(n_i-1),\quad i=1,2,\cdots,p.$$

由于假定各个总体的样本相互独立，根据 χ^2 分布的可加性，有

$$\frac{S_E}{\sigma^2}=\frac{1}{\sigma^2}\sum_{i=1}^{p}\sum_{j=1}^{n_i}(Y_{ij}-\overline{Y}_{i\cdot})^2\sim\chi^2(n-p).\tag{4.6.19}$$

若用 f_E 表示二次型 S_E 的自由度，则 $f_E=n-p$. 在假设(4.6.1)成立，即 $\mu_1=\mu_2=\cdots=\mu_p=\mu$ 时，有

$$\frac{S_T}{\sigma^2}=\frac{1}{\sigma^2}\sum_{i=1}^{p}\sum_{j=1}^{n_i}(Y_{ij}-\overline{Y})^2\sim\chi^2(n-1).$$

二次型 S_T 的自由度 $f_T=n-1$. 在 S_A 中有 p 个变量 $\overline{Y}_{i\cdot}$, $i=1,2,\cdots,p$，但它们之间有一个线性约束 $\sum_{i=1}^{p}n_i(\overline{Y}_{i\cdot}-\overline{Y})=0$，故 S_A 是一个有 $(p-1)$ 个自由度的二次型，即 $f_A=p-1$. 由于 $f_T=f_E+f_A$ 及式(4.6.7)，故由 Cochran 定理

$$\frac{S_A}{\sigma^2}\sim\chi^2(p-1),\tag{4.6.20}$$

且与 S_E/σ^2 独立. 所以在假设(4.6.1)成立时，有

$$F=\frac{\overline{S}_A}{\overline{S}_E}\sim F(p-1,n-p).\tag{4.6.21}$$

对给定的检验水平 α，比较 F 与 $F_{1-\alpha}(p-1,n-p)$ 的值，若 $F>F_{1-\alpha}(p-1,n-p)$，则应拒绝假设(4.6.1)，即认为因子 A 各水平的效应有显著差异；否则不拒绝这个假设，即认为因子 A 的影响不显著.

为了方便并减少计算误差，实际计算时常用下面的线性变换

$$Y'_{ij}=\frac{Y_{ij}-a}{b},$$

其中 $a,b\ (\neq 0)$ 为适当选取的常数. 不难验证，用 Y'_{ij} 与 Y_{ij} 计算所得的 F 值是相同的.

上述计算的主要结果常列成方差分析表 4.8.

表 4.8　方差分析表

来源	平方和 S	自由度 f	均方 $\overline{S}$	F 值	显著性
因子 A	$S_A=\sum_{i=1}^{p}n_i(\overline{Y}_{i\cdot}-\overline{Y})^2$	$p-1$	$\overline{S}_A=\frac{S_A}{p-1}$	$F=\frac{\overline{S}_A}{\overline{S}_E}$	
误差	$S_E=\sum_{i=1}^{p}\sum_{j=1}^{n_i}(Y_{ij}-\overline{Y}_{i\cdot})^2$	$n-p$	$\overline{S}_E=\frac{S_E}{n-p}$		
总和	$S_T=\sum_{i=1}^{p}\sum_{j=1}^{n_i}(Y_{ij}-\overline{Y})^2$	$n-1$			

例 4.15　用三种不同材质的小球测定引力常数的试验结果列于表 4.9.

表 4.9 引力常数测定试验 单位: $10^{-11}(N \cdot m^2)/kg^2$

铂	6.661	6.661	6.667	6.667	6.664	
金	6.683	6.681	6.676	6.678	6.679	6.672
玻璃	6.678	6.671	6.675	6.672	6.674	

判断不同材质小球对引力常数的测定有无显著的影响?

设各种小球的引力常数分别为 μ_1, μ_2, μ_3, 且试验结果 $Y_{ij} \sim N(\mu_i, \sigma^2)$. 要求检验假设 H_0: $\mu_1 = \mu_2 = \mu_3$. 为使计算结果有足够的精度,对每个试验结果 Y_{ij} 作如下的线性变换:

$$Y'_{ij} = (Y_{ij} - 6.660) \times 1\,000.$$

在 R 中调用命令 anova,得到下面的方差分析表 4.10.

```
> yinli <—data.frame(changshu = (c(6.661,6.661,6.667,6.667,6.664,6.683,6.681,
+ 6.676,6.678,6.679,6.672,6.678,6.671,6.675,6.672,6.674) -6.66) *1 000,
+ ball = c("B","B","B","B","B","J","J","J","J","J","J","P","P","P","P","P"))
>attach(yinli)
>anova(lm(changshu ~ ball))

Analysis of Variance Table

Response:changshu
          Df  Sum Sq  Mean Sq  F value     Pr( >F)
ball       2  565.10   282.55   26.082  2.816e-05   ***
Residuals 13  140.83    10.83
---
Signif. codes:0' *** '0.001' ** '0.01' * '0.05'. '0.1' '1
```

这里"B","J","P"分别表示铂,金,玻璃小球,本例中的 ball 与例 4.14 中的 suandu 都是一个字符型变量.

表 4.10 方差分析表

来源	平方和 S	自由度 f	均方 $\bar{S}$	F 值	显著性
球	565.10	2	282.55	26.082	* * *
误差	140.83	13	10.83		
总和	705.93	15			

对给定的水平 $\alpha = 0.01$, 查表得 $F_{0.99}(2,13) = 6.7 < F = 26.1$, p 值为 0.000 028 16, 故在显

著性水平 $\alpha=0.01$ 下拒绝原假设,即不同材质的球对引力常数测定的影响是高度显著的.

三、单因子试验方差分析中的参数估计

由上面的讨论,我们不难得到单因子方差分析模型中未知参数的估计. 实际上由式(4.6.5)可知

$$E(\bar{Y}_{i\cdot})=\mu+\alpha_i,\quad E(\bar{Y})=\mu,\quad i=1,2,\cdots,p. \tag{4.6.22}$$

因此

$$\hat{\mu}=\bar{Y},\quad \hat{\alpha}_i=\bar{Y}_{i\cdot}-\bar{Y},\quad i=1,2,\cdots,p \tag{4.6.23}$$

分别是 μ 和 α_i 的无偏估计(注意应使等式 $\sum_{i=1}^{p} n_i\hat{\alpha}_i=0$ 成立).

由式(4.6.16)可知,不管假设(4.6.1)是否成立,$\bar{S}_E$ 都是 σ^2 的无偏估计,即

$$\hat{\sigma}^2=\bar{S}_E=\frac{S_E}{n-p}. \tag{4.6.24}$$

还可给出两个总体 $N(\mu_i,\sigma^2)$ 和 $N(\mu_j,\sigma^2)$ $(i\neq j)$ 的均值差 $\mu_i-\mu_j=\alpha_i-\alpha_j$ 的区间估计. 事实上,由于

$$\frac{(\bar{Y}_{i\cdot}-\bar{Y}_{j\cdot})-(\alpha_i-\alpha_j)}{\sqrt{\frac{1}{n_i}+\frac{1}{n_j}}\,\hat{\sigma}}\sim t(n-p)\ , \tag{4.6.25}$$

于是均值差 $\mu_i-\mu_j=\alpha_i-\alpha_j$ 的 $1-\alpha$ 置信区间为

$$\left[\bar{Y}_{i\cdot}-\bar{Y}_{j\cdot}-\sqrt{\frac{1}{n_i}+\frac{1}{n_j}}\,\hat{\sigma}t_{1-\alpha/2}(n-p),\bar{Y}_{i\cdot}-\bar{Y}_{j\cdot}+\sqrt{\frac{1}{n_i}+\frac{1}{n_j}}\,\hat{\sigma}t_{1-\alpha/2}(n-p)\right]. \tag{4.6.26}$$

例 4.16 (续例4.14)由 $\bar{Y}_{1\cdot}=6.47$,$\bar{Y}_{2\cdot}=5.68$,$\bar{Y}_{3\cdot}=5.21$ 及 $\bar{Y}=5.787$,可以算出因子 A 各个效应的估计

$$\hat{\alpha}_1=\bar{Y}_{1\cdot}-\bar{Y}=0.683,\quad \hat{\alpha}_2=\bar{Y}_{2\cdot}-\bar{Y}=-0.107,\quad \hat{\alpha}_3=\bar{Y}_{3\cdot}-\bar{Y}=-0.577,$$

及 σ^2 的无偏估计

$$\hat{\sigma}^2=\bar{S}_E=0.0349.$$

均值差 $\mu_i-\mu_j$ 的置信水平为95%的置信区间如表4.12所示,这里 $t_{0.975}(9)=2.2622$,$n_i=n_j=4$. 这些置信区间均与0相差较远,也说明不同酸度对硝酸钡含量有显著影响.

表 4.12 $\mu_i-\mu_j$ 的 95% 的置信区间

$\mu_i-\mu_j$	$\bar{Y}_{i\cdot}-\bar{Y}_{j\cdot}$	置信区间
$\mu_1-\mu_2$	0.79	(0.49,1.09)
$\mu_1-\mu_3$	1.26	(0.96,1.56)
$\mu_2-\mu_3$	0.47	(0.17,0.77)

*四、多重比较

我们在例4.14中看到了方差分析的结果,不同的溶钡酸度对废水中硝酸钡的含量有显著影响,但这并不意味着不同的溶钡酸度一定使废水中硝酸钡的含量也不同. 在实际问题中,有

时不仅需要知道各个总体的均值是否相等,还需比较它们的大小,从中选出一个最大(或最小)值. 直观上,我们可以比较各个样本均值的大小来推断总体均值的大小,问题在于总体均值的差异是否显著. 如果总体均值的差异是显著的,我们可以将总体分成若干组,使同一组内的总体均值无显著差异,不同组内的总体均值有显著差异,称这一过程为**多重比较**(Multiple Comparisons). 这里,我们介绍 J. W. Tukey 的 t 化极差方法,将总体按上述要求分组. 先给出 t 化极差的定义.

定义 4.1 设 $Y_1,Y_2,\cdots,Y_p$ 是 p 个独立同分布的正态 $N(\mu,\sigma^2)$ 随机变量,R 是它们的极差

$$R=\max\{Y_1,Y_2,\cdots,Y_p\}-\min\{Y_1,Y_2,\cdots,Y_p\}, \tag{4.6.27}$$

S^2 是具有 v 个自由度的 σ^2 的估计. 若 S^2 与 R 独立,则称

$$Q_{p,v}=R/S \tag{4.6.28}$$

为 t **化极差**(Studentized Range),所服从的分布也记为 $Q_{p,v}$.

这里,我们只讨论从各个总体抽取的样本大小 n_i 都相等(记为 r)的情况. 如果方差分析的结果认为因子效应是显著的,即相应于 p 个水平的总体均值 μ_i 不全相等,那么记

$$W_i=\overline{Y}_{i}.-\mu_i,$$

其中 $\overline{Y}_i.$, $i=1,2,\cdots,p$ 表示各个样本均值. 则 $\sqrt{r}W_i\sim N(0,\sigma^2)$, $i=1,2,\cdots,p$. 又由式(4.6.16)可知,$\overline{S}_E$ 是 σ^2 的无偏估计,有 $rp-p$ 个自由度,由第 1 章定理 1.11,$\overline{S}_E$ 与 $\overline{Y}_i.$ $(i=1,2,\cdots,p)$ 独立. 由 t 化极差定义

$$\frac{\sqrt{r}\max\{W_1,W_2,\cdots,W_p\}-\sqrt{r}\min\{W_1,W_2,\cdots,W_p\}}{\sqrt{S_E}}\sim Q_{p,rp-p}, \tag{4.6.29}$$

我们用 $Q_{1-\alpha;p,rp-p}$ 表示分布 $Q_{p,rp-p}$ 的 $1-\alpha$ 分位数,对各个不同的 p,v, $Q_{p,v}$ 的分布表可查文献[10]. 那么

$$\Pr\left\{\max\{W_1,W_2,\cdots,W_p\}-\min\{W_1,W_2,\cdots,W_p\}\leqslant\sqrt{S_E/r}\ Q_{1-\alpha;p,rp-p}\right\}=1-\alpha. \tag{4.6.30}$$

因此对所有的 i,j

$$\Pr\left\{|W_i-W_j|\leqslant\sqrt{S_E/r}\ Q_{1-\alpha;p,rp-p}\right\}=1-\alpha,$$

即

$$\Pr\left\{-\sqrt{S_E/r}\ Q_{1-\alpha;p,rp-p}\leqslant W_i-W_j\leqslant+\sqrt{S_E/r}\ Q_{1-\alpha;p,rp-p}\right\}=1-\alpha,$$

最后得到对所有的 i,j,

$$\Pr\left\{\overline{Y}_i.-\overline{Y}_j.-\sqrt{S_E/r}\ Q_{1-\alpha;p,rp-p}\leqslant\mu_i-\mu_j\leqslant\overline{Y}_i.-\overline{Y}_j.+\sqrt{S_E/r}\ Q_{1-\alpha;p,rp-p}\right\}=1-\alpha.$$

这样我们就得到了假设检验问题(4.6.1)的否定域为

$$\max_{i,j}\frac{\sqrt{r}\,|\overline{Y}_i.-\overline{Y}_j.|}{\sqrt{S_E}}\geqslant Q_{1-\alpha;p,rp-p}. \tag{4.6.31}$$

若对某 $i\neq j$,有

$$\frac{\sqrt{r}\,|\overline{Y}_i.-\overline{Y}_j.|}{\sqrt{S_E}}\geqslant Q_{1-\alpha;p,rp-p},$$

或

$$\left[\overline{Y}_{i}. - \overline{Y}_{j}. - \sqrt{S_E/r}\ Q_{1-\alpha;p,rp-p}, \overline{Y}_{i}. - \overline{Y}_{j}. + \sqrt{S_E/r}\ Q_{1-\alpha;p,rp-p}\right]$$

不含 0,不仅拒绝假设(4.6.1),还表明μ_i与μ_j有显著差异.

例 4.17 (续例 4.16)比较不同溶钡酸度对废水中硝酸钡含量的影响. 这里因子 A 有 $p=3$ 个水平,每个水平做 $r=4$ 次重复试验,得到各水平的样本均值分别为

$$\overline{Y}_{1}.=6.47,\quad \overline{Y}_{2}.=5.68,\quad \overline{Y}_{3}.=5.21.$$

又知道$\overline{S}_E=0.034\ 9$,自由度为 9. 给定显著性水平 $\alpha=0.05$,查多重比较 t 化极差分布表,得 $Q_{0.95;3,9}=3.95$,于是

$$\sqrt{S_E/r}\ Q_{1-\alpha;p,rp-p}=\sqrt{0.034\ 9/4}\times 3.95=0.37.$$

表 4.13 列出了置信水平为 95% 的各$\mu_i-\mu_j$的 Tukey 置信区间. 由于各置信区间均不含 0,故可以认为各个均值间都有显著差异. 因此,如果废水中硝酸钡含量能提高化工厂产品质量或产量,那么在生产中应该用溶钡酸度为 pH 值 =4 的硝酸.

表 4.13 $\mu_i-\mu_j$的 Tukey 置信区间(95%)

$\mu_i-\mu_j$	$\overline{Y}_{i}.-\overline{Y}_{j}.$	置信区间	结论
$\mu_1-\mu_2$	0.79	(0.42, 1.16)	μ_1与μ_2有显著差异
$\mu_1-\mu_3$	1.26	(0.89, 1.63)	μ_1与μ_3有显著差异
$\mu_2-\mu_3$	0.47	(0.10, 0.84)	μ_2与μ_3有显著差异

若取显著性水平 $\alpha=0.01$,查多重比较 t 化极差分布表,得 $Q_{0.99;3,9}=5.43$,于是

$$\sqrt{S_E/r}Q_{1-\alpha;p,rp-p}=\sqrt{0.034\ 9/4}\times 5.43=0.51.$$

表 4.14 列出了置信水平为 99% 的各$\mu_i-\mu_j$的 Tukey 置信区间. 由于$\mu_1-\mu_2$,$\mu_1-\mu_3$的置信区间不包含 0,故可以认为均值间有高度显著的差异,并且$\mu_1\neq\mu_2$,$\mu_1\neq\mu_3$,但$\mu_2-\mu_3$的置信区间包含 0,因而可以认为在置信水平为 99% 时,$\mu_2=\mu_3$.

表 4.14 $\mu_i-\mu_j$的 Tukey 置信区间(99%)

$\mu_i-\mu_j$	$\overline{Y}_{i}.-\overline{Y}_{j}.$	置信区间	结论
$\mu_1-\mu_2$	0.79	(0.28,1.30)	μ_1与μ_2有高度显著差异
$\mu_1-\mu_3$	1.26	(0.75,1.77)	μ_1与μ_3有高度显著差异
$\mu_2-\mu_3$	0.47	(−0.04,0.98)	μ_2与μ_3没有高度显著差异

R 中计算 t 化极差分布函数及分位数函数的一般命令为 ptukey(q,nmeans,df),qtukey(p,nmeans,df),其中,p,q 分别是概率及分位数向量,nmeans 是因子水平数,df 则是自由度,例如

```
>qtukey(0.95,3,9)
[1]3.948492
>qtukey(0.99,3,9)
```

[1]5.428043

§4.7 双因子试验方差分析

上节介绍的单因子试验只容许有一个变化因子，但实际上有许多试验，变化的因子不止一个. 例如化工生产中，反应时间及反应温度都可能影响产品的产量或质量. 这一节，我们介绍双因子试验的方差分析，所谓双因子试验就是有两个因子（记为 A,B）在变化，其他因子保持不变的试验.

设因子 A 有 p 个不同水平 $A_1,A_2,\cdots,A_p$，因子 B 有 q 个不同水平 $B_1,B_2,\cdots,B_q$，每种水平组合 (A_i,B_j) 下的试验结果，看作是取自正态总体 $N(\mu_{ij},\sigma^2)$ 的一个样本. 为研究问题的方便，类似于单因子试验方差分析中所用的记号，记

$$\begin{cases}\mu=\dfrac{1}{pq}\sum\limits_{i=1}^{p}\sum\limits_{j=1}^{q}\mu_{ij};\\ \mu_{i\cdot}=\dfrac{1}{q}\sum\limits_{j=1}^{q}\mu_{ij},\quad \alpha_i=\mu_{i\cdot}-\mu,\quad i=1,2,\cdots,p;\\ \mu_{\cdot j}=\dfrac{1}{p}\sum\limits_{i=1}^{p}\mu_{ij},\quad \beta_j=\mu_{\cdot j}-\mu,\quad j=1,2,\cdots,q.\end{cases} \tag{4.7.1}$$

如此，α_i 表示因子 A 的第 i 个水平 A_i 的效应，β_j 表示因子 B 的第 j 个水平 B_j 的效应，它们显然满足关系式

$$\sum_{i=1}^{p}\alpha_i=0,\quad \sum_{j=1}^{q}\beta_j=0. \tag{4.7.2}$$

我们将在这一节分别讨论以下两种情况.

(1) $\mu_{ij}=\mu+\alpha_i+\beta_j$，即每种水平组合 (A_i,B_j) 下的总体平均值 μ_{ij}，可以看成是一般平均 μ 与各个因子水平效应 α_i,β_j 的简单迭加. 若仅仅为了研究因子 A,B 的影响是否显著，对每种水平组合 (A_i,B_j) 只需各作一次试验，结果记为 Y_{ij}，试验误差为 ε_{ij}，则

$$\begin{cases}Y_{ij}=\mu+\alpha_i+\beta_j+\varepsilon_{ij},\ i=1,2,\cdots,p,j=1,2,\cdots,q;\\ \text{各 }\varepsilon_{ij}\text{ 相互独立，且都服从 }N(0,\sigma^2)\text{ 分布；}\\ \sum\limits_{i=1}^{p}\alpha_i=0,\ \sum\limits_{j=1}^{q}\beta_j=0.\end{cases} \tag{4.7.3}$$

式(4.7.3)称为**无交互作用的方差分析**模型（Analysis of Variance without Interaction），用矩阵记号表示为

$$\begin{pmatrix} Y_{11} \\ \vdots \\ Y_{1q} \\ Y_{21} \\ \vdots \\ Y_{2q} \\ \vdots \\ Y_{p1} \\ \vdots \\ Y_{pq} \end{pmatrix} = \begin{pmatrix} 1 & 1 & 0 & \cdots & 0 & 1 & \cdots & 0 \\ \vdots & \vdots & \vdots & & \vdots & \vdots & & \vdots \\ 1 & 1 & 0 & \cdots & 0 & 0 & \cdots & 1 \\ 1 & 0 & 1 & \cdots & 0 & 1 & \cdots & 0 \\ \vdots & \vdots & \vdots & & \vdots & \vdots & & \cdots \\ 1 & 0 & 1 & \cdots & 0 & 0 & \cdots & 1 \\ \vdots & \vdots & \vdots & & \vdots & \vdots & & \vdots \\ 1 & 0 & 0 & \cdots & 1 & 1 & \cdots & 0 \\ \vdots & \vdots & \vdots & & \vdots & \vdots & & \vdots \\ 1 & 0 & 0 & \cdots & 1 & 0 & \cdots & 1 \end{pmatrix} \begin{pmatrix} \mu \\ \alpha_1 \\ \vdots \\ \vdots \\ \alpha_p \\ \beta_1 \\ \vdots \\ \vdots \\ \beta_q \end{pmatrix} + \begin{pmatrix} \varepsilon_{11} \\ \vdots \\ \varepsilon_{1q} \\ \varepsilon_{21} \\ \vdots \\ \varepsilon_{2q} \\ \vdots \\ \varepsilon_{p1} \\ \vdots \\ \varepsilon_{pq} \end{pmatrix}.$$

(2) $\mu_{ij} \neq \mu + \alpha_i + \beta_j$，记

$$\delta_{ij} = \mu_{ij} - \mu - \alpha_i - \beta_j,\ i = 1, 2, \cdots, p,\ j = 1, 2,\ \cdots,\ q\ , \tag{4.7.4}$$

其中，δ_{ij}表示 A_i，B_j对试验结果的某种联合影响，称为 A_i，B_j的交互效应，它们满足关系式

$$\begin{cases} \sum\limits_{i=1}^{p} \delta_{ij} = 0, j = 1, 2, \cdots, q; \\ \sum\limits_{j=1}^{q} \delta_{ij} = 0, i = 1, 2, \cdots, p. \end{cases} \tag{4.7.5}$$

为研究交互效应的影响是否显著，一般对每种水平组合(A_i, B_j)至少要做 r（$\geqslant 2$）次试验，所得结果记为 Y_{ijk}，每次试验误差为 ε_{ijk}，则

$$\begin{cases} Y_{ijk} = \mu + \alpha_i + \beta_j + \delta_{ij} + \varepsilon_{ijk}, i = 1, 2, \cdots, p, j = 1, 2, \cdots, q,\ k = 1, 2, \cdots, r; \\ \text{各 } \varepsilon_{ijk} \text{ 相互独立，且都服从 } N(0, \sigma^2) \text{ 分布；} \\ \sum\limits_{i=1}^{p} \alpha_i = 0,\ \sum\limits_{j=1}^{q} \beta_j = 0; \\ \sum\limits_{i=1}^{p} \delta_{ij} = 0,\ j = 1, 2, \cdots, q,\ \sum\limits_{j=1}^{q} \delta_{ij} = 0,\ i = 1, 2, \cdots, p. \end{cases} \tag{4.7.6}$$

式(4.7.6)称为**有交互作用的方差分析**模型（Analysis of Variance with Interaction），用矩阵记号表示为

$$
\begin{pmatrix} \boldsymbol{Y}_{11} \\ \vdots \\ \boldsymbol{Y}_{1q} \\ \boldsymbol{Y}_{21} \\ \vdots \\ \boldsymbol{Y}_{2q} \\ \vdots \\ \boldsymbol{Y}_{p1} \\ \vdots \\ \boldsymbol{Y}_{pq} \end{pmatrix}
=
\begin{pmatrix}
\mathbf{1} & \mathbf{1} & \mathbf{0} & \cdots & \mathbf{0} & \mathbf{1} & \cdots & \mathbf{0} & \mathbf{1} & \cdots & \mathbf{0} & & & & & & & \\
\vdots & \vdots & \vdots & & \vdots & \vdots & & \vdots & \vdots & & \vdots & & & & & & & \\
\mathbf{1} & \mathbf{1} & \mathbf{0} & \cdots & \mathbf{0} & \mathbf{0} & \cdots & \mathbf{1} & \mathbf{0} & \cdots & \mathbf{1} & & & & & & & \\
\mathbf{1} & \mathbf{0} & \mathbf{1} & \cdots & \mathbf{0} & \mathbf{1} & \cdots & \mathbf{1} & & & & \mathbf{1} & \cdots & \mathbf{0} & & & & \\
\vdots & \vdots & \vdots & & \vdots & \vdots & & \vdots & & & & \vdots & & \vdots & & & & \\
\mathbf{1} & \mathbf{0} & \mathbf{1} & \cdots & \mathbf{0} & \mathbf{0} & \cdots & \mathbf{1} & & & & \mathbf{0} & \cdots & \mathbf{1} & & & & \\
\vdots & \vdots & \vdots & & \vdots & \vdots & & \vdots & & & & & & & \ddots & & & \\
\mathbf{1} & \mathbf{0} & \mathbf{0} & \cdots & \mathbf{1} & \mathbf{1} & \cdots & \mathbf{0} & & & & & & & & \mathbf{1} & \cdots & \mathbf{0} \\
\vdots & \vdots & \vdots & & \vdots & \vdots & & \vdots & & & & & & & & \vdots & & \vdots \\
\mathbf{1} & \mathbf{0} & \mathbf{0} & \cdots & \mathbf{1} & \mathbf{0} & \cdots & \mathbf{1} & & & & & & & & \mathbf{0} & \cdots & \mathbf{1}
\end{pmatrix}
\begin{pmatrix} \mu \\ \alpha_1 \\ \vdots \\ \alpha_p \\ \beta_1 \\ \vdots \\ \beta_q \\ \delta_{11} \\ \vdots \\ \delta_{1q} \\ \vdots \\ \delta_{p1} \\ \vdots \\ \delta_{pq} \end{pmatrix}
+
\begin{pmatrix} \boldsymbol{\varepsilon}_{11} \\ \vdots \\ \boldsymbol{\varepsilon}_{1q} \\ \boldsymbol{\varepsilon}_{21} \\ \vdots \\ \boldsymbol{\varepsilon}_{2q} \\ \vdots \\ \vdots \\ \boldsymbol{\varepsilon}_{p1} \\ \vdots \\ \boldsymbol{\varepsilon}_{pq} \end{pmatrix},
$$

其中 $\boldsymbol{Y}_{ij}=(Y_{ij1},\cdots,Y_{ijr})^{\mathrm{T}}$, $\boldsymbol{\varepsilon}_{ij}=(\varepsilon_{ij1},\cdots,\varepsilon_{ijr})^{\mathrm{T}}$, $\mathbf{1}=(1,\cdots,1)^{\mathrm{T}}$, $\mathbf{0}=(0,\cdots,0)^{\mathrm{T}}$ 均为 r 维列向量.

一、无交互作用的双因子试验方差分析

由式(4.7.1)可知,为判断因子 A 的影响是否显著,等价于检验假设

$$H_{01}:\ \alpha_1=\cdots=\alpha_p=0. \tag{4.7.7}$$

类似地,判断因子 B 的影响是否显著,等价于检验假设

$$H_{02}:\ \beta_1=\cdots=\beta_q=0. \tag{4.7.8}$$

和单因子试验方差分析一样,用平方和分解的思想给出检验假设(4.7.7)的统计量. 记

$$
\begin{cases}
\overline{Y}_{i\cdot}=\dfrac{1}{q}\sum\limits_{j=1}^{q}Y_{ij}, & \overline{\varepsilon}_{i\cdot}=\dfrac{1}{q}\sum\limits_{j=1}^{q}\varepsilon_{ij}, \quad i=1,2,\cdots,p; \\
\overline{Y}_{\cdot j}=\dfrac{1}{p}\sum\limits_{i=1}^{p}Y_{ij}, & \overline{\varepsilon}_{\cdot j}=\dfrac{1}{p}\sum\limits_{i=1}^{p}\varepsilon_{ij}, \quad j=1,2,\cdots,q; \\
\overline{Y}=\dfrac{1}{pq}\sum\limits_{i=1}^{p}\sum\limits_{j=1}^{q}Y_{ij}, & \overline{\varepsilon}=\dfrac{1}{pq}\sum\limits_{i=1}^{p}\sum\limits_{j=1}^{q}\varepsilon_{ij}.
\end{cases} \tag{4.7.9}
$$

由式(4.7.2)和(4.7.3)可知

$$
\begin{cases}
\overline{Y}_{i\cdot}=\mu+\alpha_i+\overline{\varepsilon}_{i\cdot}, & i=1,2,\cdots,p; \\
\overline{Y}_{\cdot j}=\mu+\beta_j+\overline{\varepsilon}_{\cdot j}, & j=1,2,\cdots,q; \\
\overline{Y}=\mu+\overline{\varepsilon}.
\end{cases} \tag{4.7.10}
$$

考虑总变差平方和的分解

$$
\begin{aligned}
S_T &= \sum_{i=1}^{p}\sum_{j=1}^{q}(Y_{ij}-\overline{Y})^2 \\
&= \sum_{i=1}^{p}\sum_{j=1}^{q}\left[(Y_{ij}-\overline{Y}_{i\cdot}-\overline{Y}_{\cdot j}+\overline{Y})+(\overline{Y}_{i\cdot}-\overline{Y})+(\overline{Y}_{\cdot j}-\overline{Y})\right]^2
\end{aligned}
$$

$$= \sum_{i=1}^{p} \sum_{j=1}^{q} (Y_{ij} - \overline{Y}_{i\cdot} - \overline{Y}_{\cdot j} + \overline{Y})^2 + q\sum_{i=1}^{p} (\overline{Y}_{i\cdot} - \overline{Y})^2 + p\sum_{j=1}^{q} (\overline{Y}_{\cdot j} - \overline{Y})^2$$

$$= S_E + S_A + S_B, \tag{4.7.11}$$

其中

$$\begin{cases} S_E = \sum_{i=1}^{p} \sum_{j=1}^{q} (Y_{ij} - \overline{Y}_{i\cdot} - \overline{Y}_{\cdot j} + \overline{Y})^2 = \sum_{i=1}^{p} \sum_{j=1}^{q} (\varepsilon_{ij} - \overline{\varepsilon}_{i\cdot} - \overline{\varepsilon}_{\cdot j} + \overline{\varepsilon})^2; \\ S_A = q\sum_{i=1}^{p} (\overline{Y}_{i\cdot} - \overline{Y})^2 = q\sum_{i=1}^{p} (\alpha_i + \overline{\varepsilon}_{i\cdot} - \overline{\varepsilon})^2; \\ S_B = p\sum_{j=1}^{q} (\overline{Y}_{\cdot j} - \overline{Y})^2 = p\sum_{j=1}^{q} (\beta_j + \overline{\varepsilon}_{\cdot j} - \overline{\varepsilon})^2. \end{cases} \tag{4.7.12}$$

这里，S_E称为误差平方和，反映了试验的误差；S_A，S_B分别称为因子 A，B 的变差平方和，反映了因子 A，B 效应的变差，也与试验的误差有关. 可以求出它们的数学期望

$$\begin{cases} \mathrm{E}(S_E) = (p-1)(q-1)\sigma^2; \\ \mathrm{E}(S_A) = (p-1)\sigma^2 + q\sum_{i=1}^{p} \alpha_i^2; \\ \mathrm{E}(S_B) = (q-1)\sigma^2 + p\sum_{j=1}^{q} \beta_j^2. \end{cases} \tag{4.7.13}$$

记

$$\overline{S}_E = \frac{S_E}{(p-1)(q-1)}, \quad \overline{S}_A = \frac{S_A}{p-1}, \quad \overline{S}_B = \frac{S_B}{q-1}, \tag{4.7.14}$$

则

$$\mathrm{E}(\overline{S}_E) = \sigma^2, \quad \mathrm{E}(\overline{S}_A) = \sigma^2 + \frac{q}{p-1}\sum_{i=1}^{p} \alpha_i^2, \quad \mathrm{E}(\overline{S}_B) = \sigma^2 + \frac{p}{q-1}\sum_{j=1}^{q} \beta_j^2. \tag{4.7.15}$$

因此，若用统计量

$$\begin{cases} F_A = \overline{S}_A \Big/ \overline{S}_E = \dfrac{S_A}{p-1} \Big/ \dfrac{S_E}{(p-1)(q-1)}, \\ F_B = \overline{S}_B \Big/ \overline{S}_E = \dfrac{S_B}{q-1} \Big/ \dfrac{S_E}{(p-1)(q-1)}, \end{cases} \tag{4.7.16}$$

分别作为检验假设 H_{01}与假设 H_{02}的统计量，那么当 $H_{01}(H_{02})$成立时，$F_A(F_B)$不应太大. 而当 $H_{01}(H_{02})$不成立时，$F_A(F_B)$有偏大的趋势.

为求出统计量 F_A，F_B的分布，与单因子试验情况类似，需利用 Cochran 定理. 这里 S_T是 $n = pq$ 个变量 Y_{ij}，$i=1,2,\cdots,p$，$j=1,2,\cdots,q$，的平方和，有一个线性约束方程 $\sum_{i=1}^{p} \sum_{j=1}^{q} (Y_{ij} - \overline{Y}) = 0$，所以 S_T的自由度 $f_T = n-1$. 对 S_E，在这 n 个变量中有 $p+q$ 个线性约束方程 $\sum_{i=1}^{p} (Y_{ij} - \overline{Y}_{i\cdot} - \overline{Y}_{\cdot j} + \overline{Y}) = 0$，$j=1,2,\cdots,q$，$\sum_{j=1}^{q} (Y_{ij} - \overline{Y}_{i\cdot} - \overline{Y}_{\cdot j} + \overline{Y}) = 0$，$i=1,2,\cdots,p$. 但这 $p+q$ 个线性约束

方程不是独立的，因为 $\sum_{i=1}^{p}\sum_{j=1}^{q}(Y_{ij}-\overline{Y}_{i\cdot}-\overline{Y}_{\cdot j}+\overline{Y})=0$，所以 S_E 的自由度为 $f_E=pq-(p+q-1)=(p-1)(q-1)$. 对 S_A，它是 p 个变量 $\sqrt{q}(\overline{Y}_{i\cdot}-\overline{Y})$，$i=1,2,\cdots,p$，的平方和，它们之间有一个线性约束方程 $\sum_{i=1}^{p}\sqrt{q}[\sqrt{q}(\overline{Y}_{i\cdot}-\overline{Y})]=0$，所以 S_A 的自由度为 $f_A=p-1$. 对 S_B，它是 q 个变量 $\sqrt{p}(\overline{Y}_{\cdot j}-\overline{Y})$，$j=1,2,\cdots,q$ 的平方和，它们之间有一个线性约束方程 $\sum_{j=1}^{q}\sqrt{p}[\sqrt{p}(\overline{Y}_{\cdot j}-\overline{Y})]=0$，所以 S_B 的自由度为 $f_B=q-1$.

当假设 H_{01} 和 H_{02} 同时成立时，各个变量 Y_{ij} 都服从 $N(\mu,\sigma^2)$ 分布，且它们相互独立，因此

$$\frac{S_T}{\sigma^2}\sim\chi^2(pq-1).$$

又

$$f_T=f_E+f_A+f_B,$$

故由 Cochran 定理，S_E/σ^2，S_A/σ^2，S_B/σ^2 分别服从自由度为 $(p-1)(q-1)$，$p-1$，$q-1$ 的 χ^2 分布，且它们之间相互独立.

实际上，还可进一步证明当 H_{01} 成立时，S_E/σ^2 与 S_A/σ^2 是相互独立的 χ^2 变量；当 H_{02} 成立时，S_E/σ^2 与 S_B/σ^2 是相互独立的 χ^2 变量. 因此当 H_{01} 成立时，有

$$F_A=\frac{\overline{S}_A}{\overline{S}_E}\sim F(p-1,(p-1)(q-1)),\tag{4.7.17}$$

检验的拒绝域为

$$F_A>F_{1-\alpha}(p-1,(p-1)(q-1)).$$

同样，当 H_{02} 成立时，有

$$F_B=\frac{\overline{S}_B}{\overline{S}_E}\sim F(q-1,(p-1)(q-1)),\tag{4.7.18}$$

检验的拒绝域为

$$F_B>F_{1-\alpha}(q-1,(p-1)(q-1)).$$

上述结果列在方差分析表 4.15 中.

表 4.15 双因子试验方差分析表

来源	平方和 S	自由度 f	均方 $\overline{S}$	F 值	显著性
因子 A	S_A	$p-1$	$\overline{S}_A=\frac{S_A}{p-1}$	$F_A=\frac{\overline{S}_A}{\overline{S}_E}$	
因子 B	S_B	$q-1$	$\overline{S}_B=\frac{S_B}{q-1}$	$F_B=\frac{\overline{S}_B}{\overline{S}_E}$	
误差	S_E	$(p-1)(q-1)$	$\overline{S}_E=\frac{S_E}{(p-1)(q-1)}$		
总和	S_T	$pq-1$			

与单因子方差分析情况类似，无交互作用的双因子试验方差分析模型中未知参数的估计

可由下面的式子得到

$$\hat{\mu}=\overline{Y},\quad \hat{\sigma}^2=\frac{S_E}{(p-1)(q-1)}=\overline{S}_E, \tag{4.7.19}$$

它们分别是μ与σ^2的无偏估计，都与α_i，β_j的值无关. 当拒绝假设H_{01}时，

$$\hat{\alpha}_i=\overline{Y}_{i\cdot}-\overline{Y} \tag{4.7.20}$$

是$\alpha_i(i=1,2,\cdots,p)$的无偏估计；当拒绝假设H_{02}时，

$$\hat{\beta}_j=\overline{Y}_{\cdot j}-\overline{Y} \tag{4.7.21}$$

是$\beta_j(j=1,2,\cdots,q)$的无偏估计.

例 4.18 从4个不同产地A,B,C,D的同样材料中分别抽出一件作为样品，每件材料分别在四个不同部位a,b,c,d进行断裂试验，所得结果如下表所示.

表 4.16 材料断裂强度试验

部位＼产地	A	B	C	D
a	137.1	142.2	128.0	136.6
b	140.1	139.4	116.8	136.5
c	141.8	139.6	132.5	140.8
d	136.1	140.8	132.2	129.0

检验不同产地、不同部位的材料断裂强度是否相同($\alpha=0.05$)？

设A,B,C,D表示不同产地，a,b,c,d表示不同部位，检验它们对材料断裂强度x的影响. 将以上数据存入数据框中，调用R中的命令anova即可得到如表4.17形式的结果.

表 4.17 双因子试验方差分析表

方差来源	平方和	自由度	均方	F值	显著性
部位	66.050	3	22.016	1.022	不显著
产地	407.027	3	135.676	6.296	显著
误差E	193.936	9	21.548		
总和	667.009	15			

```
> qiangdu < - c(137.1,142.2,128.0,136.6,140.1,139.4,116.8,136.5,141.8,
139.6,132.5,140.8,136.1,140.8,132.2,129.0)
> place < -c("a", "a", "a", "a", "b", "b", "b", "b","c", "c", "c", "c" ,"d", "d", "d", "
d")
> corner < -c("A", "B", "C", "D", "A", "B", "C", "D", "A", "B", "C", "D", "A", "B",
"C", "D")
> anova(lm(qiangdu ~ place + corner))
Analysis of Variance Table
```

```
Response: qiangdu
          Df  Sum Sq Mean Sq F value  Pr( >F)
place      3   66.05   22.016  1.0217  0.42774
corner     3  407.03  135.676  6.2963  0.01367 *
Residuals  9  193.94   21.548
---
Signif. codes:  0 '***' 0.001 '**' 0.01 '*' 0.05 '.' 0.1
```

二、有交互作用的双因子试验方差分析

在一些双因子试验中,有时会出现这样一种情况:不仅因子对试验结果有影响,而且因子之间还会联合起来对试验结果产生影响. 例如在农业试验中,研究几种不同种子和几种不同肥料对农作物产量的影响,可能会有这样的结果出现:使产量达到最高的种子和使产量达到最高的肥料搭配在一起,反而使产量下降,而看起来不是最好的种子和肥料搭配在一起使用却得到了最高的产量. 也就是不同的因子水平搭配产生了一种新的影响,这种新的影响就是交互作用,在双因子试验中,考虑交互作用的影响是有实际意义的. 因此,除了要检验式(4.7.7)和(4.7.8)中的假设 H_{01}, H_{02} 外,还要检验假设

$$H_{03}:\delta_{ij}=0,\ i=1,2,\cdots,p,\ j=1,2,\cdots,q. \tag{4.7.22}$$

为检验这些假设,我们仍考虑平方和分解. 记

$$\begin{cases}\overline{Y}_{ij\cdot}=\dfrac{1}{r}\sum\limits_{k=1}^{r}Y_{ijk}, & \overline{\varepsilon}_{ij\cdot}=\dfrac{1}{r}\sum\limits_{k=1}^{r}\varepsilon_{ijk}, \quad i=1,2,\cdots,p,\ j=1,2,\cdots,q;\\ \overline{Y}_{i\cdot\cdot}=\dfrac{1}{qr}\sum\limits_{j=1}^{q}\sum\limits_{k=1}^{r}Y_{ijk}, & \overline{\varepsilon}_{i\cdot\cdot}=\dfrac{1}{qr}\sum\limits_{j=1}^{q}\sum\limits_{k=1}^{r}\varepsilon_{ijk}, \quad i=1,2,\cdots,p;\\ \overline{Y}_{\cdot j\cdot}=\dfrac{1}{pr}\sum\limits_{i=1}^{p}\sum\limits_{k=1}^{r}Y_{ijk}, & \overline{\varepsilon}_{\cdot j\cdot}=\dfrac{1}{pr}\sum\limits_{i=1}^{p}\sum\limits_{k=1}^{r}\varepsilon_{ijk}, \quad j=1,2,\cdots,q;\\ \overline{Y}=\dfrac{1}{pqr}\sum\limits_{i=1}^{p}\sum\limits_{j=1}^{q}\sum\limits_{k=1}^{r}Y_{ijk}, & \overline{\varepsilon}=\dfrac{1}{pqr}\sum\limits_{i=1}^{p}\sum\limits_{j=1}^{q}\sum\limits_{k=1}^{r}\varepsilon_{ijk}.\end{cases} \tag{4.7.23}$$

由式(4.7.6)可知

$$\begin{cases}\overline{Y}_{ij\cdot}=\mu+\alpha_i+\beta_j+\delta_{ij}+\overline{\varepsilon}_{ij\cdot}, \quad i=1,2,\cdots,p,\ j=1,2,\cdots,q;\\ \overline{Y}_{i\cdot\cdot}=\mu+\alpha_i+\overline{\varepsilon}_{i\cdot\cdot}, \quad i=1,2,\cdots,p;\\ \overline{Y}_{\cdot j\cdot}=\mu+\beta_j+\overline{\varepsilon}_{\cdot j\cdot}, \quad j=1,2,\cdots,q;\\ \overline{Y}=\mu+\overline{\varepsilon}.\end{cases} \tag{4.7.24}$$

考虑总变差平方和的分解

$$\begin{aligned}S_T&=\sum_{i=1}^{p}\sum_{j=1}^{q}\sum_{k=1}^{r}(Y_{ijk}-\overline{Y})^2\\&=\sum_{i=1}^{p}\sum_{j=1}^{q}\sum_{k=1}^{r}\left[(Y_{ijk}-\overline{Y}_{ij\cdot})+(\overline{Y}_{i\cdot\cdot}-\overline{Y})+(\overline{Y}_{\cdot j\cdot}-\overline{Y})+(\overline{Y}_{ij\cdot}-\overline{Y}_{i\cdot\cdot}-\overline{Y}_{\cdot j\cdot}+\overline{Y})\right]^2\\&=S_E+S_A+S_B+S_{A\times B},\end{aligned} \tag{4.7.25}$$

其中

$$\begin{cases} S_E = \sum\limits_{i=1}^{p} \sum\limits_{j=1}^{q} \sum\limits_{k=1}^{r} (Y_{ijk} - \overline{Y}_{ij.})^2 = \sum\limits_{i=1}^{p} \sum\limits_{j=1}^{q} \sum\limits_{k=1}^{r} (\varepsilon_{ijk} - \overline{\varepsilon}_{ij.})^2; \\ S_A = qr\sum\limits_{i=1}^{p} (\overline{Y}_{i..} - \overline{Y})^2 = qr\sum\limits_{i=1}^{p} (\alpha_i + \overline{\varepsilon}_{i..} - \overline{\varepsilon})^2; \\ S_B = pr\sum\limits_{j=1}^{q} (\overline{Y}_{.j.} - \overline{Y})^2 = pr\sum\limits_{j=1}^{q} (\beta_j + \overline{\varepsilon}_{.j.} - \overline{\varepsilon})^2; \\ S_{A\times B} = r\sum\limits_{i=1}^{p} \sum\limits_{j=1}^{q} (\overline{Y}_{ij.} - \overline{Y}_{i..} - \overline{Y}_{.j.} + \overline{Y})^2 \\ \qquad = r\sum\limits_{i=1}^{p} \sum\limits_{j=1}^{q} (\delta_{ij} + \overline{\varepsilon}_{ij.} - \overline{\varepsilon}_{i..} - \overline{\varepsilon}_{.j.} + \overline{\varepsilon})^2. \end{cases} \tag{4.7.26}$$

上述等式的后一个等号的成立是由于式(4.7.24).可见 S_E 反映了试验的误差,称为**误差平方和**,$S_A,S_B,S_{A\times B}$除反映试验的误差外,还分别反映了因子 A 的、因子 B 的及交互作用 $A\times B$ 的效应变差,分别称它们为因子 A、因子 B. 交互作用 $A\times B$ 的**变差平方和**.可以求出它们的数学期望

$$\begin{cases} \mathrm{E}(S_E) = pq(r-1)\sigma^2; \\ \mathrm{E}(S_A) = (p-1)\sigma^2 + qr\sum\limits_{i=1}^{p} \alpha_i^2; \\ \mathrm{E}(S_B) = (q-1)\sigma^2 + pr\sum\limits_{j=1}^{q} \beta_j^2; \\ \mathrm{E}(S_{A\times B}) = (p-1)(q-1)\sigma^2 + r\sum\limits_{i=1}^{p} \sum\limits_{j=1}^{q} \delta_{ij}^2. \end{cases} \tag{4.7.27}$$

记

$$\begin{cases} \overline{S}_E = S_E/[pq(r-1)]; \\ \overline{S}_A = S_A/(p-1); \\ \overline{S}_B = S_B/(q-1); \\ \overline{S}_{A\times B} = S_{A\times B}/[(p-1)(q-1)], \end{cases} \tag{4.7.28}$$

则有

$$\begin{cases} \mathrm{E}(\overline{S}_E) = \sigma^2; \\ \mathrm{E}(\overline{S}_A) = \sigma^2 + \dfrac{qr}{p-1}\sum\limits_{i=1}^{p} \alpha_i^2; \\ \mathrm{E}(\overline{S}_B) = \sigma^2 + \dfrac{pr}{q-1}\sum\limits_{j=1}^{q} \beta_j^2; \\ \mathrm{E}(\overline{S}_{A\times B}) = \sigma^2 + \dfrac{r}{(p-1)(q-1)}\sum\limits_{i=1}^{p} \sum\limits_{j=1}^{q} \delta_{ij}^2. \end{cases} \tag{4.7.29}$$

与无交互作用双因子试验方差分析情况类似地可以证明 $S_E/\sigma^2 \sim \chi^2(pq(r-1))$.

当假设 H_{01} 成立时，$S_A/\sigma^2 \sim \chi^2(p-1)$ 且与 S_E/σ^2 独立，所以

$$F_A = \frac{\overline{S}_A}{\overline{S}_E} \sim F(p-1, pq(r-1)). \tag{4.7.30}$$

当假设 H_{02} 成立时，$S_B/\sigma^2 \sim \chi^2(q-1)$ 且与 S_E/σ^2 独立，所以

$$F_B = \frac{\overline{S}_B}{\overline{S}_E} \sim F(q-1, pq(r-1)). \tag{4.7.31}$$

当假设 H_{03} 成立时，$S_{A\times B}/\sigma^2 \sim \chi^2((p-1)(q-1))$ 且与 S_E/σ^2 独立，所以

$$F_{A\times B} = \frac{\overline{S}_{A\times B}}{\overline{S}_E} \sim F((p-1)(q-1), pq(r-1)). \tag{4.7.32}$$

对给定的显著性水平 α，容易得到相应检验的拒绝域，将上述结果列于方差分析表 4.18 中.

表 4.18　有交互作用时双因子试验的方差分析表

来源	平方和	自由度	均方 $\overline{S}$	F 值	显著性
A	S_A	$p-1$	$\overline{S}_A = \frac{S_A}{p-1}$	$F_A = \overline{S}_A/\overline{S}_E$	
B	S_B	$q-1$	$\overline{S}_B = \frac{S_B}{q-1}$	$F_B = \overline{S}_B/\overline{S}_E$	
$A\times B$	$S_{A\times B}$	$(p-1)(q-1)$	$\overline{S}_{A\times B} = \frac{S_{A\times B}}{(p-1)(q-1)}$	$F_{A\times B} = \frac{\overline{S}_{A\times B}}{\overline{S}_E}$	
误差	S_E	$pq(r-1)$	$\overline{S}_E = \frac{S_E}{pq(r-1)}$		
总和	S_T	$pqr-1$			

例 4.19　研究树种与地理位置对松树生长的影响，对 4 个地区的 3 种同龄松树的直径分别进行 5 次测量，得到数据如下

树种＼地区	B_1	B_2	B_3	B_4
A_1	23 25 21 14 15	20 17 11 26 21	16 19 13 16 24	20 21 18 27 24
A_2	28 30 19 17 22	26 24 21 25 26	19 18 19 20 25	26 26 28 29 23
A_3	18 15 23 18 10	21 25 12 12 22	19 23 22 14 13	22 13 12 22 19

对此试验结果进行方差分析.

对于此题，可以直接调用函数 anova，得方差分析表

```
> Y < -c(23, 25, 21, 14, 15,20, 17, 11, 26, 21,16, 19, 13, 16, 24, 20, 21, 18,
```

```
27, 24,28, 30, 19, 17, 22,26, 24, 21, 25, 26,19, 18, 19, 20, 25,26, 26, 28, 29,
23,18, 15, 23, 18, 10,21, 25, 12, 12, 22,19, 23, 22, 14, 13,22, 13, 12, 22, 19)
> A < -gl(3,20,60)
> B < -gl(4,5,60)
> anova(lm(Y ~ A + B + A:B))
Analysis of Variance Table

Response: Y
          Df  Sum Sq  Mean Sq  F value  Pr( >F)
A          2  352.53  176.267   8.9589  0.000494 ***
B          3  87.52   29.172    1.4827  0.231077
A:B        6  71.73   11.956    0.6077  0.722890
Residuals 48 944.40   19.675
---
Signif. codes:  0 '***' 0.001 '**' 0.01 '*' 0.05 '.' 0.1 ' ' 1
```

由此可见,在显著性 $\alpha = 0.05$ 下,树种(因素 A)效应是显著的,而位置(因素 B)效应及交互效应并不显著.

* §4.8 广义线性模型

广义线性模型包括 Logistic 回归、对数线性模型等,是 J. A. Nelder 在 1972 年提出来的. 本节只作简单介绍,有兴趣的读者可参阅文献[15].

一、Logistic 回归模型

实际中,常常会遇到随机变量 Y 只可能取两个值的情况. 例如一种试验的结果可能是成功或失败;检验一种产品是否合格;或者初生婴儿的性别是男孩还是女孩等等. 这时常用 $Y=1$ 表示感兴趣的情况,$Y=0$ 表示另外一种情况,并把 $Y=1$ 的概率记为 p. 那么在 n 次重复独立试验中,$Y=1$ 的次数服从二项分布 $b(n,p)$. 但有时这样的模型显得有些简单了,可能有这样的情况发生,试验成功的概率 p 与另外一些变量有关. 有毒药物的剂量大小与被试验老鼠死亡率之间的关系就是一个例子,我们希望通过一些试验建立它们之间的关系. 死亡率 p 随着剂量 x 的增大自然是增长的,但因 p 值一定在[0,1]区间内,所以 p 不可能是 x 的线性函数或二次函数,一般的多项式函数也不适合,这样就给这一类的回归带来很多困难;另一方面,当 p 接近于 0 或 1 时,一些因素即使有很大变化,p 的变化也可能不大. 例如高可靠性系统,可靠度 p 已达到 0.998 了,这时即使再改善条件、工艺和系统的结构,它的可靠度增长只能改变小数点后面的第三位或第四位;又如灾害性天气发生的概率 p 很小,很接近于 0,即使能找到一些发生的前兆特征,也不可能将预测的 p 值提高很多. 从数学上看,就是函数 p 对 x 的变化,在 $p=0$ 或 p

=1 的附近是不敏感的,是缓慢的,而且非线性的程度较高. 于是要寻求一个 p 的函数,使得它在 $p=0$ 或 $p=1$ 附近时变化幅度较大,而函数的形式又不是太复杂.

对简单的一元回归,设 $x=x_i$时的成功概率为 p_i,早期的方法是将 p 的某个函数 $\theta(p)$ 与正态分布相联系,例如假定 $p_i=\Phi(x_i\beta)$, $i=1,\cdots,n$,其中 Φ 是标准正态分布函数. 记 Φ 的反函数为 $\Phi^{-1}(\cdot)$,于是

$$\Phi^{-1}(p_i)=x_i\beta.$$

但是我们不能观测到 p_i,只能得到它的估计值 $\hat{p}_i$,记相应的误差为 ε_i,即 $\hat{p}_i=p_i+\varepsilon_i, i=1,2,\cdots,n$. 这样就有

$$\Phi^{-1}(\hat{p}_i)=x_i\beta+\delta_i,\quad i=1,2,\cdots,n,$$

由定理 1.5,有

$$\delta_i\approx\frac{\varepsilon_i}{\varphi(p_i)},\quad \mathrm{Var}(\delta_i)\approx\frac{p_i(1-p_i)}{n_i[\varphi(p_i)]^2},\quad i=1,2,\cdots,n,$$

其中 $\varphi(\cdot)$是标准正态密度函数,n_i是相应于 x_i的独立观测次数. 称变换 $\Phi^{-1}(\hat{p}_i)$为 Probit 变换,其含义即是取它的概率.

一种比 Probit 变换更有用的方法是 Logit 变换. 仍假定 $x=x_i$时试验成功的概率为 p_i,且可以表示为

$$p_i=\frac{\exp(\alpha+\beta x_i)}{1+\exp(\alpha+\beta x_i)},\tag{4.8.1}$$

或等价地

$$\theta(p_i)=\ln\frac{p}{1-p}=\alpha+\beta x_i,$$

其中 α,β 是常数,上式表示概率比的对数(称为 Logit 变换)是 x 的线性函数. 将这种思想推广到多个自变量的情况,即得到多元 Logistic 回归. 一般地,当因变量 Y 是二值变量,即 Y 只取 0 或 1 两个值,而有多个因素 $x_1,x_2,\cdots,x_p$影响 Y 的取值,其中 x_i可以是定性变量,也可以是定量变量. 我们感兴趣的问题是研究 Y 取值为 1 的概率 p.

关系式(4.8.1)似乎是一种限制,但与经典正态线性回归模型中方差齐性及正态性假定相比,并没有更多的限制. 实际上,式(4.8.1)等价于

$$\frac{\mathrm{d}\theta(p)}{\mathrm{d}p}=\frac{1}{p(1-p)},$$

即要求 $\theta(p)$在 p 附近的变化速度为$\frac{1}{p(1-p)}$. 当 $p=0$ 或 $p=1$ 时,$\frac{\mathrm{d}\theta(p)}{\mathrm{d}p}$应有较大的值.

当某些重要自变量不能进入 Logistic 回归方程或曲线不对称时,此模型不适用.

下面讨论一元情况的 Logistic 回归参数的估计.

设有 n 个独立观测值(x_i,y_i), $i=1,2,\cdots,n$,其中 x_i是自变量,y_i是只取 0 或 1 的因变量,且取值为 1 的概率是式(4.8.1). 因此得到这组观测值的概率为

$$\Pr\{Y_i=y_i,\ i=1,2,\cdots,n\}=\prod_{i=1}^{n}p_i^{y_i}(1-p_i)^{1-y_i}=\frac{\exp(\alpha\sum_{i=1}^{n}y_i+\beta\sum_{i=1}^{n}x_iy_i)}{\prod_{i=1}^{n}(1+\exp(\alpha+\beta x_i))}. \tag{4.8.2}$$

记 $t_0=\sum_{i=1}^{n}y_i, t_1=\sum_{i=1}^{n}x_iy_i$，显然 t_0,t_1 是充分统计量，它们分别表示 Y 取值为 1 的次数及 Y 取值为 1 时，相应的 x_i 之和. 由式(4.8.2)可以求出 α,β 的极大似然估计.

例 4.20 为了研究母亲的饮酒次数与婴儿的先天性畸形的关系，得到如下一组数据：

每天的饮酒次数	0	<1	1-2	3-5	≥6
无畸形	17 066	14 464	788	126	37
有畸形	48	38	5	1	1

为简单起见，把每天饮酒次数分别取为各组的组中值 0, 0.5, 1.5, 4, 7，因此得到 $t_0=48+38+5+1+1=93$, $t_1=0\times48+0.5\times38+\cdots+1\times7=37.5$，将它们代入式(4.8.2)即可得对数似然函数，利用迭代法而得 α,β 的极大似然估计分别为 $-5.961, 0.317$，因此得到 Logistic 回归方程：

$$\theta(p)=\ln\frac{p}{1-p}=-5.961+0.317x.$$

二、对数线性模型

广义线性模型是近代统计推断中最广泛使用的工具之一. 如果因变量 Y 与一组自变量 $x_1,x_2,\cdots,x_k$ 可能有关，$(x_{i1},\cdots,x_{ik};y_i)$，$i=1,2,\cdots,n$，是 n 组数据，设 μ_i 是自变量取值为 $(x_{i1},\cdots,x_{ik})$ 时 y_i 的均值，且存在某个函数 $g(\mu)$，使得

$$g(\mu_i)=x_{i1}\beta_1+\cdots+x_{ik}\beta_k, \tag{4.8.3}$$

则称(4.8.3)为**广义线性模型**(Generalized Linear Model)，g 称为**连系函数**(Link Function).

通常假定 Y 服从指数族分布(见 §1.3)，如果写成自然形式，则 Y 的概率密度函数形如

$$f(y;\ \theta)=\exp\{a(y)b(\theta)+c(\theta)+d(y)\},$$

其中 θ 是感兴趣的参数. 如果分布密度中还含有其他讨厌参数，一般可用其估计量代替，因此不妨假定已知，且已包含在函数 a,b,c,d 中，连系函数 g 常与自然参数密切相关. 例如当 Y 服从二项分布 $b(n,p)$，g 即为 Logit，$g(p)=\log\{\frac{p}{1-p}\}$；对 Poisson 分布，$g$ 是自然参数 $\log\lambda$；而当 Y 服从正态分布 $N(\mu,\sigma^2)$ 时，$g(\mu)=\mu$，若 σ^2 未知，是讨厌参数，一般可用样本方差代替.

例 4.21 在生物毒性试验中，研究老鼠的性别(x_1)、品种(x_2)、药物剂量(x_3)与老鼠死亡(若老鼠死亡，$Y=1$；否则 $Y=0$)之间的关系. 在试验条件(x_1,x_2,x_3)下，观察药物的效果，即在若干只老鼠中死了多少只，这相当于 Bernoulli 试验，死亡率 p 与 x_1,x_2,x_3 有关. 现在观测了 n 组试验，第 i 组的试验条件为(x_{i1},x_{i2},x_{i3})，有 n_i 只老鼠试验，死亡数 Y_i，相应的死亡率为 p_i. 考虑 Logistic 回归模型

$$\ln \frac{p_i}{1-p_i}=\beta_0+\beta_1 x_{i1}+\beta_2 x_{i2}+\beta_3 x_{i3}, \quad i=1,2,\cdots,n,$$

或

$$\ln p_i=\ln(1-p_i)+\beta_0+\beta_1 x_{i1}+\beta_2 x_{i2}+\beta_3 x_{i3}, \quad i=1,2,\cdots,n.$$

记 $\lambda_i=\ln(1-p_i)$, $i=1,2,\cdots,n$,

$$Z_i=\begin{cases}\dfrac{Y_i}{n_i}, i=1,2,\cdots,n; \\ 1-\dfrac{Y_{i-n}}{n_{i-n}}, i=n+1,n+2,\cdots,2n.\end{cases} \tag{4.8.4}$$

由二项分布性质,当 $i=1,2,\cdots,n$ 时,有

$$\mathrm{E}(Z_i)=\mathrm{E}\left(\frac{Y_i}{n_i}\right)=p_i,$$

但在 $i=n+1,n+2,\cdots,2n$ 时,

$$\mathrm{E}(Z_i)=1-p_{i-n}.$$

因此,式(4.8.4)可以写成

$$\begin{pmatrix}\ln \mathrm{E}(Z_1)\\ \vdots \\ \ln \mathrm{E}(Z_n)\\ \ln \mathrm{E}(Z_{n+1})\\ \vdots \\ \ln \mathrm{E}(Z_{2n})\end{pmatrix}=\begin{pmatrix}\mathbf{1}_n & \boldsymbol{X} & \boldsymbol{I}_n\\ \mathbf{0} & \mathbf{0} & \boldsymbol{I}_n\end{pmatrix}\begin{pmatrix}\beta_0\\ \beta_1\\ \beta_2\\ \beta_3\\ \lambda_1\\ \vdots\\ \lambda_n\end{pmatrix}$$

其中 $X=(x_{ij})$ 是 $n\times 3$ 阵,表示 n 次试验条件. 这个模型的左边是因变量数学期望的对数,右边是线性函数,故称之为**对数线性模型**(Logarithmic Linear Model). 或者说,当 $g(\mu)=\log\mu$ 时的广义线性模型即为对数线性模型. 因此 Logistic 回归模型可化为对数线性模型形式.

R 函数 glm 是用于广义线性模型拟合的,一般命令为

```
glm(formula, family = gaussian, data, weights, subset,
    na.action, start = NULL, etastart, mustart,
    offset, control = glm.control(...), model = TRUE,
    method = "glm.fit", x = FALSE, y = TRUE, contrasts = NULL, ...)
```

其中 formula 是用符号描述的拟合模型, family 是模型的连系函数,其可能取值及相应的意义如下所示:

```
binomial(link = "logit")
gaussian(link = "identity")
Gamma(link = "inverse")
inverse.gaussian(link = "1/mu^2")
poisson(link = "log")
quasi(link = "identity", variance = "constant")
quasibinomial(link = "logit")
quasipoisson(link = "log")
```

其余各参数的意义见 help(glm). 对例 4.20 运行 Logistic 回归的命令(family = binomial),结果如下:

```
> times < -c(0,0.5,1.5,4,7)
> ab.tb < -cbind(c(48,38,5,1,1),c(17066,14464,788,126,37))
> ab.glm <—glm(ab.tb~times,binomial)
> ab.glm

Call: glm(formula = ab.tb~ times, family = binomial)
Coefficients:
(Intercept)     times
 -5.960 5   0.316 6
Degrees of Freedom: 4 Total (i.e. Null); 3 Residual
Null Deviance:     6.202
Residual Deviance:1.949     AIC: 24.58
```

习题 4

4.1. 设 $\varepsilon_1,\varepsilon_2,\cdots,\varepsilon_n$ 表示相互独立且都服从 $N(0,\sigma^2)$ 分布的随机变量.

(1)下列模型中哪些是线性模型?

(a) $Y_i=\beta_1+\beta_2x_i^2+\varepsilon_i,\quad i=1,2,\cdots,n;$

(b) $Y_i=\beta_1+\beta_2x_i+\varepsilon_i^2,\quad i=1,2,\cdots,n;$

(c) $Y_i=\mathrm{e}^{\beta_1}\mathrm{e}^{\beta_2x_i}x_i^{\beta_3}\mathrm{e}^{\varepsilon_i},\quad i=1,2,\cdots,n;$

(d) $Y_i=\beta_0+\beta_1\mathrm{e}^{\beta_2}x_i+\varepsilon_i,\quad i=1,2,\cdots,n;$

(e) $Y_i=(\sum_{j=1}^{p}\beta_j x_{ij}+\varepsilon_i)^{\frac{1}{3}},\quad i=1,2,\cdots,n.$

(2)如果可能,给出适当变换 $Y_i'=h(Y_i)$, $i=1,2,\cdots,n$,以得到关于 Y_i' 的线性模型.

4.2. 考虑线性回归模型

$$\mathrm{E}(Y_i)=\beta_0+\beta_1 x_i+\beta_2(3x_i^2-2),\quad i=1,2,3,$$

其中 $x_1=-1$, $x_2=0$, $x_3=1$. 求 β_0, β_1 及 β_2 的最小二乘估计,并证明如果 $\beta_2=0$, β_0 和 β_1 的最小二乘估计不变.

4.3. 考虑线性回归模型:

$$Y_1=\theta_1+e_1;$$
$$Y_2=2\theta_1-\theta_2+e_2;$$
$$Y_3=\theta_1+2\theta_2+e_3,$$

其中 $\mathrm{E}(e_i)=0$, $\mathrm{E}(e_ie_j)=0\ (i\neq j)$.

(1)求 θ_1 和 θ_2 的最小二乘估计 $\hat{\theta}_1$ 和 $\hat{\theta}_2$;

(2)求 $\hat{\boldsymbol{\theta}}=(\hat{\theta}_1,\hat{\theta}_2)^{\mathrm{T}}$ 的协方差阵,假设 $\mathrm{Var}\ (e_i)=\sigma^2$, $i=1,2,3$;

(3)求 σ^2 的无偏估计.

4.4. 考虑线性回归模型 $(\boldsymbol{Y},\boldsymbol{X\beta},\sigma^2\boldsymbol{I}_n)$, $\boldsymbol{X}$ 是 $n\times m\ (n>m)$ 列满秩阵,如果将 $\boldsymbol{X},\boldsymbol{\beta}$ 分块表示为

$$\boldsymbol{X\beta}=(\boldsymbol{X}_1\ \boldsymbol{X}_2)\begin{pmatrix}\boldsymbol{\beta}_1\\ \boldsymbol{\beta}_2\end{pmatrix},$$

证明 $\boldsymbol{\beta}_2$ 的最小二乘估计是

$$\hat{\boldsymbol{\beta}}_2=[\boldsymbol{X}_2^{\mathrm{T}}\boldsymbol{X}_2-\boldsymbol{X}_2^{\mathrm{T}}\boldsymbol{X}_1(\boldsymbol{X}_1^{\mathrm{T}}\boldsymbol{X}_1)^{-1}\boldsymbol{X}_1^{\mathrm{T}}\boldsymbol{X}_2]^{-1}\cdot[\boldsymbol{X}_2^{\mathrm{T}}\boldsymbol{Y}-\boldsymbol{X}_2^{\mathrm{T}}\boldsymbol{X}_1(\boldsymbol{X}_1^{\mathrm{T}}\boldsymbol{X}_1)^{-1}\boldsymbol{X}_1^{\mathrm{T}}\boldsymbol{Y}].$$

4.5. 考虑线性回归模型:

$$Y_i=\theta+\varepsilon_i,\quad i=1,2,\cdots,m;$$
$$Y_{m+i}=\theta+\phi+\varepsilon_{m+i},\quad i=1,2,\cdots,m;$$
$$Y_{2m+i}=\theta-2\phi+\varepsilon_{2m+i},\quad i=1,2,\cdots,n.$$

假定 ε_i 之间互不相关,且有

$$\mathrm{E}(\varepsilon_i)=0,\quad \mathrm{Var}(\varepsilon_i)=\sigma^2,\quad i=1,2,\cdots,2m+n.$$

求 θ 和 ϕ 的最小二乘估计 $\hat{\theta}$ 与 $\hat{\phi}$,并证明当 $m=2n$ 时, $\hat{\theta}$ 与 $\hat{\phi}$ 互不相关.

4.6. 设 Y_1 和 Y_2 是独立的随机变量,且

$$\mathrm{E}(Y_1)=\theta,\quad \mathrm{E}(Y_2)=2\theta,$$

求 θ 的最小二乘估计与残差平方和.

4.7. 对线性模型 $(\boldsymbol{Y},\boldsymbol{X\beta},\sigma^2\boldsymbol{G})$,其中 $|\boldsymbol{G}|\neq 0$. 证明 $\boldsymbol{\beta}$ 的广义最小二乘估计

$$\hat{\boldsymbol{\beta}}=(\boldsymbol{X}^{\mathrm{T}}\boldsymbol{G}^{-1}\boldsymbol{X})^{-1}\boldsymbol{X}^{\mathrm{T}}\boldsymbol{G}^{-1}\boldsymbol{Y},$$

使 $(\boldsymbol{Y}-\boldsymbol{X\beta})^{\mathrm{T}}\boldsymbol{G}(\boldsymbol{Y}-\boldsymbol{X\beta})$ 达到最小.

4.8. 设有线性模型

$$y_i = \beta x_i + \varepsilon_i, \quad i = 1, 2,$$

其中 $\varepsilon_1 \sim N(0, \sigma^2)$, $\varepsilon_2 \sim N(0, 2\sigma^2)$, ε_1与ε_2相互独立,又设 $x_1 = 1$, $x_2 = -1$,求 β 的广义最小二乘估计 $\hat{\beta}$ 及 $\hat{\beta}$ 的方差.

4.9 下表列出了在悬挂不同质量(单位:克)时弹簧的长度(单位:厘米):

重量x_i	5	10	15	20	25	30
长度y_i	7.25	8.12	8.95	9.90	10.9	11.8

在一元正态线性模型下,

(1)画出散点图,试问是否可以认为重量与长度之间存在线性关系?

(2)求出经验回归函数;

(3)在显著性水平 $\alpha = 0.05$ 下,检验$H_0:\beta_1 = 0$;

(4)试求重量$x_0 = 16$ 时,长度y_0的双侧 95% 预测区间.

4.10 设物体降落的距离 S 与时间 t 有以下关系

$$S_i = \beta_0 + \beta_1 t_i + \beta_2 t_i^2 + \varepsilon_i, i = 1, 2, \cdots, n,$$

假定ε_i服从 $N(0, \sigma^2)$, $i = 1, 2, \cdots, n$. 若测得如下数据

t_i(s)	1/30	2/30	3/30	4/30	5/30	6/30	7/30	8/30
S_i(cm)	11.86	15.67	20.60	26.69	33.71	41.93	51.13	61.49
t_i(s)	9/30	10/30	11/30	12/30	13/30	14/30	15/30	
S_i(cm)	72.90	85.44	99.08	113.77	129.54	146.48	165.06	

(1)求$\beta_0, \beta_1, \beta_2$的最小二乘估计及$\sigma^2$的估计;

(2)检验假设$H_0:\beta_2 = 0$;

(3)当 $t = \dfrac{1}{10}$时,给出 S 的置信水平为 0.95 的预测区间.

4.11 某比萨饼店经理为了说明他们在送货业务上的快递高效,从以往的记录中,随机选取了 12 份订单,送货距离分别为 2 km,5 km,8 km,15 km,每个距离有三份订单,对于每次送货服务,记录从商店送到顾客处所需的时间(单位:min)

距离(km)	2	2	2	5	5	5	8	8	8	15	15	15
时间(min)	10.2	14.6	18.2	20.1	22.4	30.6	30.8	35.4	50.6	60.1	68.4	72.1

假定送货时间服从正态分布$N(\mu, \sigma^2)$.

(1)求距离关于时间的最小二乘回归直线;

(2)如果为距商店 8 km 处的顾客送一份比萨饼,估计需要多长时间?

(3)求方差σ^2的估计;

(4)求估计量 $\hat{a}$ 和 $\hat{b}$ 的标准误;

(5)利用所得的最小二乘回归直线,预测送一份比萨饼到 4.8 km 处所需时间,并求其 90%预测区间;

(6)在 $a=0.05$ 下,检验假设$H_0:b=0 \leftrightarrow H_1:b>0$.

4.12　某公司经理认为雇员的初始年薪与工作 10 年后的年薪无关. 为此随机抽取 12 个工作多年的雇员,记录下他们的初始年薪和工作 10 年后的年薪,结果如下表(单位:千元):

初始年薪	26	42	37	82	66	44	24	39	55	61	77	58
10 年后年薪	37	90	48	90	88	100	95	120	95	76	89	100

(1)计算两种年薪的样本相关系数 R.

(2)在 $\alpha=0.05$ 下,检验零假设$H_0:\rho=0$.

4.13.　观测黏虫的生长过程得到如下数据:

平均温度(T)	11.8	14.7	15.4	16.5	17.1	18.1	19.8	20.3
历期(N)	30.4	15.0	13.8	12.7	10.7	7.5	6.8	5.7

其中历期 N 为卵块孵化成幼虫的天数,平均温度 T 为历期内每天日平均温度的算术均值. 经研究 N 与 T 之间有下列关系:$N=k/(T-c)+\varepsilon$,求 k 与 c 的估计值.

4.14.　研究某种肥料对作物产量的影响,下表是施三种不同浓度肥料后作物的产量.

Ⅰ	794	1 800	576	411	897
Ⅱ	2 012	2 477	3 498	2 092	1 808
Ⅲ	2 118	1 947	3 361	2 117	1 955

不同浓度的肥料对作物产量是否有显著差异?

4.15　小白鼠在接种了 3 种不同菌型的伤寒杆菌后存活天数如下表,

菌型	存活日数										
1	2	4	3	2	4	7	7	2	2	5	4	
2	5	6	8	5	10	7	12	12	6	6		
3	7	11	6	6	7	9	5	5	10	6	3	10

(1)判断小白鼠被注射3种菌型后的平均存活天数有无显著差异？($\alpha=0.05$)

(2)求被注射不同菌型后平均存活天数差的95%置信区间.

4.16 研究血压(高压)与职业、年龄的关系,下表给出了不同职业、不同年龄组的男子血压.

血压 职业＼年龄	30~45	46~59	60~75
Ⅰ	128,104,132,112	120,136,174,166	214,146,138,148
Ⅱ	136,124,112,118	138,124,160,157	156,110,188,158
Ⅲ	116,108,160,116	108,110,154,122	182,148,138,136

(1)在10%水平上检验不同职业的平均血压是否不同？

(2)在10%水平上检验不同年龄组的平均血压是否不同？

4.17. 下面记录了3位工人分别在4台不同机器上工作3天的日产量. 在水平$\alpha=0.05$下检验：

机器＼工人	甲			乙			丙		
M_1	15	15	17	19	19	16	16	18	21
M_2	17	17	17	15	15	15	17	22	22
M_3	15	17	16	18	17	16	18	18	18
M_4	18	20	22	15	16	17	17	17	17

(1)工人之间的差异是否显著?

(2)机器之间的差异是否显著?

(3)交互作用影响是否显著?

4.18. 以下是自变量x与二值因变量y的8次观测结果,试建立Logistic回归方程.

x	0	3.5	4.0	4.2	4.6	7.0	9	10.5
y	1	1	0	1	0	0	0	0

4.19. 从三个总体中抽取的随机样本如下：

样本 *A*	0.20	0.46	0.58	1.13	1.51	1.67	1.78	1.87	2.01	2.08
	2.18	2.19	2.23	2.34	2.44	2.70	3.12	3.31	3.48	3.57
样本 *B*	0.29	0.50	0.59	0.99	1.23	1.57	1.75	1.84	1.88	1.92
	2.11	2.12	2.88	2.97	2.98	3.02	3.08	3.12	3.33	3.62
样本 *C*	0.11	0.12	0.17	0.18	0.22	0.32	0.34	0.37	0.40	0.50
	0.51	0.55	1.23	1.84	1.94	2.50	2.86	3.38	3.81	3.86

请利用R命令分别计算它们的基本统计量:样本均值、样本方差、样本中位数、样本均值的标准误差等等,并画出直方图.你能对这些样本所在的总体作出怎样的判断?它们是来自完全不同的总体还是同一总体,或者其中两个样本可能来自同一正态总体,而另一个却不然?

第5章　非参数统计

前几章讨论的各种统计推断问题都是基于已知总体的分布函数形式,其中包含有限个未知参数,我们的目的则是对这些未知参数进行估计或检验,称为参数统计推断. 但实际上,总体的分布形式常常不能事先知道,这时就不能使用参数统计推断方法,因此需要考虑不依赖于总体分布的统计方法. 如果在一个统计问题中分布不能用有限个实参数来刻画,只能对它作一些一般性的假定(如分布连续、有密度、具有某阶矩等等), 则称之为非参数统计问题. 为解决非参数统计问题的统计方法,称为**非参数统计**(Nonparametric Statistics). 如果一种统计方法对所有可能的分布都有相同结果,则称为**分布自由的**(Distribution-free).

在非参数统计问题中,由于对分布族的限制很少,因此非参数统计方法适用面广,但针对性较差. 例如关于正态总体的参数检验方法,都可以被非参数方法代替,但在总体分布确实是正态时,非参数方法就不如专门用于正态情况的参数方法好. 由于对总体分布了解不多,故非参数方法中统计量的精确分布一般难于求得,只有极个别情况例外. 因此,大样本理论在非参数统计中占有重要地位.

非参数统计的主要发展是在第二次世界大战以后,第一个结果是 C. Spearman 于 1904 年提出的秩相关系数,以后 F. Wilcoxon 及 A. H. Kolmogorov 和 N. V. Smirnov 开辟了非参数统计的研究方向,次序统计量在非参数统计中有着重要的应用.

非参数统计问题的内容十分丰富,我们主要介绍分布拟合检验以及单样本问题、两样本问题.

§5.1　非参数假设的 χ^2 检验

如前所述,对一个实际问题,总体的分布函数形式一般是不知道的,因此我们首先应根据样本对总体分布作出推断,便于进一步的统计分析. 设 $(X_1, X_2, \cdots, X_n)$ 是从分布为 $F(x)$ 的总体中抽取的样本,希望检验假设

$$H_0: F(x) = F_0(x;\theta), \tag{5.1.1}$$

其中 $F_0(x;\theta)$ 为一个指定的分布, θ 是参数向量. 若 $\theta = \theta_0$ 已知,即总体分布为完全确定的某个特殊分布,此时称为简单假设;否则若 θ 部分或完全未知,即 $F_0(x;\theta)$ 形式上确定,但含有未知参数,此时称为复合假设.

一般说来,理论和实际没有绝对的符合或不符合,于是设法提出一个能反映实际数据 $x_1, x_2, \cdots, x_n$ 与理论分布 $F_0(x;\theta)$ 偏离的量 $\Delta(x_1, x_2, \cdots, x_n; F)$,如果 Δ 超过某个界限 Δ_0,则认为理论分布与数据 $x_1, x_2, \cdots, x_n$ 不符,因而拒绝 H_0. 这个 Δ 就称为"**拟合优度**"(Goodness of Fit),这种检验称为"**拟合优度检验**"(Goodness of Fit Test).

分布的拟合优度检验无论在理论上还是在应用上都是统计学的一个重要分支,这方面的

研究一直受到关注. 除了早为人们所熟知的χ^2检验、K - S 检验外,发展较快的还有建立在经验分布函数基础上的各种 EDF 统计量;与分布形状有关的一些统计量,如样本偏度、样本峰度统计量,已用于对某些分布的检验. 另外,当需要在两个分布之间作出选择时,经常使用似然比统计量来区分分布. 而对于最常用的正态分布和指数分布的检验,则提出了更多的具体方法.

本节首先考虑χ^2拟合优度检验及其在其他假设检验问题上的应用.

一、分布的χ^2拟合优度检验

我们先考虑简单假设检验问题. 设$(X_1, X_2, \cdots, X_n)$是从分布为$F(x)$的总体中抽取的样本,要求对假设

$$H_0: F(x) = F_0(x;\theta_0) \tag{5.1.2}$$

进行检验,其中θ_0是已知参数.

为此选取$r-1$个实数$-\infty < y_1 < y_2 < \cdots < y_{r-1} < +\infty$,它们将随机变量$X$的一切可能取值的集合分为$r$个区间,并用$n_i$表示样本观测值落入第$i$个区间$(y_{i-1}, y_i]$(这里设$y_0 = -\infty$,$y_r = +\infty$)的**观测频数**(Observed Frequency). 如果H_0成立,则由给定的分布函数$F_0(x;\theta_0)$可以求出

$$p_i = F_0(y_i;\theta_0) - F_0(y_{i-1};\theta_0), \quad i = 1, 2, \cdots, r. \tag{5.1.3}$$

显然$\sum\limits_{i=1}^{r} p_i = 1$,且不妨设$0 < p_i < 1$(否则可改变分点),称$np_i$为样本落入第$i$个小区间的**理论频数**(Theoretic Frequency). 考虑统计量

$$\chi^2 = \sum_{i=1}^{r} \frac{(n_i - np_i)^2}{np_i}, \tag{5.1.4}$$

它表示观测频数n_i与理论频数np_i的相对差异的总和. 按照大数定理,在H_0为真时,频率n_i/n与概率p_i的差异不会太大,因此当χ^2值大于某个临界值时,应否定原假设H_0. K. Pearson 于 1900 年证明了统计量χ^2的极限分布为$r-1$个自由度的χ^2分布,因此当n充分大时,对给定的显著性水平α,检验的拒绝域为

$$W = \{\chi^2 \geqslant \chi^2_{1-\alpha}(r-1)\}. \tag{5.1.5}$$

下面给出 Pearson 定理及其证明.

定理 5.1(**Pearson 定理**) 在$H_0(F(x) = F_0(x;\theta_0))$为真时,由式(5.1.4)定义的统计量$\chi^2$的极限分布是自由度为$r-1$的$\chi^2$分布.

证明 首先考虑$r=2$的简单情况. 注意到$p_1 + p_2 = 1$,$n_1 + n_2 = n$,容易验证

$$\begin{aligned}
\chi^2 &= \frac{(n_1 - np_1)^2}{np_1} + \frac{(n_2 - np_2)^2}{np_2} \\
&= \frac{(n_1 - np_1)^2}{np_1} + \frac{[(n - n_1) - n(1 - p_1)]^2}{n(1 - p_1)} \\
&= \frac{(n_1 - np_1)^2}{np_1} + \frac{(n_1 - np_1)^2}{n(1 - p_1)} \\
&= \frac{(n_1 - np_1)^2}{np_1(1 - p_1)},
\end{aligned}$$

由 De Moivre - Laplace 中心极限定理,统计量$\dfrac{n_1-np_1}{\sqrt{np_1(1-p_1)}}$的极限分布是标准正态分布,因此$\chi^2$的极限分布为 $r-1=1$ 个自由度的χ^2分布. 可见,χ^2统计量的极限分布是上述中心极限定理在多项分布中的推广.

现在证明 $r\geqslant 2$ 的一般情况. 记

$$Y_i=\frac{n_i-np_i}{\sqrt{np_i}},\qquad i=1,2,\cdots,r,$$

则有$\sum\limits_{i=1}^{r}\sqrt{p_i}Y_i=0,\chi^2=\sum\limits_{i=1}^{r}Y_i^2$. 由于$(n_1,n_2,\cdots,n_r)$服从多项分布,如果 H_0为真,则有概率分布$\dfrac{n!}{n_1!\ \cdots n_r!}p_1^{n_1}\cdots p_r^{n_r}$,而$(n_1,\cdots,n_r)$的特征函数为

$$(p_1\mathrm{e}^{\mathrm{i}t_1}+\cdots+p_r\mathrm{e}^{\mathrm{i}t_r})^n.$$

因此可以求得$(Y_1,Y_2,\cdots,Y_r)$的特征函数

$$\phi_n(t_1,t_2,\cdots,t_r)=\mathrm{e}^{-\mathrm{i}\sqrt{n}\sum\limits_{j=1}^{r}t_j\sqrt{p_j}}(p_1\mathrm{e}^{\frac{\mathrm{i}t_1}{\sqrt{np_1}}}+\cdots+p_r\mathrm{e}^{\frac{\mathrm{i}t_r}{\sqrt{np_r}}})^n.$$

上式两边同时取对数,然后利用 Taylor 展开得

$$\begin{aligned}\ln\phi_n(t_1,t_2,\cdots,t_r)&=-\mathrm{i}\sqrt{n}\sum_{j=1}^{r}t_j\sqrt{p_j}+n\ln\Big(\sum_{j=1}^{r}p_j\mathrm{e}^{\mathrm{i}t_j/\sqrt{np_j}}\Big)\\&=-\mathrm{i}\sqrt{n}\sum_{j=1}^{r}t_j\sqrt{p_j}+n\ln\left\{1+\sum_{j=1}^{r}p_j\left[\frac{it_j}{\sqrt{np_j}}-\frac{t_j^2}{2np_j}+o\Big(\frac{1}{n}\Big)\right]\right\}\\&=-\mathrm{i}\sqrt{n}\sum_{j=1}^{r}t_j\sqrt{p_j}+n\left\{\mathrm{i}\sum_{j=1}^{r}t_j\frac{\sqrt{p_j}}{\sqrt{n}}-\frac{1}{2n}\sum_{j=1}^{r}t_j^2-\frac{1}{2}\left(\mathrm{i}\sum_{j=1}^{r}\frac{t_j\sqrt{p_j}}{\sqrt{n}}\right)^2\right\}+o(1)\\&=-\frac{1}{2}\sum_{j=1}^{r}t_j^2+\frac{1}{2}\Big(\sum_{j=1}^{r}t_j\sqrt{p_j}\Big)^2+o(1),\end{aligned}$$

于是

$$\begin{aligned}\phi(t_1,t_2,\cdots,t_r)&\triangleq\lim_{n\to\infty}\phi_n(t_1,t_2,\cdots,t_r)\\&=\exp\left\{-\frac{1}{2}\Big[\sum_{j=1}^{r}t_j^2-\Big(\sum_{j=1}^{r}t_j\sqrt{p_j}\Big)^2\Big]\right\}.\end{aligned}$$

作正交变换

$$\begin{cases}Z_k=\sum\limits_{j=1}^{r}a_{kj}Y_j, & k=1,2,\cdots,r-1;\\ Z_r=\sum\limits_{j=1}^{r}\sqrt{p_j}\ Y_j,\end{cases}\quad 和\quad\begin{cases}u_k=\sum\limits_{j=1}^{r}a_{kj}t_j, & k=1,2,\cdots,r-1;\\ u_r=\sum\limits_{j=1}^{r}\sqrt{p_j}\ t_j,\end{cases}$$

其中 $a_{kj}(k=1,2,\cdots,r-1,j=1,2,\cdots,r)$是使得变换是正交的任意适当常数,则有

$$\sum_{j=1}^{r}t_j^2-\Big(\sum_{j=1}^{r}t_j\sqrt{p_j}\Big)^2=\sum_{j=1}^{r-1}u_j^2.$$

于是当 $n\to\infty$ 时,$(Z_1,Z_2,\cdots,Z_r)$的特征函数趋于

$$\phi_z(u_1,u_2,\cdots,u_r)=\exp\left(-\frac{1}{2}\sum_{j=1}^{r-1}u_j^2\right),$$

这是 $r-1$ 个相互独立且都服从标准正态分布的随机变量特征函数之积,从而表明 $Z_1,Z_2,\cdots,Z_{r-1}$ 的分布收敛于相互独立的 $N(0,1)$ 分布,Z_r 依概率收敛于 0. 所以

$$\chi^2=\sum_{j=1}^{r}Y_j^2=\sum_{j=1}^{r}Z_j^2$$

渐近于自由度为 $r-1$ 的 χ^2 分布.

例 5.1 遗传学中有许多考虑分布拟合检验的例子. 例如某种动物身上的毛可分成 3 种类型:极卷曲、中等卷曲、正常. 而毛的卷曲由两个遗传基因 F,f 所控制,(F,F) 的后代身上的毛是极卷曲的,(F,f) 的后代是中等卷曲,(f,f) 的后代则为正常,并且两个基因随机结合. 因此极卷曲、中等卷曲、正常的比例应是 1:2:1. 现在进行了 93 次观测,得到极卷曲的 23 次,中等卷曲的 50 次,正常的 20 次.

设 $p_1=\Pr\{$后代的毛极卷曲$\}$,$p_2=\Pr\{$后代的毛中等卷曲$\}$,$p_3=\Pr\{$后代的毛正常$\}$,那么遗传学理论可以表示成下面的假设检验问题:

$$H_0:p_1=p_{10}=1/4,p_2=p_{20}=1/2,p_3=p_{30}=1/4\ \leftrightarrow\ H_1:\text{至少有一个 } p_i\neq p_{i0}.$$

可以用式(5.1.4)定义的 χ^2 统计量对此假设进行检验,计算得到

$$\chi^2=\frac{(23-93\times1/4)^2}{93\times1/4}+\frac{(50-93\times1/2)^2}{93\times1/2}+\frac{(20-93\times1/4)^2}{93\times1/4}=0.72,$$

如果取显著性水平 $\alpha=0.05$,$\chi^2(2)$ 分布的 0.95 分位点是 5.991,$\chi^2=0.72<5.991=\chi^2_{0.95}(2)$,因此不能拒绝原假设,即毛的卷曲程度是由遗传基因 (F,F),(F,f) 和 (f,f) 所控制的遗传学理论是站得住脚的.

可以自己动手编写一段 R 程序,计算 χ^2 拟合优度检验统计量(5.1.4)的值:

```
> x <—c(23,50,20)
> p <—c(0.25,0.50,0.25)
> sum((x - sum(x) * p)^2/(sum(x) * p))
[1] 0.7204301
```

或者也可直接调用函数 chisq.test,完成 χ^2 拟合优度检验

```
> chisq.test(x,p = c(0.25,0.5,0.25))

        Chi-squared test for given probabilities

data:  x
X-squared = 0.7204, df = 2, p-value = 0.6975
```

现在考虑复合假设检验问题. 如果式(5.1.1)中的 $F_0(x;\theta)$ 含有未知参数向量 $\boldsymbol{\theta}=(\theta_1,\theta_2,\cdots,\theta_s)$,就不能由(5.1.3)计算出 p_i,式(5.1.4)的统计量不能直接应用. 20 世纪 20 年代初,R.

A. Fisher 等推广了 Pearson 定理：只要在式(5.1.3)中用极大似然估计量 $\hat{\boldsymbol{\theta}}$ 代替未知参数 θ，并计算 p_i的估计值

$$\hat{p}_i = F_0(y_i;\hat{\boldsymbol{\theta}}) - F_0(y_{i-1};\hat{\boldsymbol{\theta}}), i=1,2,\cdots,r, \tag{5.1.6}$$

其中 $\hat{\boldsymbol{\theta}}=(\hat{\theta}_1,\hat{\theta}_2,\cdots,\hat{\theta}_s)$ 是 s 维参数向量 $\boldsymbol{\theta}$ 的极大似然估计，将此式代入式(5.1.4)得到

$$\chi^2 = \sum_{i=1}^{r} \frac{(n_i - n\hat{p}_i)^2}{n\hat{p}_i}. \tag{5.1.7}$$

则由式(5.1.7)给定的统计量近似地服从自由度为 $r-s-1$ 的χ^2分布.

这个结论的证明比较复杂，有兴趣的读者可参阅文献[4].

在具体应用χ^2统计量进行拟合优度检验时，应该注意下列几个问题.

(1)要求样本大小 n 较大.

(2)要求 p_i或理论频数 np_i值不能太小，一般应有 $np_i \geqslant 5$，否则可以将理论频数小于5的区间并入邻近区间.

(3)对离散型总体，样本的分组是自然的. 对连续型总体，样本的分组可能失去某些信息. 组分得多一些，因此而带来的损失就越小，但落在各组内的数据个数减少了，这将导致χ^2的精确分布与其极限分布$\chi^2(r-s-1)$的偏离增大. 因此在考虑组数时要注意到这两方面的因素，详细的讨论可见文献[5].

(4)在简单假设情况，即理论分布完全已知时，H. B. Mann 和 A. Wald 于1942年曾指出，在分区间时，使各区间有相同的概率是有利的.

例 5.2 正态分布是最常用的分布，在实际问题中，也常希望总体分布就是正态的，但其中的参数 μ 和 σ^2未知. 考虑某民族人种的颅骨宽度，得到84个观测数据，最小值为126(mm)，最大值为158(mm). 如果按相等的间隔分组，结果如下表所示.

颅骨宽度(mm)	≤129	130~134	135~139	140~144	145~149	150~154	≥155
观测频数	1	4	10	33	24	9	3

首先由原始数据算出样本均值 $\bar{x}=143.8$ 和样本标准差 $S=6.0$，然后确定随机变量落入每个组的概率，通常作连续化修正，例如

$$\begin{aligned}\hat{p}_i &= \Pr\{140 < x \leqslant 144\} \approx \Pr\{139.5 < X \leqslant 144.5\} \\ &= \Pr\left\{\frac{139.5-143.8}{6.0} < Z \leqslant \frac{144.5-143.8}{6.0}\right\} \\ &= \Pr\{-0.72 < Z \leqslant 0.12\} = 0.3120,\end{aligned}$$

这一组的期望频数为

$$n\hat{p}_i = 84 \times 0.3120 = 26.2.$$

对其他各组也作相同的计算，得到所要的结果，见表5.1.

表 5.1　颅骨宽度分布的 χ^2 拟合优度检验

组限	n_i	$\hat{p}_i$	$n\hat{p}_i$	$n_i - n\hat{p}_i$	$(n_i - n\hat{p}_i)^2/n\hat{p}_i$
≤129	1	0.0 087	0.7	0.3	
130 - 134	4	0.0 519	4.4	-0.4	0.00
135 - 139	10	0.1 752	14.7	-4.7	1.50
140 - 144	33	0.3 120	26.2	6.8	1.76
145 - 149	24	0.2 811	23.6	0.4	0.01
150 - 154	9	0.1 336	11.2	-2.2	0.34
≥155	3	0.0 375	3.2	-0.2	
	84	1.0 000	84.0		3.61

由于第一组和最后一组的 $n\hat{p}_i<5$，因此将这两组分别与相邻组合并，即将 84 个观测数据分成 $r=5$ 组，按(5.1.7)计算得到 $\chi^2=3.61$. 正态分布有 $s=2$ 个未知参数，于是自由度 $r-s-1=5-2-1=2$. 如果检验在 $\alpha=0.05$ 显著性水平上进行，相应的临界值为5.991. 由于 $3.61<5.991$，因此我们不能拒绝颅骨宽度服从正态分布的假设.

二、列联表的独立性检验

在实际中，常常遇上这样的问题：对所考察总体中每一个元素同时测定两个指标 X,Y，要检验这两个指标是否有关. 例如考虑对某种疾病的几种治疗方法与治疗结果之间的关系，为此将 n 个病人按不同的治疗方法(第一个指标)分组，观察各组病人的不同效果(第二个指标). 一般地，设 X 可能取值为 $1,2,\cdots,p$，Y 可能取值为 $1,2,\cdots,q$. 现在对 (X,Y) 进行了 n 次独立观测而得 $(x_1,y_1),(x_2,y_2),\cdots,(x_n,y_n)$，用 n_{ij} 表示样本观测值中"X 取 i，Y 取 j"的次数，希望由此来检验假设

$$H_0: X \text{与} Y \text{独立}. \tag{5.1.8}$$

我们常将数据排列成表 5.2 形式，称这种表为**列联表**(Contingency Table).

表 5.2　列联表

Y \ X	1	2	…	p	
1	n_{11}	n_{21}	…	n_{p1}	$n_{\cdot 1}$
2	n_{12}	n_{22}	…	n_{p2}	$n_{\cdot 2}$
⋮	⋮	⋮		⋮	⋮
q	n_{1q}	n_{2q}	…	n_{pq}	$n_{\cdot q}$
	$n_{1\cdot}$	$n_{2\cdot}$	…	$n_{p\cdot}$	n

其中

$$n_{i\cdot}=\sum_{j=1}^{q} n_{ij},\qquad n_{\cdot j}=\sum_{i=1}^{p} n_{ij},\qquad n=\sum_{i=1}^{p}\sum_{j=1}^{q} n_{ij}. \tag{5.1.9}$$

如果记

$$\begin{cases} p_{ij}=\Pr\{X=i,Y=j\}, & i=1,2,\cdots,p, j=1,2,\cdots,q; \\ p_{i\cdot}=\Pr\{X=i\}, & i=1,2,\cdots,p; \\ p_{\cdot j}=\Pr\{Y=j\}, & j=1,2,\cdots,q. \end{cases} \tag{5.1.10}$$

显然有

$$p_{i\cdot}=\sum_{j=1}^{q}p_{ij},\qquad p_{\cdot j}=\sum_{i=1}^{p}p_{ij},\qquad \sum_{i=1}^{p}p_{i\cdot}=\sum_{j=1}^{q}p_{\cdot j}=1. \tag{5.1.11}$$

因此独立性假设(5.1.8)为真,等价于对一切 i,j,有 $p_{ij}=p_{i\cdot}\times p_{\cdot j}$. 这里有 $p+q$ 个未知参数,但由于式(5.1.11),仅有 $p+q-2$ 个独立. 为利用式(5.1.7)给出的χ^2统计量检验假设(5.1.8),需先求出这些未知参数的极大似然估计. 这里在独立性假设为真时的似然函数为

$$\begin{aligned}L&=\prod_{i=1}^{p}\prod_{j=1}^{q}p_{ij}^{n_{ij}}=\prod_{i=1}^{p}\prod_{j=1}^{q}(p_{i\cdot}p_{\cdot j})^{n_{ij}}=\prod_{i=1}^{p}p_{i\cdot}^{n_{i\cdot}}\prod_{j=1}^{q}p_{\cdot j}^{n_{\cdot j}}\\&=\left(1-\sum_{i=1}^{p-1}p_{i\cdot}\right)^{n_{p\cdot}}\left(1-\sum_{j=1}^{q-1}p_{\cdot j}\right)^{n_{\cdot q}}\prod_{i=1}^{p-1}p_{i\cdot}^{n_{i\cdot}}\prod_{j=1}^{q-1}p_{\cdot j}^{n_{\cdot j}},\end{aligned}$$

$$\ln L=n_{p\cdot}\ln\left(1-\sum_{i=1}^{p-1}p_{i\cdot}\right)+n_{\cdot q}\ln\left(1-\sum_{j=1}^{q-1}p_{\cdot j}\right)+\sum_{i=1}^{p-1}n_{i\cdot}\ln p_{i\cdot}+\sum_{j=1}^{q-1}n_{\cdot j}\ln p_{\cdot j}.$$

解似然方程组

$$\begin{cases}\dfrac{\partial \ln L}{\partial p_{i\cdot}}=\dfrac{-n_{p\cdot}}{1-\sum\limits_{i=1}^{p-1}p_{i\cdot}}+\dfrac{n_{i\cdot}}{p_{i\cdot}}=\dfrac{n_{i\cdot}}{p_{i\cdot}}-\dfrac{n_{p\cdot}}{p_{p\cdot}}=0, & i=1,2,\cdots,p-1;\\[2ex]\dfrac{\partial \ln L}{\partial p_{\cdot j}}=\dfrac{-n_{\cdot q}}{1-\sum\limits_{j=1}^{q-1}p_{\cdot j}}+\dfrac{n_{\cdot j}}{p_{\cdot j}}=\dfrac{n_{\cdot j}}{p_{\cdot j}}-\dfrac{n_{\cdot q}}{p_{\cdot q}}=0, & j=1,2,\cdots,q-1,\end{cases}$$

得

$$\begin{cases}\hat p_{i\cdot}=\dfrac{n_{i\cdot}}{n}, & i=1,2,\cdots,p;\\[2ex]\hat p_{\cdot j}=\dfrac{n_{\cdot j}}{n}, & j=1,2,\cdots,q.\end{cases} \tag{5.1.12}$$

将式(5.1.12)代入(5.1.7)得到统计量

$$\chi^2=n\sum_{i=1}^{p}\sum_{j=1}^{q}\frac{\left(n_{ij}-\dfrac{n_{i\cdot}n_{\cdot j}}{n}\right)^2}{n_{i\cdot}n_{\cdot j}}=n\left(\sum_{i=1}^{p}\sum_{j=1}^{q}\frac{n_{ij}^2}{n_{i\cdot}n_{\cdot j}}-1\right). \tag{5.1.13}$$

在 $H_0(p_{ij}=p_{i\cdot}p_{\cdot j})$成立时,它的极限分布为$\chi^2$分布,自由度是

$$pq-(p+q-2)-1=(p-1)(q-1).$$

因此对充分大的 n,

$$W=\{\chi^2\geqslant\chi^2_{1-\alpha}((p-1)(q-1))\} \tag{5.1.14}$$

是 H_0的(近似)水平为 α 的拒绝域.

在 $p=q=2$ 时,得到 2×2 列联表,常称为**"四格表"**(Fourfold Table),这是应用最广的一种情况. 此时式(5.1.13)定义的χ^2统计量简化为

$$\chi^2=n\frac{(n_{11}n_{22}-n_{12}n_{21})^2}{n_{1\cdot}n_{2\cdot}n_{\cdot 1}n_{\cdot 2}}, \tag{5.1.15}$$

自由度为$(2-1)\times(2-1)=1$.

例 5.3 问卷调查是最常用的收集信息方式之一,每个被调查者只需对所提问题作肯定或否定的回答.现就某个比较敏感的问题对 1 000 个人作了问卷调查,假定调查对每个人都有相等的机会,结果列于下表.希望知道对这个问题的回答是否与在职还是退休有关.

	在职	非在职	
肯定	628	146	774
否定	172	54	226
	800	200	1 000

以 p_1 表示对此问题持肯定回答的概率,估计值为 0.774,p_2 表示持否定回答的概率,估计值为 0.226;类似地,以 q_1 表示在职人员的概率,q_2 为退休人员的概率,它们的估计分别为 0.8 和 0.2.在零假设

$$H_0:\text{对此敏感问题的回答与是否在职无关}$$

为真时,在职人员持肯定回答的概率估计为 $\hat{p}_1\hat{q}_1=0.774\times0.8=0.619\,2$,即在问卷调查中,这种人的期望个数为 $1\,000\times0.619\,2=619.2$.对其他情况的估计也可类似地得到,所有结果列在下表.

	在职	非在职	
肯定	628 (619.2)	146 (154.8)	774
否定	172 (180.8)	54 (45.2)	226
	800	200	1 000

按式(5.1.13)或式(5.1.15)计算得到 $\chi^2=2.77$,取显著性水平 $\alpha=0.05$,χ^2 统计量的自由度为 1,相应的临界值为 $\chi^2_{0.95}(1)=3.84$.由于 $2.77<3.84$,因此不能拒绝原假设,即问题的回答与是否在职是独立的.

下面的 R 程序可以直接按式(5.1.13)计算 χ^2 值.

```
> A <—matrix(c(628,146,172,54),ncol = 2,byrow = T)
> r <—apply(A,1,sum)
> l <—apply(A,2,sum)
> 1000 * (sum(A^2/(r% * %t(l))) -1)
[1] 2.766916
```

而函数 prop. test 用于列联表的独立性检验，这里有连续性修正，两者的χ^2值稍有不同.

```
> yes <—c(628,146)
> total <—c(800,200)
> prop. test(yes,total)

        2 - sample test for equality of proportions with continuity correction

data: yes out of total
X-squared = 2.4614, df = 1, p-value = 0.1167
alternative hypothesis: two. sided
95 percent confidence interval:
 -0.01592017 0.12592017
sample estimates:
prop 1   prop 2
0.785    0.730
```

也可使用函数 chisq. test，完成列联表的独立性检验

```
> x < -c(628,146,172,54)
> dim(x) < -c(2,2)
> chisq. test(x)

        Pearson's Chi-squared test with Yates' continuity correction

data:  x
X-squared = 2.4614, df = 1, p-value = 0.1167
```

§5.2 Kolmogorov - Smirnov 检验

回忆在 §1.2 给出的 Glivenko 定理，它讨论了样本的经验分布函数 $F_n(x)$ 与总体的理论分布函数 $F(x)$ 之间的关系，记

$$D_n = \sup_{-\infty < x < \infty} |F_n(x) - F(x)|, \tag{5.2.1}$$

则有

$$\Pr\{\lim_{n\to\infty} D_n = 0\} = 1.$$

现在进一步讨论统计量 D_n 的精确分布与极限分布，并利用这个结论进行分布拟合检验.

一、Kolmogorov 检验

设$(X_1, X_2, \cdots, X_n)$是从分布函数为 $F(x)$ 的总体中抽取的样本，$F_n(x)$ 表示相应的经验分

布函数,定义

$$D_n^+=\sup_{-\infty<x<\infty}(F_n(x)-F(x)),\quad D_n^-=\sup_{-\infty<x<\infty}(F(x)-F_n(x)). \tag{5.2.2}$$

显然

$$D_n=\max(D_n^+,D_n^-). \tag{5.2.3}$$

对此有以下几个定理.

定理 5.2 设总体的分布函数 $F(x)$ 是连续的,则

(1)

$$\Pr\{D_n^+\leqslant z\}=\begin{cases}0, & z<0;\\ \int_{1-z}^{1}\int_{\frac{n-1}{n}-z}^{y_n}\cdots\int_{\frac{1}{n}-z}^{y_n}f(y_1,y_2,\cdots,y_n)\mathrm{d}y_1\mathrm{d}y_2\cdots\mathrm{d}y_n, & 0\leqslant z<1;\\ 1, & z>1,\end{cases} \tag{5.2.4}$$

(2)

$$\Pr\{D_n\leqslant z+\frac{1}{2^n}\}=\begin{cases}0, & z<0;\\ \int_{\frac{1}{2n}-z}^{\frac{1}{2n}+z}\int_{\frac{3}{2n}-z}^{\frac{3}{2n}+z}\cdots\int_{\frac{2n-1}{2n}-z}^{\frac{2n-1}{2n}+z}f(y_1,y_2,\cdots,y_n)\mathrm{d}y_1\mathrm{d}y_n\cdots\mathrm{d}y_n, & 0\leqslant z<\frac{2n-1}{2n};\\ 1, & \frac{2n-1}{2n}\leqslant z,\end{cases} \tag{5.2.5}$$

其中 $f(y_1,y_2,\cdots,y_n)$ 是总体为 $U(0,1)$ 分布的次序统计量 $X_{(1)}\leqslant\cdots\leqslant X_{(n)}$ 联合分布密度函数,

$$f(y_1,y_2,\cdots,y_n)=\begin{cases}n!, & 0<y_1<\cdots<y_n<1;\\ 0, & \text{其他},\end{cases} \tag{5.2.6}$$

且 D_n^- 与 D_n^+ 具有相同的分布.

A. N. Kolmogorov 于 1933 年证明了下面的著名定理.

定理 5.3 设总体分布函数是连续的,则

(1) $\lim\limits_{n\to\infty}\Pr\{\sqrt{n}D_n^+\leqslant z\}=1-\mathrm{e}^{-2z^2},z>0$; (5.2.7)

(2) $\lim\limits_{n\to\infty}\Pr\{\sqrt{n}D_n\leqslant z\}=L(z),z>0$, (5.2.8)

其中

$$L(z)=\sum_{k=-\infty}^{\infty}(-1)^k\exp(-2k^2z^2). \tag{5.2.9}$$

如果记 $W_n=4n(D_n^+)^2$,由式(5.2.7)有

$$\lim_{n\to\infty}\Pr\{W_n\leqslant 4z^2\}=\lim_{n\to\infty}\Pr\{\sqrt{n}D_n^+\leqslant z\}=1-\mathrm{e}^{-2z^2},$$

因此

$$\lim_{n\to\infty}\Pr\{W_n\leqslant z\}=1-\mathrm{e}^{-z/2}, \tag{5.2.10}$$

即 W_n 渐近于 $\chi^2(2)$ 分布,或参数为 $\lambda=1/2$ 的指数分布.

这两个定理的证明比较复杂,有兴趣的读者可参阅文献[4].

定理 5.2 和定理 5.3 提供了分布函数拟合检验的重要方法. 对双边假设检验问题

$$H_0:F(x)=F_0(x;\theta_0) \leftrightarrow H_1:F(x)\neq F_0(x;\theta_0), \tag{5.2.11}$$

其中 θ_0是已知参数,可用 D_n作为检验统计量. 在原假设 H_0成立时,上述两个定理分别给出了 D_n的精确分布和极限分布. 当 H_0不成立时,D_n有偏大的趋势. 因此对给定的显著性水平 α,检验的拒绝域为

$$W=\{D_n>D_{n,1-\alpha}\}, \tag{5.2.12}$$

其中 $D_{n,1-\alpha}$是统计量 D_n分布的 $1-\alpha$ 分位数,可以由附表 7 查得. 对较大的 n,可利用 D_n的极限分布,此时检验的拒绝域为

$$W=\{D_n>D_{1-\alpha}\}, \tag{5.2.13}$$

$D_{1-\alpha}$可由附表 8 查得.

类似地,D_n^+ 可作为对单边假设

$$H_0:F(x)=F_0(x;\theta_0) \leftrightarrow H_1:F(x)>F_0(x;\theta_0) \tag{5.2.14}$$

的检验统计量. 对给定的显著性水平 α,检验的拒绝域为

$$W=\{D_n^+>D_{n,1-\alpha}^+\}, \tag{5.2.15}$$

对较大的 n,$D_{n,1-\alpha}^+$可近似地取为

$$D_{n,1-\alpha}^+=\sqrt{\frac{\chi_{1-\alpha}^2(2)}{4n}}, \tag{5.2.16}$$

其中$\chi_{1-\alpha}^2(2)$是$\chi^2(2)$分布的 $1-\alpha$ 分位点.

对假设检验问题

$$H_0:F(x)=F_0(x;\theta_0) \leftrightarrow H_1:F(x)<F_0(x;\theta_0),$$

读者完全可以自行得到用统计量 D_n^- 的检验方法.

在应用 Kolmogorov 检验时,应该注意下列几个问题.

(1) Kolmogorov 检验只适用于简单假设情况,即要求理论分布是完全指定的,不含任何未知参数. 如果总体的理论分布包含未知参数 θ,企图由样本得到 θ 的估计量 $\hat{\theta}$,然后计算

$$\Delta=\sup_{-\infty<x<\infty}|F_n(x)-F_0(x;\hat{\theta})|.$$

然而,这时 Δ 的极限分布已不是式(5.2.8)了. 实际上,Δ 的极限分布与 $F_0(x;\theta)$有关,而不是分布自由的. 但如果分布中仅含有未知的位置参数和尺度参数时,可用极大似然估计来代替未知参数,用 Monte - Carlo 方法求出 Δ 的分位数. 对某些常用的分布,如正态分布、指数分布等,已有人完成了这方面的工作. 例如 H. W. Lilliefors 于 1967 年给出了 $F_0(x;\theta)$为正态分布时的 Δ 分布的分位数,称为 Lilliefors 检验.

(2) 与χ^2检验比较,Kolmogorov 检验的灵敏度较高,即对给定的显著性水平 α,同样大小的样本,Kolmogorov 检验有比χ^2检验较高的功效.

(3) D_n值是完全确定的,不像χ^2检验那样有人为的影响,即由于分组方法的不同,而使χ^2值也不一样.

例 5.4 已知供试验用的小白鼠的平均体重为 $\mu_0=370.6$,标准差 $\sigma_0=29.1$,我们希望检验小白鼠的体重是否为正态分布. 为此,随机挑选 $n=23$ 个小白鼠,测得它们的体重为

356.4	362.5	394.7	356.0	387.6	305.1	385.1	383.2	346.6	314.2	394.8	370.7
370.8	434.2	365.2	377.1	365 9	384.4	297.4	404.3	412.0	349.1	344.5	

希望检验假设

$$H_0:F(x)=\Phi(\frac{x-\mu_0}{\sigma_0}) \leftrightarrow H_1:F(x)\neq\Phi(\frac{x-\mu_0}{\sigma_0}),$$

其中 $F_0(x)=\Phi(\frac{x-\mu_0}{\sigma_0})$ 表示 $N(\mu_0,\sigma_0^2)$ 分布函数，这是连续的分布函数. 此时

$$D_n=\max_i \max\left\{\frac{i}{n}-F_0(X_{(i)}),F_0(X_{(i)})-\frac{i-1}{n}\right\},$$

这里 $X_{(i)}$ 表示样本的第 i 个次序统计量.

对上例，调用 R 中函数 ks. test 给出下面的结果.

```
> ks.test(tz,"pnorm",370.6,29.1)

        One-sample Kolmogorov-Smirnov test

data:  tz
D = 0.1041, p-value = 0.9424
alternative hypothesis: two-sided
```

其中数据向量 tz 是小白鼠的体重，得到 $D_n=0.1041$，相应的 $p-\text{value}=0.9424$. 或者对显著性水平 $\alpha=0.05, n=23$ 的双边检验，查附表 7 可知 D_n 的临界值为 0.275，因此我们不能拒绝小白鼠体重的正态性假定.

在这个例子中，我们假定了正态分布的参数 μ 和 σ 是已知的，但在一般情况下不是这样的，参数是未知的这时按应该注意的问题(1)中所指出那样，用 Lilliefors 检验，有兴趣的读者可参阅文献[5].

二、Smirnov 检验

在许多实际问题中，要求比较两个总体的分布是否相同. 对这种两个总体分布函数的比较问题，N. V. Smirnov 利用经验分布函数给出了与 Kolmogorov 检验类似的统计量.

设 $(X_1,X_2,\cdots,X_{n_1})$ 是从分布函数为 $F(x)$ 的总体中抽取的样本，$(Y_1,Y_2,\cdots,Y_{n_2})$ 是从分布函数为 $G(x)$ 的总体中抽取的样本，并假定这两个样本是相互独立的，$F_{n1}(x)$ 和 $F_{n2}(x)$ 分别是这两个样本对应的经验分布函数，考虑统计量

$$D_{n_1,n_2}^{+}=\sup_{-\infty<x<\infty}(F_{n_1}(x)-F_{n_2}(x)), \tag{5.2.17}$$

$$D_{n_1,n_2}=\sup_{-\infty<x<\infty}|F_{n_1}(x)-F_{n_2}(x)| \tag{5.2.18}$$

的精确分布和极限分布，有以下的定理.

定理 5.4 在上述假定下，如果 $F(x)=G(x)$，且 $F(x)$ 是连续的，则

(1)

$$\Pr\{D_{n,n}^{+}\leqslant z\}=\begin{cases}0, & z<0;\\ 1-\dfrac{\binom{2n}{n-c}}{\binom{2n}{n}}, & 0\leqslant z<1;\\ 1, & 1\leqslant z,\end{cases} \tag{5.2.19}$$

(2)

$$\Pr(D_{n,n}\leqslant z)=\begin{cases}0, & z<\dfrac{1}{n};\\ \displaystyle\sum_{k=-[\frac{n}{c}]}^{[\frac{n}{c}]}(-1)^{k}\dfrac{\binom{2n}{n-kc}}{\binom{2n}{n}}, & \dfrac{1}{n}\leqslant z<1;\\ 1, & 1\leqslant z,\end{cases} \tag{5.2.20}$$

其中 $c=-[-zn]$,$[x]$表示不超过 x 的最大整数.

定理 5.5 如果定理 5.4 的条件成立,则

(1) $$\lim_{\substack{n_1\to\infty\\ n_2\to\infty}}\Pr\{\sqrt{n}D_{n_1,n_2}^{+}\leqslant z\}=\begin{cases}1-e^{-2z^2}, & z>0;\\ 0, & z\leqslant 0,\end{cases}$$

(2) $$\lim_{\substack{n_1\to\infty\\ n_2\to\infty}}\Pr\{\sqrt{n}D_{n_1,n_2}\leqslant z\}=\begin{cases}L(z), & z>0;\\ 0, & z\leqslant 0,\end{cases}$$

其中 $n=\dfrac{n_1n_2}{n_1+n_2}$,$L(x)$由式(5.2.9)式给定.

定理 5.4 和定理 5.5 提供了比较两个总体的分布函数是否相等的重要方法. 对双边假设检验问题

$$H_0:F(x)=G(x)\ \leftrightarrow\ H_1:F(x)\neq G(x)$$

及单边假设检验问题

$$H_0:F(x)=G(x)\ \leftrightarrow\ H_1:F(x)>G(x)$$

完全可类似于上述的 Kolmogorov 检验进行. $D_{n,n}^{+}$及 $D_{n,n}$的分布分位数可由附表 9 查得.

在 R 中,两个分布函数是否相等的 Smirnov 检验,也是用命令 ks. test,只是参数应改为两个数据向量 x,y,即 ks. test(x,y).

例 5.5 假定从分布函数为未知的 $F(x)$和 $G(x)$的总体中分别抽出 25 个和 20 个观测值的随机样本,数据如下:

$F(x)$	0.61	0.29	0.06	0.59	-1.73	-0.74	0.51	-0.56	0.39	1.64	0.05	-0.06
	0.64	-0.82	0.37	1.77	1.09	-1.28	2.36	1.31	1.05	-0.32	-0.40	1.06
	-2.47											

续表

$G(x)$	2.20	1.66	1.38	0.20	0.36	0.00	0.96	1.56	0.44	1.50	-0.30	0.66
	2.31	3.29	-0.27	-0.37	0.38	0.70	0.52	-0.71				

检验 $F(x)$ 和 $G(x)$ 是否相同？

调用 R 中函数 ks.test 给出下面结果

```
>ks.test(x,y)
        Two-sample Kolmogorov-Smirnov test

data:  x and y
D = 0.23, p-value = 0.5286
alternative hypothesis: two-sided
```

x,y 分别代表两组数据，p-value = 0.5286 >0.05，即认为 F(x) 和 G(x) 没有显著差异.

三、正态性检验

正态分布是应用最广泛的一种分布，有人认为在实际应用中，有 80% 以上的数据被假定为服从正态分布. 一方面由中心极限定理，只要所研究的随机变量为大量独立随机变量之和，其中每一个随机变量对于总和只起微小的作用，就可以认为所研究的随机变量是服从正态分布的. 另一方面，大量的经验说明，在许多问题中，研究的随机变量可以认为近似服从正态分布. 当然也有些问题对所研究变量的分布一无所知，仅仅是由于习惯或为了简单，不妨假定为正态分布. 不管是哪种情况，都需要对数据进行正态性检验，以验证、支持或猜测数据服从正态分布的假设.

虽然关于分布拟合优度的 χ^2 检验和 Kolmogorov 检验都可用于此种目的，但对于指定的正态分布假设，却有专门的、功效更高的检验方法. 我国已有了国家标准 GB/T4882 - 2001“正态性检验”，这是在 1985 年制定的原国家标准基础上经修订而成的，与国际标准 ISO5479:1997 接轨的国家新标准，一切有关正态性检验都应按此标准所规定的方法进行.

利用国家标准“正态性检验”中的 Shapiro - Wilk 检验，对例 5.4 小白鼠的体重(存放于数据向量 tz)是否为 $\mu_0=370.6$，标准差 $\sigma_0=29.1$ 的正态分布检验可如下执行：

```
> shapiro.test(tz)

        Shapiro - Wilk normality test

data:  tz
```

W = 0.9675, p - value = 0.6298

§5.3 符号检验

在所有非参数方法中,符号检验是最简单的一种,它特别适用于观测结果只能用某种次序或等级来表示的情况.

一、单样本问题的符号检验

设$(X_1,X_2,\cdots,X_n)$是从连续型总体 X 抽取的随机样本,X 的分布函数为 $F(x)$. 如果对总体的分布函数有兴趣,可以用已经讨论过的分布拟合检验. 但有时我们只需知道总体分布的分位点,特别是中位数,是否为某一指定值,或者只需知道总体的分布位置有无变化,此时就可以用符号检验. 设 ξ_p是 $F(x)$的 p 分位数,即 $F(\xi_p)=p$,希望检验假设

$$H_0:\xi_p=\xi_p^0 \leftrightarrow H_1:\xi_p\neq\xi_p^0, \tag{5.3.1}$$

其中 ξ_p^0是已知的常数. 记

$$Y_i=\text{sign}(X_i-\xi_p^0)=\begin{cases}1, & X_i-\xi_p^0>0;\\ -1, & X_i-\xi_p^0\leqslant 0,\end{cases} \tag{5.3.2}$$

由于 $F(x)$是连续函数,因此 $\Pr\{X=\xi_p^0\}=0$,且

$$\Pr\{Y_i=1\}=\Pr\{X_i>\xi_p^0\}=1-F(\xi_p^0);$$

$$\Pr\{Y_i=-1\}=\Pr\{X_i\leqslant\xi_p^0\}=F(\xi_p^0).$$

因此当原假设 $H_0(\xi_p=\xi_p^0)$成立时,$\Pr\{Y_i=1\}=1-p$,$\Pr\{Y_i=-1\}=p$. 记

$$N_1=\sum_{i=1}^{n}\frac{1-Y_i}{2}, \tag{5.3.3}$$

它表示样本$(X_1,X_2,\cdots,X_n)$中小于等于 ξ_p^0的个数,$n-N_1$表示样本中大于 ξ_p^0的个数. 显然,N_1服从二项分布 $b(n,p^*)$,$p^*=F(\xi_p^0)$. 当原假设 H_0为真时,$p^*=p$;否则,当 $\xi_p>\xi_p^0$时

$$p=F(\xi_p)>F(\xi_p^0)=p^*,$$

当 $\xi_p<\xi_p^0$时,$p^*>p$. 如此检验原假设 $H_0(\xi_p=\xi_p^0)$的问题便转化为由 N_1检验假设

$$H_0:p=p^*\leftrightarrow H_1:\ p\neq p^*.$$

记

$$P_k=\binom{n}{k}p^k(1-p)^{n-k},$$

表示在 H_0成立(即 $H_0:\xi_p=\xi_p^0$成立)时,样本中小于 ξ_p^0的个数 $N_1=k$ 的概率. 如果 N_1较大,我们就有理由怀疑 H_0不真,认为总体分布的 p 分位数小于 ξ_p^0,即拒绝 H_0,而接受对立假设 $H_1:\xi_p<\xi_p^0$. 因此对这种单边假设,水平为 α 的拒绝域为

$$W=\{N_1:N_1\geqslant r_0\},$$

其中 r_0应使 $\sum\limits_{k=r_0}^{n}P_k\leqslant\alpha<\sum\limits_{k=r_0-1}^{n}P_k$成立.

类似地,假设 $H_0:\xi_p=\xi_p^0\leftrightarrow H_1:\xi_p>\xi_p^0$的水平为 α 的检验拒绝域可取为

$$W=\{N_1:N_1\leqslant r_0\},$$

其中 r_0 应使 $\sum\limits_{k=0}^{r_0}P_k\leqslant\alpha<\sum\limits_{k=0}^{r_0+1}P_k$ 成立.

综合起来,由定理3.11,我们得到了关于假设(5.3.1)的水平为 α 的检验拒绝域

$$W=\{N_1:N_1\leqslant r_1\text{或}N_1\geqslant r_2\},\tag{5.3.4}$$

其中 r_1,r_2 应分别使下式成立

$$\sum_{k=0}^{r_1}P_k\leqslant\frac{\alpha}{2}<\sum_{k=0}^{r_1+1}P_k,\qquad\sum_{k=r_2}^{n}P_k\leqslant\frac{\alpha}{2}<\sum_{k=r_2-1}^{n}P_k.\tag{5.3.5}$$

例 5.6 随机抽取10名儿童,测得他们的身高为(单位:cm):

128 144 150 146 140 139 134 124 148 143

是否可以认为这群儿童的身高中位数是140 cm? 即要求检验假设

$$H_0:\xi_{\frac{1}{2}}=140\leftrightarrow H_1:\xi_{\frac{1}{2}}\neq140.$$

为此考虑 X_i-140 的符号,易见其中负号的个数 $n_1=4$,若取水平 $\alpha=0.05$,对 $n=10$,由附表5查得拒绝域的临界值为 $r_1=1,r_2=9$. 由于 $1<n_1=4<9$,故不能拒绝原假设 $H_0(\xi_{\frac{1}{2}}=140)$,可以认为这群儿童的身高中位数是140 cm.

二、两样本问题的符号检验

对两样本问题,我们已经进行了比较充分的讨论. 设 $(X_1,X_2,\cdots,X_{n_1})$,$(Y_1,Y_2,\cdots,Y_{n_2})$ 分别是从连续型总体 X,Y 中抽取的两个相互独立的随机样本,总体 X,Y 的分布函数分别为 $F(x)$ 和 $G(x)$. 如果希望比较 $F(x)$ 和 $G(x)$,则可以用 Smirnov 检验. 如果进一步假定 $F(x)$ 和 $G(x)$ 都是正态分布函数,还可用第3章介绍的参数方法,例如两样本的 t 检验等. 但在许多问题中,我们并不能假定两个随机样本间是相互独立的,更不能假定总体服从正态分布. 譬如为比较两种药物的疗效,常常让不同病人服用这两种药,即病人根据服用哪一种药被分成两组,然后比较各组病人的情况,以推断这两种药物中哪一种药的效果更好. 这里,由于病人的病情、体质、性别、年龄、体重等方面的差异,对药物的疗效会有明显的影响,因此试验结果也许并不能说明药物的效果. 为了消除这些因素对药物疗效的影响,常常进行所谓配对比较:要求每一对试验对象在各方面尽可能一致,然后用随机分配的方法确定每一对病人哪一个用哪种药. 如此,不同病人之间的差异减小了,而我们得到的却是一组相关的样本 $(X_1,Y_1),(X_2,Y_2),\cdots,(X_n,Y_n)$,$X_i$ 和 Y_i 之间是相关的,但各对 (X_i,Y_i) 和 (X_j,Y_j) 之间却是独立的.

一般地,考虑下面的问题. 设 $(X_1,Y_1),(X_2,Y_2),\cdots,(X_n,Y_n)$ 是从连续型总体 (X,Y) 中抽取的随机样本,X,Y 的分布函数分别是 $F(x)$ 和 $G(x)$,需要检验假设

$$H_0:F(x)=G(x)\leftrightarrow H_1:F(x-a)=G(x),\tag{5.3.6}$$

其中 a 是常数. 若规定 $a>0$(或 $a<0$)就是单边假设问题,若规定 $a\neq0$,则为双边假设问题. 为寻找检验假设(5.3.6)的合适统计量,我们考虑 X_i-Y_i 的符号,记

$$Z_i=\operatorname{sign}(X_i-Y_i)=\begin{cases}1, & X_i-Y_i\geqslant0;\\-1, & X_i-Y_i<0.\end{cases}$$

如果 $H_0(F(x)=G(x)$,或 $a=0)$ 为真,两个总体有相同的分布,那么 $\Pr\{X\geqslant Y\}=\Pr\{X<Y\}=$

1/2,因此假设检验问题就转化为检验 $Z=X-Y$ 的中位数是否为 0,这样就可以应用上面介绍的单样本问题的符号检验了.

例 5.7 10 名 8 ~ 14 岁的儿童患有轻微癫痫,他们在学习能力及行动方面都存在一些缺陷. 现希望试验某种药物治疗癫痫的效果. 每名儿童在 3 周内服用此药,另外 3 周服安慰药,每 3 周进行一次智商测验. 由于第一次测验的经验可能对第二次测验有某种影响,每个儿童先服安慰药还是先服真正的药是随机的,也就是某些儿童在前 3 周服安慰药,而另一些儿童服真正的药. 表 5.3 给出了两次智商测验的成绩,最后一列给出了 X_i-Y_i的符号 Z_i. 也许药物对智商有不良的影响,因此希望在显著性水平 $\alpha=0.10$ 下,检验假设 H_0:这种药物对治疗儿童癫痫没有什么效果,或

$$H_0:p=\frac{1}{2} \leftrightarrow H_1:p\neq\frac{1}{2}.$$

表 5.3 药物疗效试验表

儿童	服安慰药后的智商值(X_i)	服真药后的智商值(Y_i)	Z_i
1	97	113	-
2	106	113	-
3	106	103	+
4	95	119	-
5	102	111	-
6	111	122	-
7	115	121	-
8	104	106	-
9	90	110	-
10	90	126	-

对参数为 $n=10,p=1/2$ 的二项分布,查附表 5 可知 $\Pr\{N_1\leqslant 2\}=0.054\ 7,\Pr\{N_1\geqslant 8\}=1-0.945\ 4=0.054\ 6$. 因此,当 $N_1\leqslant 2$ 或 $N_1\geqslant 8$ 时,拒绝原假设 H_0. 现在由表 5.3 可见 $N_1=9$,于是拒绝原假设,即此药对治疗儿童癫痫有明显的疗效.

在两样本问题的符号检验中,我们要求两个样本的大小相等以构成配对观测,而当两个样本大小不等时,符号检验就会出现样本信息的浪费,此时应该使用中位数检验.

三、中位数检验

设$(X_1,X_2,\cdots,X_{n_1})$,$(Y_1,Y_2,\cdots,Y_{n_2})$是分别从总体 X,Y 中抽取的两个相互独立的随机样本,X,Y 的分布函数分别为 $F(x)$ 和 $G(x)$,且假定它们是连续的,希望检验假设(5.3.6).

为此将两个样本$(X_1,X_2,\cdots,X_{n_1})$和$(Y_1,Y_2,\cdots,Y_{n_2})$合并在一起,并按大小排列,经如此处理后所得结果为

$$Z_{(1)}\leqslant Z_{(2)}\leqslant\cdots\leqslant Z_{(n)},$$

其中每个 $Z_{(k)}$ 是 X 或 Y 的观测,$n=n_1+n_2$. 记 $Z_{1/2}^*$是上述合并样本的中位数,A 是样本$(X_1,X_2,\cdots,X_{n_1})$中大于 $Z_{1/2}^*$的个数,B 是$(Y_1,Y_2,\cdots,Y_{n_2})$中大于 $Z_{1/2}^*$的个数,必有

$$A+B=\begin{cases}\frac{n}{2}, & \text{当 } n \text{ 为偶数时;}\\ \frac{n-1}{2}, & \text{当 } n \text{ 为奇数时.}\end{cases} \tag{5.3.7}$$

类似地,记 C,D 分别是两个样本中小于 $Z_{1/2}^*$ 的个数,于是得到表 5.4.

表 5.4 用于中位数检验的列联表

	样本(X)	样本(Y)	
大于 $Z_{1/2}^*$ 的个数	A	B	$A+B$
小于 $Z_{1/2}^*$ 的个数	C	D	$C+D$
	$A+C$	$B+D$	$n=n_1+n_2$

如果 $H_0(F(x)=G(x))$ 成立,即 $(X_1,X_2,\cdots,X_{n_1})$,$(Y_1,Y_2,\cdots,Y_{n_2})$ 是从同一总体中抽取的样本,可以期望在每个样本中约有一半比 $Z_{1/2}^*$ 大,另一半比 $Z_{1/2}^*$ 小.也就是说,A 和 C 应大致相等,B 和 D 也应大致相等.另一方面,如果原假设不成立,对立假设 $H_1:F(x-a)=G(x),a>0$ 成立,此时 $F(x)\geqslant G(x)$,即 X 取值小于 x 的概率大于 Y 取值小于 x 的概率.所以 A 有偏小的趋势,而 C 有偏大的趋势.故此时拒绝域应有 $\{k:k\leqslant k_0\}$ 形式,这里 k 是随机变量 A 的取值.可以证明,在零假设成立时,A,B 的抽样分布是超几何分布

$$\Pr\{A=k,B=l\}=\frac{\binom{n_1}{k}\binom{n_2}{l}}{\binom{n_1+n_2}{k+l}},\quad k=0,1,2,\cdots,n_1,l=0,1,2,\cdots,n_2.$$

但 A,B 本身分别为二项分布 $b(n_1,p_x),b(n_2,p_y)$,其中 $p_x=\Pr(X>Z_{1/2}^*),p_y=\Pr(Y>Z_{1/2}^*)$.

同样,对于 $a<0$ 及 $a\neq 0$ 时的对立假设也可得到相应的拒绝域.

§5.4 游程检验

一、游程检验的基本概念

设总体 X 服从两点分布 $b(1,p)$,即 $\Pr\{X=1\}=p,\Pr\{X=0\}=1-p$.$(X_1,X_2,\cdots,X_n)$ 是取自这个总体的一个样本,$(x_1,x_2,\cdots,x_n)$ 是样本观测值,其中每个 x_i 仅取 0 或 1.如果

$$x_{j-1}\neq x_j=x_{j+1}=\cdots=x_{j+l}\neq x_{j+l+1},$$

那么称序列 $(x_j,x_{j+1},\cdots,x_{j+l})$ 为一个**游程**(Run),组成这个游程的 x 的个数 $l+1$ 称为游程的**长**(Length).这里 j 可以取 $1,2,\cdots,n$,l 可以取 $0,1,2,\cdots,n-j$.对于 $j=1$,上式左边的不等式"$x_{j-1}\neq$"是多余的,而对于 $j+l=n$,右边的不等式"$\neq x_{j+l+1}$"是多余的.

我们用 U_{ij} 表示样本中由 i 组成的长度为 j 的游程个数,N_i 表示样本中 i 出现的个数,U_i 表示由 i 组成的游程个数,这里 $i=0,1$,U 表示游程的总个数.因此,$N_0+N_1=n$,$U=U_0+U_1$ 且 $\sum_j jU_{ij}=N_i$,$U_i=\sum_j U_{ij}$,$i=0,1$.

例 5.8 考虑样本观测值

$$0\ 0\ 1\ 1\ 1\ 0\ 1\ 0\ 0\ 0\ 0\ 1\ 1\ 1$$

第一个游程是长度为 2 的 0 游程，接着是长度为 3 的 1 游程，然后分别是长度为 1 的 0 游程，长度为 1 的 1 游程，长度为 4 的 0 游程以及长度为 3 的 1 游程，因此随机变量 U_{ij}的观测值为 $u_{01}=u_{11}=u_{02}=u_{04}=1, u_{13}=2, n_0=n_1=7, u_0=u_1=3, u=6$.

在任一大小为 n 的样本中，游程总数 U 是样本随机性的一个标志. 如果游程总数 U 很小，这就意味着样本有某种趋势；若 U 太大，有时也可怀疑样本太随机了. 例如将一枚硬币掷 20 次而得下面的观测结果

H H H H H H H H H H T T T T T T T T T T

其中 H 表示正面朝上；T 表示反面朝上. 游程总数 $U=2$，这对于一枚均匀的硬币来说似乎太不可能了，因而有理由认为试验结果存在某种相关性. 但另一方面，假定出现了下面的观测结果

H T H T H T H T H T H T H T H T H T H T

此时游程总数 $U=20$，这也只是一种理想结果. 这两种序列都不是 H 和 T 的随机序列.

从上面这个简单例子可以看出，这里所讨论的游程不仅考虑到样本中事件出现的频数，而且还考虑了事件出现先后次序的信息. 如果在这个例子中，仅仅根据正面和反面各出现 10 次，利用分布的 χ^2 拟合优度检验，就没有理由怀疑硬币是均匀的. 但游程总数 U 却提示了观测结果的明显非随机性.

利用上述关于游程的概念，可以检验两个总体是否有相同的分布. 设 $(X_1, X_2, \cdots, X_{n_1})$ 和 $(Y_1, Y_2, \cdots, Y_{n_2})$ 是分别取自总体 X 和 Y 的两个独立样本，并设总体 X 的分布函数为 $F(x)$，Y 的分布函数为 $G(x)$. 希望检验假设

$$H_0: F(x)=G(x). \tag{5.4.1}$$

为此，我们将这两个样本合并在一起，并按大小次序重新排列而得

$$Z_{(1)} \leqslant Z_{(2)} \leqslant \cdots \leqslant Z_{(n_1+n_2)},$$

其中每个 $Z_{(j)}$ 或者是 X 的观测，或者是 Y 的观测. 记

$$T_j=\begin{cases}0, & \text{如果 } Z_{(j)} \text{ 是 } X \text{ 的观测；} \\ 1, & \text{如果 } Z_{(j)} \text{ 是 } Y \text{ 的观测.}\end{cases} \tag{5.4.2}$$

那么就得到一个由 0，1 两个元素组成的序列

$$T_1 T_2 \cdots T_{n_1+n_2}. \tag{5.4.3}$$

很明显，如果假设(5.4.1)成立，$(X_1, X_2, \cdots, X_{n_1})$ 和 $(Y_1, Y_2, \cdots, Y_{n_2})$ 可看成取自同一总体的样本，通常 X_i 和 Y_j 能充分混合，而游程总数 U 将是较大的. 但如果总体的分布不相同，一般将使 U 有减少的趋势. 特别如果两个总体完全隔开，它们的取值范围不相重叠时，$U=2$. 类似地，如果两个总体有相同的平均值，但 X 的方差比 Y 的方差要小，那么在混合样本 Z 的首尾，将有较多的 Y 的观测，即在序列(5.4.3)的首尾有较长的 1 的游程，使得总游程数 U 有减少的趋势. 综上所述，U 的较小值将表示 $F(x)$ 与 $G(x)$ 之间的不同，即(5.4.1)的拒绝域为 $W=\{U: U \leqslant U_\alpha\}$，其中 U_α 是游程总数分布的 α 分位数. 利用上述方法可以对假设(5.4.1)进行显著性检验.

二、游程的分布

关于游程总数 U 的分布,有下面的定理成立.

定理5.6 在原假设 $H_0(F(x)=G(x))$ 成立时,序列(5.4.3)的游程总数 U 具有概率分布

$$\Pr\{U=2k\}=\frac{2\binom{n_0-1}{k-1}\binom{n_1-1}{k-1}}{\binom{n_0+n_1}{n_0}},$$

$$\Pr\{U=2k+1\}=\frac{\binom{n_0-1}{k-1}\binom{n_1-1}{k}+\binom{n_0-1}{k}\binom{n_1-1}{k-1}}{\binom{n_0+n_1}{n_0}},$$

$$k=1,2,\cdots,\min(n_0,n_1).$$

证明 由于0的游程和1的游程是交替出现的,所以0的游程数和1的游程数最多只能相差1.或者说,只有下列三种情况是可能的:当 $U=2k$ 时,0的游程数与1的游程数各为 k 个;当 $U=2k+1$ 时,或者是0的游程数为 k,1的游程数为 $k+1$,或者是0的游程数为 $k+1$,1的游程数为 k.

如果0的游程数为 k,这意味着 n_0 个0被分为 k 组,总共有 $\binom{n_0-1}{k-1}$ 种不同的分法.因此当 $U=2k$ 时,k 个0的游程有 $\binom{n_0-1}{k-1}$ 种不同分法,k 个1的游程有 $\binom{n_1-1}{k-1}$ 种不同分法($n_0+n_1=n$),因此共有 $\binom{n_0-1}{k-1}\binom{n_1-1}{k-1}$ 种不同分法.另外,对同样的0游程和1游程,可以是0的游程放在第一个,也可以是1的游程放在第一个,所以共有 $2\binom{n_0-1}{k-1}\binom{n_1-1}{k-1}$ 种不同的分法.而每个游程方式的出现都是等可能的,概率为 $1\Big/\binom{n_0+n_1}{n_0}$,所以

$$\Pr\{U=2k\}=\frac{2\binom{n_0-1}{k-1}\binom{n_1-1}{k-1}}{\binom{n_0+n_1}{n_0}}.$$

当 $U=2k+1$ 时,对 k 个0的游程,$k+1$ 个1的游程,共有 $\binom{n_0-1}{k-1}\binom{n_1-1}{k}$ 种不同的安排;对 $k+1$ 个0的游程,k 个1的游程,共有 $\binom{n_0-1}{k}\binom{n_1-1}{k-1}$ 种不同安排,所以

$$\Pr\{U=2k+1\}=\frac{\binom{n_0-1}{k-1}\binom{n_1-1}{k}+\binom{n_0-1}{k}\binom{n_1-1}{k-1}}{\binom{n_0+n_1}{n_0}}.$$

由定理5.6,检验问题(5.4.1)的水平为 α 的显著性检验拒绝域是

$$W=\{U:U\leqslant U_\alpha\},$$

其中 U_α 满足

$$\Pr\{U\leqslant U_\alpha\} = \sum_{j=2}^{U_\alpha}\Pr\{U=j\}\leqslant\alpha. \tag{5.4.4}$$

对 n_0, n_1 都不超过 20 情况,附表 10 给出了 U_α 的值.

对较大的 n_0 和 n_1,可以证明 U 近似地服从正态分布. 由定理 5.6,有

$$\begin{aligned}\binom{n_0+n_1}{n_0}E(U) &= \sum_{k=1}^{\min(n_0,n_1)}\Big\{2\binom{n_0-1}{k-1}\binom{n_1-1}{k-1}2k + \\ &\qquad \Big[\binom{n_0-1}{k}\binom{n_1-1}{k-1}+\binom{n_0-1}{k-1}\binom{n_1-1}{k}\Big](2k+1)\Big\} \\ &= 2(n_0+n_1-1)\sum_k\binom{n_0-1}{k-1}\binom{n_1-1}{k-1}+\frac{n_0+n_1}{n_1}\sum_k\binom{n_0-1}{k-1}\binom{n_1}{k}.\end{aligned} \tag{5.4.5}$$

又考虑恒等式

$$(1+x)^{n_0-1}(1+\frac{1}{x})^{n_1-1}\equiv\frac{(1+x)^{n_0+n_1-2}}{x^{n_1-1}},$$

将此式两端按二项公式展开,由彼此的常数项相等而得

$$\sum_k\binom{n_0-1}{k-1}\binom{n_1-1}{k-1}=\binom{n_0+n_1-2}{n_1-1}. \tag{5.4.6}$$

类似地,由恒等式

$$(1+x)^{n_1}(1+\frac{1}{x})^{n_0-1}\equiv\frac{(1+x)^{n_0+n_1-1}}{x^{n_1-1}},$$

两端按二项公式展开后,由彼此的一次项系数相等而得

$$\sum_k\binom{n_0-1}{k-1}\binom{n_1}{k}=\binom{n_0+n_1-1}{n_1-1}. \tag{5.4.7}$$

将式(5.4.6)和(5.4.7)代入(5.4.5),得

$$\binom{n_0+n_1}{n_0}\mathrm{E}(U)=(2n_0+\frac{n_0+n_1}{n_1})\binom{n_0+n_1-1}{n_1-1}.$$

因此

$$\mathrm{E}(U)=1+\frac{2n_0n_1}{n_0+n_1},$$

类似地,可以算得

$$\mathrm{Var}(U)=\frac{2n_0n_1(2n_0n_1-n_0-n_1)}{(n_0+n_1)^2(n_0+n_1-1)}.$$

如果记 $n=n_0+n_1, n_0=np, n_1=nq$,则对充分大的 n,及 $n_1/n_0=q/p\sim r>0$ 时,有近似式

$$\mathrm{E}(U)\approx 2npq,\quad \mathrm{Var}(U)\approx 4np^2q^2.$$

记

$$W=\frac{U-2npq}{2pq\sqrt{n}},$$

则 W 渐近地服从 $N(0,1)$ 分布(当 $n\to\infty$ 时). 利用这个结果,对较大的 n_0 和 n_1,可以得到(5.4.4)中 U_α 的近似值

$$U_\alpha = 2nqp + 2\sqrt{n}pqu_\alpha,$$

其中 u_α 是标准正态分布 $N(0,1)$ 的 α 分位数.

例 5.9 设总体 X,Y 的分布函数分别为 $F(x)$ 和 $G(x)$,从这两个总体抽取的样本为

x	9	22	64	34	17	4	31	28
y	58	53	26	11	52	51	8	

利用游程总数 U 检验假设 $H_0:F(x)=G(x)$.

如上所述,首先将这两个样本合并在一起,并按大小次序排列. 按(5.4.2)的记号,我们可以得到如下的序列:

0 1 0 1 0 0 1 0 0 0 1 1 1 1 0

这里 $n_0=8, n_1=7, u_0=5, u_1=4, u=u_0+u_1=9$. 对显著性水平 $\alpha=0.05$,由附表 10 可以查得 $U_{0.05}=4$,由于 $u>U_\alpha$,所以不能拒绝原假设,即可以认为这两个总体有相同的分布.

§5.5 秩统计量

在 §5.3 讨论的符号检验虽然简单,但只利用了数据的符号(在单样本问题中,利用了 $X_i-\xi_p$ 的符号;在两样本问题中,利用了 Y_i-X_i 的符号). 如果某种检验方法还能考虑观测数据的相对大小,它可能是一种更好的检验. F. Wilcoxon 在 1945 年提出的符号秩检验就是这样的方法,它不仅可用于检验单个总体分布的位置,也可检验两个总体分布的位置,以及在两个总体分布位置相等情况下,检验它们是否一致. Wilcoxon 符号秩检验有着广泛的应用,以下只讨论两样本问题,对其他问题的讨论完全类似.

一、Wilcoxon 秩和统计量

设样本 $(X_1,X_2,\cdots,X_N)$,它可以是从一个总体抽取的,也可以是从多个总体中抽取样本的混合样本,以 $X_{(1)}\leqslant X_{(2)}\leqslant\cdots\leqslant X_{(N)}$ 表示次序统计量. 如果 $X_i=X_{(R_i)}$,则称 R_i 为 X_i(在 $X_1,X_2,\cdots,X_N$ 中)的**秩**(Rank),$(R_1,R_2,\cdots,R_N)$ 构成一个统计量,这个统计量称为**秩统计量**(Rank Statistic). 因此最小值的秩为 1,最大值的秩为 N.

秩统计量保留了关于各观测值大小关系的信息. 实际上,秩 $(R_1,R_2,\cdots,R_N)$ 可以看作观测值 $(X_1,X_2,\cdots,X_N)$ 的一种标准化表示. 在两样本问题中,设 $(X_1,X_2,\cdots,X_{n_1})$ 和 $(Y_1,Y_2,\cdots,Y_{n_2})$ 是分别来自于总体 X,Y 的两个相互独立的随机样本,总体 X,Y 的分布函数为 $F(x)$ 和 $G(x)$. 如果用 $R_i(x),R_j(y)$ 分别表示 $Z_{(R_i)}=X_i$ 和 $Z_{(R_j)}=Y_j$ 在混合样本中的秩,那么两样本问题的 t 检验统计量(3.2.14)就成为(此处 $n=n_1+n_2$)

$$\sqrt{\frac{n_1n_2}{n}}\left[\frac{1}{n_2}\sum_{j=1}^{n_2}R_j(y)-\frac{1}{n_1}\sum_{i=1}^{n_1}R_i(x)\right]\Big/\sqrt{\frac{1}{n-2}\sum_{i=1}^{n}(R_i-\overline{R})^2}, \tag{5.5.1}$$

其中 $\overline{R}=\frac{1}{n}\sum_{i=1}^{n}R_i=\frac{n+1}{2}$. 注意到以下的事实:

$$\sum_{i=1}^{n_1} R_i(x) = \sum_{i=1}^{n} R_i - \sum_{j=1}^{n_2} R_j(y) = \frac{n(n+1)}{2} - \sum_{j=1}^{n_2} R_j(y),$$

$$\sum_{i=1}^{n} (R_i - \overline{R})^2 = \sum_{i=1}^{n} (i - \frac{n+1}{2})^2 = \frac{n(n^2-1)}{12},$$

统计量(5.5.1)实际上等价于

$$W = \sum_{j=1}^{n_2} R_j(y), \tag{5.5.2}$$

W 称为 Wilcoxon **秩和统计量**(Wilcoxon Rank Sum Statistic),它表示样本$(Y_1, Y_2, \cdots, Y_{n_2})$在合并样本中的秩的总和. 可以证明对 $1,2,\cdots,n$ 中任意给定的$j_1, j_2, \cdots, j_{n_2}$,有

$$\Pr\{R_1(y) = j_1, R_2(y) = j_2, \cdots, R_{n_2}(y) = j_{n_2}\} = \frac{n_1! \cdot n_2!}{n!} = 1\bigg/\binom{n}{n_2}, \tag{5.5.3}$$

由此确定 W 的分布. 如果 $F(x) \geqslant G(x)$,则 $\Pr\{X > Y\} < \frac{1}{2}$,$(Y_1, Y_2, \cdots, Y_{n_2})$在合并样本中的秩和 W 有偏大的趋势;反之,如果 $F(x) \leqslant G(x)$,则 $\Pr\{X > Y\} > \frac{1}{2}$,$W$ 有偏小的趋势. 所以,关于假设检验问题(5.4.1)对各个单边对立假设的拒绝域可以相应确定.

H. B. Mann 和 D. R. Whitney 在 1947 年提出了另一个类似的统计量 U,

$$U = W - \frac{n_2(n_2+1)}{2}. \tag{5.5.4}$$

设 $Y_{(1)} \leqslant Y_{(2)} \leqslant \cdots \leqslant Y_{(n_2)}$ 表示样本$(Y_1, Y_2, \cdots, Y_{n_2})$的次序统计量,$R_k(y)$表示 $Y_{(k)}$ 在合并样本中的秩,即 $n_1 + n_2$ 个观测值中,有 $R_k(y) - 1$ 个观测值小于 $Y_{(k)}$,其中 $k-1$ 个是 $Y_1, Y_2, \cdots, Y_{n_2}$ 的值,故小于 $Y_{(k)}$ 的 $X_1, X_2, \cdots, X_n$ 值有 $R_k(y) - k$ 个. 由此得到在所有各种可能的观测对$(X_i, Y_{(k)})$中,$X_i < Y_{(k)}$ 的次数为

$$\sum_{k=1}^{n_2} [R_k(y) - k] = \sum_{k=1}^{n_2} R_k(y) - \sum_{k=1}^{n_2} k = W - \frac{n_2(n_2+1)}{2},$$

此即 U 统计量的意义.

记

$$h_{ij} = \begin{cases} 1, & \text{如果 } X_i < Y_j, \\ 0, & \text{如果 } X_i \geqslant Y_j, \end{cases}$$

则由 U 统计量的意义可知 $U = \sum_{i=1}^{n_1} \sum_{j=1}^{n_2} h_{ij}$. 记 $p = \Pr\{X < Y\}$,可以求得

$$\mathrm{E}(U) = n_1 n_2 p, \tag{5.5.5}$$

$$\mathrm{Var}(U) = n_1 n_2 p(1-p) + n_1 n_2 (n_2 - 1)(q_1 - p^2) + n_1 n_2 (n_1 - 1)(q_2 - p^2), \tag{5.5.6}$$

其中

$$q_1 = \Pr\{X_1 < \min(Y_1, Y_2)\}, \qquad q_2 = \Pr\{Y_1 > \max(X_1, X_2)\}.$$

当 $F(x) = G(x)$ 时,显然 $p = 1/2$,此时分别出现在 q_1, q_2 定义式中的三个随机变量独立同分布,每一个都可能是最小值或最大值,故 $q_1 = q_2 = 1/3$. 将这些值代入式(5.5.5)、(5.5.6),便得到在 $H_0: F(x) = G(x)$ 成立时,U 的均值和方差

$$\mathrm{E}(U)=\frac{n_1 n_2}{2},\qquad \mathrm{Var}(U)=\frac{n_1 n_2(n+1)}{12}.$$

U 统计量或等价的 W 统计量并不是独立变量之和，因此中心极限定理不适用，但 W. Hoeffding 证明了当 $\min(n_1,n_2)\to\infty$ 时，$[U-\mathrm{E}(U)]/\sqrt{\mathrm{Var}(U)}$ 渐近于 $N(0,1)$ 分布. 因此对给定的显著性水平 α，当 $n_1,n_2\geqslant 8$，单边假设检验问题

$$H_0:F(x)=G(x)\leftrightarrow H_1:F(x-a)=G(x),(a>0)$$

的拒绝域为

$$W=\left\{\frac{U-\frac{1}{2}n_1 n_2}{\sqrt{\frac{1}{12}n_1 n_2(n+1)}}\geqslant u_{1-\alpha}\right\}\text{或 } W=\left\{U\geqslant\frac{1}{2}n_1 n_2+u_{1-\alpha}\sqrt{\frac{n_1 n_2(n+1)}{12}}\right\}.$$

在 H_0 成立时，U 的分布关于 $\frac{n_1 n_2}{2}$ 对称，$\Pr\left\{U=\frac{n_1 n_2}{2}+k\right\}=\Pr\left\{U=\frac{n_1 n_2}{2}-k\right\}$，所以对双边假设检验问题

$$H_0:F(x)=G(x)\leftrightarrow H_1:F(x-a)=G(x),(a\neq 0),$$

的拒绝域为

$$W=\left\{\left|U-\frac{1}{2}n_1 n_2\right|\geqslant u_{1-\frac{\alpha}{2}}\sqrt{\frac{n_1 n_2(n+1)}{12}}\right\}.$$

例 5.10 第一小组有 $n_1=3$ 名学生，第二小组有 $n_2=4$ 名学生，在一次考试中，这 7 名学生的成绩分别为

第一小组： 79 85 93

第二小组： 68 74 81 90

希望检验这两个小组学生的成绩是否不相上下.

首先，将这 7 个成绩依次排列，并标明每个成绩属于哪个小组：

68	74	79	81	85	90	93
二	二	一	二	一	二	一

然后在第二小组的每个成绩前面数出有几个第一小组的成绩：在 68，74 前面，没有第一小组的成绩，在 81 前面有一个第一小组的成绩，在 90 前有 2 个，于是 $U=0+0+1+2=3$. 对 n_1,n_2 都较小时，U 的临界值有表可查. 例如由文献[5]的表 63，对 $n_1=3,n_2=4,\alpha=0.20$ 的双侧检验，U 的临界值为 1，因此不能拒绝两个学习小组成绩不相上下的零假设.

注意，第一小组或第二小组的命名是随意的，或者说，实际上我们可以得到两个 U 值. 我们也可以数出在第一小组的每个成绩前面有几个第二小组的成绩，此时 $U=2+3+4=9$. 以这两个 U 值中小的值与 U_α 比较，得到双侧检验的拒绝域 $W=\{U:U<U_\alpha\}$.

R 中用于 Wilcoxon 秩和检验的函数为 wilcox. test.

```
> wilcox.test(x1,x2)
```

```
    Wilcoxon rank sum test

data: x1 and x2
W = 9, p-value = 0.4
alternative hypothesis: true mu is not equal to 0
```

二、Wilcoxon 符号秩统计量

现在考虑成对观测情况. 如在两样本问题的符号检验中所指出那样,此时每个观测对内(X_i,Y_i)可以是相关的,而各观测对之间应该是相互独立的. 假定有 n 个独立的观测对(X_i,Y_i),$i=1,2,\cdots,n$,其中 X_i,Y_i分别表示第 i 个试验对象经某种处理前、后的观测结果. 求出它们的差 $d_i=X_i-Y_i$,并将 d_i按其绝对值的大小排列,绝对值最小的 d_i的秩为 1,绝对值最大的 d_i的秩为 n,每个秩再带上相应的 d_i的符号,记为 R_i,这样就由 n 对观测得到符号秩向量($R_1,R_2,\cdots,R_n$).

仍考虑假设检验问题(5.4.1)($H_0:F(x)=G(x)$). 如果总体 X 和 Y 的分布相同,那么在成对观测中,可能有一些 Y_i大于 X_i,此时有较大秩的 d_i为负号,而另一些成对观测相反,使较大秩的 d_i为正号. 将所有带正号的秩和所有带负号的秩分别求和,记为 T_+ 和 T_-. 那么在原假设成立时,这两个秩和 T_+ 及 T_- 应大致相等;否则,若这两个秩和相差很大,应认为 X 和 Y 的分布是显著不同的. 所以,水平为 α 的检验拒绝域是统计量

$$T=\min(T_+,T_-)$$

小于相应的临界值 T_α. 对 $n\leqslant100$ 的 T_α值有表可查,例如文献[5]表 67. 对 $n>25$,T 有近似正态分布,均值和方差分别为

$$\mathrm{E}(T)=\frac{n(n+1)}{4},\qquad \mathrm{Var}(T)=\frac{n(n+1)(2n+1)}{24}.$$

例 5.11 下表的数据是某类设备在改造前(x)和改造后(y)的日产量.

x_i	17.2	21.6	19.5	19.1	22.0	18.7	20.3
y_i	18.3	20.8	20.9	21.2	22.7	18.6	21.9
$d_i=y_i-x_i$	1.1	-0.8	1.4	2.1	0.7	-0.1	1.6
R_i	4	-3	5	7	2	-1	6

由此表可得 $T_+=2+4+5+6+7=24$,$T_-=1+3=4$,$T=\min(T_+,T_-)=4$. 取显著性水平 $\alpha=0.05$,$n=7$,相应的临界值为 2. 由于 $4>2$,不能拒绝原假设,因此不能认为这种改造对日产量有显著影响. 但如果所提问题为这种改造是否能提高日产量,则对于 $\alpha=0.05$ 的单侧检验,查表而得的临界值为 3,仍然不能认为这种改造对日产量提高有显著影响. 但从计算得到的 p 值为 0.109 4,或许勉强认为有所改进.

R 中用于符号秩检验的函数是 wilcox.test.

```
> wilcox.test(x,y,paired = T,mu = 0)

        Wilcoxon signed rank test

data: x and y
V = 4, p-value = 0.1094
alternative hypothesis: true mu is not equal to 0
```

调用 wilcox.test 时应注意参数的赋值. 若 paired = T,是检验向量 x 或 x - y(成对样本)的分布关于 mu 是否对称;默认值为 paired = FALSE,此时检验 x 及 y 的分布位置是否与 mu 不同,也就是 Mann - Whitney 检验. 精确的 p - value 只在 $n<50$ 且没有结(tie)时给出,否则只能是按正态近似计算的 p - value.

习题 5

5.1. 设 $A_i=\{x:(i-1)/2<x\leqslant i/2\}, i=1,2,3, A_4=\{x:3/2<x<2\}$,今对随机变量 X 进行 100 次独立观测,发现落入 $A_i(i=1,2,3,4)$ 的频数分别为 30,20,36,14. 此 X 是否服从(0,2)上的均匀分布($\alpha=0.05$)?

5.2. 掷一颗骰子 60 次,出现 1 ~ 6 点的次数分别为 13,19,11,8,5,4,此骰子是否均匀($\alpha=0.05$)?

5.3. 为研究人体大脑质量的分布,得到了 416 个数据列于下表:

脑质量(g)	<1 100	1 100 ~ 1 150	1 150 ~ 1 200	1 200 ~ 1 250	1 250 ~ 1 300
频　数	0	1	10	21	44
脑质量(g)	1 300 ~ 1 350	1 350 ~ 1 400	1 400 ~ 1 450	1 450 ~ 1 500	1 500 ~ 1 550
频　数	53	86	72	60	28
脑质量(g)	1 550 ~ 1 600	1 600 ~ 1 650	1 650 ~ 1 700	1 700 ~ 1 750	1 750 <
频　数	25	12	3	1	0

检验大脑质量是否服从正态分布?

5.4. 对 100 个靶各打 10 发子弹,只记录命中或不命中,结果列于表中:

命中数 k_i	0	1	2	3	4	5	6	7	8	9	10
频　数 f_i	0	2	4	10	22	26	18	12	4	2	0

验证命中数服从二项分布.

5.5. 在某细纱机上进行断头率测定，试验锭子总数为 440，测得断头总次数为 292 次，各锭子的断头次数记录如下：

每锭断头数	0	1	2	3	4	5	6	7	8
锭　数	263	112	38	19	3	1	1	0	3

问各锭子的断头数是否服从 Poisson 分布？

5.6. 对一台设备进行寿命试验，记录 10 次无故障工作时间，并从小到大排列得

420， 500， 920， 1 380， 1 510， 1 650， 1 760， 2 100， 2 300， 2 350

此设备的无故障工作时间是否服从 $\theta=1\ 500$ 的指数分布？

5.7. 将 250 个元件进行加速寿命试验，每隔 100 h 测试检查一次，记下失效元件个数，直到全部失效为止，不同时间内失效元件个数列于下表.

时间区间(h)	失效数	时间区间(h)	失效数
0 ~ 100	39	500 ~ 600	22
100 ~ 200	58	600 ~ 700	12
200 ~ 300	47	700 ~ 800	6
300 ~ 400	33	800 ~ 900	6
400 ~ 500	25	900 ~ 1 000	2

这批元件的寿命是否服从指数分布？

5.8. 大麦的杂交后代关于芒性的比例应是无芒∶长芒∶短芒 = 9∶3∶4. 实际观侧值为 335∶125∶160. 试检验观测值是否符合理论假设？($\alpha=0.05$)

5.9. 研究父母行为对孩子行为的影响，以看电影为例，得到以下的调查结果：

孩子 \ 父母	每周一次	每月一次	难得一次
每周一次	74	67	27
每月一次	11	14	33
难得一次	5	10	17

检验父母与孩子看电影的情况是否独立.

5.10. 汽车制造厂想知道顾客的年龄是否会影响其购买汽车的颜色，随机抽取 500 名购车者，记录他们的年龄和所购汽车的颜色(蓝、红、白、黑)，并将年龄分为 3 类：青年人(低于 30 岁)、中年人(30 ~ 50 岁)、老年人(50 岁以上)，结果如下表所示.

	蓝	红	白	黑
青年人	73	32	74	21
中年人	59	16	65	20
老年人	48	12	51	29

给定 $\alpha=0.05$，对零假设 H_0：所购车的颜色与顾客的年龄无关，做 χ^2 检验.

5.11. 在自动车床上加工某一种零件，在工人刚接班时抽取 $n_1=150$ 个零件，在工作 2 小时后再抽取 100 个零件，下表是每个零件与标准值的偏差 x 的测量值.

偏差 x(微米)	频数	
	开始工作时	工作 2 小时后
[-15, -10)	10	—
[-10, -5)	27	7
[-5,0)	43	17
[0,5)	38	30
[5,10)	23	29
[10,15)	8	15
[15,20)	1	1
[20,25)	—	1

自动车床开始工作时加工零件的偏差与工作 2 小时后的偏差是否有相同的分布？($\alpha=0.05$)

5.12 假定某种白炽灯泡的寿命服从连续型分布，且总体分布的中位数 $v_{\frac{1}{2}}$ 唯一. 在某日生产的该种灯泡中随机抽取十只，测得其寿命(单位：小时)为

1067 919 1196 785 1126 936 918 1156 920 948

试问在显著性水平 $\alpha=0.05$ 下能否认为此种灯泡的中位寿命为 1 100 小时？

5.13 对观测数据按大小排列后，得到了如下的两个样本观测值：

A：7 14 22 36 40 48 49 52

B：3 5 6 10 17 18 20 39

利用游程检验，能否认为这两个总体的分布相同吗？($\alpha=0.05$)

5.14 用甲、乙两种规格的钨丝制造灯泡，分别从制成的两批灯泡中随机地收取若干只进行寿命试验，得到它们的使用寿命(单位：小时)如下：

甲	1 640	1 650	1 680	1 710	1 750	1 720	1 800
乙	1 580	1 600	1 610	1 630	1 700		

应用秩和检验，试问在显著性水平 $\alpha=0.05$ 下这两种规格钨丝制造的灯泡的寿命分布是否相同？

5.15 用两种不同的测定方法，测定同一种中草药的有效成分，共重复 20 次，得到试验结果如下：

方法 *A*	48.0 36.0	33.0 27.3	37.5 14.2	48.0 32.1	42.5 52.0	40.0 38.0	42.0 17.3	36.0 20.0	11.3 21.0	22.0 46.1
方法 *B*	37.0 21.0	41.0 6.1	23.4 26.5	17.0 21.3	31.5 44.5	40.0 28.0	31.0 22.6	36.0 20.0	5.7 11.0	11.5 22.3

(1)试用符号检验法检验两测定有无显著差异；

(2)试用 Wilcoxon 符号秩检验法检验两测定有无显著差异；

(3)试用 Wilcoxon 秩和检验法检验两测定有无显著差异；

第6章　统计判决函数的基本理论

前面已经讨论了点估计、区间估计、假设检验等几种基本统计推断问题,即随着具体问题的不同,统计推断有多种形式,它们在数学上的提法也不一样. 20世纪40年代末,A. Wald提出了一种看法,他把统计推断问题看成是人和自然的一个“博弈”,企图把各种统计推断问题归入统一的模式中,即所谓统计判决函数. 以后的事实证明,这个理论的基本观点已不同程度地渗入到许多统计分支,对数理统计的发展起了一定的推动作用. 因此,有必要掌握统计判决函数的基本内容.

§6.1　统计判决函数的基本概念

为了给出统计判决函数这一重要概念,需要对构成一个统计判决问题的基本要素给以清楚的说明.

一、统计判决问题的三个要素

1. 样本空间 $\mathscr{X}$ 和分布族 $\{F(x;\theta):\theta\in\Theta\}$

样本 $(X_1,X_2,\cdots,X_n)$ 是统计推断所依据的原始资料,它取自某个有一定概率分布的总体 X,但这个分布至少是部分未知的. 一般我们假定 X 的分布属于已知的分布族,其中含有未知参数,即 X 的分布属于 $\{F(x;\theta):\theta\in\Theta\}$,其中 Θ 是参数空间. 称样本 $(X_1,X_2,\cdots,X_n)$ 的一切可能取值的全体为样本空间 $\mathscr{X}$. 但有时为了方便,只要求 $\mathscr{X}$ 包含 $(X_1,X_2,\cdots,X_n)$ 的一切可能取值,而不一定要求 $(X_1,X_2,\cdots,X_n)$ 能确实取到 $\mathscr{X}$ 的每一个值.

2. 判决空间

在给定了分布族,并提出了一定的统计推断问题后,就可以根据样本来回答提出的问题. 在点估计中,这个回答是一个数;在区间估计中,需要给出一个区间;而在假设检验中,则是作出一个决定:是否拒绝原假设. 我们把对一般统计推断问题的回答称为一个**判决**(Decision),因为一定的判决常导致采取一定的行动,所以也将这种回答称为一个**行动**(Action). 当然,作出什么样的判决与问题的性质、取得的样本以及所用的统计方法有关. 但对一定的问题,可能判决的全体是事先就确定的,我们称一切可能判决的全体 $\mathscr{D}$ 为**判决空间**(Decision Space),也称为**行动空间**(Action Space).

例 6.1　一批产品有 N 个,为估计其中的不合格品率 θ,从中随机抽出 n 个,用 $x_i=1$ 表示第 i 个产品不合格,$x_i=0$ 表示第 i 个产品合格,则 $\nu=\sum\limits_{i=1}^{n}x_i$ 为这 n 个产品中不合格品个数. 当 $\frac{n}{N}\approx 0$ 或抽样是有放回时,可以认为 ν 服从二项分布 $b(n,\theta)$. 因此样本空间 $\mathscr{X}=\{(x_1,x_2,\cdots,x_n):x_i=0$ 或 $1,i=1,2,\cdots,n\}$,是 n 维欧氏空间的一部分. 分布族为两点分布族 $\{b(1,\theta):0\leqslant\theta$

$\leqslant 1\}$，参数空间 $\Theta=\{\theta:0\leqslant\theta\leqslant 1\}$. 但如果我们只关心抽出的 n 个产品中不合格品个数 ν，此时样本空间 $\mathscr{X}=\{0,1,2,\cdots,n\}$，分布族为二项分布族 $\{b(n,\theta):0\leqslant\theta\leqslant 1\}$，参数空间 $\Theta=\{\theta:0\leqslant\theta\leqslant 1\}$. 如果所考虑的问题是求 θ 的点估计，则判决空间 $\mathscr{D}=\Theta=\{\theta:0\leqslant\theta\leqslant 1\}$. 若统计问题是求 θ 的区间估计，则判决空间 $\mathscr{D}=\{[\theta_1,\theta_2]:0\leqslant\theta_1<\theta_2\leqslant 1\}$. 对假设检验问题，可能作出的判决只有两个：拒绝或不拒绝所提的原假设. 如果把这两个判决分别记作 d_1 和 d_0，则判决空间为 $\mathscr{D}=\{d_0,d_1\}$.

例 6.2 设有 k 个商标参加某种商品质量的评比，那么每个判决都是 $1,2,\cdots,k$ 的一个排列 $(i_1,i_2,\cdots,i_k)$，这表示标号为 i_1 的那个商标质量最好，而标号为 i_k 的那个商标质量最不好. 这里判决空间是一切可能的排列 $(i_1,i_2,\cdots,i_k)$，共含 $k!$ 个不同判决.

3. 损失函数

由于对每个统计推断问题，总存在许多不同的判决，因此需要评价判决的好坏，并选择一个好的判决. 统计判决问题的一个基本假定，就是能用数量形式表示对判决的评价. 我们引进一个依赖于参数值 $\theta\in\Theta$ 和判决 $d\in\mathscr{D}$ 的函数 $L(\theta,d)$，它表示当参数真值为 θ，而采取的判决为 d 时所造成的损失. 判决愈接近正确，损失就愈小；否则，损失就愈大. 把 $L(\theta,d)$ 称为**损失函数**(Loss Function)，它是一个定义在 $\Theta\times\mathscr{D}$ 上的非负函数.

例 6.3 在点估计问题中，一个常用的损失函数是平方损失函数

$$L(\theta,d)=(\theta-d)^2. \tag{6.1.1}$$

更一般地，可考虑 $L(\theta,d)=C(\theta)W(|\theta-d|)$. 这里 $C(\theta)>0$，$W(t)$ 是关于 t 的非降非负函数 $(t\geqslant 0)$. 特别当 $W(t)=t$ 时，即为绝对值损失函数.

在区间估计问题中，一个判决 $d=[\theta_1,\theta_2]$ 的好坏可以从两方面考虑：一方面是区间 $[\theta_1,\theta_2]$ 是否包含参数真值 θ；另一方面是区间的长度. 在实际问题中，这两方面所造成损失也许不能等同看待，例如可取下面形式的损失函数

$$L(\theta,d)=A[1-I_{(\theta_1,\theta_2)}(\theta)]+B(\theta_2-\theta_1), \tag{6.1.2}$$

其中 $A>0,B>0$ 为两个适当选择的常数，I 是示性函数. 或

$$L(\theta,d)=|\theta_1-\theta|+|\theta_2-\theta|.$$

在假设检验问题中，由于可能的判决只有两个，情况就比较简单. 例如可取 0－1 损失函数

$$L(\theta,d)=\begin{cases}0, & \text{判决正确},\\ 1, & \text{判决错误},\end{cases} \tag{6.1.3}$$

或更一般地

$$L(\theta,d_0)=\begin{cases}0, & \theta\in\Theta_0,\\ A, & \theta\in\Theta_1,\end{cases}\qquad L(\theta,d_1)=\begin{cases}B, & \theta\in\Theta_0,\\ 0, & \theta\in\Theta_1,\end{cases} \tag{6.1.4}$$

其中 $A>0,B>0$ 为两个适当选择的常数.

上例给出的几种损失函数，只是一些常用的、在数学上处理比较简单的个别例子. 对一个实际问题，如何选择与真实情况相符的损失函数，一般是很困难的. 一方面由于要求判决结果都可以数量化表示是不大现实的；另一方面，即使这种数量化是可能的，也常因缺乏足够根据，无法选择一个合适的损失函数. 这正是判决函数理论的一个弱点.

二、判决函数及其风险函数

1. 判决函数

对一个统计推断问题的回答,即作出一个判决,自然与取得的样本有关.所谓一个**判决函数**(Decision Function),就是指定义于样本空间 $\mathscr{X}$ 上,而取值于判决空间 $\mathscr{D}$ 的函数.若选定了判决函数 δ,得到的样本为 $(X_1,X_2,\cdots,X_n)$,则所采取的判决就是 $\delta(X_1,X_2,\cdots,X_n)$.这种判决通常称为"非随机化的".例如第2章中的一些估计量,第3章中的非随机化检验函数,第4章的区间估计都是非随机化判决函数的例子.相应于随机化检验,也可定义一种随机化判决函数 $\delta(X_1,X_2,\cdots,X_n;D)$,其意义是在得到样本 $(X_1,X_2,\cdots,X_n)$ 后,以概率 $\delta(X_1,X_2,\cdots,X_n;D)$ 作出属于 $\mathscr{D}$ 的判决,其中 D 是 $\mathscr{D}$ 中元素的一个集合.

2. 风险函数

由于判决依赖于样本 $(X_1,X_2,\cdots,X_n)$,因此对判决函数 δ,相应的损失函数 $L(\theta,\delta(X_1,X_2,\cdots,X_n))$ 是一个随机变量.我们不能根据某个样本观测值 $(x_1,x_2,\cdots,x_n)$ 所采取的判决的损失,来衡量判决函数 δ 的好坏,平均损失 $\mathrm{E}_\theta[L(\theta,\delta(X_1,X_2,\cdots,X_n))]$ 是一个合理的度量.记

$$R(\theta,\delta)=\mathrm{E}_\theta[L(\theta,\delta(X_1,X_2,\cdots,X_n))],\tag{6.1.5}$$

称为判决函数 δ 的**风险函数**(Risk Function).显然,风险函数愈小,即参数真值为 θ 时,采用判决函数 δ 的平均损失愈小,这个判决函数就愈好.

在点估计问题中,如果损失函数为平方损失,那么

$$R(\theta,\delta)=\mathrm{E}_\theta[L(\theta,\delta(X_1,X_2,\cdots,X_n))]=\mathrm{E}_\theta[(\delta(X_1,X_2,\cdots,X_n)-\theta)^2],$$

这正好是估计量 δ 的均方误差.

例 6.4 对正态分布族 $\{N(0,\sigma^2):\sigma^2>0\}$,要求估计方差 σ^2.此时判决空间 $\mathscr{D}=\{d:d>0\}$,若取损失函数为 $L(\sigma^2,d^2)=(\sigma^2-d^2)^2$,则由第2章例2.15可知,对

$$\delta_1(x_1,x_2,\cdots,x_n)=\frac{1}{n-1}\sum_{i=1}^n(x_i-\bar{x})^2,$$

有

$$R(\sigma^2,\delta_1)=\mathrm{E}_\sigma(\sigma^2-\delta_1)^2=2\sigma^4/(n-1);$$

对

$$\delta_2(x_1,x_2,\cdots,x_n)=\frac{1}{n+1}\sum_{i=1}^n(x_i-\bar{x})^2,$$

有

$$R(\sigma^2,\delta_2)=E_\sigma(\sigma^2-\delta_2)^2=2\sigma^4/(n+1).$$

因此,对一切 $\sigma^2>0$,都有 $R(\sigma^2,\delta_2)<R(\sigma^2,\delta_1)$.

例 6.5 对正态分布族 $\{N(\mu,\sigma^2):\sigma^2>0\}$,要求 μ 的区间估计.此时判决空间 $\mathscr{D}=\{[d_1,d_2]:d_1<d_2\}$,若损失函数为(6.1.2),考虑第3章例3.18给出的区间估计

$$\begin{aligned}\delta(x_1,x_2,\cdots,x_n)&=[d_1(x_1,x_2,\cdots,x_n),d_2(x_1,x_2,\cdots,x_n)]\\&=\left[\bar{x}-\frac{s}{\sqrt{n}}t_{1-\frac{\alpha}{2}}(n-1),\bar{x}+\frac{s}{\sqrt{n}}t_{1-\frac{\alpha}{2}}(n-1)\right].\end{aligned}$$

由于

$$\mathrm{E}_\theta(I_{[d_1,d_2]}(\mu)) = \Pr_{(\mu,\sigma^2)}\left\{\left|\frac{\sqrt{n}(\bar{X}-\mu)}{S}\right| \leqslant t_{1-\frac{\alpha}{2}}(n-1)\right\} = 1-\alpha,$$

$$\mathrm{E}_\theta(S) = \sqrt{\frac{2}{n-1}}\frac{\Gamma(\frac{n}{2})}{\Gamma(\frac{n-1}{2})}\sigma,$$

不难得到

$$R(\theta,\delta) = A\alpha + B\frac{2\sqrt{2}}{\sqrt{n(n-1)}}\frac{\Gamma(\frac{n}{2})}{\Gamma(\frac{n-1}{2})}\sigma t_{1-\frac{\alpha}{2}}(n-1).$$

例 6.6 考虑假设检验问题 $H_0:\theta\in\Theta_0 \leftrightarrow H_1:\theta\in\Theta_1$. 此时判决空间 $\mathscr{D}=\{d_0,d_1\}$，若取 0 - 1 损失函数，则对检验函数 $\delta(x_1,x_2,\cdots,x_n)$，风险函数为

$$\begin{aligned} R(\theta,\delta) &= \mathrm{E}_\theta[L(\theta,\delta(X_1,X_2,\cdots,X_n))] \\ &= L(\theta,d_0)\Pr_\theta\{\delta(X_1,X_2,\cdots,X_n)=d_0\} + L(\theta,d_1)\Pr_\theta\{\delta(X_1,X_2,\cdots,X_n)=d_1\} \\ &= \begin{cases} \Pr_\theta\{\delta(X_1,X_2,\cdots,X_n)=d_1\}, & \theta\in\Theta_0, \\ \Pr_\theta\{\delta(X_1,X_2,\cdots,X_n)=d_0\}, & \theta\in\Theta_1, \end{cases} \end{aligned}$$

这正好是检验函数 $\delta(X_1,X_2,\cdots,X_n)$ 犯第一、二类错误的概率.

例 6.7 检查某种设备性能的变化，如果它已经严重损坏，就应淘汰，不能继续使用；如果损坏并不严重，可以考虑替换其中的某些部件或进行必要的维修；如果性能良好，自然继续使用. 假设各种情况下的损失如下表所示：

	继续使用 d_1	替换部件 d_2	淘汰 d_3
设备完好 θ_1	0	5	10
设备损坏 θ_2	12	6	1

即如果设备完好时继续使用，损失为零；但如果设备已经损坏，仍继续使用，此时损失严重，设为 12 等等. 对此设备进行检查，分别用 $X=1,0$ 表示设备的好坏，并设概率函数 $P(X, \theta)$ 为

X \ θ	对设备检查结果	
	0	1
设备完好 θ_1	0.3	0.7
设备损坏 θ_2	0.6	0.4

这表示当设备完好时($\theta=\theta_1$)，检查结果认为设备完好的概率为 0.7，而认为设备损坏的概率为 0.3；当设备损坏时($\theta=\theta_2$)，检查结果认为设备完好的概率为 0.4，设备损坏的概率 0.6. 将所有可能的判决列出来，如下表所示：

	δ_1	δ_2	δ_3	δ_4	δ_5	δ_6	δ_7	δ_8	δ_9
$X=0$	d_1	d_1	d_1	d_2	d_2	d_2	d_3	d_3	d_3
$X=1$	d_1	d_2	d_3	d_1	d_2	d_3	d_1	d_2	d_3

这里，判决函数 δ_1 表示：不管 X 的取值如何，都采取判决 d_1（继续使用）. δ_2 表示：如果 $X=0$（设备损坏），则采取判决 d_1（继续使用）；如果 $X=1$（设备完好），则采取判决 d_2（替换部件）等等.这个判决函数 $\delta(x)$ 的风险函数为

$$\begin{aligned}R(\theta,\delta) &= \mathrm{E}_\theta[L(\theta,\delta(X))]\\ &= L(\theta,d_1)\mathrm{Pr}_\theta\{\delta(X)=d_1\}+L(\theta,d_2)\mathrm{Pr}_\theta\{\delta(X)=d_2\}+\\ &\quad L(\theta,d_3)\mathrm{Pr}_\theta\{\delta(X)=d_3\}.\end{aligned}$$

例如

$$R(\theta_1,\delta_2)=0\times0.3+5\times0.7+10\times0.0=3.5,$$
$$R(\theta_2,\delta_2)=12\times0.6+6\times0.4+1\times0.0=9.6.$$

类似地，算出所有判决函数 $\delta_i(x)$ 的 $R(\theta_1,\delta_i)$，$R(\theta_2,\delta_i)$，$i=1,2,\cdots,9$，结果如下表：

	δ_1	δ_2	δ_3	δ_4	δ_5	δ_6	δ_7	δ_8	δ_9
$R(\theta_1,\delta_i)$	0	3.5	7	1.5	5	8.5	3	6.5	10
$R(\theta_2,\delta_i)$	12	9.6	7.6	8.4	6	4	5.4	3	1

§6.2 优良性准则

在前几章讨论的问题中已经看到，对一个统计推断问题，常常存在许多不同的方法. 于是需要给出优良性准则，并在所给准则下，寻找一种最好的结果. 在统计判决函数理论中，存在同样的问题. 因此，我们讨论判决函数的优良性准则.

一、一致最优性

由于风险函数表示了一个判决函数的平均损失，所以对两个判决函数 δ_1 和 δ_2，如果

$$R(\theta,\delta_1)\leqslant R(\theta,\delta_2),\quad 对任何\ \theta\in\Theta, \tag{6.2.1}$$

且不等号至少对一个 θ 值成立，则称 δ_1 一致地优于 δ_2.

设 δ 为一判决函数，若存在判决函数 δ' 一致地优于 δ，则称 δ 为**不容许的**（Inadmissible）；反之，若不存在一致地优于 δ 的判决函数，则称 δ 为**容许的**（Admissible）.

在例 6.7 中，不存在一致最优的判决函数，但 δ_3 是不容许的，因为存在 δ_7，使得

$$R(\theta_1,\delta_7)=3<7=R(\theta_1,\delta_3),$$
$$R(\theta_2,\delta_7)=5.4<7.6=R(\theta_2,\delta_3).$$

对一般判决函数，例如 δ_6，常常有

$$R(\theta_1,\delta_7)<R(\theta_1,\delta_6),\qquad R(\theta_2,\delta_6)<R(\theta_2,\delta_7).$$

要判定一个统计判决函数是容许的还是不容许的，一般是很困难的. 例如，我们已经知道

样本方差 S^2 是正态分布族方差 σ^2 的一致最小方差无偏估计. 但由例 6.4,在平方损失函数下,它却是不容许的. 实际上,例 6.4 中的 δ_2 还是不容许的,如果记

$$\delta_3(x_1,x_2,\cdots,x_n)=\min\left\{\frac{1}{n+1}\sum_{i=1}^{n}(x_i-\bar{x})^2,\frac{1}{n+2}\sum_{i=1}^{n}x_i^2\right\},$$

可以证明 δ_3 一致优于 δ_2. 但是在实际中常用的仍是 S^2,这除了习惯以外,一个重要的原因是估计量的优良性与损失函数有关.

如果存在一个判决函数 δ^*,一致地优于其他任何一个判决函数 δ,则称 δ^* 为(该判决问题)**一致最优**(Uniformly Optimal)的判决函数. 这时,显然应该采用 δ^*. 但除了某些很特殊情况外,一致最优的判决函数是不存在的. 因此提出某种较宽的准则. 一是事先限制判决函数应具有某种性质,缩小判决函数范围,此时有可能存在一致最优的判决函数. 二是将式(6.2.1)对任何 $\theta\in\Theta$ 成立的逐点比较,改为某种形式的整体比较,这就是我们将要讨论的 Bayes 准则和 Minimax 准则.

二、Minimax 准则

设判决函数 δ 的风险函数为 $R(\theta,\delta)$,考虑最坏情况发生时造成的损失,即最大风险

$$M(\delta)=\max_{\theta\in\Theta}R(\theta,\delta). \tag{6.2.2}$$

若 $M(\delta_1)<M(\delta_2)$,则称 δ_1 优于 δ_2. 如果有某个判决函数 δ^*,使得对任意判决函数 δ 都有

$$M(\delta^*)\leqslant M(\delta), \tag{6.2.3}$$

即

$$\max_{\theta\in\Theta}R(\theta,\delta^*)=\min_{\delta\in D}\max_{\theta\in\Theta}R(\theta,\delta),$$

则称 δ^* 是最优的. 这个准则叫做 Minimax **准则**(Minimax Criterion),在 Minimax 准则下的最优判决函数 δ^* 称为问题的 Minimax 解.

这个最优性准则是非常保守的,它只考虑最不利的情况,要求最不利的情况尽可能地好,比较适合风险厌恶情况,因此作为一般准则并不很合适. 但在许多情况下,Minimax 准则可以导出合理的结果. 如例 6.7 中的计算表明,所讨论问题的 Minimax 解为 δ_7,是一个非常合理的结果.

三、Bayes 准则

与频率学派相对,Bayes 学派是现代统计学中很有影响的一个学派,我们用例 6.1 估计一批产品的不合格品率,来说明 Bayes 学派与频率学派的不同看法. 频率学派认为,在得到样本以前,除了 $\theta\in\Theta$ 以外,其他一无所知;而 Bayes 学派则认为,虽然就这一批被估产品而言,不合格品率 θ 是一个未知常数,但是如果这种产品已经生产了许多批,各批不合格品率 θ 自然不尽相同,故从长远看,可把 θ 看作为一个随机变量,需要估计的这批产品不合格品率 θ,相当于随机变量 θ 的一个抽样值. 如果根据过去的经验,对 θ 已有所认识,能够用数学形式表示为 θ 服从 Θ 上的一个概率分布 $\pi(\theta)$,这是在对这批被估产品进行抽样观测以前就已得到的分布,称为**先验分布**(Prior Distribution). 样本 $(X_1,X_2,\cdots,X_n)$ 的分布,则是随机变量 θ 取值 θ_0 时的条件分布. 判决函数 δ 的风险函数 $R(\theta,\delta)$,应看成 $\mathrm{E}[L(\theta,\delta(X_1,X_2,\cdots,X_n)\mid\theta)]$,是 θ 的函数,仍为随机变量,故再关于 θ 平均,

$$R_\pi(\delta)=\mathrm{E}_\pi[R(\theta,\delta)], \tag{6.2.4}$$

称为判决函数 δ 在先验分布 $\pi(\theta)$ 下的 Bayes **风险**(Bayes Risk). 如果 θ 和($X_1,X_2,\cdots,X_n$)都有连续型分布,则(6.2.4)可写为

$$\begin{aligned}R_\pi(\delta)&=\int_\Theta R(\theta,\delta)\pi(\theta)\mathrm{d}\theta\\&=\iint L(\theta,\delta(x_1,x_2,\cdots,x_n))f(x_1,x_2,\cdots,x_n\mid\theta)\pi(\theta)\mathrm{d}x_1\cdots\mathrm{d}x_n\mathrm{d}\theta\\&=\iint L(\theta,\delta(x_1,x_2,\cdots,x_n))f(x_1,x_2,\cdots,x_n,\theta)\mathrm{d}x_1,\cdots\mathrm{d}x_n\mathrm{d}\theta,\end{aligned} \tag{6.2.5}$$

其中 $f(x_1,x_2,\cdots,x_n,\theta)=f(x_1,x_2,\cdots,x_n\mid\theta)\pi(\theta)$ 是 θ 和($X_1,X_2,\cdots,X_n$)的联合密度函数.

当 θ 和($X_1,X_2,\cdots,X_n$)均为离散型分布时,有

$$R_\pi(\delta)=\sum_\theta R(\theta,\delta)\pi(\theta)=\sum_\theta\sum_{x_i}L(\theta,\delta(x_1,x_2,\cdots,x_n))\Pr(x_1,x_2,\cdots,x_n,\theta). \tag{6.2.6}$$

在例 6.7 中,如根据以前的经验认为设备损坏的可能性是 0.2,那么将 θ 作为随机变量,其可能取值为 θ_1(设备完好)及 θ_2(设备损坏),且

$$\pi(\theta_1)=\Pr\{\theta=\theta_1\}=0.8,\qquad \pi(\theta_2)=\Pr\{\theta=\theta_2\}=0.2. \tag{6.2.7}$$

因此,判决函数 δ 在这个先验分布 $\pi(\theta)$ 下的 Bayes 风险为

$$R_\pi(\delta)=0.8R(\theta_1,\delta)+0.2R(\theta_2,\delta),$$

表 6.1 给出了相应于各个判决函数 δ_i 的最大风险 $\max\{R(\theta_1,\delta_i),R(\theta_2,\delta_i)\}$ 和 Bayes 风险 $R_\pi(\delta_i)$.

表 6.1 例 6.7 的最优判决函数(* 表示最优解)

	δ_1	δ_2	δ_3	δ_4	δ_5	δ_6	δ_7	δ_8	δ_9
$\max\{R(\theta_1,\delta_i),R(\theta_2,\delta_i)\}$	12	9.6	7.6	8.4	6	8.5	5.4*	6.5	10
$R_\pi(\delta_i)$	2.4*	4.72	7.12	2.88	5.2	7.6	3.48	5.8	8.2

若 $R_\pi(\delta_1)<R_\pi(\delta_2)$,则称 δ_1 优于 δ_2. 如果判决函数 δ^* 对任意判决函数 δ 有

$$R_\pi(\delta^*)\leqslant R_\pi(\delta), \tag{6.2.8}$$

则称 δ^* 是最优的. 这个准则叫做 Bayes **准则**(Bayes Criterion). 在 Bayes 准则下的最优判决函数 δ^* 称为问题的 Bayes 解(在给定先验分布 π 下).

对例 6.7,δ_1 是在由式(6.2.7)给出的先验分布下的 Bayes 解.

一般地,不能如例 6.7 那样,将所有可能的判决函数 δ 一一列出,并逐一计算它们的风险函数与 Bayes 风险. 下面我们讨论在估计和假设检验问题中,如何求出 Bayes 解和 Minimax 解.

§6.3 Bayes 估计和 Minimax 估计

一、Bayes 估计

如果所考虑的统计判决问题是求 θ 的点估计,则称满足条件

$$R_\pi(\delta^*)=\min_\delta R_\pi(\delta) \tag{6.3.1}$$

的判决函数 δ^* 为 θ 的 Bayes **估计**.

这里需指出,Bayes 估计是依赖于先验分布 $\pi(\theta)$ 的. 也就是说,对应于不同的 $\pi(\theta)$,θ 的 Bayes 估计可以是不同的. 由 Bayes 公式有

$$f(x_1,x_2,\cdots,x_n,\theta)=f(x_1,x_2,\cdots,x_n|\theta)\pi(\theta)=h(\theta|x_1,x_2,\cdots,x_n)g(x_1,x_2,\cdots,x_n),$$

因此

$$h(\theta|x_1,x_2,\cdots,x_n)=\frac{f(x_1,x_2,\cdots,x_n|\theta)\pi(\theta)}{g(x_1,x_2,\cdots,x_n)}, \tag{6.3.2}$$

其中 $g(x_1,x_2,\cdots,x_n)$ 是 $(X_1,X_2,\cdots,X_n)$ 的边缘分布密度,$h(\theta|x_1,x_2,\cdots,x_n)$ 是给定 $X_i=x_i,i=1,2,\cdots,n$ 时,θ 的条件分布密度. 与在抽样以前就已知的先验分布 $\pi(\theta)$ 相对,称 $h(\theta|x_1,x_2,\cdots,x_n)$ 为 θ 的**后验分布**(Posterior Distribution). 由式(6.3.2)可见,后验分布综合了先验(分布)信息与样本 $(x_1,x_2,\cdots,x_n)$ 中关于 θ 的信息,是先验认识在得到样本 $(x_1,x_2,\cdots,x_n)$ 后的一个变化. 因此,基于后验分布的有关 θ 的统计推断将会得到不同程度的改进. 由式(6.2.5)可得(连续型随机变量时)

$$R_\pi(\delta)=\int_{\mathscr{X}}g(x_1,x_2,\cdots,x_n)\left[\int_\Theta L(\theta,\delta(x_1,x_2,\cdots,x_n))h(\theta|x_1,x_2,\cdots,x_n)\mathrm{d}\theta\right]\mathrm{d}x_1\cdots\mathrm{d}x_n \tag{6.3.3}$$

或(离散型随机变量时)

$$R_\pi(\delta)=\sum_{x_i}g(x_1,x_2,\cdots,x_n)\left[\sum_\theta L(\theta,\delta(x_1,x_2,\cdots,x_n))h(\theta|x_1,x_2,\cdots,x_n)\right]. \tag{6.3.4}$$

如果记

$$R_\pi(\delta,x_1,x_2,\cdots,x_n)=\int_\Theta L(\theta,\delta(x_1,x_2,\cdots,x_n))h(\theta|x_1,x_2,\cdots,x_n)\mathrm{d}\theta, \tag{6.3.5}$$

它表示在给定样本 $(x_1,x_2,\cdots,x_n)$ 的条件下,采取判决 δ 造成的平均损失,称为在给定样本 $(x_1,x_2,\cdots,x_n)$ 时,判决函数 δ 的**后验风险**(Posterior Risk). 类似地,对离散型情况,后验风险为

$$R_\pi(\delta,x_1,x_2,\cdots,x_n)=\sum_\theta L(\theta,\delta(x_1,x_2,\cdots,x_n))h(\theta|x_1,x_2,\cdots,x_n). \tag{6.3.6}$$

显然,θ 的 Bayes 估计依赖于总体分布族 $\{F(x;\theta):\theta\in\Theta\}$、先验分布 $\pi(\theta)$ 和损失函数 $L(\theta,d)$,对此我们无法给出一般的结果. 但若取平方损失函数,则有以下定理.

定理 6.1 在平方损失函数(6.1.1)下,θ 的 Bayes 估计 δ^* 就是 θ 的后验分布的均值,即

$$\delta^*(x_1,x_2,\cdots,x_n)=\mathrm{E}(\theta|x_1,x_2,\cdots,x_n)=\begin{cases}\displaystyle\int_\Theta \theta h(\theta|x_1,x_2,\cdots,x_n)\mathrm{d}\theta, & \text{连续型;}\\ \displaystyle\sum_\theta \theta h(\theta|x_1,x_2,\cdots,x_n), & \text{离散型.}\end{cases}$$

证明 仅对连续型情况给予证明,对离散型情况的证明可以类似地得到. 为记号简单起见,记 $x=(x_1,x_2,\cdots,x_n)$,$\mathrm{d}x=\mathrm{d}x_1\cdots\mathrm{d}x_n$. 在平方损失函数(6.1.1)下,由(6.3.3),任意判决函数 δ 的 Bayes 风险为

$$R_\pi(\delta)=\int_{\mathscr{X}}g(x)\left\{\int_\Theta[\theta-\delta(x)]^2h(\theta|x)\mathrm{d}\theta\right\}\mathrm{d}x$$

$$= \int_{\mathscr{X}} g(x) \left\{ \int_{\Theta} [(\theta - \delta^*(x)) + (\delta^*(x) - \delta(x))]^2 h(\theta|x) \mathrm{d}\theta \right\} \mathrm{d}x$$

由于

$$\begin{aligned} \int_{\Theta} [\theta - \delta^*(x)][\delta^*(x) - \delta(x)] h(\theta|x) \mathrm{d}\theta &= [\delta^*(x) - \delta(x)] \int_{\Theta} (\theta - \delta^*(x)) h(\theta|x) \mathrm{d}\theta \\ &= [\delta^*(x) - \delta(x)] \left[\int_{\Theta} \theta h(\theta|x) \mathrm{d}\theta - \delta^*(x) \right] \\ &= 0, \end{aligned}$$

所以

$$\begin{aligned} R_\pi(\delta) &= \int_{\mathscr{X}} g(x) \left\{ \int_{\Theta} [(\theta - \delta^*(x))^2 + (\delta^*(x) - \delta(x))^2] h(\theta|x) \mathrm{d}\theta \right\} \mathrm{d}x \\ &\geqslant \int_{\mathscr{X}} g(x) \left[\int_{\Theta} (\theta - \delta^*(x))^2 h(\theta|x) \mathrm{d}\theta \right] \mathrm{d}x \\ &= R_\pi(\delta^*). \end{aligned}$$

显然当 $\delta = \delta^*$ 时上式等号成立，从而证得 δ^* 是 θ 的 Bayes 估计.

定理 6.1 说明了在平方损失函数下，求 θ 的 Bayes 估计的方法，下面举几个例子.

例 6.8 逆概率问题. 若一事件 A 发生的概率为 p，则独立地重复试验 n 次，其中 A 出现的次数 ν 可用二项分布来表示. 现在反过来，如果已知在 n 次试验 $(X_1, X_2, \cdots, X_n)$ 中，事件 A 出现了 ν 次，应如何估计 p? 按照通常的方法（频率学派），以频率 ν/n 作为 p 的估计；但从 Bayes 学派看来，这个 p 应是一个随机变量，如果对 p 在试验以前没有多少了解，那么可以根据"同等无知"原则，指定 p 的先验分布为区间 $(0,1)$ 上的均匀分布，$\pi(p) = 1, 0 < p < 1$. 对给定的 p，$(X_1, X_2, \cdots, X_n)$ 的条件概率为

$$f(x_1, x_2, \cdots, x_n | p) = p^{\sum_{i=1}^n x_i} (1-p)^{n - \sum_{i=1}^n x_i}.$$

因此，$(X_1, X_2, \cdots, X_n)$ 和 p 的联合概率分布为

$$f(x_1, x_2, \cdots, x_n, p) = p^{\sum_{i=1}^n x_i} (1-p)^{n - \sum_{i=1}^n x_i}, \quad 0 < p < 1,$$

$(X_1, X_2, \cdots, X_n)$ 的边缘概率分布为

$$g(x_1, x_2, \cdots, x_n) = \int_0^1 p^{\sum_{i=1}^n x_i} (1-p)^{n - \sum_{i=1}^n x_i} \mathrm{d}p = \frac{\Gamma(\sum_{i=1}^n x_i + 1)\Gamma(n - \sum_{i=1}^n x_i + 1)}{\Gamma(n+2)}.$$

于是在得到样本观测值 $(x_1, x_2, \cdots, x_n)$ 后，p 的后验分布密度为

$$\begin{aligned} h(p | x_1, x_2, \cdots, x_n) &= \frac{f(x_1, x_2, \cdots, x_n, p)}{g(x_1, x_2, \cdots, x_n)} \\ &= \frac{\Gamma(n+2)}{\Gamma(\sum_{i=1}^n x_i + 1)\Gamma(n - \sum_{i=1}^n x_i + 1)} p^{(\sum_{i=1}^n x_i + 1) - 1} (1-p)^{(n - \sum_{i=1}^n x_i + 1) - 1}, \end{aligned}$$

即参数为 $\sum_{i=1}^n x_i + 1$ 与 $n - \sum_{i=1}^n x_i + 1$ 的 Beta 分布 $\mathrm{Be}(\sum_{i=1}^n x_i + 1, n - \sum_{i=1}^n x_i + 1)$. 这里 p 仍可取

(0,1)内的任何值,但已不是等可能了,由式(1.3.11)给出的 Beta 分布密度,p 在 $\frac{\sum_{i=1}^{n} x_i}{n}$ 的附近取值可能性较大. 在平方损失函数(6.1.1)下,由定理 6.1,p 的 Bayes 估计即为 $\mathrm{Be}\left(\sum_{i=1}^{n} x_i+1, n-\sum_{i=1}^{n} x_i+1\right)$ 分布的均值,由 Beta 分布的性质(1.3.13)立即可得

$$\hat{p}_\pi=\int_0^1 p h(p \mid x_1, x_2, \cdots, x_n) \mathrm{d} p=\frac{\sum_{i=1}^{n} x_i+1}{n+2}.$$

由于 $\nu=\sum_{i=1}^{n} X_i \sim b(n, p)$,容易得到 $\hat{p}_\pi$ 的风险函数为

$$R(p, \hat{p}_\pi)=\mathrm{E}_p\left(\frac{\nu+1}{n+2}-p\right)^2=\frac{1}{(n+2)^2}\left[n p(1-p)+(2 p-1)^2\right],$$

$\hat{p}_\pi$ 的 Bayes 风险为

$$\begin{aligned}
R_\pi(\hat{p}_\pi) &=\int_0^1 R(p, \hat{p}_\pi) \pi(p) \mathrm{d} p \\
&=\int_0^1 \frac{1}{(n+2)^2}\left[n p(1-p)+(2 p-1)^2\right] \mathrm{d} p \\
&=\frac{1}{6(n+2)}.
\end{aligned}$$

若以频率作为 p 的估计,$\hat{p}=\frac{\nu}{n}=\frac{\sum_{i=1}^{n} x_i}{n}$,与此相应的风险函数为

$$R(p, \hat{p})=\mathrm{E}_p\left(\frac{\nu}{n}-p\right)^2=\frac{p(1-p)}{n},$$

$\hat{p}$ 的 Bayes 风险

$$R_\pi(\hat{p})=\int_0^1 R(p, \hat{p}) \pi(p) \mathrm{d} p=\int_0^1 \frac{p(1-p)}{n} \mathrm{d} p=\frac{1}{6 n}.$$

在有些情况下,将 θ 视作随机变量是不合理的. 这是频率学派反对 Bayes 学派的主要理由. 例如被估计的 θ 是某个物理常数,就不可能类似于不合格品率那样,将它看作随机变量. 而且在 θ 可以认为是一个随机变量,且有一定先验知识的情况下,也并不一定能确定 θ 的先验分布. 有时先验分布还带有主观性. 因此,频率学派认为把这种方法作为统计推断的基础是不合理的.

但是,当有先验信息可以利用,特别是有关专家积累了大量的经验,如果能通过 Bayes 方法考虑这些因素,并把它们用到统计推断中去将是有益的,在实际中也已有成功的例子. 20 世纪 80 年代,电子工业部用 Bayes 方法对我国彩色电视机的平均寿命制定了验收方案(国家标准). 在例 6.8 中,不管 Bayes 方法是否合理,$\hat{p}_\pi$ 与 $\hat{p}$ 比较也有优点:在 $\sum_{i=1}^{n} x_i=0$ 或 n 时,$\hat{p}=0$

或 1，这在很多问题中是不合理的，而此时 $\hat{p}_\pi=\dfrac{1}{n+2}$ 或 $\dfrac{n+1}{n+2}$ 就显得比较合理.

例 6.9　逆概率问题(续)　如果指定 p 的先验分布是 Beta 分布，密度为

$$\pi_1(p)=\frac{\Gamma(a+b)}{\Gamma(a)\Gamma(b)}p^{a-1}(1-p)^{b-1},\quad 0<p<1,a>0,b>0,$$

则 $(X_1,X_2,\cdots,X_n)$ 与 p 的联合分布密度以及 $(X_1,X_2,\cdots,X_n)$ 的边缘分布密度分别为

$$\begin{aligned}f(x_1,x_2,\cdots,x_n,p)&=f(x_1,x_2,\cdots,x_n|p)\pi_1(p)\\&=p^{\sum\limits_{i=1}^n x_i}(1-p)^{n-\sum\limits_{i=1}^n x_i}\frac{\Gamma(a+b)}{\Gamma(a)\Gamma(b)}p^{a-1}(1-p)^{b-1}\\&=\frac{\Gamma(a+b)}{\Gamma(a)\Gamma(b)}p^{\sum\limits_{i=1}^n x_i+a-1}(1-p)^{n-\sum\limits_{i=1}^n x_i+b-1},\end{aligned}$$

$$\begin{aligned}g(x_1,x_2,\cdots,x_n)&=\int_0^1 f(x_1,x_2,\cdots,x_n,p)\,\mathrm{d}p\\&=\frac{\Gamma(a+b)}{\Gamma(a)\Gamma(b)}\int_0^1 p^{\sum\limits_{i=1}^n x_i+a-1}(1-p)^{n-\sum\limits_{i=1}^n x_i+b-1}\mathrm{d}p\\&=\frac{\Gamma(a+b)}{\Gamma(a)\Gamma(b)}\frac{\Gamma(\sum\limits_{i=1}^n x_i+a)\Gamma(n-\sum\limits_{i=1}^n x_i+b)}{\Gamma(n+a+b)},\end{aligned}$$

p 的后验分布

$$\begin{aligned}h(p|x_1,x_2,\cdots,x_n)&=\frac{f(x_1,x_2,\cdots,x_n,p)}{g(x_1,x_2,\cdots,x_n)}\\&=C\cdot p^{\sum\limits_{i=1}^n x_i+a-1}(1-p)^{n-\sum\limits_{i=1}^n x_i+b-1},\end{aligned}$$

其中 $C=\dfrac{\Gamma(n+a+b)}{\Gamma(\sum\limits_{i=1}^n x_i+a)\Gamma(n-\sum\limits_{i=1}^n x_i+b)}$，这也是一个 Beta 分布 $\mathrm{Be}(\sum\limits_{i=1}^n x_i+a,n-\sum\limits_{i=1}^n x_i+b)$.

称这种后验分布与先验分布同属一个族的为**共轭先验分布族**(Family of Conjugate Prior Distribution). 在平方损失函数下，p 的 Bayes 估计为

$$\begin{aligned}\hat{p}_{a,b}&=\int_0^1 p\cdot C\cdot p^{\sum\limits_{i=1}^n x_i+a-1}(1-p)^{n-\sum\limits_{i=1}^n x_i+b-1}\mathrm{d}p\\&=C\cdot\frac{\Gamma(\sum\limits_{i=1}^n x_i+a+1)\cdot\Gamma(n-\sum\limits_{i=1}^n x_i+b)}{\Gamma(n+a+b+1)}=\frac{\sum\limits_{i=1}^n x_i+a}{n+a+b},\end{aligned}$$

风险函数为

$$R(p,\hat{p}_{a,b})=\mathrm{E}_p\Big(p-\frac{\sum\limits_{i=1}^n x_i+a}{n+a+b}\Big)^2=\frac{np(1-p)+[(a+b)p-a]^2}{(n+a+b)^2}.$$

特别当 $a=b=\sqrt{n}/2$ 时，得到

$$\hat{p}_{\sqrt{n}/2,\sqrt{n}/2}=\frac{\sum_{i=1}^{n} x_i}{n+\sqrt{n}}+\frac{\sqrt{n}}{2(n+\sqrt{n})}, \tag{6.3.7}$$

相应的风险函数为一常数

$$R(p,\hat{p}_{\sqrt{n}/2,\sqrt{n}/2})=\frac{n}{4(n+\sqrt{n})^2}. \tag{6.3.8}$$

例 6.10 设$(X_1,X_2,\cdots,X_n)$为取自正态分布$N(\theta,1)$总体的一个样本,取损失函数$L(\theta,d)=(\theta-d)^2$,θ的先验分布为$N(0,\tau^2)$,求θ的 Bayes 估计.

解:记$\bar{X}=\frac{1}{n}\sum_{i=1}^{n} X_i$. 则$\bar{X}\sim N(\theta,\frac{1}{n})$,$(X_1,X_2,\cdots,X_n,\theta)$的联合分布密度为

$$\frac{1}{\sqrt{2\pi}\tau}\exp\left\{-\frac{\theta^2}{2\tau^2}\right\}\cdot\left(\frac{1}{\sqrt{2\pi}}\right)^n\exp\left\{-\frac{1}{2}\sum_{i=1}^{n}(x_i-\theta)^2\right\},$$

注意

$$\frac{\theta^2}{\tau^2}+\sum_{i=1}^{n}(x_i-\theta)^2=\frac{1+n\tau^2}{\tau^2}\left(\theta-\frac{n\tau^2\bar{x}}{1+n\tau^2}\right)^2+C,$$

其中C与θ无关,只依赖于x_i. 由此可得θ的后验分布密度为$N\left(\frac{n\tau^2\bar{x}}{1+n\tau^2},\frac{\tau^2}{1+n\tau^2}\right)$,从而推知$\theta$的 Bayes 估计为

$$\hat{\theta}_\tau=\frac{n\tau^2\bar{x}}{1+n\tau^2}, \tag{6.3.9}$$

风险函数为

$$R(\theta,\hat{\theta}_\tau)=\mathrm{E}_\theta\left(\theta-\frac{n\tau^2\bar{x}}{1+n\tau^2}\right)^2=\frac{n\tau^4+\theta^2}{(1+n\tau^2)^2}, \tag{6.3.10}$$

$\hat{\theta}_\tau$的 Bayes 风险为

$$R_\pi(\hat{\theta}_\tau)=\int_{-\infty}^{\infty}R(\theta,\hat{\theta}_\tau)\frac{1}{\sqrt{2\pi}\tau}\exp\left(-\frac{\theta^2}{2\tau^2}\right)\mathrm{d}\theta=\frac{\tau^2}{1+n\tau^2}. \tag{6.3.11}$$

由式(6.3.9)可见,θ的 Bayes 估计的绝对值比通常的估计$\bar{x}$的绝对值要小,这是由于先验分布为$N(0,\tau^2)$,因此认为θ在 0 附近的可能性较大. τ愈小,$\hat{\theta}_\tau$与$\bar{x}$的差别愈大. 另一方面,$\hat{\theta}_\tau$与通常估计$\bar{x}$的差别也与n有关,n愈大,样本信息的相对重要性也愈大,而先验信息的相对重要性则愈小. 当$\tau\to\infty$时(可理解为先验信息愈来愈少),$\hat{\theta}_\tau\to\bar{x}$,而且风险函数也趋于$\bar{x}$的风险函数$1/n$.

二、Minimax 估计

如果所考虑的统计判决问题是求θ的点估计,则称满足条件

$$\max_\theta R(\theta,\delta^*)=\min_\delta\max_\theta R(\theta,\delta) \tag{6.3.12}$$

的判决函数δ^*为θ的 Minimax **估计**(Minimax Estimator).

在参数空间Θ及判决空间$\mathscr{D}$只有少数几个元素的简单情况下,例 6.7 的计算给出了求 Minimax估计的一种方法. 下面我们讨论如何用 Bayes 方法求 Minimax 估计.

定理 6.2 若存在先验分布 $\pi(\theta)$,使在此先验分布下的 Bayes 估计 δ^* 的风险函数 $R(\theta,\delta^*)$,在 Θ 上为有限常数,则 δ^* 也是 θ 的 Minimax 估计.

证明 若不然,则存在判决函数 δ,使得对 θ 的 Bayes 估计 δ^*,有

$$\max_{\theta} R(\theta,\delta) < \max_{\theta} R(\theta,\delta^*) = C,$$

即对一切 $\theta\in\Theta$,有 $R(\theta,\delta) < R(\theta,\delta^*) = C$. 这时关于先验分布 $\pi(\theta)$ 的 Bayes 风险

$$R_\pi(\delta) = \int_\Theta R(\theta,\delta)\pi(\theta)\,\mathrm{d}\theta < \int_\Theta R(\theta,\delta^*)\pi(\theta)\,\mathrm{d}\theta = R_\pi(\delta^*),$$

此与 δ^* 为 Bayes 估计矛盾.

虽然还有其他方法可以求出 Minimax 估计,但也只适用于某些特殊问题,能求出 Minimax 估计的情况并不很多,这是 Minimax 估计在应用时的不足之处. 比较而言,求 Bayes 估计有一般的、容易实施的方法.

例 6.11 在例 6.9 中,我们已找到先验分布 $\mathrm{Be}(\sqrt{n}/2,\sqrt{n}/2)$,此时 p 的 Bayes 估计为式(6.3.7),风险函数是由式(6.3.8)给出的一个常数,故式(6.3.7)是在平方损失下 p 的 Minimax 估计.

对 p 的通常估计 $\hat{p}=\sum_{i=1}^{n} x_i/n$,由例 6.8 已知,在平方损失函数(6.1.1)下,风险函数为 $p(1-p)/n$,我们有

$$\max_{0\leqslant p\leqslant 1} R(p,\hat{p}) = \frac{1}{4n} > \frac{n}{4(n+\sqrt{n})^2} = R(p,\hat{p}_{\sqrt{n}/2,\sqrt{n}/2}),$$

故 $\hat{p}=\sum_{i=1}^{n} x_i/n$ 不是 p 的 Minimax 估计.

§6.4 Bayes 检验和 Minimax 检验

考虑参数假设检验问题

$$H_0:\theta\in\Theta_0 \leftrightarrow H_1:\theta\in\Theta_1, \tag{6.4.1}$$

当损失函数取为式(6.1.4)时,判决函数 δ 的风险函数为

$$R(\theta,\delta)=\begin{cases} B\Pr_\theta\{\delta(X_1,X_2,\cdots,X_n)=d_1\}, & \theta\in\Theta_0,\\ A\Pr_\theta\{\delta(X_1,X_2,\cdots,X_n)=d_0\}, & \theta\in\Theta_1,\end{cases} \tag{6.4.2}$$

特别当原假设、备择假设都是简单假设时,风险函数为

$$R(\theta,\delta)=\begin{cases} B\Pr_{\theta_0}\{\delta(X_1,X_2,\cdots,X_n)=d_1\}, & \theta=\theta_0,\\ A\Pr_{\theta_1}\{\delta(X_1,X_2,\cdots,X_n)=d_0\}, & \theta=\theta_1.\end{cases}$$

一、Bayes 检验

对简单假设检验问题,参数空间 Θ 仅包含两个点 $\Theta=\{\theta_0,\theta_1\}$,所以先验分布是一个简单的两点分布,记

$$\Pr\{\theta=\theta_0\}=\pi_0, \qquad \Pr\{\theta=\theta_1\}=\pi_1(=1-\pi_0), \tag{6.4.3}$$

当损失函数取为式(6.1.4)时,一个检验函数 ϕ(即判决函数)的 Bayes 风险为

$$R_\pi(\phi)=\pi_0R(\theta_0,\phi)+\pi_1R(\theta_1,\phi)=\pi_0B\mathrm{E}_{\theta_0}(\phi)+\pi_1A(1-\mathrm{E}_{\theta_1}(\phi)),\qquad(6.4.4)$$

所谓 Bayes **检验**(Bayes Test),即是使 Bayes 风险(6.4.4)达到最小的检验函数 ϕ,它一定是似然比检验.

定理6.3 对简单假设检验问题,如果取损失函数(6.1.4),那么在先验分布(6.4.3)下的 Bayes 检验为似然比检验

$$\phi(x_1,x_2,\cdots,x_n)=\begin{cases}1, & \dfrac{f(x_1,x_2,\cdots,x_n|\theta_1)}{f(x_1,x_2,\cdots,x_n|\theta_0)}>\dfrac{B\pi_0}{A\pi_1};\\ \text{任意}, & \dfrac{f(x_1,x_2,\cdots,x_n|\theta_1)}{f(x_1,x_2,\cdots,x_n|\theta_0)}=\dfrac{B\pi_0}{A\pi_1};\\ 0, & \dfrac{f(x_1,x_2,\cdots,x_n|\theta_1)}{f(x_1,x_2,\cdots,x_n|\theta_0)}<\dfrac{B\pi_0}{A\pi_1}.\end{cases}\qquad(6.4.5)$$

证明 设样本$(X_1,X_2,\cdots,X_n)$有分布密度$f(x_1,x_2,\cdots,x_n|\theta)$,在先验分布为(6.4.3)时,$(X_1,X_2,\cdots,X_n,\theta)$的联合分布密度为$f(x_1,x_2,\cdots,x_n|\theta)\pi(\theta)$,因此$(X_1,X_2,\cdots,X_n)$的边缘分布密度为

$$g(x_1,x_2,\cdots,x_n)=\sum_{i=0}^{1}\pi_if(x_1,\cdots,x_n|\theta_i),$$

θ 的后验分布为

$$h(\theta|x_1,x_2,\cdots,x_n)=\frac{f(x_1,x_2,\cdots,x_n|\theta)\pi(\theta)}{g(x_1,x_2,\cdots,x_n)}=\begin{cases}\dfrac{f(x_1,x_2,\cdots,x_n|\theta_0)\pi_0}{g(x_1,x_2,\cdots,x_n)}, & \theta=\theta_0;\\ \dfrac{f(x_1,x_2,\cdots,x_n|\theta_1)\pi_1}{g(x_1,x_2,\cdots,x_n)}, & \theta=\theta_1.\end{cases}\qquad(6.4.6)$$

因此检验函数 $\phi=\phi(x_1,x_2,\cdots,x_n)$ 的 Bayes 风险为

$$\begin{aligned}R_\pi(\phi)&=\sum_{i=0}^{1}R(\theta_i,\phi)\Pr\{\theta=\theta_i\}\\&=\sum_{i=0}^{1}\int_{\mathscr{X}}[\phi(x_1,x_2,\cdots,x_n)L(\theta_i,d_1)+(1-\phi(x_1,x_2,\cdots,x_n))L(\theta_i,d_0)]\times\\&\qquad f(x_1,x_2,\cdots,x_n,\theta_i)\mathrm{d}x_1\cdots\mathrm{d}x_n\Pr\{\theta=\theta_i\}\\&=\int_{\mathscr{X}}\Big\{\sum_{i=0}^{1}[\phi(x_1,x_2,\cdots,x_n)L(\theta_i,d_1)+(1-\phi(x_1,x_2,\cdots,x_n))L(\theta_i,d_0)]\times\\&\qquad h(\theta_i|x_1,x_2,\cdots,x_n)g(x_1,x_2,\cdots,x_n)\Big\}\mathrm{d}x_1\cdots\mathrm{d}x_n\\&=\int_{\mathscr{X}}[B\phi(x_1,x_2,\cdots,x_n)h(\theta_0|x_1,x_2,\cdots,x_n)+A(1-\phi(x_1,x_2,\cdots,x_n))\times\\&\qquad h(\theta_1|x_1,x_2,\cdots,x_n)]g(x_1,x_2,\cdots,x_n)\mathrm{d}x_1\cdots\mathrm{d}x_n\\&=\int_{\mathscr{X}}\Big\{\phi(x_1,x_2,\cdots,x_n)[Bh(\theta_0|x_1,x_2,\cdots,x_n)-Ah(\theta_1|x_1,x_2,\cdots,x_n)]+\\&\qquad Ah(\theta_1|x_1,x_2,\cdots,x_n)\Big\}g(x_1,x_2,\cdots,x_n)\mathrm{d}x_1\cdots\mathrm{d}x_n.\end{aligned}$$

由于$0\leqslant\phi(x_1,x_2,\cdots,x_n)\leqslant 1$,故取

$$\phi(x_1,x_2,\cdots,x_n)=\begin{cases}1, & Bh(\theta_0|x_1,x_2,\cdots,x_n)<Ah(\theta_1|x_1,x_2,\cdots,x_n),\\ \text{任意}, & Bh(\theta_0|x_1,x_2,\cdots,x_n)=Ah(\theta_1|x_1,x_2,\cdots,x_n),\\ 0, & Bh(\theta_0|x_1,x_2,\cdots,x_n)>Ah(\theta_1|x_1,x_2,\cdots,x_n)\end{cases}$$

时,使$R_\pi(\phi)$达到最小,即上式决定的检验函数是 Bayes 检验. 将式(6.4.6)代入上式即得式(6.4.5).

特别地,如果取$A=B$,则 Bayes 检验为

$$\phi(x_1,x_2,\cdots,x_n)=\begin{cases}1, & \pi_1 f(x_1,x_2,\cdots,x_n|\theta_1)>\pi_0 f(x_1,x_2,\cdots,x_n|\theta_0),\\ \text{任意}, & \pi_1 f(x_1,x_2,\cdots,x_n|\theta_1)=\pi_0 f(x_1,x_2,\cdots,x_n|\theta_0),\\ 0, & \pi_1 f(x_1,x_2,\cdots,x_n|\theta_1)<\pi_0 f(x_1,x_2,\cdots,x_n|\theta_0).\end{cases}\quad(6.4.7)$$

上述结果对离散型变量也成立,只需将$f(x_1,x_2,\cdots,x_n|\theta)$用相应的概率分布代替即可.

例 6.12 设$(X_1,X_2,\cdots,X_n)$是从正态总体$N(\mu,1)$中抽取的一个样本,考虑简单假设检验问题

$$H_0:\mu=\mu_0\leftrightarrow H_1:\mu=\mu_1(>\mu_0)$$

及由式(6.1.4)给定的损失函数,其中$A=B$,则由定理 6.3 可得此假设的 Bayes 检验为

$$\phi(x_1,x_2,\cdots,x_n)=\begin{cases}1, & \dfrac{f(x_1,x_2,\cdots,x_n|\mu_1)}{f(x_1,x_2,\cdots,x_n|\mu_0)}>\dfrac{\pi_0}{\pi_1};\\ 0, & \text{其他}.\end{cases}$$

对正态分布族$\{N(\mu,1):-\infty<\mu<+\infty\}$,有

$$\begin{aligned}\frac{f(x_1,x_2,\cdots,x_n|\mu_1)}{f(x_1,x_2,\cdots,x_n|\mu_0)}&=\exp\left\{-\frac{\sum_{i=1}^{n}(x_i-\mu_1)^2}{2}+\frac{\sum_{i=1}^{n}(x_i-\mu_0)^2}{2}\right\}\\&=\exp\left\{(\mu_1-\mu_0)\sum_{i=1}^{n}x_i+\frac{n(\mu_0^2-\mu_1^2)}{2}\right\},\end{aligned}$$

所以上述 Bayes 检验即为

$$\phi(x_1,x_2,\cdots,x_n)=\begin{cases}1, & \bar{x}>\dfrac{\ln\pi_0-\ln\pi_1}{n(\mu_1-\mu_0)}+\dfrac{\mu_0+\mu_1}{2};\\ 0, & \text{其他}.\end{cases}$$

特别若$\pi_0=\pi_1=1/2$,所求 Bayes 检验成为

$$\phi(x_1,x_2,\cdots,x_n)=\begin{cases}1, & \bar{x}>\dfrac{\mu_0+\mu_1}{2};\\ 0, & \text{其他}.\end{cases}$$

二、Minimax 检验

仍考虑简单假设问题,损失函数为(6.1.4),由(6.4.2),使

$$\max\{B\mathrm{E}_{\theta_0}[\phi(X_1,X_2,\cdots,X_n)],A[1-\mathrm{E}_{\theta_1}(\phi(X_1,X_2,\cdots,X_n))]\}\quad(6.4.8)$$

达到最小的检验函数ϕ,称为该检验问题的 Minimax **检验**(Minimax Test). 它也是似然比检验.

定理 6.4 对简单假设检验问题,如果取损失函数(6.1.4),那么 Minimax 检验为

$$\phi(x_1,x_2,\cdots,x_n)=\begin{cases}1, & f(x_1,x_2,\cdots,x_n|\theta_1)>C_0f(x_1,x_2,\cdots,x_n|\theta_0),\\ \delta, & f(x_1,x_2,\cdots,x_n|\theta_1)=C_0f(x_1,x_2,\cdots,x_n|\theta_0),\\ 0, & f(x_1,x_2,\cdots,x_n|\theta_1)<C_0f(x_1,x_2,\cdots,x_n|\theta_0),\end{cases} \tag{6.4.9}$$

其中常数 C_0 和 δ 使得

$$BE_{\theta_0}(\phi)=A(1-E_{\theta_1}(\phi)). \tag{6.4.10}$$

证明 设 ϕ^* 是简单假设检验问题的任一检验函数,ϕ 是由式(6.4.9)与(6.4.10)定义的检验函数.

(1)如果 $E_{\theta_0}(\phi)<E_{\theta_0}(\phi^*)$,则由式(6.4.10)有

$$\begin{aligned}\max\{(BE_{\theta_0}(\phi^*),A(1-E_{\theta_1}(\phi^*))\}&\geqslant BE_{\theta_0}(\phi^*)\\&>BE_{\theta_0}(\phi)\\&=\max\{BE_{\theta_0}(\phi),A(1-E_{\theta_1}(\phi))\},\end{aligned}$$

即 ϕ^* 的最大风险不小于 ϕ 的最大风险.

(2)如果 $E_{\theta_0}(\phi)\geqslant E_{\theta_0}(\phi^*)$,则由 Neyman - Pearson 引理可知,似然比检验(6.4.9)是水平为 $E_{\theta_0}(\phi)$ 的 MP 检验,所以

$$E_{\theta_1}(\phi)\geqslant E_{\theta_1}(\phi^*),$$

因此

$$A(1-E_{\theta_1}(\phi))\leqslant A(1-E_{\theta_1}(\phi^*)),$$

最后

$$\begin{aligned}\max\{BE_{\theta_0}(\phi),A(1-E_{\theta_1}(\phi))\}&=A(1-E_{\theta_1}(\phi))\leqslant A(1-E_{\theta_1}(\phi^*))\\&\leqslant\max\{BE_{\theta_0}(\phi^*),A(1-E_{\theta_1}(\phi^*))\}.\end{aligned}$$

综合(1),(2),并由 ϕ^* 的任意性可知(6.4.9)、(6.4.10)两式决定的似然比检验 ϕ 是简单假设检验问题的 Minimax 检验.

上述结果对离散型变量也成立,只需将 $f(x_1,x_2,\cdots,x_n|\theta)$ 用相应的概率分布代替即可.

例 6.13 设$(X_1,X_2,\cdots,X_n)$是正态总体 $N(\mu,1)$ 的一个样本,对简单假设检验问题

$$H_0:\mu=\mu_0\leftrightarrow H_1:\mu=\mu_1(>\mu_0)$$

及由式(6.1.4)给定的损失函数,由定理 6.4,Minimax 检验为

$$\phi(x_1,x_2,\cdots,x_n)=\begin{cases}1, & f(x_1,x_2,\cdots,x_n|\mu_1)\geqslant cf(x_1,x_2,\cdots,x_n|\mu_0);\\ 0, & f(x_1,x_2,\cdots,x_n|\mu_1)<cf(x_1,x_2,\cdots,x_n|\mu_0).\end{cases}$$

由于

$$\begin{aligned}\frac{f(x_1,x_2,\cdots,x_n|\mu_1)}{f(x_1,x_2,\cdots,x_n|\mu_0)}&=\exp\left\{-\frac{1}{2}\left[\sum_{i=1}^n(x_i-\mu_1)^2-\sum_{i=1}^n(x_i-\mu_0)^2\right]\right\}\\&=\exp\left\{-\frac{n(\mu_1^2-\mu_0^2)}{2}\right\}\cdot\exp\{n\bar{x}(\mu_1-\mu_0)\},\end{aligned}$$

上述 Minimax 检验即为

$$\phi(x_1,x_2,\cdots,x_n)=\begin{cases}1, & \bar{x}\geqslant c_0,\\ 0, & \bar{x}<c_0,\end{cases}$$

其中 c_0 的选取应使式(6.4.10)成立. 但

$$\begin{aligned}E_{\mu_0}(\phi(X_1,X_2,\cdots,X_n)) &= \Pr_{\mu_0}\{\bar{X}\geqslant c_0\}\\ &= \Pr_{\mu_0}\{\sqrt{n}(\bar{X}-\mu_0)\geqslant\sqrt{n}(c_0-\mu_0)\}\\ &= 1-\Phi(\sqrt{n}(c_0-\mu_0)).\end{aligned}$$

类似地

$$E_{\mu_1}(\phi(X_1,X_2,\cdots,X_n)) = 1-\Phi(\sqrt{n}(c_0-\mu_1)).$$

即 c_0 应由下式决定

$$B[1-\Phi(\sqrt{n}(c_0-\mu_0))] = A\Phi(\sqrt{n}(c_0-\mu_1)),$$

其中 Φ 表示标准正态分布函数.

Minimax 检验与水平为 α 的 MP 检验比较,它们都是似然比检验,但由于最优性准则不一致,检验的临界值也不一样. MP 检验是在控制犯第一类错误概率为 α 下,使犯第二类错误概率 β 最小的检验. 如果在式(6.1.4)给出的损失函数中,$A=B$,则 Minimax 检验为 $\alpha=\beta$ 时所确定的 $\phi(x_1,x_2,\cdots,x_n)$. 这是容易理解的,因为第 3 章例 3.2 说明,对给定的样本大小 n,α 或 β 的减小将导致另一方的增加,因此 $\max(\alpha,\beta)$ 自然在 $\alpha=\beta$ 时达到最小.

§6.5 区间估计的 Bayes 方法

如果所考虑的统计判决问题是参数的区间估计问题,则相应的 Bayes 解和 Minimax 解分别称为 Bayes 区间估计和 Minimax 区间估计. 在经典的区间估计理论中,参数 θ 是一个通常的未知常数,没有任何随机性. 因此,"区间$[\hat{\theta}_1,\hat{\theta}_2]$包含 θ 的概率为 $1-\alpha$"这句话的意思是指:随机区间$[\hat{\theta}_1,\hat{\theta}_2]$包含固定点 θ,这一随机事件的概率为 $1-\alpha$,而不是指 θ 作为一个随机变量落在区间$[\hat{\theta}_1,\hat{\theta}_2]$内的概率为 $1-\alpha$. 但是 Bayes 学派也把 θ 看成具有一定分布 $\pi(\theta)$ 的随机变量. 仍采用式(6.3.2)的记号,以 $h(\theta|x_1,x_2,\cdots,x_n)$ 表示在得到样本观测值$(x_1,x_2,\cdots,x_n)$后 θ 的后验分布,那么使得

$$\int_{\hat{\theta}_1(x_1,x_2,\cdots,x_n)}^{\infty} h(\theta|x_1,x_2,\cdots,x_n)\mathrm{d}x = 1-\alpha \tag{6.5.1}$$

成立的 $\hat{\theta}_1(x_1,x_2,\cdots,x_n)$,称为在先验分布 $\pi(\theta)$ 下的水平为 $1-\alpha$ 的 Bayes 置信下界. 虽然在形式上,式(6.5.1)与经典的置信下界相似,但水平 $1-\alpha$ 的意义不同.

可以完全类似地定义 Bayes 置信上界以及 Bayes 置信水平、Bayes 置信区间等.

Bayes 准则、Minimax 准则用于区间估计,实际上并没有多少原则性的内容,只需将关于点估计、假设检验问题的内容移植过来. 现举几个简单的例子说明.

例 6.14 设随机变量 X 服从二项分布 $b(n,p)$,参数 p 的先验分布为 $\mathrm{Be}(a,b)$. 因此由例 6.9,在得到样本观测值$(x_1,x_2,\cdots,x_n)$后,p 的后验分布为 $\mathrm{Be}(a+\sum_{i=1}^{n}x_i, n-\sum_{i=1}^{n}x_i+b)$. 在此先验分布下,$p$ 的置信水平为 $1-\alpha$ 的 Bayes 置信上、下限分别由方程

$$
\begin{cases}
\displaystyle\int_0^{\hat{p}_2} \frac{\Gamma(n+a+b)}{\Gamma(a+\sum_{i=1}^n x_i)\Gamma(n-\sum_{i=1}^n x_i+b)} x^{a+\sum_{i=1}^n x_i-1}(1-x)^{n-\sum_{i=1}^n x_i+b-1}\mathrm{d}x_1\cdots\mathrm{d}x_n = 1-\alpha, \\
\displaystyle\int_{\hat{p}_1}^{1} \frac{\Gamma(n+a+b)}{\Gamma(a+\sum_{i=1}^n x_i)\Gamma(n-\sum_{i=1}^n x_i+b)} x^{a+\sum_{i=1}^n x_i-1}(1-x)^{n-\sum_{i=1}^n x_i+b-1}\mathrm{d}x_1\cdots\mathrm{d}x_n = 1-\alpha,
\end{cases}
\tag{6.5.2}
$$

或

$$
\begin{cases}
I_{\hat{p}_2}(a+\sum_{i=1}^n x_i, n-\sum_{i=1}^n x_i+b) = 1-\alpha, \\
I_{\hat{p}_1}(a+\sum_{i=1}^n x_i, n-\sum_{i=1}^n x_i+b) = \alpha
\end{cases}
\tag{6.5.3}
$$

决定,其中 $I_p(a,b)$ 为不完全 Beta 函数

$$
I_p(a,b) = \int_0^p x^{a-1}(1-x)^{b-1}\mathrm{d}x \Big/ \int_0^1 x^{a-1}(1-x)^{b-1}\mathrm{d}x. \tag{6.5.4}
$$

p 的置信水平 $1-\alpha$ 的 Bayes 置信区间可取为任意满足

$$
I_{\hat{p}_2}(a+\sum_{i=1}^n x_i, n-\sum_{i=1}^n x_i+b) - I_{\hat{p}_1}(a+\sum_{i=1}^n x_i, n-\sum_{i=1}^n x_i+b) = 1-\alpha \tag{6.5.5}
$$

的 $[\hat{p}_1,\hat{p}_2]$,特别当 $a=b=1$,即均匀分布时,这就是"逆概率问题",是历史上最早提出的区间估计之一.

例 6.15 设 $(X_1,X_2,\cdots,X_n)$ 是取自 $N(\theta,1)$ 总体的样本,θ 的先验分布为 $N(0,\tau^2)$. 在例 6.10 中已经求出 θ 的后验分布为 $N\left(\frac{n\tau^2\bar{x}}{1+n\tau^2},\frac{\tau^2}{1+n\tau^2}\right)$,现在进一步可以求出如下结果.

(1) θ 的置信水平为 $1-\alpha$ 的置信上、下限与置信区间,它们分别为

$$
\frac{n\tau^2\bar{x}}{1+n\tau^2} + \frac{\tau}{\sqrt{1+n\tau^2}}u_{1-\alpha}, \qquad \frac{n\tau^2\bar{x}}{1+n\tau^2} + \frac{\tau}{\sqrt{1+n\tau^2}}u_{\alpha},
$$

及

$$
\left[\frac{n\tau^2\bar{x}}{1+n\tau^2} + \frac{\tau}{\sqrt{1+n\tau^2}}u_{\frac{\alpha}{2}}, \frac{n\tau^2\bar{x}}{1+n\tau^2} + \frac{\tau}{\sqrt{1+n\tau^2}}u_{1-\frac{\alpha}{2}}\right].
$$

当 $\tau\to\infty$ 时,即几乎无先验信息时,上述三个结果分别为 $\bar{x}+\frac{u_{1-\alpha}}{\sqrt{n}}$, $\bar{x}+\frac{u_{\alpha}}{\sqrt{n}}$, 及 $\left[\bar{x}+\frac{u_{\frac{\alpha}{2}}}{\sqrt{n}}, \bar{x}+\frac{u_{1-\frac{\alpha}{2}}}{\sqrt{n}}\right]$, 这是第 3 章例 3.20 的结果.

(2) 若求固定长度 d 的 Bayes 区间估计,显然最优的取法是 $\left[\frac{n\tau^2\bar{x}}{1+n\tau^2}-\frac{d}{2}, \frac{n\tau^2\bar{x}}{1+n\tau^2}+\frac{d}{2}\right]$,对给定的样本观测值,这个区间包含 θ 的条件概率最大.

在损失函数

$$L(\theta,(a,a+d))=\begin{cases}0, & a\leqslant\theta\leqslant a+d;\\ 1, & 其他\end{cases}$$

下，上述区间也是所给先验分布下的 Bayes 解.

(3) 如果同时考虑置信水平与区间长度，且取损失函数为

$$L(\theta,[a,b])=(b-a)+m[1-I_{[a,b]}(\theta)], \tag{6.5.6}$$

其中 $m>0$ 为常数. 可以验证，此时 Bayes 解仍有

$$\left[\frac{n\tau^2\bar{x}}{1+n\tau^2}-d,\frac{n\tau^2\bar{x}}{1+n\tau^2}+d\right]$$

形式，但 d 由下式决定：

$$d+m\left[1-\Phi\left(\frac{d\sqrt{1+n\tau^2}}{\tau}\right)\right]=\inf_{t\geqslant 0}\left\{t+m\left[1-\Phi\left(\frac{t\sqrt{1+n\tau^2}}{\tau}\right)\right]\right\}.$$

在损失函数(6.5.6)下，按 Minimax 原则，可以提出下面三个问题：

(1) 对置信水平为 $1-\alpha$ 的置信区间 $[\hat\theta_1,\hat\theta_2]$，使 $\sup\limits_{-\infty<\theta<\infty}\mathrm{E}_\theta(\hat\theta_2-\hat\theta_1)$ 达到最小；

(2) 在固定 $\sup\limits_{-\infty<\theta<\infty}\mathrm{E}_\theta(\hat\theta_2-\hat\theta_1)$ 下，使 $[\hat\theta_1,\hat\theta_2]$ 的置信水平最大；

(3) 使 $\sup\limits_{-\infty<\theta<\infty}\{m[1-\mathrm{Pr}_\theta\{\hat\theta_1\leqslant\theta\leqslant\hat\theta_1\}]+\mathrm{E}_\theta(\hat\theta_2-\hat\theta_1)\}$ 达到最小的 $[\hat\theta_1,\hat\theta_2]$.

可以证明，上述三个问题的解都有 $[\bar{x}-d,\bar{x}+d]$ 形式.

R 中有多个软件包与 Bayes 决策有关，例如 bayesm，bayesmix，bayesSurv，baymvb，bim，BMA，boa，BsMD 等，有兴趣的读者可以结合所遇到的问题，选择合适的使用.

习题 6

6.1. 设 X 服从 Poisson 分布 $P(\lambda)$，其中未知参数 λ 的先验分布为 Gamma 分布，证明这是共轭先验分布.

6.2. 证明对于方差 σ^2 已知的正态分布 $N(\mu,\sigma^2)$，正态分布是 μ 的共轭先验分布.

6.3. 设 $(X_1,X_2,\cdots,X_n)$ 是 Poisson 分布 $P(\lambda)$ 的一个样本，如果 λ 的先验分布是 Ga(2，1) 分布，$\pi(\lambda)=\lambda\mathrm{e}^{-\lambda}$，$\lambda>0$. 在平方损失函数下，求 λ 的 Bayes 估计.

6.4. 设 $(X_1,X_2,\cdots,X_n)$ 是来自参数为 θ 的几何分布的一个样本，如果未知参数 θ 的先验分布为 Be(a,b) 分布，$\pi(\theta)=\dfrac{1}{\mathrm{B}(a,b)}\theta^{a-1}(1-\theta)^{b-1}$，$0<\theta<1$. 在平方损失下，求 θ 的 Bayes 估计.

6.5. 设 $(X_1,X_2,\cdots,X_n)$ 是正态总体 $N(0,\sigma^2)$ 的一个样本，其中方差 σ^2 有如下 3 种估计：$\hat\sigma_1^2=\dfrac{1}{n-1}\sum\limits_{i=1}^n(X_i-\bar{X})^2$；$\hat\sigma_2^2=\dfrac{1}{n+1}\sum\limits_{i=1}^n(X_i-\bar{X})^2$；$\hat\sigma_3^2=\dfrac{1}{n+2}\sum\limits_{i=1}^n X_i^2$. 在平方损失函数 $L(\sigma^2,\hat\sigma^2)=(\hat\sigma^2-\sigma^2)^2$ 下，计算上述 3 个估计的风险函数，并作比较.

6.6. 设总体 X 服从 Bernoulli 分布 $b(1,p)$，$p\in\Theta=\{1/4,1/2\}$，经一次试验，可能有下列 4 种决策：

$$d_1: d_1(0)=d_1(1)=1/4;$$
$$d_2: d_2(0)=1/4,\quad d_2(1)=1/2;$$
$$d_3: d_3(0)=1/2,\quad d_3(1)=1/4;$$
$$d_4: d_4(0)=d_4(1)=1/2.$$

若损失函数由下表决定：

$L(\theta,d)$	$d=1/4$	$d=1/2$
$\theta=1/4$	0	3
$\theta=1/2$	5	0

求 θ 的 Minimax 估计.

6.7. 设一个罐中装有两个球,其中白球个数 θ 未知,现进行有放回抽样两次而得两个观测值,其中白球个数记为 x,$d(x)$ 为 θ 的一个估计,损失函数取为

$$L(\theta,d(x))=|\theta-d(x)|.$$

(1)定义 $d_1(x)=x, x=0,1,2$,求 $d_1(x)$ 的风险函数;

(2)定义 $d_2(x)=1$,求 $d_2(x)$ 的风险函数;

(3)定义 $d_3(x)=\begin{cases}1, & x=0,1,\\ 0, & x=2,\end{cases}$ 求 $d_3(x)$ 的风险函数;

(4)如果决策空间只包含上述 3 种估计量,求 θ 的 Minimax 估计.

6.8. 设总体 X 服从二项分布 $b(n,p)$,$0<p<1$,在平方损失下,证明

$$d_1(x)=\frac{n+\sqrt{n}\Big/2}{n+\sqrt{n}}$$

是 p 的 Minimax 估计(提示:先验分布取 $\mathrm{Be}(a,b)$ 分布).

6.9. 总体 X 服从两点分布 $b(1,p)$,(X_1,X_2,X_3) 是一样本,考虑检验问题:

$$H_0: p=1/4 \leftrightarrow H_1: p=1/2,$$

损失函数取为

$$L(1/2,1/2)=L(1/4,1/4)=0,\qquad L(1/4,1/2)=1,\qquad L(1/2,1/4)=2.$$

(1)求此检验问题的 Minimax 解;

(2)如果先验分布是 $\pi_0=\Pr\{p=1/4\}=2/3$, $\pi_1=\Pr\{p=1/2\}=1/3$,求此检验问题的 Bayes 解.

* 第 7 章　模型与数据

前面几章讨论的统计推断方法都是在一定的统计模型假设下，根据问题要求而选定的优良性准则，或直观上的考虑，提出一定的统计方法. 我们不妨称之为基于模型分析的方法. 当然，模型的选择是有一定依据的，或者是由于物理上、技术上的理由，或者是数学上的原因，也可能是由于足够多的数据或其他信息，使得有理由选择某个模型. 模型分析方法的成功，依赖于形成随机样本的数据确实来自某一指定分布的假定，即使存在一些异常的观测，也常常是稳健的，即一小部分异常的观测对统计推断只有很小的影响. 但是情况并非总是如此，有时由于抽样过程中的问题，测量技术或试验方法的限制，测量或记录中的失误，有时甚至总体也并不完全是指定的分布族等等因素，都不能保证所得到的数据集合是来自某个指定分布族的简单随机样本. 当数据集合包含了某些被污染的数据，基于模型的分析方法也不一定能够给出合理的推断. 另一方面，近代计算机科学的迅速发展也给应用统计带来了戏剧性的变化，过去需要非常长时间的计算，现在在以微秒计的时间内即可完成，因此许多新的方法，如随机模拟、刀切法、自助法、稳健性统计、诊断检验方法等等，在非常广泛的领域内正在成为日常使用的工具. 这些方法对模型只有非常有限的要求，所以不妨称为基于数据的分析方法. 可以说，计算机将使人们能更充分地探索数据的特征，而不是如过去那样，先在有限的范围内选择一个特殊的、简单的概率模型，然后用只需不太多计算的分析方法，去研究由数据所提供的信息. 若干年后，这些方法也许将部分地被彻底的计算机分析来代替. 本章将简单介绍这些新的统计方法.

实际上，任何统计模型都只是对客观过程的一种近似描述，它不可避免地要包含某些假定，甚至模型本身也就是一种假定. 人们自然有理由要问：我们选择的模型究竟能不能大体上反映所要研究的实际问题？它是否与数据集合中绝大多数的数据相一致？在所得到的数据集合中，会不会存在个别数据，由于收集或整理过程中的疏忽和失误，或其他种种原因而出现较大的误差？这些错误数据会不会严重干扰有关问题的结论？另外，数据集合中各个数据点对统计推断的影响是否相差不大？会不会有某些点的影响特别大？在使用统计方法解决实际问题时，必须慎重地回答上述种种问题，才能作出更加符合客观实际的结论. 如果忽视这些问题，可能得到与实际情况严重不符的分析结果.

§7.1　异常值

下面是一个简单的例子，但标准的经典检验方法并不适用.

例 7.1　翻看任何一本统计杂志，或者任何一本在几十年前出版的学术性期刊，与近期出版的作一比较，你可能会发现有某些变化. 例如，关于实际案例分析与研究的比例、每篇论文的篇幅是趋于更短还是更长了、作者的地区分布、合著作者是否比单个作者更常见、发表在近期的统计论文是否比几十年前的论文引用更多参考文献等等. 当然这可能是由于编辑或出版政策上的改变,但也可能反映科学的迅速发展,促使科学家将他们的成果发表在著名的期刊上.下面的数据是两个不同时期内,发表在某学术性期刊上的每篇论文所引用的参考文献篇数.

1956—1957	2	3	6	6	6	9	9	10	14	15	16	72		
1990	6	8	9	10	16	18	20	22	22	23	23	26	28	59

这些数据是否支持"90 年代的论文比 50 年代的论文有较多的参考文献"的假设呢? 对两总体均值差的经典检验是两样本的 t 检验,但这要求是来自正态总体的样本. 然而这里的样本不是来自正态分布,而来自有限总体,最多不超过 100,而且数据是计数的,不是如正态分布那样的连续变量. 虽然大量的经验以及中心极限定理认为这些事实并不重要,t 检验仍然可用. 然而如果再做进一步的研究,发现 t 检验还是不适合,因为观测值 72 和 59 孤立于其余数据,这说明总体的分布不是对称的,或者这两个数据有点异常. 实际上,在学术性期刊上发表的论文大致可分为两类:一类是新的理论和方法,引用的参考文献可能较少;另一类是综述文章,引用了广泛的文献. 这说明我们至少是从两个总体的混合分布中抽样,这种混合分布的样本不具有如正态总体样本那样的几乎对称性. 这里的样本来自有不同方差的总体,不对称性会降低 t 检验在发现均值差异方面的功效. 事实上,对于这些数据,t 检验支持总体均值不同的假设,在 1990 年样本中,有超过一半的论文有 20 篇以上的文献,而在 1956—1957 年样本中这样的论文只有 1 篇.

很难给出异常值的一个精确定义,一般认为**异常值**(Outlier)是指样本中的个别值,其数值明显偏离它(或它们)所属样本的其余观测值. 异常值可能是总体固有的随机变异性的极端表现,这种异常值和样本中其余观测值属于同一总体;异常值也可能是由于试验条件或方法的偶然偏离所产生的后果,或产生于观测、计算、记录中的失误,这种异常值和样本中其余观测值不属于同一总体. 可见例 7.1 中的 72,59 可能是各个样本中的异常值.

下面介绍有关异常值的统计检验方法. 当总体是正态分布情况,文献[17]就列出了 48 种异常值检验方法,大多只在一些特殊的对立假设下是最优的,原假设则是所有数据属于同一正态分布. 在这些检验中,有些专门检验单个异常值的. 这里又可分为以下 3 种情况:异常值只可能出现在指定的某一侧;有时却不知道在哪一侧;而有时两侧都有可能. 还有一些是专门检验一群异常值的. 当出现多个异常值时,所谓的"隐蔽影响"可能会降低检验的功效. 这里我们仅列出其中的 4 种检验,前两种是检验最大值是否为单个异常值,由此容易处理最小值情况.

为检验来自正态总体 $N(\mu,\sigma^2)$ 的样本最大值 $X_{(n)}$ 是否异常,所用的第一个统计量是

$$T=\frac{X_{(n)}-\bar{X}}{S}, \tag{7.1.1}$$

其中 $\bar{X}=\frac{1}{n}\sum_{i=i}^{n}X_i, S^2=\frac{1}{n-1}\sum_{i=1}^{n}(X_i-\bar{X})^2$ 分别是 μ,σ^2 的估计. 显然,较大的 T 值说明 $X_{(n)}$ 是异常. 统计量 T 的显著性水平为 0.01,0.05 临界值表见文献[17]中的表ⅫⅠa.

例 7.2 考虑数据集{0.73,1.38,2.12,2.76,2.89,3.20,3.57,3.96,4.41,4.52,4.67,4.70,4.78,4.91,7.73}. 这里 $\bar{x}=3.755$, $s=1.701$. 为了检验最大值 $x_{(n)}=7.73$ 是否异常,由式(7.1.1)立即可得 $T=2.34$. 对 $n=15$,查文献[17]的表ⅫⅠa 得到显著性水平 0.05 的临界值为 2.41. 由于 $2.34<2.41$,因此不能认为 7.73 是异常值.

实际上，在这 15 个数据中，有 11 个好数据来自 $N(4,1)$ 分布，而另外 4 个污染了的数据来自 $N(4,9)$ 分布，它们是 0.73，2.12，2.76，7.73. 并不是所有污染数据都明显地异常，只有最后一个 $x_{(n)}=7.73$，相对于 $N(4,1)$ 分布，显然是一个异常值，它与总体均值 4 相距 3.73 个标准差，为什么统计检验不能认为它是异常值呢？实际上是因为其他 3 个污染值的隐蔽影响，这 3 个污染值使得标准差的估计变大. 所以，统计量 T 只适合于发现单侧异常. 更确切地说，适于由于均值引起的异常，而不是由于方差引起的异常，即污染数据来自 $N(\mu+\varepsilon,\sigma^2)$，而不是来自 $N(\mu,b\sigma^2)$. 但本例属于后一种情况. 然而，大多数实际问题不可能有这种先验知识，这里可以由这些数据有稍微向右的偏斜，提示你应该注意检验统计量 T 可能不合适.

另外一种检验是关于一对异常值的，即每侧各有一个可疑值情况，用 t 化极差统计量

$$T_R=\frac{X_{(n)}-X_{(1)}}{S}. \tag{7.1.2}$$

例 7.3 （续例 7.2） 仍考虑上例中的数据，我们有 $T_R=(7.73-0.73)/1.701=4.115$. 查文献[17]的表ⅩⅦa，显著性水平 0.05 的临界值为 4.16，$4.115<4.16$，故检验恰好不能认为两个极端值是异常的. 这再次说明由于存在其他两个受污染的观测，使检验的功效降低.

另一类统计量是所谓 Dixon 统计量，这是基于可疑值与最近观测之间的距离与某个全体数据的分散性度量之比. 当检验单个异常值时，为了避开其他潜在异常值的隐蔽影响，可以采用适当的统计量. 例如我们希望检验 $X_{(n)}$ 是否异常，且怀疑 $X_{(1)}$ 有可能被污染，那么合适的 Dixon 统计量是

$$T_D=\frac{X_{(n)}-X_{(n-1)}}{X_{(n)}-X_{(2)}}. \tag{7.1.3}$$

例 7.4 （续例 7.2） 对上述数据，$T_D=(7.73-4.91)/(7.73-1.38)=0.444$，当 $n=15$ 时，查文献[17]的表ⅩⅨc，显著性水平 0.05 的临界值为 0.382. 由于 $0.444>0.382$，这个检验表示最大值 $x_{(n)}=7.73$ 是异常值，而且还说明 $x_{(1)}=0.73$ 也可能是异常. 如果怀疑 $X_{(n-1)}$ 也是异常值，可用 $X_{(n-2)}$ 代替式(7.1.3)中的项 $X_{(n-1)}$，但应当使用不同的临界值表.

当总体方差 σ^2 已知，例如由于以往的经验积累可以得到有关 σ^2 的信息时，现在对于一批新的数据，其中的一部分可能被污染了，但大部分数据来自有已知方差的正态分布. 在这种情况下，为了检验 $X_{(n)}$ 是否异常，可以利用统计量

$$T_V=\frac{X_{(n)}-\bar{X}}{\sigma}. \tag{7.1.4}$$

因为 $X_{(n)}$ 是次序统计量，所以在 H_0（$X_{(n)}$ 不是异常值）下，这个标准化变量不是正态分布. 对各种 n，统计量 T_V 的临界值表可见[17]中表ⅩⅢ.

例 7.5（续例 7.2） 上面已经说明，例 7.2 的数据大部分来自 $N(4,1)$，但有 4 个来自 $N(4,9)$ 分布的数据污染了这个总体. 对好的数据，已知 $\sigma^2=1$. 为检验 $X_{(n)}$ 是否异常值，有 $T_V=(7.73-3.755)/1=3.975$. 查文献[17]的表ⅩⅢ，得显著性水平 0.01 的临界值为 3.10，较大的 T_V 表示最大值 $x_{(n)}=7.73$ 是高度显著的异常值.

如果样本中有 k 个异常值，在发现一个异常值以后，统计量 T_V 可继续检验任何一侧的下一个最极端值，直到得到一个不显著的检验值. 在发现第一个异常值后，在每次检验之前都必

须剔除已被认为是异常的观测，对剩下的数据重新计算 $\bar{x}$. 这是一个有效的检验，且没有隐蔽影响，除非由于污染影响了 $\bar{x}$ 值. 但要求已知 σ，这是一个限制，对更大多数情况而言，有一个 σ 的独立估计量即可.

文献[17]给出的 48 种正态总体样本的异常值检验，包括许多其他情况. 对某些非正态分布样本中异常值的检验，如果可以对数据作适当变换，使得变换后的无污染数据有近似正态分布，那么某些正态分布的异常值检验统计量也可适用. 有兴趣的读者可参考文献[17].

对异常值的处理应持谨慎的态度. 只有在权衡寻找产生异常值原因的花费，正确判断异常值的得益，错误剔除正常观测值的风险以后，才能采取是否剔除异常值的决定. 首先应尽可能寻找产生异常值的技术上的、物理上的原因. 异常值可能产生于不正确的度量、错误的数据记录，有时经仔细的检查可以避免. 例如一个人身高的记录为 1 783 cm，这显然是不可能的，也许是 178 cm 误记为 1 783 cm 了，此时可经再次测量予以改正，或者剔除这个异常值. 如果找不到这方面的原因，那么异常值也许能提供更宝贵的信息，例如水文资料中异常大值或异常小值对了解该地的水文情况具有特别的意义. 异常值也可能是提供进一步寻找更适合于数据的模型的有用信号.

由于异常值在统计分析中的重要性，我国已于 1986 年分别制定了关于正态分布、指数分布以及极值分布样本异常值的判断和处理的国家标准，规定了一般原则和实施方法.

R 中 outliers 软件包给出了一些常用的识别异常值的检验方法.

§7.2 稳健统计

在前面所讨论的各种统计推断方法中，总有关于总体分布及样本的一些基本假定. 例如通常认为总体是正态分布的，来自某个总体的样本是独立同分布的. 在这些基本假定成立的前提下，寻找关于总体分布中未知特征的最优统计推断方法. 可见，任一特定统计方法的优良性，都依赖于对总体分布和样本结构所作的基本假定的正确性. 但在实际问题中，这些基本假定并不总能满足. 例如，当收集到大量的观测值后，它们常常呈现分布的不对称性，或者分布的尾部有较大的概率，而这与正态性假定是不一致的；有时，由于仪器故障、操作不当或另一总体样本的混入，数据中有个别值的数值明显偏离它们所属样本的其余观测值，即出现所谓异常值. 这时基本假定被破坏，相应统计方法的优良性应受到怀疑. 例如，通常用观测值的算术平均值估计总体的数学期望，这样做实际上假定总体分布是对称的；否则，就会有很大误差. 而且，当数据中包含异常值时，会明显影响算术平均值. 又如在线性模型中回归系数的最小二乘估计，要求误差是相互独立、有相同方差、数学期望为 0 的随机变量，当观测值包含异常值时，这些要求不能满足. 此时求得的回归直线将是在主体数据与异常值之间的一种妥协，与真实的回归直线相差很大，例 7.7 将给出这样的例子. 因此，如果盲目地应用统计方法，有可能导致错误，还不易觉察. 需要研究一种即使在基本假定发生变异情况下，也不会受到很大影响，不致引起灾难性失败，仍能很好执行的统计推断方法，我们称这种方法具有**稳健性**(Robustness).

例如在 3.2 节讨论的假设检验问题中，总体为正态分布是基本假定，一种稳健的统计方法要求：

(1)在一般的总体分布假定下,能保证检验的显著性水平;

(2)在总体分布确实为正态时,有较大的功效;

(3)在总体分布不是正态时,比在正态总体下最优的检验(例如检验正态总体均值的统计量 U 或 T)有更大的功效.

对于参数估计问题,稳健估计与最小二乘估计比较,要求:

(1)如果总体确是正态分布,它有合理的效率;

(2)如果总体不是正态分布,应比最小二乘估计更有效.

稳健统计与非参数统计及分布自由统计的出发点是不同的,它实质上属于参数统计,因为稳健统计是以未知参数在理想分布下的稳健性为出发点,当实际分布不十分严重地偏离理想分布时,统计量的变化很小. 这一节,仅举位置参数的稳健估计及方差未知时正态总体均值检验两个例子,以说明稳健性概念.

一、位置参数的稳健估计

对总体分布的中心位置的稳健估计是稳健统计的基础. 考虑单个样本的位置模型

$$X_i = \mu + \varepsilon_i, \qquad i = 1, 2, \cdots, n,$$

其中误差 ε_i 独立同分布,均值为0. 如果误差分布是正态的,则 $\bar{X}$ 在各种意义下都是 μ 的最优估计. 但如果误差分布不是正态的,样本中出现异常值情况,则 $\bar{X}$ 就不是 μ 的良好估计. 由式(1.2.11)定义的样本中位数 $X_{1/2}^*$ 是 μ 的稳健估计.

假定样本中大约有 $100p\%$ $(1/2 < p \leqslant 1)$ 个数据来自 $N(\mu, \sigma^2)$ 分布,其余的来自 $N(\mu, k\sigma^2)$ 分布 $(k \geqslant 1)$,此时可以认为样本来自密度函数为

$$f(x) = p\,f_1(x) + (1-p)f_2(x)$$

的总体,其中 $f_1(x)$, $f_2(x)$ 分别表示 $N(\mu, \sigma^2)$, $N(\mu, k\sigma^2)$ 的密度函数. 显然, $\bar{X}$ 仍然是 μ 的无偏估计,但 $\bar{X}$ 的方差为

$$\operatorname{Var}(\bar{X}) = \frac{\sigma^2}{n}\{p + (1-p)k\}.$$

可见,如果 p 很大,即样本中基本上没有异常值, $\bar{X}$ 仍接近于 μ 的一致最小方差无偏估计. 但当 $(1-p)k$ 较大时,即异常值较多,或异常值虽然不多,但特别大或特别小时,使 $\operatorname{Var}(\bar{X})$ 变得很大, $\bar{X}$ 不再是 μ 的良好估计了. 而对于样本中位数 $X_{1/2}^*$,由定理1.5可知,对较大的 n,近似地有

$$\operatorname{Var}(X_{1/2}^*) = \frac{1}{4nf^2(\mu)},$$

这里

$$f(\mu) = p\,f_1(\mu) + (1-p)f_2(\mu)$$

$$= \frac{p}{\sigma\sqrt{2\pi}} + \frac{1-p}{\sigma\sqrt{2\pi k}} = \frac{p + \dfrac{1-p}{\sqrt{k}}}{\sigma\sqrt{2\pi}},$$

因此

$$\mathrm{Var}(X_{1/2}^*)=\frac{\pi\sigma^2}{2n\left(p+\frac{1-p}{\sqrt{k}}\right)^2}.$$

当 $k\to\infty$ 时

$$\mathrm{Var}(X_{1/2}^*)\to\frac{\pi\sigma^2}{2np^2},\tag{7.2.1}$$

$$\frac{\mathrm{Var}(\bar{X})}{\mathrm{Var}(X_{1/2}^*)}=\frac{2}{\pi}\{p+(1-p)k\}\left\{p+\frac{1-p}{\sqrt{k}}\right\}^2\to\infty.$$

式(7.2.1)说明,$X_{1/2}^*$作为 μ 的估计,即使 k 很大,也没有严重影响.这在直观上也是容易理解的.因此样本中位数 $X_{1/2}^*$是分布位置参数 μ 的稳健估计.在 $(1-p)k$ 较大时,它是比样本均值 $\bar{X}$ 好的估计量.

一般地,为削弱异常值对估计量的影响,可采用次序统计量 $X_{(1)}\leqslant X_{(2)}\leqslant\cdots\leqslant X_{(n)}$ 的线性组合作为估计量,称为 L **估计**(L-Estimators),一般形式为

$$\mu^*=\sum_{i=1}^{n}w_iX_{(i)}.\tag{7.2.2}$$

如果 $w_i=1/n$,则 μ^* 即为样本均值.μ^* 也可以是样本中位数:若 n 为奇数,$n=2m+1$,取 $w_{m+1}=1$,其余 $w_i=0$;若 n 为偶数,$n=2m$,取 $w_m=w_{m+1}=1/2$,其余 $w_i=0$ 即可.

当样本中存在异常值或认为样本来自一个长尾分布时,可以利用**切尾均值**(Trimmed Mean)来估计位置参数.先将观测值依次排列,然后截掉上侧 $t\%$ 及下侧 $t\%$ 观测,其中 t 是事先选好的数,有时选择不同的比例,或固定的个数.一般取 $t=10$,即去掉最大及最小的 10% 以外观测值.有时对更大的样本用 $t=25$,即在第一、三个四分位点处截尾,极端情况是 $t=50$,相应于用中位数作为估计.

切尾均值的关键影响是极端观测值的权为 0,故如果选择合适的 t,它可使异常值的影响降为零.对切尾均值,若每侧切掉 k 个观测值,即在式(7.2.2)中,当 $1\leqslant i\leqslant k$ 或 $n-k+1\leqslant i\leqslant n$ 时,取 $w_i=0$,否则取 $w_i=1/(n-2k)$.

在估计中消除异常值影响的另一种方法是 Winsor 化,即其中的极端观测用每侧的剩余最大观测值代替,如此减小而不是消除它们的影响.这种方法的合理性在于异常值常常包含有关位置的某些信息,但若不调整可能会有过度的影响.对 Winsor **化均值**(Winsorizing Mean),即每侧有 k 个观测值分别被 $X_{(k+1)}$ 或 $X_{(n-k)}$ 代替,也即式(7.2.2)中,当 $1\leqslant i\leqslant k$ 或 $n-k+1\leqslant i\leqslant k$ 时,取 $w_i=0$,而 $w_{k+1}=w_{n-k}=(k+1)/n$;其余的 $w_i=1/n$.

更合适的方法是根据数据允许影响程度采用**可调权系数方法**(Adjustable Weight Coefficient),在此不讨论了.显然,由于 L 估计包含了均值,因此作为估计类,它不一定是稳健的,但当极端次序统计量的权趋于零时,L 估计是稳健的.

例 7.6 下面的数据可能是来自一个比正态总体有更长尾部分布的样本,在均值 26.92 附近有一群值,而在两侧又各有一对值比较远离均值

$$-3\quad 11\quad 21\quad 24\quad 25\quad 25\quad 27\quad 29\quad 31\quad 32\quad 44\quad 57$$

容易算出,样本中位数为 26.00,样本的 $t=25$ 切尾均值为 26.83,$k=12\times0.25$ 的 Winsor 化均

值为 27. 17.

二、总体均值检验的稳健性

回忆方差未知的正态总体均值的 t 检验(3. 2. 6)，实际上有三个基本假定：

(1)总体 X 服从正态分布；

(2)样本$(X_1,X_2,\cdots,X_n)$相互独立；

(3)总体均值确实为 μ_0.

在这些基本假定下，由式(3. 2. 7)定义的统计量 $T=\frac{\bar{X}-\mu_0}{S}\sqrt{n}$ 服从 $t(n-1)$ 分布，显著性水平为 α 的检验拒绝域为 $\{|T|>t_{1-\frac{\alpha}{2}}\}$. 下面分别讨论这三个基本假定对统计量 T 的影响.

(1)如果样本不是来自正态总体，T 当然不再服从 $t(n-1)$ 分布，但只要总体分布存在有限方差，统计量 T 渐近于 $N(0,1)$ 分布. 因此对充分大的 n，T 的分布与总体的分布几乎无关，这说明总体分布与正态性的适当偏离不会对 T 的分布产生重大影响，即统计量 T 关于正态性假定是稳健的. 如果出现较大的 T 值，不认为这是由于偏离正态性造成的. 对两样本问题也可类似讨论，这正是第 3 章例 3. 6 的注所要说明的.

(2)如果$(X_1,X_2,\cdots,X_n)$不是相互独立的，假定它们服从多元正态分布，且 $\mathrm{E}(X_i)=\mu$，$\mathrm{Var}(X_i)=\sigma^2, i=1,2,\cdots,n, \mathrm{Cov}(X_i,X_j)=\rho\,\sigma^2, i,j=1,2,\cdots,n, i\neq j$. 那么

$$\mathrm{Var}(\bar{X})=\frac{\sigma^2}{n}[1+(n-1)\rho], \tag{7. 2. 3}$$

$$\begin{aligned}\mathrm{E}(S^2)&=\frac{1}{n-1}\mathrm{E}\left\{\sum_{i=1}^{n}(X_i-\bar{X})^2\right\}\\&=\frac{1}{n-1}\mathrm{E}\left\{\sum_{i=1}^{n}X_i^2-\frac{1}{n}\sum_{i,j}X_iX_j\right\}\\&=\frac{1}{n-1}\left\{n(\sigma^2+\mu^2)-\frac{1}{n}[n(\sigma^2+\mu^2)+n(n-1)(\rho\,\sigma^2+\mu^2)]\right\}\\&=\sigma^2(1-\rho).\end{aligned} \tag{7. 2. 4}$$

可以证明，当 $H_0(\mu=\mu_0)$ 成立时，T 的渐近分布为 $N(0,1+n\rho/(1-\rho))$，而不是 $N(0,1)$ 分布了. 另一方面在基本假定(1)～(3)成立时，

$$T^2=\frac{(\bar{X}-\mu_0)^2}{S^2}n\sim F(1,n-1). \tag{7. 2. 5}$$

但如果基本假定(1)、(3)成立，(2)不成立，由式(7. 2. 3)和(7. 2. 4)可见

$$\frac{\mathrm{E}(\bar{X}-\mu_0)^2}{\mathrm{E}(S^2)}n=\frac{1+(n-1)\rho}{1-\rho}=1+\frac{n\rho}{1-\rho}. \tag{7. 2. 6}$$

显然，若 $\rho=0$，各 X_i 相互独立，上式等于 1；若 $\rho>0$，式(7. 2. 6)大于 1，且当 $\rho\to1$ 时，趋于 ∞. 由此可见，当 $\rho>0$ 且比较大时，即使 $H_0(\mu=\mu_0)$ 成立，T 也取较大值，所以 t 值的显著性可以是由于基本假定(2)的偏离造成的，即 t 检验关于$(X_1,X_2,\cdots,X_n)$相互独立的条件不是稳健的.

(3)如果总体均值 $\mu\neq\mu_0$，但基本假定(1)、(2)成立，此时式(7. 2. 5)定义的 T^2 的分子与分母的期望值之比为

$$\frac{\sigma^2/n+(\mu-\mu_0)^2}{\sigma^2}n=1+\frac{n(\mu-\mu_0)^2}{\sigma^2}.$$

当 $\mu=\mu_0$ 时,上式等于1;当 μ 与 μ_0 有较大偏离时,上式也较大. 这正是统计量 T 能用于检验假设 $H_0(\mu=\mu_0)$ 的根据.

§7.3 统计诊断

许多成功应用的例子说明回归分析和方差分析是行之有效的统计方法,它们在实际中得到了最广泛的应用. 但是这些方法的有效性是建立在随机误差的方差齐性、效应的可加性或进一步的正态性假定之上的. 实际上本章开始已经提出了许多类似的问题,因此有必要进一步检查数据、模型及推断方法中可能存在的问题,并提出"治疗"方案,即对问题的全过程进行诊断.

统计诊断就是针对上述种种问题而发展起来的一种分析方法. 克服既定模型与客观实际之间可能存在的不一致性,通常有两种途径. 第一,寻找一种统计方法,能够在模型有微小变动或扰动时,使统计推断不受太大的影响,亦即这种统计方法对模型的扰动具有某种稳健性,这就是所谓稳健统计. 第二,寻找一种诊断方法,判断实际数据是否与模型有较大偏离,并采取相应对策,这就是统计诊断的主要内容. 通过统计诊断,可以找出严重偏离模型的数据点,即所谓异常点;也可以区分出对于统计推断影响特别大的点,即所谓**强影响点**(Influential Point);还可以找出那些远离数据主体的点,即所谓**高杠杆点**(High Leverage Point). 此外,还可研究模型中若干具体因素对于统计推断的影响. 对数据进行初步诊断后,还需要尽可能研究"治疗"方案. 如果实际数据中仅有个别点与模型偏离较大,这时我们往往肯定模型,并对这些个别点作进一步考察. 如果实际数据中许多点与模型的偏离都比较大,则需要采取"更有力"的治疗措施. 在多数情况下,仍然希望保留方便有效的既定模型,但要对数据集进行合适的数据变换,使得变换后的数据符合既定模型,从而进行必要的统计分析. 如果数据变换后统计分析的效果仍然不够理想,那就进行"大手术",寻找较为有效的模型. 显然,这是一个比较复杂的问题.

线性回归模型的统计诊断是研究得较早,理论上也比较成熟,同时也有广泛应用的诊断方法. 本节将主要介绍这方面的内容.

一、线性回归的异常点分析

考虑正态线性回归模型$(\boldsymbol{Y},\boldsymbol{X\beta},\sigma^2\boldsymbol{I}_n)$:

$$y_i=\beta_0+\beta_1x_{i1}+\cdots+\beta_kx_{ik}+\varepsilon_i,$$
$$\varepsilon_i\sim N(0,\sigma^2),\quad i=1,2,\cdots,n.$$

显然,每组数据$(x_{i1},x_{i2},\cdots,x_{ik};y_i)$对回归模型的统计推断都应有一定的影响,但它们的影响大小并不一样,我们把对统计量取值有非常大影响的点称为强影响点. 对于一个给定的模型,首先选择几个有兴趣的统计量,然后确定度量"影响"的尺度. 这里感兴趣的统计量是回归参数的估计. 为此逐个考虑数据点$(x_{i1},x_{i2},\cdots,x_{ik};y_i)$$(i=1,2,\cdots,n)$对回归参数估计的影响,我们采用删除数据方法. 设删除第 i 个数据点以后的模型为

$$\boldsymbol{Y}(i)=\boldsymbol{X}(i)\boldsymbol{\beta}+\boldsymbol{\varepsilon}(i),\tag{7.3.1}$$

其中 $\boldsymbol{Y}(i)$ 和 $\boldsymbol{\varepsilon}(i)$ 分别为式(4.1.2)给出的 $\boldsymbol{Y},\boldsymbol{\varepsilon}$ 中去掉第 i 个分量后的 $n-1$ 维向量,$\boldsymbol{X}(i)$ 为由 $\boldsymbol{X}$ 去掉第 i 行后的 $(n-1)\times(k+1)$ 矩阵. 由式(4.3.6)及(4.3.26)可得 $\boldsymbol{\beta},\sigma^2$ 的最小二乘估计,分别记为 $\hat{\boldsymbol{\beta}}(i),\hat{\sigma}(i)$. 不难证明,$\hat{\boldsymbol{\beta}}(i),\hat{\sigma}(i)$ 同基于全部数据的最小二乘估计 $\hat{\boldsymbol{\beta}},\hat{\sigma}$ 之间有以下关系:

$$\hat{\boldsymbol{\beta}}(i)=\hat{\boldsymbol{\beta}}-\frac{(\boldsymbol{X}^{\mathrm{T}}\boldsymbol{X})^{-1}x_i\,\hat{\varepsilon}_i}{1-p_{ii}}, \tag{7.3.2}$$

$$\hat{\sigma}(i)=\frac{n-k-1-r_i^2}{n-k-2}\hat{\sigma}^2, \tag{7.3.3}$$

其中

$$\hat{\varepsilon}_i=y_i-\hat{y}_i,$$

$$\hat{y}_i=x_i^{\mathrm{T}}\hat{\boldsymbol{\beta}},$$

$$r_i=\frac{\hat{\varepsilon}_i}{\hat{\sigma}\sqrt{1-p_{ii}}},$$

而 p_{ii} 是帽子矩阵 $\boldsymbol{P}=\boldsymbol{X}(\boldsymbol{X}^{\mathrm{T}}\boldsymbol{X})^{-1}\boldsymbol{X}^{\mathrm{T}}$ 的对角元素,r_i 称为标准化残差. 由式(7.3.2)可见,若第 i 个数据点 $(x_{i1},x_{i2},\cdots,x_{ik};y_i)$ 所对应的残差 $\hat{\varepsilon}_i$ 比较大,或者 p_{ii} 比较大,那么 $\hat{\boldsymbol{\beta}}(i)$ 与 $\hat{\boldsymbol{\beta}}$ 之间的差异也将较大,即第 i 个数据点对模型的影响较大. 如果 $\hat{\boldsymbol{\beta}}(i)$ 与 $\hat{\boldsymbol{\beta}}$ 的差异很大,应对此引起特别的重视. 这个数据点是否与其他数据点来自同一总体(异常点),也许这个点有特别重要的作用(总体的峰值等强影响点),或者其他更复杂的原因. 特别地,使 p_{ii} 接近 1 的点,相应的 $\hat{\boldsymbol{\beta}}(i)$ 与 $\hat{\boldsymbol{\beta}}$ 的差异会很大,称这种点为高杠杆点,相应的 p_{ii} 称为**杠杆值**(Leverage Value). 至于如何度量 $\hat{\boldsymbol{\beta}}(i)$ 与 $\hat{\boldsymbol{\beta}}$ 的差异大小,以及数据点对其他统计量的影响等等问题,已经发展成为统计诊断中十分活跃的分支,称为**影响分析**(Influence Analysis),有兴趣的读者可参阅文献[18].

二、线性回归的残差分析

残差 $\hat{\varepsilon}_i=y_i-\hat{y}_i$ 是观测值 y_i 与拟合值 $\hat{y}_i$ 之差,$|\hat{\varepsilon}_i|$ 的大小反映了模型与数据的拟合好坏,$|\hat{\varepsilon}_i|$ 越大,拟合得越不好. 另一方面,残差也可作为随机误差的一组样本观测值. 以某种残差为纵坐标,某个合适的变量为横坐标的散点图称为**残差图**(Residual Plot). 通过残差图进行残差分析,是回归模型统计诊断最基本、最有效的方法之一. 它不仅可以分析数据中是否有异常点,还可研究模型假设(如方差齐性、正态性等)是否正确. 以下分别讨论几种常见的残差图.

(1)残差 $\hat{\varepsilon}_i$ 对拟合值 $\hat{y}_i$ 的残差图,即 $(\hat{y}_i,\hat{\varepsilon}_i)(i=1,2,\cdots,n)$ 的散点图. 如果数据满足线性模型条件,则由第 4 章最小二乘估计的性质 5,$\hat{\boldsymbol{\varepsilon}}=\boldsymbol{AY}$ 与 $\hat{\boldsymbol{Y}}=\boldsymbol{PY}$ 相互独立,因而 $(\hat{y}_i,\hat{\varepsilon}_i)$ 散点图只反映 ε_i 的变化趋势,不会受到 $\hat{y}_i$ 的影响,每个 $\hat{\varepsilon}_i$ 近似地看作独立同分布的标准正态分布. 因此绝大部分 $(\hat{y}_i,\hat{\varepsilon}_i)$ 点应落在 $\hat{\varepsilon}_i=\pm2$ 的带状区域内,且不应呈现任何有规律的趋势.

(2)残差 $\hat{\varepsilon}_i$ 关于每个自变量 x_j 的残差图,即 $(x_{ij},\hat{\varepsilon}_i)(i=1,2,\cdots,n)$ 的散点图. 如果将线性模型写成下面形式

$$\boldsymbol{Y}=\beta_0\boldsymbol{1}+\beta_1\boldsymbol{x}_1+\cdots+\beta_k\boldsymbol{x}_k+\boldsymbol{\varepsilon},$$

其中 $\boldsymbol{x}_j$ 是 X 的第 $j+1$ 个列向量. 由最小二乘估计的几何意义,$\hat{\boldsymbol{\varepsilon}}$ 与 $\boldsymbol{x}_j$ 垂直. 这个残差图与 $(\hat{y}_i,\hat{\varepsilon}_i)$ 散点图十分类似,但它主要反映模型中第 j 个自变量 x_j 的作用.

(3) 正态图. 设$(X_1, X_2, \cdots, X_n)$为来自正态分布$N(\mu, \sigma^2)$总体的样本,相应的次序统计量为$X_{(1)} \leqslant X_{(2)} \leqslant \cdots \leqslant X_{(n)}$. 那么由第 4 章例 4.9 给出的结果,记$\mathrm{E}\left(\frac{X_{(i)} - \mu}{\sigma}\right) = m_i$,那么$\mathrm{E}(X_{(i)}) = \mu + \sigma m_i$. 由此导出以下线性回归方程

$$X_{(i)} = \mu + \sigma m_i + \varepsilon_i, \qquad i = 1, 2, \cdots, n,$$

散点图$(m_i, X_{(i)})(i = 1, 2, \cdots, n)$称为正态图. 如果$(X_1, X_2, \cdots, X_n)$确实来自正态分布,正态图应该呈现明显的线性趋势,斜率为σ,截距为μ. 将这种正态图用于残差分析,即作$(m_i, \hat{\varepsilon}_{(i)})(i = 1, 2, \cdots, n)$的散点图,其中$\hat{\varepsilon}_{(i)}$是$(\hat{\varepsilon}_1, \hat{\varepsilon}_2, \cdots, \hat{\varepsilon}_n)$的第$i$个次序统计量,由此可以推断残差$\varepsilon_i$是否具有正态性.

例 7.7 下面的数据集 Ⅰ 说明经典的最小二乘估计不是稳健的.

数据集 Ⅰ:							
x	0	1	2	3	4	5	6
y	2.5	3.1	3.4	4.0	4.6	5.1	11.1

由最小二乘估计给出拟合得最好的方程为

$$y = 1.507 + 1.107x,$$

由图 7.1 可见,数据点(6,11.1)与其余点呈现的直线趋势有较大的偏离,我们有理由怀疑误差的齐性假设或用直线拟合并不合适. 如果剔除数据点(6,11.1),由余下 6 个点得到的拟合直线方程为

$$y = 2.491 + 0.517x,$$

这些数据可以被拟合得很好. 再考虑另外两个数据集:

数据集 Ⅱ:							
x	0	1	2	3	4	5	16
y	2.5	3.1	3.4	4.0	4.6	5.1	11.1

数据集 Ⅲ:							
x	0	1	2	3	4	5	16
y	2.5	3.1	3.4	5.0	4.6	5.1	11.1

除了最后一个数据点外,数据集 Ⅱ 与数据集 Ⅰ 相同. 与其他x值比较,$x = 16$似乎是异常值,但实际上$x = 16$却是正确值. 遗漏一个小数点,或者如本例这样,观测值似乎有某种规律,而将 16 写成 6,是常见的错误. 数据集 Ⅲ 与数据集 Ⅱ 相比,只在$x = 3$时相应的y值有所不同.

图 7.1 是这些数据点的散布图. 显然数据集 Ⅰ 拟合得不好,直线好像被异常点(6,11.1)吊起来了. 对数据集 Ⅱ,所有的点都拟合得很好. 这样好的拟合在寿命试验、医学或社会科学中是很少出现的,但是在某些物理学或工程技术中有可能. 从x值来看,(16,11.1)与其余点相差较大,但它并不影响拟合,因为这个数据点明显地与其余各点的线性趋势是一致的. 在这个意义上,(16,11.1)不是强影响点. 但是如果x值保持不变,让y值改变,拟合也将随之变化,这种变化与杠杆性有关. 数据集 Ⅲ 中,除了数据点(3,5.0),其余点都拟合很好,因此在这个意义下,数据点(3,5.0)是异常值. 此处,异常值是指二维数对(x, y)相对于其他数对有明显的偏离,而不是如 §7.1 所讨论那样,x或y的某个观测值相对于同一变量的其他观测值的异常.

图 7.2 是残差对x的散点图,在数据集 Ⅰ 中,前 6 个点的残差说明有一个几乎线性递减的趋势,但最后一个残差突然向上跳跃,这表示模型不合适. 对数据集 Ⅱ,残差很小(注意残差轴有不同的刻度)说明模型是合适的. 对数据集 Ⅲ,除了$x = 3$相对于其余各点有较大残差外,残

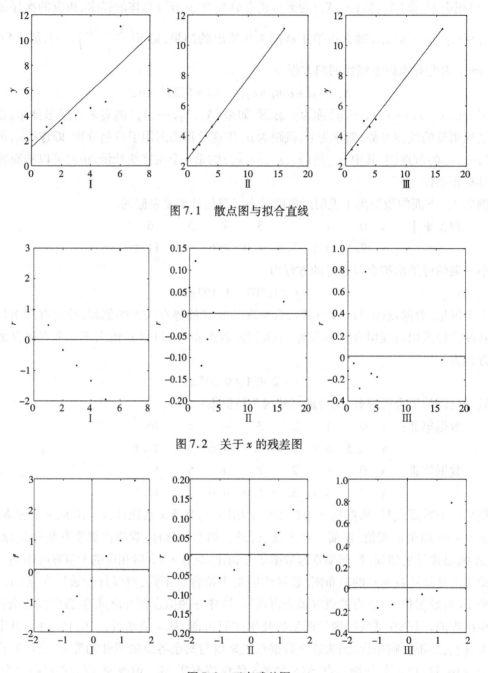

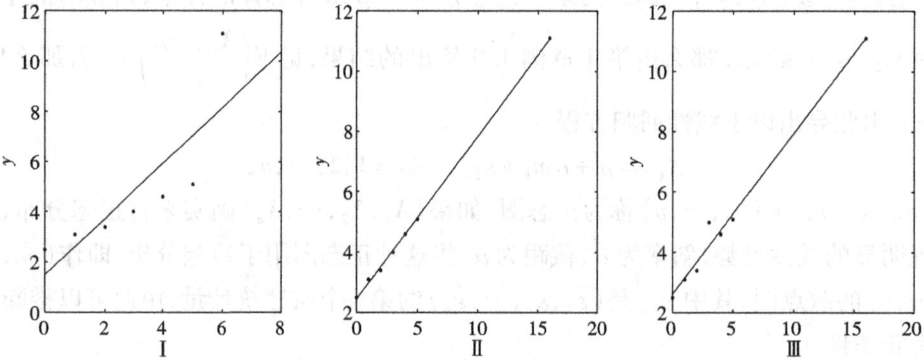

图 7.1　散点图与拟合直线

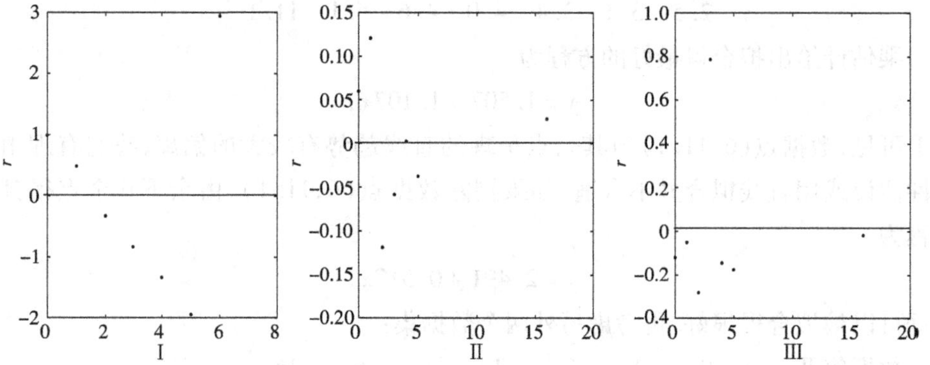

图 7.2　关于 x 的残差图

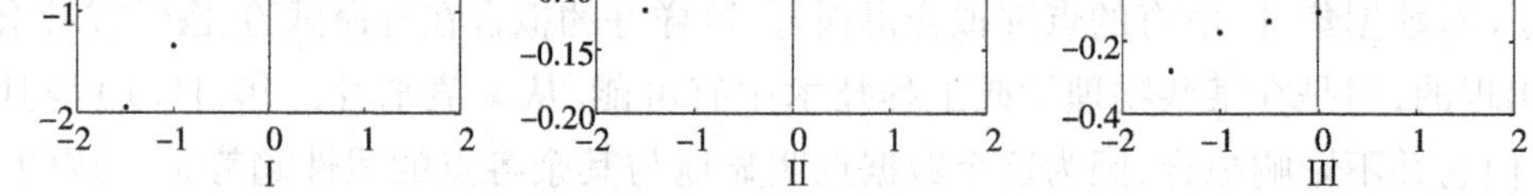

图 7.3　正态残差图

差也很小. 这与数据集 I 的情况不同,对数据集 I ,虽然数据点(6,11.1)离开了其余点呈现的线性趋势,但是这点的残差与其余点的残差比较,并不是特别大. 图 7.1 也说明,数据集 I 中的异常值比 Ⅲ 中的异常值有更大的影响(只考虑 β 的估计). 因变量 y 的异常值不一定对 β 的估计量 $\hat{\beta}$ 产生强影响,但一般地会增加残差平方和.

图 7.3 是每个数据集的残差正态图,如果点 $(m_i, \hat{\varepsilon}_{(i)})$ $(i=1,2,\cdots,n)$ 没有呈现一条直线,

即说明残差的非正态性. 显然,对数据集Ⅲ,散点图不是一条直线,数据集Ⅰ中的最后一点也偏离了直线. 注意,对每个数据集,图 7.3 的残差轴有不同的刻度.

这 3 个数据集的拟合直线分别为

$$y = 1.51 + 1.11x,$$
$$y = 2.44 + 0.54x,$$
$$y = 2.62 + 0.53x.$$

对数据集Ⅰ的回归分析与诊断可由以下函数完成,读者不难自己分析所得结果,并对数据集Ⅱ,Ⅲ进行同样计算.

```
> q1 <—lm(y1 ~ x1)
> q1

Call:
lm(formula = y1 ~ x1)

Coefficients:
(Intercept)          x1
     1.507        1.107

> summary(q1)

Call:
lm(formula = y1 ~ x1)

Residuals:
      1        2         3         4         5         6        7
 0.9929   0.4857   -0.3214   -0.8286   -1.3357   -1.9429   2.9500

Coefficients:
              Estimate  Std. Error  t value  Pr( > |t| )
(Intercept)    1.5071     1.2292     1.226     0.2748
x1             1.1071     0.3409     3.247     0.0228  *

- - -
Signif. codes: 0 '***' 0.001 '**' 0.01 '*' 0.05 '.' 0.1 ' ' 1
Residual standard error: 1.804 on 5 degrees of freedom
Multiple R - Squared: 0.6784, Adjusted R - squared: 0.614
```

```
F - statistic: 10.55 on 1 and 5 DF, p - value: 0.02276

> qw1 <— lm.influence(q1)
> qw1
$hat
        1         2         3         4         5         6         7
0.4642857 0.2857143 0.1785714 0.1428571 0.1785714 0.2857143 0.4642857

$coefficients
   (Intercept)              x1
1   0.86047619   -1.985714e-01
2   0.24285714   -4.857143e-02
3  -0.09782609    1.397516e-02
4  -0.13809524   -1.531718e-17
5  -0.05807453   -5.807453e-02
6   0.19428571   -1.942857e-01
7  -0.98333333    5.900000e-01

$sigma
        1         2         3         4         5         6         7
1.8995237 1.9964075 2.0091715 1.9667171 1.8775562 1.6574292 0.0839501

$wt.res
        1         2          3          4          5          6         7
0.9928571 0.4857143 -0.3214286 -0.8285714 -1.3357143 -1.9428571 2.9500000
```

这里 hat 给出的是帽子矩阵对角元素组成的向量,coefficients 是一个 7×2 矩阵,第 i 行表示去掉第 i 次观测后再进行回归分析(模型(7.3.1))时,引起的回归系数估计量的变化 $\hat{\beta}-\hat{\beta}(i)$(见(7.3.2)).向量 sigma 的第 i 个元素是去掉第 i 次观测再进行回归分析时残差标准差的估计 $\hat{\sigma}(i)$(见(7.3.3)),而向量 wt. res 是此时的加权残差向量.

§7.4 自助法与刀切法

在统计方法的实际应用中,常常涉及总体的正态性假设.这种假设有时是合理的,有根据的,但也可能只是为了方便.因此需要考虑在不能确定总体分布,甚至连对总体分布应作些什么假定都不知道时,如何充分利用样本所提供的信息,选择最合适的统计方法,是一个在理论上及应用上都有意义的问题.

自助法与刀切法就是针对这种情况提出来的统计方法，并已在实际中取得良好的应用效果.

一、自助法

设$(X_1,X_2,\cdots,X_n)$是来自某个总体分布为$F_\theta(x)=F(x;\theta)$的随机样本，θ为感兴趣的未知参数. 对θ的估计量$\hat{\theta}_n=R(X_1,X_2,\cdots,X_n;F_\theta)$，考虑它的分布$J_n(x,F_\theta)=\Pr\{R(X_1,X_2,\cdots,X_n;F_\theta)\leqslant x\}$. 这里我们特别强调$\hat{\theta}_n$不仅与样本大小$n$有关，还与总体分布函数$F_\theta$有关，直接得到$J_n(x,F_\theta)$是困难的. 经典的方法是首先得到当$n\to\infty$时的渐近分布，记为$J(x)$（例如正态分布），然后对适当大的$n$，以$J(x)$近似地代替$J_n(x,F_\theta)$；而对较小的$n$，常常用随机模拟方法给出$J_n(x,F_\theta)$的分位数表. 这种方法在许多场合下可以有比较满意的结果，但是也经常会遇到一些困难，使得$J(x)$未必能提供$J_n(x,F_\theta)$的很好逼近.

本节将介绍一种新的抽样方法，称为**自助法**（Bootstrap），是一种从样本中再抽样来探索原样本的特征，进而推断总体特征的方法. 自助法的关键是利用基于$(X_1,X_2,\cdots,X_n)$的经验分布F_n代替总体分布F_θ，以来自F_n的独立样本$(X_1^*,X_2^*,\cdots,X_n^*)$代替$(X_1,X_2,\cdots,X_n)$，由此构成新的随机变量$R^*=R(X_1^*,X_2^*,\cdots,X_n^*;F_n)$，以$R^*$在$F_n$下的分布作为$J_n(x,F_\theta)$的近似. 自助法是由 B. Efron 在 1979 年[19]首先提出来的.

自助法的特点是利用计算机运算来代替理论分析，因此对于某些问题，如果很难得到理论上的结论，或者理论结果不便于实际使用时，利用自助法将可能得到有一定实际意义的解. 当然，同其他统计方法一样，自助法也有局限性，甚至还有不适用的情况.

一个自助样本是对样本观测值$x_1,x_2,\cdots,x_n$的重复抽样得到的n个观测，并用$\boldsymbol{X}^*=(X_1^*,X_2^*,\cdots,X_n^*)$表示一个自助样本，其中$X_i^*$是某个$x_i$. 由于重复抽样，某些$x_i$可能不出现，而另一些可能出现不止一次. 例如一个$n=7$的自助样本可能是$X_1^*=x_3,X_2^*=x_5,X_3^*=x_1,X_4^*=x_4,X_5^*=x_7,X_6^*=x_4,X_7^*=x_1$. 如果产生了$B$个自助样本，第$b$个样本记为$\boldsymbol{X}^{*b}=(X_1^{*b},X_2^{*b},\cdots,X_n^{*b})$，$b=1,2,\cdots,B$. 每次抽样时抽到任一$x_i$的概率都为$1/n$，记每个$x_i$在自助样本中出现的次数为$r_i$，$r_i$可以是$0,1,\cdots,n$，$\sum_{i=1}^{n}r_i=n$. 因此，每个可能的自助样本出现概率为

$$\Pr\{n(x_1)=r_1,n(x_2)=r_2,\cdots,n(x_n)=r_n\}=\frac{n!}{r_1!\ r_2!\ \cdots r_n!}\left(\frac{1}{n}\right)^n,$$

其中$n(x_i)$表示x_i出现的次数. 这是一个多项分布.

我们将所有可能的自助样本的分布称为**真自助**（True Bootstrap）分布. 由于F_n是离散分布，因此有可能直接计算真自助分布，但有时计算相当复杂，且当样本量n相当大时，直接计算也有些不切实际. 一般利用 Monte－Carlo 抽样，即从所有可能的自助样本中随机地取出相对少量的一部分来进行相应的计算.

对任一自助样本$\boldsymbol{X}^*$，可以得到一个统计量$S(\boldsymbol{X}^*)$，作为总体某个参数或特征θ的估计，即$\theta^*=S(\boldsymbol{X}^*)$. 如果我们正在估计的量是总体分布的均值，统计量就是样本均值，如果估计的是总体分布的中位数，那么$S(\boldsymbol{X}^*)$就是样本中位数. 显然$S(\boldsymbol{X}^*)$作为自助样本的函数，它也是一个随机变量. 当$B\to\infty$时，$S(\boldsymbol{X}^*)$的均值将趋于真自助抽样分布的均值.

如果从分布函数为$F_\theta(x)$的总体X进行抽样，记$\mathrm{E}(X)=\mu$，$\mathrm{Var}(X)=\sigma^2$，$\bar{X}$是大小为n的

随机样本的均值,那么我们知道 $E(\bar{X})=\mu$, $\mathrm{Var}(\bar{X})=\sigma^2/n$, $\sigma/\sqrt{n}$是 $\bar{X}$ 的标准差,即样本均值的标准误差. 实际上 μ 和 σ^2 常常是未知的,若用 $\bar{X}$, S^2 分别作为它们的估计,则样本均值的标准误差的估计为 S^2/n 的算术平方根,即 $S/\sqrt{n}$.

对正态分布 $N(\mu,\sigma^2)$ 总体,若 σ^2 已知,由 $\bar{X}\sim N(\mu,\sigma^2/n)$,均值的标准误差精确地为 $\sigma/\sqrt{n}$;若 σ^2 未知,由定理 1.11 之系 1, $\sqrt{n}(\bar{X}-\mu)/S\sim t(n-1)$. 据此可以推断均值标准误差的某些性质.

对非正态分布,根据中心极限定理, $\bar{X}\sim N(\mu,\sigma^2/n)$ 渐近成立. 虽然这是一个渐近结果,但对中等大小的 n,有时甚至 $n=10$ 这样小值,正态性近似仍是合理的. 注意这种近似只在讨论均值时成立,对其他统计量,如中位数、相关系数等都要求严格的分布假定.

我们举一个简单的例子来说明如何确定自助抽样分布.

例 7.8 对一个大小为 $n=3$ 的样本 (X_1,X_2,X_3),容易写出所有可能的自助样本及相应的概率、每个样本的均值及中位数(称为自助样本的均值及中位数),见表 7.1. 不失一般性,这里假定 $X_1\leqslant X_2\leqslant X_3$. 显然每个自助样本有不同的均值,第 2 列给出的概率分布,不仅是自助样本的,而且也是自助样本均值的分布. 利用离散分布的均值、方差公式,如果将第 3 列的自助样本的均值记为 Y_i,第 2 列的概率记为 p_i,那么容易证明

$$E(Y)=\sum p_iY_i=\bar{X}=\frac{1}{3}(X_1+X_2+X_3),$$

$$\mathrm{Var}(Y)=E(Y^2)-(E(Y))^2=\sum p_iY_i^2-\left(\sum p_iY_i\right)^2=\frac{1}{9}\sum(X_i-\bar{X})^2.$$

因此均值的自助标准误差为 $\sqrt{\mathrm{Var}(Y)/n}=S/\sqrt{n}$,这与前面的结果一致,自助法似乎没有显示什么优点. 但一般地,如果没有对总体分布的假定,就很难得到估计量的标准误差的解析表示,此时自助法就显示出优点了.

表 7.1 自助抽样分布

样本	概率	样本均值	样本中位数
(X_1,X_1,X_1)	1/27	X_1	X_1
(X_1,X_1,X_2)	3/27	$(2X_1+X_2)/3$	X_1
(X_1,X_1,X_3)	3/27	$(2X_1+X_3)/3$	X_1
(X_1,X_2,X_2)	3/27	$(X_1+2X_2)/3$	X_2
(X_1,X_2,X_3)	6/27	$(X_1+X_2+X_3)/3$	X_2
(X_1,X_3,X_3)	3/27	$(X_1+2X_3)/3$	X_3
(X_2,X_2,X_2)	1/27	X_2	X_2
(X_2,X_2,X_3)	3/27	$(2X_2+X_3)/3$	X_2
(X_2,X_3,X_3)	3/27	$(X_2+2X_3)/3$	X_3
(X_3,X_3,X_3)	1/27	X_3	X_3

下面讨论中位数标准误差的自助估计,第 4 列的自助中位数只取三个值: X_1, X_2, X_3. 如 X_1 是样本 (X_1,X_1,X_1), (X_1,X_1,X_2), (X_1,X_1,X_3) 的中位数(假定 $X_1\leqslant X_2\leqslant X_3$). 由第 2 列可算出

总的概率为 1/27 + 3/27 + 3/27 = 7/27. 类似地,中位数取值为 X_2 的概率是 13/27,中位数取值为 X_3 概率是 7/27. 因此若 Y 表示真自助分布的中位数,那么

$$\mathrm{E}(Y)=(7X_1+13X_2+7X_3)/27,$$

$$\mathrm{Var}(Y)=(7X_1^2+13X_2^2+7X_3^2)/27-(7X_1+13X_2+7X_3)^2/729,$$

自助标准误差是这个方差的算术平方根.

当然,不能指望由大小为 $n=3$ 的样本,利用自助法或任何其他方法能对一个总体的均值或中位数作出有意义的推断.

随着 n 增大,如例 7.8 的分析方法立即成为不现实了. 由组合数学知识可知,对大小为 n 的原始样本,共有 $\binom{2n-1}{n}$ 个不同的自助样本,表 7.2 说明这个数如何随 n 而增加,自助样本分布的计算不再那么简单了. 例如,当 n 为奇数时,自助中位数的可能取值为 $X_1,X_2,\cdots,X_n$,尚有相应的计算公式,而当 n 为偶数时,情况就比较复杂了.

表 7.2　相应于不同样本大小的自助样本个数

样本大小	3	4	5	6	10
自助样本个数	10	35	126	462	92 378

现在考虑统计量 $S(\boldsymbol{X}^*)$ 的真自助标准误差. 前面已指出,这只在特殊情况下或对小的 n 值才有可能进行精确的推断. 对给定的 B 个自助样本,用 $S(\cdot{}^*)$ 表示 $S(\boldsymbol{X}^{*b})$ 的均值,即 $S(\cdot{}^*)=\sum_b[S(\boldsymbol{X}^{*b})]/B$,那么真自助标准误差的适当估计,用 $se_B(S)$ 表示,应为

$$se_B(S)=\Big\{\sum_b([S(X^{*b})-S(\cdot{}^*)]^2)/(B-1)\Big\}^{1/2}. \qquad (7.4.1)$$

这是总体标准差的常用估计. 当 $B\to\infty$ 时,$se_B(S)$ 趋于统计量 $S(\boldsymbol{X}^*)$ 的真自助标准差. 实际上只要 n 不是太小,对 B 只有 20 大小,即有较好的近似. 即使对小的 n,当 $B=100$ 时,也可得到统计量 $S(\boldsymbol{X}^*)$ 的标准误差的合理估计.

二、刀切法

无偏性是对估计方法的一个基本要求,在许多统计问题中,常常需要考虑如何得到一个无偏估计或如何减小一个有偏估计的偏. M. H. Quenoulli 于 1949 年[20]提出了一种称为**刀切法**(Jackknife)的估计方法.

设$(X_1,X_2,\cdots,X_n)$是来自某个总体分布为 $F(X;\theta)$ 的随机样本,$\hat{\theta}$ 为基于$(X_1,X_2,\cdots,X_n)$得到的 θ 估计. 令 $\hat{\theta}(i)$ 为删去第 i 个观测后,由余下的 $n-1$ 个观测得到的 θ 估计,$i=1,2,\cdots,n$,用 $\hat{\theta}(\cdot)$ 表示 $\hat{\theta}(i)$ 的平均,即 $\hat{\theta}(\cdot)=\sum_{i=1}^{n}\hat{\theta}(i)/n$,那么 θ 的刀切估计为

$$\theta^+=n\hat{\theta}-(n-1)\hat{\theta}(\cdot), \qquad (7.4.2)$$

$\hat{\theta}$ 的偏的刀切估计为

$$b(\hat{\theta})=(n-1)(\hat{\theta}(\cdot)-\hat{\theta}), \qquad (7.4.3)$$

$\hat{\theta}$ 的标准误差的刀切估计为

$$se(\hat{\theta}) = \{[(n-1)\sum(\hat{\theta}(i) - \hat{\theta}(\cdot))^2]/n\}^{\frac{1}{2}}. \quad (7.4.4)$$

上面的式(7.4.3)说明 $\theta^+ = \hat{\theta} - b(\hat{\theta})$,所以如果 $\hat{\theta}$ 的偏的刀切估计精确地估计了 $\hat{\theta}$ 的偏,那么 θ^+ 是 θ 无偏估计.

许多研究表明刀切法适用于样本均值、方差、次序统计量的某些线性组合、线性回归模型等,但不适于中位数的估计. 此有下例.

例 7.9 考虑由均值为3的指数分布所产生的49个随机数组成的样本,为方便起见,将它们按大小依次排列后,仍记为 x_i,列于下面:

0.034	0.143	0.167	0.180	0.346	0.446	0.558	0.593	0.615	0.648
0.650	0.744	0.853	0.913	0.970	1.003	1.009	1.237	1.436	1.537
1.650	1.669	1.778	1.984	1.995	2.054	2.395	2.458	2.579	2.624
2.726	2.741	2.858	2.877	2.998	3.009	3.124	3.451	3.516	3.540
3.657	3.717	4.097	4.171	4.967	6.469	6.902	7.435	8.023	

由样本中位数定义1.6不难看出,这里的样本中位数为 $x_{1/2}^* = 1.995$. 所有刀切样本的中位数也容易得到:若删除第一个观测值 x_1,刀切中位数是余下48个值的中位数,偶数个观测的中位数为 $x_{1/2}(1) = (1.995 + 2.054)/2 = 2.0245$. 依次删除下一个观测,直到 $x_{24} = 1.984$,得到的刀切中位数都是同一值,即 $x_{1/2}^*(i) = 2.0245, 1 \leqslant i \leqslant 24$. 特别地,删除 x_{25} 后的刀切中位数是 $x_{1/2}(25) = (1.984 + 2.054)/2 = 2.019$. 类似地,从删除 x_{26} 开始,直到删除最后一个观测值,都有相同的刀切中位数 $x_{1/2}^*(i) = (1.984 + 1.995)/2 = 1.9895, 26 \leqslant i \leqslant 49$. 故它们的平均 $x_{1/2}^*(\cdot) = 2.0072$. 由式(7.4.4),$se(x_{1/2}^*) = 0.1204$. 另一方面,由定理1.5可知,对已知总体分布的大小为 n 的随机样本,中位数估计的标准误差为 $se(x_{1/2}^*) = (4nf^2)^{-1/2}$. 此处,$f$ 是指数分布密度函数在 $x_{1/2}^*$ 处的值,$f = 0.1667, n = 49$,故 $se(x_{1/2}^*) = 0.4285$. 两者相差甚远,原因在于刀切中位数只取相邻的三个数,且其中的两个几乎重复了一半,它缺乏变异,得到的是标准误差的不足估计.

这就给出一个警告,即使是使用基于数据的分析方法,也必须注意使用条件. 此例中如果使用刀切法估计均值的标准误差,不会产生上述问题,因为对每个被删除的观测,其刀切均值都不会相同.

R 中有专用于自助法及刀切法的软件包 boot 及 bootstrap,有兴趣的读者可以自行了解它们的功能及使用方法.

习题 7

7.1. 对例7.1中不同年代发表在某学术期刊上论文引用的参考文献数据,做两样本的 t 检验. 如果删除72及59两个异常值,再做一次两样本 t 检验,并比较所得的结果.

7.2. 从 $N(4,9)$ 分布产生12个随机数,从 $N(5,16)$ 分布产生4个随机数,然后将它们合并在一起,假定前一个样本认为是好的,而后一个样本认为是污染的. 利用本章介绍的各种合适的方法,估计好样本所在总体的均值.

7.3. 对以下数据集 $-1\,279, 433, -229, 8\,883, 754, 348, -354, 11, 555, 0, 74, -102$，求它们的切尾均值、Winsor 化均值，并利用自助法估计中位数.

7.4. 计算例 7.7 中三个数据集的残差及标准化残差.

7.5. 下面的数据是研究注射预防疫苗与肠虫之间的关系，利用 t 检验以及自助法说明注射预防疫苗能否减少肠虫个数.

没有注射： 22 21.5 30 23

注射： 21.5 0.75 3.8 29 2 27 11 23.5

7.6. 下表是 F. J. Anscombe(1973) 在论文 Graphs in statistical analysis 中给出的数据，对数据集 $D_1=(x_1,y_1)$，$D_2=(x_1,y_2)$，$D_3=(x_1,y_3)$，$D_4=(x_2,y_4)$，进行一元线性回归分析.

(1) 写出经验回归方程，以及方差、复相关系数的估计；

(2) 描出散点图；

(3) 用删除数据法进行异常值检验；

(4) 描出残差图.

	x_1	y_1	y_2	y_3	x_2	y_4
1	10.00	8.04	9.14	7.46	8.00	6.58
2	8.00	6.95	8.14	6.77	8.00	5.76
3	13.00	7.58	8.74	12.70	8.00	7.71
4	9.00	8.81	8.77	7.11	8.00	8.84
5	11.00	8.33	9.26	7.81	8.00	8.47
6	14.00	9.96	8.10	7.84	8.00	7.04
7	6.00	7.24	6.13	6.08	8.00	5.25
8	4.00	4.26	3.10	5.39	19.00	12.05
9	12.00	10.08	9.13	8.15	8.00	5.56
10	7.00	4.82	7.26	6.42	8.00	7.91
11	5.00	5.68	4.74	5.73	8.00	6.89

附录 R简介

1 R简介及其安装

R是由新西兰 Auckland 大学 Ross Ihaka 和 Robert Gentleman 建立的统计分析及图形处理软件. R也是 AT&T 贝尔试验室创建的 S 语言的民用版本,而 S-Plus 是 Insightful 公司的商业化软件. R是在 GNU general publiclicence 下自由发行的,允许免费使用,且源代码完全开放. 它的发展、维护及版本发行由几个统计学家组成的 R 发展核心小组负责.

R软件包的强大是因为有许多不同领域的学者无私奉献了自己编写的包,且几乎都是免费的. 软件包有源代码和二进制文件两种形式. R 的源代码一般以 tar. gz 作后缀名,主要用 C 语言编写,也有一些程序用 Fortran 编写。源代码主要为 Unix 和 Linux 用户服务. 二进制文件以 zip 作为后缀名. 对于 Windows 用户,安装 R 及各种包最好下载二进制文件. 所有包的各种文件及安装说明都可以从 CRAN(Comprehensive R Aechive Network)——http://cran. r-project. org 免费下载得到. 安装 R 如同一般的 Windows 软件,回车即可. 双击 Rgui. exe 或者桌面快捷方式,在图形窗口单击 packages→Installpackages from local zip files,在弹出的对话框中选择已下载包的 zip 文件就可以安装该包. 也可以在图形窗口单击 packages→Install packages from CRAN,直接从网络安装.

有许多 R 函数用于图形处理,并且保存为各种格式,如 jpg、png、bmp、ps、pdf、emf、pictex、xfig 等.

R 语言允许将不同的统计函数合并成一个复杂函数以完成高级功能,即可以二次开发. 许多统计学家使用 S 语言编写函数,而用 S 编写的函数大部分可以直接在 R 中运行,这给 R 用户带来很大的便利.

与传统软件直接显示统计分析结果有所不同,R 以对象储存结果,即许多结果可以储存到一个文件内,便于以后深入分析. 所以当 R 的统计分析已经完成时,也许没有显示任何结果,实际上用户可以任意提取自己感兴趣的部分结果.

R 的内容十分丰富,任何一本有关 R 的教材或手册都不可能列出所有细节,在 R 中可以用 HTML 浏览器查询帮助文件(用 help. start()函数). 所以熟悉系统的帮助功能,对掌握 R 语言是必不可少的. 只有打开计算机,用你的双手敲打键盘,做你想做的统计分析,作出各种各样的图表,才能真正掌握 R 的功能.

本书只介绍 R2. 0. 1(2004. 11. 15)的最基本功能,而不能作为全面了解 R 的手册. 希望读者能从此开始逐步熟悉 R,通过实际使用,深入了解 R 的多项功能. 目前,R 包含了不少于 600 个软件包,每个软件包都有专门的功能,或者说在当前统计研究的各个领域中,凡牵涉到统计计算的,几乎都配有专用的包. 例如许多有关自助法计算问题都可从 boot 及 bootstrap 包中找到相应的函数;有关广义线性模型的计算,glm 包内有许多所需的函数. 关于 R 的详细介绍,读者可参阅文献[21]、[22].

2 R 的使用

有许多不同方法,包括从系统菜单、双击图标或从系统命令 R,都可以进入 R. 假如在你的计算机上已经安装了包 stats,这是常用统计功能包. 执行命令

```
> library(stats)
```

将包中程序调入内存就可以使用这个包了. 屏幕上的" >"是提示符(prompt),表示正等待用户输入命令. R 是问答式的工作,当你输入一个命令,并按回车键后,即刻给出回答.

在 R 中可以用 help(函数名),或用"?"后跟要查询的函数,显示帮助信息,但只搜索已装入内存的包(缺省). 例如要查询自助抽样函数 boot,将 boot 用撇号括起来:

```
> help("boot")
```

No documentation for 'boot' in specified packages and libraries:you could try 'help. search("boot")'
回答在已装入内存的包中没有找着. 用

```
> ? boot
```

有完全相同的效果. 如果让选项 try. all. packages 取值 TRUE,则允许搜索所有已安装的包:

```
> help("boot",try. all. packages = T)
Help for topic 'boot' is not in any loaded package but can be found in the following packages:
Package    Library
boot       C:/PROGRA~1/R/rw2001/library
```

结果在包 boot 中找到函数 boot.

函数 apropos 能在已装入内存的包中找到所有名字含有参数字符的函数,如

```
> apropos(help)
[1] ".helpForCall"    "help"    "help. search"    "help. start"
[5] "link. html. help"
```

可用函数 q()或菜单命令退出 R. 在退出 R 时,系统提问是否保存当前工作空间,如果回答是,则可以把当前定义的所有对象(有名字的向量、矩阵、列表、函数等)保存到一个文件. 函数 ls()(list)给出所有已保存在工作空间的对象名,如果想从工作空间去掉某些对象,只要运行 rm()(remove)即可.

在命令行直接输入函数程序或者一个很大的数据集合是很不方便的,我们可以打开一个其他编辑程序(如 Windows 的记事本),输入希望定义的函数或数据集合,并保存文件,比如存在c:\work\myprog. r 中,然后用 source 函数运行它:

```
> source("c:/work/myprog. r")
```

实际上,任何 R 程序都可以先用某种方式编辑好后再运行,这与在命令行直接输入有一样的效果. sink()函数可以把输出从屏幕窗口转到一个外部文本文件,例如用命令:

```
> sink("c:/work/myprog. out")
```

使输出转到文件 myprog. out. 要恢复输出到屏幕窗口,使用下面的命令:

```
> sink()
```

3 R 语言基础

本书只给出 R 语言的最基本的概念,这是作为 R 用户必须了解的.

3.1 表达式与对象

计算一个表达式(Expression)是计算机的基本功能之一. 当 R 用户输入一个表达式后,系统计算这个表达式,并返回结果. 但有些表达式可能只是创建一个图形窗口;有些可能是将结果写入一个文件,是看不见的输出结果;有时也可能是 NULL. R 是一种表达式语言,任何一个语句都可以看成是一个表达式. 表达式之间以分号或换行分隔. 表达式可以续行,只要前一行不是完整表达式(比如末尾是加减乘除等运算符或有未配对的括号)则下一行为上一行的继续. 若干个表达式放在一起组成一个复合表达式,复合表达式用配对的大括号表示.

R 是基于对象(Object)的语言,R 语言表达式可以使用常量和变量. 常量分为数值型(Numeric)、字符型(Character)与逻辑型(Logical). 变量名由字母、数字、句点组成,第一个字符必须是字母;长度没有限制;大小写是不同的,所以 x 和 X 是不同的名字. 注意,实心句点可以作为名字的合法部分.

R 的对象包含若干个元素,元素的个数叫做对象的长度(Length),元素的共同类型叫做对象的模式(Mode). 另外,对象还可以包含一些特殊数据,称为属性(Attribute),如列表的每一个成员(元素)都可以有变量名,这些变量名组成的字符型向量为此列表的 names 属性. 最基本的数据是一些类型(Class),如向量(Vector)、矩阵(Matrix)、数组(Array)、列表(List)等. 更复杂的数据用对象表示,比如数据框对象(Data Frame)、时间序列对象、模型对象、图形对象等等.

3.2 向量与赋值

向量是原子结构,可以是逻辑型、整数型、双精度型、复数型、字符型等,具有一定模式. 标量是长度为 1 的向量. 我们以第 1 章例 1.5 中生铁的锰含量数据 Mn 为例来说明向量赋值运算:

```
Mn <— c (1.40, 1.28, 1.36,…)
```

为节省篇幅,我们没有写出所有数据. 符号组合 <—是赋值运算符号,函数 c()的功能是将数据组合为一个向量. 下列括号中给出的几个函数,它们分别计算数据向量的均值(mean)、标准差(sd)、中位数(median)、最小值(min)、最大值(max),而函数 hist(Mn)绘制数据的直方图,即图 1.1.

向量的赋值还可用以下方式:

```
> x1 <— 0:10
> x2 <— pi^2 * x1
> y <— cos(x2)
```

这里 0:10 表示一个从 0 到 10 的等差数列向量,默认增量为 1. 从第二个语句看出,我们可以对向量直接进行四则运算,得到的 x2 是向量 x1 的元素乘以常数 π^2 的结果(R 规定 pi 表示常数 π). 第三个语句表示向量可以作为函数的自变量,并输出一个向量,y 的每一个分量是 x2 的每一个分量的余弦函数值.

+, -, *, /, ^ 分别为四则及幂运算符,而 ==, !=, <, >, <=, >= 分别表示相等、不相等、小于、大于、小于等于、大于等于,是逻辑运算符.

除了数值向量,还有字符型向量与逻辑向量. 元素可以取字符串值的向量组成字符型向量,字符型向量用符号" "表示. 命令

```
> c("Zhang","Wang","Li","Zhao")
[1] "Zhang"   "Wang"   "Li"   "Zhao"
```

组成一个字符型向量. 函数 paste 把自变量连成一个字符串,例如

```
> paste("Department","of","Mathematics")
[1] "department of mathematics"
```

逻辑真值是 TRUE 或 T,逻辑假值为 FALSE 或 F. 逻辑向量是一个比较的结果,逻辑运算符分别为:(&)与、(|)或、(!)非.

R 中的数据可以取缺失值,用符号 NA 代表. 函数 is. na(x)返回 x 是否缺失值(真还是假).

3.3 函数与参数(自变量)

R 中许多命令是利用函数调用来完成的,如通常的指数函数 exp(x)那样的命令. R 中函数定义的一般格式为

函数名 <—function(参数表)表达式

函数体为一个复合表达式,各表达式之间用换行或分号分开. 例如函数

```
> fadd <—function(x, y) x + y
```

是两个虚参数 x 和 y 的加法运算. 就像调用一个数学函数那样简单地调用,而且调用方式很灵活. 如果用它计算 10 + 5,可以有多种调用方法,如 fadd(10,5)是按次序结合实参与虚参;fadd(x = 10,y = 5),fadd(y = 5,x = 10),fadd(y = 5,10)是按指定虚参名结合,即实参先与指定了名字的虚参结合,对没有名字的,则按次序与剩下的虚参结合.

但当有许多参数时,这不是一种好方法,因为你必须为每个参数赋值,记住它们的位置. 为避免上述麻烦,R 在调用函数时可以不给出所有实参,只需要为虚参指定缺省值. 例如将上面的函数改写为

```
fadd <—function(x,y = 0) x + y
```

除了以上调用外,还可以用 fadd(10),fadd(x = 10)等方式调用,在标准情况下只需出没有缺省值的实参.

3.4 矩阵与数组

数组具有维数属性(维数向量),是按列排序的元素组合. 向量和矩阵是数组的特殊形式,分别称为一维数组和二维组,R 称更高维数组为 array. 函数 matrix( )用来定义矩阵,完全格式为:

```
matrix(data = NA, nrow = 1, ncol = 1, byrow = FALSE,dimnames = NULL)
```

其中 data 为数组的数据向量(缺省值为缺失值 NA), nrow 为行数;ncol 为列数;byrow 表示数据填入矩阵时按行次序还是列次序(注意缺省情况下按列次序). dimnames 缺省是空值,否则是一个长度为 2 的列表,列表的第一个成员是长度与行数相等的字符型向量,表示每行的标签,列表的第二个成员是长度与列数相同的字符型向量,表示每列的标签. 例如,为了定义一个 2 行 6 列,由 1 到 12 按行次序排列的矩阵,可以用命令:

```
> b <— matrix(1:12, nrow =2, byrow = T)
> b
      [,1] [,2] [,3] [,4] [,5] [,6]
[1,]     1    2    3    4    5    6
[2,]     7    8    9   10   11   12
```

一般将数组看成有多个下标的同类型元素组合. 数组由函数 array( )定义,完全形式为:

```
array(x, dim = length(x), dimnames = NULL)
```

其中 x 是一个表示数组元素值组成的向量; dim 参数省略时作为一维数组(但不同于向量); dimnames 属性可以省略,不省略时是一个长度与维数相同的列表,列表的每个成员为维的名字. 例如可以这样定义数组 a:

```
> a =1:150
> a <— array(a,dim = c(3,5,10))
```

命令

```
> a =1:150
> dim(a) <— c(3,5,10)
```

也生成同样的 $3 \times 5 \times 10$ 数组.

数组的算术运算理解为数组对应元素的运算. 因此矩阵作为特殊形式的数组,对它们进行算术运算首先应遵循数组的运算规则,如果要求进行矩阵乘法,则用运算符% * %,例如 A% * %B 表示矩阵 A 与 B 相乘.

3.5 因子

统计中的变量有三种类型:间隔变量、名义变量和有序变量. 间隔变量(如长度、重量等)取连续的数值,可以进行求和、平均等运算;有序变量(如名次 1、2、3)有次序关系,但没有数量意义;名义变量(如性别、职业)既没有数量意义,也没有次序关系. R 中用因子(factor)来表示后两种变量. factor 是一种特殊的字符型向量,处理属性变量或有序分类变量,具有水平属性类型,由一个整数向量以及对应的水平名字向量组成.

例如用 bad,mid,good,excel4 个等级表示学生的学习成绩,某 5 个学生的成绩依次为 bad, execl,good,good,mid.

```
> rank <— c(1,7,5,5,3)
> frank <— frack(rank leves = seq(1,7,2))
> levels(frank) <—c("bad", "mid", "good","excel")
```

第一行创建一个数值向量 rank,是 5 个学生成绩的编码. 我们希望将它作为分类变量来处理,所以利用函数(factor)创建一个因子 frank,以数字 1,3,5,7 作为编码,这要求对向量 rank 添加一个参数 leves = seq(1,7,2). 最后一行是用 4 个指定的字符串作为类型名. 在 R 命令中,要显示一个表达式的值只要键入它. 键入 frank 看到的结果如下:

```
> frank
[1]bad   excel   good   good   mid
Levels: bad mid good excel
> as. numreic(frank)
[1]1   4   3   3   2
> levels(frank)
[1] "bad"  "mid"  "good"  "excel"
```

函数 as. numeric 用数字 1,2,3,4 提取编码,而不是原来的编码 1,3,5,7,as. numerc 总是从 1 开始的连续整数. levels 则提取水平名.

函数 factor()的一般形式为:

```
factor(x,levels = sort(unique(x),na. last = TRUE),labels, exclude  =  NA,ordered =
    FALSE)
```

其中 x 是一个字符型向量,可以自行指定各水平 levels,不指定时为 x 的不同值. labels 用来指定各水平 levels 的标签,不指定时用各水平 levels 的对应字符串. exclude 指定要转换为缺失值(NA)的元素值集合,如果指定了 levels,则因子的第 i 个元素当它等于水平 levels 中第 j 个时元素值取"j";如果它的值没有出现在 levels 中,则对应因子元素值取 NA. ordered 取真值时表示因子水平 levels 是有次序的(按编码次序). 缺省为 FALSE,按字母次序,见下例.

```
> text. rank  <— c("bad","excel","good","mid")
> factor(text. rank)
[1] bad   excel   good   good   mid
levels:bad excel good mid
```

可以用 is. factor()检查对象是否为因子,用 as. vector()把一个向量转换成因子. 因子的基本统计是频数统计,用函数 tables()计数. 例如

```
> count  <—table(frank)
> count
frank
     bad   mid   good   excel
       1     1     2       1
```

3.6　列表

有时需要把不同的对象组合成一个更大的对象,称为列表,用函数 list 实现. 列表元素格用"列表名[[下标]]"的格式引用. 元素的类型可以是任意对象,不同元素不必是同一类型. 元素本身允许是其他复杂数据类型,甚至也允许是列表. 例如

```
> sam <— list(date = 1.13,condition = "Fog",air = c(38.2,10.3))
```

给出一个长为 3 的列表,每个元素为 sam[[1]],sam[[2]],sam[[3]]而且 sam[[3]]是一个向量,所以 sam[[3]][1]是它的第一个元素.

```
> sam
$ date
[1]1.13

$ coundtion
[1] "Fog"

$ air
[1]38.2 10.3

>sam[[2]]
[1]"Fog"

>sam[[3]][1]
[1]38.2
```

当指定了列表元素的名字时(如 sam 中的 date,condition,air),则可以用元素的名字作为下标,格式为"列表名[["元素名"]]",如

```
>sam[["condition"]]
[1]"Fog"
```

也可以用列表名 $ 元素名,如

```
>sam $ air[1]
[1]38.2
```

其中元素名可以简写,但不能与其他元素名相混,比如 sam $ a 可以代表sam $ air. 编写程序时一般不用这种简写,以保证程序的可读性.

3.7 数据框

数据框是 R 中相应于其他统计软件称为数据矩阵或数据集合的一种数据结构,通常是矩阵形式,但各列可以是不同类型. 数据框每列是一个变量,每行是一个观测. 数据框的更一般定义是一种特殊的列表对象,各列表成员必须是向量、因子、数值型矩阵(有相同长度(行数))、列表或其他数据框. 因此,列表也是一种数据框,数据框的列就是列表的成分. 一般可以把数据框看作是一种推广的矩阵,用矩阵形式显示,用矩阵下标引用方法提取元素.

数据框用 data. frame()函数生成,用法与 list()函数相同. 例如

```
> air <— data.frame(date = c(1.13, 1.16, 1.18,1.19)
+ coundtion = c("Fog","Clear","Cloud","Fog"),
```

```
+ Thion = c(38.2,28.6,63.2,47.1),Oxon = c(10.3,NA,36.4,13.6))
> air
  date condition Thion Oxon
1 1.13       Fog  38.2 10.3
2 1.16     Clear  28.6   NA
3 1.18     Cloud  63.2 36.4
4 1.19       Fog  47.1 13.6
```

当列表成分满足数据框要求时,用 as. data. frame( ) 函数强制转换为数据框. 用 data. frame ( ) 函数将一个矩阵转换为数据框.

数据框的变量可以按列表方法,也可以用"数据框名 $ 变量名"引用. R 中还有函数 attach( ) 将数据框连接入搜索路径表,而函数 detach( ) 取消连接.

3.8 输入输出

函数 print( ) 用作 R 输出,它可以带如下参数:digits = 输出的有效数字位数,quote = 字符串输出时是否带两边的撇号,print. gap = 矩阵或数组输出时列之间的间距.

函数 cat( ) 也用于输出,具有把多个参数连接起来再输出的功能. 例如

```
> cat("i = ", i, "\n")
```

把各项转换成字符串,中间用空格连接起来,然后显示. 使用 cat( ) 时必须加上换行符"\n". 如果使用自定义的分隔符,用 sep = 参数,例如

```
> d <— date()
> cat("Today's date is:", substring(d,1,10), substring(d,25,28),"\n")
Today's date is: Wed Jan 24
```

cat( ) 还可以把结果写到指定文件中,这需指定"file = 文件名",如

```
> cat("i = ", 1, "\n", file ="c:/work/result.txt")
```

如果指定的文件已经存在,则覆盖文件的原来内容. 如果不希望覆盖原文件内容,可加上一个参数 append = TRUE,在文件末尾添加新的输入,保存所有运行结果.

函数 formatC( ) 可以对向量的元素进行格式转换,用 format = 参数指定 C 格式类型,R 规定如下:"d"(整数),"f"(定点实数),"e"(科学记数法),"E","g"(选择位数较少的输出格式),"G","fg"(定点实数但用 digits 指定有效位数),"s"(字符串);width(输出宽度);digits(小数点后的有效位数);flag(输出选项字符串,"-"表示输出左对齐,"0"表示左空白用 0 填充,"+"表示要输出正负号)等等. 例如

```
> formatC(c(2.3, 10000),format ="f",digits =5,flag =" +")
[1] " +2.30000"   " +1000.00000"
```

函数 scan( ) 能从外部文件读入一个数值型向量,如果指定了第一参数 file,则从指定文件读入,文件中各数据以空白分隔,读到文件尾为止. 如果文件是一个用空格分隔的矩阵(或数组),先用函数 scan( ) 把它读入到一个向量,再用函数 matrix( )(或 array( ))转换. 如果要读取一个外部文件中的数据框,可用 R 函数 read. table( ). 比如,文件 c:\work\2. txt 中内容如下

```
1.13     Fog   38.2   10.3
1.16   Clear   28.6     NA
1.18   Cloud   63.2   36.4
1.19     Fog   47.1   13.6
```

用 read. table 读入:

```
> s2 <— read.table("c:/work/2.txt")
> s2
     V1     V2     V3     V4
1  1.13    Fog   38.2   10.3
2  1.16  Clear   28.6     NA
3  1.18  Cloud   63.2   36.4
4  1.19    Fog   47.1   13.6
```

读入结果为数据框. 函数可以自动识别表列是数值型还是字符型,并在缺省情况下把字符型数据转换为因子(加上 as. is = T 可以保留字符型不转换). read. table( ) 自动为数据框变量指定变量名"V1"、"V2"、"V3",指定行名"1"、"2"、"3",也可以用 col. names 参数指定一个字符型向量作为数据框的变量名,用 row. names 参数指定一个字符型向量作为数据框的行名. read. table ( )可以读入带有表头的文件,只要加上 header = TRUE 参数即可. 可用 sep 参数指定表中每行内各项的分隔符. 例如,为了读入如下带有表头的、用逗号分隔的文件"c:\work\3. csv".

```
date   condition   Thion   Oxon
1.13         Fog    38.2   10.3
1.16       Clear    28.6     NA
1.18       Cloud    63.2   36.4
1.19         Fog    47.1   13.6
```

应使用如下语句:

```
> s3 <— read.table('c:/work/3.csv', header = TRUT, sep = ',')
```

s3 与前面的 air 完全相同. 其他用法见帮助文件.

4 程序控制结构

R 语言提供了高级程序语言应该具有的分支、循环等程序控制结构.

4.1 分支结构

分支结构包括以下两种 if 结构:

if (条件) 表达式 1

if (条件) 表达式 1　else 表达式 2

其中的条件为一个标量的真值或假值;表达式可以是一个复合表达式,用大括号围起来. else 缺省时,等价于 else NULL.

在 if 结构中,有两个逻辑运算符号 &&(与)和||(或). 只在左边表达式为真时,&& 才计

算右边的表达式;||表示左边表达式为真时,就不必计算右边表达式了(注意逻辑运算符号 & 和|是向量运算,而 && 和||表示逻辑表达式的运算). 例如只有数值变量且非负时求平方根才有意义,所以需要判断这两个条件为真后,才求平方根.

```
if ( is. numeric(x) && min(x) >0 ) sx <—sqrt(x) else
cat("x must be numeric and all components positive")
```

注意 R 是一种向量语言,几乎所有操作都是对向量进行的. 但 if 结构却是一个例外,它判断标量是否为真.

有多个 if 语句时,else 与最近的一个配对. 可以使用 if … else if … else if … else …的多重判断结构表示多分支. 多分支也可以使用 switch( ) 函数.

4.2 循环结构

由于 R 是一种解释语言,所以循环在 R 中是很慢的,应尽可能避免使用显式循环. 循环结构中常用 for 循环,是对一个向量或列表的逐次处理,格式为

for(variable in sequence)表达式

while 循环是在开始处判断循环条件的当型循环,形如:

while(条件)表达式

当条件是 F 时退出循环.

repeat 循环形如

repeat 表达式

用 break 跳出循环.

在一个 for,while 或 repeat 循环体内,用 next 表达式可以进入下一轮迭代,用 break 跳出循环. 分支和循环结构主要用于定义函数.

例如,用 Newton 法计算 y = 13579 的平方根,在迭代过程中,需要判断前后两次结果之差是否小于事先给定的精度 1e - 10,可用

```
> x <— y/2
> repeat{ x <— (x + y/x)/2
+ if (any( abs(x * x - y) < 1e - 10)) break}
```

或

```
while ( abs(x * x - y) > 1e - 10) x <— (x + y/x)/2
```

当 x 是标量时,条件 abs(x * x - y) >1e - 10 是有效的. 但是当自变量 x 是一个向量时,比较的结果也是一个向量,这时条件无法使用. 在上面例子中,如果 y 是一个向量,可以用

```
if ( any(abs(x * x - y) > 1e - 10)) x <— (x + y/x)/2
```

实际上显式循环在 R 中常常是可以避免的. 例如可以用统计函数 sum,mean 计算一个向量与均值. 对矩阵或更一般的数组可以用 apply 函数. apply 的一般形式为

apply(x,margin,fun,…)

这里 x 是数组,margin 是保持不变的维,fun 是计算的函数. 例如

```
> mm <—matrim(rnorm(12),4)
```

```
> mm
            [,1]        [,2]        [,3]
[1,]   1.40480406   1.1255956  -0.1731354
[2,]  -0.07714062   -7179799   -0.8332410
[3,]   0.50997988  -1.6865900   0.7130922
[4,]   0.52763785   0.5255410   0.3072099
>apply(mm,2,max)
[1]1.4048041 1.1255956 0.7130922
```

用正态随机数发生器 rnorm 产生 12 个随机数,按 4×3 矩阵 mm 显示,最后一个命令是保持 mm 的列(第 2 个下标)不变,结果是长度为 3 的最大值向量.

类似的函数还有 lapply(返回列表(list)),sapply(将结果简化(simplify)为向量或矩阵),tapply(按第 2 个参数所指定的部分,计算函数 fun 的值,返回一个表(table))等函数代替循环.例如计算数据框 air 中每个变量的均值,比较 lapply 与 sapply 的结果.

```
>lapply(air,mean)
$date
[1] 1.165

$condition
[1]NA

$Thion
[1]44.275

$Oxon
[1]NA

Warning message: argunwnt is not numeric or logical: returning NA in: meandefault
(X[[2]],…)
>sapply(air,mean)
  date   condition    Thion   Oxon
1.165          NA   44.275     NA
Warning message: argunwnt is not numeric or logical: returning NA in: meandefault
(X[[2]],…)
```

5 图形

图形是最直观的数据统计分析工具, R 具有很强的图形功能,调用各种 R 函数可作出数据的各种图形,而且同一个绘图函数对不同的数据对象可以作出不同的图形,R 的图形函数分为两类:直接绘制图形并可自动生成坐标轴等附属元素的高级图形函数;可以修改已有的图形或者为绘图规定一些选择项的低级图形函数.高级图形函数总是开始一个新图.

5.1 高级图形函数

最常用的是 plot( )函数,当 x 是一个时间序列对象(时间序列对象用 ts( )函数生成)时, plot(x)绘制时间序列曲线图.当 x 是复数向量时,绘制虚部对实部的散点图. plot(f), plot(d)绘制因子 f 或数据框 d 的图形,视变量类型的不同,它们可能是条形图或盒形图或绘制每两列之间的散点图矩阵.在变量个数不太多时,可以同时看到多个变量的两两关系,变量太多时就难以绘制了.例如对数据框 air 用 plot 函数作出不同的图形.

```
>plot(air[1,],air[,3])
>plot(air[,3])
```

第一个 plot( )绘制 air 中第1,3两列的散点图矩阵,第二个 plot( )绘制 Thion 散点图(纵轴为 Thion,横轴为下标).

hist(x)给出向量 x 的直方图.可以用 nclass = 参数指定分组个数,或者用 breaks = 参数指定分组点向量,缺省时自动分组,如果指定 prob = T,则纵轴显示密度估计.

R 也可以作三维图(persp( ))或等高线图(contour( )).高级图形函数的常用可选参数(自变量)及其意义见表1.

表1 高级图形函数常用选项

add = T	在原图上添加	axes = F	不画坐标轴,用 axis( )函数规定坐标轴的画法
log = "x" log = "y" log = "xy"	把 x 轴、y 轴或两个坐标轴用对数刻度绘制	xlab = "字符串" ylab = "字符串" main = "字符串"	定义 x 轴和 y 轴.缺省时使用对象名
type =	规定绘图方式		
type = "p"	绘点(缺省)	type = "l"	画线
type = "b"	绘点并在中间用线连接(但线与点不相交)	type = "n"	不画任何点、线,只画坐标轴并建立坐标系,便于以后低级图形函数作图
type = "o"	绘点并画线穿过各点	type = "h"	从点到横轴画垂线
type = "s"	阶梯函数;左连续	type = "S"	阶梯函数;右连续

5.2 低级图形函数

高级图形函数只能绘制常见图形,若对图形有某些特殊要求,比如要标出坐标轴的意义,在已有的图上添加曲线,图中的文字注释等等,则要用到低级图形函数,用坐标来指定位置信息.常用的低级图形函数见表2.

表 2　低级图形函数常用选项

points(x,y) lines(x,y) text(x,y, labels, ...)	添加一组点或线,用 plot( ) 的 type = 参数指定绘制方法. 缺省时, points( ) 画点, lines( ) 画线 在 x 和 y 给出的位置标出由 labels 指定的字符串. labels 可以是数值型或字符型的向量
abline(a, b) abline(h = y) abline(v = x) abline(lm. obj)	在当前图形上画一条截距为 a,斜率为 b 的直线 在"h = 参数"处绘制水平线 在"v = 参数"处绘制垂直线 以最小二乘拟合结果 lm. obj 作为参数时,由 lm. obj 的 coefficients 元素给出直线的截距和斜率
polygon(x, y, ...)	以坐标向量 x,y 作为顶点绘制多边形,用"col = 参数"指定颜色填充多边形内部
legend(x, y, legend,...) angle = v density = v fill = v col = v lty = v pch = v	legend 函数用来在当前图形的指定坐标位置绘制图例. 图例的说明文字由向量 legend 提供. 下面的 v 值必须给出,才能确定对什么图例进行说明,v 是长度与 legend 相同的向量 阴影斜角 阴影密度 填充几种颜色 颜色 线型 字符型向量 v 指定描点符号
title(main,sub) axis(side,...)	给出由 main 指定的标题和由 sub 指定的小标题 绘制坐标轴,只用于 axes = F 选项没有给出自动坐标轴情况. side 指定在哪一边绘制坐标轴,取值 1 ~4,用 at = 参数指定刻度位置,用 labels 参数指定刻度处的标签

5.3　图形参数的使用

图形参数用以修改图形设置,包括线型、颜色、图形排列、文本对齐方式等. 每个图形参数都有自己的名字及规定的取值.

图形参数的设置分为永久设置与临时设置. 函数 par 给出永久设置. 在退出前一直保持有效. 临时设置是在图形函数中加入的图形参数,只对此函数起作用. 例如在

```
> plot(x, y, pch ="+")
```

中,图形参数 pch 指定用星号描点,只对这一张图有效. 常用的图形元素见表 3.

表 3. 图形元素

pch ="+" pch =4	描点的符号 pch 的值可以是从 0 到 18 之间的一个数字,意义见表下的注
lty =2 lwd =2 col =2 font =2	线型. 缺省值 lty =1,是实线. 从 2 开始是各种虚线 线的粗细,影响数据曲线的线宽以及坐标轴的线宽 颜色,用于绘点、线、文本、填充区域、图像. 颜色值也可以用"red","blue"等颜色名 字体的整数. font =1 是正体,2 是黑体,3 是斜体,4 是黑斜体
font. axis font,lab font. main font. sub	坐标刻度 坐标轴标签 标题 小标题

续表

adj = -0.1 cex = 1.5	文本相对于坐标的对齐方式.0 表示左对齐,1 右对齐,0.5 居中. 字符放大倍数

注:这里给出从 0 到 18 的 pch 值与其对应的描点符号(见图 1)。

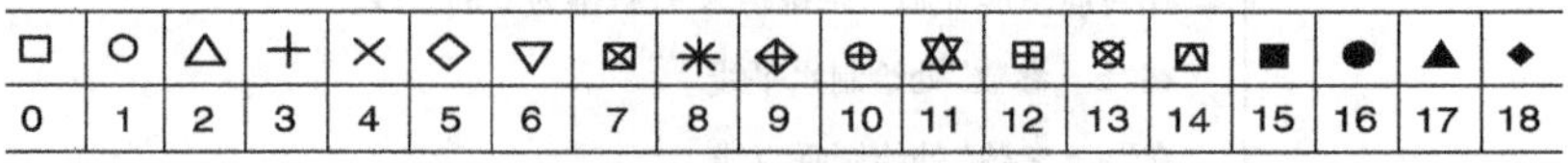

图 1　pch 值与绘点符号

6　常用函数

这里分类列出某些常用的函数,需要时可以参见帮助文件.

6.1　基本函数

6.1.1　数据管理			
vector	向量	numeric	数值型向量
list attributes node	列表 对象属性 对象存储模式	data. frame names typeof	数据框 对象的名字属性 对象类型
length	求长度	subset	求子集
NA c	缺失值 连接为向量或列表	NULL rep	空对象 重复
sort, order, unique, rev	排序	seq, from:to, sequence	等差序列
6.1.2　字符串处理			
character paste	字符型向量 连接	nchar strsplit	字符数 拆分
6.1.3　因子			
factor codes	因子 因子的编码	nlevels levels	因子水平个数 因子各水平名字
aggregate	各数据子集的概括统计量	tapply	计算不规则数组的统计量
6.1.4　转换			
as. numeric as. logical	转换为数值型向量 转换为逻辑型向量	as. character factor	转换为字符串 由向量产生因子
6.1.5　数据框			
data. frame(height = c(150, 190), weight = c(90,65))	两个有名向量的数据框	data. frame(height, weight)	将向量放入数据框
dfr $ var	在数据框 dfr 中选取向量 var	attach(dfr)	将数据框 dfr 放入搜索路经
detach	从搜索路经消去数据框		

续表

6.1.6 提取数据			
x[1] x[c(2,5,7,15)] x[sex =='男'] i <—c(2,5,7,15);x[i]	第1个元素 第2,5,7,15个元素组成的向量 由因子变量提取 由数值变量提取	x[1: 5] x[y <=20] 1 <—(y <=20);x[1]	前5个元素的子向量 由逻辑表达式提取 由逻辑变量提取
m[4,] dfr[dfr $ var <=20,]	第4行 部分数据框	m[3,] subset(dfr,var <=20)	第3行 同左,但比较简单
6.1.7 输入与输出			
data(name)	建立数据集合	scan	外部文件读入到向量
read. table("filename") header = TRUE dec ="," header = TRUE 时 read. csv("filename")	外部文件读入到数据框 第1行是变量名 逗号作为小数点 逗号是分割符	 sep ="," na. strings ="." read. delim("filename")	 逗号作为分割符 缺失值是点 空格分割
print,cat	输出	format,formatc	输出格式
6.1.8 缺失值			
is. na(x)	逻辑向量,当x为NA时为真	complete. cases(x1,x2,...)	同左,用于向量序列
na. rm = ,na. last = , na. prin = , na. strings = , na. action =	用于与缺失值NA有关的函数中	na. fail, na. omit, na. exclude	用于与缺失值NA有关的函数中

6.2 数学函数

6.2.1 运算			
+, -, *, / %%	四则运算 整数除法	^ %/%	幂运算 整数除法的余数
max sum	最大值 向量元素的和	min prod	最小值 向量元素的积
sort	排序	sign	符号函数
6.2.2 逻辑运算与关系运算			
<,>,<=,>=,==,!= logical is. na(x)	比较运算符 生成逻辑向量 是否缺失	!,&,&&,|,||,xor() all,any	逻辑运算符 逻辑向量,都为真或存在真
6.2.3 数学函数			
abs log	绝对值 对数函数	sqrt exp	平方根 指数函数
sin,cos,tan,asin,acos,atan	三角函数	sinh, cosh, tanh, asinh, acosh,atanh	双曲函数
beta	贝塔函数	gamma	伽马函数
polyroot	多项式求根	poly	正交多项式

6.2.4 数组与矩阵			
array	建立数组	matrix	生成矩阵
mat. or. vec	生成矩阵或向量	data. matrix	把数据框转换为数值型矩阵
t	矩阵转置	% * %	矩阵乘法
crossprod	矩阵交叉乘积(内积)	scale	矩阵尺度化
diag	由矩阵的对角元素向量生成的对角矩阵	lower. tri	矩阵的下三角部分
row	行下标集	col	列下标集
rownames	行名	colnames	列名
cbind	把列合并为矩阵	rbind	把行合并为矩阵
aperm	数组转置	outer	数组外积
nrow	计算数组的行数	kronecker	数组的 Kronecker 积
ncol	计算数组的列数		
sweep	计算数组的概括统计量	aggregate	计算数据子集的概括统计量
dim	对象的维向量	dimnames	对象的维名
6.2.5 线性代数			
svd	矩阵的奇异值分解	eigen	特征值分解
chol	Cholesky 分解	qr	QR 分解
solve	解线性方程组或求逆矩阵	backsolve	解上三角或下三角方程组

6.3 程序设计函数

6.3.1 控制结构			
if, else, ifelse, switch	分支结构	for, while, repeat, break, next	循环结构
6.3.2 程序设计函数			
function	函数定义	Recall	递归调用
source	调用文件	call	调用函数
stop	终止函数执行	menu	选择菜单
6.3.3 输入输出			
cat, print	显示对象	sink	输出到指定文件读入
dump, save, dput, write	输出对象	scan, read. table, load, dget	
6.3.4 工作环境			
ls, objects	显示对象列表	rm, remove	删除对象
quit	退出系统	options	系统选项
?, hlep	帮助功能	data	列出数据集

6.4 统计计算函数

6.4.1 统计分布

每一种分布都有四个函数：d(density)密度函数，p(probability)——分布函数，q(quantiles)——分位数函数,r(random)——随机数.每一种分布有自己的分布名,如正态(normal)分布的分布名为 norm. 这两者的组合便构成一个分布的四种函数. 例如,正态分布的这四个函数分别为 dnorm,pnorm,qnorm,rnorm. 其余分布完全类似,只要在相应的分布名之前加上 d、p、q 或 r 就构成适当的函数名. 以下列出各分布名.

norm	正态分布	t	*t* 分布	f	F 分布
chisq	卡方分布	unif	均匀分布	exp	指数分布
weibull	威布尔分布	gamma	伽马分布	beta	贝塔分布
lnorm	对数正态分布	logis	逻辑分布	cauchy	柯西分布
binom	二项分布	geom	几何分布	hyper	超几何分布
nbinom	负二项分布	pois	泊松分布	signrank	符号秩分布
wilcox	秩和分布	tukey	*t* 化极差分布		

6.4.2 简单统计量

sum	求和	mean	均值
var	方差	sd	标准差
min	最小值	max	最大值
range	极差	median	中位数
IQR	四分位间距	quantile	分位数
sort,order	排序	rank	极差

6.4.3 统计检验

oneway. test	单因素方差分析	binom. test	精确的二项检验
t. test	正态分布均值的 *t* 检验	fisher. test	Fisher 精确检验
mcnemar. test	McNemarχ^2 检验	chisq. test	Pearson 的 X^2 检验
prop. test	比率的检验	prop. trend. test	比率的趋势检验
friedman. test	Friedman 秩和检验	kruskal. test	Kruskal-Wallis 秩和检验
pairwise. prop. tes	比例的成对比较检验	pairwise. wilcos. test	成对 Wilcoxon 秩和检验
pairwise. t. test	成对比较的 *t* 检验	mood. test	Mood 两样本检验
ks. test	K-S 检验	shapiro. test	Shapiro-Wilk 正态性检验
bartlett. test	Bartlett 方差齐性检验		

6.4.4 多元分析

cor,cov. wt,var	协方差阵及相关阵计算	cancor	典型相关
princomp	主成分分析	hclust	谱系聚类
kmeans	k-均值聚类	mahalanobis	mahalanobis 距离

6.4.5 时间序列

ts	时间序列对象	diff	计算差分
time	时间序列的采样时间	window	时间窗

6.4.6 统计模型

lm	线性模型	glm	广义线性模型
anova	方差分析		

7 举例

这里比较详细地给出第 4 章例 4.8 的统计计算分析,为方便起见,以下所引用的公式均指

第4章的,假定数据文件 example2. txt 存于 d:中,并用多元线性回归模型(lm)进行拟合

```
> read.table("d:/example2.txt",col.names = c("x1","x2","x3","x4","y"))-> ex
> attach(ex)
> heat <-lm(y ~ x1 + x2 + x3 + x4)
```

函数 lm 的变量是一个模型表达式,符号"~"后跟描述变量,返回的是一个模型对象.

```
heat

> heat

Call: lm(formula = y ~ x1 + x2 + x3 + x4)

Coefficients:
(intercept)        x1        x2        x3         x4
62.4054       1.5511    0.5102    0.1019     -0.1441
```

这是例4.8 中给出的最后结果,更多的输出需用提取函数 summary.

```
> summary(heat)

Call:lm(formula = y ~ x1 + x2 + x3 + x4)

Residuals:
     Min         1Q     Median         3Q        Max
 -3.1750    -1.6709     0.2508     1.3783     3.9254

Coefficients:
             Estimate  Std. Error  t value  Pr( >|t|)
(Intercept)  62.4054    70.0710    0.891    0.3991
x1            1.5511     0.7448    2.083    0.0708
x2            0.5102     0.7238    0.705    0.5009
x3            0.1019     0.7547    0.135    0.8959
---
Signif. codes:0'*** 0.001 '** '0.01 '** '0.05 '.'0.1 '1
Residual standard error:2.446 on 8 degrees of freedom
Multiple R-Squared: 0.9824,      Adjusted R-squared:0.9736
F-statistic:111.5 on 4 and 8 DF, p-value: 4.756e-07
```

从残差项(Residuals)能大致了解残差情况,这里给出了残差的最小值(Min)、四分之一分位数(1Q)、中位数(Median)、四分之三分位数(3Q)及最大值(Max). 按残差的定义及式(4.3.16)可知,均值应该是零,故中位数应当离0不远;最大值与最小值的绝对值也应大致相等,现

在稍有些正偏.

在系数项(Coefficients),除了已经给出的回归系数估计值(Estimate)以外,还有估计量的标准误(Std. Error). 在正态性假定下,由最小二乘估计性质7可知,$\hat{\beta}_i \sim N(\beta_i, \sigma^2 c_{ii})$,其中 c_{ii} 是 $\boldsymbol{S}^{-1} = (\boldsymbol{X}^{\mathrm{T}}\boldsymbol{X})^{-1}$ 的对角元素. 因此,$\hat{\beta}_i$ 的标准误为 $se(\hat{\beta}_i) = \sqrt{\hat{\sigma}^2 c_{ii}}$. 这个结果将用于计算参数的置信区间及回归系数的显著性检验. 而 t 值是按式(4.4.10)计算的,现在也可写成 $t_i = \hat{\beta}_i / se(\hat{\beta}_i)$. 最后一项为 p 值,意义如表头所示. 检验结果只有 x_1 的 p 值小于0.1($x1$ 所在行的最后". ",表示 $0.05 < p < 0.10$),其余自变量的影响均不显著.

分析最后三行给出的结果,残差标准误实际上就是残差方差的估计值 $\sqrt{\dfrac{Q_e}{n-k-1}}$,此处为2 446,自由度为8. 很大的 R^2 及 F 统计量值都说明应当认为回归方程或线性模型是显著的. 特别是全相关系数 R^2 很大,此处为0.9824,说明 y 与所有自变量(x_1, x_2, x_3, x_4)之间有很强的线性相关性,但与每个自变量的线性相关性却不强. 需要进一步分析出现这种结论似乎矛盾的原因.

仔细研究4个自变量,不难发现它们的化学成分有紧密联系:都含有Cao;x_1, x_2 所含的成分与 x_3, x_4 差不多. 考虑到 x_1, x_2 系数的 p 值较小,它们与 y 的线性相关关系更强,如果在建模时剔除 x_3, x_4,也许会有较好的结果.

```
> summary(lm(formula = y ~ x1 + x2))

Call:lm(formula = y ~ x1 + x2)

Residuals:
    Min       1Q   Median      3Q     Max
 -2.893   -1.574   -1.302   1.362   4.048

Coefficients:
              Estimate  Std. Error  t value  Pr(>|t|)
(Intercept)   52.57735     2.28617    23.00  5.46e-10  ***
x1             1.46831     0.12130    12.11  2.69e-10  ***
x2             0.66225     0.04585    14.44  5.03e-08  ***
---
Signif. codes:0 '***'  0.001 '*' 0.05 '.' 0.1 ''1

Residual standard error:2.406 on 10 degrees of freedom
Multiple R-Squared: 0.9787,     Adjusted R-squared: 0.9744
F-statistic: 229.5 on 2 and 10 DF, p-value:4.407e-09
```

现在所有变量都高度显著,即p值很小(<0.001),且回归方程也是高度显著的,残差标

准误也认 2.446 减少到 2.406，这个模型应该是较好的.

下面是回归诊断的内容. 诊断的最基本工具是残差，函数 summary 给出了有关残差的部分结果，函数 fitted(heat)，resid(heat)分别给出拟合值(预测值)和残差.

作拟合值对残差的散点图：

```
> plot(fitled(heat),resid(heat))
```

得到图 2，我们没有发现任何趋势. 由此该点的正态性假定是合适的. 考虑残差的正态 qq 图：

```
> qqnorm(resid(heat))
```

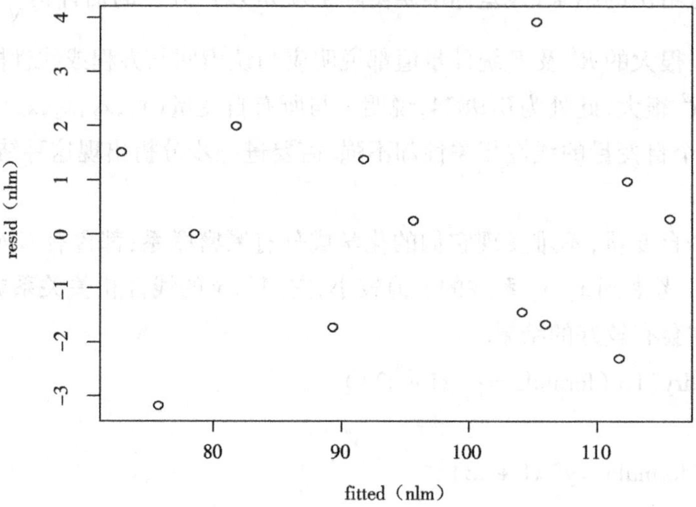

图 2　拟合值对残差的散点图

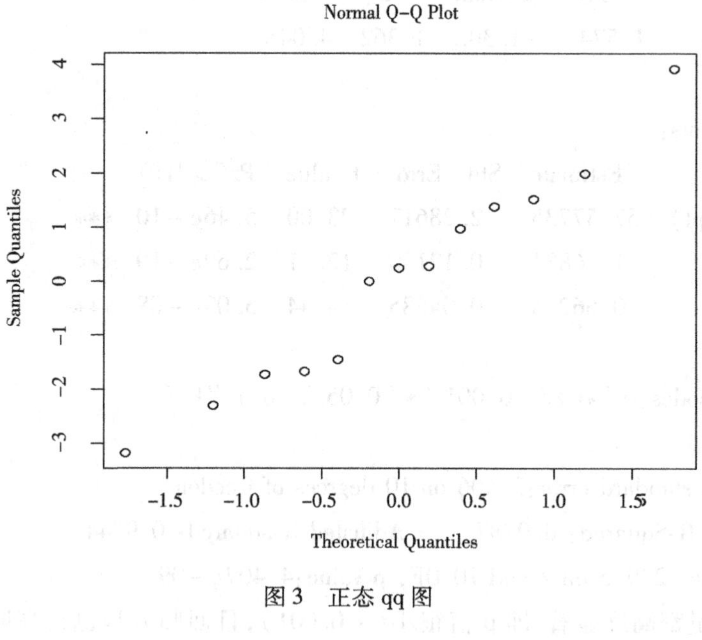

图 3　正态 qq 图

图3 正态 qq 图呈现较好线性，也说明可以接受正态性假定.

函数 lm. influence 用作影响分析，得到的结果如下：

```
> lmflu <—lm. influence(heat)
> lmflu

$ hat
        1          2          3          4          5          6          7
0.5502848  0.3332428  0.5769425  0.2952367  0.3576014  0.1241561  0.3670765
        8          9         10         11         12         13
0.4085396  0.2943053  0.7004028  0.4255083  0.2629830  0.3037204

$ coefficients

    (Intercept)            x1            x2            x3            x4
1   -0.07973113  0.0006153705   0.000864575  0.0005629208  0.0009232008
2   14.39767055 -0.1880585733  -0.144478544 -0.1662879523 -0.1301946588
3  -76.18082465  0.7637150888   0.777934993  0.8118403135  0.7721072145
4  -16.93202917  0.1353550409   0.183354112  0.1706373644  0.1632029211
5   -1.40967071  0.0022216371   0.018382840  0.0020023660  0.0171449822
6   11.34659891 -0.0784363375  -0.114106655 -0.1139646543 -0.1193543726
7    3.88835404 -0.0036965105  -0.053509990 -0.0427562175 -0.0318972796
8   25.15994707 -0.3286368425  -0.223615675 -0.4167745402 -0.2482555636
9   18.07629494 -0.2028267313  -0.182418961 -0.1762119346 -0.1851532436
10  -3.95675443  0.0927976921   0.031932674  0.0635023549  0.0350524933
11 -22.67952247  0.2789309289   0.213430781  0.3456003286  0.2173297850
12 -10.04187296  0.1062712522   0.107887579  0.1018988807  0.0985334752
13  24.53460350 -0.2192012033  -0.274451809 -0.2144492288 -0.2470894802

$ sigma
       1        2        3        4        5        6        7        8
2.614891 2.519595 2.427932 2.496603 2.612217 2.079499 2.522693 2.098304
       9       10       11       12       13
2.540289 2.607655 2.419079 2.579566 2.399509

$ wt. res
```

1	2	3	4	5
0.004760418	1.511200700	-1.670937532	-1.727100255	0.250755562
6	7	8	9	10
3.925442702	-1.448669087	-3.174988517	1.378349477	0.281547999
11	12	13		
1.990983571	0.972989035	-2.294334073		

这里 hat 给出的是帽子矩阵，即式(4.3.21)定义的 $\mathscr{L}(\boldsymbol{X})$ 空间上的投影阵 $\boldsymbol{P}=\boldsymbol{X}(\boldsymbol{X}^{\mathrm{T}}\boldsymbol{X})^{-1}\boldsymbol{X}^{\mathrm{T}}$ 的对角元素组成的向量. 由式(4.3.17)，$\mathrm{Var}(\hat{\varepsilon}_i)=\sigma^2(1-p_{ii})$，其中 p_{ii} 是帽子矩阵 $\boldsymbol{P}$ 的第 i 个对角元素. 可见 p_{ii} 越大，$\mathrm{Var}(\hat{\varepsilon}_i)$ 越小，特别当 $p_{ii}=1$ 时，$\hat{\varepsilon}_i=0$，即 $y_i=\hat{y}_i$. 这说明 p_{ii} 很大时，无论观测值 y_i 如何，总有 $\hat{y}_i\simeq y_i$，即 (x_i,y_i) 具有把回归直线拉向自己的作用. 这样的点对回归系数的估计影响很大，称为高杠杆点(leverage). 一般认为当 p_{ii} 是 k/n 的 2 ~ 3 倍时就是大值了，对应的 (x_i,y_i) 就是高杠杆点. 此处，最大值为 0.7，第 10 次观测有可能是高杠杆点.

Coefficients 是一个 13×5 矩阵，第 i 行表示去掉第 i 次观测再进行回归分析((7.3.1)模型)时，引起的回归系数估计量的变化 $\hat{\beta}-\hat{\beta}(i)$（式(7.3.2)）. 显然，第 10 行的数值并不很大，所以可以排除 (x_{10},y_{10}) 是高杠杆点. 实际上，第 3 行的数值比较大，即 (x_3,y_3) 对回归系数估计的影响较大，倒是应注意的.

向量 sigma 的第 i 个元素是去掉第 i 次观测再进行回归分析时，残差标准差的估计 $\hat{\sigma}(i)$（式(7.3.3)），因此为了减小残差的方差，去掉第 6 次观测再进行回归分析时，残差标准差是最小的，只有 2.08. 而向量 wt. res 是去掉第 i 次观测再进行回归分析时的加权残差向量.

附表

附表1　正态分布函数表

$$\Phi(x)=\frac{1}{\sqrt{2\pi}}\int_{-\infty}^{x}e^{-\frac{t^2}{2}}dt$$

x	$\Phi(x)$	x	$\Phi(x)$	x	$\Phi(x)$
0. 00	0. 500 000	1. 05	0. 853 141	2. 10	0. 982 136
0. 05	0. 519 939	1. 10	0. 864 334	2. 15	0. 984 222
0. 10	0. 539 828	1. 15	0. 874 928	2. 20	0. 986 097
0. 15	0. 559 618	1. 20	0. 884 930	2. 25	0. 987 776
0. 20	0. 579 260	1. 25	0. 894 350	2. 30	0. 989 276
0. 25	0. 589 706	1. 30	0. 903 200	2. 35	0. 990 613
0. 30	0. 617 911	1. 35	0. 911 492	2. 40	0. 991 802
0. 35	0. 636 831	1. 40	0. 919 243	2. 45	0. 992 857
0. 40	0. 655 422	1. 45	0. 926 471	2. 50	0. 993 790
0. 45	0. 673 645	1. 50	0. 933 193	2. 55	0. 994 614
0. 50	0. 691 463	1. 55	0. 939 429	2. 60	0. 995 339
0. 55	0. 708 840	1. 60	0. 945 201	2. 65	0. 995 975
0. 60	0. 725 747	1. 65	0. 950 528	2. 70	0. 996 533
0. 65	0. 742 154	1. 70	0. 955 434	2. 75	0. 997 020
0. 70	0. 758 036	1. 75	0. 959 941	2. 80	0. 997 445
0. 75	0. 773 373	1. 80	0. 964 070	2. 85	0. 997 814
0. 80	0. 788 145	1. 85	0. 967 843	2. 90	0. 998 134
0. 85	0. 802 338	1. 90	0. 971 283	2. 95	0. 998 411
0. 90	0. 815 940	1. 95	0. 974 412	3. 00	0. 998 650
0. 95	0. 828 944	2. 00	0. 977 250		
1. 00	0. 841 345	2. 05	0. 979 818		

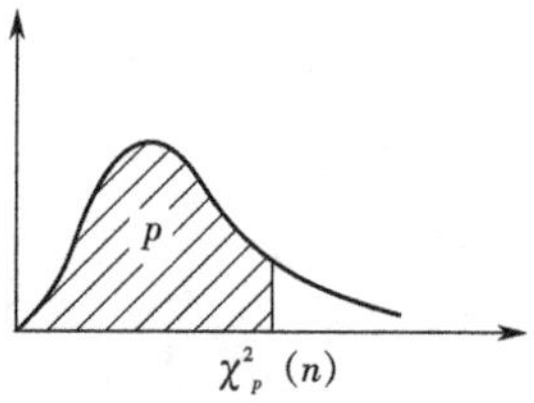

附表 2 χ^2分布分位数表

$\Pr\{\chi^2 \leqslant \chi_p^2(n)\} = p$

n	$p=0.005$	0.01	0.025	0.05	0.10	0.25	0.75	0.90	0.95	0.975	0.99	0.995
1	—	—	0.001	0.004	0.016	0.102	1.323	2.706	3.841	5.024	6.635	7.879
2	0.010	0.020	0.051	0.103	0.211	0.575	2.773	4.605	5.991	7.378	9.210	10.597
3	0.072	0.115	0.216	0.352	0.584	1.213	4.108	6.251	7.815	9.348	11.345	12.838
4	0.207	0.297	0.484	0.711	1.064	1.923	5.385	7.779	9.488	11.143	13.277	14.860
5	0.412	0.554	0.831	1.145	1.610	2.675	6.626	9.236	11.071	12.833	15.086	16.750
6	0.676	0.872	1.237	1.635	2.204	3.455	7.841	10.645	12.592	14.449	16.812	18.548
7	0.989	1.239	1.690	2.167	2.833	4.255	9.037	12.017	14.067	16.013	18.475	20.278
8	1.344	1.646	2.180	2.733	3.490	5.071	10.219	13.362	15.507	17.535	20.090	21.955
9	1.735	2.088	2.700	3.325	4.168	5.899	11.389	14.684	16.919	19.023	21.666	23.589
10	2.156	2.558	3.247	3.940	4.865	6.737	12.549	15.987	18.307	20.483	23.209	25.188
11	2.603	3.053	3.816	4.575	5.578	7.584	13.701	17.275	19.675	21.920	24.725	26.757
12	3.074	3.571	4.404	5.226	6.304	8.438	14.845	18.549	21.026	23.337	26.217	28.299
13	3.565	4.107	5.009	5.892	7.042	9.299	15.984	19.812	22.362	24.736	27.688	29.819
14	4.075	4.660	5.629	6.571	7.790	10.165	17.117	21.064	23.685	26.119	29.141	31.319
15	4.601	5.229	6.262	7.261	8.547	11.037	18.245	22.307	24.996	27.488	30.578	32.801
16	5.142	5.812	6.908	7.962	9.312	11.912	19.369	23.542	26.296	28.845	32.000	34.267
17	5.697	6.408	7.564	8.672	10.085	12.792	20.489	24.769	27.587	30.191	33.409	35.718
18	6.265	7.015	8.231	9.390	10.865	13.675	21.605	25.989	28.869	31.562	34.805	37.156
19	6.844	7.633	8.907	10.117	11.651	14.562	22.718	27.204	30.144	32.852	36.191	38.582
20	7.434	8.260	9.591	10.851	12.443	15.452	23.828	28.412	31.410	34.170	37.566	39.997
21	8.034	8.897	10.283	11.591	13.240	16.344	24.935	29.615	32.671	36.479	38.932	41.401
22	8.643	9.542	10.982	12.388	14.042	17.240	26.039	30.813	33.924	36.781	40.289	42.796
23	9.260	10.196	11.689	13.091	14.848	18.137	27.141	32.007	35.172	38.076	41.638	44.181
24	9.886	10.856	12.401	13.848	15.659	19.037	28.241	33.196	36.415	39.304	42.980	45.559
25	10.520	11.524	13.120	14.611	16.473	19.939	29.339	34.382	37.652	40.646	44.314	46.928
26	11.160	12.198	13.844	15.379	17.292	20.843	30.435	35.563	38.885	41.923	45.642	48.290
27	11.808	12.879	14.573	16.151	18.114	21.749	31.528	36.741	40.113	43.194	46.963	49.645
28	12.461	13.565	15.308	16.928	18.939	22.657	32.620	37.916	41.337	44.461	48.278	50.993
29	13.121	14.257	16.047	17.708	19.768	23.567	33.711	39.087	42.557	45.722	49.588	52.336
30	13.787	14.954	16.791	18.493	20.599	24.478	34.800	40.256	43.773	46.979	50.892	53.672
31	14.458	15.655	17.539	19.281	21.434	25.390	35.887	41.422	44.985	48.232	52.191	55.003
32	15.134	16.362	18.291	20.072	22.271	26.304	36.973	42.585	46.194	49.480	53.486	56.328
33	15.815	17.074	19.047	20.867	23.110	27.219	38.058	43.745	47.400	50.725	54.776	57.648
34	16.501	17.789	19.806	21.664	23.952	28.136	39.141	44.903	48.602	51.966	56.061	58.964
35	17.192	18.509	20.569	22.465	24.797	29.054	40.223	46.059	49.802	53.203	57.342	60.275
36	17.887	19.233	21.336	23.269	25.643	29.973	41.304	47.212	50.998	54.437	58.619	61.581
37	18.586	19.960	22.106	24.075	26.492	30.893	42.383	48.363	52.192	55.668	59.892	62.883
38	19.289	20.691	22.878	24.884	27.343	31.815	43.462	49.513	53.384	56.896	61.162	64.181
39	19.996	21.426	23.654	25.695	28.196	32.737	44.539	50.600	54.572	58.120	62.428	65.476

附表3　t 分布分位数表

$\Pr\{T \leqslant t_p(n)\} = p$

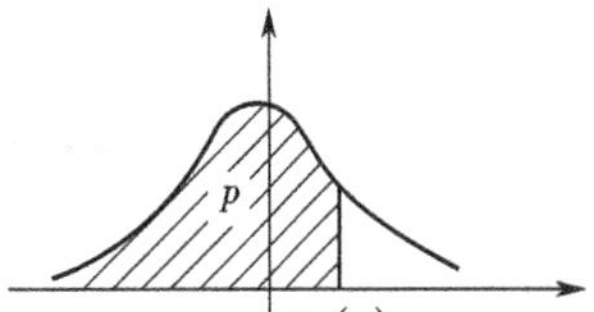

n	$p=0.75$	0.90	0.95	0.975	0.99	0.995
1	1.000 0	3.077 7	6.313 8	12.706 2	31.820 7	63.657 4
2	0.816 5	1.885 6	2.920 0	4.302 7	6.964 6	9.924 8
3	0.764 9	1.637 7	2.353 4	3.182 4	4.540 7	5.840 9
4	0.740 7	1.533 2	2.131 8	2.776 4	3.746 9	4.604 1
5	0.726 7	1.475 9	2.015 0	2.570 6	3.364 9	4.032 2
6	0.717 6	1.439 8	1.943 2	2.446 9	3.142 7	3.707 4
7	0.711 1	1.414 9	1.894 6	2.364 6	2.998 0	3.499 5
8	0.706 4	1.396 8	1.859 5	2.306 0	2.896 5	3.355 4
9	0.702 7	1.383 0	1.833 1	2.262 2	2.8214	3.2498
10	0.699 8	1.372 2	1.812 5	2.228 1	2.763 8	3.169 3
11	0.697 4	1.363 4	1.795 9	2.201 0	2.718 1	3.105 8
12	0.695 5	1.356 2	1.782 3	2.178 8	2.681 0	3.054 5
13	0.693 8	1.350 2	1.770 9	2.160 4	2.650 3	3.012 3
14	0.692 4	1.345 0	1.761 3	2.144 8	2.624 5	2.976 8
15	0.691 2	1.340 6	1.753 1	2.131 5	2.602 5	2.946 7
16	0.690 1	1.336 8	1.745 9	2.119 9	2.583 5	2.920 8
17	0.689 2	1.333 4	1.739 6	2.109 8	2.566 9	2.898 2
18	0.688 4	1.330 4	1.734 1	2.100 9	2.552 4	2.878 4
19	0.687 6	1.327 7	1.729 1	2.093 0	2.539 5	2.860 9
20	0.687 0	1.325 3	1.724 7	2.086 0	2.528 0	2.845 3
21	0.686 4	1.323 2	1.720 7	2.079 6	2.517 7	2.831 4
22	0.685 8	1.321 2	1.717 1	2.073 9	2.508 3	2.818 8
23	0.685 3	1.319 5	1.713 9	2.068 7	2.499 9	2.807 3
24	0.684 8	1.317 8	1.710 9	2.063 9	2.492 2	2.796 9
25	0.684 4	1.316 3	1.708 1	2.059 5	2.485 1	2.787 4
26	0.684 0	1.315 0	1.705 6	2.055 5	2.478 6	2.778 7
27	0.683 7	1.313 7	1.703 3	2.051 8	2.472 7	2.770 7
28	0.683 4	1.312 5	1.701 1	2.048 4	2.467 1	2.763 3
29	0.683 0	1.311 4	1.699 1	2.045 2	2.4620	2.7564
30	0.682 8	1.310 4	1.697 3	2.042 3	2.457 3	2.750 0
31	0.682 5	1.309 5	1.695 5	2.039 5	2.452 8	2.744 0
32	0.682 2	1.308 6	1.693 9	2.036 9	2.448 7	2.738 5
33	0.682 0	1.307 7	1.692 4	2.034 5	2.444 8	2.733 3
34	0.681 8	1.307 0	1.690 9	2.032 2	2.441 1	2.728 4
35	0.681 6	1.306 2	1.689 6	2.030 1	2.437 7	2.723 8
36	0.681 4	1.305 5	1.688 3	2.028 1	2.434 5	2.719 5
37	0.681 2	1.304 9	1.6871	2.026 2	2.431 4	2.715 4
38	0.681 0	1.304 2	1.686 0	2.024 4	2.428 6	2.711 6
39	0.680 8	1.303 6	1.684 9	2.022 7	2.425 8	2.707 9
40	0.680 7	1.303 1	1.683 9	2.021 1	2.423 3	2.704 5

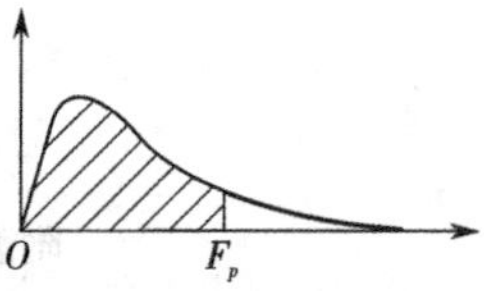

附表4　F分布分位数表

$\Pr(F \leqslant F_p(n_1, n_2)) = p$

$p = 0.90$

n_2 \ n_1	1	2	3	4	5	6	7	8	9	10	15	20	30	50	100	200	500	∞	n_1 / n_2
1	39.9	49.5	53.6	55.8	57.2	58.2	58.9	59.4	59.9	60.2	61.2	61.7	62.3	62.7	63.0	63.2	63.3	63.3	1
2	8.53	9.00	9.16	9.24	9.29	9.33	9.35	9.37	9.38	9.39	9.42	9.44	9.46	9.47	9.48	9.49	9.49	9.49	2
3	5.54	5.46	5.39	5.34	5.31	5.28	5.27	5.25	5.24	5.23	5.20	5.18	5.17	5.15	5.14	5.14	5.14	5.13	3
4	4.54	4.32	4.19	4.11	4.05	4.01	3.98	3.95	3.94	3.92	3.87	3.84	3.82	3.80	3.78	3.77	3.76	3.76	4
5	4.06	3.78	3.62	3.52	3.45	3.40	3.37	3.34	3.32	3.30	3.34	3.21	3.17	3.15	1.13	3.12	3.11	3.10	5
6	3.78	3.46	3.29	3.18	3.11	3.05	3.01	2.98	2.96	2.94	2.87	2.84	2.80	2.77	2.75	2.73	3.73	2.72	6
7	3.59	3.26	3.07	2.96	2.88	2.83	2.78	2.75	2.72	2.70	2.63	2.59	2.56	2.52	2.50	2.48	2.48	2.47	7
8	3.46	3.11	2.92	2.81	2.73	2.67	2.62	2.59	2.56	2.54	2.46	2.42	2.38	2.35	2.32	2.31	2.30	2.29	8
9	3.36	3.01	2.81	2.69	2.61	2.55	2.51	2.47	2.44	2.42	2.34	2.30	2.25	2.22	2.19	2.17	2.17	2.16	9
10	3.28	2.92	2.73	2.61	2.52	2.46	2.41	2.38	2.35	2.32	2.24	2.20	2.16	2.12	2.09	2.07	2.06	2.06	10
11	3.23	2.86	2.66	2.54	2.45	2.39	2.34	2.30	2.27	2.25	2.17	2.12	2.08	2.04	2.00	1.99	1.98	1.97	11
12	3.18	2.81	2.61	2.48	2.39	2.33	2.28	2.24	2.21	2.19	2.10	2.06	2.01	1.97	1.94	1.92	1.91	1.90	12
13	3.14	2.76	2.56	2.43	2.35	2.28	2.23	2.20	2.16	2.14	2.05	2.01	1.96	1.92	1.88	1.86	1.85	1.85	13
14	3.10	2.73	2.52	2.39	2.31	2.24	2.19	2.15	2.12	2.10	2.01	1.96	1.91	1.87	1.83	1.82	1.80	1.80	14
15	3.07	2.70	2.49	2.36	2.27	2.21	2.16	2.12	2.09	2.06	1.97	1.92	1.87	1.83	1.79	1.77	1.76	1.76	15
16	3.05	2.67	2.46	2.33	2.24	2.18	2.13	2.09	2.06	2.03	1.94	1.89	1.84	1.79	1.76	1.74	1.73	1.72	16
17	3.03	2.64	2.44	2.31	2.22	2.15	2.10	2.06	2.03	2.00	1.91	1.86	1.81	1.76	1.73	1.71	1.69	1.69	17
18	3.01	2.62	2.42	2.29	2.20	2.13	2.08	2.04	2.00	1.98	1.89	1.84	1.78	1.74	1.70	1.68	1.67	1.66	18
19	2.99	2.61	2.40	2.27	2.18	2.11	2.06	2.02	1.98	1.96	1.86	1.81	1.76	1.71	1.67	1.65	1.64	1.63	19
20	2.97	2.59	2.38	2.25	2.16	2.09	2.04	2.00	1.96	1.94	1.84	1.79	1.74	1.69	1.65	1.63	1.62	1.61	20
22	2.95	2.56	2.35	2.22	2.13	2.06	2.01	1.97	1.93	1.00	1.81	1.76	1.70	1.65	1.61	1.59	1.58	1.57	22
24	2.93	2.54	2.33	3.19	2.10	2.04	1.98	1.94	1.91	1.88	1.78	1.73	1.67	1.62	1.58	1.56	1.54	1.53	24
26	2.91	2.52	2.31	2.17	2.08	2.01	1.96	1.92	1.88	1.86	1.76	1.71	1.65	1.59	1.55	1.53	1.51	1.50	26
28	2.89	2.50	2.29	2.16	2.06	2.00	1.94	1.90	1.87	1.84	1.74	1.69	1.63	1.57	1.53	1.50	1.49	1.48	28
30	2.88	2.49	2.28	2.14	2.05	1.98	1.93	1.88	1.85	1.82	1.72	1.67	1.61	1.55	1.51	1.48	1.47	1.46	30
40	2.84	2.44	2.23	2.09	2.00	1.93	1.87	1.83	1.79	1.76	1.66	1.61	1.54	1.48	1.43	1.41	1.39	1.38	40
50	2.81	2.41	2.20	2.06	1.97	1.90	1.84	1.80	1.76	1.73	1.63	1.57	1.50	1.44	1.39	1.36	1.34	1.33	50
60	2.79	2.39	2.18	2.04	1.95	1.87	1.82	1.77	1.74	1.71	1.60	1.54	1.48	1.41	1.36	1.33	1.31	1.29	60
80	2.77	2.37	2.15	2.02	1.92	1.85	1.79	1.75	1.71	1.68	1.57	1.51	1.44	1.38	1.32	1.28	1.26	1.24	80
100	2.76	2.36	2.14	2.00	1.91	1.83	1.78	1.73	1.70	1.66	1.56	1.49	1.42	1.35	1.29	1.26	1.23	1.21	100
200	2.70	2.33	2.11	1.97	1.88	1.80	1.75	1.70	1.66	1.63	1.52	1.46	1.38	1.31	1.24	1.20	1.17	1.14	200
500	2.72	2.31	2.10	1.96	1.86	1.79	1.73	1.68	1.64	1.61	1.50	1.44	1.36	1.28	1.21	1.16	1.12	1.09	500
∞	2.71	2.30	2.08	1.94	1.85	1.77	1.72	1.67	1.63	1.60	1.49	1.42	1.34	1.26	1.18	1.13	1.08	1.00	∞

$p = 0.95$

n_2 \ n_1	1	2	3	4	5	6	7	8	9	10	15	20	30	50	100	200	500	∞	n_1 / n_2
1	161	200	216	225	230	234	237	239	241	242	246	248	250	252	253	254	254	254	1
2	18.5	19.0	19.2	19.2	19.3	19.3	19.4	19.4	19.4	19.4	19.4	19.4	19.5	19.5	19.5	19.5	19.5	19.5	2
3	10.1	9.55	9.28	9.12	9.01	8.94	8.89	8.85	8.81	8.79	8.70	8.66	8.62	8.58	8.55	8.54	8.53	8.53	3
4	7.71	6.94	6.59	6.39	6.26	6.16	6.09	6.04	6.00	5.96	5.86	5.80	5.75	5.70	5.66	5.65	5.64	5.63	4
5	6.61	5.79	5.41	5.19	5.05	4.95	4.88	4.82	4.77	4.74	4.62	4.56	4.50	4.44	4.41	4.39	4.37	4.37	5
6	5.99	5.14	4.76	4.53	4.39	4.28	4.21	4.15	4.10	4.06	3.94	3.87	3.81	3.75	3.71	3.69	3.68	3.67	6
7	5.59	4.74	4.35	4.12	3.97	3.87	3.79	3.73	3.68	3.64	3.51	3.44	3.38	3.32	3.27	3.25	3.24	3.23	7
8	5.32	4.46	4.07	3.84	3.69	3.58	3.50	3.44	3.39	3.35	3.22	3.15	3.08	3.02	2.97	2.95	2.94	2.93	8
9	5.12	4.26	3.86	3.63	3.48	3.37	3.29	3.23	3.18	3.14	3.00	2.96	2.86	2.80	2.76	2.73	2.72	2.71	9
10	4.96	4.10	3.71	3.48	3.33	3.22	3.14	3.07	3.02	2.98	2.85	2.77	2.70	2.64	2.59	2.56	2.55	2.54	10
11	4.84	3.98	3.59	3.36	3.20	3.09	3.01	2.95	2.90	2.85	2.72	2.65	2.57	2.51	2.46	2.43	2.42	2.40	11
12	4.75	3.89	3.49	3.26	3.11	3.00	2.91	2.85	2.80	2.75	2.62	2.54	2.47	2.40	2.35	2.32	2.31	2.30	12
13	4.67	3.81	3.41	3.18	3.03	2.92	2.83	2.77	2.71	2.67	2.53	1.46	2.38	2.31	2.26	2.23	2.22	2.21	13
14	4.60	3.74	3.34	3.11	2.96	2.85	2.76	2.70	2.65	2.60	2.46	2.39	3.31	2.24	2.19	2.16	2.14	2.13	14
15	4.54	3.68	3.29	3.06	2.90	2.79	2.71	2.64	2.59	2.54	2.40	2.33	2.25	2.18	2.12	2.10	2.08	2.07	15
16	4.49	3.63	3.24	3.01	2.85	2.74	2.66	2.59	2.54	2.49	2.35	2.28	2.19	2.12	2.07	2.04	2.02	2.01	16
17	4.45	3.59	3.20	2.96	2.81	2.70	2.61	2.55	2.49	2.45	2.31	2.23	2.15	2.08	2.02	1.99	1.97	1.96	17
18	4.41	3.55	3.16	2.93	2.77	2.66	2.58	2.51	2.46	2.41	2.27	2.19	2.11	2.04	1.98	1.95	1.93	1.92	18
19	4.38	3.52	3.13	2.90	2.74	2.63	2.54	2.48	2.42	2.38	2.23	2.16	2.07	2.00	1.94	1.91	1.89	1.88	19
20	4.35	3.49	3.10	2.87	2.71	2.60	2.51	2.45	2.39	2.35	2.20	2.12	2.04	1.97	1.91	1.88	1.86	1.84	20
22	4.30	3.44	3.05	2.82	2.66	2.55	2.46	2.40	2.34	2.30	2.15	2.07	1.98	1.91	1.85	1.82	1.80	1.78	22
24	4.26	3.40	3.01	2.78	2.62	2.51	2.42	2.36	2.30	2.25	2.11	2.03	1.94	1.86	1.80	1.77	1.75	1.73	24
26	4.23	3.37	2.98	2.74	2.59	2.47	2.39	2.32	2.27	2.22	2.07	1.99	1.90	1.82	1.76	1.73	1.71	1.69	26
28	4.20	3.34	2.95	2.71	2.56	2.45	2.36	2.29	2.24	2.19	2.04	1.96	1.87	1.79	1.73	1.69	1.67	1.65	28
30	4.17	3.32	2.92	2.69	2.53	2.42	2.33	2.27	2.21	2.16	2.01	1.93	1.84	1.76	1.70	1.66	1.64	1.62	30
40	4.08	3.23	2.84	2.61	2.45	2.34	2.25	2.18	2.12	2.08	1.92	1.84	1.74	1.66	1.59	155	1.53	1.51	40
50	4.03	3.18	2.79	2.56	2.40	2.29	2.20	2.13	2.07	2.03	1.85	1.78	1.69	1.60	1.52	1.48	1.46	1.44	50
60	4.00	3.15	2.76	2.53	2.37	2.25	2.17	2.10	2.04	1.99	1.82	1.75	1.65	1.56	1.48	1.44	1.41	1.39	60
80	3.96	3.11	2.72	2.49	2.33	2.21	2.13	2.06	2.00	1.95	1.77	1.70	1.60	1.51	1.43	1.38	1.35	1.32	80
100	3.94	3.09	2.70	2.46	2.31	2.19	2.10	2.03	1.97	1.93	1.75	1.68	1.57	1.48	1.39	1.34	1.31	1.28	100
200	3.89	3.04	2.65	2.42	2.26	2.14	2.06	1.98	1.93	1.88	1.69	1.62	1.52	1.41	1.32	1.26	1.22	1.19	200
500	3.86	3.01	2.62	2.39	2.23	2.12	2.03	1.96	1.90	1.85	1.66	1.59	1.48	1.38	1.28	1.21	1.16	1.11	500
∞	3.84	3.00	2.60	2.37	2.21	2.10	2.01	1.94	1.88	1.83	1.64	1.57	1.46	1.35	1.24	1.17	1.11	1.00	∞

$p = 0.975$

n_2 \ n_1	1	2	3	4	5	6	7	8	9	10	15	20	30	50	100	200	500	∞	n_1 / n_2
1	648	800	864	900	922	937	948	957	963	969	985	993	100 1	100 8	101 3	101 6	101 7	101 8	1
2	38. 5	39. 0	39. 2	39. 2	39. 3	39. 3	39. 4	39. 4	39. 4	39. 4	39. 4	39. 4	39. 5	39. 5	39. 5	39. 5	39. 5	39. 5	2
3	17. 4	16. 0	15. 4	15. 1	14. 9	14. 7	14. 6	14. 5	14. 5	14. 4	14. 3	14. 2	14. 1	14. 0	14. 0	13. 9	13. 9	13. 9	3
4	12. 2	10. 6	9. 98	9. 60	9. 36	9. 20	9. 07	8. 98	8. 90	8. 84	8. 66	8. 56	8. 46	8. 38	8. 32	8. 29	8. 27	8. 26	4
5	10. 0	8. 43	7. 76	7. 39	7. 15	6. 98	6. 85	6. 76	6. 68	6. 62	6. 43	6. 33	6. 23	6. 14	6. 08	6. 05	6. 03	6. 02	5
6	8. 81	7. 26	6. 60	6. 23	5. 99	5. 82	5. 70	5. 60	5. 52	5. 46	5. 27	5. 17	5. 07	4. 98	4. 92	4. 88	4. 86	4. 85	6
7	8. 07	6. 54	5. 89	5. 52	5. 29	5. 12	4. 99	4. 90	4. 82	4. 76	4. 57	4. 47	4. 36	4. 28	4. 21	4. 18	4. 16	4. 14	7
8	7. 51	6. 06	5. 42	5. 05	4. 82	4. 65	4. 53	4. 43	4. 36	4. 30	4. 10	4. 00	3. 89	3. 81	3. 74	3. 70	3. 68	3. 67	8
9	7. 21	5. 71	5. 08	4. 72	4. 48	4. 32	4. 20	4. 10	4. 03	3. 96	3. 77	3. 67	3. 56	3. 47	3. 40	3. 37	3. 35	3. 33	9
10	6. 94	5. 46	4. 83	4. 47	4. 24	4. 07	3. 95	3. 85	3. 78	3. 72	3. 52	3. 42	3. 31	3. 22	3. 15	3. 12	3. 09	3. 08	10
11	6. 72	5. 26	4. 63	4. 28	4. 04	3. 88	3. 76	3. 66	3. 59	3. 53	3. 33	3. 23	3. 12	3. 03	2. 96	2. 92	2. 90	2. 88	11
12	6. 55	5. 10	4. 47	4. 12	3. 89	3. 73	3. 61	3. 51	3. 44	3. 37	3. 18	3. 07	2. 96	2. 87	2. 80	2. 76	2. 74	2. 72	12
13	6. 41	4. 97	4. 35	4. 00	3. 77	3. 60	3. 48	3. 39	3. 31	3. 25	3. 05	2. 95	2. 84	2. 74	2. 67	2. 63	2. 61	2. 60	13
14	6. 30	4. 86	4. 24	3. 89	3. 66	3. 50	3. 38	3. 29	3. 21	3. 15	2. 95	2. 84	2. 73	2. 64	2. 56	2. 53	2. 50	2. 49	14
15	6. 20	4. 77	4. 15	3. 80	3. 58	3. 41	3. 29	3. 20	3. 12	3. 06	2. 86	2. 76	2. 64	2. 55	2. 47	2. 44	2. 41	2. 40	15
16	6. 12	4. 69	4. 08	3. 73	3. 50	3. 34	3. 22	3. 12	3. 05	2. 99	2. 79	2. 68	2. 57	2. 47	2. 40	2. 36	2. 33	2. 32	16
17	6. 04	4. 62	4. 01	3. 66	3. 44	3. 28	3. 16	3. 06	2. 98	2. 92	2. 72	2. 62	2. 50	2. 41	2. 33	2. 29	2. 26	2. 25	17
18	5. 98	4. 56	3. 95	3. 61	3. 38	3. 22	3. 10	3. 01	2. 93	2. 87	2. 67	2. 56	2. 44	2. 35	2. 27	2. 23	2. 20	2. 19	18
19	5. 92	4. 51	3. 90	3. 56	3. 33	3. 17	3. 05	2. 96	2. 88	2. 82	2. 62	2. 51	2. 39	2. 30	2. 22	2. 18	2. 15	2. 13	19
20	5. 87	4. 46	3. 86	3. 51	3. 29	3. 13	3. 01	2. 91	2. 84	2. 77	2. 57	2. 46	2. 35	2. 25	2. 09	2. 13	2. 10	2. 09	20
22	5. 79	4. 38	3. 78	3. 44	3. 22	3. 05	2. 93	2. 81	2. 76	2. 70	2. 50	2. 39	2. 27	2. 17	2. 09	2. 05	2. 02	2. 00	22
24	5. 71	4. 32	3. 72	3. 38	3. 15	2. 99	2. 87	2. 78	2. 70	2. 64	2. 44	2. 33	2. 21	2. 11	2. 02	1. 98	1. 95	1. 94	24
26	5. 66	4. 27	3. 67	3. 33	3. 10	2. 94	2. 82	2. 73	2. 65	2. 59	2. 39	2. 28	2. 16	2. 05	1. 97	1. 92	1. 90	1. 88	26
28	5. 61	4. 22	3. 63	3. 29	3. 06	2. 90	2. 78	2. 69	2. 61	2. 55	2. 34	2. 23	2. 11	2. 01	1. 92	1. 88	1. 85	1. 83	28
30	5. 57	4. 18	3. 59	3. 25	3. 03	2. 87	2. 75	2. 65	2. 57	2. 51	2. 31	2. 20	2. 07	1. 97	1. 88	1. 84	1. 81	1. 79	30
40	5. 42	4. 05	3. 46	3. 13	2. 90	2. 74	2. 62	2. 53	2. 45	2. 38	2. 18	2. 07	1. 94	1. 83	1. 74	169	1. 66	1. 64	40
50	5. 34	3. 97	3. 39	3. 05	2. 83	2. 67	2. 55	2. 46	2. 38	2. 32	2. 11	1. 99	1. 87	1. 75	1. 66	1. 60	1. 57	1. 55	50
60	5. 29	3. 93	3. 34	3. 01	2. 79	2. 63	2. 51	2. 41	2. 33	2. 27	2. 06	1. 94	1. 82	1. 70	1. 60	1. 54	1. 51	1. 48	60
80	5. 22	3. 86	3. 28	2. 95	2. 73	2. 57	2. 45	2. 35	2. 28	2. 21	2. 00	1. 88	1. 75	1. 63	1. 53	1. 47	1. 43	1. 40	80
100	5. 18	3. 83	3. 25	2. 92	2. 70	2. 54	2. 42	2. 32	2. 24	2. 18	1. 97	1. 85	1. 71	1. 59	1. 48	1. 42	1. 38	1. 35	100
200	5. 10	3. 76	3. 18	2. 85	2. 63	2. 47	2. 35	2. 26	2. 18	2. 11	1. 90	1. 78	1. 64	1. 51	1. 39	1. 32	1. 27	1. 23	200
500	5. 05	3. 72	3. 14	2. 81	2. 59	2. 43	2. 31	2. 22	2. 14	2. 07	1. 86	1. 74	1. 60	1. 46	1. 34	1. 25	1. 19	1. 14	500
∞	5. 02	3. 69	3. 12	2. 79	2. 57	2. 41	2. 29	2. 19	2. 11	2. 05	1. 83	1. 71	1. 57	1. 43	1. 30	1. 21	1. 13	1. 00	∞

$p = 0.99$

n_2 \ n_1	1	2	3	4	5	6	7	8	9	10	15	20	30	50	100	200	500	∞	n_1 / n_2
1	405	500	540	563	576	586	593	598	602	606	614	621	626	630	633	635	636	637	1
2	98.5	99.0	99.2	99.2	99.3	99.3	99.4	99.4	99.4	99.4	99.4	99.4	99.5	99.5	99.5	99.5	99.5	99.5	2
3	34.1	30.8	29.5	28.7	28.2	27.9	27.7	27.5	27.3	27.2	26.9	26.7	26.5	26.4	26.2	26.2	26.1	26.1	3
4	21.2	18.0	16.7	16.0	15.5	15.2	15.0	14.8	14.7	14.5	14.2	14.0	13.8	13.7	13.6	13.5	13.5	13.5	4
5	16.3	13.3	12.1	11.4	11.0	10.7	10.5	10.3	10.2	10.1	9.77	9.55	9.38	9.24	9.13	9.08	9.04	9.02	5
6	13.7	10.9	9.78	9.15	8.75	8.47	8.26	8.10	7.98	7.87	7.60	7.40	7.23	7.09	6.99	6.93	6.90	6.88	6
7	12.2	9.55	8.45	7.85	7.46	7.19	6.99	6.84	6.72	6.62	6.36	6.16	5.99	5.86	5.75	5.70	5.67	5.65	7
8	11.3	8.65	7.59	7.01	6.63	6.37	6.18	6.03	5.91	5.81	5.56	5.36	5.20	5.07	4.96	4.91	4.88	4.86	8
9	10.6	8.02	6.99	6.42	6.06	5.80	5.61	5.47	5.35	5.26	5.00	4.81	4.65	4.52	4.42	4.36	4.33	4.31	9
10	10.0	7.56	6.55	5.99	5.64	5.39	5.20	5.06	4.94	4.85	4.60	4.41	4.25	4.12	4.01	3.96	3.93	3.91	10
11	9.65	7.21	6.22	5.67	5.32	5.07	4.89	4.74	4.63	4.54	4.29	4.10	3.94	3.81	3.71	3.66	3.62	3.60	11
12	9.33	6.93	5.95	5.41	5.06	4.82	4.64	4.50	4.39	4.30	4.05	3.86	3.70	3.57	3.47	3.41	3.38	3.36	12
13	9.07	6.70	5.74	5.21	4.86	4.62	4.44	4.30	4.19	4.10	3.86	3.66	3.51	3.38	3.27	3.22	3.19	3.17	13
14	8.86	6.51	5.56	5.04	4.70	4.46	4.28	4.14	4.03	3.94	3.70	3.51	3.35	3.22	3.11	3.06	3.03	3.00	14
15	8.68	6.36	5.42	4.89	4.56	4.32	4.14	4.00	3.89	3.80	3.56	3.37	3.21	3.08	2.98	2.92	2.89	2.87	15
16	8.53	6.23	5.29	4.77	4.44	4.20	4.03	3.89	3.78	3.69	3.45	3.26	3.10	2.97	2.86	2.81	2.78	2.75	16
17	8.40	6.11	5.18	4.67	4.34	4.10	3.93	3.79	3.68	3.59	3.35	3.16	3.00	2.87	2.76	2.71	2.68	2.65	17
18	8.29	6.01	5.09	4.58	4.25	4.01	3.84	3.71	3.60	3.51	3.27	3.08	2.92	2.78	2.68	2.62	2.59	2.57	18
19	8.18	5.93	5.01	4.50	4.17	3.94	3.77	3.63	3.52	3.43	3.19	3.00	2.84	2.71	2.60	2.55	2.51	2.49	19
20	8.10	5.85	4.94	4.43	4.10	3.87	3.70	3.56	3.46	3.37	3.13	2.94	2.78	2.64	2.54	2.48	2.44	2.42	20
22	7.95	5.72	4.82	4.31	3.99	3.76	3.59	3.45	3.35	3.26	3.02	2.83	2.67	2.53	2.42	2.36	2.33	2.31	22
24	7.82	5.61	4.72	4.22	3.90	3.67	3.50	3.36	3.26	3.17	2.93	2.74	2.58	2.44	2.33	2.27	2.24	2.21	24
26	7.72	5.53	4.64	4.14	3.82	3.59	3.42	3.29	3.18	3.09	2.86	2.66	2.50	2.36	2.25	2.19	2.16	2.13	26
28	7.64	5.45	4.57	4.07	3.75	3.53	3.36	3.23	3.12	3.03	2.79	2.60	2.44	2.30	2.19	2.13	2.09	2.06	28
30	7.56	5.39	4.51	4.02	3.70	3.47	3.30	3.17	3.07	2.98	2.74	2.55	2.39	2.25	2.13	2.07	2.03	2.01	30
40	7.31	5.18	4.31	3.83	3.51	3.29	3.12	2.99	2.89	2.80	2.56	2.37	2.20	2.06	1.94	1.87	1.83	1.80	40
50	7.17	5.06	4.20	3.72	3.41	3.19	3.02	2.89	2.79	2.70	2.46	2.27	2.10	1.95	1.82	1.76	1.71	1.68	50
60	7.08	4.98	4.13	3.65	3.34	3.12	2.95	2.82	2.72	2.63	2.39	2.20	2.03	1.88	1.75	1.68	1.63	1.60	60
80	6.96	4.88	4.04	3.56	3.26	3.04	2.87	2.74	2.64	2.55	2.31	2.12	1.94	1.79	1.66	1.58	1.53	1.49	80
100	6.90	4.82	3.98	3.51	3.21	2.99	2.82	2.69	2.59	2.50	2.26	2.07	1.89	1.73	1.60	1.52	1.47	1.43	100
200	6.76	4.71	3.88	3.41	3.11	2.89	2.73	2.60	2.50	2.41	2.17	1.97	1.79	1.63	1.48	1.39	1.33	1.28	200
500	6.69	4.65	3.82	3.36	3.05	2.84	2.68	2.55	2.44	2.36	2.12	1.92	1.74	1.56	1.41	1.31	1.23	1.16	500
∞	6.63	4.61	3.78	3.32	3.02	2.80	2.64	2.51	2.41	2.32	2.08	1.88	1.70	1.52	1.36	1.25	1.15	1.00	∞

附表 5　二项分布概率表

二项分布概率 $\sum_{k=0}^{r}\binom{n}{k}p^{k}(1-p)^{n-k}, r=0,1,\cdots,n-1$

n	r	$p=0.01$	0.05	0.10	0.20	0.25	0.30	0.333	0.40	0.50
2	0	0.980 1	0.902 5	0.810 0	0.640 0	0.562 5	0.490 0	0.444 4	0.360 0	0.250 0
	1	0.999 9	0.997 5	0.990 0	0.960 0	0.937 5	0.910 0	0.888 8	0.840 0	0.500 0
3	0	0.970 3	0.857 4	0.729 0	0.512 0	0.421 8	0.343 0	0.296 3	0.216 0	0.125 0
	1	0.999 7	0.992 8	0.972 0	0.896 0	0.843 8	0.784 0	0.740 7	0.648 0	0.500 0
	2	1.000 0	0.999 9	0.999 0	0.992 0	0.984 4	0.973 0	0.962 9	0.936 0	0.875 0
4	0	0.960 6	0.814 5	0.656 1	0.409 6	0.316 4	0.240 1	0.197 5	0.129 6	0.062 5
	1	0.999 4	0.986 0	0.947 7	0.819 2	0.738 3	0.651 7	0.592 6	0.474 2	0.312 5
	2	1.000 0	0.999 5	0.996 3	0.972 8	0.949 2	0.916 3	0.888 9	0.819 8	0.687 5
	3		1.000 0	0.999 9	0.998 4	0.996 1	0.991 9	0.987 7	0.973 4	0.937 5
5	0	0.951 0	0.773 8	0.590 5	0.327 7	0.237 3	0.168 1	0.131 7	0.077 8	0.031 2
	1	0.999 0	0.977 4	0.918 5	0.737 3	0.632 8	0.528 3	0.460 9	0.337 0	0.187 4
	2	1.000 0	0.998 8	0.991 4	0.942 1	0.8965	0.8370	0.790 1	0.682 6	0.499 9
	3		0.999 9	0.999 5	0.993 3	0.934 4	0.969 3	0.954 7	0.913 0	0.812 4
	4		1.000 0	1.000 0	0.999 7	0.999 0	0.997 7	0.995 9	0.989 8	0.968 6
6	0	0.941 5	0.735 1	0.531 4	0.262 1	0.178 0	0.117 6	0.087 8	0.046 7	0.015 6
	1	0.998 6	0.967 2	0.885 7	0.655 3	0.534 0	0.420 1	0.351 2	0.233 3	0.109 4
	2	1.000 0	0.997 7	0.984 1	0.901 1	0.830 6	0.744 2	0.680 4	0.544 3	0.343 8
	3		0.999 8	0.998 7	0.983 0	0.962 4	0.929 4	0.899 9	0.820 8	0.656 3
	4		0.999 9	0.999 9	0.998 4	0.995 4	0.988 9	0.982 2	0.959 0	0.890 7
	5		1.000 0	1.000 0	0.999 9	0.999 8	0.999 1	0.998 7	0.995 9	0.984 5
7	0	0.932 1	0.698 3	0.478 3	0.209 7	0.133 5	0.082 4	0.058 5	0.028 0	0.007 8
	1	0.998 0	0.955 6	0.655 4	0.576 7	0.445 0	0.329 4	0.263 3	0.158 6	0.062 5
	2	1.000 0	0.996 2	0.850 3	0.852 0	0.756 5	0.647 1	0.570 6	0.419 9	0.226 6
	3		0.999 8	0.974 3	0.966 7	0.929 5	0.874 0	0.826 7	0.710 2	0.500 0
	4		1.000 0	0.997 3	0.995 3	0.987 2	0.971 2	0.954 7	0.903 7	0.773 4
	5			0.999 8	0.999 6	0.998 7	0.996 2	0.993 1	0.981 2	0.937 5
	6			1.000 0	1.000 0	0.999 9	0.999 8	0.999 5	0.998 4	0.992 2

n	r	$p=0.01$	0.05	0.10	0.20	0.25	0.30	0.333	0.40	0.50
8	0	0.922 7	0.663 4	0.430 5	0.167 8	0.100 1	0.057 6	0.039 0	0.016 8	0.003 9
	1	0.997 3	0.942 7	0.813 1	0.503 3	0.367 1	0.255 3	0.195 1	0.106 4	0.035 2
	2	0.999 9	0.994 2	0.961 9	0.796 9	0.678 6	0.551 8	0.468 2	0.315 4	0.144 5
	3	1.000 0	0.999 6	0.995 0	0.943 7	0.886 2	0.805 9	0.741 3	0.594 1	0.363 3
	4		1.000 0	0.999 6	0.989 6	0.972 7	0.942 0	0.912 0	0.826 3	0.636 7
	5			1.000 0	0.998 8	0.995 8	0.988 7	0.980 3	0.950 2	0.855 5
	6				1.000 0	0.999 6	0.998 7	0.997 4	0.991 5	0.964 8
	7					1.000 0	0.999 9	0.999 8	0.999 3	0.996 1
9	0	0.913 5	0.630 2	0.387 4	0.134 2	0.075 1	0.040 4	0.026 0	0.010 1	0.002 0
	1	0.996 5	0.928 7	0.774 8	0.436 2	0.300 4	0.196 0	0.143 1	0.070 6	0.019 6
	2	0.999 9	0.991 6	0.947 0	0.738 2	0.600 7	0.462 8	0.377 2	0.231 8	0.089 9
	3	1.000 0	0.999 3	0.991 6	0.914 4	0.834 3	0.729 6	0.650 3	0.482 6	0.254 0
	4		0.999 9	0.999 0	0.980 5	0.951 1	0.901 1	0.855 1	0.733 4	0.500 1
	5		1.000 0	0.999 8	0.997 0	0.990 0	0.974 6	0.957 5	0.900 6	0.746 2
	6			0.999 9	0.999 8	0.998 7	0.995 6	0.991 6	0.974 9	0.910 3
	7			1.000 0	1.000 0	0.999 9	0.999 5	0.998 9	0.996 1	0.980 6
	8					1.000 0	0.999 9	0.999 8	0.999 6	0.998 2
10	0	0.904 4	0.598 7	0.348 7	0.107 4	0.056 3	0.028 2	0.017 3	0.006 0	0.001 0
	1	0.995 8	0.913 8	0.736 1	0.375 8	0.244 0	0.149 3	0.104 0	0.046 3	0.010 8
	2	1.000 0	0.988 4	0.929 8	0.677 8	0.525 6	0.382 8	0.299 1	0.167 2	0.054 7
	3		0.998 9	0.987 2	0.879 1	0.775 9	0.649 6	0.559 2	0.381 2	0.171 9
	4		0.999 9	0.998 4	0.967 2	0.921 9	0.849 7	0.786 8	0.632 0	0.377 0
	5		1.000 0	0.999 9	0.993 6	0.980 3	0.952 6	0.923 4	0.832 7	0.623 1
	6			1.000 0	0.999 1	0.996 5	0.989 4	0.980 3	0.944 2	0.828 2
	7				0.999 9	0.999 6	0.998 4	0.996 6	0.986 7	0.945 4
	8				1.000 0	1.000 0	0.999 8	0.999 6	0.997 3	0.989 3
	9						1.000 0	0.999 9	0.999 9	0.999 1

附表 6　Poisson 分布概率表

Poisson 概率分布 $\Pr(X=r)=\dfrac{\lambda^{r}}{r!\ e^{-\lambda}}$

r	λ										
	0.1	0.2	0.3	0.4	0.5	0.6	0.7	0.8	0.9	1.0	1.5
0	0.904 837	0.818 731	0.740 818	0.670 320	0.606 531	0.548 812	0.496 585	0.449 329	0.406 570	0.367 879	0.223 130
1	0.090 484	0.163 746	0.222 245	0.268 128	0.303 265	0.329 287	0.347 610	0.359 463	0.365 913	0.367 879	0.334 695
2	0.004 524	0.016 375	0.033 337	0.053 626	0.075 816	0.098 786	0.121 663	0.143 785	0.164 661	0.183 940	0.251 021
3	0.000 151	0.001 092	0.003 334	0.007 150	0.012 636	0.019 757	0.028 388	0.038 343	0.049 398	0.061 313	0.125 510
4	0.000 004	0.000 055	0.000 250	0.000 715	0.001 580	0.002 964	0.004 968	0.007 669	0.011 115	0.015 328	0.047 069
5		0.000 002	0.000 015	0.000 057	0.000 158	0.000 356	0.000 696	0.001 227	0.002 001	0.003 066	0.014 120
6			0.000 001	0.000 004	0.000 013	0.000 036	0.000 081	0.000 164	0.000 300	0.000 511	0.003 530
7					0.000 001	0.000 003	0.000 008	0.000 019	0.000 039	0.000 073	0.000 756
8							0.000 001	0.000 002	0.000 004	0.000 009	0.000 142
9										0.000 001	0.000 024
10											0.000 004

r	λ										
	2.0	2.5	3.0	3.5	4.0	4.5	5.0	6.0	7.0	8.0	9.0
0	0.135 335	0.082 085	0.049 787	0.030 197	0.018 316	0.011 109	0.006 738	0.002 479	0.000 912	0.000 335	0.000 123
1	0.270 671	0.205 212	0.149 361	0.105 691	0.073 263	0.049 990	0.033 690	0.014 873	0.006 383	0.002 684	0.001 111
2	0.270 671	0.256 516	0.224 042	0.184 959	0.146 525	0.112 479	0.084 224	0.044 618	0.022 341	0.010 735	0.004 998
3	0.180 447	0.213 763	0.224 042	0.215 785	0.195 367	0.168 718	0.140 374	0.089 235	0.052 129	0.028 626	0.014 994
4	0.090 224	0.133 602	0.168 031	0.188 812	0.195 367	0.189 808	0.175 467	0.133 853	0.091 226	0.057 252	0.033 737
5	0.036 089	0.066 801	0.100 819	0.132 169	0.156 293	0.170 827	0.175 467	0.160 623	0.127 717	0.091 604	0.060 727
6	0.012 030	0.027 834	0.050 409	0.077 098	0.104 196	0.128 120	0.146 223	0.160 623	0.149 003	0.122 138	0.091 090
7	0.003 437	0.009 941	0.021 604	0.038 549	0.059 540	0.082 363	0.104 445	0.137 677	0.149 003	0.139 587	0.117 116
8	0.000 859	0.003 106	0.008 102	0.016 865	0.029 770	0.046 329	0.065 278	0.103 258	0.130 377	0.139 587	0.131 756
9	0.000 191	0.000 863	0.002 701	0.006 559	0.013 231	0.023 165	0.036 266	0.068 838	0.101 405	0.124 077	0.131 756
10	0.000 038	0.000 216	0.000 810	0.002 296	0.005 292	0.010 424	0.018 133	0.041 303	0.070 983	0.099 262	0.118 580
11	0.000 007	0.000 049	0.000 221	0.000 730	0.001 925	0.004 264	0.008 242	0.022 529	0.045 171	0.072 190	0.097 020
12	0.000 001	0.000 010	0.000 055	0.000 213	0.000 642	0.001 599	0.003 434	0.011 264	0.026 350	0.048 127	0.072 765
13		0.000 002	0.000 013	0.000 057	0.000 197	0.000 554	0.001 321	0.005 199	0.014 188	0.029 616	0.050 376
14			0.000 003	0.000 014	0.000 056	0.000 178	0.000 472	0.002 228	0.007 094	0.016 924	0.032 384
15			0.000 001	0.000 003	0.000 015	0.000 053	0.000 157	0.000 891	0.003 311	0.009 026	0.019 431
16				0.000 001	0.000 004	0.000 015	0.000 049	0.000 334	0.001 448	0.004 513	0.010 930
17					0.000 001	0.000 004	0.000 014	0.000 118	0.000 596	0.002 124	0.005 786
18						0.000 001	0.000 004	0.000 039	0.000 232	0.000 944	0.002 893
19							0.000 001	0.000 012	0.000 085	0.000 397	0.001 370
20								0.000 004	0.000 030	0.000 159	0.000 617
21								0.000 001	0.000 010	0.000 061	0.000 264
22									0.000 003	0.000 022	0.000 108
23									0.000 001	0.000 008	0.000 042
24										0.000 003	0.000 016
25										0.000 001	0.000 006
26											0.000 002
27											0.000 001

附表 7　Kolmogorov 检验的临界值表

本表对某些 α 和 n 给出了 $\Pr(D_n^+ > D_{n,\alpha}^+) \leqslant \alpha$ 和 $\Pr(D_n > D_{n,\alpha}) \leqslant \alpha$ 的临界值 $D_{n,\alpha}^+, D_{n,\alpha}$.

	单边检验				
$\alpha=$	0.10	0.05	0.025	0.01	0.005
	双边检验				
$\alpha=$	0.20	0.10	0.05	0.02	0.01
$\alpha=$ 1	0.900	0.950	0.975	0.990	0.995
2	0.684	0.776	0.842	0.900	0.929
3	0.565	0.636	0.708	0.785	0.829
4	0.493	0.565	0.624	0.689	0.734
5	0.447	0.509	0.563	0.627	0.669
6	0.410	0.468	0.519	0.577	0.617
7	0.381	0.436	0.483	0.538	0.576
8	0.358	0.410	0.454	0.507	0.542
9	0.339	0.387	0.430	0.480	0.513
10	0.323	0.369	0.409	0.457	0.489
11	0.308	0.352	0.391	0.437	0.468
12	0.296	0.338	0.375	0.419	0.449
13	0.285	0.325	0.361	0.404	0.432
14	0.275	0.314	0.349	0.390	0.418
15	0.266	0.304	0.338	0.377	0.404
16	0.258	0.295	0.327	0.366	0.392
17	0.250	0.286	0.318	0.355	0.381
18	0.244	0.279	0.309	0.346	0.371
19	0.237	0.271	0.301	0.337	0.361
20	0.232	0.265	0.294	0.329	0.352
21	0.226	0.259	0.287	0.321	0.344
22	0.221	0.253	0.281	0.314	0.337
23	0.216	0.247	0.275	0.307	0.330
24	0.212	0.242	0.269	0.301	0.323
25	0.208	0.238	0.264	0.295	0.317
26	0.204	0.233	0.259	0.290	0.311
27	0.200	0.229	0.254	0.284	0.305
28	0.197	0.225	0.250	0.279	0.300
29	0.193	0.221	0.246	0.275	0.295
30	0.190	0.218	0.242	0.270	0.290
31	0.187	0.214	0.238	0.266	0.285
32	0.184	0.211	0.234	0.262	0.281
33	0.182	0.208	0.231	0.258	0.277
34	0.179	0.205	0.227	0.254	0.273
35	0.177	0.202	0.224	0.251	0.269
36	0.174	0.199	0.221	0.247	0.265
37	0.172	0.196	0.218	0.244	0.262
38	0.170	0.194	0.215	0.241	0.258
39	0.168	0.191	0.213	0.238	0.255
40	0.165	0.189	0.210	0.235	0.252
对 $n>40$ 的近似	$\frac{1.07}{\sqrt{n}}$	$\frac{1.22}{\sqrt{n}}$	$\frac{1.36}{\sqrt{n}}$	$\frac{1.52}{\sqrt{n}}$	$\frac{1.63}{\sqrt{n}}$

附表 8 Kolmogorov – Smirnov 分布

$$L(z)=1-2\sum_{i=1}^{\infty}(-1)^{i-1}e^{-2i^2z^2}$$ 的值

z	$L(z)$	z	$L(z)$	z	$L(z)$	z	$L(z)$	z	$L(z)$	z	$L(z)$
0.32	0.000 0	0.66	0.2236	1.00	0.730 0	1.34	0.9449	1.68	0.992 9	2.02	0.999 4
0.33	0.000 1	0.67	0.239 6	1.01	0.740 6	1.35	0.947 8	1.69	0.993 4	2.03	0.999 5
0.34	0.000 2	0.68	0.255 8	1.02	0.750 8	1.36	0.950 5	1.70	0.993 8	2.04	0.999 5
0.35	0.000 3	0.69	0.272 2	1.03	0.760 8	1.37	0.953 1	1.71	0.994 2	2.05	0.999 6
0.36	0.000 5	0.70	0.288 8	1.04	0.770 4	1.38	0.955 6	1.72	0.994 6	2.06	0.999 6
0.37	0.000 8	0.71	0.305 5	1.05	0.779 8	1.39	0.958 0	1.73	0.995 0	2.07	0.999 6
0.38	0.001 3	0.72	0.322 3	1.06	0.788 9	1.40	0.960 3	1.74	0.995 3	2.08	0.999 6
0.39	0.001 9	0.73	0.339 1	1.07	0.797 6	1.41	0.962 5	1.75	0.995 6	2.09	0.999 7
0.40	0.002 8	0.74	0.356 0	1.08	0.806 1	1.42	0.964 6	1.76	0.995 9	2.10	0.999 7
0.41	0.004 0	0.75	0.372 8	1.09	0.814 3	1.43	0.966 5	1.77	0.996 2	2.11	0.999 7
0.42	0.005 5	0.76	0.389 6	1.10	0.822 3	1.44	0.968 4	1.78	0.996 5	2.12	0.999 7
0.43	0.007 4	0.77	0.406 4	1.11	0.829 9	1.45	0.970 2	1.79	0.996 7	2.13	0.999 8
0.44	0.009 7	0.78	0.423 0	1.12	0.837 4	1.46	0.971 8	1.80	0.996 9	2.14	0.999 8
0.45	0.012 6	0.79	0.439 5	1.13	0.844 5	1.47	0.973 4	1.81	0.997 1	2.15	0.999 8
0.46	0.016 0	0.80	0.455 9	1.14	0.851 4	1.48	0.975 0	1.82	0.997 3	2.16	0.999 8
0.47	0.020 0	0.81	0.472 0	1.15	0.858 0	1.49	0.976 4	1.83	0.997 3	2.17	0.999 8
0.48	0.024 7	0.82	0.448 0	1.16	0.864 4	1.50	0.977 8	1.84	0.997 7	2.18	0.999 9
0.49	0.030 0	0.83	0.503 8	1.17	0.870 6	1.51	0.979 1	1.85	0.997 9	2.19	0.999 9
0.50	0.036 1	0.84	0.519 4	1.18	0.876 5	1.52	0.980 3	1.86	0.998 0	2.20	0.999 9
0.51	0.042 8	0.85	0.534 7	1.19	0.882 3	1.53	0.981 5	1.87	0.998 1	2.21	0.999 9
0.52	0.050 3	0.86	0.549 7	1.20	0.887 7	1.54	0.982 6	1.88	0.998 3	2.22	0.999 9
0.53	0.058 5	0.87	0.564 5	1.21	0.893 0	1.55	0.983 6	1.89	0.998 4	2.22	0.999 9
0.54	0.067 5	0.88	0.579 1	1.22	0.898 1	1.56	0.984 6	1.90	0.998 5	2.24	0.999 9
0.55	0.077 2	0.88	0.579 1	1.23	0.903 0	1.57	0.985 5	1.91	0.998 6	2.25	0.999 9
0.56	0.087 6	0.90	0.607 3	1.24	0.907 6	1.58	0.986 4	1.92	0.998 7	2.26	0.999 9
0.57	0.098 7	0.91	0.620 9	1.25	0.912 1	1.59	0.987 3	1.93	0.998 8	2.27	0.999 9
0.58	0.110 4	0.92	0.634 3	1.26	0.916 4	1.60	0.988 0	1.94	0.998 9	2.28	0.999 9
0.59	0.122 8	0.93	0.647 3	1.27	0.920 6	1.61	0.988 8	1.95	0.999 0	2.29	0.999 9
0.60	0.135 7	0.94	0.660 1	1.28	0.924 5	1.62	0.989 5	1.96	0.999 1	2.30	0.999 9
0.61	0.149 2	0.95	0.672 5	1.29	0.928 3	1.63	0.990 2	1.97	0.999 1	2.31	1.000 0
0.62	0.163 2	0.96	0.684 6	1.30	0.931 9	1.64	0.990 8	1.98	0.999 2		
0.63	0.177 8	0.97	0.696 4	1.31	0.935 4	1.65	0.991 4	1.99	0.999 3		
0.64	0.192 7	0.98	0.707 9	1.32	0.938 7	1.66	0.991 9	2.00	0.999 3		
0.65	0.208 0	0.99	0.719 1	1.33	0.941 8	1.67	0.992 4	2.01	0.999 4		

附表 9　Smirnov 检验的临界值表

$\Pr\{D_{n,n}^{+} > D_{n,n,\alpha}^{+}\} \leqslant \alpha$ 和 $\Pr\{D_{n,n,\alpha} > D_{n,n,\alpha}\} \leqslant \alpha$ 的临界值 $D_{n,n,\alpha}^{+} D_{n,n,\alpha}$.

单边检验					
$\alpha =$	0.10	0.05	0.025	0.01	0.005
双边检验					
$\alpha =$	0.20	0.10	0.05	0.02	0.01
$n = 3$	2/3	2/3			
4	3/4	3/4	3/4		
5	3/5	3/5	4/5	4/5	4/5
6	3/6	4/6	4/6	5/6	5/6
7	4/7	4/7	5/7	5/7	5/7
8	4/8	4/8	5/8	5/8	6/8
9	4/9	5/9	5/9	6/9	6/9
10	4/10	5/10	6/10	6/10	7/10
11	5/11	5/11	6/11	7/11	7/11
12	5/12	5/12	6/12	7/12	7/12
13	5/13	6/13	6/13	7/13	8/13
14	5/14	6/14	7/14	7/14	8/14
15	5/15	6/15	7/15	8/15	8/15
16	6/16	6/16	7/16	8/16	9/16
17	6/17	7/17	7/17	8/17	9/17
18	6/18	7/18	8/18	9/18	9/18
19	6/19	7/19	8/19	9/19	9/19
20	6/20	7/20	8/20	9/20	10/20
21	6/21	7/21	8/21	9/21	10/21
22	7/22	8/22	8/22	10/22	10/22
23	7/23	8/23	9/23	10/23	10/23
24	7/24	8/24	9/24	10/24	11/24
25	7/25	8/25	9/25	10/25	11/25
26	7/26	8/26	9/26	10/26	11/26
27	7/27	8/27	9/27	11/27	11/27
28	8/28	9/28	10/28	11/28	12/28
29	8/29	9/29	10/29	11/29	12/29
30	8/30	9/30	10/30	11/30	12/30
31	8/31	9/31	10/31	11/31	12/31
32	8/32	9/32	10/32	12/32	13/32
34	8/34	10/34	11/34	12/34	13/34
36	9/36	10/36	11/36	12/36	13/36
38	9/38	10/38	11/38	13/38	14/38
40	9/40	10/40	12/40	13/40	14/40
对 $n>40$ 的近似	$\frac{1.52}{\sqrt{n}}$	$\frac{1.73}{\sqrt{n}}$	$\frac{1.92}{\sqrt{n}}$	$\frac{2.15}{\sqrt{n}}$	$\frac{2.30}{\sqrt{n}}$

附表 10　游程总数检验表

$U_{1,\alpha}$表示满足 $\Pr\{U \leqslant U_1\} \leqslant \alpha$ 的 U_1 中之最大整数

$U_{2,\alpha}$表示满足 $\Pr\{U \geqslant U_2\} \leqslant \alpha$ 的 U_2 中之最小整数

$U_{1,0.025}$

n \ m	2	3	4	5	6	7	8	9	10
5			2	2					
6		2	2	3	3				
7		2	2	3	3	3			
8		2	3	3	3	4	4		
9		2	3	3	4	4	5	5	
10		2	3	3	4	5	5	5	6
11		2	3	4	4	5	5	6	6
12	2	2	3	4	4	5	6	6	7
13	2	2	3	4	5	5	6	6	7
14	2	2	3	4	5	5	6	7	7
15	2	3	3	4	5	6	6	7	7
16	2	3	4	4	5	6	6	7	8
17	2	3	4	4	5	6	7	7	8
18	2	3	4	5	5	6	7	8	8
19	2	3	4	5	5	6	7	8	8
20	2	3	4	5	6	6	7	8	9

$U_{2,0.025}$

n \ m	4	5	6	7	8	9	10
5	9	10					
6	9	10	11				
7		11	12	13			
8		11	12	13	14		
9			13	14	14	15	
10			13	14	15	16	16
11			13	14	15	16	17
12			13	14	16	16	17
13				15	16	17	18
14				15	16	17	18
15				15	16	18	18
16					17	18	19
17					17	18	19
18					17	18	19
19					17	18	20
20					17	18	20

$U_{1,0.05}$

n \ m	2	3	4	5	6	7	8	9	10
4			2						
5		2	2	3					
6		2	3	3	3				
7		2	2	3	3	4			
8	2	2	3	3	4	4	5		
9		2	2	3	3	4	4	5	5
10		2	3	3	4	5	5	5	6
11		2	3	4	4	5	5	6	6
12	2	2	3	4	4	5	6	6	7
13	2	2	3	4	5	5	6	6	7
14	2	2	3	3	4	5	5	5	6
15	2	2	3	3	4	5	5	5	6
16	2	3	4	4	5	6	6	7	8
17	2	3	4	5	5	6	7	8	8
18	2	3	4	5	6	6	7	8	9
19	2	3	4	5	5	6	7	8	8
20	2	3	4	5	6	6	7	8	9

$U_{2,0.05}$

n \ m	3	4	5	6	7	8	9	10
4	2	8						
5		9	9					
6		9	10	11				
7		9	10	11	12			
8			11	12	13	13		
9			11	12	13	14	14	
10			11	12	13	14	15	16
11				13	14	15	15	16
12				13	14	15	16	17
13				13	14	15	16	17
14				13	14	16	17	17
15					15	16	17	18
16					15	16	17	18
17					15	16	17	18
18					15	16	18	19
19					15	16	18	19
20					15	17	18	19

习题答案

习题 1　答案

1.1　(1) $\aleph = \{(x_1, x_2, \cdots, x_5): x_i = 0$ 或 $1, i = 1, 2, \cdots, 5\}$,

$p(x_1, x_2, \cdots, x_5) = p^{\sum_{i=1}^{5} x_i}(1-p)^{5-\sum_{i=1}^{5} x_i}, x_i = 0$ 或 $1, i = 1, 2, \cdots, 5$;

(2) T_1, T_4 是统计量, T_2, T_3 不是统计量, 因为含有未知参数 p;

(3) $\bar{x} = \frac{3}{5}, s^2 = \frac{3}{10}$,

$$F_5(x) = \begin{cases} 0, & x < 0, \\ \frac{2}{5}, & 0 \leqslant x < 1, \\ 1, & x \geqslant 1. \end{cases}$$

1.2　T_2 是统计量, T_1, T_3 不是统计量, 因为含有未知参数 σ^2.

1.3　(1) R 软件命令: 直方图 hist, 经验分布函数图 plot. ecdf

(2) 107, 108, 109.76, 136, 809.82, 1.29, 5.24, 0.26(可用 R 软件计算)

1.4　$\bar{y} = \frac{\bar{x} - a}{b}, s_y^2 = \frac{s_x^2}{b^2}$.

1.5　证明略.

1.6　np^2.

1.7　2.

1.8　(1) $\frac{n-1}{n}\sigma^2$;

(2) 证明略.

1.9　证明略.

1.10　(1) $f(x_1, x_2, \cdots, x_n) = \prod_{i=1}^{n} f(x_i) = \frac{1}{(b-a)^n}, a < x_{(1)} \leqslant x_{(n)} < b$;

(2) $E(X_{(n)}) = \frac{nb + a}{n+1}$;

(3) $E(X_{(1)}) = \frac{na + b}{n+1}$.

1.11　(1) $C = \frac{1}{3}$;

(2) $a = \frac{1}{5}, b = \frac{1}{15}$.

1.12　(1) $f_{Y_1}(y) = \begin{cases} \frac{\Gamma[(m+n)/2](m/n)^{m/2} y^{(m/2)-1}}{\Gamma(m/2)\Gamma(n/2)[1 + (my/n)]^{(m+n)/2}}, & y > 0, \\ 0, & \text{其他}. \end{cases}$

(2) $f_{Y_2}(y) = \frac{\Gamma[(n+m)/2](n/m)^{n/2} e^{ny}}{\Gamma(n/2)\Gamma(m/2)[1 + (ne^{2y}/m)]^{(m+n)/2}}$.

(3) 证明略

1.13　证明略.

1.14　证明略.

1.15　$f(x; \alpha, \lambda) = \begin{cases} \frac{\lambda^{n\alpha}}{\Gamma(n\alpha)} x^{n\alpha - 1} e^{-\lambda x}, & x > 0, \\ 0, & \text{其他}. \end{cases}$

1.16 (1) $\Pr\{\overline{X}=\frac{k}{n}\}=\frac{(n\lambda)^k e^{-n\lambda}}{k!}, k=0,1,2,\cdots$;

(2) $f(x)=\begin{cases}\frac{n^n\lambda^n}{(n-1)!}x^{n-1}e^{-n\lambda x}, & x>0,\\ 0, & 其他.\end{cases}$

(3) $f(x)=\begin{cases}\frac{(\frac{n}{2})^{\frac{nv}{2}}}{\Gamma(\frac{nv}{2})}x^{\frac{nv}{2}-1}e^{-\frac{nx}{2}}, & x>0,\\ 0, & 其他.\end{cases}$

1.17 (1) $\frac{Q_1}{Q_1+Q_2}\sim Be(\frac{m}{2}-1,\frac{n}{2}-1)$;

(2) $\frac{Q_2}{Q_1+Q_2}\sim Be(\frac{n}{2}-1,\frac{m}{2}-1)$.

1.18 $Y\sim F(1,1), f_Y(y)=\begin{cases}\frac{1}{\pi\sqrt{y}(1+y)}, & y>0,\\ 0, & 其他.\end{cases}$

1.19 $Y\sim F(10,5)$.

1.20 (1) $f_{Y_1}(x)=\begin{cases}\frac{1}{2^{\frac{n}{2}}\sigma^n\Gamma(\frac{n}{2})}x^{\frac{n}{2}-1}e^{-\frac{x}{2\sigma^2}}, & x>0,\\ 0, & 其他.\end{cases}$

(2) $f_{Y_2}(x)=\begin{cases}\frac{(\frac{n}{2})^{\frac{n}{2}}}{\sigma^n\Gamma(\frac{n}{2})}x^{\frac{n}{2}-1}e^{-\frac{nx}{2\sigma^2}}, & x>0,\\ 0, & 其他.\end{cases}$

(3) $f_{Y_3}(x)=\begin{cases}\frac{1}{\sqrt{2\pi}\sqrt{n}\sigma}x^{-\frac{1}{2}}e^{-\frac{x}{2n\sigma^2}}, & x>0,\\ 0, & 其他.\end{cases}$

(4) $f_{Y_4}(x)=\begin{cases}\frac{1}{\sqrt{2\pi}\sigma}x^{-\frac{1}{2}}e^{-\frac{x}{2\sigma^2}}, & x>0,\\ 0, & 其他.\end{cases}$

1.21 验证略.

1.22 验证略.

1.23 0.997 3.

1.24 35.

1.25 $\frac{2}{n-1}\sigma^4$.

1.26 (1) σ^2;

(2) $\frac{2\sigma^4}{n_1+n_2-2}$.

1.27 证明略.

1.28 $2(n-1)\sigma^2$.

1.29 证明略.

1.30 证明略.

1.31 证明略.

1.32 证明略.

1.33 $\prod_{i=1}^{n}X_i$.

1.34 证明略.

1.35 $T=\sum_{i=1}^{n} X_i$.

1.36 $T=\sum_{i=1}^{n} X_i$.

1.37 证明略.

1.38 证明略.

习题2 答案

2.1 $\overline{X}-1$.

2.2 $3\overline{X}$.

2.3 $\dfrac{2\overline{X}}{1-\overline{X}}$.

2.4 $\overline{X}-1$.

2.5 $\hat{\alpha}=\dfrac{\overline{X}^2}{\tilde{S}^2},\hat{\theta}=\dfrac{\overline{X}}{\tilde{S}^2}$,其中 $\tilde{S}^2=\dfrac{1}{n}\sum_{i=1}^{n}(X_i-\overline{X})^2$.

2.6 都是 $\overline{X}$.

2.7 矩估计为 $\hat{\theta}=\dfrac{1-2\overline{X}}{\overline{X}-1}$,极大似然估计量为 $\hat{\theta}=-1-\dfrac{n}{\sum_{i=1}^{n}\ln X_i}$.

2.8 $\dfrac{n\alpha}{\sum_{i=1}^{n} X_i}$.

2.9 (1)$\hat{\beta}=\dfrac{\overline{X}}{\overline{X}-1}$;(2)$\hat{\beta}=\dfrac{n}{\sum_{i=1}^{n}\ln X_i}$.

2.10 (1)$\hat{\theta}_1=\dfrac{5}{16}$;(2)$\hat{\theta}_2=\dfrac{9-\sqrt{11}}{14}$.

2.11 (1)$\hat{\theta}=\dfrac{3}{2}-\overline{X}$;(2)$\hat{\theta}=\dfrac{N}{n}$.

2.12 $\dfrac{n-k}{k}$.

2.13 $\dfrac{1}{\overline{X}}$.

2.14 $\min\limits_{1\leqslant i\leqslant n} X_i=X_{(1)}$.

2.15 $\hat{\mu}=\min\limits_{1\leqslant i\leqslant n} X_i=X_{(1)},\hat{\sigma}=\overline{X}-X_{(1)}$.

2.16 证明略,$\hat{\mu}_2$ 更有效.

2.17 $2(n-1)$.

2.18 证明略.

2.19 (1)$\hat{\sigma}=\dfrac{1}{n}\sum_{i=1}^{n}|X_i|$;(2)证明略.

2.20 (1)$F(x)=\begin{cases}1-\mathrm{e}^{-2(x-\theta)}, & x>\theta,\\ 0, & x\leqslant\theta,\end{cases}$ (2)$F_{\hat{\theta}}(x)=\begin{cases}1-\mathrm{e}^{-2n(x-\theta)}, & x>\theta,\\ 0, & x\leqslant\theta,\end{cases}$

(3)不具有无偏性.

2.21 (1)证明略;(2)$\dfrac{2}{n(n-1)}$.

2.22 $a=\dfrac{m}{m+n},b=\dfrac{n}{m+n}$.

2.23 证明略.

2.24 证明略.

2.25 (1)$\hat{\theta}=\overline{X}-\dfrac{1}{2}$为矩估计,满足 $X_{(n)}-1\leqslant\hat{\theta}\leqslant X_{(1)}$ 的 $\hat{\theta}$ 都可以看作是 θ 的极大似然估计;(2)证明略;(3) $\hat{\theta}_1$ 方差

最小;(4)都是 θ 的相合估计.

2.26 (1)证明略;(2)$c_0=\frac{1+\theta_0}{3}$.

2.27 $\hat{\theta}=\bar{X}$ 为 θ 的矩估计,$\hat{\theta}$ 为 θ 的无偏估计和相合估计.

2.28 证明略.

2.29 $\frac{\theta^2}{n}$.

2.30 $\frac{\lambda^2}{n\alpha_0}$.

2.31 证明略.

2.32 证明略.

2.33 (1)$T=\sum_{i=1}^{n}X_i^2$;(2)$\frac{\Gamma(\frac{n}{2})}{\Gamma(\frac{n+1}{2})}\sqrt{\frac{T}{2}}$为 σ 的一致最小方差无偏估计,$\frac{3T^2}{n(n+2)}$为 $3\sigma^4$ 的一致最小方差无偏估计量.

2.34 (1)$\frac{3}{n}T_1+\frac{4}{n-1}T_2-\frac{4}{n(n-1)}T_1{}^2$,其中 $T_1=\sum_{i=1}^{n}X_i,T_2=\sum_{i=1}^{n}X_i^2$;

(2)$-\frac{1+4n}{n(n-1)}T_2+\frac{5}{n(n-1)}T_1^2$,

2.35 $\frac{T(T-1)}{n(n-1)}$.

2.36 (1)$\hat{\lambda}=\frac{1}{n}T$,其中 $T=\sum_{i=1}^{n}X_i$;(2)$\frac{T(T-1)}{n^2}$;(3)λ 的无偏估计量的方差下界为$\frac{\lambda}{n}$,$\hat{\lambda}=\frac{1}{n}T$ 是 λ 的有效估计.

2.37 $\hat{p}=\frac{1}{nm}\sum_{i=1}^{n}X_i=\frac{1}{m}\bar{X},\hat{q}=1-\frac{1}{m}\bar{X}$.

2.38 (1)$\hat{\sigma}^2=\frac{1}{n}\sum_{i=1}^{n}X_i^2$;(2)$\hat{\lambda}=\Phi\left(\frac{1}{\sqrt{\frac{1}{n}\sum_{i=1}^{n}X_i^2}}\right)$.

习题3 答案

3.1 (1)$C=1.176$;(2)$\Phi(\frac{\mu_0-\mu+1.176}{0.6})-\Phi(\frac{\mu_0-\mu-1.176}{0.6})$.

3.2 $\frac{1.5^n}{\theta^n}$.

3.3 (1)认为 $\mu\neq5$;(2)0.72

3.4 可以认为这次考试全体考生的平均成绩为70分.

3.5 认为这批产品不合格.

3.6 (1)$H_0:\mu\leqslant\mu_0=1.9\leftrightarrow H_1:\mu>1.9$;(2)证实甲厂的疫苗有更高的平均抗体.

3.7 不能认为新生产的这批元件寿命的波动性较以往有显著变化.

3.8 可以认为这批导线的电阻标准差显著地变大.

3.9 (1)认为 $\mu=3.14$;(2)认为 $\mu>3.14$;(3)认为 $\sigma^2=0.0505$.

3.10 认为两个学校学生的成绩无显著差异.

3.11 (1)犯第一类错误的概率为$\frac{7}{8}$,犯第二类错误的概率为$\frac{1}{64}$;

(2)$\beta(\frac{3}{4})=\frac{63}{64}$.

3.12 犯第一类错误的概率为0.08,犯第二类错误的概率为0.238,$\beta(2)\approx0.762$.

3.13 (1) $\varphi(x_1,x_2,\cdots,x_n)=\begin{cases}1, & \sum\limits_{i=1}^{n} x_i < c,\\ \delta, & \sum\limits_{i=1}^{n} x_i = c,\\ 0, & \sum\limits_{i=1}^{n} x_i > c,\end{cases}$ 其中常数 c,δ 由下式决定：

$$\alpha_1=\Pr\{\sum_{i=1}^{n} X_i < c\}=\sum_{j=0}^{c-1}\frac{(n\lambda_0)^j e^{-n\lambda_0}}{j!}<\alpha<\sum_{j=0}^{c}\frac{(n\lambda_0)^j e^{-n\lambda_0}}{j!}=\Pr\{\sum_{i=1}^{n} X_i \leqslant c\},$$

$$\delta=\frac{\alpha-\alpha_1}{(n\lambda_0)^c e^{-n\lambda_0}\cdot\frac{1}{c!}};$$

(2) $\varphi(x_1,x_2,\cdots,x_n)=\begin{cases}1, & \sum\limits_{i=1}^{n} x_i > c,\\ \delta, & \sum\limits_{i=1}^{n} x_i = c,\\ 0, & \sum\limits_{i=1}^{n} x_i < c,\end{cases}$ 其中常数 c,δ 由下式决定：

$$\alpha_1=\Pr\{\sum_{i=1}^{n} X_i > c\}=\sum_{j=c}^{+\infty}\frac{(n\lambda_0)^j e^{-n\lambda_0}}{j!}<\alpha<\sum_{j=c}^{+\infty}\frac{(n\lambda_0)^j e^{-n\lambda_0}}{j!}=\Pr\{\sum_{i=1}^{n} X_i \geqslant c\},$$

$$\delta=\frac{\alpha-\alpha_1}{(n\lambda_0)^c e^{-n\lambda_0}\cdot\frac{1}{c!}}.$$

3.14 证明略.

3.15 (1) $\varphi^*(x_1,x_2,\cdots,x_n)=\begin{cases}1, & \sum\limits_{i=1}^{n}(x_i-\mu_0)^2>\sigma_0^2\chi_{1-\alpha}^2(n),\\ 0, & 反之;\end{cases}$ (2) 证明略.

3.16 (1) $\varphi^*(x_1,x_2,\cdots,x_n)=\begin{cases}1, & \sum\limits_{i=1}^{n} x_i > c,\\ 0, & \sum\limits_{i=1}^{n} x_i \leqslant c,\end{cases}$ 其中 c 由 $\Pr\{\sum\limits_{i=1}^{n} x_i > c \mid \theta=\theta_0\}=\alpha$ 决定.

(2) 证明略.

3.17 $\varphi(x_1,x_2,\cdots,x_n)=\begin{cases}1, & c_1<\sum\limits_{i=1}^{n} {x_i}^2>c_2,\\ 0, & 其他.\end{cases}$ 其中 c_1,c_2 要满足 $\int_{\frac{c_1}{\sigma_1^2}}^{\frac{c_2}{\sigma_1^2}}\chi^2(x;n)\,dx=\int_{\frac{c_1}{\sigma_2^2}}^{\frac{c_2}{\sigma_2^2}}\chi^2(x;n)\,dx=\alpha$.

3.18 $\varphi(x_1,x_2,\cdots,x_n)=\begin{cases}1, & \bar{x}<c_1 或 \bar{x}>c_2,\\ 0, & 其他.\end{cases}$ 其中 c_1,c_2 满足

$\Phi[(c_2-\mu_1)\sqrt{n}]-\Phi[(c_1-\mu_1)\sqrt{n}]=\Phi[(c_2-\mu_2)\sqrt{n}]-\Phi[(c_1-\mu_2)\sqrt{n}]=1-\alpha$.

3.19 [4.02,5.98].

3.20 [188.7,264.5].

3.21 μ 的 90% 置信区间为[794.0, 806.0]；σ^2 的 90% 置信区间为[66.09,307.11].

3.22 $n\geqslant\frac{30.7328}{L^2}$.

3.23 (1) $b=E(X)=e^{\mu+\frac{1}{2}}$；(2) [−0.98,0,98]；(3) $[e^{-0.48},e^{1.48}]$.

3.24 (1) $\bar{X}-\frac{S}{\sqrt{n}}t_{1-\alpha}(n-1)$；(2) $\bar{X}+\frac{S}{\sqrt{n}}t_{1-\alpha}(n-1)$；(3) $\frac{(n-1)S^2}{\chi_\alpha^2(n-1)}$.

3.25 (1) $[\bar{X}-\bar{Y}-u_{1-\beta}\sqrt{\frac{\sigma_1^{\ 2}}{n_1}+\frac{\sigma_2^{\ 2}}{n_2}}, \bar{X}-\bar{Y}-u_{\alpha-\beta}\sqrt{\frac{\sigma_1^{\ 2}}{n_1}+\frac{\sigma_2^{\ 2}}{n_2}}]$，其中选择合适的$\beta(0<\beta<\alpha)$，满足

$(u_{1-\beta}-u_{\alpha-\beta})\sqrt{\frac{\sigma_1^{\ 2}}{n_1}+\frac{\sigma_2^{\ 2}}{n_2}}=L$ 即可；

(2) 192；

(3) $[\frac{S_1^2}{S_2^2}F_{\frac{\alpha}{2}}(n_2-1,n_1-1), \frac{S_1^2}{S_2^2}F_{1-\frac{\alpha}{2}}(n_2-1,n_1-1)]$.

3.26 (1) $[1.57,5.83]$；(2) 认为$\mu_1-\mu_2\neq 0$；(3) 认为$\mu_1-\mu_2>0$；(4) $[0.163,6.967]$；(5) 可以认为两个总体的方差相等.

3.27 $W=\{0<\frac{\sum_{i=1}^{n}(x_i-\bar{x})^2}{\sigma_0^2}<a$ 或 $\frac{\sum_{i=1}^{n}(x_i-\bar{x})^2}{\sigma_0^2}>b\}$，其中 a,b 满足 $\begin{cases} a^{\frac{n}{2}}e^{-\frac{a}{2}}=b^{\frac{n}{2}}e^{-\frac{b}{2}}, \\ \int_a^b \chi^2(x;n-1)dx=1-\alpha. \end{cases}$

习题4 答案

4.1 (1) (a)

(2) (c) $\ln y_i=\beta_1+\beta_2 x_i+\beta_3\ln x_i+\varepsilon_i$

(e) $y_i^3=\sum_{j=1}^{p}\beta_j x_{ij}+\varepsilon_i$

4.2 $\hat{\beta}_0=\frac{1}{3}y_1+\frac{1}{3}y_2+\frac{1}{3}y_3, \hat{\beta}_1=-\frac{1}{2}y_1+\frac{1}{2}y_3, \hat{\beta}_2=\frac{1}{6}y_1-\frac{1}{3}y_2+\frac{1}{6}y_3$

若$\beta_2=0$，则$\hat{\beta}_0=\frac{1}{3}y_1+\frac{1}{3}y_2+\frac{1}{3}y_3, \hat{\beta}_1=-\frac{1}{2}y_1+\frac{1}{2}y_3$最小二乘估计不变

4.3 (1) $\hat{\theta}_1=\frac{1}{6}y_1+\frac{1}{3}y_2+\frac{1}{6}y_3 \quad \hat{\theta}_2=-\frac{1}{5}y_2+\frac{2}{5}y_3$

(2) $\sigma^2\begin{pmatrix}\frac{1}{6} & 0 \\ 0 & \frac{1}{5}\end{pmatrix}$

(3) $\hat{\sigma}^2=\frac{5}{6}y_1^2+\frac{2}{15}y_2^2+\frac{1}{30}y_3^2-\frac{2}{3}y_1y_2-\frac{1}{3}y_1y_3+\frac{2}{15}y_2y_3$

4.4 证明略

4.5 $\hat{\theta}=\frac{1}{m^2+13mn}((m+4n)\sum_{i=1}^{m}y_i+6n\sum_{i=1}^{m}y_{m+i}+3m\sum_{i=1}^{n}y_{2m+i})$

$\hat{\varphi}=\frac{1}{m^2+13mn}((2n\text{-}m)\sum_{i=1}^{m}y_i+(m+3n)\sum_{i=1}^{m}y_{m+i}-5m\sum_{i=1}^{n}y_{2m+i})$

4.6 $\hat{\theta}=\frac{1}{5}(y_1+2y_2)$ ， $Q_e=\frac{4}{5}y_1^2+\frac{1}{5}y_2^2-\frac{4}{5}y_1y_2$

4.7 证明略

4.8 利用$\hat{\beta}=(X^TV^{-1}X)^{-1}X^TV^{-1}Y$，其中 $V=\begin{pmatrix}1 & 0 \\ 0 & 2\end{pmatrix}, X=\begin{pmatrix}1 \\ -1\end{pmatrix}$

$\hat{\beta}=\frac{2}{3}y_1-\frac{1}{3}y_2$，$\hat{\beta}$ 的方差为$\frac{2}{3}\sigma^2$

4.9 (1) 可以认为重量与长度之间存在线性关系

(2) $\hat{y}=6.284+0.183x$

(3) 拒绝H_0

(4) $[8.967,9.457]$

4.10 (1) $\hat{\beta}_0=9.2646, \hat{\beta}_1=64.0590, \hat{\beta}_2=493.6532, \hat{\sigma}^2=(0.1431)^2$

(2) 拒绝H_0

(3) 当$t_0=\frac{1}{10}$时，$\hat{S}_0=20.6071$

S_0的置信水平为0.95的预测区间为[20.270 6,20.943 6]

4.11 (1) $\hat{y}=5.381\ 7+4.099\ 1x$

(2) 当 $x=8$ km 时, $\hat{y}_0=38.174\ 5$

(3) $\hat{\sigma}^2=(6.274)^2$

(4) $\hat{a}$ 的标准误3.348 9, $\hat{b}$ 的标准误0.375 6

(5) [13.080 6,37.034 3]

(6) 拒绝H_0

4.12 (1) $R=0.264\ 2$

(2) 接受H_0

4.13 $\hat{k}=60.675\ 9, \hat{c}=10.644\ 6$

4.14 有显著差异

4.15 (1) 有显著差异

(2) $\mu_1-\mu_2$的置信水平为95%的置信区间为[−5.629 7,−2.133 9]

$\mu_1-\mu_3$的置信水平为95%的置信区间为[−4.935 0,−1.595 2]

$\mu_2-\mu_3$的置信水平为95%的置信区间为[−1.096 2,2.329 6]

4.16 (1) 没有不同 (2) 有不同

4.17 (1) 有显著差异 (2) 无显著差异 (3) 有显著差异

4.18 $\theta(p)=15.642-3.828x$

4.19

```
A <- c(0.2,0.46,0.58,1.13,1.51,1.67,1.78,1.87,2.01,2.08,2.18,2.19,2.23,2.34,2.44,2.70,3.12,3.31,3.48,
3.57)
B <- c(0.29,0.50,0.59,0.99,1.23,1.57,1.75,1.84,1.88,1.92,2.11,2.12,2.88,2.97,2.98,3.02,3.08,3.12,3.33,
3.62)
C <- c(0.11,0.12,0.17,0.18,0.22,0.32,0.34,0.37,0.40,0.50,0.51,0.55,1.23,1.84,1.94,2.50,2.86,3.38,3.81,
3.86)
data <- cbind(A,B,C)
mean <- apply(data,2,mean)#计算样本均值
var <- apply(data,2,var)#计算样本方差
median <- apply(data,2,median)#计算样本中位数
std_mean <- apply(data,2,sd)/sqrt(20)#计算样本均值的标准误差
hist(A)#画直方图
hist(B)
hist(C)
```

A,B可以看作来自同一总体,C可以看作来自一个总体,且是正态总体.

习题5 答案

5.1 认为X不服从(0,2)上的均匀分布.

5.2 认为此骰子不是均匀的.

5.3 认为大脑质量服从正态分布.

5.4 认为命中数服从二项分布.

5.5 认为各锭子的断头数不服从Poisson分布.

5.6 认为此设备的无故障工作时间服从$\theta=1\ 500$的指数分布.

5.7 认为这批元件的寿命不服从指数分布.

5.8 认为大麦芒性的分离符合9:3:4的比例.

5.9 认为父母与孩子看电影的情况不独立.

5.10 拒绝原假设,认为所购车的颜色与顾客的年龄有关.

5.11 认为开始工作时和工作两小时后的偏差不是相同分布.

5.12　可以认为此种灯泡的中位寿命为 1 100 小时.

5.13　认为两个总体的分布相同

5.14　认为这两种规格钨丝制造的灯泡寿命分布有显著差异.

5.15　(1)有显著差异

(2)有显著差异

(3)有显著差异

习题 6　答案

6.1　证明略

6.2　证明略

6.3　$E(\lambda|x)=\dfrac{n\bar{x}+2}{n+1}$

6.4　$E(\theta|x)=\dfrac{a+1}{a+x+b}$

6.5　$R(\sigma^2,\hat{\sigma}_1^2)=E_\sigma(\sigma^2-\hat{\sigma}_1^2)^2=2\sigma^4/(n-1)$

$R(\sigma^2,\hat{\sigma}_2^2)=E_\sigma(\sigma^2-\hat{\sigma}_2^2)^2=2\sigma^4/(n+1)$

$R(\sigma^2,\hat{\sigma}_3^2)=E_\sigma(\sigma^2-\hat{\sigma}_3^2)^2=2\sigma^4/(n+2)$

故第 2 种估计较其他两种风险小

6.6　θ 的 minmax 估计为 $\hat{\theta}=\begin{cases}\dfrac{1}{4},\text{一次试验结果为}0\\[2mm]\dfrac{1}{2},\text{一次试验结果为}1\end{cases}$

6.7　(1)风险函数 $R(\theta,d_1)=\begin{cases}0, & \theta=0\\ \dfrac{1}{2}, & \theta=1\\ 0, & \theta=2\end{cases}$

(2)$R(\theta,d_2)=\begin{cases}1,\theta=0\\0,\theta=1\\1,\theta=2\end{cases}$

(3)$R(\theta,d_3)=\begin{cases}1, & \theta=0\\ \dfrac{1}{4}, & \theta=1\\ 2, & \theta=2\end{cases}$

(4)即 $\hat{\theta}=\begin{cases}0,x=0\\1,x=1\\2,x=2\end{cases}$

6.8　证明略

6.9　(1)拒绝域为 $W=\left\{x_1-x_n:\dfrac{f\left(x_1,\cdots,x_n|p=\frac{1}{2}\right)}{f\left(x_1,\cdots,x_n|p=\frac{1}{4}\right)}>c\right\}$

其中 c 满足 $B\,P_{H_0}(x\in W)=A[1-P_{H_1}(x\in W)]$

$$(2)\varphi(x_1,x_2,\cdots,x_n)=\begin{cases}1 & \dfrac{f\left(x_1,\cdots,x_n|p=\frac{1}{2}\right)}{f\left(x_1,\cdots,x_n|p=\frac{1}{4}\right)}>\dfrac{B\,\pi_0}{A\,\pi_1}=1\\[4mm] \text{任意} & \dfrac{f\left(x_1,\cdots,x_n|p=\frac{1}{2}\right)}{f\left(x_1,\cdots,x_n|p=\frac{1}{4}\right)}=1\\[4mm] 0 & \dfrac{f\left(x_1,\cdots,x_n|p=\frac{1}{2}\right)}{f\left(x_1,\cdots,x_n|p=\frac{1}{4}\right)}<1\end{cases}$$

习题7 答案

7.1 (1) 两样本均值无差异

(2) 两样本均值存在显著差异

7.2
```
x <- rnorm(12,4,9)
y <- rnorm(4,4,16)
z <- (x,y)
tv = (max(z) - mean(z))/3
```
通过查临界值表剔除异常值后再计算均值

7.3 切尾均值：$\bar{x}=149$

winsor 化均值：$\bar{x}=157.5$

自助法估计中位数（程序）：
```
comp <- sample(x,size = 1000,replace = T)
library(boot)
require(boot)
jg <- function(comp,ind){median(comp[ind])}
boot(comp,jg,1000)
```
7.4 程序：
```
hg <- lm(y ~ x)
resid(hg)
rstandard(hg)
```
7.5 t 检验：
```
t.test(x,y)
```
自助法：
```
compx <- sample(x,size = 1000,replace = T)
compy <- sample(y,size = 1000,replace = T)
t.test(compx,compy)
```
7.6 程序：
```
(1)hg1 <- lm(y1 ~ x1);hg2 <- lm(y2 ~ x1);hg3 <- lm(y3 ~ x1);hg4 <- lm(y4 ~ x2)
(2)plot(x1,y1); plot(x1,y2); plot(x1,y3); plot(x2,y4)
(3)rstudent(hg1)
   which(abs(rstudent(hg1)) >2)
(4)plot(x1,resid(hg1))
   plot(x1,resid(hg2))
   plot(x1,resid(hg3))
   plot(x2,resid(hg4))
```

参考文献

[1] H A DAVID. Order Statistics. 2nd edition. John Wiley,1981.

[2] 复旦大学. 概率论(第二册). 北京:人民教育出版社,1979.

[3] 史道济. 实用极值统计分析. 天津:天津科技出版社,2006.

[4] 陈希孺. 数理统计引论. 北京:科学出版社,1981.

[5] LOTHAR SACHS. 应用统计手册. 罗永泰,史道济,译. 天津:天津科技翻译出版公司,1988.

[6] W G COCHRAN. 抽样技术. 张尧庭,吴辉,译. 北京:中国统计出版社,1985.

[7] B EFRON, D V HINKLY. Assessing the accurency of the maximum likelihood estimator: Observed versus expected fisher information. Biometrika, 1978(65):457-487.

[8] D A RATKOWSKY. 非线性回归模型. 韦博成,等,译. 南京:南京大学出版社,1986.

[9] C R RAO. 线性统计推断及其应用. 张燮,等,译. 北京:科学出版社,1987.

[10] 中国科学院数学研究所概率统计室. 常用数理统计表. 北京:科学出版社,1979.

[11] 中国科学院计算中心概率统计组. 概率统计计算. 北京:科学出版社,1979.

[12] 茆诗松,等. 回归分析及其试验设计. 上海:华东师范大学出版社,1981.

[13] 陈希孺,王松桂. 近代回归分析. 合肥:安徽教育出版社,1987.

[14] 中国现场统计研究会. 可计算性项目的三次设计. 北京:北京大学出版社,1984.

[15] J A NELDER, R M N WEDDERBURN. Generalized linear models. Journal of Royal Statistical Society,1972, A(135):370-384.

[16] H W LILLIEFORS. On the Kolmogrov – Smirnov test for normality with mean and variance unknown. J. Amer. Statist. Assoc., 1967(62):399-402 .

[17] VIC BARNETT, TOBY LEVIS. Outliers in statistical data. 3rd edition. Chichester: John Wiley & Sons, 1994.

[18] 韦博成,鲁国斌,史建清. 统计诊断引论. 南京:东南大学出版社,1991.

[19] B EFRON. Bootstrap methods: Another look at jackknife. Annals of Statistics, 1979(7):1-27.

[20] M H QUENOULLI. Approximate tests of correlation in time series. Journal of Royal Statistics Society, 1949,B (11):18-84.

[21] PETER DALGAARD. Introductory statistics with R. New York: Springer – Verlag, 2002.

[22] M N VENABLES, B D RIPLEY. Modern applied statistics with S. 4th edition. New York: Springer – Verlag, 2002.

[23] 何迎晖,闵华玲. 数理统计. 北京:高等教育出版社,1989.

[24] 华东师范大学数学系. 概率论与数理统计习题集. 北京:人民教育出版社,1982.